Fliegen/Vom Propeller zum Düsenantrieb

Fliegen
Vom Propeller zum Düsenantrieb

**Verkehrsflugzeuge -
Entwicklungen und Grenzen**

VERLEGT BEI

KAISER

Berechtigte Ausgabe für den Neuen Kaiser Verlag,
Gesellschaft m.b.H., Klagenfurt
© Aerospace Publishing Ltd.
© Edito-Service S. A., Genf
Schutzumschlag: Mario Oberhofer unter Verwendung eines Fotos
der Deutschen Lufthansa AG, Köln
Satz: Context OEG, 9300 St. Veit/Glan
Gesamtherstellung: Gorenjski Tisk, Kranj, Slowenien

Inhaltsverzeichnis

Die unsterbliche DC-3

Ein Erlebnis, das ich nie vergessen werde

Ein Fluggast der heutigen Verkehrsmaschinen, wie der 747 oder des Airbus, kann kaum mehr nachvollziehen, welches Maß an Komfort in den Anfängen der Verkehrsfliegerei die Norm war. Einer der Männer, die mit dem neuen Pojekt befaßt waren, nahm als Passagier in einer Ford Trimotor Platz, um der Konkurrenz bei einem Flug von Küste zu Küste auf den Zahn zu fühlen:

„Die Reise war ein Erlebnis, das ich mein Leben lang nicht vergessen werde. Sie gaben uns Watte, die wir uns in die Ohren stopfen sollten, weil die ‚Tin Goose' so laut war. Sie vibrierte so stark, daß mir die Brille von der Nase rutschte. Um sich mit seinem Nachbarn verständigen zu können, mußte man schreien, so laut man konnte.

Je höher wir stiegen, um über die Berge zu kommen, desto kälter wurde es in der Kabine. Mir froren fast die Füße ab. Der Waschraum im Heck war so winzig, daß man kaum durch die Tür paßte. In den gepolsterten Sitzen mit Rückenlehnen aus Korbgeflecht saß man ungefähr so bequem wie in Gartenmöbeln, nur daß man sich den Hintern quetschte, so eng waren sie. Bei der Landung rollten wir durch eine Pfütze. Dabei drangen Schlammspritzer durch die Belüftungsöffnungen ein, die uns von oben bis unten besudelten."

Bei der DC-1 handelte es sich um die Einzelanfertigung eines Testflugzeugs. TWA hatte es mit einer Option für weitere 60 Maschinen (DC-2) in Auftrag gegeben, die an den Erfolg der Erprobungsmaschine gebunden war.

DST, Dakota, Skytrain, C-47, Gooney Bird, wie immer man sie in ihren verschiedenen Versionen auch nannte. Die DC-3 schaffte eine wahre Revolution im Alleingang. Mit 11.000 gebauten Exemplaren ist dieses Muster stark weltrekordverdächtig; gäbe es eine Auszeichnung wie „das meistgeliebte Flugzeug" – die DC-3 gewänne sie sicher.

Die Entstehungsgeschichte der DC-3 beginnt im Frühjahr 1931, sechseinhalb Jahre vor ihrem Erscheinen. In diesem Jahr kam Knute Rockne, legendärer Volksheld der Amerikaner und Trainer eines gleichermaßen berühmten Football-Teams, bei einem Flugzeugabsturz in Kansas ums Leben. Er flog mit einer Fokker Trimotor der TWA als technischer Berater für einen Spielfilm von Kansas City nach Hollywood. Mitten im Flug verlor die Maschine eine Tragfläche; alle sechs Passagiere sowie die beiden Besatzungsmitglieder fanden den Tod. Dieser Unfall löste einen Feldzug für mehr Sicherheit im Luftverkehr aus, der die gesamte Flugzeugindustrie in ihren Grundfesten erschüttern sollte.

Presseschelte

Nach Rocknes Tod wütete die amerikanische Presse geschlossen gegen die Luftfahrtunternehmen. Die Unglücksmaschine war kein schlechtes Flugzeug – ganz im Gegenteil; Tony Fokkers Entwürfe zählten zu den besten überhaupt. Gerade das machte alles noch schlimmer. Wenn eines der damals besten Muster durch Fäulnisbefall im Hauptholm mitten im Flug eine Tragfläche verlieren konnte, wie sollten da die übrigen Maschinen der Kritik standhalten?

In den ersten drei Jahrzehnten des Flugzeugbaus blieben die Konstruktionsverfahren fast unverändert. Holz galt immer noch als der Hauptwerkstoff für die Zelle; die Vorstellung, dem Fluggast mit ein wenig Komfort entgegenzukommen, war geradezu absurd.

Fünf Jahre vor Rocknes Tod hatte die amerikanische Regierung das Bureau of Air Commerce eingerichtet, den Vorläufer der Federal Aviation Authority (FAA – Luftfahrtbundesamt), und es mit der Aufsicht über die Luftfahrtindustrie beauftragt. Jetzt zeigte die Behörde ihre Macht und ordnete ab sofort regelmäßige Überprüfungen auf Materialermüdung hin für alle Maschinen an, deren

Der Durchschnittsbürger brauchte recht lange, bis er das Flugzeug als alltägliches Verkehrsmittel akzeptierte. Die Gebrüder Wright hatten 1903 ihren ersten Flugversuch gemacht; 25 Jahre später bedeutete ein Flug immer noch das Abenteuer schlechthin und war nicht die übliche Art, von einem Ort zum anderen zu gelangen. Das Verdienst, diese Situation entscheidend verändert zu haben, gebührt besonders einem Flugzeug – der Douglas DC-3 oder

Die DC-3 ist wahrscheinlich das bekannteste Passagierflugzeug aller Zeiten, und nicht wenige Maschinen dieses Musters fliegen noch heute. Werbewirksam hält American Airlines eine DC-3 in flugtüchtigem Zustand. Das Foto zeigt sie anläßlich der Feierlichkeiten für den Roll-Out der DC-10, des neuesten Produktes von Douglas für die Zivilluftfahrt.

Die KLM war der erste nicht-amerikanische Nutzer der DC-2. Die Indienststellung der ersten Maschine wurde mit der Teilnahme am MacRobertson-Luftrennen 1934 von London nach Melbourne gekoppelt, bei dem sie einen beachtlichen zweiten Platz für Geschwindigkeit und in der Bewertung der Handikap-Maschinen belegte.

Rechts: Die Douglas DC-2 bildete auch die Grundlage für einen Bomber, die B-18 Bolo, die ihrerseits zur B-23 Dragon mit entsprechend umgearbeitetem Rumpf weiterentwickelt wurde. Einige Bomber dieser Baureihe, die insgesamt 38 Exemplare umfaßte, baute man später zu Transportmaschinen um.

Struktur ähnlich wie die der Fokker mit Holzbauteilen durchsetzt war. Bei jeder fälligen Inspektion hätte man zunächst die dünnen Sperrholzschichten von den Tragflächen reißen müssen, um an die tragenden Holzelemente heranzukommen. Allein schon wegen der Kosten eines solchen Verfahrens war damit das aus Holz gefertigte Verkehrsflugzeug so tot wie Rockne und seine sieben Leidensgefährten.

Damals bestand in den Vereinigten Staaten ein engmaschiges Netz interner Beziehungen zwischen Hersteller und Nutzer von Luftfahrzeugen. So fertigte beispielsweise die General Aviation Corporation, eine Tochter von General Motors, die Fokkermaschinen vor Ort. General Motors war seinerseits an TWA beteiligt, also kaufte und flog TWA unweigerlich Fokkermaschinen.

Andere Fluggesellschaften und Flugzeugbauer standen in ähnlich enger Verbindung, zum Beispiel Boeing und United Airways. Bei Boeing hatte ein neues Ganzmetall-Verkehrsflugzeug gerade die Serienreife erlangt. Es war geeignet, die neu entfachte nationale Angst vorm Fliegen zu beschwichtigen und der Gesell-

schaft, die dieses Muster einsetzen würde, einen nahezu sicheren Erfolg zu garantieren.

TWA verhandelte sofort mit Boeing über den Kauf des neuen Musters, genannt Boeing 247. Boeings Antwort war unmißverständlich – erst nach der Auslieferung der 60 Boeing 247 an United Air Lines sei man bereit, die Versorgung anderer Fluggesellschaften zu erwägen. Damit saß die TWA auf dem trockenen.

Jack Frye, Vizepräsident von TWA, der diese Stellung bereits mit 29 Jahren innehatte, war nicht der Mann, sich mit einem solchen Bescheid zufriedenzugeben. Er schrieb die gesamte Konkurrenz von Boeing an und holte deren Angebote für den Entwurf eines Verkehrsflugzeugs ein, für das er, innerhalb eines engen Kostenrahmens, präzise Leistungskriterien aufstellte.

Katalysator

TWA – damals Transcontinental and Western Air Inc., heute Trans-World Airlines – sollte der Katalysator einer Reaktion werden, die die zivile Luftfahrt von Grund auf veränderte. Donald Douglas nannte das von der TWA verteilte Lastenheft „die Geburtsurkunde des modernen Verkehrsflugzeugs": Gesamtgewicht 6.441 kg, Reichweite 1.738 km, Höchstgeschwindigkeit 289 km/h, Reisegeschwindigkeit 233 km/h, Platz für zwölf Fluggäste und eine zweiköpfige Besatzung. Unter „Platz" war allerdings mehr die reine Raumkapazität zu verstehen.

TWA vertrat die Ansicht, daß der künftige Erfolg davon abhänge, ob der Komfort in der Luft mit dem in der Eisenbahn konkurrieren könne. Wie ein leitender Angestellter es ausdrückte: „Wir müssen Komfort bauen und ihm Flügel geben."

Bald darauf setzten sich Ingenieure und Konstrukteure von TWA und Douglas Aircraft zu nahezu pausenlosen Besprechungen zusammen. Das Ergebnis wurde in einem Vertrag am 20. September 1932 festgelegt. Die Douglas Commercial Model One oder DC-1 existierte damit zunächst auf dem Papier. Die anschließende Konstruktion wich dann aber doch beträchtlich vom ursprünglichen Entwurf ab und näherte sich in mancherlei wichtigen Aspekten der Rivalin Boeing 247. TWA wollte ein dreimotoriges Flugzeug, die DC-1 aber sollte zweimotorig sein. TWA hätte auch einen Doppeldecker akzeptiert, Douglas nicht. Der Nutzer ließ gemischte Bauweise zu, solange Rumpf und Tragwerk aus Metall gefertigt waren. Das Douglas-Team bestand auf einer Ganzmetall-Konstruktion. Die Entwicklung dieses Entwurfes gestaltete sich zu einem Musterplan für künftige Verkehrsflugzeuge.

Aufholjagd

Unmittelbar nach Vertragsabschluß lief die Konstruktion an. Die Douglas-Mannschaft wußte nur zu gut, daß der Boeing-247-Prototyp bereits weitgehend entwickelt war. Es durfte nicht so weit kommen, daß dieses Muster die Führungsposition auf

dem Markt besetzen konnte. Im Douglas-Werk in Santa Monica, 2.000 km weiter im Süden, setzte eine hektische Aktivität ein. Entwürfe wurden Modelle, dann Zeichnungen und schließlich Blaupausen. Es folgten Nachbildungen, die zu konkreten Bauteilen führten. Dann wurden diese Baugruppen zu einem Ganzen zusammengefügt; die Zeit drängte.

Die Boeing 247 war inzwischen am 8. Februar 1933 zum Jungfernflug aufgestiegen und hatte sich sofort als hervorragendes Flugzeug erwiesen. Wenn man bedenkt, daß dieses Muster schon weit entwickelt war, bevor man die DC-1 überhaupt konzipierte, muß der Vorsprung von nur fünf Monaten erstaunen. Am Samstag, dem 1. Juli 1933, hob sich der DC-1-Prototyp vor 50.000 Zuschauern, die das Endrennen um die Transcontinental Bendix Trophy auf Clover Field bei Los Angeles sehen wollten, zum ersten Mal in die Luft. Der erste Flug wäre beinahe auch der letzte geblieben. Don Douglas selbst erinnert sich:

„Es war ein herrlicher klarer Tag, und eine leichte Brise wehte vom Ozean herüber. Carl Cover (Chef-Testpilot des Unternehmens) rollte die Maschine zum anderen Ende der Startbahn. Er ließ die Motoren etwa eine Minute lang hochdrehen, dann ging es unter Donnergetöse los.

Nach meiner Uhr hob die DC-1 um 12.36 Uhr ab. Eine halbe Minute später fing der Backbordmotor plötzlich an zu spucken und setzte dann völlig aus.

Irgendwie schaffte Cover es, die Maschine einige Hundert Meter hochzuziehen. Nach dem Gebrüll zu urteilen, das der andere Motor von sich gab, konnte man meinen, er werde sich gleich selbständig machen. Dann hörte man plötzlich überhaupt nichts mehr. Der andere Motor hatte auch den Geist aufgegeben. Der Bug senkte sich gefährlich ab. ‚Gleich stürzt sie ab', schrie jemand.

Genauso plötzlich wie sie ausgesetzt hatten, sprangen beide Motoren wieder an. Die Maschine gewann an Höhe, da starben die Motoren erneut ab. Die Nase kam runter, die Motoren röhrten wieder auf, und Cover versuchte noch einmal zu steigen... Dann wieder Stille.

Es war unheimlich. Wir konnten uns nicht erklären, was da oben vor sich ging. Wir wußten nur, daß irgendetwas völlig schieflief. Während der nächsten Minuten erlebten wir eine Flugvorführung, die dem besten Luftzirkus der Welt die Schau gestohlen hätte.

Carl ließ die Motoren hochdrehen, und die Maschine fing an zu steigen. Dann erstarb der Motorenlärm, und

das Flugzeug sank zum Boden. Hoch und runter sägte Carl durch die Luft und schraubte sich so allmählich höher. Schließlich hatte er die Maschine etwa auf 450 m, führte sie in einer weiten Schleife mit schwacher Querneigung zum Landeanflug und setzte buchstäblich antriebslos auf."

Ein simpler Fehler

Am Boden berichtete Cover seinem Chef: „Ich versteh' das nicht. Jedesmal, wenn ich die Motoren ein bißchen belastete, um zu steigen, dann setzten die Dinger aus. Wenn sich dann die Nase senkte, sprangen die Triebwerke von selbst wieder an. Ich hab' nicht mal den Gashebel berührt. Ich konnte nur noch beten, daß die Maschine so lange zusammenhielt, bis ich genügend Höhe erreicht hatte, um umdrehen und wieder landen zu können..."

Nur in den seltensten Fällen bauen die Flugzeughersteller ihre Motoren

selbst. Junkers und Bristol waren da wohl rühmliche Ausnahmen. Normalerweise kauften sie ihre Motoren „von der Stange", so auch bei der DC-1. Zwei Triebwerkhersteller standen zur Auswahl – Pratt & Whitney und Wright Aeronautical. Wright hatte seinerzeit den Zuschlag für seinen Cyclone bekommen (spätere Modelle erhielten allerdings häufig P&W-Triebwerke). Die schwache Vorstellung der DC-1 bei ihrem Jungfernflug verursachte zunächst einmal eine Menge Kopfzerbrechen, Schuldzuweisungen und Verleumdungen.

Als der Fehler schließlich gefunden war, stellte er sich als ebenso einfach wie einleuchtend heraus: Man hatte die Schwimmer der Vergaser fehlerhaft konstruiert, so daß die Treibstoffzufuhr jedesmal stockte, wenn die Motoren im Steigflug nach hinten gekippt waren. Die Schwimmer wurden umkonstruiert; das Problem war gelöst.

Da die Maschine jetzt störungsfrei flog, bestand die Aufgabe der Douglas-Konstrukteure nunmehr darin, ihre Flugeigenschaften zu erproben.

Eine der Forderungen von TWA war eine niedrige Landegeschwindigkeit – höchstens 105 km/h. Douglas hatte diese Leistung durch dreifache „Luftbremsklappen" an der Hinterkante der Tragflächen erreicht, die bis unter die Unterseite des Rumpfes ausfuhren. Die Tragflächen, die auf der von Jack Northrop übernommenen Vielzellen-Konstruktion basierten, erforderten ihrerseits besondere Aufmerksamkeit, da sie noch unerprobt waren. Niemand hatte eine Ahnung, wie man ihre Festigkeit prüfen konnte, bis schließlich ein ebenso einfaches wie unorthodoxes Verfahren angewandt wurde.

Pfeilung

„Ich werde nie vergessen", erzählt Douglas, „wie ich aus dem Fenster schaute und Fred Herman die am Boden ausgelegte Testfläche mit einer Dampfwalze bearbeiten sah. Vor und zurück, längs und quer führte er das schwere Gerät über die Fläche, die keinen Millimeter nachgab. Das Ganze war so unglaublich, daß ich versucht war, nach unten zu laufen und mich selbst ans Steuer der Dampfwalze zu setzen."

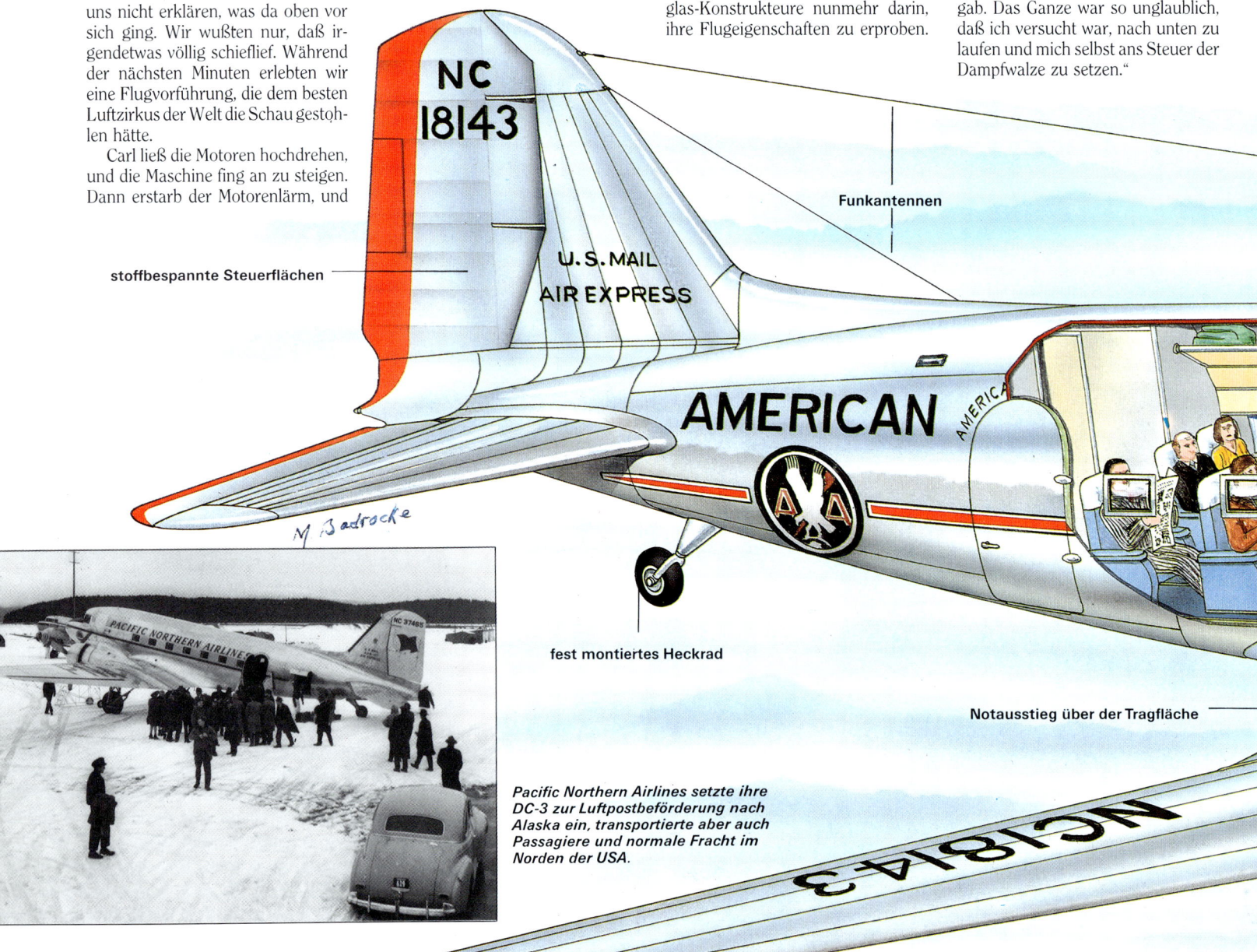

stoffbespannte Steuerflächen

NC 18143

U.S. MAIL AIR EXPRESS

Funkantennen

AMERICAN

M Badrocke

fest montiertes Heckrad

Pacific Northern Airlines setzte ihre DC-3 zur Luftpostbeförderung nach Alaska ein, transportierte aber auch Passagiere und normale Fracht im Norden der USA.

Notausstieg über der Tragfläche

NC18143

Wie wir ein Verkehrsflugzeug schufen

Als Donald Douglas, der Präsident eines jungen Flugzeugwerkes, das auch heute noch seinen Namen trägt, am Montag, dem 5. August 1932, die Geschäftspost sichtete, fand er eine Anfrage eines alten Bekannten vor. Jack Frye, Abteilungsleiter bei der „Transcontinental and Western Air Inc." in Kansas City, Missouri, wollte zehn oder mehr dreimotorige Transportflugzeuge erwerben, deren Leistungsmerkmale in einer beigefügten Anlage festgelegt waren. „Ob der ‚Schotte' am Bau dieser Maschinen interessiert sei", wollte er wissen.

„Wenn ja", fuhr er fort, „wie lange würde es dauern, bis die erste Maschine zur Erprobung durch die Fluggesellschaft übergeben werden könnte?" Der erste Teil der Anfrage ließ sich leicht mit Ja beantworten, bei der zweiten Frage konnte Douglas nur mit den Schultern zucken.

Aber ihn konnte so etwas nicht erschüttern. Er war bereits 18 Jahre auf diesem Feld tätig und ahnte, daß dieses Angebot eine entscheidende Weichenstellung für sein Unternehmen bedeuten konnte. Den ganzen Tag über ging ihm der Brief von TWA durch den Kopf. Abends nahm er ihn mit nach Hause, um weiter darüber nachzudenken. Die Aussichten, die dieses Projekt eröffnete, raubten ihm den Schlaf. Am nächsten Morgen trommelte er die führenden Köpfe der Abteilungen Entwurf, Konstruktion und Fertigung zu einer Stabsbesprechung zusammen.

Die Douglas Aircraft Corporation war zehn Jahre alt, und die meisten Teilnehmer dieser Besprechungsrunde gehörten von Anfang an dazu. Douglas verlor keine Zeit und kam direkt zur Sache – er zog Fryes Brief aus der Tasche und las ihn laut vor. Nach jedem einzelnen Punkt des Forderungskatalogs hielt er kurz inne, um sich der Zustimmung seiner Mitarbeiter zu vergewissern:

Konstruktion: Dreimotoriger Eindecker in Ganzmetallbauweise; außer den Hauptbaugruppen Rumpf und Tragflächen ist gemischte Bauweise zulässig.
Triebwerk: 500–550 PS leistende Kolbenmotoren mit Lader für den Betrieb in großer Höhe, ähnlich dem derzeit von Pratt & Whitney in Hartford, Connecticut, gefertigten Wasp.
Besatzung und Fluggäste: eine zweiköpfige Besatzung und mindestens zwölf Passagiere plus Reserve für Gepäck und persönliche Gegenstände; Mindestnutzlast 1.043 kg.
Maximales Gesamtgewicht: 6.441 kg
Reichweite: 1.738 km
Höchstgeschwindigkeit in Meereshöhe: mindestens 298 km/h
Reisegeschwindigkeit: 235 km/h
Höchste Landegeschwindigkeit: 105 km/h
Mindestdienstgipfelhöhe: 6.400 m
Steiggeschwindigkeit: 6,00 m/sek

Die Sitzung dauerte den ganzen Tag über bis in die Nacht hinein. Dann verabschiedete Douglas sein Team, nachdem er das nächste Treffen für Freitag zur Anhörung ihrer Vorschläge anberaumt hatte. Anschließend verfaßte er einen kurzen Antwortbrief an Jack Frye, in dem er sein Interesse an dem Vorhaben zum Ausdruck brachte.

Bei der nächsten Versammlung ergriff der Chefkonstrukteur „Dutch" Kindelberger als erster das Wort: „Ich meine, wir wären schlecht beraten, wenn wir nicht für ein zweimotoriges Flugzeug statt eines dreimotorigen plädierten", sagte er. „Nach dem Rockne-Unfall haben die meisten Leute Vorbehalte gegenüber dreimotorigen Maschinen. Warum sollten wir etwas bauen, das wie eine Ford oder Fokker aussieht?

Sowohl Pratt & Whitney als auch Wright Aeronautical haben neue Motoren mit jeder Menge PS auf dem Prüfstand... – zwei dieser Triebwerke geben eine größere Leistung ab als die aller dreimotorigen Flugzeuge, die es heute gibt."

Douglas, der gerade einen erfolgreichen zweimotorigen Bomber entworfen hatte, konnte nur zustimmen. Aber er sprach nicht nur aus eigener Erfahrung. In der Schublade seines Schreibtisches lag die neueste Ausgabe des „Practical Mechanics", die auf einer Doppelseite den Aufriß der neuen Boeing 247 brachte. „Kennt ihr dies?" Natürlich war ihnen die Zeichnung bekannt. Sie hatten sie sogar gründlich studiert und begannen nun, Punkt für Punkt auseinanderzupflücken.

„Was mich am Tragflächenentwurf stört", meinte Kindelbergers Assistent Arthur Raymond, „ist der durch die Kabine geführte Hauptholm, der den Raum praktisch in zwei Hälften unterteilt. Größere Personen müssen sich bücken, wenn sie den Gang entlanglaufen..."

Bald diskutierte man: „Warum nicht die nach außen spitz zulaufende Tragflächenform von Jack Northrop übernehmen? Die Verjüngung nach außen hin durch eine leichte Pfeilung läßt uns jede Menge Spielraum und der Schwerpunkt..."

„...bauen die Tragflächen in drei Teilen. Wenn man das Mittelstück gleich in die Rumpfkonstruktion einbezieht..., muß der lange Hauptholm die Kabine überhaupt nicht zerschneiden..."

„Was ist mit den 105 km/h für die Landung?", warf Ed Burton, einer der Dienstältesten in der Entwurfsabteilung. Sein Kollege Fred Herman hatte sich über diesen Punkt ebenfalls den Kopf zerbrochen. „So wie ich das sehe, müssen wir der Maschine eine Art Luftbremse...ein Klappenwerk geben, das die tragende Fläche bei der Landung vergrößert und die Geschwindigkeit mindert. Außerdem hätte man beim Start zugleich mehr Auftrieb, um die schwere Nutzlast vom Boden in die Luft zu hieven..."

Nach langen Wochen der Diskussion erreichte man einen Konsens. Douglas Commercial Model No. 1 oder kurz DC-1 nannte man das Werk.

Das Innere der Douglas DC-3

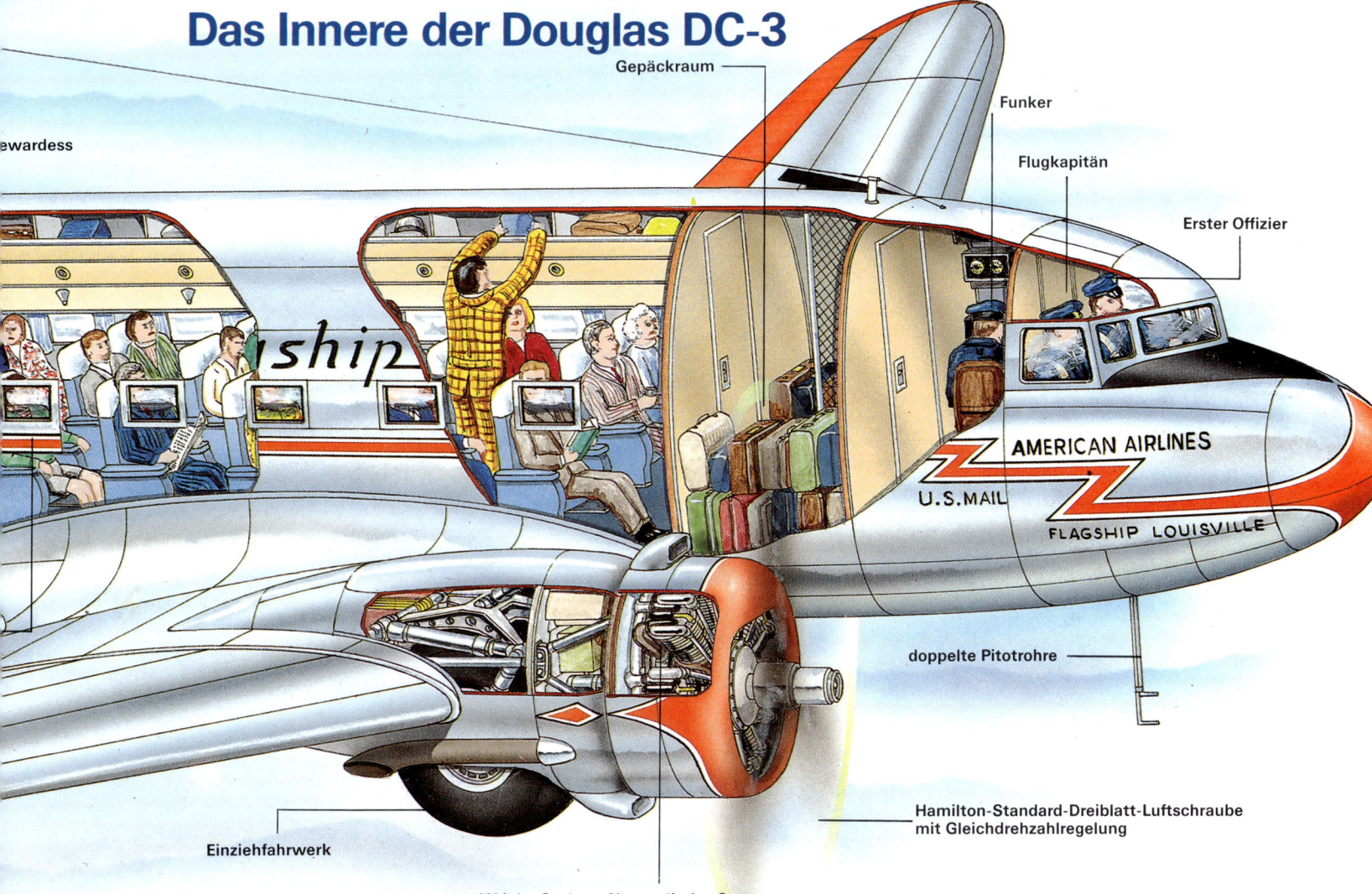

Stewardess — Gepäckraum — Funker — Flugkapitän — Erster Offizier — AMERICAN AIRLINES — U.S. MAIL — FLAGSHIP LOUISVILLE — doppelte Pitotrohre — Hamilton-Standard-Dreiblatt-Luftschraube mit Gleichdrehzahlregelung — Einziehfahrwerk — Wright-Cyclone-Neunzylinder-Sternmotor

Die Tragflächen hatten eine ganz charakteristische Form mit stark ausgeprägter Pfeilung an der Nasenkante, während die Abströmkante im rechten Winkel zur Längsachse verlief. Diese Form blieb der Maschine ihr ganzes Leben lang erhalten. Bei der DC-3 zeigte sie sich sogar noch ausgeprägter als bei den beiden Vorgängern. Das Tragwerk wurde in drei Teilen gefertigt – zwei Außenflächen und einem langen Mittelstück, das beide Motorgondeln aufnahm. Die tiefe Anordnung des Tragwerks ergab eine viel sauberere Kabinenauslegung als die der Boeing 247, deren Passagierraum durch die Tragflächenführung praktisch halbiert wurde. Ernst Udet, einer der Architekten der wiedererstandenen Luftwaffe, meinte hierzu: „Wenn Junkers dieses Prinzip angewandt hätte, wären seine Flugzeuge allen anderen um Längen voraus gewesen. Diese Tragflächen sind einfach besser als unsere."

Leichte Streckung

Noch vor dem Erstflug des DC-1-Prototyps waren die Pläne für die DC-2 bereits weit gediehen. Es handelte sich bei ihr lediglich um eine leicht verlängerte Version des Prototyps. Die Kabine der DC-1 war 7,16 m lang mit sechs Sitzen auf jeder Seite des Mittelgangs. Im zweiten Anlauf wurde die Kabine etwa 90 cm länger, was gerade für einen zusätzlichen Sitz pro Seite reichte. Douglas und seine Konstrukteure besaßen ein Gespür dafür, ob etwas gut und ausbaufähig war. Als die Definition einer DC-3 anstand, verlängerten sie den Entwurf einfach erneut. Eines stand ihnen unbeirrt vor Augen – der Komfort für den Passagier. Clancy Dayhoff, einer der größten Zeitungsberichterstatter, schrieb nach einem Flug mit der DC-2: „Ein Flug in der neuen Luxus-Linienmaschine vermittelt das Gefühl, in einem eleganten Wohnzimmer behaglich und völlig sicher dahinzuschweben." Es lagen Welten zwischen dieser Art zu fliegen und dem ohrenbetäubenden Lärm, den Rohrstühlen und gelegentlichen Schlammspritzern, denen Flugreisende bisher ausgesetzt waren.

Am 18. Mai 1934 eröffnete die TWA den Linienverkehr mit der DC-2. Am 1. August verfügte die Fluggesellschaft über genügend Flugzeuge – und ausreichend Courage –, um eine Schnellverbindung von Küste zu Küste einzurichten: von New York nach Los Angeles mit Zwischenlandungen in Chicago, Kansas City und Albuquerque. Man startete um 16.00 Uhr und landete am nächsten Morgen um 07.00 Uhr am Zielort. Nach etwas mehr als einem Jahr konnte Douglas die Jubiläumszahl von 20 Millionen Flugstunden der DC-2 im kommerziellen Luftverkehr bekanntgeben.

Doch schon lange vor diesem Meilenstein richtete die Geschäftsleitung von Douglas ihren Blick auf die Zukunft. Im Juni 1934 hatte die amerikanische Regierung zu einem Rundumschlag gegen die Luftfahrtindustrie ausgeholt. Hauptziel war die Unterbindung der sogenannten vertikalen Monopole. Es galt, ein für allemal

Schlafwagen der Luft

Mit Ausnahme der Boeing 247 waren praktisch alle Konkurrenzmodelle immer noch stoffbespannte, dreimotorige Eindecker, in einigen Fällen auch Doppeldecker. Eine dieser Maschinen zog die Aufmerksamkeit von Chefkonstrukteur Bill Littlewood und von C. R. Smith, dem Präsidenten der neu gegründeten American Airlines, auf sich, weniger wegen ihrer Eigenschaften als vielmehr wegen ihrer Einsatzart: Nachtflüge zwischen Los Angeles und Dallas Texas mit Schlafkojen für die Passagiere. Smith hatte gerade die Genehmigung zu verhindern, daß sich Flugzeughersteller finanziell an Fluggesellschaften beteiligen und auf diese Weise Druck auf ihr Verkaufsverhalten ausüben. Schlagartig öffnete sich der Markt, und der Erfolg der DC-2 ließ jedermann an Douglas' Tür klopfen.

migung für eine dritte Verbindung von Küste zu Küste erhalten und 15 DC-2 in Auftrag gegeben, mit denen er diese Route bedienen wollte. Um aber in den von dem Duo TWA und United beherrschten Transkontinentalverkehr einbrechen zu können, mußte er mehr bieten als sie. Im „Schlafwagendienst" sah er den Schlüssel zum Erfolg.

Zunächst einmal mußte er die Manager der Douglas Aircraft Corporation von seiner Idee überzeugen, denn es war nicht damit getan, daß man einfach die Inneneinrichtung des bestehenden Musters änderte. Dieser Vorschlag bedeutete einen tiefgreifenden Umbau, wenn nicht gar Neuentwurf. Er führte zur DC-3.

Sehr viel anders als die beiden Vorgänger sah die DC-3 nicht aus. Zwar gab es eine Reihe von Detailänderungen, aber die Grundauslegung blieb weitgehend erhalten. Der neue Ent-

Charles Lindbergh erarbeitete für seine Fluggesellschaft, die TWA, den Leistungskatalog für die spätere DC-2. Er erkannte auch das Potential, das in der für American Airlines entworfenen DC-3 steckte, und setzte die Beschaffung einer großen Flotte dieses Musters durch.

Douglas DC-3, American Airlines

American Airlines
American Airlines, eine der weltgrößten Fluggesellschaften unserer Tage, wurde 1934 als Nachfolger von American Airways gegründet. Dieses Unternehmen fühlte sich seit jeher der Förderung neuer Entwürfe verpflichtet.

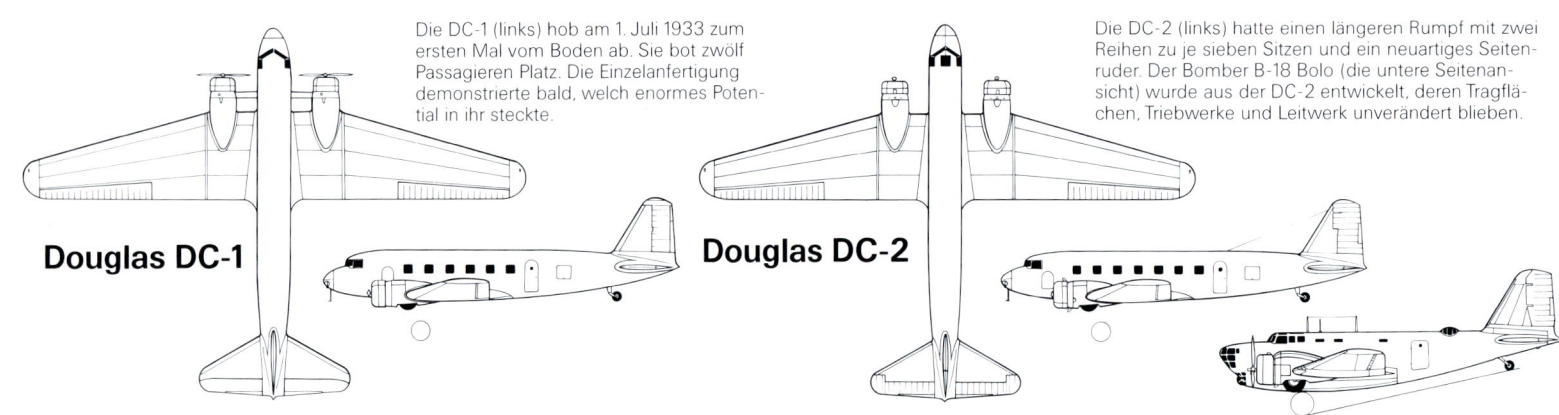

Die DC-1 (links) hob am 1. Juli 1933 zum ersten Mal vom Boden ab. Sie bot zwölf Passagieren Platz. Die Einzelanfertigung demonstrierte bald, welch enormes Potential in ihr steckte.

Die DC-2 (links) hatte einen längeren Rumpf mit zwei Reihen zu je sieben Sitzen und ein neuartiges Seitenruder. Der Bomber B-18 Bolo (die untere Seitenansicht) wurde aus der DC-2 entwickelt, deren Tragflächen, Triebwerke und Leitwerk unverändert blieben.

Douglas DC-1

Douglas DC-2

wurf war wieder länger und diesmal auch breiter. In allen wesentlichen Punkten, die Flugverhalten und Leistung bestimmten, zeigten sich nur sehr subtile Abweichungen. So erhöhte man zum Beispiel die Spannweite und wählte ein anderes Tragflächenpofil. Auch das Leitwerk wurde vergrößert und ein schwereres Fahrwerk mit Radbremsen entwickelt, die man über kippbare Seitenruderpedale bediente.

Augenfälliger war da schon das Ergebnis der 15.000 Arbeitsstunden, die man für die neue Inneneinrichtung benötigt hatte, um dem Nachtreisenden ein Optimum an Komfort, Ruhe und Sicherheit zu bieten. Es war

das erste Mal, daß einem Flugzeughersteller das Wohlbefinden der Fluggäste ebenso wichtig war wie hohe Geschwindigkeit.

Konkurrenzlos

Der DST-Prototyp (Douglas Sleeper Transport) wurde am 17. Dezember 1935, dem 32. Geburtstag des Motorfluges, aus der Montagehalle gerollt. Ein Jahr hatte man benötigt, um dieses Flugzeug fertigzustellen. Noch am selben Tag startete es zu seinem Erstflug. Die Tatsache, daß es die Flüge von Küste zu Küste mit einer Durchschnittsgeschwindigkeit von 320 km/h und nur zwei Zwischenstops zum Auftanken absol-

vierte, festigte die Stellung von Douglas auf dem Markt in der völlig neuen Branche der Verkehrsmaschinen, die bald als „Airliner" populär wurden.. Für die Nutzer schlug sich der Erfolg in handfesten Gewinnzahlen nieder. Der Betrieb einer DST zwischen New York und Chicago kostete den Halter rund 800 Dollar – genausoviel wie eine Ford Trimotor. Der große Unterschied bestand darin, daß Douglas die dreifache Nutzlast in der Hälfte der Zeit befördern konnte. Dieses Muster war von Anfang an konkurrenzlos. Innerhalb von zwei Jahren bestritten Douglas-Flugzeuge 90% des gesamten kommerziellen Luftverkehrs.

Noch vor dem „Roll-Out" der DST

entstand auf dem Reißbrett die eigentliche DC-3 mit einundzwanzig Passagiersitzen. Im Laufe der Jahre sollten 803 Flugzeuge dieses Musters gebaut werden, die über 500 Millionen Fluggäste beförderten und mehr als 100 Milliarden km in rund 80 Millionen Flugstunden zurücklegten. Diese Zahlen beziehen sich nur auf die zivilen Versionen des Musters. Beim Militär erreichte die C-47 ganz andere Dimensionen: 10.000 Exemplare rollten von den zahlreichen Montagebändern. Wenn die DC-3 das Model T Ford der Luft war, dann verkörperte die C-47 den Jeep, das originelle Mehrzweckvehikel des amerikanischen Heeres.

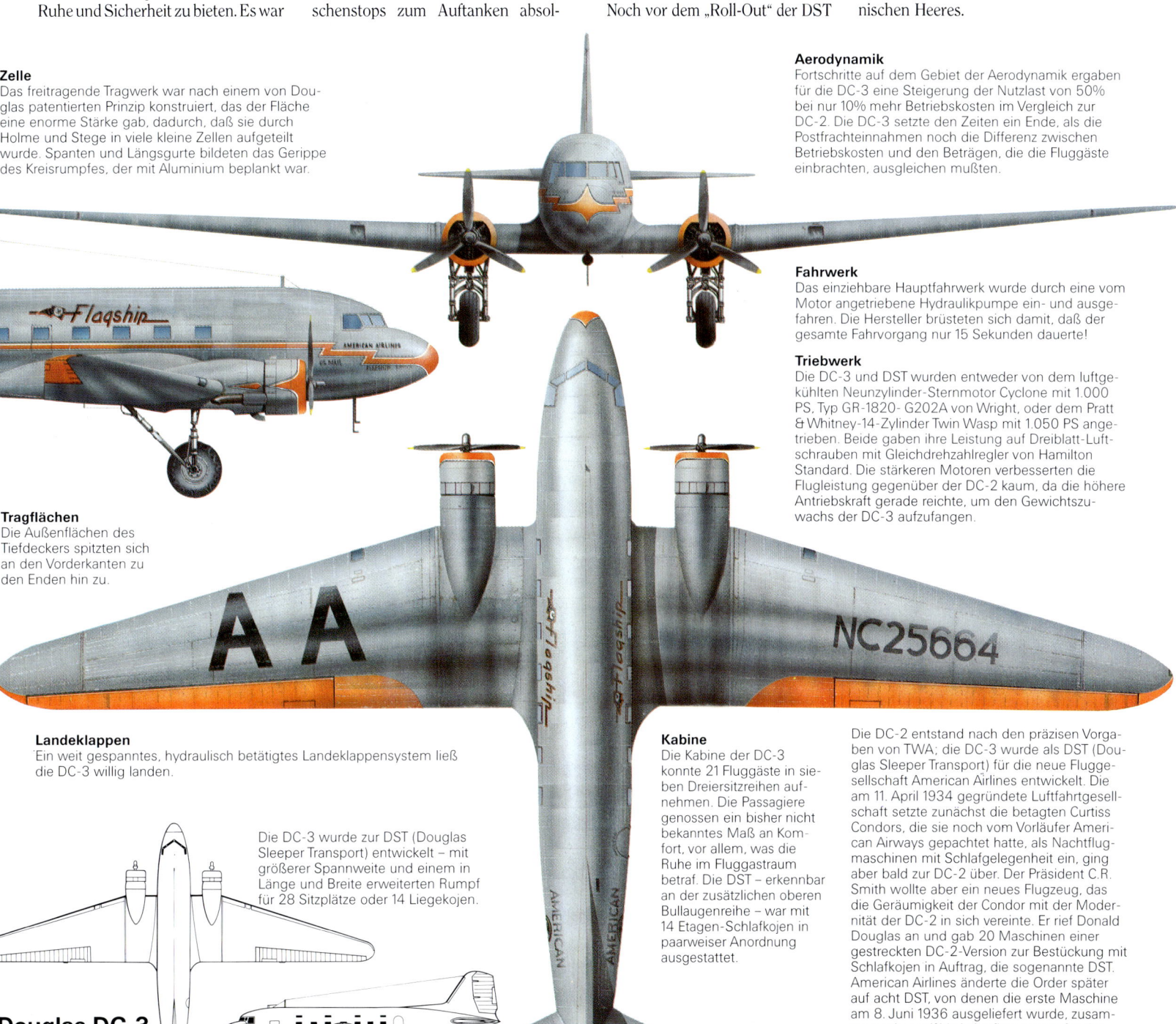

Zelle
Das freitragende Tragwerk war nach einem von Douglas patentierten Prinzip konstruiert, das der Fläche eine enorme Stärke gab, dadurch, daß sie durch Holme und Stege in viele kleine Zellen aufgeteilt wurde. Spanten und Längsgurte bildeten das Gerippe des Kreisrumpfes, der mit Aluminium beplankt war.

Tragflächen
Die Außenflächen des Tiefdeckers spitzten sich an den Vorderkanten zu den Enden hin zu.

Landeklappen
Ein weit gespanntes, hydraulisch betätigtes Landeklappensystem ließ die DC-3 willig landen.

Die DC-3 wurde zur DST (Douglas Sleeper Transport) entwickelt – mit größerer Spannweite und einem in Länge und Breite erweiterten Rumpf für 28 Sitzplätze oder 14 Liegekojen.

Douglas DC-3

Aerodynamik
Fortschritte auf dem Gebiet der Aerodynamik ergaben für die DC-3 eine Steigerung der Nutzlast von 50% bei nur 10% mehr Betriebskosten im Vergleich zur DC-2. Die DC-3 setzte den Zeiten ein Ende, als die Postfrachteinnahmen noch die Differenz zwischen Betriebskosten und den Beträgen, die die Fluggäste einbrachten, ausgleichen mußten.

Fahrwerk
Das einziehbare Hauptfahrwerk wurde durch eine vom Motor angetriebene Hydraulikpumpe ein- und ausgefahren. Die Hersteller brüsteten sich damit, daß der gesamte Fahrvorgang nur 15 Sekunden dauerte!

Triebwerk
Die DC-3 und DST wurden entweder von dem luftgekühlten Neunzylinder-Sternmotor Cyclone mit 1.000 PS, Typ GR-1820-G202A von Wright, oder dem Pratt & Whitney-14-Zylinder Twin Wasp mit 1.050 PS angetrieben. Beide gaben ihre Leistung auf Dreiblatt-Luftschrauben mit Gleichdrehzahlregler von Hamilton Standard. Die stärkeren Motoren verbesserten die Flugleistung gegenüber der DC-2 kaum, da die höhere Antriebskraft gerade reichte, um den Gewichtszuwachs der DC-3 aufzufangen.

Kabine
Die Kabine der DC-3 konnte 21 Fluggäste in sieben Dreiersitzreihen aufnehmen. Die Passagiere genossen ein bisher nicht bekanntes Maß an Komfort, vor allem, was die Ruhe im Fluggastraum betraf. Die DST – erkennbar an der zusätzlichen oberen Bullaugenreihe – war mit 14 Etagen-Schlafkojen in paarweiser Anordnung ausgestattet.

Die DC-2 entstand nach den präzisen Vorgaben von TWA; die DC-3 wurde als DST (Douglas Sleeper Transport) für die neue Fluggesellschaft American Airlines entwickelt. Die am 11. April 1934 gegründete Luftfahrtgesellschaft setzte zunächst die betagten Curtiss Condors, die sie noch vom Vorläufer American Airways gepachtet hatte, als Nachtflugmaschinen mit Schlafgelegenheit ein, ging aber bald zur DC-2 über. Der Präsident C.R. Smith wollte aber ein neues Flugzeug, das die Geräumigkeit der Condor mit der Modernität der DC-2 in sich vereinte. Er rief Donald Douglas an und gab 20 Maschinen einer gestreckten DC-2-Version zur Bestückung mit Schlafkojen in Auftrag, die sogenannte DST. American Airlines änderte die Order später auf acht DST, von denen die erste Maschine am 8. Juni 1936 ausgeliefert wurde, zusammen mit zwölf Verkehrsflugzeugen für den Betrieb bei Tag mit 21 Sitzen. Diese Version erhielt die Bezeichnung DC-3; das erste Exemplar kam am 18. August 1936 zur Auslieferung. Am 7. November 1941 hatten 430 DC-3 das Werk verlassen, darunter rund 40 Maschinen in der DST-Konfiguration.

Die unsterbliche DC-3

KRIEG UND FRIEDEN

Als der Präsident von American Airlines, C. R. Smith, die DC-3 öffentlich zum perfekten Verkehrsflugzeug erklärte, geschah dies natürlich nicht ohne Eigennutz, denn vollkommen war sie nicht. Die Flugzeugführer bemängelten beispielsweise, daß die Heizung wenig tauge und die Windschutzscheiben Wasser durchließen. In der ersten Zeit wurden auch Zweifel wegen der langen, schlanken Tragflächen laut; sie hatten dem Flugzeug den wenig schmeichelhaften Beinamen „Die fliegende Hure" eingebracht, da sie keinerlei Halt zu bieten schienen. Und in der Tat, die Tragflächen schwangen wirklich während des Fluges nach oben und unten. Die Kritik verstummte allerdings schlagartig nach einem besonders turbulenten Flug zwischen Chicago und Detroit. Veteranenpilot Joe Hammer berichtet:

„Gleich hinter South Bend flogen wir in eine völlig harmlos aussehende Wolkenschicht hinein. Mittendrin erwischte uns eine Abwärtsströmung, wie ich sie sonst noch nie erlebt habe. Einige Passagiersitze waren buchstäblich aus ihrer Bodenverankerung gerissen und die Anschnallgurte zerrissen, als seien sie aus Papier. Die Maschine selbst zeigte keinerlei Schwächen. Es gelang mir, sie aus dem Sturz abzufangen und in Detroit zu landen. Am Boden fiel dann ein ganzer Schwarm von Technikern über die DC-3 her. Nicht eine einzige lose Niete haben sie gefunden!" Seitdem beschwerte sich niemand mehr über die schwingenden Tragflächen.

Dennoch waren die DC-Maschinen natürlich nicht gegen Unfälle gefeit. Den ersten Absturz mit tödlichen Folgen erlitt die DC-2, die die KLM beim Luftrennen von London nach Melbourne eingesetzt hatte. Damals war sie nur von einer der drei Rennmaschinen geschlagen worden, die de Havilland als Langstrecken-Sonderanfertigungen gebaut hatte. Die de Havilland Comet gewann das Rennen mit knapp 71 Stunden. Die DC-2 errang den zweiten Platz, obwohl sie fast die gesamte Strecke als reguläre Linienmaschine mit drei Fluggästen und 30.000 Briefen geflogen war.

Rätselhafte Unfälle

Knapp zwei Monate später stürzte *Uiver*, wie die KLM diese Maschine getauft hatte, auf dem Wege von Kairo nach Bagdad in der Wüste ab. Alle Insassen kamen ums Leben. Douglas und seinen engsten Mitarbeitern stockte der Atem, bis endlich der Untersuchungsbericht vorlag: Das Flugzeug war von einem Blitz getrof-

fen worden, der die drei Passagiere und die vierköpfige Besatzung sofort tötete. Die Maschine stürzte daraufhin ab und bohrte sich in den Boden.

Im Februar 1937 löste ein weiterer Unfall Besorgnis um die Sicherheit der neuen DC-3 aus. Drei Besatzungsmitglieder und acht Passagiere ertranken, als eine Maschine der United Airlines über der Bucht von San Franzisco ohne ersichtlichen Grund direkt ins Meer hinein flog. Zunächst führte man den Absturz auf menschliches Versagen zurück. Fünf Wochen später entdeckte man aber anläßlich eines neuerlichen Unfalls die tatsächliche Ursache: Das Mikrofon war aus seiner Halterung in einen V-förmigen Spalt zwischen Steuersäule und Cockpitwand gefallen und hatte die Steuerung blockiert.

Wesentlich bedeutsamer als die schreckliche Feststellung, daß auch

Die Douglas DC-3 hatte sich bereits als eines der bedeutendsten Muster in der Verkehrsfliegerei etabliert. Ihr Einsatz im Zweiten Weltkrieg machte sie auch im militärischen Bereich bald zum wichtigsten Transportflugzeug. Auch nach dem Krieg wurde die zuverlässige Maschine noch vielfach weiterverwendet.

Die C-47 entwickelte sich zum echten Arbeitspferd für die Invasion der Alliierten, indem sie Fallschirmjäger absetzte, Kampftruppengleiter schleppte und Nachschub als Fallschirmlast abwarf. Diese Maschinen gehören zu einer Transportflotte von 1.500 Flugzeugen, die die Alliierten bei der Überquerung des Rheins unterstützte.

Eine der ersten für die USAAF gebauten C-47 überfliegt das Douglas-Werk bei ihrer triumphalen Rückkehr vom Fronteinsatz. Im Hintergrund drängen sich A-20-Exemplare, die nur noch auf ihre Auslieferung warten.

Rechts: Dieser Bomberpulk läßt deutlich die Abstammung der B-18 von der DC-2 erkennen. 351 Bomber dieses Typs wurden gebaut, von denen 20 Maschinen als Digby Mk 1 nach Kanada gingen. 122 rüstete man später zu B-18Bs für U-Bootpatrouillen um.

eine DC-2 oder DC-3 vom Himmel fallen konnte, aber war die Tatsache, daß es bei solchen Flugunfällen durchaus Überlebende gab. Bis zur Einführung der neuen Generation von Verkehrsflugzeugen bedeutete ein Flugunfall nahezu zwangsläufig den Tod aller Personen an Bord. Neue Bauweisen und Werkstoffe sollten die Wende bringen. Die ersten Maschinen, die die neue Ära verkörperten, kamen aus den Werkstätten der Firma Douglas.

In der zweiten Hälfte der dreißiger Jahre eroberte die DC-3 stetig neue Märkte, bis Hitlers Machtergreifung in Deutschland drohende Kriegswolken aufziehen ließ. Lange zuvor war Don Douglas schon zu der Erkenntnis gelangt, daß die Nachfrage der Welt nach seinen Verkehrsmaschinen versiegen könnte, bevor er mehr als ein paar Hundert fertiggestellt haben würde. Infolgedessen beschäftigte er sich wieder mit dem Gedanken an mittlere Bomber.

Bomber

Der erfolgreiche Entwurf der DC-2 bot sich auch hier geradezu an; er mußte allerdings beträchtlich geändert werden. Das Ergebnis, die XB-18, fand in Boeings Projekt 299, der späteren B-17, sofort einen starken Konkurrenten. Die XB-18 oder DB-1 unterlag letzten Endes in diesem Wettbewerb, obwohl der Prototyp der B-17 während der Erprobung abstürzte und verbrannte. Das bedeutete jedoch nicht, daß man das Projekt völlig aufgab. Insgesamt 352 DB-1 waren fertiggestellt, als die Produktion auf den von der DC-3 abgeleiteten Bomber B-23 umgestellt wurde. Dieses Muster brachte es allerdings nur auf 38 gefertigte Exemplare. Gegen solche Meisterstücke wie die B-17 Flying Fortress oder die B-24 Liberator konnte sich der Douglas-Bomber nicht behaupten. Douglas' Hoffnung, als Rüstungsunternehmen für das Army Air Corps im Geschäft zu bleiben, schien sich nicht zu erfüllen. Doch er hatte die DC-3 nicht mehr mit einkalkuliert. Seine Bomber waren sicher nicht dazu ausersehen, eine tragende Rolle in dem Krieg zu spielen, der sich am Horizont abzeichnete; ganz anders aber stand es mit seinen Transportflugzeugen.

Die Idee, auch Frachtgut auf dem Luftweg zu befördern, entsprang der festen Einrichtung des Postdienstes, der am Anfang das Hauptstandbein für die Fluggesellschaften bedeutete. (Erst mit der DC-3 trugen sich Verkehrsmaschinen selbst ohne jegliche Einnahmen aus Postfrachten.) Bereits in einer sehr frühen Entwicklungsphase der DC-2 hatte Don Douglas mit dem Gedanken gespielt, eine Frachtversion dieses Musters zu bauen. Den Anstoß zu einer Konkretisierung seines Projekts aber gaben Gerüchte, daß die amerikanische Regierung ein Transportflugzeug beschaffen wolle.

Gefordert wurde in der Tat ein Flugzeug, das Nachschub und Personal auf frontnahe Feldflugplätze heranführen und Verwundete ausfliegen konnte. Bei einer Marschgeschwindigkeit von 200 km/h sollte das Flugzeug mit einer Nutzlast von 1.360 kg eine Reichweite von 800 km besitzen. Douglas reichte den Entwurf einer modifizierten DC-2 ein und gewann die Ausschreibung spielend (786 Punkte gegenüber 599 Punkten des nächsten Konkurrenten). Einen Haken hatte die Sache allerdings: Die Originalforderung beinhaltete ein einmotoriges Transportflugzeug, und die DC-2 besaß bekanntlich zwei Triebwerke. Die strengen Beschaffungsrichtlinien in diesem Punkt umgehen zu können war so gut wie aussichtslos. Die Tatsache, daß die zwei Triebwerke die C-33, so die ursprüngliche Bezeichnung der militärischen Version der DC-2, befähigten, eine Last von 2.720 kg über 1.440 km mit einer Durchschnittsgeschwindigkeit von 265 km/h zu transportieren, war für die rechtliche Bewertung völlig irrelevant. Schließlich entschied der Chef der amerikanischen Militärjustiz höchstpersönlich, daß die Beschaffung eines zweimotorigen Flugzeugs rechtlich vertretbar sei. Damit hatte Douglas endlich ein Bein im militärischen Transportgeschäft.

Hitlers Invasionen

Die C-33 verfügte nicht nur über ein größeres Leitwerk als ihr ziviles Gegenstück, sondern auch über eine Ladetür und ein Transportsystem; alles wohldurchdacht und praktisch umgesetzt. 18 Maschinen waren bereits in Auftrag gegeben, als man die DC-3 vorstellte. Das bislang träge drehende Räderwerk der Rüstungsbeschaffung überschlug sich plötzlich geradezu. Die C-39, die für kurze Zeit die C-33 ersetzen sollte, hatte den Rumpf der DC-2, das Leitwerk der DC-3 und leistungsstärkere Motoren. Von dieser Version wurden 35 Maschinen geliefert. Die Transportflugzeuge beider Douglas-Muster bildeten den Kern einer völlig neuen „Waffengattung" der US Army Air Force (USAAF).

Dann ließ Hitler seine Wehrmacht in die Tschechoslowakei und Polen einmarschieren. Die USAAF sah sich plötzlich vor die Notwendigkeit gestellt, ein „spezielles Flugzeug" für hundert verschiedene „Spezialaufgaben" zu beschaffen. In den nächsten sieben Jahren entstanden über 50 militärische Ableitungen der DC- 2 und DC-3.

Den größten Unterschied zwischen den meisten C-47 und ihren zivilen Pendants machte wohl ihr jeweiliger Antrieb aus. Für die Ausrü-

stung der DC-1 und DC-2 hatte noch ausschließlich Wright den Zuschlag erhalten, bei der DC-3 war auch Pratt & Whitney beteiligt. Als die Produktion der C-47 „Skytrain" in den Jahren 1942/1943 auf Hochtouren lief, wurden praktisch nur noch P&W- Twin-Wasp-Sternmotoren eingebaut, da die Alternative von Wright, der Cyclone, an Boeing für die B-17 und an Martin für die B-26 Marauder gingen, um nur zwei Muster zu nennen.

Die bedeutendste Änderung im Bereich der Zelle zielte darauf ab, die Möglichkeiten des Lasttransports zu erweitern und das Be- und Entladen der Fracht zu erleichtern. Grundsätzlich bedeutete dies eine Vergrößerung der hinteren Tür und eine Verstärkung des Kabinenbodens, so daß ohne weiteres ein Jeep an Bord gerollt werden konnte. Rein theoretisch stellte das auch keine große Hürde dar, in der Praxis aber konnte ein solcher Eingriff in die bestehende Struktur, wie ihn eine so große Tür bedingte, die Festigkeit des gesamten Hinterrumpfes gefährden. „Wenn man an dieser Stelle solch ein Riesenloch in den Rumpf schneidet, braucht man nur in ein bißchen turbulente Luft zu geraten, und der gesamte Schwanz kann sich selbständig machen!", warnte der Leiter der Konstruktionsabteilung. Aber es geschah dennoch. Man verstärkte die Längsgurte, die Spanten und Formstücke, und die Sache funktionierte. Es gab kaum einen Bericht über eine C-47, die ihr Heck verloren hätte.

Mit dem Eintritt der USA in den Zweiten Weltkrieg waren die Zweimotorigen von Douglas heiß gefordert. Etwa die Hälfte der 350 DC-2 und -3 in Privatbesitz wurde praktisch über Nacht konfisziert und dem neu gebildeten Military Airlift Com-

Oben: Die einzige XC-47C war mit großen Amphibienschwimmern von Edo ausgestattet. Die Schwimmer dienten zugleich als Gehäuse für ein einziehbares Fahrwerk und einen 1.136-l-Tank.

Unten: Eine typische Szene aus dem Zweiten Weltkrieg: Dakotas der Royal Air Force setzen Fallschirmjäger in der Nähe der Hauptstadt Athen für die Invasion Griechenlands ab.

Normalerweise brachte man Gleitflugzeuge im üblichen Schleppstart in die Luft (unten). Um einen Gleiter aus schwierigem Gelände zu bergen, in dem die C-47 nicht landen konnte, wandte man ein „Schnappverfahren" an. Die Schleppleine wurde an zwei Pfosten so aufgehängt, daß der Auslegerfanghaken der C-47 sie erwischen konnte.

Unten: C-47 Skytrains mit je einem schweren Gleiter vom Typ Waco CG-4 (bei der RAF „Hadrian" genannt) im Schlepp. Die Landschaft unter ihnen trägt typisch amerikanische Merkmale; das läßt auf einen Übungsflug vor der Verlegung nach Europa schließen.

mand (MAC - Militärisches Lufttransportkommando) unterstellt. Fliegen mußten die Eigentümer ihre in aller Eile oliv gestrichenen Maschinen selbst.

Als erstes erschloß sich das MAC Fernrouten zu den einzelnen Kriegsschauplätzen. So überquerte man den Nordatlantik für Flüge nach Großbritannien und die Einöde im Norden Kanadas, um nach Alaska und zu den Aleuten-Inseln zu gelangen. Beide Routen führten durch einige der schlimmsten Wetterzonen der Welt und überquerten Gebiete der Erde, die für den Menschen als völlig unzugänglich galten. Douglas' Entwicklungsingenieur D. W. Tomlinson, seinerzeit Kapitän bei der US Navy, berichtet über die technische Herausforderung, die die Alaska-Strecke darstellte.

Klimaanpassung

„Die Kälte und das Salzwasser machten uns schwer zu schaffen. An allen Teilen, Motoren, Reifen, Außenhaut und Struktur, Hydraulik- und Bremssystemen, traten Erscheinungen auf, wie wir sie noch nicht erlebt hatten. Betriebsstoffe wurden dickflüssig wie Sirup. Gummidichtungen kristallisierten. Das Schmierfett in den Radlagern erstarrte. Dicke Eisschichten legten sich auf Windschutzscheiben und Nasenkanten. Wir lernten auf eine verdammt harte Tour, wie man ein Flugzeug winterfest macht und unter extremen Kältegraden betreibt. Die Douglas-Maschinen bestanden diese Prüfung einfach großartig."

Im Süden stellten sich ähnliche Probleme, zum Teil mit umgekehrten Vorzeichen. Von Miami, der Süd-

Haarsträubende Geschichten

„...Jede Zweiersitzgruppe war mit drei Erwachsenen belegt, insgesamt 28 Personen. Diese hatten außerdem 22 Kinder auf dem Schoß, macht 50. Vier andere kauerten in den seitlichen Frachtbuchten und nochmals sechs im Postabteil. 14 drängten sich im Mittelgang, so daß sich insgesamt 74 Passagiere an Bord befanden..."

„...Ich sah einen jungen russischen Piloten ins Cockpit einer C-47 steigen; es war offensichtlich sein erster Flug auf dem linken Sitz. Mit brüllenden Motoren rollte die Maschine die Startbahn hinunter. Der Schwanz war noch gar nicht ganz oben, als der Flugzeugführer auch schon das Fahrwerk einzog. Die Maschine mußte in die Luft, ob sie wollte oder nicht. Später gab ich dem jungen Russen zu verstehen, daß dies doch ein recht grober Umgang mit der Maschine gewesen sei. Er schaute mir ernsthaft in die Augen und fragte: ‚Was ist los mit Ihnen, Colonel? Haben Sie Angst vorm Sterben?‘..."

„...Die Maschine stieß in 12.000 Fuß (3.600 m) in eine tropische Gewitterwolke. Die turbulente Luftströmung wirbelte das Flugzeug praktisch sofort auf den Rücken und zog es in dieser Lage nach unten, als wollte sie einen negativen Looping fliegen. In 4.000 Fuß (1.200 m) Höhe gelang es dem Piloten, die Maschine abzufangen. An Bord befanden sich 26 Passagiere und etwa

2.700 kg Fracht, zumeist persönliches Gepäck, aber auch einige lose Frachtstücke und ein alter Gußofen. Keines dieser Frachtstücke war verzurrt. Als sich die Maschine auf den Rücken legte, wurden die Passagiere und die Ladung gegen die Kabinendecke geschleudert. Der gußeiserne Ofen riß ein Loch in den Rumpf, durch das ein kleines Känguruh hätte hüpfen können.
Nach der Landung in Australien überprüfte ein Werksmechaniker von Douglas die Maschine. In seinen Augen konnte das Flugzeug nur noch abgeschrieben werden. Aber der Pilot – wir haben nie rausbekommen, wer das war – wollte nur wissen, ob er die Maschine noch 1.000 km über Wasser zum eigentlichen Zielflughafen fliegen könne. Er schlug alle Warnungen in den Wind und setzte seinen Flug mit der beschädigten Maschine fort. Der Gipfel aber ist, daß er es sogar sicher dorthin schaffte..."

„...Die zweite Zero jagte direkt auf uns zu. Als sie bis auf wenige Meter herangekommen war, knallte ich die Gashebel bis zum Anschlag vor. Die Maschine machte einen kleinen Satz nach vorn, so daß die Zero nicht mittschiffs in uns hineinraste. Statt dessen erwischte sie aber unser Leitwerk, von dem vielleicht noch 50 cm Seitenruder stehenblieb. Naja, ihr hat es wohl mehr geschadet als uns. Sie schlug jedenfalls auf den Boden und explodierte in einem riesi-

gen Feuerball, während ich zu meinem Erstaunen herausfand, daß ich die Maschine auch fast ohne Leitwerk unter Kontrolle hatte. Ich brachte sie sicher nach Hause zurück. Da unsere Leute am Boden sowohl den Zusammenstoß als auch die Explosion des japanischen Jagdflugzeugs bezeugen konnten, wurde mir ein ‚Luftsieg‘ zuerkannt..."

„...senkte den Bug und beharkte das ganze Gebiet mit seinen Maschinenkanonen. Der Rumpf hatte verflixt viele Löcher, aber viel schlimmer – eine Fläche war regelrecht weggefetzt worden. Wir brauchten dieses Flugzeug unter allen Umständen; als der Pilot uns über Funk zu verstehen gab, daß er die Maschine mit einer neuen Tragfläche wohl rausfliegen könne, klopften wir alle Möglichkeiten ab.
Das Problem bestand darin, daß uns keine DC-3-Fläche zur Verfügung stand und auch anderweitig keine aufzutreiben war. Wir hatten lediglich eine DC-2-Fläche, und die war drei Meter zu kurz. Vielleicht klappte es ja doch; also befestigten wir sie unter einer anderen Mühle und flogen sie 1.500 km über die Berge nach Kiuchuan. Die Techniker setzten die Fläche ein – die Maschine sah aus, als hätte sie Schlagseite. Aber sie hob ganz normal ab und flog, als sei überhaupt nichts passiert. Wir nannten dieses Flugzeug anschließend die ‚DC-Zweieinhalb‘..."

spitze Floridas, aus erschlossen die DC-3 eine Route über die Karibik und die Atlantikküste Südamerikas nach Natal in Brasilien, das als Sprungbrett für die Überquerung des Atlantischen Ozeans nach Afrika und weiter nördlich nach Europa diente.

Dann kam die Versorgung des Freien Chinas, eingeschlossen von den Japanern einerseits und dem Himalaya-Gebirge andererseits. Die Route selbst hatte die China National Aviation Corporation, ein Ableger von Pan-Am, im Auftrag der chinesischen Regierung mit DC-2 und DC-3 bereits erflogen. Das Problem bestand nurmehr darin, diese Strecke trotz der widrigen Wetterbedingun-

Douglas C-47A Skytrain

Astrokuppel
Die kleine Plexiglaskuppel hinter dem Führerraum diente zur Ortsbestimmung durch Gestirnsbeobachtung mit Hilfe eines Handsextanten. Die Astronavigation kam überall dort zur Anwendung, wo bodenabhängige Funkortungssysteme nicht vorhanden oder unzuverlässig waren.

Cockpit
Das Flugdeck war mit einer kompletten Doppelsteuerung ausgerüstet, so daß beide Flugzeugführer Kontrolle über die Maschine ausüben konnten.

Bordfunker/Navigator
Unmittelbar hinter dem Flugdeck befand sich steuerbord die Kabine des Bordfunkers/Navigators, erkennbar an der Astrokuppel auf dem Dach.

Diese C-47 überstand die Attacke eines japanischen Jagdflugzeugs. Nachdem der japanische Pilot zunächst versucht hatte, die Maschine mit seinen Bordkanonen abzuschießen, hatte er die „Gooney" schließlich gerammt. Trotz des Riesenlochs im Rumpf schaffte die C-47 den Rückflug.

Die Japaner bauten ihre eigene Version der C-47, genannt L2D (bei den Alliierten „Tabby") und setzten sie für ihre Transportdienste ein. Diese Maschine wurde Opfer der schwerkalibrigen Bordkanonen eines Bombers vom Typ B-24 Liberator.

gen offen zu halten und mit einer sinnvollen Zuladung an Versorgungsgütern und Ausrüstung die erforderliche Sicherheitshöhe über die 7.620 m hohen Gipfel der Bergkette einzuhalten.

Geschichten dieser Art konnte man mehr und mehr erzählen, je weiter der Krieg um sich griff, bis schließlich die ganze Erde zum Operationsgebiet wurde. Als erstes flogen die Skytrains auf mehr oder weniger unvorbereitete Landestreifen ein, um Pioniere und schweres Gerät zum Bau von Startbahnen, Instandsetzungshallen und Quartieren abzusetzen. Anschließend benutzten die Schwestermaschinen dieselben Bahnen zur Unterstützung der eigentlichen Kampfoperationen.

Zahnersatz und Schäferhunde

Die Ladelisten enthielten zum Teil abenteuerliche Frachten. Man könnte sie für erfunden halten, wenn man sich nicht den wirklich globalen Einsatz vor Augen hielte. Bei einem Flug auf der Strecke von Grace Airways nach Lima in Peru hatte die Transportmaschine Panamahüte, Babyküken und 100.000 Gebisse an Bord. Zu den seltsamsten „Passagieren" zählten wohl eine Kuh, die auf eine abgelegene Insel im Pazifik überführt wurde, um die dort stationierten Männer mit Frischmilch zu versorgen, und ein Schäferhund für einen Flugplatz in Schottland, der Tiere von der Start- und Landebahn fernhalten sollte. Keine Fracht konnte so ungewöhnlich sein, daß die C-47 in ihren unterschiedlichen Varianten sie nicht zu den riskantesten Bestimmungsorten transportiert hätte.

Als sich das Kriegsblatt mit dem Jahreswechsel 1943/1944 allmählich wendete, verlagerte sich die Strategie zunehmend von der Versorgung der Kampftruppen im Abwehrgefecht auf die Heranführung von Kräften in die Kampfzone selbst. Die neue Generation von Transportflugzeugen gab den Strategen ein Mittel in die Hand, Soldaten in die Einsatzgebiete zu bringen, allerdings unter der Voraussetzung, daß es irgendeine Art von Landemöglichkeit im frontnahen Raum gab. Um dieses Problem zu lösen, mußten Fallschirmjäger und schwere Transportgleiter einspringen. Man braucht wohl kaum zu erwähnen, daß, mehr als jedes andere Muster, die C-47 auf diese neue Rolle angepaßt wurde.

Mit der neuen Aufgabe tauchte ein weiterer Name in der ohnehin bereits illustren Liste auf. Die Briten nannten das Muster „Dakota", was prompt die Abkürzung „Dak" nach sich zog. Bei den Russen, die das Recht für die eigene Fertigung erworben hatten (und Douglas nie einen Pfennig bezahlten),

Rumpftür
Auf der linken Seite des Flugzeugs befand sich eine große Tür. Sie konnte als Einzeltür für das Ein- und Aussteigen am Boden bzw. in der Luft zum Absetzen von Fallschirmjägern benutzt werden. Man konnte aber auch für das Be- und Entladen beide Teile öffnen.

Kabine
Für die Frachtbeförderung war der Kabinenraum grundsätzlich völlig „nackt". Es konnten aber verschiedene Sitzeinrichtungen montiert werden, zumeist an den Kabinenseiten in einfacher Segeltuchausführung und klappbar.

Kraftstoff
Die Hauptkraftstofftanks waren im Mittelflächenstück vor dem Hauptholm zusammengefaßt. Hinter dem Holm befanden sich die Hilfstanks.

Tragflächen
Die freitragenden Flächen waren enorm stark konstruiert. Die beträchtliche Zurücknahme der Nasenkante und die V-Stellung der Außenflächen stellten ein bestimmendes Merkmal dar.

Triebwerke
Die C-47A wurde von Pratt & Whitney-R-1830-92-Sternmotoren, dem populären Twin Wasp, mit je 1.200 PS angetrieben. Die C-47B bekam den R-1830-90 mit Zweistufenlader für den Betrieb in großer Höhe.

Variante
Dies ist eine C-47A, die meistgebaute Version; 2.300 Exemplare entstanden in Oklahoma City und 2.954 in Long Beach. Die anderen Hauptversionen waren das Grundmodell C-47 (965 Maschinen) und die C-47B (3.364 Maschinen).

Markierungen
Alle Flugzeuge der USAAF erhielten einen einheitlichen olivgrünen Tarnanstrich mit hellgrauen Unterseiten. Diese Maschine trägt die schwarz-weißen „Invasionsstreifen" der Kampfflugzeuge, die an der alliierten Invasion in der zweiten Hälfte von 1944 beteiligt waren, und große Kenngruppen am Bug.

General Eisenhower soll gesagt haben, daß die C-47 eines der vier Instrumente gewesen sei, die den Alliierten zum Sieg verholfen hätten. (Die anderen drei Mittel waren die Bazooka, der Jeep und die Atombombe.) Darüber kann man geteilter Meinung sein, aber niemand wird ernsthaft den hohen Wert dieses Musters in Zweifel ziehen wollen. So wie die Junkers Ju 52 die deutschen Streitkräfte bei allen Operationen begleitet hat, unterstützten die C-47 und Dakotas die Alliierten. Dieses Muster ist in erster Linie durch seine Einsätze auf den europäischen Kriegsschauplätzen bekannt geworden, man denke nur an die Landung der Alliierten in der Normandie, an Arnheim und den Vorstoß über den Rhein. Man sollte aber nicht vergessen, daß dieser Typ auch eine überaus wichtige Unterstützungsfunktion in den Operationsgebieten des Nahen und Fernen Ostens erfüllte.

Links: Das Schleppflugzeug im Schlepp! Bei der CG-17 handelte es sich um die Umrüstung einer einzelnen C-47 zum Gleitflugzeug, das hier zur Erprobung von einer Douglas C-54 Skymaster geschleppt wird. Die Motoren hatte man ausgebaut und durch entsprechend verkleidete Tankbehälter ersetzt.

Die Royal Air Force setzte eine große Zahl von C-47 ein, die dort unter dem Namen Dakota zu Ehren gelangten. Einer ihrer Haupteinsatzräume war der Ferne Osten. Diese Maschine sieht man unter den für dieses Gebiet typischen Einsatzbedingungen auf einem Flugplatz in der Nähe von Karatschi (heute Pakistan).

Oben: Als ein Flugzeug von nahezu klassischer Einfachheit machte die C-47 eine Vielzahl von einmaligen Umrüstungen für diverse Experimente durch. Diese Kombination einer C-47A mit einer auf den Außenflügel montierten Culver PQ-14B (Luftziel) diente 1949/50 zur Erprobung von Bordjägern. Später bildeten eine Republic EF-84B und eine Boeing B-29 als Mutterflugzeug ein Gespann.

Unten: Außer zu regulären Transportflügen und zur Heranführung von Fallschirmjägern hat man die C-47 Dakota zu einigen äußerst ungewöhnlichen Aufgaben eingesetzt, besonders nach dem Kriege, als ihre spezifischen Vorzüge nicht mehr so gefragt waren. Diese Dakota der RAF wurde beispielsweise bald nach dem Sieg in Japan in einen behelfsmäßigen „Entlausungsbomber" zur Bekämpfung von Moskitos verwandelt.

hieß sie Lisunow Li-2. Die US Navy führte sie unter R4D mit insgesamt 21 Unterversionen. Nur das United States Army Air Corps konnte sich für keinen Beinamen entscheiden und gebrauchte daher in der Umgangssprache zwei Namen: Skytrain und Skytrooper. Die verschiedenen Dienstbezeichnungen, insgesamt 54, rangierten zwischen C-32 und C-117.

„Gooney Bird"

Keiner dieser Namen aber setzte sich so durch wie „Gooney Bird", obwohl der Ursprung ungewiß ist. Es gibt allerdings wirklich einen Vogel dieses Namens, eine große Seemöwe, die auf einigen winzigen Inseln im Pazifik beheimatet ist. Ein amerikanisches Lexikon (Webster) wiederum definiert „goon" als Simpel; beides ergibt keine befriedigende Erklärung, ausgerechnet ein Flugzeug oder speziell dieses Muster so zu taufen. Offenbar ist „Gooney Bird" aber allerorts gut angenommen worden.

Mit diesem despektierlichen Namen und der Eleganz eines Stadtbusses zogen also die Zweimotorigen von Douglas auf das Gefechtsfeld. Waren schon die Geschichten über die unglaublichen Fähigkeiten dieses Musters in Friedenszeiten kaum zu schlucken, so führten die Kriegsberichte die „Gooney Bird" geradewegs in den Bereich der Legende…

In der Zeit unmittelbar nach Kriegsende blieb die „Gooney" weiterhin das wichtigste Transportflugzeug vieler Luftstreitkräfte. Diese recht mitgenommen aussehende C-47 A nimmt gerade Fallschirmjäger für ein Übungsspringen in Georgia auf. Das untere Bild zeigt eine Dakota der RAF, die eine Gruppe von Kriegsgefangenen aus dem Fernen Osten in die Heimat befördert hat.

Mal handelte es sich um eine Einzelmaschine, die Kampfbeschädigungen überstand, die jedes andere Flugzeug unweigerlich außer Gefecht gesetzt hätten, und dennoch den ihr zugewiesenen Auftrag erfüllte; mal erzählte man von einer Armada mit 400 bis 500 Flugzeugen, die eine ganze Fallschirmarmee nach Nordafrika, in die Normandie, nach Arnheim oder auf die pazifischen Inseln transportiert hatte. Die „Gooney Bird" befand sich ständig an den Brennpunkten des Geschehens.

Die allgemeine Truppenlehre schien zu besagen, daß alles, was am Boden klappte, auch in einem Douglas-Flugzeug möglich sein mußte. Es gab sie als fliegendes Lazarett, Druckerei, Spezialwerkstatt, Photola-

bor ebenso wie als Tankwagen. Sogar als fliegender Schlepper betätigte sie sich! War eine C-47 in einem einigermaßen zugänglichen Gebiet niedergegangen, schickte man einen dieser fliegenden Schlepper los, um die notgelandete Maschine mit seinem Fanggerät für schwere Gleiter im Flug zu bergen und zur nächsten Feldwerft zu überführen.

Zuverlässig und effizient

Nachdem die C-47 Hunderte von Gleitern über Tausende von Kilometern geschleppt hatte, wurde sie selbst kurzzeitig zum Gleitflugzeug. Nach dem Ausbau der Motoren und dem Einbau von rundlichen Frontverkleidungen an die Motorgondeln gab die XCG-17 einen perfekten Gleiter ab.

Nach der Fertigstellung bestand allerdings kein Bedarf mehr für diesen Gleiter, so daß dieses Projekt wie auch die X-123, eine C-47 mit Schwimmerausrüstung, nicht mehr zum praktischen Einsatz kam.

Neben den phantastischsten Verwendungen einzelner Zweimotoriger von Douglas taten Tausende anderer Flugzeuge dieses Musters den alltäglichen Dienst, indem sie Personal und Material von einem Ort zum anderen transportierten, zuverlässig und effizient. So, wie sie die grundsätzlichen Fragen des Massentransports in Friedenszeiten beantwortet hatte, löste sie die Transportprobleme im Kriege. Kein anderes nicht für den Kriegseinsatz entworfene Flugzeug kann Vergleichbares vorweisen.

Die unsterbliche DC-3

Mit 45 Maschinen zum Absetzen von Fallschirmjägern und zur Seeüberwachung verfügt Südafrika heute wahrscheinlich über die größte einsatzbereite Anzahl von DC-3 von allen Luftstreitkräften der Welt. Wegen des Waffenembargos werden diese Flugzeuge wohl auch noch eine Weile länger dienen müssen.

KEIN ALTES EISEN

1945 galt die DC-3 allgemein als technisch überholt; die größeren Fluggesellschaften ließen dieses Muster mit Heckrad-Fahrwerk zugunsten modernerer Verkehrsmaschinen allmählich auslaufen. Nicht wenige ehemalige Militärpiloten gründeten jedoch kleine Gesellschaften und kauften in kleinerem Maßstab ausgesonderte DC-3 und Ex-Dakotas für Fracht- und Passagierdienste auf. Viele dieser Maschinen fliegen auch heute noch.

Obwohl viele C-47 ab 1945 in zivilen Zulassungsregistern auftauchten, spielten die Dakota und die Skytrain eine wichtige Rolle bei manch einem Konflikt nach dem Zweiten Weltkrieg, zum Beispiel in Korea. Diese Dakota der griechischen Luftstreitkräfte verläßt gerade einen abgelegenen Frontflugplatz, den sie mit Nachschub versorgt hat.

Nach dem Krieg wurden viele der Zehntausende alliierter Flugzeuge mit einem Schlag überflüssig, nur nicht die DC-3. Das zertrümmerte Europa benötigte den Luftverkehr mehr denn je, und welches Flugzeug hätte eher einspringen können als die DC-3? Die Verkehrsinfrastruktur am Boden war zwar trotz der sechs Kriegsjahre insgesamt erstaunlich intakt geblieben, doch es gab eine Schwachstelle – die ehemalige Reichshauptstadt Berlin, die die Alliierten gemeinsam verwalteten. Sie lag mitten in der sowjetischen Besatzungszone, der heutigen Deutschen Demokratischen Republik. Was das bedeutete, zeigte sich, als die sowjetische Militärverwaltung im Jahre 1948 eine Blockade über die Westsektoren verhängte.

Die Berliner Luftbrücke baute, um eine Großstadt ausschließlich aus der Luft versorgen zu können, die größte Unterstützungsaktion auf, die es je gegeben hatte. Die Bevölkerung dieser Stadt war von der übrigen Zivilisation abgeschnitten, praktisch ohne eigene Ressourcen und für alle Dinge des täglichen Lebens auf den Lufttransport angewiesen. Aber auch der Luftraum stand unter strenger Kontrolle: Die westlichen Alliierten erreichten Berlin nur über sehr enge Korridore, und das bei einem Abstand von nur drei Minuten zwischen den einzelnen Flügen. Inzwischen gab es zwar größere und schnellere Transportflugzeuge als die DC-3, aber die Zweimotorigen von Douglas trugen in ganz erheblichem Maße zu dieser Aktion bei. Und sei es auch nur deshalb, weil sie in großer Zahl verfügbar waren und dank ihrer weniger komplizierten Technik und anspruchsloseren Wartung kürzere Standzeiten als die neuen Muster hatten.

Die Blockade begann am 19. Juni 1948, als der russische Stadtkommandant Berlin insgesamt zum Teil der sowjetischen Besatzungszone erklärte. Innerhalb von fünf Tagen bauten die Sowjets ihre Sperren so aus, daß die Stadt von der Außenwelt völlig abgeschnitten war.

Berliner Luftbrücke

„Können Sie Kohle in Flugzeugen transportieren?", fragte General Lucius Clay, der amerikanische Militärgouverneur in Berlin, den Kommandierenden General der US Air Force in Europa, Curtis LeMay. LeMay traute seinen Ohren nicht. Er schluckte kurz und gab die einzig mögliche Antwort: „Sir, es gibt nichts, was die Air Force nicht befördern könnte."

LeMay verfügte damals nur über 102 C-47, die fast alle bei der 60th Troop Carrier Group zusammengefaßt waren. Diese Gruppe hatte die Operationen in Nordafrika, Italien und in der Normandie mitgemacht. Ein Teil der Maschinen trug sogar noch die weißen „Invasionsstreifen". Eine C-47 der 60th TCG durchbrach als erste die Blockade gegen Berlin. Innerhalb von 48 Stunden folgten ihr alle einsatzklaren Flugzeuge nach und brachten achtzig Tonnen Mehl, Milch und Arzneimittel nach Berlin.

Als die Blockade am 1. September 1949 aufgehoben wurde, hatten die „Gooney Birds" und andere größere Transportflugzeuge in 276.926 Flügen 2.323.067 Tonnen Versorgungsgüter aller Art in die belagerte Stadt eingeflogen. Allein im Monat August kam eine einzelne DC-3 auf die gewaltige Summe von dreihundertsiebenundzwanzig und eine halbe Stunde, die sie in der Luft zubrachte. Das sind mehr als zehn Stunden pro Tag, also wahrlich keine schlechte Leistung.

Aber nicht nur wegen ihrer erstaunlich hohen Flugstundenleistung machte die DC-3 bei der Berliner Luftbrücke von sich reden. Eine der zahlreichen Geschichten geht auf einen unerfahrenen Nachschubsoldaten zurück, für den offenbar alle Metallrostplatten gleich waren. In der Meinung, es handle sich um Aluminiumplatten, schickte er eine Maschine mit einer vollen Ladung Stahlrostplatten (PSP – Pierced Steel Planking) los, ohne sich über den Gewichtsunterschied im klaren zu sein.

Oben: Auf dem Höhepunkt der Berliner Luftbrücke sind hier auf dem Flugplatz Gatow zahlreiche Dakotas der Royal Air Force, C-47 Skytrain der USAAF und vermutlich auch ein paar zivile DC-3 versammelt. Das Douglas-Transportflugzeug lieferte einen wesentlichen Beitrag innerhalb dieser unvergeßlichen Luftoperation, die der Versorgung der eingeschlossenen Bewohner einer Großstadt mit allen lebensnotwendigen Dingen diente.

Links: Ein Strom von Flugblättern ergießt sich aus dieser USAF-Skytrain während des langen Krieges in Vietnam. In diesem Konflikt wurde die C-47 für ein breites Einsatzspektrum genutzt; sie diente der psychologischen Kriegsführung, der taktischen Aufklärung und sogar als Schlachtflugzeug. Mehr als 20 Maschinen gingen verloren, darunter eine durch eine MiG, sieben durch die Flugabwehr und drei bei Überfällen auf Flugplätze.

Falsche Ladepapiere

Auf der Ladeliste war „PAP" (Pierced Aluminium Planking) vermerkt. Als die Maschine schwerfällig die 1.800 m lange Startbahn entlangrollte und nur mit Mühe abhob, führte der Pilot das daher auf den Verschleiß der Motoren zurück. Später berichtete er, daß er etwas besorgt gewesen sei, als die Maschine unterwegs nur so dahinkroch. Richtige Angst habe er bekommen, als die Geschwindigkeit nach dem Ausfahren des Fahrwerks unter die Mindestgeschwindigkeit absackte. Er habe aber immer noch geglaubt, die Mühle sei eben völlig hinüber, und die Motoren würden wohl bald ihren Geist aufgeben. Mit Vollgas sei ihm noch der Landeanflug geglückt, und erst als das Fahrwerk beim Aufsetzen zusammenkrachte, habe er gemerkt, daß es keine Altersfrage

war, sondern irgendetwas anderes nicht stimmen konnte. Und so war es denn auch. Statt der in den Ladepapieren angegebenen Fracht von 2.950 kg Aluminium befand sich 6.125 kg Stahl im Frachtraum!

Wegen des massiven Drucks auf die Luftfahrtindustrie mußten die Streitkräfte noch an einer bestimmten Zahl zweimotoriger Douglas- Flugzeuge festhalten. Die zivilen Fluggesellschaften, die damals ihre frisch gelieferten Maschinen mehr oder weniger freiwillig für den Krieg zur Verfügung gestellt hatten, forderten sie nun zurück und meldeten zusätzlich Ansprüche auf jede freigewor-

Unten: Während das Transportkommando der USAAF (MAC) bald auf neue modernere Muster wie die Globemaster umrüstete, hielten die Verbündeten – hier Nationalchina – an der C-47 fest.

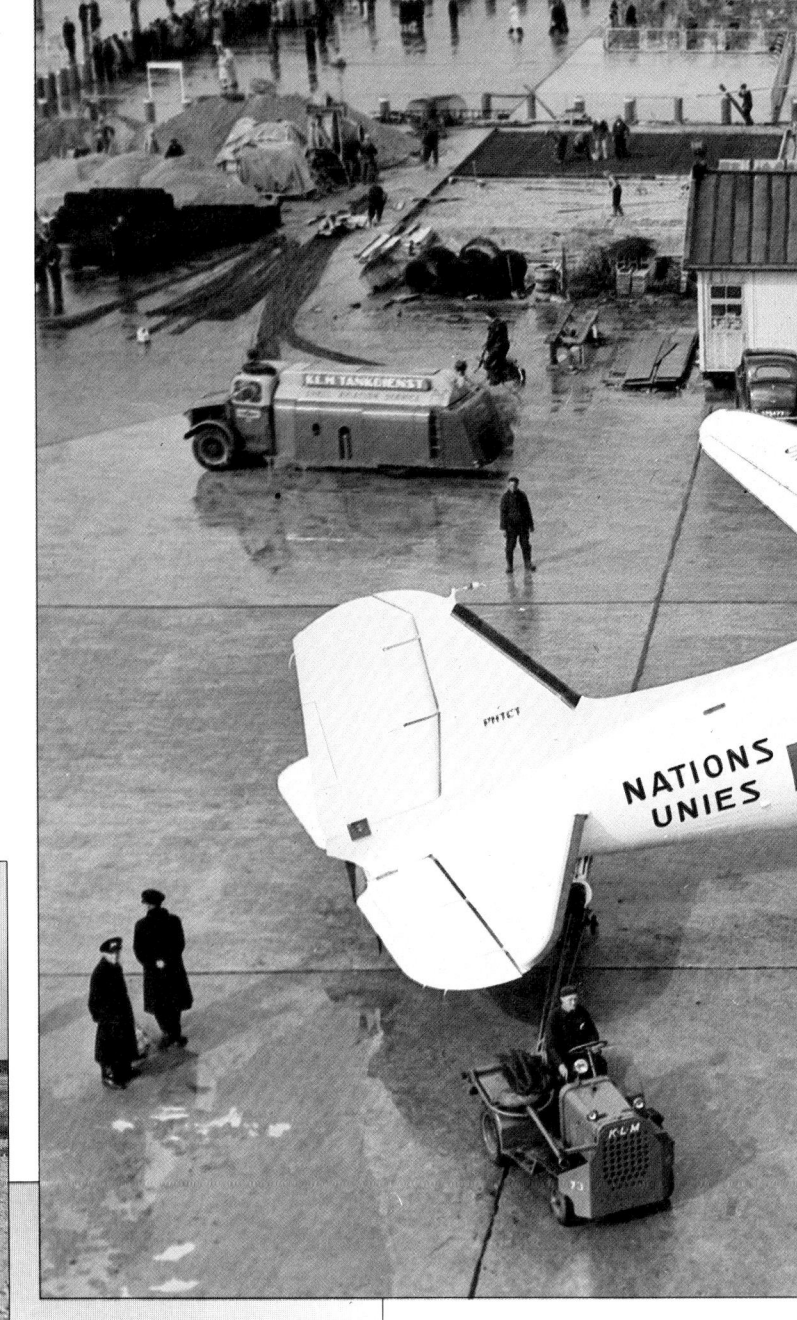

Die Robustheit und Zuverlässigkeit der C-47 mußte sich immer wieder aufs neue bewähren. Hier startet eine R4D-5L der US Navy von einem Eisfeld in der Antarktis.

dene C-47 an. „Nach dem Ende des Krieges wurden die schweren Frachtraumböden, die Trennschotts, die Truppensitze und die Fallschirmgestelle herausgerissen. Die eintönige Olivfarbe wich schmucken Farbmustern. Zierverkleidung, Lärmdämmung, Klimaanlagen, komfortable Sitze, Hutablagen und Waschräume standen auf dem Plan. In weniger als 20 Tagen verwandelte sich eine kriegsmüde C-47 in eine strahlende zivile DC-3." Ende 1946 hatten über 500 Flugzeuge diese Wandlung vollzogen und brachten die kommerzielle Luftfahrt in Schwung.

Die Seiteneinsteiger

Die große Anzahl, in der ehemalige militärische DC-3 plötzlich zur Verfügung standen, hatte eine unvorhergesehene Folge – der Preis sank ins Bodenlose. Einige Käufer, so hieß es, bezahlten für

Kein altes Eisen

teneinsteiger arbeiteten mit einer extrem schmalen Gewinnspanne; entsprechend dünn waren die selbstauferlegten Sicherheitskriterien. Ihr unerwartetes Auftreten überlastete zudem die ohnehin unzulänglichen Flugsicherungseinrichtungen der meisten Flughäfen. Ein bedrohlicher Anstieg der Flugunfälle war die Folge.

Andererseits führte dieser Wettbewerb zu einer Senkung der Flugpreise. Verlangten die Großen für einen Flug von New York nach Kalifornien noch 150 Dollar, so boten die Seiteneinsteiger dieselbe Route für 88 Dollar an.

Frischer Fisch und Erdbeeren

Auch auf einem anderen Gebiet lösten die Seiteneinsteiger geradezu eine Revolution aus, deren Folgen weiter reichten als die im Passagierverkehr. Zu Preisen, die denen des bodengebundenen Frachtverkehrs entsprachen, transportierten sie Güter von Ort zu Ort, die aber nicht erst nach Tagen, sondern schon nach Stunden ankamen. 1.000 km von der Küste entfernt konnten Kleinstadtbewohner nunmehr frischen Fisch genießen. Im tiefsten Winter gab es für die Leute in Nebraska Erdbeeren und frischen Salat zu kaufen. Der Absatzmarkt für jede nur denkbare Art verderblicher

Diese DC-3 der KLM flog im humanitären Hilfsdienst der Vereinten Nationen. Weltweit verdanken Tausende ihr Leben Arzneimitteln und Grundnahrungsmitteln, die die DC-3 einflog.

das Flugzeug so wenig, daß es ihnen sogar noch Gewinn gebracht hätte, nur den Sprit aus den Tanks zu verkaufen.

Die Niedrigpreise in Verbindung mit dem Wunsch vieler Militärpiloten, auch in Zukunft eine fliegerische Tätigkeit auszuüben, sicherten den Zweimotorigen von Douglas die Existenz. Für einen Großteil der aus dem Militär ausgeschiedenen Flugzeugführer bedeutete Fliegen den einzigen erlernten Beruf, und sie machten sich selbständig.

Einige dieser Veteranen führten einen Einmannbetrieb, andere taten sich zu Mini-Gesellschaften zusammen. Eines aber war den Individualisten wie den Gruppen gemeinsam – sie unterboten die großen Fluggesellschaften, wann immer sie konnten.

Das hatte sowohl positive als auch negative Auswirkungen auf den zivilen Luftverkehr. Die Sei-

Rechts: Viele staatliche Fluglinien kleinerer Länder flogen die DC-3 noch bis weit in die sechziger Jahre. Diese DC-3 diente bei Aer Lingus bis 1963.

Unten: Der erste Prototyp der Super DC-3 zeigte ein neues Leitwerk, ein voll einziehbares Fahrwerk und leistungsstärkere Motoren.

Oben: Die Armée de l'Air setzte die C-47 in Indochina und Algerien ein. Diese DC-3 der Air France, die sich auf einem Feldflugplatz im Landesinneren von Vietnam befinden, sollten die militärischen C-47 in Südostasien verstärken.

Unten: Die R4D-8 war die amerikanische Marineversion der Super Dakota mit den kantigen Randbögen an Trag- und Leitwerk.

Ganz unten: Die R4D-6Q, das Radar-schulflugzeug der US Navy, wurde durch das aufgesetzte Bugradom nicht schöner.

Der gefährlichste Sproß der DC-3-Familie war das Schlachtflugzeug AC-47, genannt „Puff the Magic Dragon". Kurz nach seiner Einführung im Jahre 1965 in Vietnam, interpretierten Spötter den Zusatzbuchstaben „A" als „Ancient" (von gestern). Der Vietkong erfuhr jedoch rasch, daß das „A" für „Angriff" stand, und zwar mit drei 7,62-mm-Minikanonen.

MARITIME PATROL AND RESCUE

EN 499

Kein altes Eisen

Ware, seien es nun Tomaten oder auch die neueste Ausgabe des Wochenmagazins Time, hatte sich immens ausgedehnt.

Das „Gummi-Flugzeug"

Nachteinsätze waren ein anderes Feld, das die Seiteneinsteiger besonders pflegten. 1948 erhielten sie einen neuen Status, als die amerikanische Regierung 18 sogenannte Local Service Airlines (Regionalfluggesellschaften) zuließ. Für diese Zubringerdienste schien die DC-3 wie geschaffen. Weltweit setzten alle großen Flugzeughersteller alles daran, ein Nachfolgemuster auf den Markt zu bringen. Sie sahen sich aber mit der unangenehmen Tatsache konfrontiert, daß kein neues Flugzeug unter 46 Dollar pro Kilo Fluggewicht gebaut werden konnte. Die DC-3 kostete aber nur ungefähr ein Drittel. Die einzige Lösung, einen Ersatz für die existierenden DC-3 zu schaffen, bestand darin, neue DC-3 zu fertigen.

Dies mag für alle Hersteller unerfreulich gewesen sein mit Ausnahme der Douglas Aircraft Corporation im kalifornischen Santa Monica. Zu dem Zeitpunkt befanden sich die DC-4 und DC-6 in der Serienfertigung und die DC-7 in der Entwurfsphase. Außerdem befaßten sich die Douglas-Abteilungen bereits mit einer strahlgetriebenen Version dieses Musters, die letztendlich zur DC-8 führte. Dessen ungeachtet trieb Don Douglas seine Mannschaft an, sich Gedanken darüber zu machen, wie man das „Gummi-Flugzeug" zum x-tenmal strecken könnte.

Vereinfacht ausgedrückt, bestand ihre Aufgabe darin, die Nutzlastkapazität des Flugzeugs zu vergrößern, ohne gleichzeitig die Kosten allzu sehr steigen zu lassen. Das bedeutete, möglichst viele Teile der bestehenden Zelle von der DC-3 zu übernehmen. Das Ergebnis war ein um 24 cm längerer Rumpf, der aber immerhin zehn zusätzliche Sitze aufnehmen konnte, ein anderes Tragflächenprofil, ein völlig neues Leitwerk und leistungsstärkere Triebwerke. Die über 2.000 kg schwerere Super DC-3 konnte mit einer Geschwindigkeit von 434 km/h 1.600 km in 9.500 m Höhe zurücklegen. Aber sie erschien 1949 und nicht 1935; die Käufer standen nicht gerade Schlange, um Verträge abzuschließen.

Super DC-3

Don Douglas war sich nicht zu schade, persönlich den Vertrieb für die Super DC-3 anzutreiben, indem er den Prototyp rund 16.000 km quer durch die USA zu potentiellen Kunden kutschierte. Alle bewunderten die Maschine, einige liebäugelten mit ihr, aber nur wenige bekundeten ernsthaftes Kaufinteresse; und wenn, dann nur in einer jeweiligen Größenordnung von ein bis zwei Maschinen, keineswegs von Dutzenden. Als einzige Hoffnung blieben die Luftstreitkräfte. Die Air Force zeigte wenig Interesse, aber die US Navy bestellte 100 Maschinen, die die Bezeichnung R4D-8 erhielten. Das schien ein Anfang zu sein, doch dabei sollte es auch bleiben. Darüber hinaus gab lediglich Capital Airlines noch drei Flugzeuge in Auftrag. Die DC-3 war also von der Zeit überholt worden.

Auch beim Militär schienen die zweimotorigen Douglas-Transportflugzeuge als Arbeitspferde

Oben: Drei Dakotas der rhodesischen Luftstreitkräfte; sie setzten ihre betagten Flugzeuge zum Absetzen von Fallschirmtruppen während der Operation „Fireforce" gegen die Guerilla ein.

Links: Bei zahlreichen kleinen Lufttransportunternehmen steht die DC-3 weiterhin im Dienst; besonders in unterentwickelten Gebieten, wo die Flughäfen häufig noch recht einfach sind, ganz zu schweigen von den dürftigen Wartungsbedingungen.

Jubiläum
Für das International Air Tattoo 1985 auf dem RAF-Luftwaffenstützpunkt Fairford schmückte man die ZA947 anläßlich des 50-jährigen Jubiläums der DC-3 besonders aus.

Mayfly war eine der beiden letzten Dakotas im Dienst der Royal Air Force. Ihre Laufbahn endete beim Royal Establishment, das diese Maschine von Pershore aus für Erprobungen nutzte. Die andere Dakota fliegt dagegen immer noch für das MoD beim Royal Aircraft Establishment in Farnborough.

ausgedient zu haben. Die neue Rolle, in die die ausgemusterten Militärmaschinen geschlüpft waren, hielten viele Leute ebenfalls für ausgereizt. Doch die Realität sah anders aus – selbst nach zwei neuen Kriegen sollte der militärische Einsatz dieses Musters immer noch nicht beendet sein.

Fünf Jahre nach dem Ende des teuersten Krieges, den die Welt je erlebt hatte, wurden die USA in einen neuen Konflikt verwickelt – dieses Mal als Ordnungsstreitmacht der Vereinten Nationen in Korea. Zu diesem Zeitpunkt hatten neuere Transportflugzeuge

die Douglas-Zweimotorigen in ihrer Rolle als „Mädchen für alles" im Lufttransport längst verdrängt – so glaubte man. In Wirklichkeit kam es anders. Häufig erwiesen sich die verfügbaren Landestreifen für die größeren, schwereren Muster einfach als zu klein, also mußte die C-47 wieder ran.

Ungefähr eineinhalb Jahrzehnte später wiederholte sich unglaublicherweise das Ganze. Nachdem es zunächst zum Waffenstillstand gekommen war, sahen sich die USA schon bald in einen neuen Krieg verwickelt: Vietnam. Die Gooney Birds hatten

wieder zu tun – dieses Mal allerdings in einer ganz anderen und viel gefährlicheren Einsatzart.

Spooky und Puff

Im Zweiten Weltkrieg hatten einige Fallschirmjäger-Sonderkommandos ihre Maschine mit Maschinengewehren in den Öffnungen der Frachtraumtüren bewaffnen lassen. Nun wurden die C-47 mit drei Mini-Kanonen von General Electric ausgerüstet, die pro Rohr 6.000 Schuß pro Minute feuern konnten. Die Amerikaner nannten diese Schlachtflugzeuge „Spooky" und „Puff the Magic

Dragon", mit welchem Namen der Vietkong sie bedachte, bleibt der Spekulation überlassen. Dreißig Jahre nachdem der Prototyp aus der Konstruktionshalle in Santa Monica gerollt war, hatte die DC-3 wiederum eine Evolution hinter sich gebracht, die sie nunmehr zu einem echten fliegenden Waffensystem werden ließ.

Ein Flugzeug mit einer solch erstaunlichen Vielseitigkeit hatte es noch nie gegeben. Dank der hochentwickelten Systeme, die uns heute zur Verfügung stehen, wird das wohl auch nie wieder nötig sein.

Douglas DC-3 Dakota
Royal Aircraft Establishment

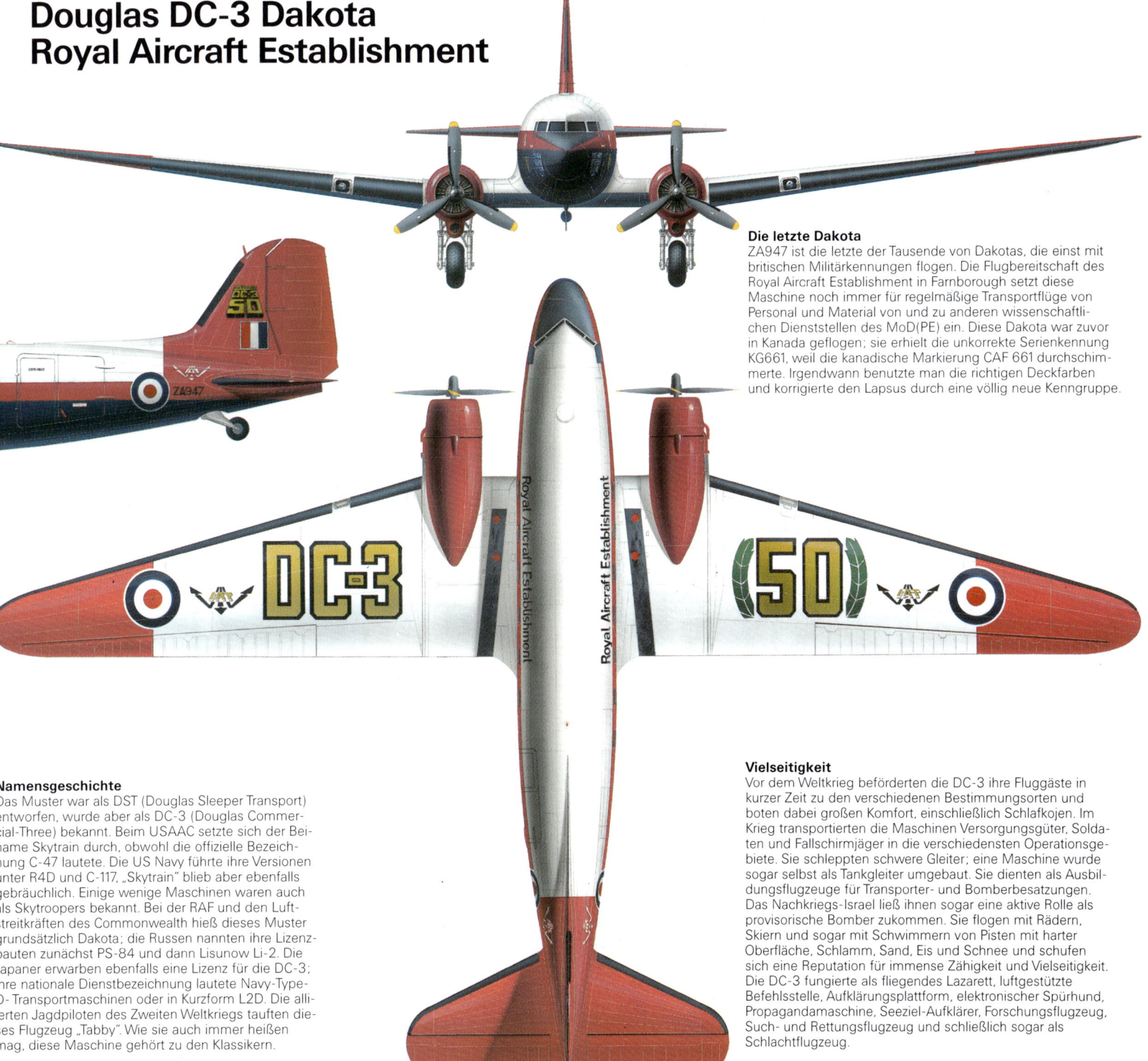

Die letzte Dakota
ZA947 ist die letzte der Tausende von Dakotas, die einst mit britischen Militärkennungen flogen. Die Flugbereitschaft des Royal Aircraft Establishment in Farnborough setzt diese Maschine noch immer für regelmäßige Transportflüge von Personal und Material von und zu anderen wissenschaftlichen Dienststellen des MoD(PE) ein. Diese Dakota war zuvor in Kanada geflogen; sie erhielt die unkorrekte Serienkennung KG661, weil die kanadische Markierung CAF 661 durchschimmerte. Irgendwann benutzte man die richtigen Deckfarben und korrigierte den Lapsus durch eine völlig neue Kenngruppe.

Namensgeschichte
Das Muster war als DST (Douglas Sleeper Transport) entworfen, wurde aber als DC-3 (Douglas Commercial-Three) bekannt. Beim USAAC setzte sich der Beiname Skytrain durch, obwohl die offizielle Bezeichnung C-47 lautete. Die US Navy führte ihre Versionen unter R4D und C-117, „Skytrain" blieb aber ebenfalls gebräuchlich. Einige wenige Maschinen waren auch als Skytroopers bekannt. Bei der RAF und den Luftstreitkräften des Commonwealth hieß dieses Muster grundsätzlich Dakota; die Russen nannten ihre Lizenzbauten zunächst PS-84 und dann Lisunow Li-2. Die Japaner erwarben ebenfalls eine Lizenz für die DC-3; ihre nationale Dienstbezeichnung lautete Navy-Type-0-Transportmaschinen oder in Kurzform L2D. Die alliierten Jagdpiloten des Zweiten Weltkriegs tauften dieses Flugzeug „Tabby". Wie sie auch immer heißen mag, diese Maschine gehört zu den Klassikern.

Vielseitigkeit
Vor dem Weltkrieg beförderten die DC-3 ihre Fluggäste in kurzer Zeit zu den verschiedenen Bestimmungsorten und boten dabei großen Komfort, einschließlich Schlafkojen. Im Krieg transportierten die Maschinen Versorgungsgüter, Soldaten und Fallschirmjäger in die verschiedensten Operationsgebiete. Sie schleppten schwere Gleiter; eine Maschine wurde sogar selbst als Tankgleiter umgebaut. Sie dienten als Ausbildungsflugzeuge für Transporter- und Bomberbesatzungen. Das Nachkriegs-Israel ließ ihnen sogar eine aktive Rolle als provisorische Bomber zukommen. Sie flogen mit Rädern, Skiern und sogar mit Schwimmern von Pisten mit harter Oberfläche, Schlamm, Sand, Eis und Schnee und schufen sich eine Reputation für immense Zähigkeit und Vielseitigkeit. Die DC-3 fungierte als fliegendes Lazarett, luftgestützte Befehlsstelle, Aufklärungsplattform, elektronischer Spürhund, Propagandamaschine, Forschungsflugzeug, Such- und Rettungsflugzeug und schließlich sogar als Schlachtflugzeug.

Die Douglas-Dynastie

GROSSE PROPELLERMASCHINEN

Aviation Charter Enterprises oder ACE Freighters führte von Coventry aus Charter-Frachtflüge durch. Das Unternehmen setzte zunächst ehemalige Connies von South African ein, verstärkte aber zwischen 1964 und 1966 seine Grundflotte mit einer DC-4 und einer C-54.

Mit seiner DC-3 hatte sich Douglas als Wegbereiter für den modernen Luftverkehr erwiesen. Statt sich auf den Lorbeeren auszuruhen, entwickelte Douglas eine ganze Serie von „Douglas Commercials", die alle eine Bezeichnung mit den Buchstaben „DC" erhielten. Neben den Zivilversionen gab es militärische Varianten.

Selbst die knappste Aufzählung ziviler Luftfahrtpioniere könnte die Namen William Patterson und Donald Douglas nicht übergehen. Sowohl dem Chef von United Air Lines wie dem Präsidenten von Douglas Aircraft kommt das Verdienst zu, den Globus mit einer Serie von viermotorigen „Douglas Commercial"-Verkehrsmaschinen, der DC-4, DC-6 und DC-7, umspannt zu haben, besseren Flugzeugen als je zuvor.

Bereits im Jahre 1935, als die zweimotorige Douglas DC-3 erst im Konzept bestand, machte sich Patterson von United für die Einführung eines viermotorigen Langstreckenmusters stark. Sein Ziel war es, im geschäftlichen wie im privaten Luftverkehr neue Maßstäbe in Geschwindigkeit und Komfort zu setzen.

Eine so enge Verbindung zwischen einer Fluggesellschaft und einem Luftfahrzeughersteller riefe heute mit Sicherheit das Kartellamt auf den Plan. In den dreißiger Jahren stellte diese Art partnerschaftlicher Zusammenarbeit den typischen Weg dar, den tatkräftige, zukunftsorientierte Männer wie Patterson und Douglas einschlugen, um dem Luftverkehr gemeinsam zu neuem Fortschritt zu verhelfen. Da Patterson nicht das nötige Kapital besaß, ein so teures Flugzeug im Alleingang zu entwickeln, scheute er sich nicht, die Konkurrenz um Unterstützung für sein Projekt anzugehen. Er hatte Erfolg; im März 1936 investierten United, American, Eastern, Pan American und TWA je 100.000 Dollar für die Entwicklung eines viermotorigen Luxus-Airliners, dessen Platzangebot, Reichweite und Schnelligkeit jedes bisherige Muster in den Schatten stellen sollte. Dieses Flugzeug ist als DC-4E (E für Experimental) ein Begriff geworden.

Die DC-4E war ein atemberaubender Gigant. Es handelte sich um die erste große Verkehrsmaschine, deren Rumpf parallel über dem Boden stand, da er über ein Bugfahrwerk verfügte. Mit ihren doppelten Seitenflossen und dem riesigen Tragwerk, das eine Fläche von nicht weniger als 200 m² zeigte, übertraf die Größe der DC-4E fast alles bisher Dagewesene. Sie hatte eine Länge von 29,74 m, eine Spannweite von 42,14 m und wog 30.164 kg. Als Antrieb dienten vier Pratt & Whitney-R-2180-Sternmotoren mit je 1.450 PS.

Musterzulassung

Am 7. Juni 1938 hob die DC-4E vom kalifornischen Santa Monica aus zum ersten Mal vom Boden ab. Doch erst nach umfangreichen Entwicklungsarbeiten erteilte die amerikanische Luftfahrtbehörde die Musterzulassung. Trotz der enormen Größe und zahlreicher Innovationen, wie kraftverstärktem Ruder und geplan-

Links: Diese ehemalige Argonaut von BOAC gehörte zu den drei Maschinen, die Derby Airways im Oktober 1961 erwarb. Ihr Absturz im Jahre 1967 hatte ein Flugverbot für die beiden anderen Muster zur Folge. Aus Derby Airways wurde am 1. Oktober 1964 British Midland.

Rechts: Das erste Flugzeug mit der Typenbezeichnung DC-4 war die gigantische DC-4E. Sie erwies sich als zu groß, um rentabel zu sein und wurde daher nach Japan verkauft. Hier nutzte man die Maschine wahrscheinlich als Grundlage für den einzigen viermotorigen Bombertyp dieses Landes.

Links: Die DC-7 stellte die höchste Entwicklungsstufe der kolbengetriebenen Douglas-Verkehrsmaschinen dar; sie bildete den Abschluß einer bedeutenden Linie bis zur Einführung der strahlgetriebenen DC-8. Diese Maschine ist eine DC-7B der South African Airways.

Unten: Die DC-5 wurde nur in kleiner Stückzahl gebaut, die einen Prototyp, sieben Flugzeuge für die US Navy und fünf Linienmaschinen umfaßte. Die DC-5 war als zweimotoriges Flugzeug ein Sonderfall, der in El Segundo und nicht wie die Viermotorigen in Santa Monica gebaut wurde.

ter Druckbelüftung, zeigte die DC-4E keinerlei konzeptionelle Schwächen und ein gutes Flugverhalten.

Probleme blieben jedoch nicht aus, und zwar finanzieller Art. Analysen von Wirtschaftsexperten ergaben, daß die DC-4E kaum Gewinn einfliegen könnte, selbst wenn man die Sitzplatzkapazität von 42 auf 52 erhöhte.

Während der Entwicklungsphase nannte man den riesigen Airliner DC-4. Den Zusatzbuchstaben „E" fügte man nachträglich hinzu, um eine Verwechslung mit dem neuen viermotorigen Entwurf von Douglas auszuschließen, den wir heute als DC-4 kennen. Da die Fluggesellschaften immer mehr zu der Überzeugung gelangten, daß die Zukunft bei den Viermotorigen liege, sollte dieses neue Muster nicht zuletzt auch ihre Interessen befriedigen. Es war leichter und einfacher als sein Vorgänger,

wirkte aber ähnlich, abgesehen von seinen konventionellen Heckflossen.

In der Übergangsphase von der DC-4E zur DC-4 lösten sich Pan American und TWA aus dem Verbund und entzogen Douglas ihr Kapital. Sie investierten statt dessen in die Boeing 307 Stratoliner, eine weitere viermotorige Verkehrsmaschine, deren Erfolg eher bescheiden war.

Das Ausscheiden der beiden großen Fluggesellschaften zwang American, Eastern und United zu noch größerer moralischer und finanzieller Unterstützung der neuen DC-4. Sie mußten davon ausgehen, daß Amerikas Isolationspolitik keine Einmischung in europäische Kriege duldete. Sie ahnten nicht, daß die Entwicklung der zivilen DC-4 von einem globalen Konflikt unterbrochen werden würde, aus dem sich kein Land heraushalten konnte. Es handelte

sich in der Tat um reinen Zufall, daß die DC-4 gerade dann zur Verfügung stand, als der Konflikt auch auf die USA übergriff; die Streitkräfte selbst hatten bisher die Notwendigkeit eines Langstrecken-Transportflugzeugs nicht einmal in Erwägung gezogen.

Der neuen DC-4 dienten vier Pratt & Whitney-R-2000-Twin Wasp-Sternmotoren je 1.450 PS als Antrieb. Sie war glatter und schlanker als die Experimentalversion und um etwa 25% leichter. Statt des dreiteiligen Seitenleitwerks der DC-4E zeigte die DC-4 wieder eine einzelne Seiten-

flosse. Da sich das Konzept des Dreipunkt-Fahrgestells bei der DC-4E bewährt hatte, erhielt auch das Nachfolgemuster ein Bugfahrwerk.

Von einer starken Konkurrenz wurde die Entwicklung der DC-4 in jener Vorkriegszeit sicher nicht beeinflußt. Boeing brachte die 307 Stratoliner zwar als erstes viermotoriges Verkehrsflugzeug auf den Markt, mußte die Fertigung aber wieder einstellen, nachdem nur neun Maschinen an zivile Fluggesellschaften abgesetzt werden konnten. Auch die Lockheed Constellation war für vier Triebwerke

Diese Douglas C-54 macht auch mit Starthilfs-raketen noch einen schwerfälligen Eindruck. Die C-54 Skymaster war die militärische Version der DC-4, die in großer Stückzahl produziert wurde.

Dieses Projekt mit dem ungewöhnlichen Druckschraubenantrieb kam nie über das Reißbrettstadium hinaus, zeigt aber eine verblüffende Ähnlichkeit mit der DC-4.

ausgelegt und wirkte zudem vielversprechender als die Stratoliner von Boeing; in jener Zeit vor dem Kriege nahm sie aber erst allmählich Gestalt an, und eine Flugerprobung stand noch aus. Douglas hatte offenbar die Nase vorn.

Traum vom Luxus

Die DC-4 schien den Luftreisenden in jeder Hinsicht eine völlig neue, wunderbare Welt zu eröffnen. Eine Reisegeschwindigkeit um 280 km/h und eine Reichweite von 3.200 km lagen durchaus im Bereich des Möglichen. Geschäftstüchtige Werbeagenturen in der Madison Avenue entwarfen herrliche Annoncen für populäre Magazine; sie starteten eine gewaltige Werbekampagne, die das luxuriöse Interieur des neuen viermotorigen Giganten unterstrich. Pastellfarbene Illustrationen zeigten reiche und berühmte Persönlichkeiten, die Kontinente und Ozeane auf dem Luftweg mühelos überqueren. In diese neue Ära des kommerziellen Luftverkehrs platzte am 7. Dezember 1941 der Überfall der Japaner auf Pearl Harbor.

Mit dem Krieg erschien die C-54 (R5D), die militärische Version der DC-4. Diese weltweite Ausdehnung des Krieges brachte das US Army Air Corps aber auch zu der Erkenntnis, daß weder die DC-3 noch die kommende Militärversion der DC-4 die für globale Luftoperationen erforderliche Transportkapazität und Reichweite besaßen. Im Januar 1942 begann Douglas daher mit dem Entwurf eines sehr großen, viermotorigen Transportflugzeugs mit wirklich

interkontinentaler Reichweite. Im Laufe der Zeit wurde dieser Neuentwurf zur C-74 Globemaster.

Douglas sah sich vor die schwierige Aufgabe gestellt, nicht weniger als drei Entwürfe unterschiedlicher Transportmuster gleichzeitig voranzutreiben. Die C-54 und C-74 Transportflugzeuge waren reine Rüstungsvorhaben. Der dritte Entwurf, die DC-5, nahm unter den „Douglas Commercial" Linienflugzeugen eine Sonderstellung ein. Im Gegensatz zu den Viermotorigen aus dem Douglas-Werk in Santa Monica stammte die DC-5 aus El Segundo und besaß nur zwei Triebwerke.

Die DC-5 flog erstmals am 20. Februar 1939. British Airways bot zunächst finanzielle Unterstützung an, nahm aber später wieder Abstand. Die KLM Royal Dutch erteilte einen Auftrag über vier Maschinen, die US Navy orderte drei Flugzeuge als R3D-1 für den eigenen Bereich und weitere vier Exemplare als R3D-2 für das Marine Corps. Noch vor der Auslieferung stürzte die erste Maschine dieser Serie am 1. Juni 1940 in Los Angeles ab.

Ein technisches Problem machte der DC-5 zu schaffen, das sich in Leitwerksschütteln äußerte. Erst nach langwierigen Tests und Versuchen fand man eine Lösung: Das Höhenleitwerk mußte mit scharfer V-Stellung montiert werden. Zwei Sternmotoren vom Typ Wright R-1820 Cyclone dienten der DC-5 als Antrieb. Man plante auch eine viermotorige Version, gab dieses Vorhaben aber wieder auf. Die Abmessungen variier-

ten zwar innerhalb der insgesamt zwölf Serienmaschinen, doch im Prinzip hatte die DC-5 eine typische Spannweite von 23,47 m, eine Länge von 18,95 m, eine Höhe von 6,05 m und eine tragende Fläche von 76,55 m². Beladen wog die DC-5 um 9.850 kg, die Dienstgipfelhöhe lag bei 6.100 m. Sie erreichte eine Reisegeschwindigkeit von 354 km/h.

Im April 1940 waren die Flugtests abgeschlossen. William Boeing erwarb die erste DC-5 als persönliches Luftfahrzeug, nachdem sein eigenes Unternehmen mit der Stratoliner nur mäßigen Erfolg erzielt hatte. Im Februar 1942 wurde der DC-5-Prototyp eingezogen und der US Navy als R3D-3 zugewiesen.

Außer den sieben Serienmaschinen für die US Navy wurden nur fünf zivile DC-5 (einschließlich der R3D-3) gebaut, also insgesamt zwölf.

Entwicklungen im Kriege

Mit 470 Stimmen bei nur einer Gegenstimme entschied sich der amerikanische Kongreß für eine Kriegserklärung gegen Deutschland und Japan. Alle neuen Airliner im Entwurfsstadium wurden zu militärischen Transportflugzeugen umfunktioniert. Die DC-4 fiel unter diese Mobilmachung; die DC-5 erhielt einen militärischen Anstrich; für die C-74 Globemaster, die sich noch mitten in der Definitionsphase befand, erging im Juni 1942 ein Serienauftrag über 50 Exemplare.

Die erste DC-4 wurde als C-54 für die US Army Air Forces (USAAF) fertiggestellt. Diese Maschine flog im

Februar 1942 und konnte praktisch ohne Flugerprobung den Dienst aufnehmen. (Nur ein einziges Muster aus der Kriegszeit war ähnlich aus dem Stand einsatzbereit: die Grumman F6F Hellcat). Vierundzwanzig C-54 und 97 C-54As liefen in Santa Monica vom Band. Nach 155 in Chicago gebauten C-54As stellte man die Fertigung auf die Version C-54B (220 Maschinen) um; eines dieser Exemplare diente dem britischen Premierminister Winston Churchill als persönliche Transportmaschine. Die C-54A und C-54B erreichten die US Navy als R5D-1 und R5D-2.

Während der Kriegsjahre wurden in den USA keine zivilen Kraftfahrzeuge mehr gebaut, geschweige denn kommerzielle Linienflugzeuge. United, Pan American und zahllose andere Fluggesellschaften mußten sich mit Vorkriegsmaterial begnügen, einschließlich von Flugbooten. Alle Eingaben, die Patterson und die Präsidenten anderer Fluggesellschaften an diverse Rüstungs- und Wehrausschüsse richteten, fruchteten nichts, obwohl sie die eminente Bedeutung ihrer Gesellschaften für die Kriegsführung herausstellten. Die Fluggesellschaften stellten in der Tat eine große Anzahl der Piloten, die die militärischen Transportflugzeuge flogen. Einige von ihnen hatten ihren Beitrag

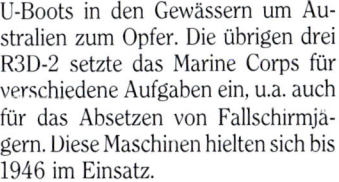

Die Douglas-Dynastie

Links: Die Kabine einer Douglas DC-4. Für damalige Verhältnisse war sie geräumig und komfortabel.

Unten: Die portugiesische Fluggesellschaft TAP gehörte zu den zahlreichen Betreibern, die sich in der Nachkriegszeit auf modernisierte Douglas Commercials stützten.

Im Vergleich zu den militärischen Transportmustern C-47 Skytrain und C-46 Commando wirkte die C-54 Skymaster wie ein Gigant. Ihr Bugfahrgestell ließ sie ungeheuer fortschrittlich wirken.

U-Boots in den Gewässern um Australien zum Opfer. Die übrigen drei R3D-2 setzte das Marine Corps für verschiedene Aufgaben ein, u.a. auch für das Absetzen von Fallschirmjägern. Diese Maschinen hielten sich bis 1946 im Einsatz.

Entwicklung der Globemaster

Douglas' Bemühungen um ein Transportmuster mit wirklich globaler Reichweite führten während der Kampfhandlungen zu keinem konkreten Ergebnis. Die C-74 Globemaster sah zwar wie eine größere Ausgabe der C-54 aus, war aber in Wirklichkeit ein völlig neuer Entwurf mit einer Fülle eigener Problempunkte. Sie absolvierte ihren Jungfernflug erst am 5. September 1945. Die Japaner hatten sich inzwischen ergeben, so daß sich die Bestellungen von 50 Flugzeugen auf 14 reduzierten.

„Ein Supervogel!" jubelte die auf Bolling AFB herausgegebene Truppenzeitschrift, als man das Erscheinen der gigantischen C-74 Globemaster ankündigte. Voll beladen brachte

zu den 79.642 Ozeanüberquerungen der C-54 geleistet.

Eine C-54A erhielt den gehobenen Standard VC-54C; sie diente mit dem Namen Sacred Cow (Heilige Kuh) Präsident Franklin D. Roosevelt als persönliche Maschine. Der Präsident, der Wert darauf legte, seine Lähmung wie ein Kriegsgeheimnis zu hüten, hatte die Sacred Cow mit einem elektrischen Aufzug für seinen Rollstuhl ausstatten lassen.

Rund 380 verbesserte C-54D Skymasters, darunter 86 R5D-3 für die US Navy, verließen die Montagehallen. Größere Tanks und damit mehr Reichweite kennzeichneten die 125 C-54Es, davon 20 R5D-4 für die Marine. Bei der XC-54F handelte es sich um ein Versuchsflugzeug für den Transport und das Absetzen von Fallschirmjägern; diese Version wurde aber nicht weiter verfolgt. Sternmotoren vom Typ R-2800-9 waren das Merkmal von 162 C-54Gs, zu denen

auch 13 R5D-5 der Teilstreitkraft Marine gehörten.

Zu den weiteren Kriegsversionen dieses Airliner der Zukunft zählten die C-54H als Fallschirmtruppen-Transportflugzeug (nicht gebaut), die C-54J als Stabs- und Versorgungsflugzeug (nicht gebaut), die XC-54K mit vier Wright-R-1820-Triebwerken je 1.425 PS (Erprobung mit einer Maschine) und die C-54L als Versuchsmaschine für ein neues Kraftstoffsystem. Eine Experimentalversion mit flüssigkeitsgekühlten Allison-V-1710-Triebwerken erhielt die Bezeichnung XC-114. Eine ähnliche Maschine mit Warmluftenteisung statt pneumatischer Enteisungsmatten war die XC-116. Nicht gebaut wurden die Versionen XC-112 und XC-115. Nach dem Krieg diente eine große Zahl der viermotorigen Skymaster unter verschiedenen anderen Bezeichnungen noch bis weit in die sechziger Jahre hinein.

Die viermotorigen DC-4 bildeten die Grundlage für die weiträumigen Lufttransportoperationen der amerikanischen Streitkräfte im Zweiten Weltkrieg. Im Vergleich dazu leisteten die zweimotorigen DC-5 nur einen geringen Beitrag. Eine nach Java ausgeflogenen DC-5 der KLM fiel den Japanern in die Hände. Man schaffte das Beutestück nach Tachikawa Airfield bei Tokio, um es im Flug zu testen. Die Maschine beendete ihre Laufbahn in Japan als Verbindungsflugzeug und Navigationstrainer. Mit den drei übrigen KLM-Mustern wurden Zivilisten aus Java nach Australien evakuiert. Schließlich beschlagnahmte die USAAF diese Flugzeuge und setzte sie mit der Bezeichnung C-110 ein.

Von den DC-5-Versionen der US Navy wurden alle R3D-1 noch vor Kriegsende ausgemustert. Eine R3D-2 fiel unglaublicherweise den Geschützen eines japanischen

sie ein Gewicht von 78.000 kg auf die Waage – das größte landgestützte Transportflugzeug der Welt.

Durch ihr hochbeiniges, kompaktes Fahrgestell wirkte die C-74 auf Zuschauer – Ende der vierziger Jahre lockten Luftfahrtschauen Zigtausende von Besuchern an – noch erheblich größer als sie in Wirklichkeit war. Die Globemaster wurde von vier Pratt & Whitney-R-4360-27--Sternmotoren mit je 3.000 PS angetrieben und konnte 125 Soldaten mit voller Kampfausrüstung, zwei 105-mm-Haubitzen mit Selbstfahrlafett oder zwei leichte Panzer vom Typ M41 transportieren. In den mageren Jahren nach dem Kriege erwies sich die kleine C-74-Flotte für die neuerdings eigenständige US Air Force und ihr Transportkommando (MATS – Military Air Transport Service) als äußerst wertvoll.

In der Anfangszeit war die C-74 noch durch zwei gewölbte Hauben über der Führerkanzel charakterisiert. Diese „Insektenaugen" zeigten zwar keinerlei aerodynamische Fehler, blendeten die Flugbesatzung aber derart, daß die gegenseitige Verständigung darunter litt. Daher griff man wieder auf die übliche abgestufte Frontverglasung zurück.

Douglas arbeitete bereits seit längerem an dem Entwurf einer neuen viermotorigen Verkehrsmaschine, als man eine zivile Version der C-74 Globemaster in Erwägung zog. Ende 1945 bestellte Pan American World Airways 26 Globemasters für den zivilen Luftverkehr, denen man die Bezeichnung DC-7 gab. Die Fluggesellschaft tendierte zu einem Luftfahrzeug, das heute unter der Rubrik „Jumbo" oder „Großraumflugzeug" rangieren würde. Für die C-74 erwies sich dieser Trend aber als verfrüht. Nicht einmal zwei Jahre nach der Auftragserteilung zog Pan American die Order zurück, teilweise wegen gestiegener Produktionskosten. Die C-74 Globemaster blieb folglich eines der wenig bekannten Muster; die Typenbezeichnung DC-7 sollte noch einmal für ein standardmäßiges Transportmuster verwendet werden.

Die C-74 Globemaster hatte folgende Abmessungen: Spannweite 52,80 m, Länge 37,85 m, Höhe 13,34 m, tragende Fläche 200 m². Statt der R-4360-27-Triebwerke wurden bei der Globemaster des militärischen Transportkommandos die 3.250 PS starken R-4360-69 verwandt. Die Leermasse der Globemaster belief sich auf 39.087 kg; ihre Spitzengeschwindigkeit von 528 km/h erreichte sie in 3.050 m Höhe, ihre Reichweite betrug 11.665 km.

Die Globemasters landeten schließlich bei mehreren kleinen, wenig bekannten Haltern zwischen Alaska und Panama.

Nachkriegsära

Die Globemaster mag nicht unbedingt das richtige Flugzeug gewesen sein; nach dem Sieg der Alliierten hungerten die Fluggesellschaften jedoch förmlich nach einer Neuausrüstung für ihre Flotten, die ihnen Wohlstand im Aufschwung der Nachkriegszeit versprach. Douglas war seinen Konkurrenten Boeing und Lockheed weit voraus.

Douglas bot die DC-4-1009 mit einer komfortablen Sitzeinrichtung für 44 Passagiere bzw. 22 Schlafliegen an oder mit gedrängter Bestuhlung für 86 Fluggäste, die an heutige Verhältnisse erinnerte. Douglas erweiterte sein Angebot mit der DC-4-1037, einer Kombiversion für den Fracht- und Passagierverkehr, bei der die große Frachtraumtür der militärischen C-54 erhalten blieb.

Zu den Nachkriegskunden der DC-4 zählten Air France (15 Maschinen), SABENA (neun) und National Airlines (sieben). Western Air Lines übernahm die erste, South African Airways die letzte DC-4.

Eine typische DC-4 hatte eine Spannweite von 35,81 m, eine Länge von 28,60 m, eine Höhe von 8,38 m und eine tragende Fläche von 135 m². Pratt & Whitney-R-2000-9-Twin-Wasp-Kolbenmotoren mit einer Leistung von 1.450 PS verliehen ihr eine Geschwindigkeit von knapp 350 km/h, für damalige Zeiten ein beacht licher Wert. Die Leermasse betrug 19.640 kg, maximal beladen wog sie 33.112 kg. Zahlreiche Merkmale der DC-4 stellten umwälzende Neuerungen dar: das Dreipunkt-Fahrgestell, die Druckbelüftung, das interne Frachtladesystem und nicht zuletzt die eindrucksvolle Reichweite von 4.000 km. Sie galt als Rassepferd im Rennen um beste Plazierung.

Canadair Limited in Montreal entwickelte eine eigene Version der DC-4, genannt DC-4M oder North Star. Sie verfügte über schlanke, flüssigkeitsgekühlte Rolls-Royce-Merlin-620-Triebwerke mit 1.725 PS. Die erste DC-4M flog erstmals am 15. Juli 1946. Sie bot ein typisches Beispiel für jene Investitionen, die die Fluggesellschaften nach dem Zusammenbruch der Achsenmächte tätigten. Fast über Nacht entstanden für die Produktion des viermotorigen Transportflugzeugs in zivilen und militärischen Varianten mehr als 10.000 Arbeitsplätze.

Vierundzwanzig C-54GMs ohne Druckbelüftung (Canadair CL-2 North Star Mk. 1) gingen an die Royal Canadian Air Force (RCAF). Trans-Canada Airlines bestellte 20 Exemplare der DC-4M-2 North Star, einer verbesserten Version mit Merlin-622-

Unten: BOAC taufte ihre Canadair North Stars, eine in Kanada mit Merlin-Triebwerken umgebaute DC-4, auf den Namen Argonaut. Diese BOAC-Argonaut zeigt den Schriftzug Aden Airways.

Reihenmotoren und Druckkabine. Vier Maschinen der ähnlichen Version C-4-1 erhielt Canadian Pacific Airlines. Bei der C-4-1C (CL-4) handelte es sich um ein Frachtmodell. Eine einzelne C-5 der RCAF (Canadair CL-5) war die einzige DC-4 mit Sternmotoren (P & W R-2800) nördlich der amerikanischen Grenze. Insgesamt kamen 71 DC-4 aus dem Werk des kanadischen Flugzeugherstellers.

Die extremste Veränderung der DC-4 nahm Aviation Traders in Großbritannien vor. Man fügte eine 4,64 m breite Sektion in den Vorderrumpf ein und machte den gesamten Bug hydraulisch schwenkbar, um Kraftfahrzeuge direkt ein- und ausladen zu können. Bis zu fünf Pkws konnte diese DC-4-Version laden, die als Carvair bekannt wurde (von „car via air" – also „Fahrzeuge auf dem Luftwege"). Ihr Erstflug fand am 21. Juni

Canadair C-4 Argonaut

Das kanadische Unternehmen Canadair baute 71 Flugzeuge des Musters DC-4 um, darunter 22 Argonauts für die BOAC. Diese Maschinen bedienten die Strecken nach Tokio, Singapur, Kairo, Kalkutta und Buenos Aires. Später flogen sie ausschließlich auf den Routen nach Ostafrika und in den Nahen Osten. Als Lückenbüßer für die Comet und die Britannia mußten diese Flugzeuge länger als zunächst geplant im Einsatz bleiben. Zwei Maschinen gingen im Flugbetrieb verloren, drei wurden an Aden Airways, fünf an East African, vier an die Royal Rhodesian Air Force und acht an Overseas Airways verkauft. Als sich Overseas auflöste, erwarb Derby Airways drei ihrer Argonauts.

Die Originalversion der C-74 Globemaster im Flug. Dieses Muster wurde in geringer Zahl von der US Air Force und mehreren kleinen zivilen Betreibern eingesetzt.

1961 statt. Neunzehn solcher Carvairs setzte man ein, um Fahrzeuge und in letzter Zeit auch allgemeine Fracht über den Ärmelkanal transportieren zu können.

Wie die militärischen C-54 dienten auch die zivilen DC-4 weit bis in das Zeitalter des Strahlantriebs hinein. Selbst heute fliegen noch einige Exemplare. 1966 entwickelte das Un-ternehmen Charlotte Aircraft Corp. in Miami noch eine Umrüstversion der DC-4 mit vier R-2600-Wright-Stern-motoren. Zu diesem Zeitpunkt bestand jedoch kein Interesse mehr an einer Neuauflage der DC-4. Insge-samt waren 1.315 DC-4-Serienflug-zeuge gebaut worden.

Für Hersteller und Nutzer der vier-motorigen Verkehrsflugzeuge hatte das Rennen um die Vorrangstellung am Himmel aber gerade erst begon-nen. Der Krieg war beendet; Douglas konnte die Entwicklung der epoche-machenden DC-6 und DC-7 nunmehr konsequent verfolgen. Den Luftstreit-kräften sollten die C-124 Globema-ster II und die C-133 Cargomaster endlich die weltweite Transportkapa-zität bieten, die der C-74 versagt blieb.

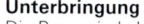

Flugdeck
Das Flugdeck nahm die übliche vierköp-fige Besatzung auf, die aus den beiden Flugzeugführern, einem Funker und einem Navigator bestand. Zwei Flugbe-gleiter sorgten für das Wohl der Gäste.

Triebwerke
Vier Rolls-Royce-Merlin-724-1C-V-12-12-Zylinder-Reihenmotoren mit Flüssigkeitskühlung dienten der Argonaut als Antrieb. Die mit einem zweistufigen Lader ausgestatteten Kolbentriebwerke drehten Dreiblatt-Luftschrauben von Hamilton Standard mit Gleichdrehzahl- und Verstell-regler für Segelstellung und Reverse. Beim Start gaben diese Triebwerke 1.760 PS, die höchste Dauerleistung betrug 1.500 PS. Die Standard-DC-4 hingegen wurde von vier Pratt & Whitney-R-2000-Sternmotoren angetrieben, die nur 1.450 PS erzeugten.

Unterbringung
Die Passagierkabine war für 40 Passagiere ausgelegt und schloß nach hinten mit einer hufeisenförmigen Bar ab. Auf Kurzstreckenflügen konnte die Argonaut bis zu 55 Passagiere auf normalen Sitzen oder 36 auf Schlummersesseln beför-dern. Die Argonauts der BOAC wurden als 40sitzige Maschi-nen geliefert. Im Gegensatz zu der Standard-DC-4 waren die meisten Canadair-Flugzeuge druckbelüftet.

Varianten
Die ursprüngliche DC-4 wurde später in DC-4E umbezeichnet. Dieses Versuchsflug-zeug hatte eine Druckkabine mit 52 Sitzen, eine Länge von 29,57 m und eine Spann-weite von 42,67 m. Es folgte die Maschine, die wir heute als DC-4 kennen. Die ersten 34 Serienflugzeuge gingen an das amerikanische Kriegsministerium, das sie den Streitkräften als C-54 zuwies. Die Anschlußserie C-54A beinhaltete bereits eine Reihe militärspezifischer Verbesserungen. Es entstanden nahezu 50 militärische Vari-anten für unterschiedlichste Einsatzzwecke, wie Funkrelais, Beförderung von hochge-stellten Persönlichkeiten und Kohletransport. Die letzte Variante der DC-4 war die Carvair von Aviation Traders. Für den Lufttransport von Fahrzeugen hatte man den Rumpf gestreckt, den Bug als Ganzes hydraulisch schwenkbar gemacht und das Flugdeck höher gelegt.

Die Douglas-Dynastie

DIE LETZTEN
PROPLINER

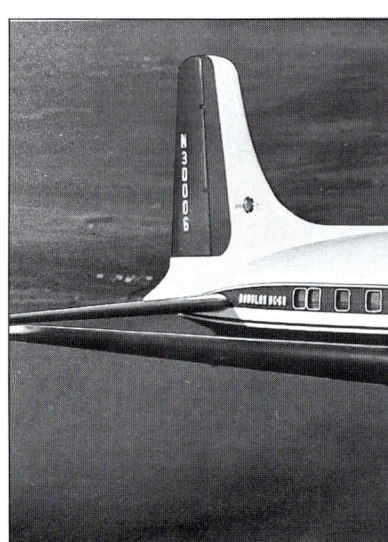

Oben: „Clipper Bald Eagle", die erste DC-7CF bei Pan Am, repräsentierte den letzten Vertreter einer aussterbenden Linie von „Douglas Commercials" mit Kolbentriebwerken.

Oben: Der Prototyp Douglas DC-6, damals noch XC-112A, zeigt sich ohne Anstrich und sogar ohne Zulassung. Vermutlich stammt die Aufnahme vom Erstflug, der am 15. Februar 1946 von Santa Monica aus stattfand.

Die DC-6 galt als Top-Muster ihrer Zeit und erschien daher verstärkt auf damaligen Werbeplakaten der Fluggesellschaften.

Nach dem Erfolg der DC-4 führte Douglas die Entwicklung der viermotorigen Propeller-Verkehrsflugzeuge fort. Auf verschiedene Versionen der DC-6 folgten die DC-7 und DC-7C als krönender Abschluß. Gleichzeitig aber verlor Douglas nie das Militär als bedeutenden Auftraggeber aus den Augen und versorgte es mit Transportflugzeugen wie Globemaster und Cargomaster.

Wer realistisch in die Zukunft blickte, wußte spätestens seit dem Sieg über Japan, daß die kommende Generation propellergetriebener Verkehrsmaschinen in zunehmend größeren Höhen fliegen würde. Die empfohlene Obergrenze von 3.050 m, von der an man eine Druckkabine und/oder Sauerstoff brauchte, sollte bald kein Hindernis mehr darstellen. Donald Douglas, inzwischen erfolgskrönt, plante seit langem eine Verbesserung seines DC-4 Airliners, den die amerikanischen Streitkräfte als C-54 und R5D flogen. Er wußte, daß man von jeglicher Weiterentwicklung in erster Linie größere Einsatzhöhe und höhere Geschwindigkeit erwartete. Die DC-4 war überstürzt in Serie genommen und in den Dienst bei den Streitkräften gestellt worden; sie hatte im Gegensatz zu den Konkurrenzmustern 307 Stratoliner von Boeing und 749 Constellation von Lockheed keine Druckbelüftung.

Sowohl Techniker wie Verkaufsleiter des Hauses Douglas in Santa Monica, Kalifornien, stimmten darin überein, daß das Unternehmen den Vorsprung, den ihm der Bau von über eintausend viermotorigen Transportflugzeugen im Kriege eingebracht hatte, nur dann halten könnte, wenn sein nächstes Verkehrsflugzeug über eine Druckkabine verfügte.

Glücklicherweise finanzierten die US Army Air Forces den Bau eines druckbelüfteten Prototyps. Er basierte auf der DC-4, hatte aber quadratische statt runde Kabinenfenster. Sie sollten ein typisches Erkennungsmerkmal der künftigen DC-6 werden. Dieser Prototyp, dessen Bezeichnung XC-112A lautete, erhielt als Antrieb den Pratt & Whitney-R-2800-34-Double-Wasp-Sternmotor mit 2.100 PS und ein Rumpfstreckungsteil von 2,05 m Länge. Sein Erstflug war am 15. Februar 1946.

Großes Interesse

Obwohl man sich zunächst keine großen Absatzchancen beim Militär ausgerechnet hatte, stieß die XC-112A auf starkes Interesse bei der US Air Force, die ab 1947 als selbständige Teilstreitkraft fungieren sollte. Sie benötigte für das militärische Transportkommando (Military Air Transport Service – MATS) ein Muster, das Ozeane überqueren konnte. Es erschien eine militärische Version, die die USAF C-118 und die US Navy R6D nannte.

sagiere befördern. Als Antrieb dienten Double-Wasp-Motoren. Zwischen 1946 und 1951 wurden 175 DC-6 (noch fehlte der Zusatzbuchstabe A der späteren Version) an American, United, Braniff und andere Fluggesellschaften geliefert.

Präsidentenmaschine

Eine dieser DC-6 ging als persönliche Transportmaschine für den Präsidenten der Vereinigten Staaten Harry S. Truman an die USAF, die sie von Andrews AFB, Maryland, aus betrieb. Man taufte dieses Flugzeug Independence – der Name „Air Force One" war damals noch nicht gebräuchlich. Offiziell lief die Maschine unter der USAF-Bezeichnung C-118. Das MATS zeigte nach wie vor großes Interesse, da es seine zwar brauchbaren, aber nicht mehr zeitgemäßen C-54 verstärken wollte.

Auf dem zivilen Sektor setzte Douglas alles daran, seine DC-6 noch weiter zu verbessern. Die neue Version DC-6A erhielt eine stärkere und etwas längere Zelle sowie eine Wassereinspritzanlage für die Double-Wasp-Motoren. Das erste Muster absolvierte am 29. September 1949 seinen Jungfernflug.

Als nächste erschien die DC-6B, eine reine Passagierversion ohne den Frachtboden und die Ladetür ihres direkten Vorläufers. Sie flog erstmals am 2. Februar 1951; als Antrieb dienten leistungsstärkere Double-Wasp-Sternmotoren. Zwischen 1951 und

1958 gelangten 288 Exemplare zur Auslieferung. Damit stellte die DC-6B die zahlenmäßig stärkste Serie der DC-6 dar; insgesamt wurden 704 Maschinen gefertigt.

Die US Navy war der erste militärische Abnehmer, der die DC-6 in nennenswerter Größenordnung beschaffte; sie erwarb Ende der vierziger/Anfang der fünfziger Jahre 65 Exemplare der DC-6A. Diese Transportflotte erhielt die Bezeichnung R6D-1 bzw. R6D-1Z für VIP- und Stabsflüge. Etwas später bestellte die USAF 101 Muster der DC-6A als C-118A für das MATS. Diese weltweit eingesetzten Transportmaschinen konnten 12.247 kg Fracht oder 81 Soldaten mit kompletter Kampfausrüstung mitführen. 1962 bezeichnete man die beiden Marine-Varianten in C-118B und VC-118B um und übergab 40 Maschinen der USAF.

DC-6 im Einsatz

Zu Beginn ihrer Dienstzeit zeigte die DC-6 gewisse Anlaufschwierigkeiten, die man aber nach einigen Monaten in den Griff bekam. So war zum Beispiel an Bord zweier Maschinen Feuer ausgebrochen. Nachdem man als Brandursache Dämpfe der Kraftstoffbe- und Entlüftungsanlage ermittelt hatte, die in den Lufteinlauf der Kabinenheizung eindrangen, wurde die DC-6 entsprechend modifiziert. Von da an stand ihr Name für Zuverlässigkeit. Die ersten Flugzeuge stellten American und United Air Lines in Dienst; zum weiteren Abnehmerkreis zählten Pan American Grace Airlines (Panagra), National, Braniff und Delta. Unter anderem setzten American, Panagra und Braniff die reine Passagierversion DC-6B, die am 29. April 1951 den Liniendienst aufnahm, ein. Für regelmäßige Linienflüge nutzte man das zivile Passagiermuster DC-6 bis 1967, also noch rund ein Jahrzehnt nach dem Entwurf der ersten Jetliners.

Als Inlandsgesellschaften gebrauchte DC-6 erwarben und neugebaute Muster bald auch Abnehmer im Ausland fanden (den Anfang machte SABENA), gehörte der viermotorige Douglas-Airliner bald zum gewohnten Bild auf den Flughäfen in aller Welt. Slick Airways startete 1951 Frachtflüge, die praktisch bis in die

achtziger Jahre von Transportunternehmen in Europa und Südamerika fortgeführt werden sollten.

Militärische Tests mit der C-118A bestätigten in den fünfziger Jahren, was man eigentlich seit langem vermutet hatte: Sitze mit Blickrichtung zum Heck erhöhten deutlich die Chancen der Fluggäste, einen Unfall zu überleben. Die Statistiken lieferten eindeutige Beweise. Die Forderung der USAF, ihre C-118 entsprechend umzurüsten, ließ sich daher kaum anfechten. Das eigentliche Problem lag in der menschlichen Natur: Aus einem unerfindlichen Grund sträuben sich die Sinne des Menschen gegen eine Bewegung, die entgegengesetzt zur Blickrichtung verläuft. Nach einigen Jahren mußte sich auch die USAF dieser menschlichen Unzulänglichkeit beugen; sie führte die gewohnte Sitzrichtung wieder ein.

Die DC-6 hatte eine Spannweite von 35,81 m und eine tragende Fläche von 136 m^2, genau wie die DC-4. Die Rumpflänge war auf 30,66 m, die Höhe auf 8,86 m gestiegen. Die Leermasse betrug 24.323 kg und die maximale Startmasse 44.089 kg. Für einen typischen Flug der DC-6 galten folgende Leistungsdaten: eine Steigrate von 4,57 m/sek, eine Reisegeschwindigkeit von 528 km/h und eine Dienstgipfelhöhe von 8.840 m.

Heute gehören elegante propellergetriebene Verkehrsmaschinen längst der Vergangenheit an; man kann jedoch die Bedeutung der DC-6 für den Luftreisenden der Nachkriegszeit gar nicht hoch genug ansetzen. Die neue viermotorige „Douglas Commercial" erlaubte selbst der normalen Mittelklasse, über Kontinente und Ozeane hinweg zu reisen, auch wenn die Flugpreise immer noch recht hoch lagen. 1960 hatten nur 2% der amerikanischen Bevölkerung jemals ein Flugzeug benutzt, doch waren rund 96% dieser Gruppe mit Douglas-Verkehrsmaschinen geflogen. Selbst vierzig Jahre nach dem Erstflug der XC-112A dienen immer noch zahlreiche DC-6 bei so manchen kleineren Fluggesellschaften. Die Konkurrenzmaschine Boeing 377 Stratocruiser diente nur ein Jahrzehnt lang, selbst die Lockheed Constellation besaß nicht die Langlebigkeit der DC-6.

Der Prototyp DC-6B, den Douglas Liftmaster getauft hatte, war eine gestreckte Version des Grundmusters mit leistungsstärkeren Doppelsternmotoren vom Typ Pratt & Whitney Double Wasp.

Vor dem Kriege war es stets United Airlines gewesen, die als erste Gesellschaft neue Muster eingeführt hatte. Dieses Mal plazierte jedoch American Airlines als Erstkunde eine Order für 50 Maschinen der neuen viermotorigen Douglas-Verkehrsmaschine DC-6, die am 29. Juni 1946 zum ersten Mal vom Boden abhob.

Die DC-6 bestach schon vom Erscheinungsbild noch mehr als die recht elegante DC-4. Sie konnte, je nach Fahrgastklasse, 52 bis 86 Pas-

Diese stark modifizierte DC-6A nutzte die National Oceanic and Atmospheric Administration als meteorologische Forschungsplattform. Eine Reihe anderer DC-6 und C-118 wurde für Forschungs- und Versuchsvorhaben eingesetzt.

Ein wehmütig erinnernder Rückblick sei gestattet: Eine DC-6B, N90769, von American Airlines startet am Abend des 18. Oktober 1957 in San Antonio zu einem Flug nach Dallas in Texas. Damals rauchten noch (fast) alle Fluggäste, so auch ein junger Mann in Uniform. Er beobachtet, wie in der Ferne die Lichter von Corpus Christi verschwinden, und sieht, daß sich die Auspuffflammen von den

Rechts: Wenn man die Globemaster I unansehnlich nannte, so mußte man die Globemaster II als häßlich bezeichnen.

Unten: Insgesamt 271 C-124 Globemaster wurden serienmäßig gebaut. Diese Maschinen transportierten Personal und Material, einschließlich schwerer Atomsprengkörper.

Rechts: Der Prototyp DC-7 im Flug. Das Schlüsselelement für die Entwicklung der DC-7 war das Wright-R-3350-Turbo-Compound-Verbundtriebwerk. Es handelte sich um einen Sternmotor mit drei ringförmig angeordneten Abgasturboladern.

Pratt & Whitney-Kolbentriebwerken immer deutlicher gegen den Abendhimmel abheben. Der junge Soldat macht die Stewardess darauf aufmerksam, daß die Maschine offensichtlich Feuer gefangen habe. Sie beruhigt ihn, es sei kein Brand, sondern nur der Auspuff. Also wendet sich der junge Flieger wieder seiner Zigarette zu und versucht, einen letzten Blick auf Corpus Christi zu werfen. Das tiefe Dröhnen der DC-6B sagt ihm, daß er nach seiner militärischen Grundausbildung bei der US Air Force bald zu Hause sein wird …

Selbst wenn Douglas nie mehr ein anderes Flugzeug gebaut hätte, seine Pionierleistung als Hersteller der DC-4 und der DC-6 wäre auch heute nicht vergessen, ganz zu schweigen von den militärischen C-54/R6D und der C-74. Auf dem Felde der kommerziellen Luftfahrt hatte es kein anderer Flugzeughersteller geschafft, Lockheed Konkurrenz zu bieten, deren Constellation inzwischen der verbesserten Super Constellation und der Starliner gewichen war.

Die wichtigsten militärischen Transportflugzeuge der fünfziger und sechziger Jahre sollten C-124 Globemaster II und C-133 Cargomaster werden. Für die Liniengesellschaften hielt Douglas in Santa Monica den Höhepunkt der Propellerära bereit: die Douglas DC-7.

C-124 Globemaster

Die Serienfertigung der C-74 Globemaster war seinerzeit auf nur 14 Maschinen beschränkt worden. Der Erfolg dieses übergroßen Transportflugzeugs führte jedoch die US Air Force und Douglas zusammen, um den Bau eines verbesserten Transportmusters mit großer Reichweite zu besprechen. Man nutzte das fünfte C-74-Flugwerk als Grundlage für die Konstruktion eines Erprobungsmusters YC-124 Globemaster II. Die Tragflächen, das Leitwerk und die R-4360-49-Sternmotoren des Vorgängers blieben erhalten. Die YC-124 flog am 27. November 1949. Der neue Rumpf hatte zwei Decks und enorme muschelförmige Ladetüren an der Bugunterseite.

Die neue C-124 Globemaster II bot eine eindrucksvolle interne Frachtkapazität. Sie konnte praktisch jedes militärische Kraftfahrzeug transportieren. Das MATS zeigte sich in erster Linie an dem Transportvermögen dieses Musters interessiert; dem strategischen Luftwaffenkommando (SAC – Strategic Air Command) entging hingegen nicht, daß sich mit dieser Globemaster durchaus auch atomare Sprengkörper vom Hersteller zu den verschiedenen SAC-Basen transportieren ließen. Gleich zu Beginn ihrer Karriere wurde die Globemaster II von Tragödien heimgesucht: Am 20. Dezember 1950 kamen 86 von 116 Soldaten beim Start in Moses Lake, Washington, ums Leben, und am 18. Juni 1951 wurden in Tachikawa, Japan, alle 116 Insassen getötet. Die Unfälle ließen sich jedoch nicht auf konzeptionelle Män-

gel zurückführen; die Flugzeuge dienten im Gegenteil jahrelang ohne größere Beanstandungen. Erst viel später, am 6. Juli 1959, stürzte eine C-124 mit Atomwaffen an Bord in der Nähe des Luftwaffenstützpunkts Barksdale ab, allerdings ohne irgendein Aufsehen zu erregen.

Eine Vorserienmaschine und 28 C-124As wurden nachträglich mit dem APS-42-Radargerät und einer fingerhutförmigen Bugkuppel ausgerüstet. Anschließend fertigte Douglas nicht weniger als 243 C-124Cs, die dieses Radom sowie erhöhte Treibstoffkapazität und andere Verbesserungen als Standardausrüstung besaßen. Im Mai 1950, einen Monat vor Ausbruch des Koreakrieges, trat die Globemaster ihren offiziellen Dienst bei der Air Force an. Die Produktion lief zwar im Mai 1955 aus, doch leistete die Globemaster II der USAF noch lange nach dieser Zeit wertvolle Dienste. Neben der späteren C-133 Cargomaster war sie das einzige Muster, das übergroße Frachtstücke transportieren konnte.

Mit der YKC-124B Globemaster II verband Douglas die Hoffnung auf einen größeren Auftrag für ein Luftbetankungsmuster. Bereits 1951 hatten Douglas-Konstrukteure mit den Arbeiten an einer C-124 begonnen, die von Turboprop-Triebwerken des Typs Pratt & Whitney YT34-P1 mit 5.500 WPS angetrieben werden sollte. Der Gasturbinenantrieb ergab gewissermaßen eine „Super Globemaster II" mit einer höheren Einsatzgeschwindigkeit und größerer Einsatzhöhe sowie Reichweite als die kolbengetriebenen Versionen dieses Musters. Aus unerfindlichen Gründen entschied sich die USAF aber für die Beschaffung der Boeing KC-97 Stratofreighter als Standard-Luftbetan-

kungsflugzeug, obwohl diese Maschine in nahezu jeder Leistungskategorie unterlegen war. Nach ihrem Erstflug am 2. Februar 1954 erhielt die Turboprop-Globemaster II die neue Bezeichnung YC-124B und diente dazu, die konzeptionelle Tauglichkeit des Entwurfs nachzuweisen. Das 32 Monate während Test- und Erprobungsprogramm resultierte zwar nicht in konkreten Bauaufträgen, lieferte aber wesentliche Erkenntnisse für die Entwicklung der C-133 Cargomaster.

Die Abmessungen der C-124C Globemaster II in Stichworten: Spannweite 53,07 m, Länge 39,75 m, Höhe 14,72 m, Tragflügelfläche 233 m². Die Leermasse betrug 45.888 kg und die maximale Startmasse 88.224 kg; die C-124C konnte in 6.340 m Höhe mit 489 km/h fliegen, die Dienstgipfelhöhe lag bei 6.645 m Höhe und die Reichweite betrug 10.970 km.

Ein weiterer Rückblick sei gestattet: Man hat sich auf den klappbaren Segeltuchsitzen angeschnallt; in der Mitte des Frachtraums ist ein riesiges Triebwerk vertäut; durch die geöffneten Ladetüren sieht man auf den verregneten Fliegerhorst Tachikawa. Ein Sergeant, dem alle Flugzeuge zuwider sind, macht den Insassen klar, daß die Globemaster II das schlechteste Transportflugzeug im Bestand

Die DC-7B hatte eine höhere Betriebsmasse als die ursprüngliche DC-7; als Neuerung brachte sie Satteltanks in erweiterten Triebwerkgondeln. Diese DC-7B zeigt die Farben von National.

Rechts: Wie die meisten großen Fluggesellschaften verstärkte auch die BOAC ihre Flotte mit der DC-7C, der sogenannten „Seven Seas". Das Tragwerk mit größerer Spannweite und die Zusatztanks in den Verkleidungen der Turbo-Compound-Motoren verliehen diesem Muster wirklich globale Reichweite.

der USAF sei, außer der C-119, denn die sei „wirklich der letzte Dreck". Er hat zwar unrecht, aber schließlich ist er Sergeant. Heute, am 2. Februar 1958, hebt unsere C-124 Globemaster, Seriennummer 51-0138, bei düsterem Wetter ab, steigt auf – und kehrt wegen Triebwerkschwierigkeiten wieder um. Der Sergeant darf sich bestätigt fühlen! Beim zweiten Versuch klappt es, und die C-124C macht sich durch die Regenschwaden auf nach Korea…

DC-7

Das riesige Verbundtriebwerk von Wright, das R-3350 Turbo Compound mit einer Leistung von 3.700 PS, bildete das Schlüsselelement für die neue DC-7, die Donald Douglas und C.R. Smith von American Airlines gemeinsam entwarfen. Jedes dieser Triebwerke war zusätzlich mit einem Ring von drei Abgasturbinen ausgestattet, die die Leistung um rund 22% erhöhten. Lockheed hatte sich im Rennen um die Vorherrschaft am Himmel an die Spitze setzen können, als sich TWA, Americans schärfste Konkurrenz, für die L-1049 Super Constellation entschied. Dieses Muster wurde von Turbo-Compound-Motoren angetrieben und war in der Lage, unabhängig von Gegenwind Kontinente nonstop

miteinander zu verbinden. Das schaffte damals keines der Douglas-Flugzeuge.

Smith brachte das Kapital auf, um den Bau von 25 neuen Linienmaschinen für American Airlines vorzufinanzieren. Dadurch sah sich Douglas in die Lage versetzt, seine besten Leute und das gesamte Eigenkapital für die Entwicklung seines eigenen Airliners mit Verbundmotoren einzusetzen, der künftigen prachtvollen DC-7. Die erste DC-7 war noch eine direkte Weiterentwicklung der DC-6B, deren Rumpf man um 1,02 m streckte, seine besten eine zusätzliche Sitzreihe unterbringen zu können. Die neuen Verbundmotoren ließen das Gewicht um 6.895 kg hochschnellen, so daß die DC-7 ein beträchtlich stärkeres Fahrwerk benötigte.

Das neue Muster erreichte eine Spitzengeschwindigkeit von 653 km/h in 6.600 m Höhe. Die normale Reisegeschwindigkeit betrug 571 km/h, das bedeutete einen Anstieg von 60 km/h gegenüber den

DC-6-Serienmaschinen. Die DC-7 besaß eine Reichweite von 7.410 km, ihre Dienstgipfelhöhe lag bei 6.600 m. Die Abmessungen der DC-7 lauteten: Spannweite 36,86 m, Länge 34,21 m, Höhe 9,70 m und tragende Fläche 152 m². Das Leergewicht betrug 33.005 kg, das maximale Abfluggewicht 64.864 kg.

Atlantikflüge

Auf 107 Exemplare der DC-7 folgten 112 Muster einer DC-7B, die minimale Veränderungen aufwies. Zum Beispiel hatte man die Triebwerkgondeln weiter nach hinten gezogen, um Satteltanks aus dem neuen Metall Titan einbauen zu können. Die derart gesteigerte Treibstoffkapazität ermöglichte Pan American Airlines, mit der DC-7B am 13. Juni 1955 eine Nonstop-Verbindung zwischen London und New York zu eröffnen.

Doch selbst mit diesen Zusatztanks brachte es die DC-7B noch nicht auf die Reichweite, die das Konkurrenzmuster von Lockheed für

Nonstop-Flüge quer über den nordamerikanischen Kontinent bieten konnte. Zu allem Überfluß stellte sich heraus, daß der Treibstoff der DC-7B nur knapp für Flüge über den Nordatlantik ausreichte, geschweige denn für Fernstrecken über den Pazifik.

Mit der DC-7B war zweifellos nahezu die äußerste Entwicklungsstufe der „Douglas Commercial"-Serienflugzeuge erreicht. Die Konstrukteure in Santa Monica glaubten jedoch fest daran, daß sich die Treibstoffkapazität und damit die Reichweite dieses Musters noch steigern ließen.

Dieses Vertrauen führte schließlich zur DC-7C, der man eine größere Spannweite gegeben hatte, damit mehr Raum für Zusatztanks zur Verfügung stand. Außerdem erhielt die DC-7C das Wright-R-3350-Triebwerk, das 3.700 PS lieferte. Der um 102 cm längere Rumpf bot Platz für 105 Passagiere. Die „Seven C" wurde bald als „Seven Seas" bekannt, denn in der Tat wurde sie zu dem Flugzeug, das neben der Super Constellation den Erdball umspannte. Diese beiden Muster gelten als die Krönung aller Luftfahrzeuge mit Propellerantrieb.

Die DC-7C und die Super Constellation wurden damals als Königinnen der Luft bejubelt. Allerdings erwiesen sich die Verbundtriebwerke als extrem kostspielig, sowohl in der Unterhaltung als auch im Betrieb. Als Luftfahrzeuge mit reinem Gasturbinenantrieb aufkamen, waren sie nicht mehr wettbewerbsfähig.

Lockheed befaßte sich mit der Entwicklung der Electra, einem viermotorigen Turboprop-Flugzeug, das 98 Passagiere befördern konnte. Daß diesem Airliner nur eine kurze und problembeladene Karriere beschieden sein sollte, ahnte zu dem Zeitpunkt noch niemand. Während Lockheed auf Propeller-Turbinen-Luftstrahltriebwerke für die nächste Zukunft setzte, entstanden gleichzeitig die ersten reinen Jetliner. Douglas entwickelte seine neue strahlgetriebene DC-8. Boeing, ein Unternehmen, das sich bisher noch keinen Namen mit einem kommerziellen Airliner gemacht hatte, verfolgte ebenfalls das Projekt einer Düsenverkehrsmaschine. Sie sollte auf dem Modell 820 oder KC-135-Lufttanker basieren, den Boeing an die US Air Force geliefert hatte. Die spätere und im Vergleich zur KC-135 andersartige Boeing 707 ließ den Namen ihres Herstellers allgemein bekannt werden.

Erinnerungen

Halten wir noch einmal Rückschau: Eine DC-7C von Pan American macht in Wake Island Zwischenstation, zu einer Zeit, als alle Welt auf Wake Island zwischenlandete. Sie schwebt über dem torpedierten japanischen Kriegsschiff in der Lagune ein, um auf der langen, schmalen Piste von Wake Island aufzusetzen. Der junge Luftwaffensoldat in seiner erstickend heißen Winteruniform betritt das in gleißendem Sonnenschein liegende Vorfeld. Damals schienen alle amerikanischen Männer Uniform zu tragen. Er wirft einen flüchtigen Blick auf Wake Island, bedauerte vermutlich das trübe Dasein des PAA-Personals (die Gesellschaft hieß damals noch nicht Pan Am) und klettert wieder an Bord, offensichtlich froh, nach Korea weiterfliegen zu können. Das blau-weiße „Seven Seas"-Muster war die N739PA. Der Kalender zeigte den 27. Januar 1959.

Eine militärische Frachtversion der DC-7 wurde nie gebaut; ein Exemplar verwandelte man allerdings für den Hollywood-Schinken „MacArthur" täuschend echt in Präsident Trumans Independence. Douglas beabsichtigte , die militärische Expertise, die man bei der C-54 Skymaster, der C-74 Globemaster I, der C-118 Liftmaster und C-124 Globe-

master erstellt hatte, voll auszuschöpfen. Es bestand kein Anlaß, auf eine weitere Produktion von Flugzeugen zu verzichten, die das MATS (später MAC – Military Airlift Command) für seinen Transportauftrag benötigte.

Eine Zeitlang trugen sich die Douglas-Mitarbeiter mit der Hoffnung, den größten Airlifter der Welt zu bauen. Seit Februar 1954 arbeitete Douglas gemeinsam mit der USAF an einem Entwurf für die XC-132 mit Pfeilflügeln und Propellerturbinen. Dieses Muster wäre, hätte man das Projekt verwirklicht, in der Tat das seinerzeit größte Transportflugzeug der Welt geworden. Vier Pratt & Whitney-T57-P-1 Propellerturbinen je 15.000 WPS sollten Vierblatt-Luftschrauben mit einem Durchmesser von 6,10 m antreiben. Für die XC-132 war eine Spannweite von 56,90 m, eine Länge von 56,04 m und eine tragende Fläche von 390 m² vorgesehen. Vielleicht entstand dieser wahrhafte Gigant ein wenig zu früh. Man stellte 1955 ein Modell im Maßstab 1:1 her, doch ein Jahr später wurde die vorgesehene Beschaffung zweier Prototypen wieder gestrichen. Hätte man damals schon den Transportbedarf während des Vietnamkriegs gekannt, so wäre die XC-132 vermutlich in den Dienst gelangt und die Entwicklung der späteren Lockheed C-5A Galaxy überflüssig geworden.

Douglas arbeitete an mehreren Entwürfen gleichzeitig. So sollte die C-133 Cargomaster erfolgreicher werden als die gescheiterte XC-132.

Seit Februar 1953 hatten sich die Douglas-Konstrukteure mit einem Nachfolgemuster für die Globemaster II befaßt. Nun verfeinerte man die Entwurfsstudien zur C-133 Cargomaster. Am 27. März 1956 rollte schließlich das erste Muster aus den Montagehallen.

Das riesige Transportflugzeug war als Hochdecker mit vier Pratt & Whitney-T34-P-3-Turboprop-Triebwerken je 5.700 WPS ausgelegt. Im Heck befanden sich enorme Frachtladetore, denn die C-133 sollte schwerere und größere Lasten als die C-130 Hercules von Lockheed transportieren können. Verglichen mit der C-124 Globemaster II war das Frachtraumvolumen aber nur unerheblich gestiegen. Der Erstflug fand am 23. April 1956 statt; die Übergabe der ersten Maschine an das MATS vollzog sich am 1. August 1957. Auf die Erstserie von 35 C-133As folgten 15 Exemplare der C-133B, die sich durch verbesserte Frachttüren und eine größere Nutzlast auszeichneten. Einige Cargomaster wurden für den Transport der ersten Generation von Interkontinentalraketen (ICBM – Intercontinental Ballistic Missiles) und Mittelstreckenraketen wie Atlas, Thor und Redstone genutzt. Leistungsgesteigerte T34-P-9W-Propellerturbinen, die 7.500 WPS erzeugten, waren

Douglas C-133A-5-DL Cargomaster

ein weiteres Erkennungsmerkmal der C-133B.

Die Cargomaster-Transportflotte diente rund ein Jahrzehnt lang und wurde weltweit eingesetzt, so auch in der ersten Phase des Vietnamkriegs. Die Zelle zeigte sich jedoch dieser extrem starken Belastung nur bedingt gewachsen und erlaubte keine Dienstzeitverlängerung über das vorgesehene Ausscheidedatum hinaus.

Die C-133 war beeindruckend groß, wenn auch nicht so imponierend wie die Globemaster II. Ihre Abmessungen in Kurzform: Spann-

weite 54,76 m; Länge 48,02 m; Höhe 14,71 m; tragende Fläche 248 m². Das Leergewicht betrug 54.550 kg, das maximale Abfluggewicht 124.738 kg. Die C-133 erreichte eine Höchstgeschwindigkeit von 578 km/h und eine Dienstgipfelhöhe von 9.130 m. Einige C-133 landeten im nachhinein bei zivilen Betreibern, doch wird sicher keine von ihnen heute noch fliegen. In letzter Zeit ist das Douglas-Unternehmen auf dem Gebiet militärischer Transportflugzeuge von der Firma Lockheed überrundet worden, und zwar durch die Lockheed C-130, C-141 und C-5.

Propeller

Die mächtigen Turboprop-Triebwerke gaben ihre Leistung auf riesige Luftschrauben mit einem Durchmesser von knapp 5,50 m. Die Turboelectric-Dreiblatt-Propeller stammten von Curtiss Wright; sie verfügten über Gleichdrehzahl- und Bremsregelung.

Triebwerke

Der C-133A dienten vier Pratt & Whitney-T34-P-3-Propellerturbinen als Antrieb, die man jedoch bald durch T-34-P-7WA mit einer Äquivalentleistung von 6.500 PS ersetzte. Die C-133B wurde von T34-P-9W-Propellerturbinen mit einer Äquivalentleistung von 7.500 PS angetrieben. Die hochgezüchteten und unzuverlässigen T34-Triebwerke erwiesen sich als Schwachstelle der C-133.

Fahrwerk

Das lenkbare Bugfahrwerk bestand aus Zwillingsrädern, die nach vorn in den Rumpf eingezogen waren. Das Hauptfahrwerk, das vier Räder pro Baugruppe aufwies, fuhr in bauchige Verkleidungen an beiden unteren Rumpfseiten ein. Kleine Vollgummiräder schützten die Unterseite des Hecks bei Landungen mit stark angezogener Nase.

Werdegang

Die Karriere der C-133 war von zahllosen Problemen überschattet. Die gesamte Flotte erhielt zweimal absolutes Flugverbot, nachdem sich schwere Unfälle durch Materialermüdung ereignet hatten. Fortschreitender Verschleiß führte dazu, daß dieses Muster vorzeitig im Jahre 1971 außer Dienst gestellt wurde. Die meisten C-133 landeten auf einem der berühmten Flugzeugfriedhöfe. Einige Maschinen fanden Verwendung bei kleineren Betreibern, zum Beispiel in Alaska.

Ladetore

Zweiteilige, bauchige Heckladetüren erweiterten von der 33sten Maschine an die nutzbare Länge des Frachtraums um 90 cm. Sie ermöglichten der Cargomaster, Titan-Raketen zu transportieren, ohne daß man sie zuvor teilweise zerlegen mußte.

Links: Die C-133 Cargomaster ging in Serie, allerdings in bescheidener Stückzahl. Sie sah in jeder Hinsicht wie eine über Gebühr verlängerte Hercules aus, konnte aber erheblich größere und schwerere Lasten über längere Distanzen als die C-130 befördern.

Hinsichtlich seiner propellergetriebenen Airliner hegte Douglas ebenfalls weiterführende Pläne. Eine DC-7D sollte die Turbinenzeit mit vier 5.730 WPS starken Tyne-Turboprop-Triebwerken von Rolls-Royce überbrücken. Im Gegensatz zu Lockheed, dessen größte Fehlentscheidung das Turbopropmuster Electra darstellte, wurde Douglas rechtzeitig bewußt, daß die Propellerturbine in eine Sackgasse führte. Sobald die Douglas DC-8 und die Boeing 707 zur Verfügung standen, galt für die Zukunft, daß man nur noch strahlgetriebene Verkehrsmaschinen absetzen konnte. Nicht einmal die DC-7 als „Königin der Lüfte" konnte den Fortschritt aufhalten.

Frachtraum

Der Frachtraum der C-133 war 27,43 m lang und mindestens 3,60 m breit. Die enormen Heckladetüren und der Frachtraumboden auf Höhe der Ladefläche von Lastkraftwagen (122 cm über dem Boden) ermöglichten den Transport militärischen Großgerätes. Raketen wie Atlas, Thor, Jupiter und Titan konnten ebensogut wie 16 komplette Jeeps oder bis zu 200 Kampfsoldaten befördert werden. Der gesamte Frachtraum war druckbelüftet.

Die gigantische Cargomaster war als Ersatz für die Douglas C-124 Globemaster II gedacht. Die Entwurfsarbeiten begannen im Jahre 1953; man verzichtete auf den Bau eines Prototyps. Die erste Maschine wurde am 27. März 1956 ausgerollt; ihr Jungfernflug fand am 23. April statt. Die Flugerprobung ergab, daß man die Rückenfinne vergrößern mußte. Nach der Fertigstellung der ersten sieben Flugzeuge änderte man die Form des Heckkonus in einen Biberschwanz. Nach der Fertigung von 35 Exemplaren der C-133A stellte man die Produktion auf die C-133B um, die aufgewertete Triebwerke und zweiteilige Ladetore als Standardmerkmal aufwiesen. Von dieser Version baute Douglas 15 Maschinen. Das MATS übernahm die C-133A ab August 1957; sie setzte dieses Muster zunächst bei der 39th Air Transport Squadron/1607th Air Transport Wing/Eastern Transport Air Force auf dem Luftwaffenstützpunkt Dover in Delaware ein. Später wurde die Cargomaster auch von der 1st Air Transport Squadron in Dover und der 84th Air Transport Squadron/1501st Air Transport Wing/Western Transport Air Force auf Travis AFB in Kalifornien eingesetzt.

Langstrecken-Turboprops

Der mächtigste Vertreter der großen Turboprops war die Tupolew Tu-114, das zivile Gegenstück zum strategischen Bomber „Bear". Vier Kusnezow NK-12 trieben riesige gegenläufige Luftschrauben an und verliehen der Tu-114 eine Reisegeschwindigkeit von bis zu 800 km/h.

Der zweite Prototyp der Britannia liegt im sumpfigen Mündungsgebiet des Severn. Ein Feuer an Bord, das sich schnell ausbreitete, hatte eine Bauchlandung erforderlich gemacht.

Dieser Artikel befaßt sich mit den ersten Langstrecken-Verkehrsmaschinen mit Turboprop-Antrieb. Ihre Dienstzeit bei den großen Liniengesellschaften der Welt war relativ kurz; dennoch kommt ihnen eine enorme Bedeutung für die Zivilluftfahrt zu.

Die Nachfrage nach der Britannia war so groß, daß bei Shorts in Belfast eine zweite Montagestraße eingerichtet wurde.

Die ersten Langstrecken-Verkehrsflugzeuge mit Turboprop-Antrieb gab Großbritannien in Auftrag; es handelte sich um das Landflugzeug Brabazon II und das Flugboot Princess. Diese beiden gigantischen Maschinen stellten zwar einen enormen technischen Fortschritt dar, doch auch sie landeten wie so viele andere staatlich geförderte Projekte Großbritanniens bald auf dem Schrottplatz.

Die Bristol Britannia hingegen konnte man durchaus als „richtiges Flugzeug zum richtigen Zeitpunkt" bezeichnen. Bedauerlicherweise verzögerten verschiedene Probleme die Einsatzreife dieses Musters; außerdem steuerte die Fluglinie BOAC, für die es in erster Linie gedacht war, das ihrige dazu bei, Schwierigkeiten noch zu verschärfen. Sie verweigerte zwei Jahre lang die Anlieferung und untergrub den Ruf der Britannia derart, daß sich kaum mehr Käufer fanden.

Eine Antonow An-10A Ukraina der Aeroflot aus dem Jahre 1968. Sie ist gerade vom Flughafen Chormaksar in Aden gestartet.

aufzusetzen. 1950 entfielen die Centaurus-Triebwerke zugunsten der Proteus-Porpellerturbine.

Dieses Turboprop-Triebwerk war ein hochkompliziertes Aggregat mit Axial- und Radialverdichtung, doppelter Umkehrströmung und Freifahrturbine; sie trieb den Propeller über das stirnseitig angeordnete Planetengetriebe an. Das Proteus verursachte immense Probleme. Sein Konstrukteur Frank Owner urteilte selbstkritisch: „Es sollte das wirtschaftlichste Turboprop-Triebwerk der Welt werden, ohne Rücksicht auf Größe und Gewicht. Bislang sind uns allerdings nur seine Größe und sein Gewicht gelungen." Zum Glück für alle Beteiligten übernahm Dr. Stanley Hooker das Triebwerk und konstruierte es zum völlig neuen Proteus 3 um. Wegen der Brabazon und der Princess mußte die komplexe Technik der doppelten Umkehrströmung erhalten bleiben; immerhin war das Triebwerk kürzer und 450 kg leichter geworden und die PS-Zahl von 2.500 auf 4.000 gestiegen.

Prototyp Britannia

Schließlich absolvierte der Prototyp Britannia seinen Erstflug am 16. August 1952 mit dem ursprünglich vorgesehenen Triebwerk. An die-sem herrlichen Flugzeug gab es wenig auszusetzen. Es war schnell, geräumig und wirtschaftlich, besaß eine hervorragend konstruierte Zelle und zeichnete sich innen wie außen durch extrem niedrige Lärmwerte aus, da man die Versorgung der Druckkabine von gesonderten Kompressoren auf Triebwerkzapfluft umgestellt hatte.

Es versetzte die meisten Leute in Erstaunen, wenn sie sahen, wie sich die Propeller einer abgestellten Britannia im Winde drehten und die Quer- und Höhenruder mal links, mal rechts nach oben und unten ausschlugen. Ein Pilot meinte: „In meinen Augen ist die Britannia ein völlig normales Flugzeug, bis auf die Tatsache, daß die Triebwerke nicht an die Propeller, die Gashebel nicht an die Triebwerke und die Bedienorgane der Flugsteuerung nicht an die Ruder angeschlossen sind."

Im März 1956, als BOAC gerade ihre Flotte mit den ersten Mk-102-Flugzeugen aufbaute – ohnehin ein Jahr später als vorgesehen – ergab sich eine ärgerliche Störung des Programms. Bei bestimmten Wolkenformationen in tropischen Gebieten bestand die Möglichkeit, daß sich Eis in den Triebwerken ansetzte und abplatzende Eisbrocken einen

Flammabriß verursachten. Bristol bekam dieses sehr selten auftretende Problem schnell in den Griff, so daß es sich nur noch durch ein kurzes Aufflattern der Triebwerkinstrumente bemerkbar machte; BOAC aber bauschte diese Schwierigkeiten enorm auf. Bis Februar 1957, d.h. fünf Jahre nach dem Erstflug, weigerte sich die Gesellschaft hartnäckig, dieses Muster einzusetzen.

In der Folgezeit erwies sich die Britannia als ein ausgezeichnetes Flugzeug, das in diversen Passagier- und Kombiversionen genutzt wurde. Mit Ausnahme der weiter unten beschriebenen CL-44 führten diese Entwicklungen ins Nichts; die Produktion lief bereits nach 85 Maschinen aus.

Nach Bristols Vorstellungen hätte die Britannia rund 2.000 DC-6 und Constellations ablösen sollen. Sowohl Douglas als auch Lockheed planten damals Serienversionen ihrer Muster mit Turboprop-Antrieb in Form des Rolls-Royce Tyne, gaben diese Vorhaben aber beide wieder auf. So kam es, daß die Sowjetunion den nächsten Schritt auf diesem Wege unternahm. Mitte der fünfziger Jahre wurden hier drei große Turboprop-Transportflugzeuge entwickelt, allerdings für völlig andere Einsatzzwecke. Sie absolvierten ihren Erstflug im Jahre 1957.

Den Anfang machte am 7. März die nach der Heimat des namhaften Konstruktionsbüros Antonow benannte An-10A Ukraina. Dieses Muster in der Klasse der C-130 Hercules ging in zwei Hauptrichtungen in die Serienfertigung, als An-10 für die Zivilluftfahrt und als An-12 für den militärischen Bereich. Den Großteil der Produktion machten an die 800 An-12BP-Transportflugzeuge für Luftlandetruppen aus. Diese Maschinen hatten keine Druckkabine; sie besaßen eine Heckladepforte über die volle Rumpfbreite, einen Heckwaffenturm mit einem Zwillingsgeschütz, eine größere Treibstoffkapazität als

Der Entwurf der Britannia ging auf eine Forderung der BOAC für ein Mittelstrecken-Verkehrsflugzeug (MRE-Medium Range Empire) aus dem Jahre 1947 zurück. Der Leistungskatalog schloß von vornherein mögliches Kaufinteresse anderer Fluggesellschaften aus, da das geplante Modell der Lockheed Constellation, die bereits im Liniendienst eingesetzt wurde, deutlich unterlegen war. Trotz der hervorragenden Centaurus-Triebwerke, die sich leistungsstärker und effizienter als die R-3350-Sternmotoren der Constellation zeigten, beschränkte man die Reichweite auf 3.000 km und die Beförderungskapazität auf 36 Passagiere! Erfreulicherweise konnte BOAC dazu bewegt werden, Raumvolumen, Treibstoffkapazität und Betriebsmasse der Type 175 – so die Erstbezeichnung – her-

Eine Passagiergruppe geht zu ihrer Maschine, einer Antonow An-12 „Cub" der Aeroflot. Man erkennt den verkleideten Waffenturm mit seinen überstrichenen Sichtscheiben.

die An-10 sowie Spezialvorrichtungen für Fallschirmjäger (100) und eine interne Frachtförderanlage.

Anfang der sechziger Jahre stellten zivile An-10As mehrere Rekorde auf geschlossenem Rundkurs auf (zum Beispiel mit einer Geschwindigkeit von 760 km/h mit Nutzlast über einen 900-km-Rundkurs). 1973 zog man die An-10 aus dem Dienst, als sie zunehmend Schäden an der Primärstruktur aufwies.

Neue Il-18

Am 4. Juli 1957 startete das nächste sowjetische Turboprop-Muster; es ähnelte stark der Britannia, war aber etwas kürzer und leichter. Unter der Bezeichnung Il-18 hatte das Iljuschin-Büro bereits vor knapp zehn Jahren ein Flugzeug konstruiert, das wie eine DC-6B aussah. Bei dieser neuen Il-18 aber handelte es sich um einen völlig anderen Entwurf mit vier Turboprop-Triebwerken in schlanken Gondeln, Doppelspaltklappen, Vierrad-Achsfahrwerk und druckbelüftetem Rumpf mit kreisrundem Querschnitt und einer Kabine für 75 Passagiere. Dieses Muster erwies sich von Anfang an als hervorragend; es flog sogar mit verschiedenen Triebwerktypen, bis sich das AI-20K mit 4.000 äPS (Äquivalentleistung) als Standardantrieb durchsetzte.

Während der Konstruktion des Prototyps führte man nach westlichem Muster die ausfallsichere Bauweise ("fail-safe") ein, die durch die Unfälle der britischen Comet ausgelöst worden war. Dadurch stieg natürlich das Gewicht; außerdem baute man noch ein zusätzliches Druckschott unmittelbar hinter dem Cockpit ein. Mit der Il-18B erhöhte man die Sitzkapazität auf 84, mit der Il-18V auf 100 und mit der Il-18D aus dem Jahre 1965 sogar auf 122 Plätze. Die Il-18 erwies sich als das erfolgreichste große Verkehrsflugzeug, das die Sowjetunion bis dahin gebaut hatte. Mindestens 800 Exemplare wurden fertiggestellt, davon 130 für den Export.

Bis 1981 konnten allein die Maschinen der Aeroflot 14 Millionen Flugstunden verzeichnen und mehr als 250 Millionen Passagiere. Zu dem Zeitpunkt war aber die Hälfte der Il-18-Flotte bereits aus dem Liniendienst ausgeschieden, da man sie ab 1974 überwiegend zu Nur-Frachtflugzeugen mit verstärkten Frachtraumböden, großen Seitentüren und speziellen Hub- und Fördersystemen umrüstete. 1978 begann man, zahlreiche Flugzeuge zu Plattformen für die elektronische Kampfführung, Aufklärung und verwandte Aufgaben umzubauen; sie wurden mit modernsten Avionik- und Sensorensystemen geradezu vollgestopft. Dasselbe Flugwerk bildete die Grundlage für das Seeüberwachungs- und U-Bootbekämpfungsflugzeug Il-38.

Das dritte russische Muster, das am 3. November 1957 erstmals flog, wurde zu einer Sensation. Tupolew hatte seit jeher große Flugzeuge gebaut, doch diese Tu-114 war noch größer und schwerer als die 707 Intercontinental, und das als Propellerflugzeug! Ihre Existenz verdankte sie dem gigantischen strategischen Bomber Tu-95 (beim Militär Tu-20), der im Oktober 1954 flog.

Die Fachwelt im Westen verblüffte das gepfeilte Tragwerk dieses Propellerflugzeugs. Was sollte ein wirtschaftliches propellergetriebenes Luftfahrzeug mit Pfeilflächen? Doch schon bald bewies die Tu-114 ihre Qualität durch eine Reihe eindrucksvoller Geschwindigkeitsrekorde über sehr große Entfernungen in geschlossenen Rundkursen.

Der Schlüssel für dieses Leistungsvermögen findet sich im Triebwerk und in den Luftschrauben. Das Kusnezow NK-12 war und ist noch immer die größte und leistungsstärkste Propellerturbine der Welt. Zu Beginn des Jahres 1952 gab dieses Triebwerk 9.000 PS ab, 1958, zum NK-12M weiterentwickelt, bereits 12.000 PS und 1968 als NK-12MK schließlich 15.000 PS. Das Untersetzungsgetriebe treibt zwei voneinander unabhängige AV-60N-Vierblatt-Luftschrauben mit einem Durchmesser von 5,60 m an. In der Platzrunde erzeugen diese Propeller ein gewaltiges tiefes Dröhnen, das man noch aus 20 km Entfernung hören kann. Man spürt förmlich, wie die Luft vibriert. Im Reiseflug sind die Propeller auf so große Steigung gestellt, daß sie sich annähernd in Segelstellung befinden. Selbst mit sanften 750 U/Min hält dieses monströse Flugzeug daher eine Geschwindigkeit von 880 km/h.

Zivilversionen

Der strategische Bomber erreichte ab Januar 1956 die Verbände der Fernfliegerkräfte; Tupolew wurde angewiesen, zivile Varianten dieses Musters zu erarbeiten. Das erste Ergebnis war die Tu-116, die Ende 1956 flugbereit stand. Man hatte einfach eine Tu-95 aus der Serienfertigung abgezweigt und ohne die militäreigentümlichen Komponenten (Waffen, Bombenvisier usw.) fertiggestellt. Im hinteren Rumpfabschnitt ließ Tupolew eine Druckkabine für 24/30 Passagiere einrichten. Auf diese Versuchsmaschine folgten drei Exemplare einer von Grund auf neu entworfenen Zivilversion, die bei der Aeroflot Tu-114D (D für Dalnji – Langstrecke) hieß.

Das definitive Passagierflugzeug, die Tu-114, besaß einen völlig neuen Rumpf, mit Sicherheit einer der größten, die bis dahin gebaut worden waren. Er hatte einen Durchmesser von 406 cm und bot Platz für 220 Fluggäste auf Sitzen in zwei durch einen Mittelgang getrennten Vierer-

Oben: Diese Iljuschin Il-18 wurde zum meteorologischen Forschungsflugzeug ausgebaut. Sie war das letzte Exemplar dieses Musters, das Aeroflot einsetzte.

Rechts: Eine Il-18 in den Farben der ungarischen Staatslinie Malev. Praktisch alle mit der Sowjetunion befreundeten Staaten flogen dieses Muster.

Oben: Japan Air Lines besaß selbst keine Langstrecken-Verkehrsmaschinen; daher wurden für kurze Zeit einige Tu-114 der Aeroflot auf der Strecke zwischen Moskau und Tokio eingesetzt. Die Maschinen flogen in den Farben beider Gesellschaften.

Rechts: Eine Tu-114 ist zum ersten Mal in New York gelandet. Die Maschine startet für die Presse in niedriger Höhe über dem John F. Kennedy-Flughafen. Ende der sechziger Jahre wurde dieses Muster durch die vierstrahlige Il-62 ersetzt.

Vickers entwarf die Vanguard für die BEA als eine Art verlängerte und verbesserte Viscount. Grundlegend neu waren der riesige Unterflurfrachtraum und die Tyne-Triebwerke von Rolls-Royce.

Trans-Canada erwarb 23 Vanguards und war damit der Hauptnutzer dieses eleganten Musters.

gruppen. In Anbetracht der riesigen Strecken, die diese Flugzeuge zurücklegten, reduzierte man die Zahl meist um etwa 100 Passagiere. Die Kabine war in mehrere kleine Abteile, die zwei Liegesofas oder sechs Sitze und eine Klappkoje aufnahmen, und getrennte Speiseräume unterteilt. Die gesamte Inneneinrichtung entsprach dem protzigen Stil der Aeroflot – viel Mahagoni, Glas, Zierrat und poliertes Messing.

Im April 1960 stellte die Tu-114 zahlreiche Rekorde auf; sie flog zum Beispiel mit 877,21 km/h über einen 5.000-km-Rundkurs mit einer Nutzlast von 25 Tonnen. Der Liniendienst begann am 24. April 1961 auf der Ver-

bindung Moskau-Chabarowsk; die Maschinen legten die 6.800 km lange Strecke in 8 Stunden zurück. Später flogen Tu-114 häufig von Moskau nach New York oder Havanna; der letztgenannte Flug erforderte zwei Besatzungen und eine Zwischenlandung in Murmansk zum Auftanken. Der Rückflug über eine Distanz von 10.990 km erfolgte nonstop. Kein anderes zeitgenössisches Flugzeug kam dieser Leistung auch nur annähernd nahe. Die Hughes Hercules und die B-36 besaßen zwar größere Spannweiten, doch die Tu-114 war bedeutend schwerer und konnte viermal soviel Antriebskraft einsetzen wie die amerikanischen Muster.

Vanguard

Verglichen mit der Tu-114 war der nächste Turboprop-Airliner eher ein Kurzstreckenflugzeug. Nach damaligem Standard gehörte er aber eindeutig in die Langstreckenkategorie; keinesfalls konnte man ihn der Viscount oder der F.27 zuordnen. Es handelte sich um die Vickers-Armstrong Vanguard, in mancher Hinsicht einer der besten Airliner, die je gebaut worden sind. Dieses Muster verband große Nutzlast- wie Passagierkapazität mit einem extrem niedrigen Kraftstoffverbrauch, äußerst geringen Lärmwerten und ausgezeichneten Flugleistungen, einschließlich einer Reisegeschwindigkeit von 680 km/h. Dem

Bei der Canadair „400" oder CL-44J handelte es sich um die gewaltig gestreckte Version der CL-44, die ihrerseits aus der Bristol Britannia hervorgegangen war. Hier sieht man das Muster bei der Landung in Montreal nach seinem Erstflug vom 8. November 1965.

Konstruktionsteam von Vickers gelang eine zügige Entwicklung, und da das Resultat auf Anhieb „stimmte", blieben die Entstehungskosten äußerst niedrig.

Fatalerweise kam dieses Muster auf den Markt, als Turboprops nicht mehr gefragt waren. Abgesehen von den beiden ersten Kunden, die die Entwicklung der Vanguard gefördert hatten, zeigte sich kein einziger weiterer Interessent. Hätte man vor dreißig Jahren den heutigen Preis für Kraftstoff bezahlen müssen oder die Umweltlobby bereits damals ihren Feldzug gegen Strahltriebwerke betrieben, so wäre die Geschichte der Vanguard sicher anders verlaufen.

Peter Masefield, Generaldirektor der BEA, hatte fast im Alleingang dafür gesorgt, daß die Gesellschaft die Viscount bestellte und ihre rasche Entwicklung betrieb. Doch bereits 1952 trat er an Vickers wegen eines Nachfolgemusters „der nächsten

Generation" heran. Ihm schwebte ein völlig neues Flugzeug vor, das leistungsstärkere und effektivere Triebwerke mit Axialverdichter und hohen Druckverhältnissen besitzen sollte. Man untersuchte alle möglichen Auslegungen vom Hochdecker bis hin zum Doppelrumpf in vertikaler und horizontaler Anordnung.

Großrumpf-Viscount

Ende Oktober 1955 kündigte man eine vergrößerte Version der Viscount an, die V.950 Vanguard. Der obere Teil des in zwei Etagen unterteilten Rumpfes diente als Passagierkabine, der breite untere Teil konnte so viel Fracht aufnehmen, daß laut BEA die Vanguard selbst bei einer Sitzauslastung von weniger als 30% noch Gewinn einflöge. Der Entwurf sah eine Sitzeinrichtung von 76/119 vor, doch bis zur Indienststellung änderte sich dies auf 139 Sitze, angeordnet in 3+3.

Oben: Die Antonow An-22 absolvierte ihren Jungfernflug als größtes Flugzeug der Welt.

Unten: Die Antonow An-22 „Cock" wird auch heute noch von der Aeroflot und den sowjetischen Luftstreitkräften in großer Zahl eingesetzt.

Oben: Flying Tiger flog als erste Gesellschaft die CL-44D4, eine Frachtversion der CL-44 mit schwenkbarem Heck. Canadair lieferte 23 solcher „Frachtschlucker" an unterschiedliche Nutzer, darunter Flying Tiger und Slick.

Links: Die Abbildung zeigt die erste Canadair „Forty Four" mit Schwenkheck in Montreal. Eine beträchtliche Anzahl dieser vielseitigen Frachtflugzeuge steht auch heute noch im Dienst. Abgesehen von ihrem zur Seite wegklappbaren Heck unterschied sich die CL-44 von der Britannia auch durch die Tyne-Triebwerke und ihr Plus an Länge, Gewicht, Geschwindigkeit und Reichweite.

Als Antrieb wählte man die brandneue Propellerturbine RB.109 von Rolls-Royce, später Tyne genannt. Die Anfangsleistung von 4.020 WPS stieg auf 5.050 WPS. Zu den typischen Merkmalen gehörten manuelle Flugsteuerung, große Fowler-Klappen zur Vergrößerung der tragenden Fläche wegen der äußerst hohen Belastung von 6,62 kp/cm^2, Zwillingsräder am Hauptfahrwerk, Bugradar, Warmluftenteisung an den Tragflächen und elektrische Eisverhütung am Leitwerk. Das Flugdeck war nicht nur ungewöhnlich geräumig, sondern auch großzügig verglast. Vor und hinter der Kabine lagen Vorräume mit beidseitigen Einstiegstüren und hydraulisch betätigten Einbautreppen.

Insgesamt erwies sich die Vanguard als das beste Mittelstrecken-Passagierflugzeug seiner Zeit, vermutlich sogar eines der besten überhaupt. Ihr Erstflug am 20. Januar 1959 fiel in eine Zeit, in der die Fluggesellschaften in aller Welt Turboprop-Maschinen als überholt abschrieben. Als BEA die V.951 in Dienst stellte, hatte sie daher bereits die Comet 4B als Übergangsmuster gekauft und brannte darauf, die D.H.121 Trident in größerer Anzahl zu erwerben.

Es gab keinen Masefield mehr, der seinen Einfluß hätte geltend machen können. So beschränkte sich die Produktion auf sechs V.951, dreiundzwanzig V.952 mit höheren Betriebsmassen und stärkerem Antrieb für Trans-Canada und vierzehn V.953 für BEA, mit verstärkter Zelle für höhere Nutzlasten. All diese Maschinen versahen ihren Dienst zuverlässig und wirtschaftlich. BEA ließ einige Vanguard zu Merchantman-Frachtflugzeugen umbauen. Die meisten Exemplare der Restflotte flogen dann in den achtziger Jahren für die französische Gesellschaft Europe Aero Service.

Einige Kritiker meinten, BEA hätte niemals die Vanguard, sondern statt dessen die modifizierte Form einer Britannia, notfalls sogar mit Tyne-Triebwerken, kaufen sollen. Mitte der fünfziger Jahre versuchten einige Halter, ihre Britannias auf neue Triebwerke wie etwa das Tyne, das Bristol BE.25 Orion, das Pratt & Whitney T34 oder sogar den Turboverbundmotor von Wright (für die CL-28 Argus) umzustellen. Die weitestgehende Neukonstruktion wäre bei der Bristol 187 angefallen, einer gestreckten Britannia mit vier unter dünnere Tragflächen montierten Orion-Triebwerken. Dieses Projekt sollte die Convair-Abteilung von General Dynamics in San Diego durchführen; es gelangte jedoch über das Reißbrett nicht hinaus. Kanada hingegen wünschte eine Entwicklung der Britannia für unterschiedliche Aufgaben. Eine andere Unternehmensgruppe von General Dynamics, die Canadair

Ltd, kam ins Spiel. 1954 begann man mit den Arbeiten an der bereits erwähnten CL-28. Etwa ein Jahr später liefen die Umbaumaßnahmen für die CL-44 an, die den Bedarf der Royal Canadian Air Force (RCAF) für ein Langstrecken-Transportflugzeug abdecken sollte. Anfang 1958 beschäftigte man sich mit einer zivilen Transportversion, die mit einigen Neuerungen aufwartete.

Tyne-Triebwerk

Das Transportflugzeug für die RCAF war die CL-44-6 oder, im militärischen Sprachgebrauch, CC-106 Yukon. Sie sollte zunächst das Orion als Antrieb erhalten, doch die britische Regierung machte diesem Triebwerk den Garaus und nötigte Canadair das Tyne auf. Die erste CC-106 flog am 15. November 1959. Im Vergleich zur Britannia war die Yukon länger, schwerer, schneller und insgesamt leistungsfähiger. Sie wurde von vier Propellerturbinen Tyne RTy.11 je 5.325 äPS angetrieben und konnte bis zu 30 Tonnen Fracht oder 166/170 Personen befördern. Die Yukon verrichtete ihren Dienst bis 1971 mit sehr großer Verläßlichkeit.

Die zivile Version CL-44D4 absolvierte ihren Erstflug am 16. November 1960. Es handelte sich um ein reines Frachtflugzeug, erkennbar an weniger, aber größeren Cockpitscheiben und der fehlenden Fensterreihe an den Rumpfseiten. Erst beim Be- und Entladen fiel auf, daß die CL-44D4 ein schwenkbares Heck besaß. Der hintere Rumpfabschnitt samt Leitwerk ließ sich über starke Gelenke auf der rechten Seite um 90° wegklappen, so daß man auch sperrige Frachtstücke mühelos in das Rumpfinnere befördern konnte. Die Auslieferung an Flying Tiger und Slick begann am 31. Mai 1961.

Die D4 wurde von vier Tyne (Mk 515)-Propellerturbinen mit je 5.730 äPS angetrieben, so daß man das Gewicht auf 95.255 kg anheben konnte. Eine Nutzlast von 30 Tonnen beförderte sie mit einer durchschnittlichen Reisegeschwindigkeit von 640 km/h über 5.245 km.

Canadair lieferte 23 D4 an Frachtgesellschaften, danach vier CL-44Js an die isländische Loftleidir. Die 44J war ein Passagierflugzeug, das statt des Schwenkhecks ein Rumpfstreckungsteil von 457 cm Länge erhielt, so daß sich 214 Sitzplätze einrichten ließen. Die erste 44J startete am 8. November 1965. Zweifellos konnten diese Flugzeuge 214 Passagiere billiger über den Atlantik fliegen als alle anderen Muster der damaligen Zeit. Loftleidir (heute in Icelandair aufgegangen) gehörte nicht der IATA (International Air Transport Association – internationale Lufttransportvereinigung) an und war bekannt für „Billigflüge". Auf den Flugplänen erschien die 44J als Canadair 400. Die luxemburgische Cargolux nutzte diese Maschinen später als Nur-Frachtflugzeuge.

Conroy Aircraft, dessen Präsident dafür gesorgt hatte, daß Aerospace Lines B-377/KC-97 in Pregnant Guppy und davon abgeleitete Versionen verwandelte, schuf eine weitere Version der D4, die grotesk „aufgeblasene" CL-440. Unter Erhaltung des Gesamtgewichts wurde der Hauptrumpfzylinder oberhalb des Kabinenbodens durch eine riesige neue Struktur mit einem Durchmesser von 4,50 m ersetzt. Dieses einmalige Flugzeug erhob sich am 26. November 1969 zum ersten Mal in die Luft. Es leistete nützliche Dienste und unterstützt derzeit Heavy Lift, ein in Southend (Großbritannien) beheimatetes Spezialunternehmen für übergroße Luftfracht.

Short Belfast

Die meisten Frachtflüge dieser Art führt HeavyLift mit fünf noch größeren Flugzeugen durch, den Short Belfast. Diese Maschinen waren ursprünglich für die Royal Air Force gebaut worden. Um möglichst kostengünstig ein großes taktisches Transportflugzeug, grundsätzlich ähnlich der C-130 Hercules, aber mit erheblich geräumigerem Rumpf, zu beschaffen, wollte man die Tragflächen, das Leitwerk und andere Baugruppen der Britannia übernehmen (sie wurde Ende der fünfziger Jahre von Short Brothers hergestellt). Der Name Short SC.5 Britannic sollte die Abstammung von der Britannia widerspiegeln. Soweit die Theorie.

Die Praxis aber zeigte ein neues Beispiel britischer Mißwirtschaft. Die technischen Schwierigkeiten und die Entwurfs- und Entwicklungskosten erreichten solche Ausmaße, daß ein grundlegender Neuentwurf für die Belfast billiger gewesen wäre. Als ab 5. Januar 1964 die Flugerprobung begann, zeigte sich der Widerstand

Rechts: Die Short Belfast wurde für die RAF als strategische Frachtversion der Britannia konzipiert; daher erklärt sich auch der erste Name „Britannic". Tragflächen und Leitwerk beider Muster waren identisch.

unvorhergesehen groß. Selbst nachdem man ein Jahr lang nachgebessert hatte, lagen Reichweite und Nutzlast immer noch weit unter dem Soll. Die maximale Nutzlast lag nicht, wie gefordert, bei 38.5, sondern nur bei etwa 36 Tonnen; sie konnte auch nicht über 1.600 km, sondern nur über 1.100 km transportiert werden.

Obwohl Short Brothers komplett entwickelte Versionen anbot, mußte die Montagestraße nach der zehnten Maschine stillgelegt werden. Damit geriet das gesamte Projekt in die roten Zahlen. Hinzu kam, daß die Belfast ausschließlich als Transportmittel für die Raketen Thor und Blue Streak vorgesehen waren. 1964 aber hatte man die Blue Streak bereits gestrichen und die Thor ausgesondert. Daher benötigte die RAF ohnehin keine Belfast mehr und musterte sie nach kurzer Dienstzeit (1966-76) wieder aus.

Im Gegensatz zu diesem Chaos in der britischen Verteidigungspolitik leistete die Belfast bei der No. 53 Squadron stetig und zuverläßig ihren Dienst. Daher bemühte sich TAC HeavyLift (später nur noch HeavyLift) auch um eine zivile Zulassung für dieses Muster, als sich das Ende ihrer Militärkarriere abzeichnete.

Wieder einmal machte die britische Luftfahrtbehörde Schwierigkeiten. Es sollte nahezu alles geändert werden, vom Autopiloten über fast alle anderen Avioniksysteme bis hin zu den Triebwerken und der Flugsteuerung. Dies verteuerte die Flugzeuge nicht nur ganz erheblich, sondern ließ das Nutzlastvermögen erneut auf 34 Tonnen absinken. HeavyLift blieb standhaft und erhielt im März 1980 die Zulassung, nachdem Marshalls in Cambridge die gesamte Umrüstung ausgeführt hatte. Bis heute setzt HeavyLift drei bzw. vier

Belfasts weltweit ein und hält ein bzw. zwei Maschinen in Reserve.

Weitaus reibungsloser verlief das Programm der Lockheed C-130 Hercules, die am 23. August 1954 ihren ersten Flug absolvierte. Die Hercules ist mit vier Allison-T56-Propellerturbinen und einem Rumpf von 3,05 m Breite und 2,74 m Höhe praktisch eine kleinere Ausgabe der Belfast. Es folgten drei Serien kommerziell genutzter Hercules mit der Grundbezeichnung L-100.

Die ersten Baureihen L-100-10 entsprachen der C-130E mit dem 4.050 WPS starken Triebwerk Allison 501-D22 (zivil T56). 1968 erschien die gestreckte L-100-20 mit längerem Frachtraum und D22A-Triebwerken je 4.508 WPS. Seit 1970 ergänzte die nochmals verlängerte L-100-30 die Angebotspalette. Insgesamt fertigte Lockheed 115 Exemplare der Hercules für zivile Halter.

Short SC.5 Belfast

Die G-BEPS flog als XR368 Theseus bei der RAF, bis sie 1977 von Pan African Airlines aufgekauft wurde. Ein Jahr später übernahm TAC HeavyLift die Maschine. Als die britische Musterzulassung vorlag, stellte HeavyLift Cargo Airlines sie als zweite Belfast in Dienst. Am 18. Juli 1980 brachte sie ihrer Gesellschaft dann die ersten Frachteinnahmen ein.

Links: Ein ehemaliges RAF-Belfast-Transportflugzeuge trug 1985 kurzzeitig die Farben von Volcanair.

Rechts: Eine Lockheed L-100-20 von Angola Airlines hebt von der Piste ab. Wie viele zivile Hercules zeigt auch diese Maschine einen stilvollen farbenprächtigen Anstrich.

Triebwerke

Vier Rolls-Royce Tyne RTy.12 Propellerturbinen mit je 5.730 äPS Äquivalentleistung dienten der Belfast als Antrieb für voll verstellbare Vierblatt-Aluminium Luftschrauben (Typ Hawker Siddeley 4/7000/6) mit einem Durchmesser von 4,88 m. Diese Triebwerke waren so begehrt, daß Rolls-Royce fünf ausgemusterte Belfast der RAF aufkaufte, nur um in den Besitz des Tyne zu gelangen.

Unterbringung

Anstelle von Fracht konnte die Belfast 150 Soldaten mit voller Kampfausrüstung transportieren. Diese Anzahl ließ sich auf 250 erhöhen, wenn ein Oberdeck eingebaut war. Bei der RAF setzte sich die Standardbesatzung der Belfast aus dem Piloten, Kopiloten, Technischen Offizier und Navigator auf dem Flugdeck sowie zwei oder mehr Lademeistern im Frachtraum zusammen. Die zivilen Belfasts fliegen mit einer ähnlichen Besatzung; die Mk 2 hat allerdings keine Navigatorstation.

Tragwerk

Die Belfast hatte die gleichen Tragflächen wie die Bristol Brtiannia. Die Querruder betätigte man manuell mit Hilfe von Servoklappen, die Spoiler hingegen wurden elektrisch gesteuert und hydraulisch aus- und eingefahren.

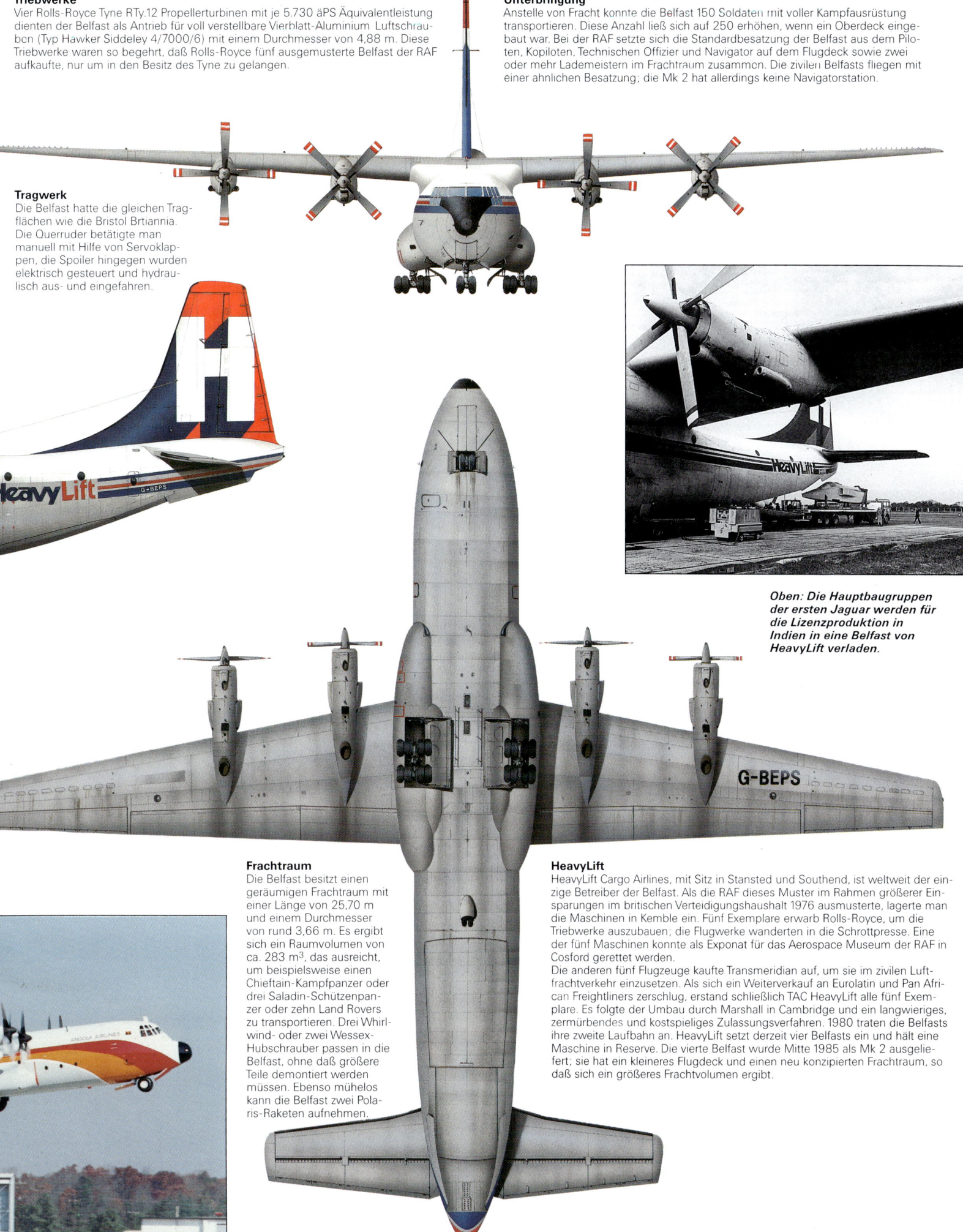

Oben: Die Hauptbaugruppen der ersten Jaguar werden für die Lizenzproduktion in Indien in eine Belfast von HeavyLift verladen.

Frachtraum

Die Belfast besitzt einen geräumigen Frachtraum mit einer Länge von 25,70 m und einem Durchmesser von rund 3,66 m. Es ergibt sich ein Raumvolumen von ca. 283 m³, das ausreicht, um beispielsweise einen Chieftain-Kampfpanzer oder drei Saladin-Schützenpanzer oder zehn Land Rovers zu transportieren. Drei Whirlwind- oder zwei Wessex-Hubschrauber passen in die Belfast, ohne daß größere Teile demontiert werden müssen. Ebenso mühelos kann die Belfast zwei Polaris-Raketen aufnehmen.

HeavyLift

HeavyLift Cargo Airlines, mit Sitz in Stansted und Southend, ist weltweit der einzige Betreiber der Belfast. Als die RAF dieses Muster im Rahmen größerer Einsparungen im britischen Verteidigungshaushalt 1976 ausmusterte, lagerte man die Maschinen in Kemble ein. Fünf Exemplare erwarb Rolls-Royce, um die Triebwerke auszubauen; die Flugwerke wanderten in die Schrottpresse. Eine der fünf Maschinen konnte als Exponat für das Aerospace Museum der RAF in Cosford gerettet werden.

Die anderen fünf Flugzeuge kaufte Transmeridian auf, um sie im zivilen Luftfrachtverkehr einzusetzen. Als sich ein Weiterverkauf an Eurolatin und Pan African Freightliners zerschlug, erstand schließlich TAC HeavyLift alle fünf Exemplare. Es folgte der Umbau durch Marshall in Cambridge und ein langwieriges, zermürbendes und kostspieliges Zulassungsverfahren. 1980 traten die Belfasts ihre zweite Laufbahn an. HeavyLift setzt derzeit vier Belfasts ein und hält eine Maschine in Reserve. Die vierte Belfast wurde Mitte 1985 als Mk 2 ausgeliefert; sie hat ein kleineres Flugdeck und einen neu konzipierten Frachtraum, so daß sich ein größeres Frachtvolumen ergibt.

Kurzstrecken-
TURBOPROPS

Links: Vier Mamba-Turboprop-Triebwerke dienten dem Prototyp für die Armstrong Whitworth A.W.55 Apollo als Antrieb. Der Entwurf hielt aber einem Vergleich mit der Viscount nicht stand.

Oben: BEA war der erste Nutzer der Viscount, die neue Maßstäbe für Komfort und Zuverlässigkeit setzte. Die Abbildung zeigt die erste Serienversion, die 701, mit 47 Passagiersitzen.

1950 eröffnete BEA Linienflüge mit der Viscount, einer Verkehrsmaschine mit Propeller-Turbinen-Luftstrahltriebwerken. Diese neue Gattung war sehr beliebt, da sie einen sauberen, leisen und glatten Flug garantierte und sich zudem wirtschaftlicher und zuverlässiger als kolbengetriebene Airliner zeigte.

Im August 1944 erschien eine Ausschreibung der Royal Air Force, die ein Nachfolgemuster für die Havard als Schulflugzeug für die Fortgeschrittenenausbildung suchte. Es sollte sich um ein dreisitziges Flugzeug handeln, das von einem Turboprop-Triebwerk in der Klasse um 1.000 PS angetrieben wurde. Armstrong Siddeley und Rolls-Royce erhielten Verträge für ihre Propellerturbinen Mamba und Dart. Letzten Endes ergab sich jedoch ein zweisitziger Trainer mit einem Merlin-Kolbentriebwerk. Zu diesem Zeitpunkt hatte man das Mamba aber bereits für die Armstrong Whitworth A.W.55 Apollo und das Dart für die Vickers-Armstrong VC.2 Viceroy, die spätere Viscount, vorgesehen. Beides waren viermotorige Passagiermaschinen mit Druckbelüftung und vielen anderen Neuerungen.

Die Apollo gab man bald wieder auf, da sie keinen Absatzmarkt fand. Die Viscount, ein weitaus besserer Entwurf, hätte fast dasselbe Schicksal ereilt, da sich die potentielle Erstkunde, die British European Airways, statt dessen für die kolbengetriebene Ambassador entschied. Rolls-Royce glaubte schon, keinen Markt mehr für das Dart finden zu können, besann sich dann aber auf das enorme Wachstumspotential dieses Triebwerks. Die erste Nennleistung von 990 WPS wuchs bald auf 1.400 WPS an, stieg dann auf 1.900 WPS und steigerte sich in den sechziger Jahren sogar auf 3.000 WPS. Diese erhöhte Leistung zahlte sich sofort aus, als eine vergrößerte Viscount auf den Markt kam.

Erweiterte Kapazität

Die Viscount war ursprünglich für 24 Passagiere geplant; beim Erstflug des Prototyps am 16. Juli 1948 wies sie aber bereits 32 Sitze auf. Dasselbe Flugzeug wurde im Sommer 1950 als erstes Turboprop-Verkehrsflugzeug der Welt im Liniendienst der BEA zwischen London, Edinburgh und Paris eingesetzt und sofort begeistert aufgenommen. Die Fluggäste schätzten die Geschwindigkeit, den ruhigen und wohltuend leisen Flug sowie die ausgezeichnete Sicht durch die riesigen ellipsenförmigen Kabinenfenster. Dank der Leistungssteigerung des Dart konnte Vickers den Prototyp für BEA zur V.701 strecken. Die neue Version flog erstmals am 20. August 1953. Die maximale Betriebsmasse war von 18.144 kg auf 24.040 kg gestiegen, und die Passagierkapazität hatte sich auf 47 Plätze erhöht. Am 17. April 1953 eröffnete BEA Linienflüge von London nach Rom, Athen und Nikosia. Damit begann das Turboprop-Zeitalter.

Fluggesellschaften in aller Welt kauften die Viscount; ihr Erfolg stellte jedes bisherige britische Verkehrs-

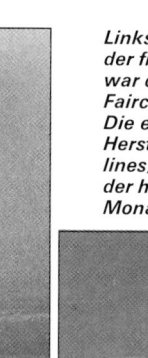

Links: Der erfolgreichste Entwurf der frühen Turboprop-Generation war die Fokker F.27, die auch von Fairchild in den USA gebaut wurde. Die erste Maschine amerikanischer Herstellung ging an West Coast Airlines; sie kam der Indienststellung der holländischen F.27 um sechs Monate zuvor.

Unten: Die große und antriebs-starke Lockheed Electra war ein schnelles und sehr beliebtes Flugzeug. Vibrationserscheinungen an den Luftschrauben warfen aber bereits zu Anfang Probleme auf. Als sie endlich beseitigt waren, hatte die Jet-Revolution auch den Kurz-strecken-Sektor erfaßt.

muster in den Schatten. TCA in Kanada orderte 51 Flugzeuge und löste damit eine neue Version mit zahlreichen Modifikationen für den nordamerikanischen Markt aus. Dies führte wiederum zu einem Verkauf von 60 Maschinen an Capital Airlines in Washington; sie alle hatten das 1.600 WPS starke Dart 510 und ein zulässiges Gesamtgewicht von 29.257 kg. Vickers nutzte die höhere Triebwerkleistung zu einer weiteren Verlängerung des Rumpfs; es entstand die Serie V.800, die 72 Fluggästen Platz bot. Rolls erzielte eine weitere Leistungssteigerung des Dart, die das Mk 525 mit 1.800 WPS ergab, Dieses Triebwerk ermöglichte die V.810, die später das Mk 527 mit 1.990 WPS erhielt. Diese Version hatte eine stärkere Zelle und eine dik-kere Außenhaut, um höhere Reisege-schwindigkeiten bis zu 587 km/h zu gestalten. Die erste V.810 absolvierte am 23. Dezember 1957 ihren Jung-fernflug. Von nun an verkaufte man praktisch nur noch diese Version.

Bis auf die fünfsitzige de Havilland Dragon Rapide, die kaum als Haupt-strecken-Airliner zu bezeichnen war, hatte zuvor kein britisches Verkehrs-flugzeug einen Exportkunden gefun-den, der mehr als neun Maschinen abnahm. Die Serienfertigung der Vis-count hingegen endete erst nach 444 Flugzeugen, von denen fast 380 in den Export gingen. Die letzten Maschinen wurden 1964 an China ausgeliefert. Mehr als die Hälfte aller Viscounts leistet auch heute noch Dienst. Die neueren Versionen sind sogar nach wie vor wettbewerbsfähig und bei den Passagieren sehr beliebt.

In den zwanziger Jahren war Fok-ker im Bau von Verkehrsflugzeugen weltweit führend, versäumte es aber, sich auf das neue Konstruktionsver-fahren – Ganzmetallbauweise und mittragende Außenhaut – umzustel-len. Daher erwarb das Unternehmen 1936 die Lizenzrechte für die DC-3.

Es lag nahe, die altbewährte DC-3 mit den neuen Triebwerken auszurüsten. BEA setzte ab 1951 zwei Dakotas mit dem Dart als Antrieb ein – die ersten Turboprop-Frachtflugzeuge der Welt.

Ersatz für die DC-3

Der Weg zurück zur Vormachtstellung setzte unmittelbar nach dem Kriege ein. Fokker befragte zahlreiche Fluggesellschaften, wie sie sich das optimale Nachfolgemuster der DC-3 vorstellten. Im August 1950 hatten sich die Untersuchungsergeb-nisse in dem Projekt P.275 realisiert, einem 32-sitzigen Hochdecker, der von zwei Dart-Propellerturbinen angetrieben wurde. Mit der Lei-stungssteigerung des Dart wandelte sich der Entwurf 1952 zur F.27, die einen druckbelüfteten Rumpf mit kreisrundem Querschnitt aufwies und 40 Passagiere aufnehmen konnte.

Der erste von zwei Prototypen der F.27, die man inzwischen auf den Namen Friendship getauft hatte, flog am 24. November 1955. Großbritan-nien lieferte etliche Bauteile, ein-schließlich der Triebwerke, Propeller und Fahrwerke. Es zeigte sich bald, daß die F.27 genau den Vorstellun-gen der meisten Fluggesellschaften entsprach. Um die erste Auftrags-welle von amerikanischen Gesell-schaften bewältigen zu können, griff Fairchild auf ein Lizenzangebot aus dem Jahr 1952 zurück. Die US-Ver-sion mit der Bezeichnung F-27 rollte ab April 1958 aus dem Fairchild-

Werk. Am 27. September 1958 trat sie den Liniendienst bei West Coast Airlines an. Drei Monate später folgte Fokkers eigene F.27; sie wurde von der irischen Air Lingus eingesetzt.

Sowohl bei Fokker wie bei Fair-child flogen um diese Zeit bereits Friendships mit dem stärkeren Dart 528, das 2.105 äPS (Äquivalent-Pfer-destärken) entwickelte. Selbst mit höheren Betriebsmassen bis zu 20.411 kg ließ sich mit diesem Antrieb die Leistung in „hohen und heißen" Gebieten steigern. Es folgte eine ganze Flut unterschiedlicher Versio-nen, die meisten mit einer längeren Radarnase. Die Varianten deckten alle Kategorien ab: reine Passagier-maschinen, Nur-Frachtflugzeuge (mit großer Seitentür), umrüstbare F.27, genannt Combiplane, und einige speziell auf den militärischen Einsatz zugeschnittene Versionen, wie etwa die F.27M Troopship. Mitte der sechziger Jahre fertigte Fokker die Mk 500 mit einem längeren

Rumpf; ihr folgte bald die Fairchild-FH-227-Familie mit einem etwas grö-ßeren Streckungsteil. Alle späteren Varianten wurden mit dem Dart 532 bzw. zuletzt mit dem Dart 536-7R ausgerüstet, die beide eine Leistung von 2.230 äPS brachten.

Die Qualität des Grundmusters F.27 läßt sich aus der Tatsache able-sen, daß es bis 1987 in Produktion blieb. Es wurden insgesamt 786 Flug-zeuge an 168 Kunden in 63 Ländern verkauft. Eine beachtliche Anzahl ging an Großbritannien, das Land, das in dieser Luftfahrzeugklasse einen unaufholbaren Vorsprung zu haben schien.

Falsches Triebwerk

Großbritannien aber hatte in einem Punkt versagt, in dem Fokker die richtige Entscheidung traf. Hand-ley Page schickte damals Group Cap-tain „Bush" Bandit auf eine Market-ingtour rund um die Welt, um heraus-zufinden, was der Kunde wünscht.

Das Bild zeigt den Herald-Prototyp, der nachträglich auf das ausgezeichnete Dart-Turboprop-Triebwerk umgerüstet wurde.

Die erste und zweite Avro 748 zeigen im Formationsflug ihre elegante Linienführung, die hohe Streckung und die positive V-Stellung des Tragwerks mit den beiden Dart-Propellerturbinen. Die 748, die zunächst bei Avro, dann bei Hawker Siddeley und British Aerospace heranreifte, erwies sich als mäßiger Erfolg mit schleppendem, wenngleich konstantem Absatz.

Viele der bewährten zweimotorigen Muster von Convair wurden auf Turboprop-Antrieb nachgerüstet. Den Anfang machte diese Convair CV-540 mit Eland-Propellerturbinen.

Kurzstrecken-Turboprops

Die Handley Page Herald wurde zuerst mit vier Leonides-Major- Sternmotoren konstruiert. Die hohe Verläßlichkeit und Wirtschaftlichkeit der Dart-Propellerturbine legte aber eine Umrüstung auf diesen Antrieb nahe. Der richtige Zeitpunkt war aber bereits verpaßt, so daß insgesamt nur 50 Heralds gefertigt wurden. Inzwischen hat sich dieser Airliner aber als robustes, effektives und langlebiges Muster erwiesen; einige Heralds fliegen sogar heute noch.

Die Antonow An-24, die in der Grundauslegung der Fokker F.27 ähnelte, und die von ihr abgeleiteten Muster wurden in Großserien gefertigt. Sie dienten der Sowjetunion und ihren Verbündeten als zähe, kompromißlose Kurzstrecken-Transportflugzeuge.

Das Ergebnis war ein 44-sitziger Hochdecker mit vier Kolbentriebwerken, und zwar wählte man das Alvis Leonides Major mit 870-PS. Das Projekt wurde Handley Page (Reading) Ltd., der ehemaligen Miles Company, übertragen und erhielt dort die Bezeichnung HPR.3 Herald. Der Prototyp flog am 25. August 1955; zu diesem Zeitpunkt hatten vier Betreiber insgesamt 29 Maschinen bestellt. Im Jahre 1957, als der Liefertermin näherrückte, mußte man erkennen, daß die Entscheidung für Kolbentriebwerke falsch gewesen war. Das Dart hatte sich weit zuverlässiger als jedes Kolbentriebwerk in der Geschichte gezeigt. Es sah so aus, als finde die Herald keine Käufer.

Handley Page begann daher das Projekt von vorn, diesmal als Dart Herald (das „Dart" entfiel aber bald wieder). Nach der Ummotorisierung beider Prototypen konnten kleine Serien verkauft werden: sechs Herald 100 für die BEA, 36 Herald 200 (eine etwas längere Version) und acht militärische 400. Trotz der geringen Auflage erwies sich die Herald 200 mit 56 Passagiersitzen als ausdauernder und effizienter Airliner. Hätte man sich von Anfang an für eine zweimotorige Auslegung mit Dart-Triebwerken entschieden, wäre die Produktion wahrscheinlich um das Zehnfache gestiegen.

Da sich keine geeignete Propellerturbine fand, verzögerte sich die Entwicklung eines amerikanischen Turboprops bis 1954; in diesem Jahr begann das Allison T56 in der Lockheed C-130 Hercules seinen Aufstieg. Das T56, damals noch mit einer Nennleistung von 3.750 äPS, hatte einen schlanken Axialverdichter, vor dem sich die Antriebswelle zum weit abgesetzten, achsversetzten und an Zwillingsstreben montierten Reduktionsgetriebe mit der Propellerwelle erstreckte. Allison entwickelte eine zivile Version dieser Propellerturbine, Model 501, die statt des oberen Lufteinlaufkanal des T56 einen Lufteintritt an der Unterseite aufwies.

Da dieses Triebwerk zur Verfügung stand, konnte Lockheed seine Verkehrsmaschine genau auf den Bedarf von American Airlines zuschneiden. In der Gesamtauslegung ähnelte sie der Viscount, war aber größer, hatte 99 Sitze, besaß eine größere Reichweite (mit maximaler Nutzlast 3.540 km) und konnte höhere Reisegeschwindigkeiten bis zu 650 km/h einhalten.

Entscheidender Wandel

Insgesamt versprach die Electra, eine perfekte Ergänzung zu den großen Verkehrsmaschinen mit Strahlantrieb, wie der Boeing 707 und der Douglas DC-8, zu werden. Lockheed rechnete daher mit einem Absatz von einigen hundert Exemplaren. Trotz der stämmigen Tragflächen von kurzer Spannweite ließ sich die Electra gut fliegen und kam zudem mit kurzen Pisten aus. Der Vortrieb der breiten, paddelförmigen Luftschrauben war so hoch, daß die Maschine die Höhe auch mit nur einem Triebwerk halten konnte. Schon bei ihrem ersten Flug am 6. Dezember 1957 schien die Electra für einen Erfolg prädestiniert. Doch als sie im Januar 1957 ihren Dienst bei American und Eastern aufnahm, hatte sich bereits ein entscheidender Wandel vollzogen. Die ganze Welt schien plötzlich „jet-besessen" zu sein. Im Jahre 1960 kamen noch ernsthafte technische Probleme hinzu, die eine Reihe bedeutender Modifizierungen erforderlich machten und das Image der Elektra nachhaltig beeinträchtigten. Die Produktion endete nach 170 Flugzeugen.

Anfang der fünfziger Jahre flogen mehrere Convair-Liner versuchsweise mit Allison-Turboprop-Triebwerken, denn Convair beabsichtigte, mit einem Airliner namens Dart (er hatte vier Dart-Triebwerke und ähnelte einer „hochgezüchteten" Viscount) ins Geschäft zu kommen. Die erste in Luton umgerüstete Maschine, die CV-340, hatte allerdings zwei Napier-Eland-Propellerturbinen mit je 2.700 WPS. Das Eland war ein grundsolides Einwellen-Triebwerk, dessen Konstruktion und Leistungspotential dem Allison nahekamen.

1955 gaben die Eland-Propellerturbinen mit verbessertem Verdichter und Blattschaufelkühlung 4.500 WPS ab, die Zukunft sah vielversprechend aus. Convair verkaufte kleine Serien an Kunden wie Allegheny, Quebecair und die Royal Canadian Air Force (RCAF).

Einige dieser Allison-501-Triebwerke wurden zur Umrüstung von Convair-Flugzeugen genutzt, die die Bezeichnung CV-580 erhielten. Pacific Airmotive führte die erste Ummotorisierung durch. Diese CV-580 absolvierte am 19. Januar 1960 ihren Jungfernflug. Insgesamt entstanden 130 CV-580. Merkwürdigerweise

51

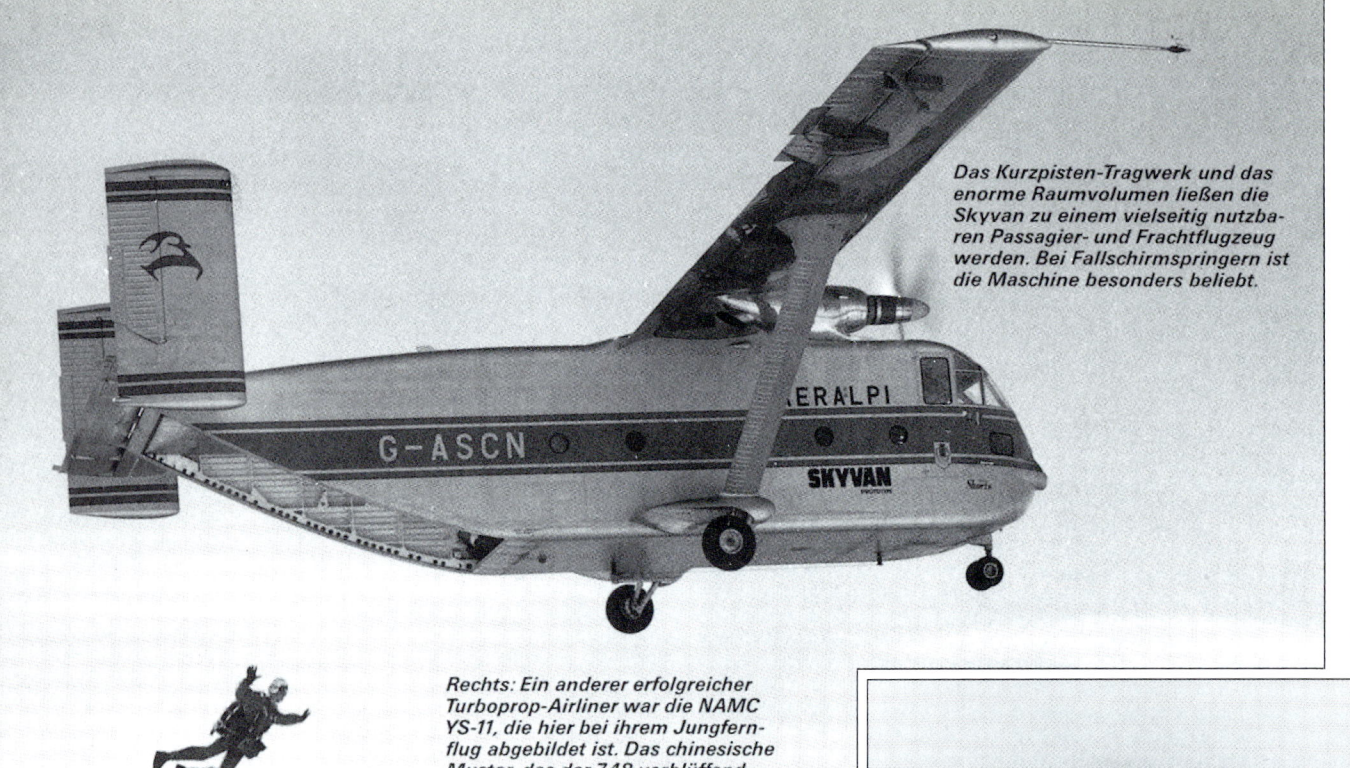

Das Kurzpisten-Tragwerk und das enorme Raumvolumen ließen die Skyvan zu einem vielseitig nutzbaren Passagier- und Frachtflugzeug werden. Bei Fallschirmspringern ist die Maschine besonders beliebt.

Rechts: Ein anderer erfolgreicher Turboprop-Airliner war die NAMC YS-11, die hier bei ihrem Jungfernflug abgebildet ist. Das chinesische Muster, das der 748 verblüffend ähnlich sah, fand sowohl im zivilen als auch im militärischen Bereich Anklang.

Radar
Einige Skyvans wurden mit einem Wetterradargerät ausgerüstet; es ist an dem aufgestülpten Bugradom zu erkennen.

erzielten die von Convair selbst vorgenommenen Umrüstungen mit dem 3.025 äPS starken Dart 542 weniger Erfolg; es wurden nur 39 CV-600 (Flugwerk der CV-240) und 28 CV-640 (Flugwerk der CV-340 und 440) hergestellt (1964/65).

Im April 1960 fand der Erstflug der An-24 statt, die aus dem Konstruktionsbüro Antonow in Kiew in der Ukraine kam. Sie war als Nachfolgemuster der Il-14 für 32 bis 40 Passagiere geplant, ging dann aber als 44-Sitzer in Serie. Dieses Muster hatte man von Anfang an für wichtige Transportaufgaben und militärische Rollen vorgesehen; die logische Weiterentwicklung führte zur vielseitigen An-26 mit einer Heckladeklappe/Rampe über die volle Rumpfbreite, die sich zur Beladung mit Kraftfahrzeugen absenken oder unter den Rumpf schwenken ließ, so daß man das Frachtgut vom Lkw direkt in die Kabine umladen konnte. Die An-24 und An-26 weisen in etwa die gleiche Zelle auf, die als Hochdecker mit deutlich negativer V-Stellung ausgelegt ist. Als Triebwerk dienen zwei AI-24 Propellerturbinen mit je 2.820 äPS. Der hintere Teil der rechten Triebwerkgondel enthält bei einigen Versionen ein kleines Strahltriebwerk, mit dem man die Startleistung erhöhen und die Haupttriebwerke ohne Bodenaggregate anlassen kann.

Dieses Muster wurde in großen Stückzahlen gebaut, darunter 1.100 An-24, über 850 An-26 und mindestens 100 in China gefertigte Y-7. Letztere enthalten von Boeing verwirklichte Modifizierungen; zu den Zukunftsprojekten gehört unter anderem die Xian Aircraft Y-14, ein militärisches Transportflugzeug mit „Winglets" und anderen Neuerungen.

Die Accountant

In Großbritannien bewies die kleine Firma Aviation Traders unternehmerischen Mut, als sie beschloß, einen Zwillings-Dart-Airliner zu bauen, genannt Accountant. Der Prototyp flog am 9. Juli 1957. Das spezifische Merkmal dieses Tiefdeckers war seine Zelle, deren Konstruktionsverfahren, eine sich weitgehend selbsttragende Außenhaut, ein neues Patent darstellte. Die Gesamtmasse dieses 30- bis 42-sitzigen Flugzeugs betrug nicht einmal 13.000 kg, sie wog also nur nahezu halb so viel wie andere zweimotorige Dart-Verkehrsmaschinen. Leider mußte auch die Accountant aufgegeben werden. 1958 erfuhr Avro jedoch von der Regierung, daß die RAF keine neuen Kampfflugzeuge mehr benötigte. Der Selbsterhaltungstrieb veranlaßte das Unternehmen, ein neues ziviles Verkehrsflugzeug zu bauen. Das Ergebnis entsprach der Accountant.

Es handelte sich um einen Zwillings-Dart-Tiefdecker, der zunächst Avro 748 hieß, sich dann zur Hawker Siddeley 748 und schließlich zur British Aerospace 748 entwickelte. Dieses Muster sollte die Funktion einer F.27 ausüben, nur mit geringeren Betriebskosten. Der Prototyp flog erstmals am 24. Juni 1960. Er war für eine Startmasse von 14.968 kg zugelassen und hatte eine Sitzeinrichtung für 44 Passagiere. Als Antrieb dienten zwei Dart 514, je 1.600 WPS. Die meisten der 357 Serienflugzeuge verfügten über das Dart 536-2, je 2.280 äPS, für Betriebsmassen bis zu 20.182 kg; die Spannweite war auf 30,02 m und die Sitzzahl auf 40/58 angewachsen.

Es gab verschiedene Fracht- und Militärversionen, einschließlich der völlig neu entworfenen Andover C.1 (andere Andover stellten reine Unterversionen der 748 dar). Heute nimmt die ATP die Stelle der 748 ein, die trotz ausgezeichneter Qualitäten nur wenige Abnehmer für sich gewinnen konnte.

1956 schlossen sich sechs japanische Unternehmen zur NAMC (Nihon Aircraft Manufacturing Co) zusammen, um den ersten japanischen Entwurf eines Airliners zu entwickeln und zu bauen. Das Resultat, YS-11 genannt, entsprach praktisch einer maßstäblich vergrößerten 748, der man das Dart 542 mit 3.060 äPS angepaßt hatte. Man plante eine Sitzkapazität für 60 Passagiere. Bei den sieben Versionen, die schließlich serienmäßig gebaut wurden, handelte es sich aber entweder um reine Militärtransporter oder um Nur-Frachtflugzeuge mit einem Nutzlastvermögen von 7.076 kg. Die Japaner zeigten sich zwar über den Absatz von nur 182 Flugzeugen enttäuscht, doch für ein Erstprogramm war dies ein durchaus respektables Ergebnis.

Eine Leistungsklasse tiefer rangierte der Prototyp Super Broussard, den der französische Flugzeugkonstrukteur Max Holste im Mai 1959 flog. Als Antrieb dienten zwei Wasp-Sternmotoren. Am 29. Juli 1960 folgte der Erstflug der geplanten Serienversion mit zwei Turboméca-Bastan-Turboprop-Triebwerken, mit je 1.145 äPS. Dieser Hochdecker

Short Skyvan 3

Mit der Skyvan fügte sich ein weiteres Muster in die Reihe erfolgreicher britischer Entwürfe ein. Die leistungsstarken Propellerturbinen und das Tragwerk hoher Streckung verleihen diesem Muster eine beispiellose Fähigkeit für Start und Landung auf sehr kurzen Pisten. Die voluminöse Kabine mit quadratischem Querschnitt ermöglicht eine hohe Nutzlastkapazität und eine optimale Nutzung des Raumangebots. Die meisten Maschinen gingen daher an reine „Frachtunternehmen" unterschiedlichster Art.

konnte bis zu 26 Passagiere aufnehmen. Er zog sein Hauptfahrwerk in Behälter an den unteren Flanken des Rumpfes ein, der keine Druckbelüftung aufwies. Dieses Muster wurde zur Nord 262 mit erweiterten Flächenenden und druckbelüftetem Rumpf mit rundem Querschnitt weiterentwickelt. Nord (später Aérospatiale) lieferte im Zeitraum von 1964 bis 1969 71 Maschinen dieses Typs. In den USA rüstete man einige dieser Flugzeuge zu Mohawk 298 um, deren Hauptunterschied im neuen Antrieb, den PT6A-45 Propellerturbinen mit

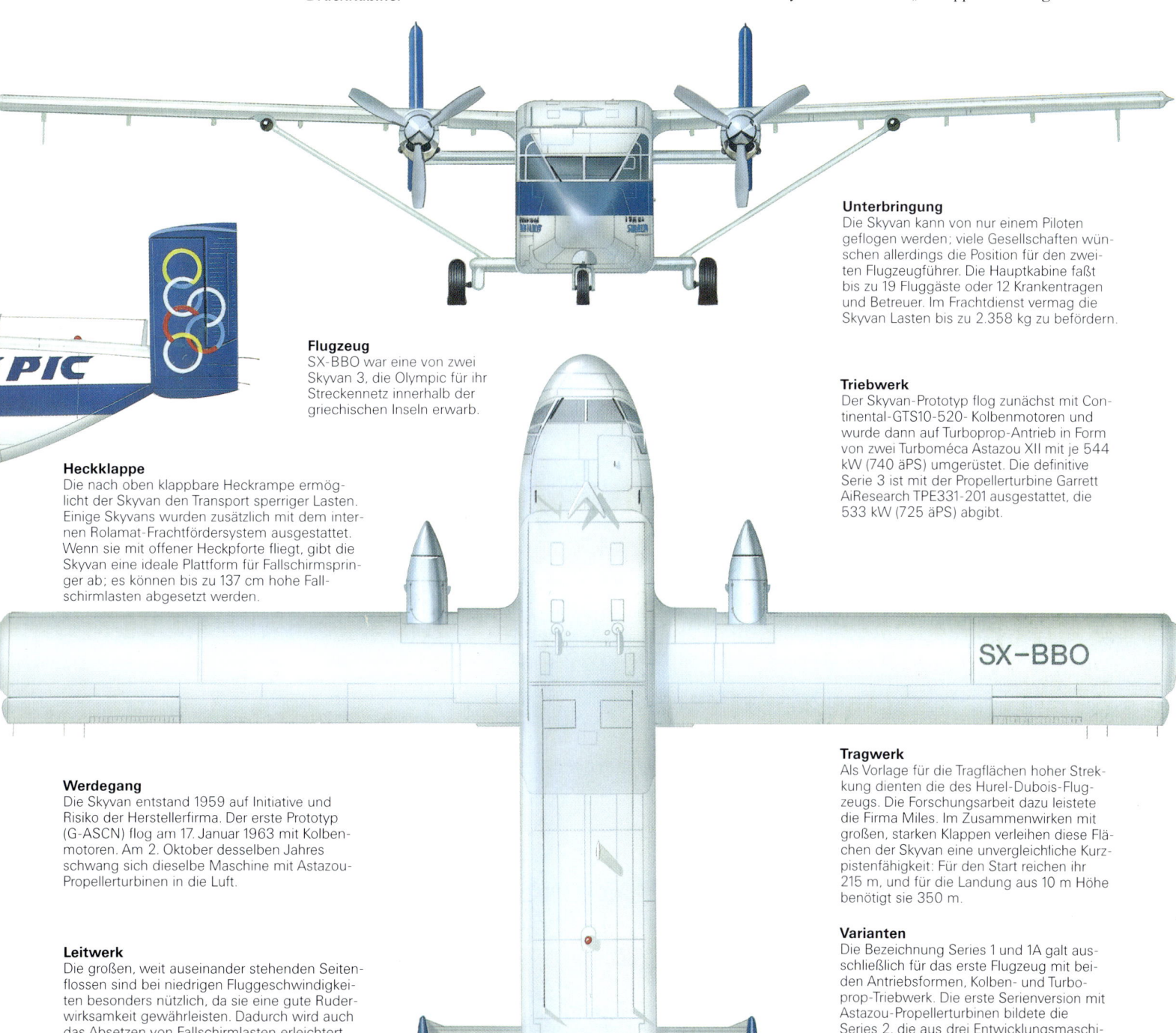

Frankreich brachte zwei Turboprop-Airliner für den Nahverkehr heraus: die Nord 260 (in der Mitte) und die weiterentwickelte Nord 262 mit Druckkabine.

je 1.180 WPS und Fünfblatt-Luftschrauben bestand.

Kolbengetriebene Skyvan

Das vermutlich letzte Muster dieser Kategorie von Kurzstrecken-Turboprop-Flugzeugen hatte zunächst ebenfalls Kolbentriebwerke. Der Prototyp Short Skyvan flog am 17. Januar 1963 zum ersten Mal, und zwar mit zwei 6-Zylinder Continental Boxermotoren, mit je 300 PS. Am 2. Oktober desselben Jahres eröffnete er ein Testprogramm für Propellerturbinen vom Typ Turboméca Astazou XII je 720 WPS. Mit diesem Antrieb fertigte Shorts dann 19 Exemplare der Skyvan II.

Am 15. Dezember 1967 startete erstmals die neue Version Skyvan 3

mit zwei Garret-TPE331-Propellerturbinen, mit je 715 WPS als Antrieb. Sie wies eine Heckrampenklappe über die volle Rumpfbreite auf und hatte ein höchstzulässiges Gesamtgewicht von 5.670 kg, der Obergrenze für Flugzeuge der allgemeinen Luftfahrt. Die neue Standardversion, die zum Teil ein Radargerät im Bug trug, fand Abnehmer im zivilen und im militärischen Bereich. Auch ein paar Skyliner mit Sitzen für 22 Passagiere wurden verkauft. Insgesamt lieferte Shorts 150 Exemplare dieses erstaunlich leistungsstarken Nutz- und Transportflugzeugs, dem weniger als 240 m Pistenlänge für Start und Landung reichen. Die Konkurrenz sprach allerdings abfällig von einem „Schuppen mit Flügeln".

Flugzeug
SX-BBO war eine von zwei Skyvan 3, die Olympic für ihr Streckennetz innerhalb der griechischen Inseln erwarb.

Heckklappe
Die nach oben klappbare Heckrampe ermöglicht der Skyvan den Transport sperriger Lasten. Einige Skyvans wurden zusätzlich mit dem internen Rolamat-Frachtfördersystem ausgestattet. Wenn sie mit offener Heckpforte fliegt, gibt die Skyvan eine ideale Plattform für Fallschirmspringer ab; es können bis zu 137 cm hohe Fallschirmlasten abgesetzt werden.

Werdegang
Die Skyvan entstand 1959 auf Initiative und Risiko der Herstellerfirma. Der erste Prototyp (G-ASCN) flog am 17. Januar 1963 mit Kolbenmotoren. Am 2. Oktober desselben Jahres schwang sich dieselbe Maschine mit Astazou-Propellerturbinen in die Luft.

Leitwerk
Die großen, weit auseinander stehenden Seitenflossen sind bei niedrigen Fluggeschwindigkeiten besonders nützlich, da sie eine gute Ruderwirksamkeit gewährleisten. Dadurch wird auch das Absetzen von Fallschirmlasten erleichtert, bei dem rasche und präzise Kurskorrekturen möglich sein müssen.

Unterbringung
Die Skyvan kann von nur einem Piloten geflogen werden; viele Gesellschaften wünschen allerdings die Position für den zweiten Flugzeugführer. Die Hauptkabine faßt bis zu 19 Fluggäste oder 12 Krankentragen und Betreuer. Im Frachtdienst vermag die Skyvan Lasten bis zu 2.358 kg zu befördern.

Triebwerk
Der Skyvan-Prototyp flog zunächst mit Continental-GTS10-520- Kolbenmotoren und wurde dann auf Turboprop-Antrieb in Form von zwei Turboméca Astazou XII mit je 544 kW (740 äPS) umgerüstet. Die definitive Serie 3 ist mit der Propellerturbine Garrett AiResearch TPE331-201 ausgestattet, die 533 kW (725 äPS) abgibt.

Tragwerk
Als Vorlage für die Tragflächen hoher Streckung dienten die des Hurel-Dubois-Flugzeugs. Die Forschungsarbeit dazu leistete die Firma Miles. Im Zusammenwirken mit großen, starken Klappen verleihen diese Flächen der Skyvan eine unvergleichliche Kurzpistenfähigkeit: Für den Start reichen ihr 215 m, und für die Landung aus 10 m Höhe benötigt sie 350 m.

Varianten
Die Bezeichnung Series 1 und 1A galt ausschließlich für das erste Flugzeug mit beiden Antriebsformen, Kolben- und Turboprop-Triebwerk. Die erste Serienversion mit Astazou-Propellerturbinen bildete die Series 2, die aus drei Entwicklungsmaschinen und 16 serienmäßig gefertigten Mustern bestand. Mit der Series 3 ging man zum Garrett-Triebwerk über; die Series 3M war die entsprechende Militärversion.

DASH-80-DYNASTIE

Düsenverkehrsmaso

Die britische Comet und die sowjetische Tu-104 flogen zwar früher, den entscheidenden Umbruch im Luftverkehr mit Strahlflugzeugen aber bewirkte die Boeing 707. Dieser ausgezeichnete Entwurf war anfangs einem verbissenen Konkurrenzkampf mit der DC-8 von Douglas ausgesetzt, aus dem er schließlich triumphierend als echter Klassiker der ersten strahlgetriebenen Airliner-Generation hervorging.

Der erste Teil dieses Berichts behandelte die recht glatte Entwicklung des Prototyps 367-80 zum Militärtanker Modell 717, der bald eine große, zuverlässige und effektive Flotte beim Strategic Air Command ausrüsten sollte. Die Produktion der insgesamt 820 Flugzeuge sicherte Boeing zwar eine glänzende Einnah-

mequelle, den ganz großen Gewinn aber hoffte das Unternehmen mit einer zivilen Version, der Boeing Model 707, zu erzielen.

Seit den Tagen der B-17-Bomber genoß Boeing die Wertschätzung der US Air Force; es konnte daher kaum verwundern, daß diese die KC-135A beschaffte. Bei den zivilen Fluggesellschaften hingegen nahm der mächtige Douglas-Konzern die Führungsposition ein, und Lockheed folgte mit nur geringem Abstand. Boeings einziger Erfolg nach dem Kriege, die Model 377 Stratocruiser, hatte die Vormachtstellung von Douglas in keiner Weise gefährdet.

Boeings Chancen verschlechterten sich noch, als Douglas am 5. Juni

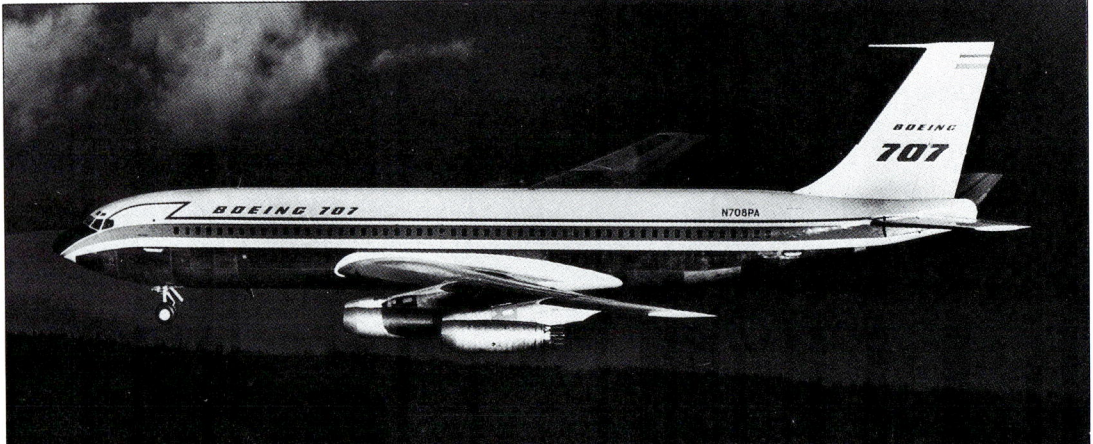

Hier sieht man die erste Boeing 707 bei ihrem Jungfernflug, zu dem sie am 20. Dezember 1957 von Renton aus startete. Die 707 war beträchtlich größer als der Prototyp Dash 80. Länge und Durchmesser des Rumpfes hatte man erhöht, Tragflächen und Leitwerk blieben aber fast unverändert.

Links: Das Flugzeug, das die Welt veränderte. Erst in der Version 300B/C erreichte die 707 ein wahrhaft globales Leistungsvermögen. Dieses Muster entwickelte sich bald zum Standard-Langstrecken-Airliner, dessen Geschwindigkeit, Raumangebot und Reichweite Boeing neue Märkte erschlossen.

Oben: Pan Am entschied, daß das erste Flugzeug mit den Farben der Gesellschaft die Zulassung N707PA führen sollte. Tatsächlich aber handelte es sich um die zweite Maschine vom Band, die das Flugprogramm zur Erteilung der Musterzulassung absolvierte, bevor sie im Dezember 1958 an Pan Am ging.

1955 die DC-8, ein ähnliches vierstrahliges Verkehrsmuster, ankündigte. Boeing würde sich jeden 707-Auftrag hart erkämpfen müssen.

In der Form, in der Boeing die 367-80 den Fluggesellschaften zunächst anbot, stieß das Muster auf einhellige Ablehnung: Es war zu klein. Boeing bat die Air Force, für den Bau eines neuen Airliners Teile der KC-135 verwenden zu dürfen, doch selbst die um 30,48 cm breitere Kabine des USAF-Tankers stellte die Liniengesellschaften nicht zufrieden. Boeing stand wieder einmal vor einer der teuersten Änderungen eines Entwurfs: Der Vergrößerung des Rumpfdurchmessers.

Mit zusätzlichen 10,16 cm übertraf der Durchmesser den der Douglas

(die vorerst nur auf dem Papier existierte) um rund 5 cm. Die Länge des Rumpfes wuchs um 25,40 cm. Die Kabine konnte 124 Passagiere in Sechsersitzreihen aufnehmen, einschließlich des Erster-Klasse-Abteils (im Vergleich zu nur 69 Fluggästen bei der DC7C). Die aus 2024-Aluminium gefertigte Zelle erfüllte alle Kriterien der Ausfallsicherheit, die zivile Betreiber forderten. Boeing hatte die Konsequenzen aus den tragischen Abstürzen der britischen Comet gezogen und strukturelle Unterbrechungen wie Kabinenfenster so ausgelegt, daß sie gegen Materialermüdung abgesichert waren. Änderungen der Serienversion waren Krügerklappen zwischen den Triebwerkgondeln.

P&W-Antrieb

Die erste Serienversion, beim Hersteller 707-100, in der Öffentlichkeit 707-120 genannt, wurde von vier

Pratt & Whitney JT3C-6 je 6.124 kp Schub angetrieben, die im wesentlichen dem militärischen J57 entsprachen. Auch sie arbeiteten beim Start mit Wassereinspritzung, die sich durch starke Lärm- und Rauchentwicklung unangenehm bemerkbar machte. Zwar brachen 20 lärmdämpfende Rohre den Abgasstrahl in Teilströme auf, doch sie verliehen der 707 mehr ein typisches Merkmal, als daß sie das gewaltige Getöse beim Start minderten. Sie fungierten außerdem als Schubumkehranlagen, um die Ausrollstrecke des Jets zu verkürzen. Dessen ungeachtet löste die Einführung der 707 weltweit Umbaumaßnahmen aus, die zur Erweiterung der Großflughäfen führten.

Die ersten drei 707-121 vor ihrer Lieferung an Pan Am. Die Maschine im Vordergrund wurde am 6. Oktober 1958 übergeben; zehn Tage später nahm sie den Liniendienst über den Atlantik auf. Auf die ersten sechs Series 121 der Pan Am folgten später zwei -139.

Ende 1955 lagen Boeing und Douglas Kopf an Kopf im Rennen um die Gunst der Käufer. Der erste Auftrag für die 707 traf am 13. Oktober von Pan American ein; die einflußreiche Gesellschaft bestellte 20 Maschinen. Boeing mußte jedoch betroffen zur Kenntnis nehmen, daß sie am selben Tag auch 25 DC-8 gekauft hatte.

Vor der Series 300 steigerte man die Reichweite der 707 dadurch, daß man den Rumpf verkürzte. Diese Maßnahme ergab die -138 für QANTAS, die nach ihrer Umrüstung auf Mantelstromtriebwerke die Bezeichnung -138B erhielt.

Doch immerhin war die 707 so wenigstens in die Luft gekommen. Im nachhinein erwies sich dieser Abschluß als einer der bedeutendsten in Boeings Geschichte. Auch bei der Boeing 747 sollte Pan American später den entscheidenden Anstoß geben.

Das Rennen um das Airliner-Geschäft spitzte sich zu. Ende Oktober kündigte Douglas die Entwicklung einer Langstreckenversion der DC-8 an, der man das größere JT4A-Triebwerk geben wollte. Boeing konterte mit der 707-300, mit JT4A-Antrieb, größerer Reichweite und höherem Platzangebot.

Produktionsstart

Wiederum war Pan Am der Erstkunde für die neue Version. Am 24. Dezember kaufte die Gesellschaft 15 Maschinen, kürzte jedoch gleichzeitig den Auftrag für die Series 121 auf nur noch sechs Flugzeuge. Inzwischen aber war bereits die magische Verkaufszahl 50 erreicht, nachdem American Airlines am 8. November einen Kaufvertrag für 30 Boeing 707-100 unterzeichnet hatte. Damit stand dem Produktionsstart für diesen Airliner nichts mehr im Wege. N708PA war die erste seriengefertigte 707, eine Series 121 für Pan American. Sie hob am 20. Dezember 1957 vom Renton-Flugplatz ab; es folgte ein wiederum reibungsloses Erprobungsprogramm. Die Muster-

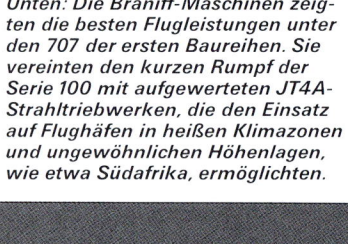

Unten: Die Braniff-Maschinen zeigten die besten Flugleistungen unter den 707 der ersten Baureihen. Sie vereinten den kurzen Rumpf der Serie 100 mit aufgewerteten JT4A-Strahltriebwerken, die den Einsatz auf Flughäfen in heißen Klimazonen und ungewöhnlichen Höhenlagen, wie etwa Südafrika, ermöglichten.

zulassung wurde am 18. September des nächsten Jahres erteilt; der erste Linienflug fand am 26. Oktober statt: N711PA, die fünfte Maschine vom Montageband, flog erstmals von New York nach Paris. Pan Am bezog auch London und andere europäische Hauptstädte in ihr Liniennetz mit ein.

Diese ersten Transatlantikflüge deckten allerdings auch die mangelnde Reichweite der 707-100 auf: Flüge nach Westen erforderten regelmäßig Zwischenstops zum Auftanken. Man ersann ausgeklügelte Verfahren, um ein Optimum an Leistung aus jedem Tropfen Treibstoff für einen Hochgeschwindigkeits-Reiseflug herauszuholen.

Transkontinentale Flüge

American Airlines setzte seine 707-123-Maschinen ab 25. Januar 1959 auf der Hauptstrecke New York – Los Angeles im Liniendienst ein; hier stellte sich das Reichweitenproblem nicht. 1959 erschienen zwei neue Versionen des Airliners. Für QANTAS lieferte Boeing im Juni 1959 die erste Series 138, eine Spezialausführung mit einem im Vergleich zur Standardserie 100 um 305 cm kürzeren Rumpf. Die Kapazität und das Gewicht waren zwar erheblich reduziert, aber diese Version bot eine viel größere Reichweite, wie QANTAS sie für ihre Globalrouten benötigte. Es handelte sich um das erste Modell, das ein Ersatztriebwerk in einer Gondel unter dem linken Flächenansatz mitführte.

Unten: Die USAF kaufte drei 707-153 sozusagen „von der Stange"; sie erhielten die Bezeichnung VC-137A. Die Zelle unterschied sich kaum von der des zivilen Airliner, die Inneneinrichtung aber war völlig anders: VIP-Ausstattung, eine Fernmeldezentrale und ein Konferenzraum mit Projektionsschreiber, Dia- und Filmvorführgerät.

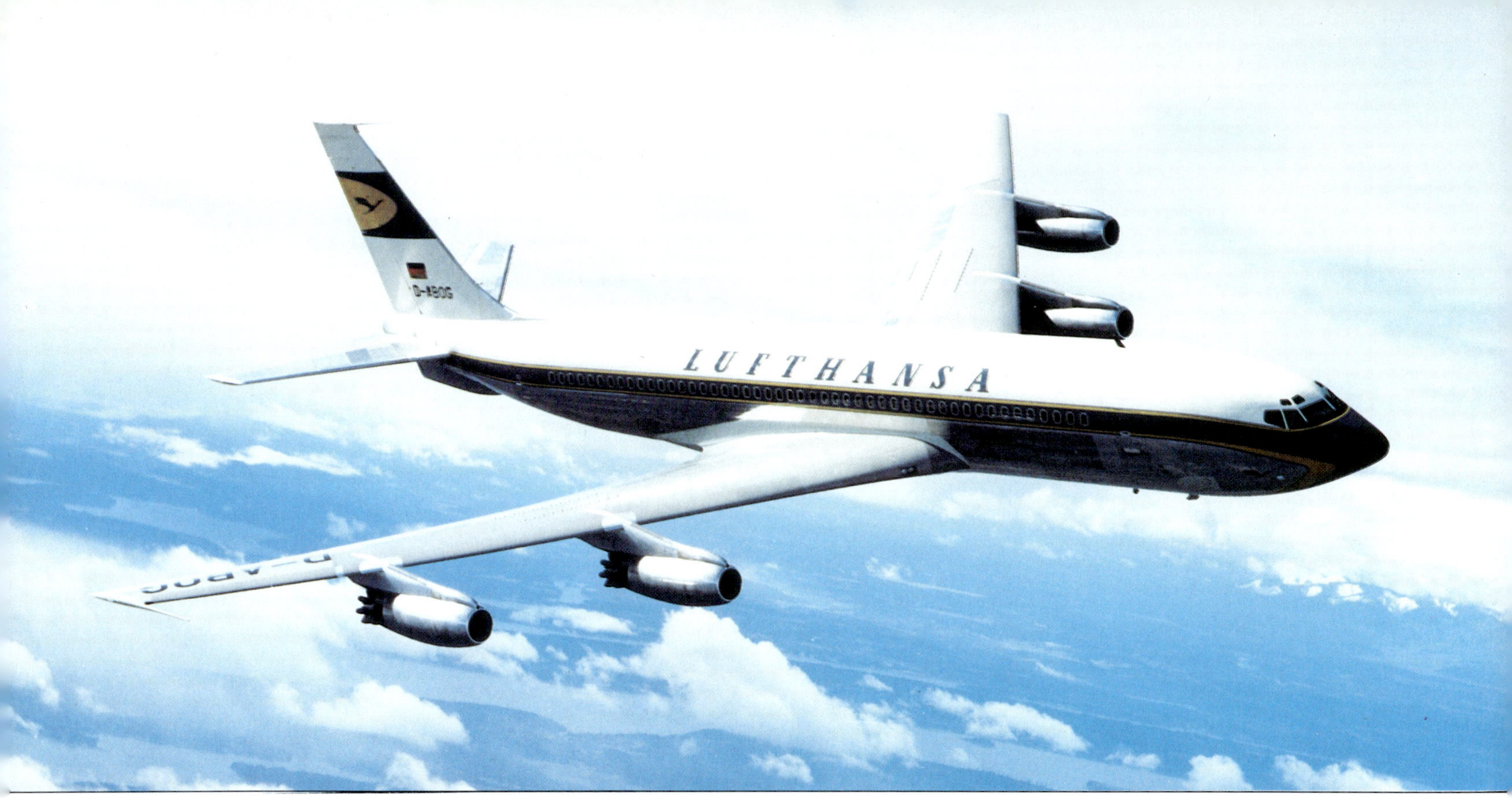

Die Lufthansa gehörte zu den ersten Abnehmern der Boeing 707. Erstaunlicherweise entschied sie sich zunächst für die Series 430 (fünf Maschinen) mit Conway-Triebwerken. Später ging sie auf die Series 330 mit JT3D-Antrieb über, von der sie 18 Exemplare in Dienst stellte. Die Maschinen beendeten ihre Laufbahn als Frachtflugzeuge.

Rolls-Royce versuchte, Pratt & Whitney den Rang abzulaufen und bot das Mantelstromtriebwerk Conway als Antrieb für die 707 an. Das amerikanische JT3D erwies sich jedoch bald als effektiver. Hauptabnehmer war die BOAC mit 18 -436 für die eigene Flotte und zwei -465 für die Tochtergesellschaft Cunard Eagle.

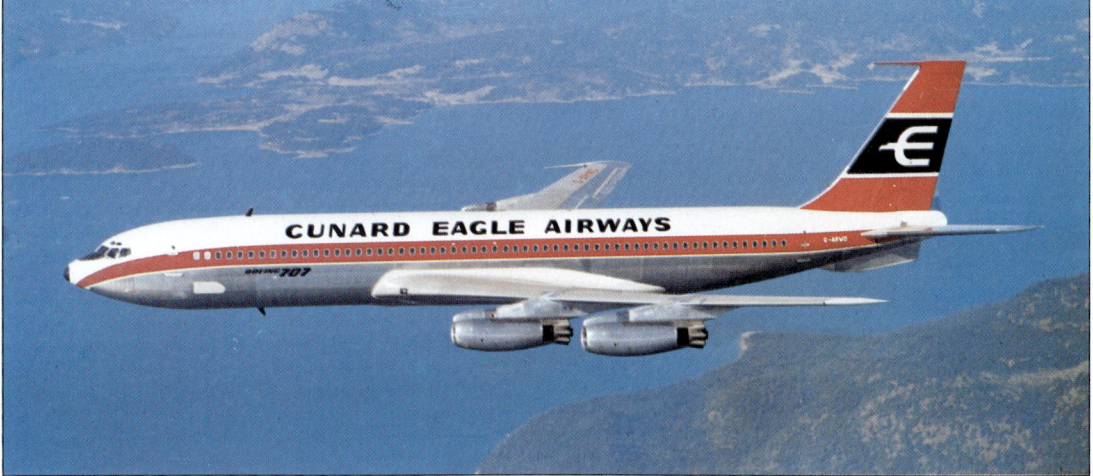

Die 707 mit kurzem Rumpf und JT3C-Antrieb erwies sich im Mittelstreckenverkehr als überaus tüchtig, so daß ihr Erfolg im amerikanischen Binnennetz nicht ausblieb. Boeing war sich jedoch bewußt, daß es das entscheidende Ziel noch zu erreichen galt: ein Muster für die Flotten der großen Liniengesellschaften aller Nationen bereitzustellen, das die kolbengetriebenen Verkehrsmaschinen, zumeist Douglas und Lockheed Produkte, auf den Langstrecken verdrängen konnte. Wie bereits erwähnt, bot die 707-300 den Ansatz dazu.

Transozeanflüge

Die als 707-320 Intercontinental vermarktete Series 300 stellte eine bedeutende Verbesserung des Grundmusters dar. Zunächst einmal war der Rumpf um 2,55 m gestreckt worden; damit ließ sich die Zahl der Sitze in der Ein-Klassen-Konfiguration für Touristen auf 189 steigern. Die tragende Fläche hatte man durch Erweiterungen an der Hinterkante im Bereich des Flächenansatzes erhöht. Die Abströmkante wies dadurch einen dreifachen Knick von innen nach außen auf, wobei die Linie am Innenflügel in einem Winkel von 90° zur Längsachse verlief. Die Treibstoffkapazität stieg auf 80.242 l, mit besonderen Reichweitentanks sogar auf 88.948 l. Dank der Pratt & Whitney JT4A-Strahltriebwerke stand mehr Schub zur Verfügung. Um den Zuwachs an Antrieb und Länge auszugleichen, mußte man ein größeres Höhenleitwerk einführen.

Die ersten 707-300 wurden noch mit der kurzen Seitenflosse der früheren Versionen geliefert; ab 1960 setzte man jedoch ein beträchtlich höheres Seitenleitwerk ein, zumeist in Verbindung mit einer Kielflosse, die Schwingungen beim Start entgegenwirkte. Zahlreiche frühere Maschinen rüstete man entsprechend nach; sie erhielten gleichzeitig den typischen nach vorn ragenden Antennenmast an der Leitwerksspitze.

Der Erstflug der 707-300 fand am 11. Januar 1959 statt; die Musterzulassung erging am 15. Juli 1959. Ab August nahmen die Maschinen den Liniendienst bei Pan Am auf. Die größere Reichweite ermöglichte der 707 den Sprung über den Ozean; für Flüge über den Atlantik waren nunmehr keine Tankstops mehr erforderlich. Die Kunden standen für die 707-300 bald Schlange, doch Douglas bereitete Boeing nach wie vor Sorgen.

Britische Boeing

Zur neuen Boeing-Kundschaft zählte auch die BOAC. Die Gesellschaft war zwar stark an der Reichweite der 707-300 interessiert, aus politischen Gründen aber an britische Erzeugnisse gebunden. So entstand die Series 400 mit dem Rolls-Royce Conway Mk 50B, einem Strahltriebwerk mit kleinem Nebenstrom. Der Begriff Turbofan-Triebwerk existierte damals noch nicht, aber das Conway wies bereits in diese Richtung. Bei erheblich niedrigerer Einbaumasse lieferte es nicht nur wesentlich mehr Schub (7.938 kp), sondern verbrannte zudem beträchtlich weniger Treibstoff.

BOAC, Air India, El Al, Lufthansa und VARIG erwarben die 707-400. Was anfangs unter der Bezeichnung 707-020, dann 717-020 lief, kam schließlich als Model 720-020 heraus. Dieser Entwurf zeigte beträchtliche interne Veränderungen.

Optisch unterschied sich die 720 kaum von den anderen Mitgliedern dieser Flugzeugfamilie. Sie hatte zunächst JT3C-Triebwerke und ein erheblich geringeres Gewicht als die früheren Versionen, um die Startstrecken zu reduzieren. Der Rumpf war 2,54 m kürzer als bei der 707-100, und die Tragflächen enthielten eine Reihe von Verbesserungen. Das Stück zwischen Rumpf und Innengondel hatte man stärker zurückgepfeilt, so daß die Nasenkante zweifach geknickt war. Krüger-

klappen erstreckten sich praktisch über die gesamte Spannweite.

Auf dem heimischen Binnenmarkt blockte Boeing jegliche Konkurrenz für die 720 durch geradezu lächerlich niedrige Verkaufspreise ab. Convairs ansonsten ausgezeichnete 880 bekam dies am meisten zu spüren. United trat als Erstkäufer auf und stellte ihre 720-022 am 5. Juli 1960 in Dienst. Kurze Zeit später folgte American Airlines, die ihre Maschinen verwirrenderweise 707-Astrojets taufte. Die letzte von insgesamt 154 Boeing 720 wurde im September 1967 ausgeliefert.

Pratt & Whitney nahm die britische Herausforderung durch das Rolls-Royce Conway an und antwortete mit dem JT3D (militärisch TF33). Dies war das erste Triebwerk, das die Bezeichnung „Turbofan" erhielt. Der Hersteller hatte eine brillante Lösung gefunden, das JT3C-Strahltriebwerk in ein Mantelstromtriebwerk zu verwandeln, indem er' die ersten drei Kompressorstufen durch zwei große Laufschaufelräder ersetzte. Diese „Fans" oder Bläser erforderten natürlich eine größere Ringverkleidung für die Frontpartie des Triebwerks. Der Lärmausstoß und der Treibstoffver-

brauch waren drastisch reduziert. Bei einer Leistung von 8.165 kp konnte man auf Wassereinspritzung endgültig verzichten.

Dieses hervorragende Zweikreisstromtriebwerk wurde zuerst in die 707-100 installiert, parallel zu dem verbesserten Tragwerk, das man für die 720 entwickelt hatte. Diese 707-100B genannten Maschinen zeigten glänzende Leistung; überdies verbrauchten ihre Bläsertriebwerke weitaus weniger Treibstoff als die schweren JT3Cs. Die erste 707 mit Fan-Triebwerk, eine ummotorisierte 707-123 von American, flog am 22. Juni 1960. Später gelieferte Flug-

zeuge besaßen alle das neue Triebwerk; auch zahlreiche frühere Maschinen wurden dem neuen Standard angepaßt, einschließlich der QANTAS-Serie 138. Die Serienfertigung der 720 ging ebenfalls zur 720B mit JT3Ds über mit entsprechender Nachrüstung früherer Maschinen.

Der Series 300 brachte das JT3D eine erneute Reichweitensteigerung; aerodynamische Verfeinerungen, wie weich zurückfließende Randbögen, fügten dem Radius weitere wertvolle Meilen hinzu. Pan American erteilte, wiederum als Erstkunde, am 13. Februar 1961 eine Order für die neue Series 300B. Von da an drängten sich

die Einkäufer der Weltflotten geradezu um die definitive Passagierversion der 707 zu erwerben. Was die Zahl verkaufter Flugzeuge betraf überholte Boeing allmählich den Rivalen Douglas durch wachsende Verkaufszahlen. 1972 endete die DC-8-Produktion bei beachtlicher Ziffer von insgesamt 556 Flugzeugen.

Bestseller

Der Verkauf der Boeing 707 ging unterdessen weiter. Im Sommer 1965 betrug der Absatz bereits 430 Exemplare. Damit hatte der Boeing-Airliner die Douglas DC-3 als bislang meistverkaufte Verkehrsmaschine der Welt abgelöst. Diese Größenordnung sollte später durch die Boeing 727 (1.831) und die Boeing 737 (2.773, Stand April 1990) noch weit übertroffen werden.

Im Verlauf der Produktion profitierte die 707 von einigen kleineren Änderungen, die auf Erfahrungen im Einsatz beruhten oder von anderen Boeing-Projekten stammten. 1963 stellte Pan Am wiederum als erste Fluggesellschaft die 707-321C in

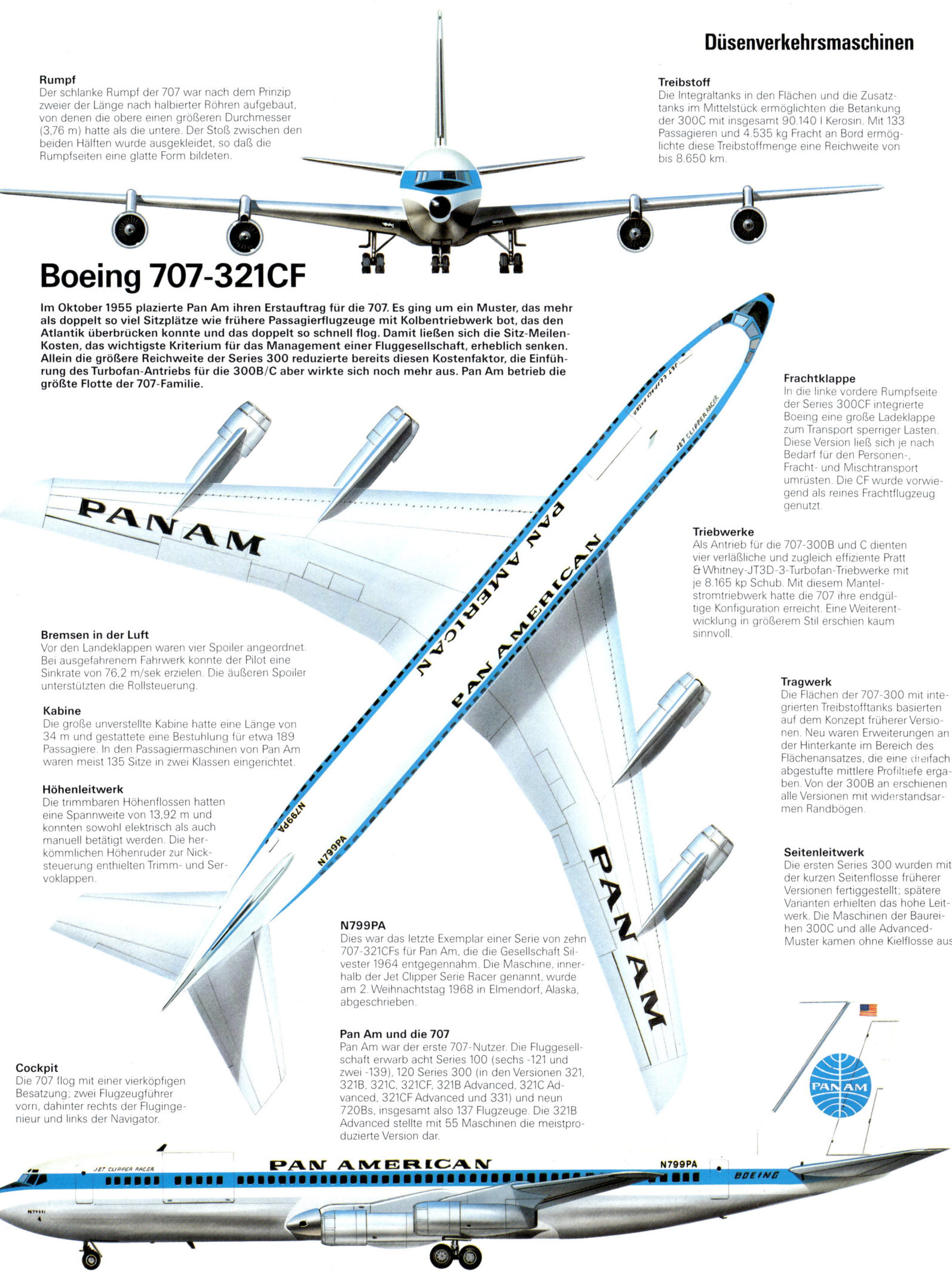

Rumpf
Der schlanke Rumpf der 707 war nach dem Prinzip zweier der Länge nach halbierter Röhren aufgebaut, von denen die obere einen größeren Durchmesser (3,76 m) hatte als die untere. Der Stoß zwischen den beiden Hälften wurde ausgekleidet, so daß die Rumpfseiten eine glatte Form bildeten.

Treibstoff
Die Integraltanks in den Flächen und die Zusatztanks im Mittelstück ermöglichten die Betankung der 300C mit insgesamt 90.140 l Kerosin. Mit 133 Passagieren und 4.535 kg Fracht an Bord ermöglichte diese Treibstoffmenge eine Reichweite von bis 8.650 km.

Boeing 707-321CF

Im Oktober 1955 plazierte Pan Am ihren Erstauftrag für die 707. Es ging um ein Muster, das mehr als doppelt so viel Sitzplätze wie frühere Passagierflugzeuge mit Kolbentriebwerk bot, das den Atlantik überbrücken konnte und das doppelt so schnell flog. Damit ließen sich die Sitz-Meilen-Kosten, das wichtigste Kriterium für das Management einer Fluggesellschaft, erheblich senken. Allein die größere Reichweite der Series 300 reduzierte bereits diesen Kostenfaktor, die Einführung des Turbofan-Antriebs für die 300B/C aber wirkte sich noch mehr aus. Pan Am betrieb die größte Flotte der 707-Familie.

Frachtklappe
In die linke vordere Rumpfseite der Series 300CF integrierte Boeing eine große Ladeklappe zum Transport sperriger Lasten. Diese Version ließ sich je nach Bedarf für den Personen-, Fracht- und Mischtransport umrüsten. Die CF wurde vorwiegend als reines Frachtflugzeug genutzt.

Triebwerke
Als Antrieb für die 707-300B und C dienten vier verläßliche und zugleich effiziente Pratt & Whitney-JT3D-3-Turbofan-Triebwerke mit je 8.165 kp Schub. Mit diesem Mantelstromtriebwerk hatte die 707 ihre endgültige Konfiguration erreicht. Eine Weiterentwicklung in größerem Stil erschien kaum sinnvoll.

Bremsen in der Luft
Vor den Landeklappen waren vier Spoiler angeordnet. Bei ausgefahrenem Fahrwerk konnte der Pilot eine Sinkrate von 76,2 m/sek erzielen. Die äußeren Spoiler unterstützten die Rollsteuerung.

Kabine
Die große unverstellte Kabine hatte eine Länge von 34 m und gestattete eine Bestuhlung für etwa 189 Passagiere. In den Passagiermaschinen von Pan Am waren meist 135 Sitze in zwei Klassen eingerichtet.

Höhenleitwerk
Die trimmbaren Höhenflossen hatten eine Spannweite von 13,92 m und konnten sowohl elektrisch als auch manuell betätigt werden. Die herkömmlichen Höhenruder zur Nicksteuerung enthielten Trimm- und Servoklappen.

Tragwerk
Die Flächen der 707-300 mit integrierten Treibstofftanks basierten auf dem Konzept früherer Versionen. Neu waren Erweiterungen an der Hinterkante im Bereich des Flächenansatzes, die eine dreifach abgestufte mittlere Profiltiefe ergaben. Von der 300B an erschienen alle Versionen mit widerstandsarmen Randbögen.

Seitenleitwerk
Die ersten Series 300 wurden mit der kurzen Seitenflosse früherer Versionen fertiggestellt; spätere Varianten erhielten das hohe Leitwerk. Die Maschinen der Baureihen 300C und alle Advanced-Muster kamen ohne Kielflosse aus.

N799PA
Dies war das letzte Exemplar einer Serie von zehn 707-321CFs für Pan Am, die die Gesellschaft Silvester 1964 entgegennahm. Die Maschine, innerhalb der Jet Clipper Serie Racer genannt, wurde am 2. Weihnachtstag 1968 in Elmendorf, Alaska, abgeschrieben.

Pan Am und die 707
Pan Am war der erste 707-Nutzer. Die Fluggesellschaft erwarb acht Series 100 (sechs -121 und zwei -139), 120 Series 300 (in den Versionen 321, 321B, 321C, 321CF, 321B Advanced, 321C Advanced, 321CF Advanced und 331) und neun 720Bs, insgesamt also 137 Flugzeuge. Die 321B Advanced stellte mit 55 Maschinen die meistproduzierte Version dar.

Cockpit
Die 707 flog mit einer vierköpfigen Besatzung; zwei Flugzeugführer vorn, dahinter rechts der Flugingenieur und links der Navigator.

Oben: Die meisten 707-100 wurden durch Umrüstung auf ein modernes Mantelstromtriebwerk zu -100B, wie diese 707-123B von Cyprus Airways, vormals American Airlines. Ende der achtziger Jahre beförderte sie noch immer Flugreisende.

Unten: Wie viele andere Betreiber baute sich auch Northwest eine große 707-Flotte auf, die sie auf ihren Langstrecken einsetzte. Bei der abgebildeten Series 351C sind die äußeren Krügerklappen ausgefahren.

Dienst. Dieses Muster basierte auf der B-Version, war aber für eine gemischte Zuladung, Personen und Fracht, konzipiert. Eine große Ladeklappe backbord am Vorderrumpf ermöglichte das Ein- und Ausladen von Frachtgut aller Standardgrößen; die Kabine behielt jedoch (sogar in der Frachtklappe) die üblichen Fenster für Flugreisende. Der verstärkte Kabinenboden verkraftete auch

Air Force One. Den höchsten Bekanntheitsgrad unter den 707 genossen wohl die beiden 707-353Bs, die die USAF als Präsidentenmaschinen mit der Bezeichnung VC-137C beschaffte. Das Paar fliegt beim 89th MAW, bis die beiden neuen VC-25 (747-200) vollständig einsatzbereit sind. Das Farbschema wurde von Jackie Kennedy entworfen.

schweres Stückgut; das Fahrwerk mußte allerdings der höheren Betriebsmasse angepaßt werden. Die Halter konnten die Kabine nach Belieben einrichten und die „C" als reines Passagierflugzeug, als Nur-Frachter und als „Kombi" einsetzen, wie es die jeweilige Situation verlangte.

„Advanced"

Bei der 707-320C entfiel auch die Kielflosse der früheren Versionen. Ermöglicht hatten dies Fortschritte, die man im Verlauf der Serienfertigung der 707-300B erzielte. Ein hinzugefügtes „Advanced" (Modern) kennzeichnete die neue Version. Ein aerodynamisch verbesserter Tragflügel, Krüger- und Landeklappen ergaben ein Startverhalten, das ein übermäßiges Rotieren unwahrscheinlich

machte. Folglich konnte man sowohl Kielflosse wie integrierten Heckpuffer abschaffen.

Im Liniendienst erwies sich die 707 als exzellenter Airliner. Mit relativ leichter Zuladung legte sie sogar eine verblüffende „Sportlichkeit" an den Tag. Zuverlässig, sicher, wirtschaftlich und effizient – mit diesen Eigenschaften eroberte die 707 nicht nur die großen Fluggesellschaften in aller Welt, sondern auch die Gremien zahlreicher Länder, die für die Beschaffung militärischer Sondermaschinen zuständig waren. So flogen bei der USAF mehrere C-137, darunter die beiden VC-137Cs (707-353B), für den Präsidenten der Vereinigten

Staaten. Letztere haben demnächst ausgedient, denn die Nachfolger – zwei Boeing 747-200 oder VC-25As – fliegen bereits seit Anfang 1990.

Glanzleistungen der 707

Unter der Fülle bemerkenswerter 707-Flüge verdienen vielleicht zwei besondere Beachtung. Bei einem Evakuierungseinsatz aus Angola brachte eine portugiesische Maschine im Jahre 1975 neben der Besatzung und 8.619 kg Fracht sage und schreibe 342 Passagiere außer Landes. Im Falklandkrieg konnte sich eine 707 der argentinischen Luftstreitkräfte vor der sicheren Zerstörung durch eine Boden-Luft-Rakete vom Typ Sea Dart dadurch retten, daß sie im riskanten Sturzflug aus großer Höhe bis auf Wellenhöhe abtauchte; der Lenkflugkörper verlor durch dieses Manöver die Radaraufschaltung.

Eine Weiterentwicklung der 707 hätte wenig erbracht. Während Douglas das Nutzlast- und Reichweitenvermögen der DC-8 mit der Super Sixty verbesserte, riskierte Boeing daher den Entwurf eines völlig neuen Musters – die 747. Dieses Flugzeug übernahm lediglich das Grundkonzept von der 707 und festigte durch revolutionäre Neuerungen Boeings führende Position.

Als die Produktion der 707 Ende der siebziger Jahre allmählich zurückging, befaßte sich Boeing mit einem neuen Antrieb für dieses

Zahlreiche 707 begannen ihre Karriere als Nur-Frachtflugzeug, noch mehr beendeten sie in dieser Rolle. Die 707-300C hatte einen verstärkten Kabinenboden, um schwere Stücklast und Ladeausrüstung zu verkraften. Bei vielen Frachtflugzeugen wurden die Kabinenfenster abgedeckt, wie bei dieser 707-323C von American Airlines.

Muster. Das Ergebnis, eine einzelne 707-700 (N707QT), war das letzte Flugwerk, das in ziviler Ausführung gebaut wurde. Die Maschine diente als Testträger für das CFM56-Turbofan-Triebwerk mit hohem Nebenstromverhältnis. In dieser Form flog sie erstmals am 27. November 1979. Trotz beeindruckender Leistungswerte entschied man sich gegen ein entsprechendes Nachrüstungspaket für die 707. Man fürchtete, den Absatz des neuen Modells 757 zu behindern, das die Marktsegmente der 707 und 727 übernehmen sollte.

Das Ende einer Linie

Die Pionierarbeit der 707-700 war jedoch nicht umsonst; das CFM56 wurde in mehrere Militärversionen

Nur sehr wenige 707 sind heute noch im Passagierdienst eingesetzt. Die größte Flotte betreibt MEA mit acht Maschinen. Der Schriftzug „NEW Q" weist auf die Ausrüstung mit Lärmdämpfern hin. Dies ist eine Series 347C, die 1968 an Western Air Lines als ersten Halter geliefert wurde.

eingebaut, darunter in die KC-135R. Auch die später exportierte E-3 sowie die E-6 verwenden diesen Antrieb. Die 707-700 selbst wurde nach Abschluß des Versuchsprogramms auf JT3Ds rückgerüstet und im April 1982 an die Luftstreitkräfte Marokkos verkauft. Dies war die letzte von 916 Boeing 707, die in ziviler Konfiguration ausgeliefert wurden.

Über 200 Exemplare dieses Musters befinden sich weiterhin im Liniendienst; auch die meisten Regierungs- und Militärmaschinen erfüllen nach wie vor ihre unterschiedlichen Aufgaben. Größere Gesellschaften setzen nur noch wenige 707 ein, und das fast ausschließlich für den Fracht-

transport. Wie die DC-8 wurde die 707 allmählich von der Passagier- auf die Frachtbeförderung verlegt, eine Funktion, die sie bis heute großartig erfüllt. Trotz vielfältiger Nachrüstsätze zur Lärmdämpfung bleibt abzuwarten, wie lange die zivile 707 angesichts immer strengerer Lärmschutzbestimmungen noch bestehen kann.

Erstaunlicherweise läuft das Montageband der 707 noch immer; die letzten Aufträge für die E-3 und E-6 sind noch nicht abgeschlossen. Im April 1990 waren im 707-Auftragsjournal 999 Flugzeuge vermerkt, davon 986 geliefert. Dieses klassische Muster könnte sogar die magische

vierstellige Zahl erreichen, falls die US Air Force die Beschaffung der E-8 für das J-STARS-Programm durchzusetzen vermag. In jedem Falle bleibt die 707 das meistgebaute vierstrahlige Verkehrsflugzeug der Welt – es sei denn, die 747 (982 mal verkauft) liefe ihr den Rang ab.

Wie zu erwarten, beschränkte sich die 707/717-Familie nicht allein auf Transport- und Tankdienste. Das enorme Leistungsvermögen, die Kapazität und die Anpassungsfähigkeit dieses Musters machten die 707 zu einem der vielseitigsten Flugzeuge aller Zeiten. Die nächste Folge wird eine Fülle von Spezialvarianten für unterschiedliche Zwecke vorstellen.

Die ersten Düsenverkehrsmaschinen

TRIUMPH und TRAGÖDIE

Nach dem Zweiten Weltkrieg träumten Flugzeugkonstrukteure von schlanken Düsenriesen, die Reisende mit hoher Geschwindigkeit rund um die Erde trugen. Die politische Realität und technischen Schwierigkeiten ließen die meisten Träume jedoch wie Seifenblasen platzen.

Diese Vickers Viking erhob den Anspruch, das erste Verkehrsflugzeug der Welt mit Strahlantrieb zu sein. Man hatte einfach die Kolbenmotoren durch zwei Nene-Turbojet-Triebwerke ersetzt. Diese Maschine war sehr schnell, diente letztlich aber nur der Erprobung.

Weihnachten 1953 äußerte der Vertriebsdirektor von de Havilland Aircraft Co. in Hatfield, F.E.N. St Barbe, noch voller Überzeugung: „Wir sind allen anderen um mindestens fünf Jahre voraus, wenn nicht um noch mehr. Es würde sicher zehn Jahre dauern, eine Maschine zu entwickeln, die der Comet Konkurrenz machen könnte. Bis jetzt ist jedenfalls noch keine in Sicht."

Nicht einer unter den Tausenden von Angestellten dieses vorpreschenden Unternehmens hätte sich damals träumen lassen, daß die Konkurrenz schon sehr bald auf den Plan treten und nahezu alle Marktanteile beset-

zen würde. Wer hätte geglaubt, daß die Comet ihre weltweit führende Stellung verlieren könnte und sich mit einer Nebenrolle zufriedengeben müßte?

Die erste der sogenannten „Düsenverkehrsmaschinen" war eine Vickers Viking; ihre Kolbenmotoren hatte man durch zwei Strahltriebwerke vom Typ Rolls-Royce Nene ersetzt. Sie startete am 6. April 1948 zu ihrem Jungfernflug. Am 25. Juli, dem 39. Jahrestag der Kanalüberquerung durch Blériot, flog diese Maschine voll besetzt mit 24 Passagieren in 34 Minuten von London nach Paris. Diese Zeit wird auch heute nur selten

unterboten. Die Nene-Viking galt allerdings allgemein nur als reines Forschungsflugzeug.

Zu den bahnbrechenden Düsenmaschinen gehörte, abgesehen von der Comet I, die C-102 Jetliner von Avro Canada Ltd. Dieses Unternehmen mit Sitz in Toronto war Teil der britischen Hawker Siddeley Group; es ging aus der Firma Victory Aircraft hervor, die im Krieg Lancasters und Yorks produziert hatte. Als erste große Aufgabe stellte sich Avro Canada den Bau eines Nacht- und Allwetterjägers für die Royal Canadian Air Force. Dieses ehrgeizige Vorhaben bedeutete eine so gewaltige Herausforderung, daß der Prototyp erst im Januar 1950 zum Flug bereitstand. Parallel dazu entwarf Avro Canada die Jetliner. Ihre Entwicklung gestaltete sich vergleichsweise unkompliziert; sie konnte daher bereits am 10. August 1949, zwei Wochen nach der Comet, zu ihrem Erstflug starten.

Die Jetliner war von Anfang an als relativ herkömmliches Verkehrsflug-

zeug für Kurzstreckenpassagierflüge gedacht, das aber zugleich durchaus konkurrenzfähig sein sollte. Man hatte zunächst zwei Rolls-Royce-AJ.65 (Avon)-Strahltriebwerke mit je 3.175 kp Schub vorgesehen; als sich aber abzeichnete, daß das Avon nicht rechtzeitig zur Verfügung stehen würde, entschied sich das kanadische Team für einen weitgehenden Neuentwurf zugunsten von vier Rolls-Royce Derwent 5, die je 1.588 kp Schub abgaben. Diese Triebwerke waren zwar recht zuverlässig und brauchten nicht so oft überholt zu werden, gaben dem Muster aber einen unmodernen Anstrich, der sich als höchst unvorteilhaft herausstellte.

Herkömmliches Tragwerk

Die Jetliner erhielt die damals üblichen, noch nicht zurückgepfeilten Tragflächen, die aber das neue sogenannte Laminarprofil aufwiesen. Der gesamte Treibstoff von 10.690 l war in Integraltanks der Außenflächen untergebracht; eine für damalige Zeiten technische Meisterleistung. Die Hauptbaugruppen des doppelrädrigen Dreipunkt-Fahrgestells zogen zwischen die Schubrohre der beiden Zwillingstriebwerkgondeln an der Unterseite des Innenflügels ein. Der

Oben: Die Avro Ashton, eine umgerüstete Tudor-Propellermaschine, war ein typisches Produkt der Zeit. Eigentlich handelte es sich in erster Linie um ein Forschungsmuster. Das Beschaffungsministerium bestellte sechs Exemplare mit Nene-Strahltriebwerken von Rolls-Royce.

FLY BY COMET

Rechts: Die Comet hätte ein neuer Edelstein in der britischen Krone werden können. Doch blieb es den amerikanischen Unternehmen Boeing und Douglas überlassen, die Welt mit ihren strahlgetriebenen Verkehrsflugzeugen zu erobern.

Oben: Die Viscount, die an sich schon eine Revolution darstellte, war auch Gegenstand einer der ersten Umrüstungen auf Strahlantrieb. Die zweite Versuchsmaschine erhielt zwei Tay-Turbojet-Triebwerke und flog erstmals am 15. März 1950. Die einzige Tay-Viscount erhielt die Bezeichnung Type 663.

In der ersten Phase ihres Einsatzes war die de Havilland Comet eine echte Sensation. Die anfängliche Euphorie schlug aber bald in Enttäuschung und Mißtrauen um, als sich gravierende Probleme mit der Druckkabine herausstellten.

Rumpf war nahezu baugleich mit dem der Tudor 8 und der Ashton, die in der Schwesterfirma Avro in Manchester entstanden; der kreisförmige Querschnitt hatte aber einen etwas kleineren Durchmesser von 305 cm statt 335 cm.

Im Detail unterschied sich die Jetliner jedoch beträchtlich von ihrer britischen Verwandtschaft. So war das Höhenleitwerk der kanadischen Linienmaschine beispielsweise fast bis auf halbe Höhe der Seitenflosse angesetzt. Das Seitenruder bestand aus zwei doppelt gelagerten Segmen-

ten, von denen das vordere über Kraftverstärker betätigt wurde. Auch die Querruder funktionierten hydraulisch. Der Kabinendifferenzdruck lag mit 0,57 bar über den Werten, die es bisher in einer Druckkabine gegeben hatte.

Mit einer maximalen Startmasse von 29.484 kg war die Jetliner nur halb so schwer wie die Comet und somit offensichtlich auch leistungsschwächer. Auf Strecken bis zu 1.770 km zeigte sie sich hingegen überlegen, da sie im Vergleich zur Comet I 50 Fluggäste statt nur 36

Rechts: Der Flug in strahlgetriebenen Verkehrsmaschinen faszinierte die Passagiere. Sie staunten über den enormen Geschwindigkeitsanstieg, der so plötzlich möglich war. Im Gegensatz zu früher herrschte in der Kabine unglaubliche Ruhe; mit dem Luxus der Propliner war es allerdings vorbei.

befördern konnte; zudem erwartete man niedrigere Betriebskosten. Ihre Reisegeschwindigkeit lag bei wahlweise 650 km/h und 735 km/h; das machte sie zwar deutlich langsamer als die Comet, brachte aber auf solch kurzen Routen keinerlei wirklich spürbare Zeiteinbußen.

Andererseits war die Jetliner beträchtlich schneller als die Convair und die DC-6, die sie ablösen sollte. Avro veranstaltete viele Erprobungsflüge, an denen Führungspersonal der Fluggesellschaften teilnahm. Etliche Betreiber trugen sich mit der Absicht, dieses Muster trotz seiner

Kanada führte sich mit der Avro Canada C-102 ins Düsenzeitalter ein, die über vier Derwent-Strahltriebwerke verfügte. Sie flog zwei Wochen später als die Comet.

Einen Teil der Schau stahlen den reinen Düsenverkehrsmaschinen die modernen Airliner mit Turboprop-Antrieb. Die Bristol Britannia zum Beispiel flog fast genau so schnell und war angenehm leise.

Transportversion der Valiant zu erarbeiten. Diese Flugzeuge brauchte man, um bestimmtes Personal und Gerät weltweit transportieren zu können. Man setzte sie häufig als Begleitmaschinen von V-Bombern ein, so daß sie deren Geschwindigkeit halten und dieselben Flugplätze benutzen konnten.

Die Idee schien mehr als nur vernünftig. Die Entwicklung auf flugtechnischem Gebiet war seit dem Erscheinen der ersten Comet vor fünf Jahren rasch vorangeschritten; die Zeit schien überreif für ein bedeutend besseres Transportflugzeug. Die Schwächen der Comet – geringe Nutzlast, bescheidene Sitzkapazität (36) und kurze Reichweite – konnte

leicht veralteten Triebwerke zu beschaffen. Letztendlich scheiterten jedoch die Pläne, die Treibstoffkapazität noch auf 18.180 l zu erhöhen und in Serie zu gehen; zum Teil lag es auch daran, daß das Unternehmen bis an die Grenzen seiner Kapazität mit dem Bau der CF-100 ausgelastet war.

Neue Technologie

Großbritannien, das eine Reihe einsatzreifer Strahltriebwerke und Propellerturbinen besaß, produzierte in erster Linie Broschüren. Die Hersteller der V-Bomber machten sich natürlich Gedanken, wie sie diese neuen Errungenschaften der Technik für Linienmaschinen verwerten konnten, die weitaus fortschrittlicher wären als die Comet.

So plante A.V.Roe Ltd. die Avro Atlantic, einen Airliner auf der Grundlage des Vulcan-Bombers als Nurflügler mit Deltaflächen. Der Entwurf hatte eine Länge von über 44 m und ein geplantes Gewicht von 81.646 kg (das mit Sicherheit gestiegen wäre). Er sollte 130 Passagiere über den Atlantik befördern können.

Der Rivale Handley Page handelte ähnlich und nutzte das Flugwerk der Victor als Ausgangsbasis für seine H.P.97. Wegen des kleineren Flächenansatzes gestaltete sich die Aufgabe für Handley Page etwas einfa-

cher. Neues ließ man sich dagegen beim Rumpf einfallen, indem man eine Art fliegenden Doppeldeckerbus schuf. Oberhalb der Tragflächen erstreckte sich die druckbelüftete Hauptkabine über die volle Rumpflänge, die darunter liegende Sektion nahm teils Sitze, teils Gepäck, Fracht und Bordsysteme, wie etwa die Klimaanlage, auf.

Später ließ man das Projekt H.P.97 zugunsten anderer Vorhaben fallen, bei denen man die Laminarströmung nutzen wollte, um Nonstopflüge von Großbritannien nach Australien oder gar Neuseeland zu verwirklichen. Vom Werksflugplatz in Radlett aus ließ Handley Page eine Vielzahl von Tragflächen mit unterschiedlichem Laminarprofil im Flug erproben. Doch auch diese Projekte verliefen letzten Endes im Sande.

Vickers-Armstrong (Aircraft) in Weybridge hingegen konnte sich nicht nur auf einen fertigen Entwurf stützen, sondern besaß überdies bereits ein Auftragspolster. Rückblickend kann man Großbritannien den Vorwurf nicht ersparen, sich auf die Serienproduktion zweier rivalisierender V-Bombertypen eingelassen zu haben, noch dazu bei dem gekürzten Rüstungsetat der Nachkriegszeit. Daß diese Bomber zusätzlich durch ein drittes Muster (die ungepfeilte

Sort SA.4 Sperrin) und dieses wiederum durch einen Zwischentyp, der ebenfalls in Serie ging, abgesichert wurden, bescheinigt der britischen Regierung beispiellose Unfähigkeit.

Ausgezeichneter Entwurf

Dieser vierte Bombertyp, die V.660 Valiant, war ein hervorragender konventioneller Entwurf mit vier Axialtriebwerken in den Flächenansätzen des leicht zurückgepfeilten Tragwerks, das man in Schulterhöhe an einem Rumpf mit kreisförmigem Querschnitt angeordnet hatte. Dieses Muster absolvierte seinen Erstflug am 18. Mai 1951. Im selben Jahr trat das Beschaffungsministerium (MoS – Ministry of Supply) an Vickers mit der Bitte heran, einen Vorschlag für eine

das neue, größere und viel schwerere Muster, angetrieben von modernsten und viel effektiveren Triebwerken, mit einem Schlag beseitigen.

Was die Triebwerke betraf, so fiel die Entscheidung nicht schwer. Seit 1950 lief bei Rolls-Royce die erste Version einer völlig neuen Gattung, bei der ein Teil des Luftstroms hinter dem Lufteinlauf an Hochdruckverdichter und Brennkammer vorbeigeführt wurde. Das Mantelstrom- oder Turbofan-Triebwerk verbrauchte deutlich weniger Treibstoff und bot weitaus geringere Lärmwerte. Letzterem maß man damals geringe Bedeutung zu, da das Umweltbewußtsein noch nicht ausgeprägt war.

Im Oktober 1952 legte Vickers den endgültigen Entwurf für das Trans-

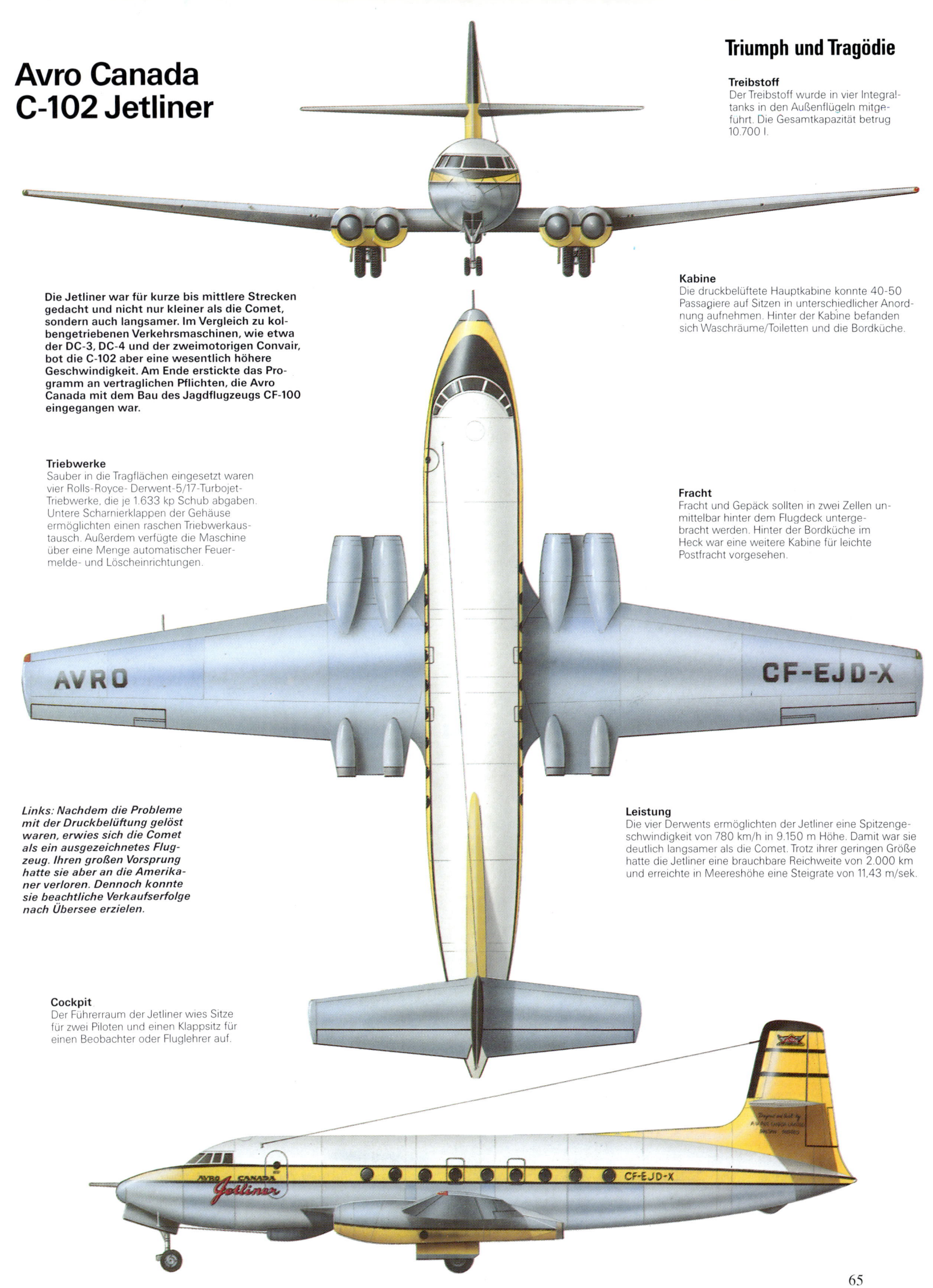

Avro Canada C-102 Jetliner

Treibstoff
Der Treibstoff wurde in vier Integral-tanks in den Außenflügeln mitge-fuhrt. Die Gesamtkapazität betrug 10.700 l.

Die Jetliner war für kurze bis mittlere Strecken gedacht und nicht nur kleiner als die Comet, sondern auch langsamer. Im Vergleich zu kol-bengetriebenen Verkehrsmaschinen, wie etwa der DC-3, DC-4 und der zweimotorigen Convair, bot die C-102 aber eine wesentlich höhere Geschwindigkeit. Am Ende erstickte das Pro-gramm an vertraglichen Pflichten, die Avro Canada mit dem Bau des Jagdflugzeugs CF-100 eingegangen war.

Kabine
Die druckbelüftete Hauptkabine konnte 40-50 Passagiere auf Sitzen in unterschiedlicher Anord-nung aufnehmen. Hinter der Kabine befanden sich Waschräume/Toiletten und die Bordküche.

Triebwerke
Sauber in die Tragflächen eingesetzt waren vier Rolls-Royce- Derwent-5/17-Turbojet-Triebwerke, die je 1.633 kp Schub abgaben. Untere Scharnierklappen der Gehäuse ermöglichten einen raschen Triebwerkaus-tausch. Außerdem verfügte die Maschine über eine Menge automatischer Feuer-melde- und Löscheinrichtungen.

Fracht
Fracht und Gepäck sollten in zwei Zellen un-mittelbar hinter dem Flugdeck unterge-bracht werden. Hinter der Bordküche im Heck war eine weitere Kabine für leichte Postfracht vorgesehen.

Links: Nachdem die Probleme mit der Druckbelüftung gelöst waren, erwies sich die Comet als ein ausgezeichnetes Flug-zeug. Ihren großen Vorsprung hatte sie aber an die Amerika-ner verloren. Dennoch konnte sie beachtliche Verkaufserfolge nach Übersee erzielen.

Leistung
Die vier Derwents ermöglichten der Jetliner eine Spitzenge-schwindigkeit von 780 km/h in 9.150 m Höhe. Damit war sie deutlich langsamer als die Comet. Trotz ihrer geringen Größe hatte die Jetliner eine brauchbare Reichweite von 2.000 km und erreichte in Meereshöhe eine Steigrate von 11,43 m/sek.

Cockpit
Der Führerraum der Jetliner wies Sitze für zwei Piloten und einen Klappsitz für einen Beobachter oder Fluglehrer auf.

Die majestätische Comet 4 mit Avon-Triebwerken erwies sich in jahrelangem Liniendienst als besonders sicheres Flugzeug. Sie war das einzige erfolgreiche Muster unter den frühen britischen Düsenverkehrsmaschinen.

portflugzeug V.1000 vor und erhielt den Auftrag, einen Prototyp und sechs Serienmaschinen für das Transportkommando der RAF zu bauen. Die Grundversion sollte vier Conway-Triebwerke mit je 5.897 kp Schub in den Flächenwurzeln erhalten. Da das Flugzeug nicht als Bomber, sondern als Linienmaschine konzipiert war, konnten die Tragflächen unten am Rumpf angeordnet werden. Große Flügelklappen verkürzten die Startstrecke, und vierrädrige Hauptfahrwerkbaugruppen mit Achsträgern verteilten die Last auf eine große Fläche. Der 42 m lange Rumpf maß im Querschnitt 4,57 m und war für einen Rekorddruck von 0,62 bar ausgelegt.

Obwohl sich bei der Comet noch keine Materialermüdung bemerkbar gemacht hatte, setzte Vickers bei der V.1000 alles daran, solche gefährlichen Risse an der Zelle von vornherein auszuschließen. Zu den weiteren Besonderheiten zählten mehrfach unterteilte Steuerflächen mit separaten Kraftverstärkern und eine Kabine mit 120 Sitzen, die einer Belastung von 25 g standhielten. Sie waren mit Schnellverschlüssen am Boden befestigt, den man für den Transport von schweren Frachtstücken, wie zum Beispiel Kraftfahrzeugen, verstärkt hatte. Das Be- und Entladen des Schwerguts erleichterte eine Hebevorrichtung im Heck.

Insgesamt stellte die V.1000 eine Revolution im Flugzeugbau dar, die den Briten einen Platz unter den führenden Herstellern von Düsenverkehrsmaschinen zu sichern schien. Seit 1952 war die nationale britische Fluggesellschaft BOAC an der Diskussion um die zivile Version VC.7

beteiligt. Sie setzte Sechsersitzreihen (zwei Dreiergruppen mit einem Gang in der Mitte) fest und eine Reichweite, die Nonstopflüge über den Nordatlantik ermöglichte. Man trieb die Entwicklung voran, und zwar die beider Versionen. Es spricht für die Solidität dieses Programms, daß die geplante Startmasse von 104.326 kg nur geringfügig auf 112.490 kg anstieg. Zum Vergleich die Werte der Konkurrenz: Die Boeing 707 wog zunächst 92.986 kg, dann 108.862 kg, später 133.810 kg, schließlich 150.593 kg!

Politische Fehlentscheidung

Aus nur schwer verständlichen Gründen zeigten sich die Briten seinerzeit kaum aufgeschlossen für neue Produkte der Luftfahrtindustrie.

Die Politik verpatzte ein Programm nach dem andern. Ab Sommer 1955 betrieb sie die Vernichtung der V.1000, mit der auch jegliche Aussicht Großbritanniens erstarb, in der „Ersten Liga" unter den Herstellern kommerzieller Luftfahrzeuge verbleiben zu können.

Eine der Ursachen war der verständliche Wunsch des Finanzmini-

Zwei auf V-Bombern gründende Projekte wurden nicht realisiert: Die von der Victor abgeleitete Handley Page H.P.97 (oben) und die Avro Atlantic (rechts), die auf der Vulcan basierte.

sters, die Ausgaben zu kürzen. Die V.1000 zu streichen, ersparte viel Geld. Ein weiterer Grund ist in der schwankenden Haltung der britischen Luftwaffe zu sehen. Der Führungsstab änderte seine Meinung von einem Tag zum nächsten; Flugzeugprogramme erforderten aber inzwischen eine Zeitspanne von zehn Jahren. Auch der Vertrauensverlust seitens der britischen Regierung, durch die Abstürze der Comet begründet, spielte eine Rolle. Man wollte nur noch „auf Bewährtem aufbauen", das aber hieß, die Britannia und – unverständlich genug – die Comet fördern.

Gewissen Einfluß hatte sicher auch die Entscheidung, die Produktion der Britannia nach Nordirland zu verlagern, um die dortige Arbeitslo-

sigkeit zu bekämpfen. Die Summe all dieser Faktoren veranlaßte jedenfalls das Beschaffungsministerium, am 11. November 1955 auf einer Pressekonferenz die Streichung der V.1000 bekanntzugeben: „Die dringende Neuausrüstung des Transportkommandos zwingt zu einer Entscheidung zugunsten der Britannia, da sie früher verfügbar ist. Es besteht nicht mehr die Absicht, eine zivile Version der V.1000 zu entwickeln. Die BOAC hat keinen Bedarf an solch einem Flugzeug, da ihr Flottenbestand alle Forderungen bis weit in die sechziger Jahre abdecken wird."

Massive Kampagne

Um diese Zeit gingen bei Boeing und Douglas die ersten Aufträge für ihre neuen „großen Jets", die Boeing 707 bzw. die DC-8, ein. Bristol wurde nervös, weil die Britannia Gefahr lief, rasch zu veralten, wenn solche Maschinen den Dienst bei den großen Fluggesellschaften der Welt aufnähmen. Bristol konterte mit einer massiven Kampagne, die teilweise darauf abzielte, das Erscheinen der amerikanischen Düsenmaschinen in Frage zu stellen. Man behauptete, sie müßten auf sechs Triebwerke umgestellt wer-

Die Vickers VC10 mag ein wunderschönes Flugzeug gewesen sein, Entwicklung und Konstruktion liefen aber leider in die Irre. Ihr Leistungsüberschuß war nicht gefragt, und die preiswertere und effektivere Boeing 707 verhinderte, daß sie auf dem Markt Fuß faßte.

den, seien total unwirtschaftlich und bedeuteten den sicheren Ruin der Käufer. Dieser Feldzug zeigte so gut wie keine Wirkung. Ein wahrer Kaufrausch für strahlgetriebene Airliner setzte ein, der bis zum heutigen Tag anhält.

Nur eine einzige Linie schien sich nicht für den neuen Düsenriesen zu interessieren. Die BOAC vertrat den Standpunkt, sie brauche solche Flugzeuge nicht, und bekundete ihn auch öffentlich bei Anfragen im Parlament. Ein Auszug aus dem Protokoll vom 8. Dezember 1955 lautet: „BOAC stellt mit Befriedigung fest, daß die Comet 4 und die Britannia auf der Nordatlantikroute eine sichere Geschäftsgrundlage bis weit in die sechziger Jahre bieten."

Sir George Edwards, der damalige Geschäftsführer von Vickers-Armstrongs (Aircraft), meinte dazu später: „Dies war eindeutig nicht der Fall. Mich überraschte es daher kaum, als der zuständige Minister mich zu Rate zog, weil die BOAC den Kauf einiger 707 beantragt hatte. Ich mußte ihm die Antwort geben, daß es unmöglich sei, die V.1000 wieder ins Leben zu rufen, da wir die gesamte Produktionsausrüstung weisungsgemäß abgebaut hätten."

Neun Monate nachdem sie ihr Desinteresse bekundet hatte, erwarb BOAC eine Flotte von 15 Boeings. Die Fluggesellschaft wartete sogar noch mit der dreisten Begründung auf: „Diese Flugzeuge werden dringend benötigt, damit die Gesellschaft ab 1959 bis in die sechziger Jahre auf der Nordatlantikroute konkurrenzfähig bleiben kann. Es handelt sich um einen Ausnahmefall, da ein geeignetes neues britisches Flugzeug zu dem Zeitpunkt nicht verfügbar ist."

Es gab zwar einige Proteste, aber im allgemeinen schluckten die in Sachen Luftfahrt ungebildeten Medien die Argumentation der BOAC. Nur die Fachpresse und, wenn auch begrenzt, die Opposition im Parlament übten Druck auf BOAC aus, so daß sie die alten Argumente gegen die VC.7 aufdecken mußte; dabei wurde auch die RAF im Zusammenhang mit der V.1000 getadelt.

Meinungswandel

Die RAF erklärte, daß die V.1000 viel zu groß geworden sei. In Wirklichkeit hatte die Luftwaffenführung erneut die Meinung gewechselt und sich für kleinere Flugzeuge vor allem deshalb entschieden, weil sie alle Comet-2-Maschinen erhielt, die sonst niemand haben wollte. Nachdem zuerst der Zeitrahmen als Begründung gegen die V.1000 herhalten mußte, gab man dieses Argument auf, als die Britannia nicht vor Juli 1959 zur Verfügung stand. Zu diesem Zeitpunkt hätte sie aber bereits planmäßig mehrere V.1000 besessen.

Die BOAC bemühte sich krampfhaft, die Untauglichkeit der VC.7 zu beweisen. Schließlich griff man die alte Behauptung wieder auf, der Antrieb sei für das geplante Betriebsgewicht von 115.884 kg zu schwach. Dabei übersah man, daß die Conway-Triebwerke der Boeing 707 einen Schub von 7.938 kp, die des Victor-Bombers aber 9.344 kp entwickelten.

In Wirklichkeit wußte BOAC sehr wohl, daß Rolls-Royce das Conway mit der erforderlichen Leistung bereitstellen konnte. Ohne daß Vickers davon erfuhr, hatte BOAC bereits im November 1955 – genau in der Woche, als die V.1000 abgelehnt wurde – mit de Havilland in Hatfield über den Bau einer „Comet 5" verhandelt. Hierbei ging es um einen kompletten Neuentwurf, der viel schwerer als die Comet 4 war, und in Größe und Gestalt exakt der V.1000 entsprach. Der einzige Unterschied bestand in der Anordnung der Conway-Mantelstromtriebwerke: Statt in die Flügelwurzeln sollten sie wie bei der Boeing in Gondeln unter die Flächen montiert werden.

Dieses Konzept hätte den Luftwiderstand unbedingt verringert und möglicherweise dazu geführt, daß die Betriebspisten verlängert werden mußten. Aber um diese Zeit war BOAC bereits auf amerikanische Muster bzw. deren Kopien fixiert. Die Entwurfsabteilung in Hatfield zeigte sich jedenfalls nicht gerade begeistert von der Umstellung auf Gondeltriebwerke. Das beweisen Zeichnungen von der Comet 5 mit vier Conway am Hinterrumpf.

Beschwichtigungstaktik

Im Frühjahr 1956 hatte man die Comet 5 zur D.H.118 umgestaltet. Sie wies jedoch einen einzigen Fehler auf: Die D.H.118 stellte praktisch eine Neuauflage der 707/DC-8 dar. Nur das Tragwerk war etwas größer und besaß moderne Auftriebshilfen für den Einsatz auf relativ kleinen Flughäfen innerhalb des BOAC-Streckennetzes in Afrika und Fernost. Beim Antrieb stieg man in dieselbe Klasse der Conway 508 mit 7.938 kp Schub ein, wie sie die 707-420 der BOAC ausrüsteten. Dabei stand von vornherein fest, daß wegen des üblichen

Nicht verwirklicht wurden zwei von der VC10 abgeleitete Muster, die VC11 (links) und die Super VC10. Letztere hatte weiter gespannte Tragflächen mit kleinen Treibstofftanks am Ende der Außenflügel.

Wachstums in Kürze mehr Leistung gefordert werden müßte.

Bis zu einem gewissen Grad benutzte BOAC die D.H.118 zur Beschwichtigung. Man wollte der Öffentlichkeit einreden, daß BOAC keineswegs auf amerikanische Muster fixiert sei. Zehn Tage nach Bekanntgabe ihrer Boeing-Käufe ließ BOAC nämlich verlauten, daß man das Projekt D.H.118 vorrangig erörtere, da dieses Flugzeug hinreichend flexibel sei, um allen Anforderungen für das weltweite Streckennetz der Gesellschaft genügen zu können.

Im Endeffekt brachte BOAC Vickers dazu, statt der „vorrangigen" D.H.118 die VC10 zu bauen. Dies war praktisch eine 707 mit stärkerem Antrieb für den Einsatz auf kleineren Flughäfen. Da die meisten Flughäfen ihre Pisten inzwischen längst für die 707 verlängert hatten, konnte man diese Idee nicht gerade brillant nennen. Wie es Sir George Edwards ausdrückte: „Es bringt absolut nichts, wenn man mit Dreiviertel der Startbahn auskommt – außer einer Verdienstmedaille für den Piloten."

Die ersten Düsenverkehrsmaschinen

EUROJETS IM KOMMEN

Mit Ausnahme von Großbritannien konnte sich Europa nur langsam mit der Idee des Jetlipers anfreunden. Das lag weitgehend an der prekären Lage, in der sich die Flugzeugindustrie nach dem Kriege befand. Dennoch produzierte Frankreich einen der attraktivsten Airliner und zugleich den erfolgreichsten Vertreter der ersten Generation europäischer Düsenverkehrsmaschinen. Auch die Sowjetunion betätigte sich aktiv auf diesem Gebiet.

Nach dem Zweiten Weltkrieg brauchten die europäischen Luftfahrzeughersteller verständlicherweise lange Zeit, um sich zu regenerieren. Die meisten Industrieunternehmen hatten alles verloren; in ihren zertrümmerten Werksanlagen blieb ihnen lediglich der harte Kern ihrer Fachkräfte.

Beim Wiederaufbau mußte man sich also zunächst relativ anspruchslosen Projekten zuwenden. Als die Hersteller sich endlich an strahlgetriebene Luftfahrzeuge wagen konnten, lag es auf der Hand, daß der erste Adressat das Militär war. Die meisten größeren europäischen Luftfahrtnationen scheuten wohlweislich das Risiko einer Produktion kommerzieller Jetliner. Frankreich hingegen hielt seine Luftfahrzeugindustrie 1951 für gesund genug, um ein solches Projekt in Angriff zu nehmen.

Das SGACC (Secrétariat Générale de l'Aviation Commerciale et Civile) erarbeitete ein Pflichtenheft für ein mittelgroßes Transportflugzeug; es sollte 55 bis 65 Passagiere oder eine Nutzlast von 7 Tonnen bei Durchschnittsgeschwindigkeiten von nicht weniger als 600 km/h über Entfer-

Rechts: Die Sowjets verblüfften die Fachwelt, als sie 1956 ihre Tupolew Tu-104 vorstellten. Im Grunde handelte es sich dabei um einen Tu-16-Bomber, der in einem vergrößerten Rumpf eine Passagierkabine unterbringen konnte.

Unten: Der sowjetische Bomber Typ 150 von Alexejew gelangte zwar nicht in den aktiven Dienst, bildete aber immerhin die Grundlage für den strahlgetriebenen Airliner Typ 152 der DDR.

nungen bis zu 2.000 km befördern können. Der Faktor Schnelligkeit schloß Turbopropmaschinen keineswegs aus; die Herstellergruppe, die sich an dieser Ausschreibung beteiligte, teilte sich daher in Bezug auf den Antrieb in zwei gegensätzliche Lager.

SNCASO (Societé Nationale de Constructions Aéronautiques de Sud-Ouest), SNCASE (Societé Nationale de Constructions Aéronautiques de Sud-Est) und Hurel-Dubois schlugen strahlgetriebene Flugzeuge vor, Breguet, Dassault und Potez wählten Propellerturbinen. Nach einer recht

Die Caravelle 10A Horizon besaß einen gestreckten Rumpf, General-Electric-CJ805-Zweikreistriebwerke und ein neu gestaltetes Tragwerk mit größerer Profiltiefe. Diese Maschine blieb ein Einzelexemplar.

Die elegante Caravelle erbte die Frontpartie von der Comet, zeigte aber ansonsten einen grundlegend neuen Entwurf. Die heckmontierten Düsentriebwerke waren eine völlig neuartige und zugleich äußerst sinnvolle Konzeption; Eingriffe in die Tragflächenkonstruktion entfielen und der Lärmpegel in der Kabine sank. Diese Caravelle III wurde als zehnte Maschine gebaut. Sie flog bei der VARIG und wechselte 1964 zur staatlichen Luftfahrtgesellschaft von Vietnam.

schnellen Auswertung entschied sich das SGACC im Einvernehmen mit der Air France für den Vorschlag des staatlichen Großunternehmens SNCASE.

Unter der Leitung des Chefkonstrukteurs Jacques Lecarme hatte das SNCASE-Entwurfsteam in Toulouse mehrere Projekte vorbereitet. Die Sammelbezeichnung SE.200 umfaßte eine Serie eng verwandter Entwürfe, die alle einen kreisrunden Rumpf mit einem Durchmesser von 3,20 m aufwiesen. Das waren 152 mm mehr als bei der britischen Comet; Bug und Cockpit der beiden Muster entsprachen sich aber praktisch vollkommen. De Havilland hatte sein Einverständnis für diese Anlehnung erteilt.

Frühe Entwürfe

Auch beim Antrieb setzten die französischen Konstrukteure ähnlich wie de Havilland mit drei Triebwerken im Heck an. Im Gegensatz zu den Briten verzichteten sie allerdings von vornherein auf eine Auslegung als Nurflügler. 1952 hatte die Comet ihre endgültige Gestalt mit konventionellem Leitwerk und vier Triebwerken in

den Flächenansätzen natürlich bereits gewonnen. Diese Anordnung zog das Team um Lecarme aber nie in Erwägung. Als sie die Ausschreibungsunterlagen erarbeiteten, mußten sich die französischen Ingenieure mit Bedauern gegen das einheimische SNECMA-Atar-Strahltriebwerk entscheiden, da es das Projekt mit Sicherheit verzögern und zudem zu wenig Schub liefern würde. Man verlegte sich daher auf zwei der leistungsstärksten projektierten Typen des Avon-Strahltriebwerks von Rolls-Royce. Das bedeutete, daß man mit nur zwei Aggregaten auskommen konnte.

Wie beim ersten Konzept X-210 sollten die beiden Triebwerke an den Seiten des hinteren Rumpfabschnitts aufgehängt werden. Heute ist dies nichts Ungewöhnliches, 1952 stellte diese Anordnung aber eine revolutionäre Idee dar. Die ganzen sechziger Jahre hindurch veröffentlichten Sud-Aviation und Aérospatiale Anzeigen, in denen kleine Jungen sich über ein aufgeschlagenes Magazin beugten und empört ausriefen: „Oh! Ils ont copié Caravelle (sie haben die Caravelle kopiert)!" Ein Körnchen Wahrheit steckte schon in diesem Ausruf. Lecarme hielt an der hinteren Aufhängung fest, auch nachdem er zu nur zwei Triebwerken übergegangen war. Als Begründung gab er an, daß die Tragflächen so unbehindert blieben und die Passagiere in der Kabine am wenigsten durch Lärm belästigt

würden. Außerdem bot diese Lösung von allen Seiten Zugang an die Triebwerke und höhere Sicherheit bei einem potentiellen Triebwerkbrand.

Im Juli 1952 genehmigte das SGACC das modifizierte Projekt X-210. Während der zweiten Hälfte dieses Jahres verfeinerte man den Entwurf. Sowohl bei Sud-Est als auch bei den zuständigen staatlichen Behörden stieg das Stimmungsbarometer deutlich an. Dennoch war man sich nicht ganz sicher, ob eine solche Düsenverkehrsmaschine für Kurz- und Mittelstrecken grundsätzlich akzeptiert würde. Nicht nur die Konkurrenz, sondern auch die Luftfahrtgesellschaften gaben zu bedenken, daß sie ein Muster dieser Art für absolut unverkäuflich hielten. Im Vergleich zu Turbopropmaschinen, wie der Viscount oder der Britannia, sei es zu teuer, viel zu laut, verbrauche bedeutend mehr Kraftstoff und bringe höchstens einen Zeitgewinn

von fünf Minuten. Andererseits hatten die Passagiere so begeistert auf die Comet von BOAC reagiert, daß die Franzosen die Hoffnung nicht aufgaben. Sie setzten darauf, daß Reisende sich mit der Zeit stets zu einem Jet entschlossen, wann immer und wo immer solch ein Flug angeboten würde.

Am 3. Januar 1953 unterzeichnete der Staatssekretär des Luftfahrtministeriums einen Auftrag über zwei Prototypen, die zunächst S.E.210 und

Das Bild zeigt den zweiten Caravelle-Prototyp beim Test mit der Netzfanganlage in Toulouse. Er trug zwar die Farben von Air France, blieb aber auf Dauer bei Sud/Aérospatiale.

bald darauf Caravelle hießen. Zeichnungen und Fotografien stellten die elegante, stromlinienförmige Erscheinung der Caravelle heraus. Gemessen am heutigen Standard wirkte die Spannweite mit 34,30 m viel zu groß; ein modernes Flugzeug dieser Klasse wiese höchstens 26 m auf.

Ansonsten stellte das Tragwerk eine höchst effiziente Konstruktion dar. An der Hinterkante des Außenflügels saßen kraftbetätigte Querruder. Auch hier vermied man jegliches Risiko, indem man das Servodyne-System der Comet wählte. Die Hinterkante des Innenflügels nahmen riesige Doppelspaltklappen ein. Auf der Flügeloberseite waren innere und äußere Störklappen eingearbeitet. Luftbremsklappen konnten nach oben und unten ausgefahren werden. Ursprünglich hatte man Vorflügel über die gesamte Nasenkante vorgesehen, was man aber später wieder aufgab. Die Vorderkanten der Trag-

Auf die neuen Mantelstromtriebwerke CJ805 von General Electric reagierte Rolls-Royce mit dem entsprechend leistungsgesteigerten Avon Mk 530. Dieses britische Triebwerk kam bei der Caravelle VIN und VIR zum Einsatz. Die libanesische MEA flog drei Caravelle VIN; zwei wurden 1968 am selben Tag in Beirut zerstört.

flächen und des Leitwerks ließen sich mit Warmluft enteisen. Die Flügelkästen waren zu Integraltanks mit einer Gesamtkapazität von 18.550 l ausgebildet.

Die Höhenflossen mit den kraftbetätigten Rudern befanden sich auf halber Höhe des Seitenleitwerks. Der Heckkonus diente als Gehäuse für ein Hilfstriebwerk (Gasturbine) und für die sperrige Druck- und Klimaanlage. Eine weitere Neuerung bestand in der unmittelbar an diese Zelle anschließenden Hecktür mit hydraulisch betätigter Einbautreppe; die Flugreisenden konnten so direkt von der Rampe in den hinteren Teil der Kabine einsteigen. Erleichtert wurde dieses Konzept durch den äußerst geringen Bodenabstand der Caravelle.

Die Prototypen erhielten auf der linken Seite des Vorderrumpfes eine große Frachtklappe, da man den vorderen Kabinenteil als Frachtraum nutzen wollte. Das Gepäck sollte unter dem Kabinenboden verstaut werden. Der Bug entsprach, wie bereits erwähnt, dem der Comet; das einzige noch ungewöhnliche Merkmal waren die Kabinenfenster in Form ausgerundeter Dreiecke. Sie stellten den besten Kompromiß zwischen der nötigen Strukturfestigkeit und einer guten Bodensicht für die Fluggäste dar.

Erste Bestellungen

Sud-Est baute zwei Prototypen, einen für die Flugerprobung und einen als Prüfstand am Boden. Den Jungfernflug mit der F-WHHH führte Pierre Nadot am 27. Mai 1955 durch. Zu dieser Zeit befand sich die Luftfahrtszene im Umbruch. De Havilland versuchte, mit einem Neuentwurf seiner Comet verlorenes Vertrauen wiederzugewinnen, und die Amerikaner beschäftigten sich mit der viel größeren 707 und DC-8 für Langstreckenflüge.

Der Caravelle kam das nur zugute, zumal sie eine bemerkenswert reibungslose Entwicklung nahm. Das grundsätzliche Lufttüchtigkeitszeugnis wurde im April 1956 ausgestellt;

zwei Jahre später folgte die uneingeschränkte Zulassung für den Personen- und Frachttransport. Wie vorhersehbar, liefen die Bestellungen zunächst nur zögerlich ein. Air France erteilte am 3. Februar 1956 einen Auftrag über 12 Maschinen, aber Ende Juni 1957 setzte SAS mit einer Order über sechs Flugzeuge das überaus wichtige Exportgeschäft in Gang.

Die Serienmaschinen wurden von Rolls-Royce Avon 522 mit einer Nennleistung von 4.880 kp Schub angetrieben. Die Passagiersitze erstreckten sich in leicht veränderter Anordnung direkt bis zum Eingangsvorraum vorn im Rumpf; hier war die Frachtklappe einer Einstiegstür gewichen. Außerdem hatte man den Rumpf um 150 cm gestreckt und die Vorderkante des Seitenleitwerks als

Rückenwulst zur Unterbringung von Antennen weit nach vorn gezogen. Air France und SAS setzten die Caravelle ab 1959 im Liniendienst ein. Im selben Jahr ließ die Umstellung auf das Avon 527 mit einer Leistung von 5.170 kp die Aufträge für die neue Caravelle III in die Höhe schnellen.

1957 schlossen sich Sud-Est und Sud-Quest zur Sud-Aviation zusammen. Den Hauptabsatzmarkt hatte man stets in den USA gesehen. Dementsprechend ging die 42. Serienmaschine 1960 an General Electric, wo sie mit CJ805-23 Zweikreistriebwerken, sogenannten „aftfan", ausgestattet wurden. Douglas übernahm den Vertrieb und startete eine Demonstrationstour durch die USA.

Rolly-Royce, aufgeschreckt durch diese Entwicklung, reagierte sofort

und wartete seinerseits mit einer Zweikreisversion des Avon auf, die neue Rekorde in der Treibstoffeinsparung aufstellte. TWA orderte 20 Caravelle VII mit GE-Triebwerken; dieses Geschäft platzte jedoch, als Douglas sich zurückzog, um die DC-9 zu produzieren. Unerwartet für Rolls-Royce akzeptierte die mächtige United aber das größere Avon 531 mit 5.570 kp Schub und gab 20 Flugzeuge mit dem Avon 532R (später 533R) und Schubumkehranlage in Auftrag. Diese Maschinen boten darüber hinaus eine ganze Reihe anderer Verbesserungen, dazu gehörte zum Beispiel unter anderem eine breitere Cockpitverglasung.

Aber die Weichen waren bereits anders gestellt. Sud-Aviation entschied sich für die amerikanischen Bläsertriebwerke und für einige konzeptionelle Änderungen. Man brachte die Caravelle Horizon auf den Markt; sie hatte GE-Mantelstromtriebwerke, einen gestreckten Rumpf, geknickten Verlauf der Tragflächenvorderkante und höher gelegte Kabinenfenster. Aber dieser Entwurf erwies sich als Fehlschlag. An seine Stelle trat die 10B oder Super B mit Pratt & Whitney-JT8D-1-Triebwerken, die 6.350 kp Schub abgaben. Spätere Versionen erhielten unterschiedliche Varianten des JT8D-9 mit 6.577 kp und 6.804 kp Schub. Die letzten Modelle waren die Mk 11R mit einem um 94 cm gestreckten Rumpf, Frachttüren an beiden Seiten und umrüstbarer Inneneinrichtung sowie die Caravelle 12 mit verstärktem

Tupolew Tu-104

Die NATO führte die Tupolew Tu-104 unter dem wenig schmeichelhaften Decknamen „Camel", während die Aeroflot sie liebevoll „Krasnii Schapochka" (Rotkäppchen) nannte. Sie entstand aus dem Tu-16-Bomber („Badger") und verband dessen Tragflächen, Heck und Triebwerke mit einem neuen Rumpf großen Durchmessers. Man brachte darüber hinaus eine Reihe von Verbesserungen ein. So verlegte man zum Beispiel das Höhenleitwerk auf das obere Rumpfdrittel des Hecks. Die Tu-104 war einfach in der Herstellung, antriebsstark und unwahrscheinlich robust; sie zu fliegen erforderte aber Muskelkraft.

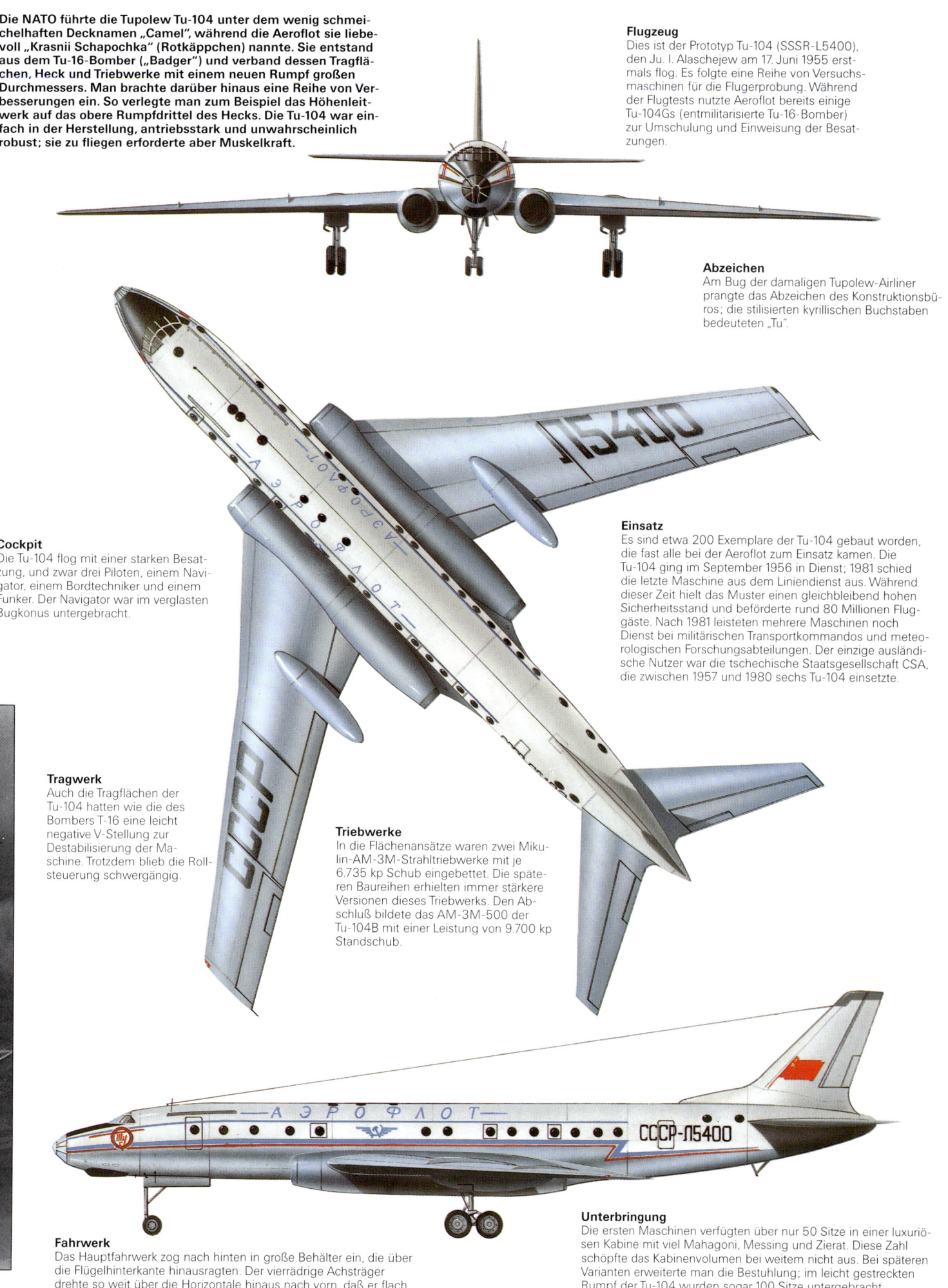

Flugzeug
Dies ist der Prototyp Tu-104 (SSSR-L5400), den Ju. I. Alaschejew am 17. Juni 1955 erstmals flog. Es folgte eine Reihe von Versuchsmaschinen für die Flugerprobung. Während der Flugtests nutzte Aeroflot bereits einige Tu-104Gs (entmilitarisierte Tu-16-Bomber) zur Umschulung und Einweisung der Besatzungen.

Abzeichen
Am Bug der damaligen Tupolew-Airliner prangte das Abzeichen des Konstruktionsbüros; die stilisierten kyrillischen Buchstaben bedeuteten „Tu".

Cockpit
Die Tu-104 flog mit einer starken Besatzung, und zwar drei Piloten, einem Navigator, einem Bordtechniker und einem Funker. Der Navigator war im verglasten Bugkonus untergebracht.

Einsatz
Es sind etwa 200 Exemplare der Tu-104 gebaut worden, die fast alle bei der Aeroflot zum Einsatz kamen. Die Tu-104 ging im September 1956 in Dienst; 1981 schied die letzte Maschine aus dem Liniendienst aus. Während dieser Zeit hielt das Muster einen gleichbleibend hohen Sicherheitsstand und beförderte rund 80 Millionen Fluggäste. Nach 1981 leisteten mehrere Maschinen noch Dienst bei militärischen Transportkommandos und meteorologischen Forschungsabteilungen. Der einzige ausländische Nutzer war die tschechische Staatsgesellschaft CSA, die zwischen 1957 und 1980 sechs Tu-104 einsetzte.

Tragwerk
Auch die Tragflächen der Tu-104 hatten wie die des Bombers T-16 eine leicht negative V-Stellung zur Destabilisierung der Maschine. Trotzdem blieb die Rollsteuerung schwergängig.

Triebwerke
In die Flächenansätze waren zwei Mikulin-AM-3M-Strahltriebwerke mit je 6.735 kp Schub eingebettet. Die späteren Baureihen erhielten immer stärkere Versionen dieses Triebwerks. Den Abschluß bildete das AM-3M-500 der Tu-104B mit einer Leistung von 9.700 kp Standschub.

Unterbringung
Die ersten Maschinen verfügten über nur 50 Sitze in einer luxuriösen Kabine mit viel Mahagoni, Messing und Zierat. Diese Zahl schöpfte das Kabinenvolumen bei weitem nicht aus. Bei späteren Varianten erweiterte man die Bestuhlung; im leicht gestreckten Rumpf der Tu-104 wurden sogar 100 Sitze untergebracht.

Fahrwerk
Das Hauptfahrwerk zog nach hinten in große Behälter ein, die über die Flügelhinterkante hinausragten. Der vierrädrige Achsträger drehte so weit über die Horizontale hinaus nach vorn, daß er flach im Behälter ruhte.

Fahrwerk und einer Rumpfstreckung von nicht weniger als 3,24 m. Diese beiden letzten Versionen ließen die Verkaufszahlen auf insgesamt 280 Flugzeuge hochschnellen. Damit blieb die Caravelle der Bestseller unter den europäischen Jetlinern, bis die F28/100 und der Airbus auf den Markt kamen. Der letzte Erstflug einer Caravelle fiel auf den 8. März 1973.

Als die erste Caravelle 1955 vom Boden abhob, machte sich im Westen noch kaum jemand Gedanken dar-

Tragflächen, Triebwerke, Fahrwerk und Leitwerk waren nahezu identisch mit den Baugruppen des T-16 (Konstruktionsbezeichnung Tu-88)-Bombers. Der Rumpf mit kreisförmigem Querschnitt enthielt eine Kabine, deren Fußboden auf Höhe der Tragflächenoberkante verlief. Das vordere Rumpfteil bildete das Flugdeck für eine fünfköpfige Besatzung (mit eigener Toilette). Dieser Teil war als Druckkabine ausgelegt; der Hauptdruckspant dahinter trennte aber die Passagierkabine von

gedrosselt waren. Unterschiedliche Varianten dieses Triebwerks versorgten die spätere gestreckte Version Tu-104A mit bis zu 9.700 kp Schub pro Einheit. Die Triebwerke befanden sich dicht am Rumpf in den Flügelwurzeln. Fachleute überraschte die Unterbringung des Achsträger-Hauptfahrwerks in großen Kästen an der Hinterkante der Tragflächen.

Die letzte Baureihe dieses Musters, die Tu-104B, zeigte einen von 38,84 m auf 40,05 m verlängerten Rumpf, so daß die Kabine nunmehr

Oben: Die Tupolew Tu-104 wurde das zweite Muster mit Strahlantrieb im planmäßigen Flugdienst, als sie am 15. September 1956 ihren Dienst auf der Strecke Moskau–Irkutsk begann.

Eine Reihe von Tupolew Tu-104 auf dem Vorfeld des Moskauer Flugplatzes Wnukowo. Im Hintergrund sieht man einige Turboprop-Maschinen vom Typ Iljuschin Il-18.

über, wann die Sowjetunion mit einer strahlgetriebenen Verkehrsmaschine aufwarten könne. Das sollte aber schon sehr bald geschehen, denn das Konstruktionsbüro A.N. Tupolew fand eine fast geniale Abkürzung: Es verwandelte einfach einen fertigen Bomber in ein Verkehrsflugzeug. Im März 1956 landete die Tu-104 in London Heathrow und erlaubte dem Westen den ersten Kontakt mit einem modernen sowjetischen Jet.

dieser Anlage ab. Die Kabine selbst wies kreisrunde Bullaugen auf sowie ein altmodisch anmutendes Interieur mit viel Mahagoni, Messing und Zierat. In der gemischten Klasse fanden 50 Passagiere, in der „Touristenklasse" bis zu 80 Flugreisende Platz.

Geschwindigkeit und Komfort

Als Antrieb dienten zwei riesige Mikulin-AM-3-Strahltriebwerke, die auf eine Leistung von 6.735 kp Schub

maximal 100 Sitze aufnehmen konnte. Obwohl nur wenige Maschinen (nämlich in die Tschechoslowakei) exportiert wurden, bedeutete die Tu-104 insgesamt doch eine Revolution im Dienstleistungsangebot der Aeroflot. Sie verdrängte nicht nur rund 200 Kolbenmotorflugzeuge, sondern verkürzte auch die Flugzeit auf langen Strecken um 60 %. (So dauerte der Flug von Moskau nach Peking nicht mehr 19 Stunden und 15 Minuten, sondern nur noch 7 Stunden und 40 Minuten.)

Der Grundstein für einen der am wenigsten bekannten Jetliner der Welt wurde in der Sowjetunion bereits 1948 gelegt. Genau wie bei der Tu-104 war ein Bomber der Ausgangspunkt. Das Konstruktionsbüro S.M. Alexejew erhielt den Auftrag, einen Bomber in der Klasse um 47 Tonnen zu entwickeln, mit zurückgepfeilten Tragflächen und Höhenflossen. Der deutlich von der B-47 beeinflußte Prototyp mit der Bezeichnung Type 150 absolvierte am 9. Mai 1952 seinen Erstflug. Die beiden 6.350 kp Schub starken Strahltriebwerke vom Typ Ljulka AL-5 hingen in Gondelbehältern unter den Tragflä-

chen, die eine Pfeilung von 35° und fast gleichbleibende Profiltiefe aufwiesen. Stützbeine unter den Außenflächen sorgten dafür, daß die am Boden auf einem Tandem-Hauptfahrwerk ruhende Maschine nicht die Balance verlor. Im Heck unter dem T-Leitwerk saß ein Geschützturm.

Die sowjetischen Luftstreitkräfte lehnten den Typ 150 zwar ab, leiteten die Konstruktionspläne aber an Professor Brunolf Baade in der DDR weiter. Sein Konstruktionsbüro erhielt die Erlaubnis, diese Pläne als Grundlage für die Entwicklung eines kommerziellen Transportflugzeugs zu verwerten. Eine unpassendere Basis als den Schulterdecker mit dem Fahrrad-Fahrgestell hätte man kaum finden können. Ungeachtet dessen begannen Baade und seine Leute 1955 mit der Umarbeitung.

Das Ergebnis war der Typ 152, dessen Konstruktion den VEB-Flugzeugwerken in Dresden übertragen wurde. Die wichtigsten Änderungen beinhalteten den Ersatz der AL-5-Triebwerke durch vier kleine Pirna-014A-Strahltriebwerke mit je 3.175 kp Schub in Doppelgondeln unter den Tragflächen, die Druckbelüftung der Passagierkabine (57 Sitze) und die Umgestaltung des Leitwerks, bei der natürlich das Heckgeschütz entfiel. Die Höhenflossen saßen nun mit leichter V-Stellung seitlich am Hinterrumpf. Der Erstflug fang am 4. Dezember 1958 statt; die Kabine war mit Testgeräten vollgestopft und der Navigator flog im verglasten Bug mit. Am 4. März 1959 stürzte diese Maschine nach einem Strömungsabriß in niedriger Höhe ab.

Ein besseres Flugzeug

Zu diesem Zeitpunkt befand sich der Bau eines zweiten Prototyps, Typ 152-II, bereits in fortgeschrittenem Stadium. Man hatte die Triebwerkgondeln so erweitert, daß sie die vierrädrigen Hauptfahrwerksbaugruppen aufnehmen konnten. Die Stützbeine unter den Außenflächen entfielen und der ehemalige Schacht für das hintere Rumpffahrwerk konnte als Frachtraum genutzt werden. Auch die Bugverglasung verschwand. Zu weiteren Änderungen gehörten Grenzschichtzäune auf der Oberseite der Flächen, links und

Links: Der Bomber Alexejew Typ 150 lehnte sich unübersehbar an die Boeing B-47 an. Seine ungewöhnliche Auslegung entsprach dem vorgesehenen Einsatzzweck. Für eine Umwandlung in einen Airliner bot er allerdings keine idealen Voraussetzungen.

Der VEB-Baade Typ 150 setzte zu seinem Erstflug am 4. Dezember 1958 an. Im März 1959 stürzte diese Maschine ab und mußte abgeschrieben werden. Man führte die Entwicklung aber mit dem stark verbesserten Typ 152A weiter. 1961 gab man jedoch das gesamte Programm auf, als sich abzeichnete, daß dieses Muster kommerziell niemals würde bestehen können.

rechts der Gondelträger. Die 152-II war in mancherlei Beziehung ein bedeutend besseres Flugzeug als der erste Protoyp. Interflug erhielt die Genehmigung zur Serienfertigung einer abgeänderten Version 152A.

Die 152-II hob am 26. August 1960 zum ersten Mal vom Boden ab. Es sollte nur noch ein Flug folgen, denn Dr. Fritz Freytag, der Baader nach dem Absturz des ersten Prototyps abgelöst hatte, setzte sich danach in den Westen ab. 1961 wurde das gesamte Programm aufgegeben, obwohl man zu diesem Zeitpunkt bereits drei Flugzeuge so gut wie fertiggestellt hatte. 14 weitere Maschinen befanden sich in unterschiedlichen Fertigungsstadien. Die 152A wäre sicher niemals ein Erfolgsschlager geworden, aber sie hätte der DDR als Sprungbrett dienen können.

Die DDR mußte sich damit abfinden, daß ihr Griff nach einem eigenen Jetliner gescheitert war. Inzwischen hat Interflug sogar die ersten Airbusse 310 bestellt. Im gesamten Ostblock liegt der Entwurf großer Strahlflugzeuge immer noch in den Händen etablierter Sowjetkonstrukteure. 1957 beauftragte man S.V. Iljuschin mit der Produktion des ersten wirklich großen Langstrecken-Verkehrsflugzeugs mit Strahlantrieb für die Aeroflot. Die Gesellschaft bediente zwar die wichtigsten Interkontinentalstrecken inzwischen mit der Tu-114, drängte aber auf einen strahlgetriebenen Typ. Die Entscheidung fiel auf ein Muster, dessen Auslegung weitgehend der britischen VC10 entsprach. Diese Wahl war zum Teil dadurch bedingt, daß die meisten sowjetischen Flughäfen relativ kurze Start- und Landebahnen haben.

Es entstand die Il-62. Dieser zwar durchaus solide und in mancher Hinsicht sogar beeindruckende Entwurf leitete indes einen Werdegang ein, der seitdem geradezu eine russische Tradition geworden ist. Bevor die endgültige Version eines neuen Musters erschien, bastelten die Sowjets jahrelang an ihm herum. In diesem Fall probierte man drei verschiedene Triebwerktypen aus.

Nikita Chruschtschow inspizierte den fertigen Prototyp am 24. September 1962; erst im Januar 1963 aber absolvierte Wladimir Kokkinaki den Erstflug. Dieses Muster besaß sehr große Ähnlichkeit mit der VC10, war aber größer und hatte eine „Bizeps-Steuerung". Es erhielt 7.500 kp Schub entwickelnde Ljulka-AL-7-Turbojet-Triebwerke.

Feinschliff

Wie bei der 707 und der VC10 bestand das Hauptfahrwerk im wesentlichen aus Vierrad-Achsträgern, die in den Rumpf und die dicken Tragflächenansätze eingezogen wurden. Ungewöhnlich war eine zweirädrige Heckstütze, die nur zum Parken des Flugzeugs abgesenkt wurde. Die Maschine verfügte über eine Warmluftenteisungsanlage an den Nasenkanten und ein leistungsstarkes, dreiphasiges Wechselstrom-Bordnetz.

Vier Jahre lang beschäftigten sich Kokkinaki und seine Kollegen mit dem Feinschliff. Ein akzeptables Überziehverhalten herzustellen gestaltete sich als besonders schwierig. (Westliche Muster mit T-Leitwerk hatten ähnliche Probleme). Man zog die äußeren Flächensegmente etwas nach vorn und gab ihnen eine leichte Wölbung, so daß sich eine geknickte Vorderkante ergab. Diverse Grenzschichtzäune kamen hinzu und verschwanden wieder. 1965 war das, so meinte man, endgültige Mantelstromtriebwerk Kusnezow NK-8-4 einsatzreif. Der Standschub von 10.500 kp erweiterte das Leistungsspektrum erheblich. Am 10. März 1967 eröffnete Aeroflot den Liniendienst mit ihrem neuen Muster.

1971 stellte das Iljuschin-Konstruktionsbüro die erste Il-62M mit Solowjew-D-30KU-Turbofan-Triebwerken, mit je 11.000 kp Schub, vor. Der geringere Treibstoffverbrauch und ein zusätzlicher Tank in der Seitenflosse erhöhten die Reichweite von 6.700 km auf 7.800 km. Darüber hinaus führte die 62M eine Reihe anderer Verbesserungen ein.

Damit war die Entwicklung aber noch nicht abgeschlossen. 1978 kündigte das Iljuschin-Büro die Il-62MK an. Diese Version hatte ein verstärktes Tragwerk, eine größere Spurbreite, Niederdruckreifen, bessere Radbremsen und eine neue Art von Spoilern, die beim Aufsetzen automatisch ausfuhren und so den Auftrieb dämpften. Fast all diese Änderungen dienten dazu, den Betrieb des schweren Flugzeugs (165 Tonnen) auf einfachen Flugplätzen mit kurzen Pisten zu ermöglichen. Einen Gewinn brachten auch die Schubumkehranlagen, die Kaskadenstufen an den äußeren NK-Triebwerken und bedeutend effektivere Systeme mit Umkehrblechen an allen Solowjew-Triebwerken.

Heute bieten fast alle Il-62MKs bis zu 195 Passagieren Platz. Sie sind mit neuen Avionikanlagen ausgestattet, einschließlich eines dreifachen Trägheitsnavigationssystems. Dank der unermüdlichen Arbeit von 30 Jahren hat die Il-62 die Vorstellung von einem hocheffektiven Langstrecken-Airliner verwirklicht. Zahlreiche Luftverkehrsgesellschaften außerhalb der Aeroflot fliegen diesen sowjetischen Eurojet.

Die große Ähnlichkeit der Iljuschin Il-62 mit der britischen Vickers VC10 brauchte nicht zu verwundern, da auch die russische Verkehrsmaschine für den Einsatz auf kurzen Pisten konzipiert war. Die Il-62 entwickelte sich im Laufe vieler arbeitsreicher Jahre zu einem tüchtigen Langstrecken-Airliner, der noch etliche Dienstjahre vor sich hat.

Die ersten Düsenverkehrsmaschinen

Die amerikanische Herausforderung

Die Europäer mögen zwar als Erste strahlgetriebene Verkehrsmaschinen mit Erfolg in der kommerziellen Luftfahrt eingesetzt haben, doch es waren die Amerikaner, die den Markt abschöpften. De Havilland und Tupolew hingen um Jahre hinter der Entwicklung zurück; Boeing und Douglas hingegen nutzten die Zeit und produzierten hervorragende Muster, die mit Macht das Düsenzeitalter im zivilen Luftverkehr einläuteten. Convair versuchte sich ebenfalls auf diesem Gebiet, scheiterte aber kläglich.

Diese DC-8-50 führte neue Turbofan-Triebwerke ein, die Abflugmasse, Reichweite und Wirtschaftlichkeit des Musters beträchtlich erhöhten.

Oben: Die attraktive Convair 880 konnte auf dem Weltmarkt nicht recht Fuß fassen. Nur 65 Maschinen wurden verkauft, davon neun an die Cathay Pacific in Hongkong.

Am 2. Mai 1952 startete die de Havilland Comet vom Londoner Flughafen Heathrow und läutete damit das Düsenzeitalter für die kommerzielle Luftfahrt ein. Leider erwies sich dieser Neuanfang jedoch bald als ein Schlag ins Wasser, da dieses Flugzeug schwere technische Mängel zeigte.

Als die Comet endlich wieder in Dienst gestellt werden konnte, stand sie einer übermächtigen Konkurrenz gegenüber. Größere, schnellere, antriebsstärkere, weiter fliegende und konzeptionell modernere Maschinen machten ihr den Rang streitig.

Die vier großen Unternehmen in den USA, Boeing, Convair, Douglas und Lockheed, verfolgten 1950 angespannt das Comet-Programm und wogen die Perspektive für den Strahlantrieb in der zivilen Luftfahrt ab. Convair und vor allem Lockheed verloren die Maschinen mit Propellerturbinenantrieb nicht aus den Augen, da vorerst nach kommerziellen Gesichtspunkten keinerlei Anreiz für den Bau von Strahlflugzeugen gegeben zu sein schien.

Boeing hatte 1947 einen jungen, aber sehr erfahrenen Aerodynamiker, Bob Hage, für sich gewinnen können und ihn mit dem Entwurf strahlgetriebener Transportflugzeuge beauftragt. Über Planskizzen kam man jedoch nicht hinaus. Der Bau eines Prototyps würde 15 Millionen Dollar kosten, weit mehr als jedes Unternehmen riskieren könnte. Bis zur Zulassung müßte man nochmal die gleiche Summe, für die Serienfertigung sogar das Doppelte investieren. Außerdem gab es noch keine Zulassungsrichtlinien oder irgendwelche Vorgaben.

Spätestens 1950 wurde den leitenden Ingenieuren Ed Wells und George Schairer klar, daß es an der Zeit war, zumindest Konstruktionspläne bereitzuhalten. Anders als bei ihren strahlgetriebenen Bombern wählten sie die Auslegung als Tiefdecker mit normalem Bugfahrwerk. Die vier Strahltriebwerke sollten in einzelnen Gondeln so unter die Tragflächen gehängt werden, daß sie weit über die Nasenkante hinausragten. Die Entscheidung für das JT3 von Pratt & Whitney lag auf der Hand. Es bot eine Nennleistung von 4.535 kp Schub und war wirtschaftlicher als die anderen verfügbaren Düsentriebwerke.

Boeings Lösung

Im Gegensatz zu Convair, Douglas und Lockheed produzierte Boeing keine Verkehrsmaschinen mehr. Ein dickes Auftragspolster über KC-97-Tanker-/Transportflugzeuge für die USAF sicherte allerdings die Geschäftsgrundlage noch auf Jahre hinaus. 1950 sah Boeing die Möglichkeit, über ein strahlgetriebenes Nachfolgemuster für die KC-97 zum kommerziellen Jetliner zu gelangen.

Aber die Air Force ließ sich nicht überrumpeln. Die alte -97 erfüllte noch ihren Zweck, selbst wenn Boeings Strahlbomber 6.000 m absteigen

Eines der Flugzeuge, die Luftfahrtgeschichte gemacht haben, ist der Prototyp Boeing Model 367-80. Er brachte nicht nur die Großfamilie der militärischen Lufttanker C-135 hervor, auf ihn gründete sich auch die Airliner-Dynastie Boeing 707/720. Darüber hinaus bildete dieser Entwurf die Basis für spätere Boeing-Muster.

und um 370 km/h abbremsen mußten, um Treibstoff von ihr zu übernehmen. Für die Zukunft käme allenfalls eine Turboprop-Version der KC-97 in Frage, da sie wesentlich billiger wäre. Boeing fürchtete, daß sich die Luftfahrtgesellschaften für die Comet entschieden. Man war überzeugt, ein weitaus besseres Flugzeug als die de Havilland Comet bauen zu können, das leistungsfähigere Gondeltriebwerke, ein erweitertes Kabinenvolumen, mehr Reichweite, höhere Reisegeschwindigkeit durch stärkere Pfeilung, effektivere Landehilfen und ein größeres Entwicklungspotential bot. Das Unternehmen ließ sich Tricks einfallen, um seine Interessen durchzusetzen.

Dennoch rührte sich nichts. Am 22. April 1952 versammelte sich der Aufsichtsrat, um über das weitere Vorgehen zu entscheiden. Eine Woche zuvor war der strategische Bomber YB-52 zum ersten Mal geflogen. Seine Aussichten für die Serienproduktion standen gut. Die Versammlung stimmte dafür, mit firmeneigenem Kapital und eventuellen Darlehen den Prototyp eines strahlgetriebenen Transportflugzeugs zu bauen

und zu erproben. Diese Maschine, Model 707 oder offiziell 367-80, rollte am 15. Mai 1954 aus der Werkshalle.

Enormes Risiko

Würde sich das enorme Risiko jemals auszahlen? Noch gab es keine Kunden für dieses Muster. Schlimmer noch, bei einer Serie von 50 Flugzeugen müßte Boeing für die 707 einen Preis von 5,5 Millionen Dollar verlangen. Das aber überstieg die Möglichkeiten der Luftfahrtgesellschaften. Außerdem gab es keine Garantie, daß jemals 50 Maschinen verkauft würden. Um das Maß vollzumachen, bohrte sich auch noch bei Rollversuchen das linke Hauptfahrwerk durch die Tragfläche. Die Presse war sofort zur Stelle, um Bilder des ungeflogenen Monsters zu drucken, das über das linke Außentriebwerk kippte.

Dieser schwarze Tag für die 707 sollte am 15. Juli 1954 mit der Aufnahme des Flugbetriebs aufgeheilt werden. Bald flogen Vertreter der Luftfahrtbehörde und Liniengesell-

schaften mit, einige sogar am Steuer. Sie stimmten darin überein, daß die neue Boeing ein großartiges Flugzeug sei.

Einige Mitflieger trugen die blaue Uniform der Luftwaffe. Ihr Interesse trug im Oktober 1954 die ersten Früchte: einen Auftrag zum Bau von 29 Exemplaren der KC-135 auf der Grundlage des 367-80. Das bedeutete die Wende. Bald sollten weitere Aufträge folgen. Sie ermutigten das Seattle-Unternehmen zu einem der schwierigsten und teuersten Vorhaben in der Entwicklung eines neuen Musters: zur Vergrößerung des Rumpfdurchmessers.

Diese Entscheidung ergab sich aus der Ankündigung des Rivalen Douglas vom 5. Juni 1955, den Bau seiner DC-8 voranzutreiben, eines Flugzeugs derselben Klasse. Das in Santa Monica ansässige Unternehmen ließ sich darauf ein ein noch höheres Wagnis ein als Boeing, da es nicht durch Bomberaufträge abgesichert war und sich zudem den Markt mit Boeing

würde teilen müssen. Douglas wählte einen Rumpf mit einem Durchmesser von 3,50 m, 5 cm mehr als Boeing. Nach erheblichem Kopfzerbrechen beschloß Boeing, den Rumpf der kommerziellen 707 zu modifizieren, die KC-135 aber nicht zu verändern.

Der neue Boeing-Rumpf maß 356 cm im Durchmesser. Damit war die Douglas-Maschine nicht nur übertroffen, es ließen sich nun auch ohne weiteres zwei durch einen Mittelgang getrennte Dreiersitzgruppen einrichten. Gleichzeitig konnte Boeing die Untersuchungsergebnisse der Comet-Unfälle bei der Konstruktion der Zelle verwerten. So unterteilte man die Außenhaut an den Rumpfseiten in viele kleine Einzelfelder, integrierte Rißstopper und eine lange Reihe kleiner Kabinenfenster.

Am 13. Oktober 1955 ließ Pan Am verlauten, daß sie 20 Boeing 707 und 25 DC-8 im Wert von 296 Millionen Dollar erwerben wolle. Das sollte der Startschuß zu einem „Jet-Kaufrausch" sein, wie es die Medien später

Erst die gestreckte Version 707-320 konnte eine Leistung erbringen, die Interkontinentalflügen gerecht wurde. Boeing bot diese Langstreckenversion als 707-420 auch mit Rolls-Royce-Conway-Triebwerken an, ebenso wie Douglas die DC-8. Das Bild zeigt eine 707-465 der Cunard Eagle Airways. BOAC hatte diese Maschine als erste Gesellschaft geflogen.

nannten. Die 707 war angelaufen, aber die DC-8 kauerte ebenfalls in den Startblöcken. Während der nächsten Monate entbrannte ein hin und her wogender Kampf, dessen erste Runde an Douglas ging: United zeichnete eine Order über 30 DC-8.

Interkontinental

Boeing erhöhte seinen Spieleinsatz und schmiedete Pläne für eine größere 707, die sogenannte Intercontinental. Diese Version sollte einen längeren Rumpf bei gleichem Durchmesser (Steigerung der Sitzplatzkapazität von 150 auf 189), größere Tragflächen, JT4A-Strahltriebwerke mit je 6.800 kp Schub (später 7.620 kp) sowie eine viel höhere Betriebsmasse und Treibstoffkapazität aufweisen. Die Intercontinental trieb zwar die Entwicklungskosten bei Boeing in die Höhe, galt aber auch als einzige Chance, Douglas wirklich zu schlagen.

Douglas konterte mit einer kompletten Modellreihe seiner DC-8, die äußerlich alle gleich wirkten. Als erstes bot Douglas die DC-8-10 mit JT3C-Triebwerken an. Die -30, eine Langstreckenversion, besaß JT4A-

Kleinere Nationen nutzten die 707 und DC-8, sobald sie nur konnten. Diese 707-320C steht zum Überführungsflug in den Sudan bereit.

Triebwerke, während die grundsätzlich ähnliche -40 mit dem Conway-Turbofan-Triebwerk von Rolls-Royce ausgestattet wurde. Dieses Mantelstromtriebwerk erzeugte nicht nur beträchtlich mehr Schub als das JT4A, sondern war außerdem viel leiser und leichter; zudem zog es keine störende Rauchfahne hinter sich her. Ungeachtet dieser Vorteile, bevorzugten die amerikanischen Fluggesellschaften heimische Produkte.

Hinsichtlich der Konstruktion und der Bordsysteme lag die DC-8 hinter der 707 zurück, aber äußerlich gab es Unterschiede. Die DC-8 sah etwas schlanker aus, die Tragflächen waren schwächer zurückgepfeilt und die Kabine hatte weniger, aber dafür größere Fenster. Beide Muster wurden mit lärmmindernden Schubdüsen entwickelt, die auf Rolls-Royce

zurückgingen. Bei der DC-8 sorgte die Greatrex-Einrichtung (Lärmdämpferzusatz) ein „Aufbrechen" des Abgasstrahls, während man die Schubdüsen der 707 in 20 Einzelröhren unterteilte.

Die erste 707-121 für die Pan Am absolvierte am 20. Dezember 1957 ihren Jungfernflug von Renton aus. Dank des großen Erfahrungsschatzes, den man mit der Dash-80 gesammelt hatte, stimmte bei der ersten echten 707 praktisch alles auf Anhieb. Die anschließende Flugerprobung der Maschine war daher nur noch eine Formsache.

Die amerikanische Luftfahrtbehörde (FAA) erteilte die Zulassung am 23. September 1958. Zu dem Zeitpunkt hatte Pan Am bereits drei 707 übernommen. Am 26. Oktober eröffnete Pan Am den 707-Liniendienst

über den Atlantik mit einem Flug nach Paris.

Groß und laut

Wenn sie auf der Rampe zwischen der DC-3 und der Constellation stand, wirkte die 707 furchteinflößend groß. In der Boeing fanden mehr Passagiere Platz, als die meisten Flughäfen verkraften konnten. Die Maschinen waren ohrenbetäubend laut und verpesteten beim Start die Umgebung mit schwarzen Rauchfahnen. Zudem benötigten sie Start- und Landebahnen, die länger und belastbarer waren als die 1958 vorhandenen.

Während die Flughäfen ihre Infrastruktur erweiterten, begann Douglas im Februar 1957 mit der Montage der ersten DC-8. Das neue, an den International Airport von Long Beach angrenzende Werk hatte 20 Millionen

Dollar gekostet. Die „Big Eight" erhob sich am 30. Mai 1958 zum ersten Mal in die Luft. Auch hier lief die Entwicklung störungsfrei ab, so daß Delta und United zeitgleich am 18. September 1959 ihr neues Muster im Liniendienst einsetzen konnten. Wie alle erfolgreichen Verkehrsflugzeuge gewann die DC-8 zunehmend an Gewicht. Die erste Version -10 war mit einer Masse von 95.708 kg zugelassen worden. Für das Langstreckenmodell mit JT4A oder Conway hatte man bereits 116.573 kg zugrundegelegt. Zum Zeitpunkt der Fertigung lag das Gewicht der letztgenannten Version schon bei 120.202 kg (Inland) bzw. 130.408 kg; das schien aber noch nicht der Endpunkt zu sein.

Bei einem Testflug überschritt eine DC-8 Mach 1 im leichten Sinkflug. Sie

Außer BOAC flogen die Luftfahrtgesellschaften Air India, El Al, Lufthansa und Varig die 707-420 mit Conway-Antrieb. Dies war die erste indische Maschine; sie wurde im Februar 1960 geliefert.

Nachdem die USA den Anfang gemacht hatte, drängten sich die Fluggesellschaften aus aller Welt danach, die 707 Intercontinental zu erwerben. Selbst Großbritannien mußte sich geschlagen geben und dieses Muster für BOAC beschaffen, forderte allerdings das Rolls-Royce-Conway als Antrieb.

Die DC-8 stand auf Dauer im Schatten der 707. Dank der Super Sixty, die im April 1965 angekündigt wurde, erzielte sie dennoch beachtliche Verkaufszahlen. Dies ist die Langstreckenversion Super 62 mit erweitertem Tragwerk und vollverkleideten Triebwerken.

Japan Air Lines war ein Hauptnutzer der DC-8. Für ihr Fernstreckennetz war die DC-8-62 ideal; sie flog aber auch die DC-8-61 mit verlängertem Rumpf, obwohl diese Version eine kürzere Reichweite hatte.

war das einzige Mitglied im Kreis der großen Jetliner, das die Schallmauer durchbrach. Ebenso wie bei der 707 ignorierten die Käufer die leichten ersten DC-8-Versionen; Douglas führte 1959 eine größere tragende Fläche ein, die eine maximale Betriebsmasse von 140.614 kg ermöglichte. 1960 schraubten die JT3D-Mantelstromtriebwerke das Gewicht der Serie 50 auf 147.417 kg hoch.

Erfolgsserie

Bis weit in die sechziger Jahre hinein lag Douglas weit hinter den Absatzzahlen der 707. Boeing hatte es geschafft, die erste 707-320 Intercontinental als 16. Maschine im Renton-Werk zu fertigen, so daß sie am 11. Januar 1959 flugbereit stand. Sie war von Anfang an ein glatter Erfolg; die britische Luftfahrtbehörde machte ihre Zulassung allerdings von einem größeren Seitenleitwerk abhängig (BOAC, die alle britischen Konkurrenzmodelle gestrichen hatte, brauchte als Käufer die nationale Zulassung für dieses Muster). Zunächst entsprach man dieser Forderung durch eine große Kielflosse, legte aber schließlich eine größere Seitenflosse als allgemeinen Standard fest. Pan Am setzte die -320 (den Beinamen Intercontinental ließ man fallen) ab 26. August 1959 auf Routen über den Pazifik und ab 10. Oktober 1959 auf Strecken über den Atlantik ein. Diese Version hatte keine Schwierigkeiten mehr, den Nordatlantik zu überwinden.

1959 schickte Boeing eine leichte Kurzstreckenvariante der 707 in die Luft, die man 720 nannte. Unterdessen verbesserte man kontinuierlich die 707-320: die -320B zeigte JT3D-Triebwerke, über die volle Spannweite reichende Krügerklappen und gewölbte Flächenenden. Diese Neuerungen ließen das Gewicht auf 151.318 kg steigen; dasselbe galt für die kombinierte Version -320C für den Transport von 202 Passagieren und 43.602 kg Fracht.

Diese Maschinen fanden reißenden Absatz; als auch noch Northwest, bislang DC-8-Kunde, 26 Exemplare der 707-351C bestellte, schien das Aus für die DC-8 eingeleitet. Aber Douglas gab sich nicht geschlagen und kündigte im April die Serie „Super Sixty" an. Diese Baureihe umfaßte die DC-8-61 mit einer Rumpfstreckung von über 11 m, so daß 259 Fluggäste Platz fanden, die -62 mit geringerer Streckung für 189 Sitzplätze und beträchtlich größerer Reichweite durch Verbesserungen an Tragwerk und Triebwerkgondeln und die -63, die den Rumpf der -61 mit der Tragwerk-Gondel-Kombination der -62 verband.

Diese Maschinen hatten JT3D-Triebwerke mit je 8.618 kp Schub; sie waren die lautesten aller Jetliner und benötigten sehr lange Startbahnen. Für Douglas erwiesen sie sich aber als ein wahrer Segen, denn sie ließen die Fertigung von 293 auf 556 Muster steigen. 1972 lief die Serie aus, aber die „Super Sixties" bewährten sich so gut, daß Douglas noch 110 Flugzeuge auf das CFM56-2 umrüstete.

Was die 707 betrifft, so wurde die -320C für Kunden in aller Welt bis

März 1982 weiterproduziert. Die Gesamtzahl belief sich auf 917 Exemplare ohne die militärischen Varianten, wie die E-3 AWACS und KE-3A, die E-6, E-8A und EC-18. Rechnet man diese Militärmaschinen hinzu, so wurde eine Produktionsziffer von ziemlich genau 1.000 erreicht. Rückblickend erwiesen sich Boeings anfängliche Sorgen als völlig unnötig.

Jet-Kaufrausch

Der große „Jet-Kaufrausch", der 1955 einsetzte, verleitete Convair, sich an diesem Rennen zu beteiligen. Das Unternehmen entschied sich für einen „707/DC-8-Verschnitt", dessen Treibstoffkapazität aber nur halb so groß war. Dafür läge das Gewicht aber bei nur 78.698 kg, rund 45 Tonnen niedriger als das der „Big Jets" mit großer Reichweite. Es schien auch ein höchst geeigneter Antrieb zur Verfügung zu stehen: das CJ805, die zivile Version des J79-Überschall-Triebwerks mit verstellbarer Statorbeschaufelung. General Electrics Einstiegsmodell für den zivilen Markt bot eine Nennleistung von 4.535 kp Schub und wog viel weniger als das JT3C. Der Entwurf der Convair-Maschine trug die Bezeichnung Model 22 Skylark; er sah eine Sitzeinrichtung zwischen 80 und 108 Passagieren vor und sollte Strecken bis zu 4.000 km bewältigen. Das Flugzeug wurde im September 1956 öffentlich angekündigt.

Im Verlauf der Konstruktion taufte man das Muster auf Golden Arrow um und spielte sogar mit dem Gedanken, die Außenhaut zu vergolden. Dann ging man zu der Bezeichnung Convair 600 über, weil die Maschine mit 600 mph (965 km/h) fliegen sollte. 600 mph entsprechen 880 Fuß pro Minute – so einigte man sich letztlich auf Convair 880. Das Flugzeug wurde allerdings schwerer als vorgesehen; die 880M mit 5.284 kp Schub starken CJ805-3B-Triebwerken wog 87.543 kg.

Der Erstflug fand am 27. Januar 1959 statt. Im Mai 1960 setzte Delta als erste Gesellschaft dieses Muster ein. Die 880 war ein äußerst attraktives, gut durchkonstruiertes Flugzeug und allseits beliebt – nur nicht bei Convair. Das Unternehmen mußte nämlich feststellen, daß die erfolgreiche Boeing 720 das Muster nahezu unverkäuflich machte. Verkauft wurden insgesamt 65 Maschinen, ein Zehntel dessen, was man sich erhofft hatte.

Am 30. Juli 1958, als alle Ampeln für das Jetliner-Programm auf Grün standen, kündigte Convair die Model 30 an. Diese Version machte sich eine Leistungssteigerung des General-Electric-Triebwerks zunutze, das einer Erfindung Frank Whittles zu verdanken war. Der Triebwerkhersteller hatte dem CJ805 eine Freifahrturbine als außenliegenden Fan nach-

geschaltet. Dieser Bläser verwandelte das Strahltriebwerk mit einer Leistung von 5.284 kp Schub in ein leises, kraftstoffsparendes Mantelstromtriebwerk mit hohem Nebenstromverhältnis, das 7.280 kp Standschub entwickelte. Die neu entworfenen Gondelbehälter umschlossen das Triebwerk über die volle Länge und wiesen dadurch einen deutlich größeren Durchmesser auf. Ferner mußte die Zelle verstärkt werden, um eine bedeutend höhere Treibstoffkapazität zu ermöglichen. Die Kabine des 3 m längeren Rumpfes konnte 106 Fluggäste aufnehmen (ausländische Halter erhöhten die Zahl später sogar auf 140).

American Airlines bestellte sofort 20 Maschinen dieser neuen Version. Convair sah wieder optimistisch in die Zukunft. Das Muster erhielt den

Namen Convair 990, obwohl sicher niemand für eine Geschwindigkeit von 990 Fuß (297 m) pro Minute garantieren konnte. Als die erste seriengefertigte Convair 990 am 24. Januar 1961 vom Boden abhob, mußte man mit Entsetzen feststellen, daß der Luftwiderstand viel höher als erwartet war. Es bedurfte zweier Jahre, um mit umfangreichen Änderungen der garantierten Leistung nahezukommen.

Schwere Verluste

Zusätzlich zu vier großen Antischockwellenkörpern an der oberen Tragflächenhinterkante (sogenannte „Küchemann-Karotten", die zugleich als Treibstoffbehälter dienten) wurden Krügerklappen unter das Tragwerk installiert, die tragende Fläche mehrmals erweitert und den Trieb-

werkgondeln und -trägern eine Reihe von Verkleidungselementen hinzugefügt. Das Nutzlastvermögen von knapp 12.000 kg hielt man allgemein für unzureichend; auch die Kabine und der Mangel an wahlweiser Ausstattung stießen auf Kritik. Nach dem Erstauftrag von AA verkaufte man nur noch ganze 17 Flugzeuge.

American Airlines nahm die erste (nicht modifizierte) 990 am 8. Januar 1963 entgegen und setzte die geänderte Version 990A gegen Ende des Jahres ein. Im Grunde war die 990A ebenso wie die 880 ein sehr gutes Flugzeug. Von daher hätte Convair ein besseres Schicksal verdient, als rundgerechnet 450 Millionen Dollar Verlust zu machen. Die spanische Fluggesellschaft Spantax kaufte 12 Gebrauchtflugzeuge auf und setzte sie bis zum Jahre 1986 ein.

Die Super 61 war in erster Linie für den amerikanischen Binnenmarkt gedacht; sie verband die Tragflächen und Triebwerke der alten Serie 50 mit einem enorm gestreckten Rumpf. Mehrere Maschinen wurden nachträglich auf CFM56-Mantelstromtriebwerke umgestellt, so daß sie bis in die neunziger Jahre im Einsatz bleiben können.

Die bei Besatzungen und Passagieren gleichermaßen beliebte Convair 990 war am häufigsten in den Farben der Swissair anzutreffen. Über viele Jahre hinweg stellte sie das Rückgrat der Schweizer Flotte für mittlere Reichweiten dar. Ansonsten betrieben nur noch American Air Lines, Garuda und Varig dieses Muster.

Convair 880

Die Convair Division von General Dynamics kündigte im April 1956 den Airliner Model 22 an, die spätere Convair 880. Convair wählte die gleiche Auslegung mit vier untergehängten Strahltriebwerken, wie sie die Boeing 707 und die Douglas DC-8 aufwiesen, doch sollte die Model 22 als schnelles Mittelstreckenflugzeug auf dem amerikanischen Binnennetz eingesetzt werden. Inzwischen hatte das bedeutend preisgünstigere Modell 720 von Boeing, eine vom Prototyp 367-80 abgeleitete Mittelstreckenversion, diesen Marktsektor bereits weitgehend gesättigt. Obwohl der Entwurf grundsätzlich gut war, kam die 880 über einen Absatz von nur 65 Flugzeugen nicht hinaus.

Einsatz

TWA und Delta Air Lines waren die Hauptnutzer, aber auch Alaska Airlines, Cathay Pacific, die FAA, Hughes Tool Company, Japan Air Lines und VIASA gehörten zu den ersten Abnehmern dieses Typs. Die zwischen 1960 und 1963 ausgelieferten Maschinen wurden bald an kleinere Gesellschaften weiterverkauft, beispielsweise an die LANICA von Nicaragua oder, wie das abgebildete Muster, an die amerikanische Indy Air. Northeast und die Swissair schlossen Anfang der sechziger Jahre Leasing-Verträge ab.

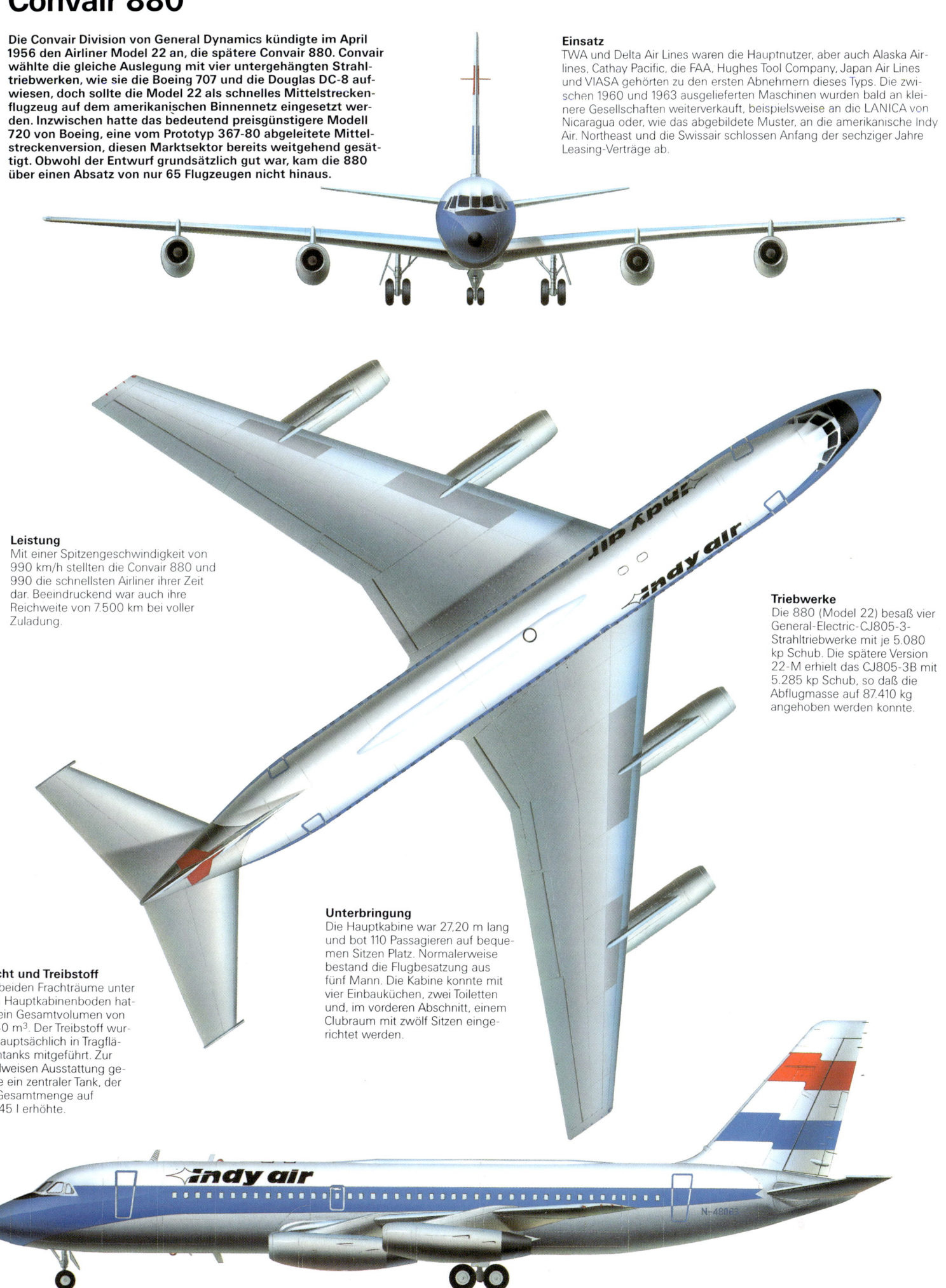

Leistung

Mit einer Spitzengeschwindigkeit von 990 km/h stellten die Convair 880 und 990 die schnellsten Airliner ihrer Zeit dar. Beeindruckend war auch ihre Reichweite von 7.500 km bei voller Zuladung.

Triebwerke

Die 880 (Model 22) besaß vier General-Electric-CJ805-3-Strahltriebwerke mit je 5.080 kp Schub. Die spätere Version 22-M erhielt das CJ805-3B mit 5.285 kp Schub, so daß die Abflugmasse auf 87.410 kg angehoben werden konnte.

Fracht und Treibstoff

Die beiden Frachträume unter dem Hauptkabinenboden hatten ein Gesamtvolumen von 24,40 m³. Der Treibstoff wurde hauptsächlich in Tragflächentanks mitgeführt. Zur wahlweisen Ausstattung gehörte ein zentraler Tank, der die Gesamtmenge auf 47.445 l erhöhte.

Unterbringung

Die Hauptkabine war 27,20 m lang und bot 110 Passagieren auf bequemen Sitzen Platz. Normalerweise bestand die Flugbesatzung aus fünf Mann. Die Kabine konnte mit vier Einbauküchen, zwei Toiletten und, im vorderen Abschnitt, einem Clubraum mit zwölf Sitzen eingerichtet werden.

DOUGLAS DC-8

Der Vollblut-Jet

Die neueste DC-8. Diese Super 71 der United Air Lines führt das gesamte Entwicklungsspektrum des Typs vor Augen. Sie entstand 1969 als DC-8-61, wurde vor kurzem mit den sparsamen CFM56-2-Turbofantriebwerken ausgestattet und soll bei United noch bis Februar 1991 im Passagierdienst bleiben. Dann will die Gesellschaft sie im noch relativ jungen Alter von 22 Jahren gegen zweistrahlige Boeings 767 austauschen.

Als sich Douglas Mitte der fünfziger Jahre dazu durchrang, Boeings 707 mit einem vierstrahligen Jet Konkurrenz zu machen, konnte sich das Unternehmen nicht – wie Boeing mit der KC-135 – durch einen Militärauftrag absichern, um die Entwicklungskosten zu decken. Alles, was Douglas besaß, war eine gute Idee und ein hervorragender Ruf als Flugzeugbauer. Im Transatlantikverkehr entdeckte das Unternehmen schließlich die nötige Marktlücke, und so beschloß es im Juni 1955, das DC-8-Projekt offiziell in Angriff zu nehmen.

Rückblickend fragt man sich staunend, wie Douglas es damals schaffte, die DC-8 zu bauen. Anfang der fünfziger Jahre gab es so viele andere Alternativen; zudem hätte ein Scheitern des Projekts den Zusammenbruch des gesamten Konzerns bedeutet. Andererseits äußerte Douglas' Chefingenieur Ivar Shogran, der vor 40 Jahren die Projektgruppe leitete, in den sechziger Jahren zweifellos zu Recht die Meinung, man hätte sich schon viel früher am Rennen beteiligen sollen. Damals konnte man die spätere Entwicklung allerdings noch nicht vorhersehen.

Düsenmaschinen übten eine gewaltige Faszination aus, und so baute Douglas bereits 1952 ein erstes DC-8-Modell. Der Entwurf war allerdings nicht sonderlich attraktiv; die damaligen Düsentriebwerke mit ihrem hohen Treibstoffverbrauch ergaben nur kurze Reichweiten und machten das Flugzeug unwirtschaftlich. Außerdem lagen die Kosten für die Entwicklung und den Bau eines solchen Jets erschreckend hoch. Ein Propellerturbinenmodell erschien wesentlich sinnvoller zu sein. Die damalige DC-6/DC-7-Serie mit ihren Kolbenmotoren verkaufte sich ausge-

Oben: Als am 30. Mai 1958 der als DC-8-11 gebaute Prototyp N8008D mit JT3C-Triebwerken zu seinem Jungfernflug startete, waren bereits über 130 Bestellungen von Liniengesellschaften auf der ganzen Welt eingegangen. Die Aufnahme entstand im Juli 1959, kurz vor der Umrüstung zur DC-8-51. Die N8008D flog – für einen Prototyp recht ungewöhnlich – eine Weile bei Lufthansa und soll angeblich heute noch existieren.

Rechts: United war 1955 die erste Gesellschaft, die den neuen Typ orderte. Die N8005U, die man hier über San Francisco sieht, wurde als DC-8-12 gebaut und am 27. Juni 1959 an United geliefert.

zeichnet; viele Liniengesellschaften hielten es für das Sinnvollste, wenn Douglas lediglich die Double Wasps und Turbo-Compounds gegen Propellerturbinen austauschte. Selbst 1957 war die DC-7D mit ihren vier Propellerturbinen vom Typ Rolls-Royce Tyne immer noch attraktiv. Vieles sprach auch für eine zivile Version des USAF-Turboprop-Schwertransporters C-133, der 250 Passagiere zu Niedrigstpreisen befördern konnte. Douglas erkannte jedoch immer deutlicher, daß das Unternehmen um eine düsengetriebene Linienmaschine nicht herumkam.

Alles auf eine Karte

Es mußte aber nicht nur ein ganz neues, sondern auch ein großes Flugzeug werden. Im Juli 1954 war Boeings erster Düsen-Prototyp, der Vor-

Unten: Die 11er-Serie kam im Frühjahr 1959 zu United und wurde mit anderen Maschinen der Flotte auf 20er-Konfiguration umgerüstet. Die meisten DC-8 der Gesellschaft erhielten die Namen bedeutender Mitglieder der Unternehmensleitung.

läufer der 707, zu seinem Jungfernflug gestartet. So etwas entwickelt sich natürlich nicht über Nacht. Boeing hatte 1952 das Risiko auf sich genommen, mehr als den Nettofirmenwert zu investieren. Das Unternehmen bemühte sich intensiv um einen großen Auftrag der amerikanischen Luftwaffe für ein Betankungs-/Transportflugzeug, und der kühne Schritt, einen Prototyp zu bauen, zahlte sich aus. Im September 1954 bestellte die USAF die erste von insgesamt 732 KC-135A-Betankungs-/Transportmaschinen. Douglas sah keinerlei Möglichkeit, einen ähnlichen Auftrag zu ergattern. Als die USAF Boeing im Juni 1955 erlaubte, eine Zivilvariante der KC-135 zu verkaufen, hieß es daher für Douglas „jetzt oder nie". Bei einer Vorstandssitzung kam die Lage klar zur Sprache: Entweder man stieg aus dem Luftfahrtgeschäft ganz aus, oder man zog das Jet-Projekt bis 1960 durch.

Es gab noch einen schwachen Hoffnungsschimmer. Die ursprüngliche 707 hatte den gleichen Rumpfdurchmesser von 3,35 m wie das Vor-

läufermodell DC-97. Ihre JT3-Triebwerke von Pratt & Whitney lieferten 4.535 kp Schub bei einem Startgewicht von 86.182 kg. Ohne Auftanken in Keflavik oder Gander kam sie nicht nonstop über den Nordatlantik. Douglas war damals in der Luftfahrtbranche noch weitaus bekannter als Boeing. Das Unternehmen erkannte die Marktlücke und plante einen ähnlichen Jet wie die 707, nur größer und schwerer mit einem etwas breiteren Rumpf, in dem zwei Dreiersitzreihen Platz fanden; außerdem sollte er 6.800 kp Schub starke JT4A-Triebwerke erhalten, die Nonstop-Flüge über den Atlantik in beiden Richtungen ermöglichten. Im Frühjahr 1955 genoß das DC-8-Projekt in Santa Monica bereits höchste Priorität, und vom Vorstand bis zum kleinsten Angestellten arbeitete jedermann Tag und Nacht an dem neuen Modell.

Harter Wettbewerb

Es war keine einfache Aufgabe. Boeing erfuhr natürlich bald von diesem Projekt und verkündete, die 707 werde eine 10 cm breitere Kabine als das Tanker-Modell haben. Damit konnte Douglas nur noch auf die stärkeren Triebwerke und die höhere Treibstoffkapazität setzen. Eine weitere Änderung bestand in der neuen Flügelpfeilung von 30° anstelle der geplanten 35°; dies erleichterte deutlich die Steuerung der Maschine, vor allem im Langsamflug in Flughafennähe. Beim inneren Flügelstück hatte man zudem die Oberfläche abgeflacht und das untere Stück gewölbt, um den Luftstrom an der Flügelwurzel bei hohen Mach-Zahlen zu verbessern (eine DC-8 durchbrach später im Sturzflug als einziges Unterschall-Linienflugzeug die Schallmauer). Anstelle der üblichen Querruder erhielt Douglas' DC-8 zweigeteilte Querruder, deren innere Hälfte konstant hydraulisch angelenkt wurde (mit manuell zu bedienenden Klappen bei einem Ausfall der gesamten Hydraulik); für den Antrieb der äußeren Rudersegmente sorgte eine Torsionsfeder-Verbindung. Bei hoher Geschwindigkeit stieg der auf dem Flügel lastende Druck derartig an, daß die Torsionsfeder das äußere Ruderteil nicht mehr bewegen konnte und damit die Gefahr einer Flügelverwindung verhinderte. Außenquerruder bedeuteten ferner, daß man das gesamte innere Flügelstück mit mächtigen Doppelspaltklappen besetzen konnte; nur ein kleiner Teil der äußeren Klappe öffnete sich nach oben, um den Abgasstrom der inneren Triebwerke auszuschalten.

Douglas bezweifelte zunächst, daß ein Achsträger-Hauptfahrwerk die Zulassungsbedingungen erfüllen konnte und enge Wendungen auf Flughäfen erlaubte. Als ideale Lösung erschienen vier Räder auf einer Achse – zwei auf jeder Seite der

Hauptfederbeinstrebe. Dann dachte man an ein Vierrad-Gestell, bei dem sich das hintere Radpaar für Bodenmanöver anheben ließ. Schließlich entschied man sich aber doch für feste Vierrad-Achsgruppen. Die riesigen Treibstofftanks mußten natürlich in der Tragfläche integriert sein, bei vielen anderen Dingen aber wich Douglas vom Boeing-Projekt ab. Die großen Zirkulationsmaschinen des Kabinenventilationssystems (auch die zapfluftgetriebenen Turbokompressoren) lagen bei der DC-8 unter dem Cockpit, die Kaltlufteinlässe seitlich an der Nasenspitze (bei der 707 hatten zwei oder drei Triebwerke Lufthutzen vor dem Triebwerksträger). Boeing ließ Quer- und Höhenruder manuell steuern, Douglas hingegen wählte eine Gesamthydraulik. Boeing entschied sich ferner für viele kleine Fenster, während Douglas bei den großen Fenstern der DC-7 blieb.

Am 7. Juni 1955 traf Douglas die bei weitem risikoreichste Entscheidung in der Geschichte des Unternehmens: Man wollte das DC-8-Programm ohne einen einzigen Militärauftrag fortsetzen. Hätten sich alle Liniengesellschaften für die 707 entschieden, wäre dies für Douglas das Aus gewesen. Der erste Auftrag, der am 13. Oktober von Pan Am eintraf, bedeutete jedoch eine Ermutigung. Die Fluggesellschaft bestellte zwar 20 Boeing 707, aber auch 25 DC-8. Vor Jahresende trugen sich United, Delta, National, KLM, Eastern, SAS und JAL in Douglas' Auftragsbücher ein.

Standardausgabe der DC-8

Während Boeing verschiedene Triebwerke, Rumpflängen und Flügelgrößen anbot, blieb Douglas bei einer Standardausgabe, die allerdings je nach Reichweitebedarf mit verschiedenen Triebwerken erhältlich war; dies erforderte lediglich eine unterschiedliche Dicke der Flügelhaut. Nur zwei Gesellschaften, Delta und United, entschieden sich für das leistungsschwächere Modell 10 mit JT3-Triebwerken für Binnenstrecken. Die erste DC-8-10 absolvierte am 30. Mai 1958 ihren Jungfernflug; am 18. September 1959 trat sie bei beiden Liniengesellschaften in Dienst. Die 20er-Serie war eine -10 mit größeren JT4-Triebwerken; bei der DC-8-30 handelte es sich um eine -20 mit dem noch leistungsstärkeren JT4A und deutlich erhöhter Treibstoffkapazität. Die 40er-Serie war eine -30 mit leichteren und sparsameren Rolls-Royce-Conway-Triebwerken und die 50er-Serie eine -30 mit JT3D-Turbofan-Triebwerken; sie wurde ab 1960 zum Standardmodell. 1962 flog Douglas die erste DC-8F Jet Trader, eine reine Frachtversion, auch als Modell 54 bekannt. Ihr folgte die 55 mit leicht verändertem Nasenprofil, das die Geschwindigkeit und Reichweite erhöhte. Dieser Flügel wurde als neue

Standardversion auch bei vielen älteren Modellen eingebaut. Im Douglas-Werk in Tulsa arbeitete man einige Passagier-DC-8 zu Jet Tradern um, die je nach Bedarf 189 Passagiere oder 13 Frachtpaletten befördern konnten.

1965 blieb der Verkauf offensichtlich bei 293 Maschinen stehen. Douglas war sich darüber im klaren, daß Boeing bereits an der 747 arbeitete, bezweifelte aber, ein ähnliches Modell entwickeln zu können. Das Unternehmen dachte indes schon seit längerem daran, die DC-8 zu strecken. Versuche hatten ergeben, daß sich der Rumpf mit den jetzigen Flügeln und den JT3D-3-Triebwerken fast beliebig verlängern ließ, ohne das Heck beim Start an den Boden zu drücken. Das Ergebnis war die Super-Sixty-Serie, die Douglas am 5. April 1965 ankündigte. Sie sollte sich zu einem echten Verkaufsschlager entwickeln.

Neue Modelle

Douglas bot drei neue Modelle an. Die DC-8-61 war im Prinzip eine 50er mit einem um 11,18 m verlängerten Rumpf, der die Passagierkapazität von 189 auf 259 Fahrgäste erhöhte. Der Frachtraum bot fast das doppelte Fassungsvermögen (70,8 m³). Die Super 62 zeigte zwar nur eine Streckung von 2,03 m, führte aber eine neue Triebwerkszelle und eine neue Tragfläche ein. Die Gondel mit einer einzigen hinteren Düse erstreckte sich über die gesamte Triebwerklänge; der windschlüpfrige Träger saß gänzlich unter der Tragfläche. Der Flügel war an den Spitzen verlängert worden; dadurch senkte sich der induzierte Luftwiderstand und die Treibstoffkapazität stieg. Die Super 63 (DC-8-63) verband den Rumpf der -61 mit den Tragflächen und den Triebwerkgondeln der -62. Das Maximalgewicht der 10er-Serie (123.830 kg) hatte man auf rekordverdächtige 158.760 kg erhöht; dies wiederum erforderte ein verstärktes Hauptfahrwerk mit größeren Reifen und – mit Ausnahme der ersten Lieferungen – das JT3D-7-Triebwerk mit einer Leistung von 8.618 kp Schub.

Die erste Super 61 absolvierte am 14. März 1966 ihren Jungfernflug. Bis zum Sommer 1967 standen bereits alle drei Super-Sixty-Versionen im Dienst. Obwohl sie die lautesten Unterschall-Verkehrsflugzeuge waren und die längste Startbahn benötigten (die Super 63 brauchte 3.500 m),

Douglas DC-8-43

Die Serie 40 gehörte zu den zahlreichen DC-8-Modernisierungen, mit denen man den Wünschen der Kunden hinsichtlich Platzangebot, Reichweite und Leistung entsprechen wollte. Die DC-8-40 mit Rolls-Royce-Conway-Turbofans war die zweite Version, die eigens für Interkontinentalflüge gebaut wurde; sie folgte auf die DC-8-30 mit JT4A-Turbojet-Triebwerken. Die staatliche italienische Liniengesellschaft Alitalia erstand dieses Modell als eine von drei Gesellschaften, zu denen außerdem Air Canada und Canadian Pacific zählten. Dieser Untertyp absolvierte am 23. Juli 1959 seinen Jungfernflug; drei Jahre später durchbrach er als erstes Unterschall-Verkehrsflugzeug in einem flachen Sturzflug die Schallgrenze. Alitalia besaß zehn Exemplare dieses Typs.

RUMPF
Der Rumpf der DC-8 bestand aus zwei halbkreisförmigen Schalen; die obere hatte den größeren Durchmesser. Dadurch wirkte der Typ leicht gestaucht.

TRAGFLÄCHE
Bei der um 30° gepfeilten Tragfläche der DC-8 handelte es sich um eine Ganzmetallkonstruktion mit zwei Holmen und zwei Doppelspaltklappen auf jeder Seite. Die hydraulisch aktivierten Querruder waren zweigeteilt. Die Spoiler auf der Flügeloberfläche fuhren aus, sobald das Bugrad bei der Landung den Boden berührte.

TRIEBWERKE
Wie die Boeing 707 war auch die DC-8 mit einem nicht-amerikanischen Triebwerk erhältlich. Für den Antrieb der DC-8-43 sorgten vier Rolls-Royce-509-Conway-Turbofans je 7.938 kp Standschub, die der Maschine eine Höchstgeschwindigkeit von 943 km/h und eine Startstrecke von 2.950 m bei maximalem Gesamtgewicht verliehen.

KABINE
In den ersten DC-8-Varianten fanden auf Binnenflügen (nur Erste Klasse) 105-118 und auf gemischten Interkontinentalflügen 132 Passagiere Platz. Bei einer engeren Sitzanordnung erhöhte sich diese Zahl auf 144 (Tourist-Class) bzw. 173 (Economy-Class) Fahrgäste.

Links: Northwest Orient Airlines, wie sie in den sechziger Jahren hieß, besaß eine ganze Flotte von DC-8-32. Das Flaggschiff, die N801US, die hier zum Terminal rollt, kam am 18. Mai 1960 zur Gesellschaft. 1963 ging sie an National Airlines und wurde in den folgenden 17 Jahren an zahlreiche andere Liniengesellschaften vermietet. Als N1776R baute man die DC-8 nie voll zum Frachtflugzeug um. Die Maschine schied im Juni 1980 aus dem Dienst. Im März 1981 wurde sie zerlegt und ausgeschlachtet.

Unten: Alitalia war eine von nur drei Gesellschaften, die die DC-8-40 mit den 7.938 kp starken Rolls-Royce-Conway-509-Turbofan-Triebwerken kauften (neben Air Canada und Canadian Pacific). Die Maschine flog erstmals am 23. Juli 1959; es folgten einige Umbauten zur Reduzierung des Luftwiderstands. Am 21. August 1961 durchbrach die DC-8-40 als erstes ziviles Düsenverkehrsflugzeug mit 1.073 km/h (entspricht Mach 1.012) im flachen Sturzflug die Schallmauer. Die hier abgebildete I-DIWA kam im April 1960 zu Alitalia.

fanden sie sofort großen Anklang. Der DC-8-Absatz verdoppelte sich nahezu. Zu den letzten Maschinen, die Douglas verkaufte, gehörte vor allem die 63AF (All Freight), 63CF (Convertible) und PF (Passenger Freight mit CF-Struktur, zwar ohne Frachttüren und -abteil, aber mit Umbaumöglichkeit). Die DC-8-Produktion in Long Beach endete am 17. Mai 1972 mit der 556. Maschine.

Inzwischen war Douglas in große finanzielle Schwierigkeiten geraten; sie hingen allerdings nicht mit der „Big Eight" oder „Diesel-8" zusammen, wie die DC-8 bei vielen Liniengesellschaften hieß. Nach der Fusion mit McDonnell wollte das Unternehmen den Großraumjet DC-10 auf den Markt bringen, schreckte aber vor dem Bau einer neuen Produktionsstätte zurück. Man beschloß, die DC-8-Fertigung einzustellen, zumal die Aufträge die Anlagen nicht auslasteten, und sie statt dessen für den großen Dreistrahler zu nutzen. Die „Big Eights" waren jedoch so begehrt, daß für gebrauchte Maschinen 12 bis 15 Millionen Dollar, ja selbst das Doppelte des Neupreises bezahlt wurden. Spitzenpreise erzielten die Frachtver

sionen der Super-Sixty-Serie; gerade sie verstießen aber in höchstem Maße gegen die neuen Lärmvorschriften der amerikanischen Luftfahrtbehörde FAA. Man mußte die ansonsten hervorragenden Maschinen entweder verschrotten oder ein neues Triebwerk mit einem viel höheren Nebenstrom-Verhältnis finden. Damit ließe sich natürlich auch Treibstoff einsparen und die Reichweite erhöhen, ein doppelt interessanter Gesichtspunkt bei den explodierenden Ölpreisen von 1973.

Die Wahl ist getroffen

Die zur Auswahl stehenden Triebwerke reduzierten sich bald auf das Pratt & Whitney JT8D-209 und das CFM56. Letzteres war von GE und SNECMA Anfang der siebziger Jahre entwickelt worden, hatte sich bis 1979 aber noch nicht verkaufen lassen. Dieses 10.000 kp starke Triebwerk schien indes trotz seines hohen Preises am besten geeignet zu sein. Anfang 1979 optierten United, Delta und Flying Tiger für das französisch-amerikanische Fabrikat. Die neu gegründete CAMMA Corporation (später Cammacorp genannt) sollte die Ent

COCKPIT
Im geräumigen Cockpit der DC-8 saßen Pilot und Copilot vorn, Bordingenieur und Navigator rechts und links dahinter. Zusätzlich war noch ein weiterer Sitz installiert.

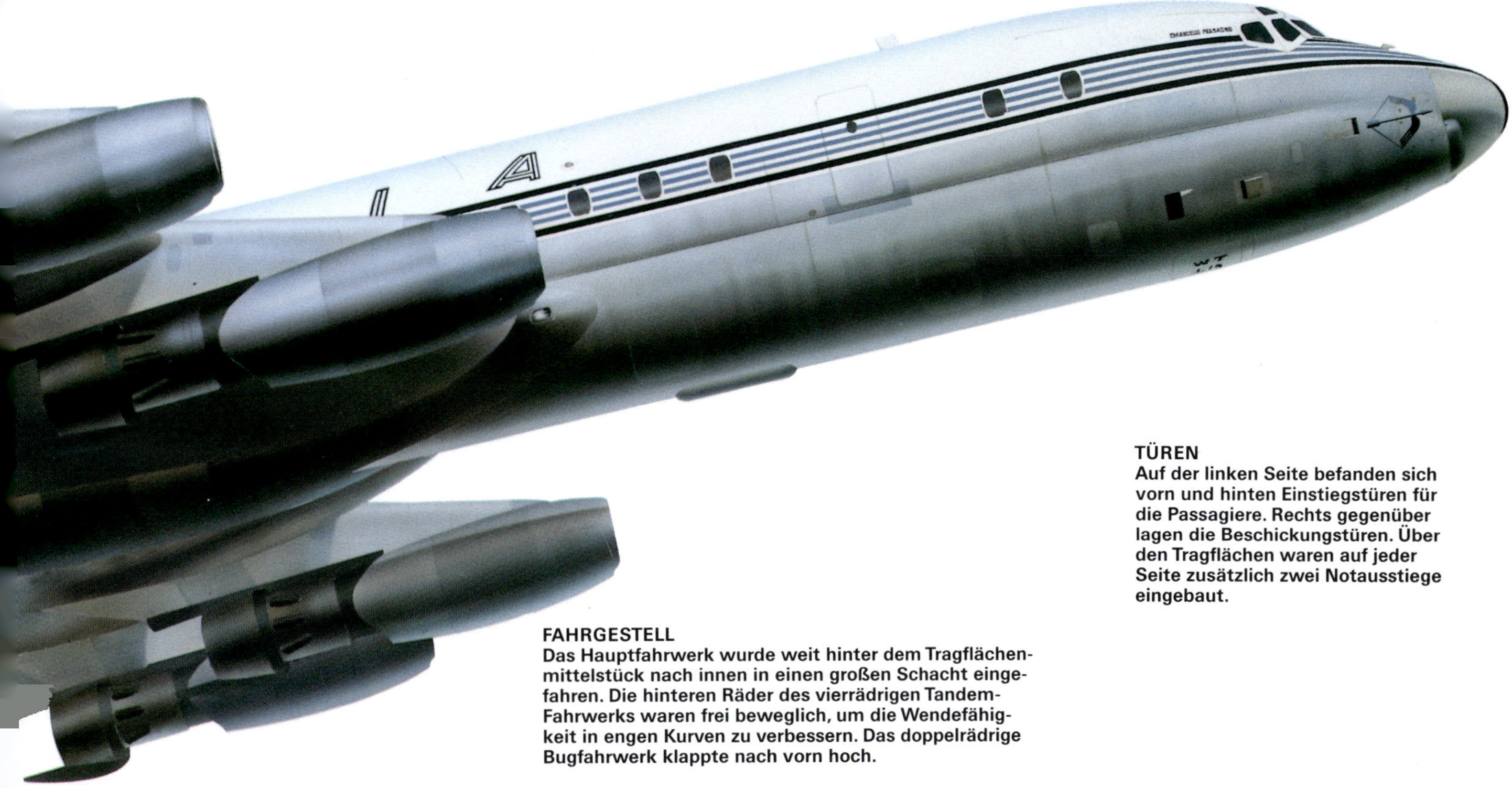

TÜREN
Auf der linken Seite befanden sich vorn und hinten Einstiegstüren für die Passagiere. Rechts gegenüber lagen die Beschickungstüren. Über den Tragflächen waren auf jeder Seite zusätzlich zwei Notausstiege eingebaut.

FAHRGESTELL
Das Hauptfahrwerk wurde weit hinter dem Tragflächenmittelstück nach innen in einen großen Schacht eingefahren. Die hinteren Räder des vierrädrigen Tandemfahrwerks waren frei beweglich, um die Wendefähigkeit in engen Kurven zu verbessern. Das doppelrädrige Bugfahrwerk klappte nach vorn hoch.

Rechts: Verkaufsschlager der DC-8-Familie war die 50er-Serie. Zahlreiche ältere Modelle wurden später auf 50er-Konfiguration umgerüstet. Die hier abgebildete N9608Z, genannt Pacific Pacer, hatte man für die Philippine Airlines bestimmt, die sie jedoch nicht abholte. Nach einer Lagerzeit in Las Vegas erstand KLM die Maschine die im Februar 1962 ausgeliefert wurde. Paradoxerweise flog die DC-8 bis zu ihrer Außerdienststellung im Juli 1986 im Rahmen eines Leasing-Vertrags doch noch die meiste Zeit bei der Philippine Airlines.

wicklungs- und Umbauarbeiten in El Segundo bei Los Angeles übernehmen. Die erste, so zur Super 70 umgebaute DC-8-61 absolvierte am 15. August 1981 ihren Jungfernflug.

Die Umstellung war erheblich. Abgesehen von dem völlig neuen Triebwerktyp und der entsprechenden Gondel (mit Schubumkehrsystem für den Nebenluftstrom) galt es, etliche Änderungen an der Zelle und an den Systemen vorzunehmen. Bei der Super 71 mußte zum Beispiel der ursprüngliche Triebwerkträger und ein Teil der Flügelvorderkante ersetzt

werden, um den gleichen niedrigen Cw-Wert wie bei den anderen Triebwerksystemen der 70er-Serie zu erzielen. Das hatte zur Folge, daß die DC-8-61 von dem Triebwerkumbau am meisten profitierte. Nach Douglas' Berechnungen sparten zum Beispiel auf einer Strecke von 5.560 km die Super 71 7.711 kg Treibstoff ein, die 62/72 hingegen nur 3.855 kg und die 63/73 nur 4.991 kg. Ein weiterer Vorteil waren die Reduzierung der Startstrecke um 10-15% und ein Absinken des Lärmpegels um 70%.

Zusätzliche Veränderungen brachten der wesentlich größere HP-

Zapfluftdruck und die höheren Temperaturen sowie die notwendige Modifizierung des Treibstoffsystems mit sich. Alle Maschinen der 70er-Serie wurden mit dem verbesserten Garrett GTCP85 APU geliefert; auf Wunsch waren auch drei leicht entfernbare Hilfstreibstofftanks im Gepäckraum erhältlich, die die Reichweite um bis zu 3.000 km erhöhten. Im Rahmen einer so umfassenden Modernisierung konnte Cammacorp natürlich auch andere Extras bieten, wie zum Beispiel einen neuen Satz Collins-Avionik mit vier Mehrzweck-Farbdisplays anstelle der gewöhnli-

Oben: United Air Lines setzt sowohl die DC-8-61 als auch die DC-8-63 ein. Die N8073U, die als -61 gebaut und auf den Namen Mainliner Eric A. Johnson getauft wurde, kam am 27. Januar 1967 zu United. Sie ist auch heute – 23 Jahre später – noch als DC-8-71 im Passagierdienst tätig.

Rechts: Die Aufnahme zeigt die 1970 gebaute DC-8-63F C-FTIQ der Air Canada bei einem Landeanflug auf London Heathrow im Juli 1987. Die Maschine ist inzwischen mit CFM56-Triebwerken zu einer DC-8-73F umgebaut worden. Voll beladen hatte die 63er-Serie von allen zivilen Verkehrsmaschinen die längste Startstrecke.

Oben: Auf dieser Aufnahme einer DC-863CF der luxemburgischen Frachttransportgesellschaft Cargolux kommt die nach oben aufklappbare Ladetür gut zur Geltung. Die 1968 gebaute konvertible Passagier-/Frachtvariante konnte noch mit über 73.000 kg Bruttogewicht an den Start gehen.

chen Fluginstrumente, ein Bendix- oder Collins-Farbwetterradar, einen Sperry-SM30AL-Autopiloten (fast alle DC-8 flogen mit einem Autopiloten von Sperry) und verschiedene globale Navigationssysteme wie das Delca Carousel Six, Trägheitsanlagen von Sperry oder Litton, das Global 500A Serie 3 oder drei Honeywell-Lasernavigationssysteme.

Leiser und besser

Die Super 71 wurde in ihrer ersten Form im April 1982 zugelassen, die Super 72 und 73 im Juni bzw. September 1982. Das Standardtriebwerk war inzwischen das CFM56-2-C in seinen Varianten C1-C6, die alle 9.979 kg Startschub bei Temperaturen bis zu 30–40 °C lieferten. Als die Super 70 DC-8 1982 den Dienst aufnahm, galt sie nicht mehr als lauteste, sondern als leiseste viermotorige Verkehrsmaschine. Die insgesamt 110 umgebauten Maschinen flogen 1990 bei 19 Gesellschaften und brachten es zusammen auf über 6.200.000 Flugstunden. Flugpläne werden im Schnitt mit einer Rate von 99,89% eingehalten; die Triebwerkgrundüberholung lag selten über 0,12-0,14 pro tausend Stunden. Solche Werte hätte man mit den älteren Triebwerken niemals erreichen können.

Super 70

Ein Großteil der Super-70-Maschinen fliegt im Frachtdienst; besonders zahlreich sind die Varianten -73F und -73CF vertreten. 1982 übernahm es die Aeritalia-Tochter Officine Aeronavali Venezia SpA, die DC-8-Passagiervarianten zu F- oder CF-Konfigurationen umzubauen. Wie zuvor bei Douglas in Tulsa installiert man große Frachttüren, einen siebenspurigen Boden, ein automatisches, hydraulisches Ladesystem und metallene Abschlüsse anstelle der Passagierfenster. Nach dem Umbau einiger -63Fs für Air Canada modifizierte die italienische Gesellschaft 1990 13 Super -71Fs für die UPS (United Parcel Service).

Auch wenn es Douglas nie gelang, die DC-8 an US-Streitkräfte zu verkaufen, gingen einige DC-8 sehr wohl zu Luftstreitkräften, wie zum Beispiel eine Gruppe von DC-8-51, -55 und -55F (Rufzeichen F-RAFA/RAFC/RAFD/RAFF/RAFG/ZARK) an die französische Armée de l'Air und die französische Regierung. Sie dienen für Einsätze im Pazifik. Man sollte erwähnen, daß es sich bei der BuAer 163050 der US Navy um die einzige Douglas EC-24A handelt. Sie ist eine DC-8-55F, die Electrospace Systems zur Hochleistungsplattform für Elektronische Kampfführung umbaute.

Kurzstrecken-Düsenverkehrsmaschinen

Den Strahlantrieb für Langstreckenmaschinen einzusetzen, lag auf der Hand. Für Kurz- und Mittelstreckenflugzeuge dagegen erschien die neue Technologie wenig attraktiv, da sich der Zeitgewinn kaum auszahlte. Die Effektivität dieser Düsentriebwerke zeigte aber bald eine Reihe anderer Vorzüge, die sich auch für relativ kurze Flüge nutzen ließen. Das Rennen war eröffnet.

KAMPF DER DREISTRAHLIGEN

Zu Beginn des Düsenzeitalters, im Zeitraum von 1949 bis 1955, zeigten nur wenige Fluggesellschaften unmittelbares Interesse an strahlgetriebenen Maschinen. Die bewährten Kolbentriebwerk-Linienmaschinen der Amerikaner verkauften sich weltweit gut, und die geschickt lancierte US-Kampagne gegen die „ineffizienten, kostenintensiven Düsenmaschinen" wirkte sich aus. Man gab zwar zu, daß ein Jet schneller zum Ziel gelange, doch gelte das nur für Langstreckenflüge. Die Vorstellung von Düsenverkehrsmaschinen auf kürzeren Strecken sei einfach lächerlich.

Folglich fand Avro Canada keine Käufer für seinen hervorragenden Jetliner. Nach dem Erstflug der Caravelle im Jahre 1955 blieb auch für die französische Firmengruppe SNCASE der Absatz ein Risikofaktor. 1955 beauftragte Capital Airlines in Washington de Havilland, die Comet für Inlandflüge in den USA zu optimieren. Das Ergebnis war die Comet 4A mit verkürzter Spannweite und gestrecktem Rumpf. 1956 sorgte die

Sowjetunion für Aufsehen, als sie ihr neues Muster Tu-104 in London vorstellte.

Capital Airlines zog ihren Auftrag zurück, und die Comet 4A wurde nie gebaut. Die Vorarbeiten an diesem Projekt versetzten de Havilland aber in die Lage, eine für Kurzstrecken optimierte Comet anzubieten. Die 4A sollte eine wesentlich geringere Treibstoffkapazität aufweisen, die die

Die de Havilland (später Hawker Siddeley) Trident war der erste britische Jetliner, den man speziell für Kurzstreckenflüge konzipierte. Drei Trident 1Es flogen bei Kuwait Airways, einem der nur fünf Abnehmer in Übersee.

abstoßenden, weit unter den Tragflächen hervorragenden Zusatztanks der anderen Comet-Versionen unnötig machten. Die reduzierte Betriebsmasse versprach, Fahrwerks- und allgemeine Materialermüdungsprobleme zu entschärfen.

Die einzig wirkliche Schwierigkeit ergab sich aus der von 12.800 m auf 7.160 m reduzierten Reiseflughöhe, die eine erhöhte angezeigte Ge-

Oben: Es kann kaum verwundern, daß einer der ersten Vorstöße in den Bereich des Mittelstrecken-Jets von Boeing ausging. Dies ist eine Boeing 720 in der ursprünglichen Auslegung mit Turbojet-Triebwerken; sie trägt die Farben der Fluggesellschaft Belize Airways.

schwindigkeit ergab. Die gesamte Zelle und zahlreiche einzelne Baugruppen mußten entsprechend verstärkt werden. Besonders betroffen waren der hintere Rumpfabschnitt und das Leitwerk.

Letzte Comet-Version

Als sich die BEA 1958 Sorgen wegen einer möglichen Konkurrenz durch strahlgetriebene Verkehrsflugzeuge machte und an de Havilland wandte, stand daher praktisch eine maßgeschneiderte Comet zur Verfügung. BEA erteilte einen Auftrag über 14 Comet 4Bs; sie sollten eine lange Dienstzeit mit intensivem Einsatz haben. Die Fluggesellschaft war sich aber bereits damals darüber im klaren, daß diese nochmals gestreckte und verbesserte Version der letzte

Dank fortlaufender Entwicklung büßte die Caravelle nie etwas an Beliebtheit ein. Finnair war der Erstkunde für die Super Caravelle 10B3, von der sie acht Exemplare bestellte.

ken ausgerüstet war; anschließend bot er die D.H.120 an, die den Vorstellungen sowohl der BEA wie der BOAC entsprechen sollte.

Durch diese extreme Kompromißbereitschaft sah sich das BEA-Management 1957 schließlich gezwungen, zwischen drei völlig neuen Entwürfen zu wählen. Grundlegendes Merkmal aller drei Vorschläge war der Antrieb in Form von drei Strahltriebwerken. Spitzenkandidat schien die attraktive Bristol 200 zu sein. Sie hatte das Olympus 551 je 6.142 kp Schub und ein hoch aufragendes T-Leitwerk. An zweiter Stelle rangierte die Avro 740. Sie bot denselben Triebwerktyp in drei Gondelbehältern, zwischen denen sich die beiden Teile eines V-förmigen Leitwerks erhoben. Die Auslegung der D.H.121 ähnelte der der Bristol, doch waren Turbofan-Triebwerke vom Typ Rolls-Royce

RB.141 Medway mit 4.717 kp (später 6.124 kp) Schub vorgesehen. Alle drei Entwürfe sollten 80 Passagiere mit rund 990 km/h über eine Distanz von 1.600 km befördern können.

Gesteigerte Anforderungen

1957 entwickelte man die vorgestellten Muster weiter, um den gesteigerten Anforderungen der Fluggesellschaften gerecht zu werden. Überdies wollte die Regierung die Zahl der Flugzeughersteller reduzieren und bestand auf einer Fusion des erfolgreichen Bewerbers mit anderen Unternehmen. Die Bristol 200 wurde zur 205 modifiziert, nachdem Pan Am zunächst einen Auftrag angekündigt hatte, ihn dann aber zurückzog. BEA war fest entschlossen, das de Havilland Flugzeug zu kaufen. Im Februar 1958 erhielt die Gesellschaft die Genehmigung, Kaufgespräche mit

Airco zu führen. Es handelte sich um 24 D.H.121 mit aufgewerteten RB.141-Mantelstromtriebwerken zur Beförderung von 111 Passagieren über Entfernungen bis zu 3.300 km. Airco war ein Pseudo-Konsortium, das sich aus de Havilland, Fairey und Hunting zusammensetzte. Später löste sich dieser Verband auf, und de Havilland schloß sich der Hawker Siddeley Group an.

1959 schritt die Entwicklung der D.H.121 (inzwischen Trident genannt) zügig voran, als BEA plötzlich die Leistungsparameter drastisch senken lassen wollte. Das bedeutete eine Verzögerung von einem Jahr. Damit waren die Verkaufsaussichten dieses Musters auf dem Weltmarkt mit einem Schlag zunichte gemacht und die Trident in Konkurrenz zur späteren Boeing 727 gestellt. Gebaut wurde die Trident 1 schließlich mit

Vertreter eines grundsätzlich veralteten Musters darstellte. Modernere Flugzeuge müßten für eine höhere Machzahl ausgelegt sein, eine breitere Passagierkabine aufweisen und vor allem über fortschrittliche Turbofan-Triebwerke verfügen, die weniger Treibstoff verbrauchten und leiser wären.

Im Juli 1956 stellte BEA sogar einen Katalog mit den Idealforderungen für ein Kurzstrecken-Düsenverkehrsflugzeug zusammen, obwohl sie erst neun Monate zuvor erklärt hatte, daß die Turbopropmaschinen Vanguard künftigen Anforderungen genügten. Merkwürdigerweise offenbarte die Fluggesellschaft immer noch eine ausgeprägte Vorliebe für de Havilland. Dieser Hersteller reichte zunächst die D.H.119 ein, die wie die Comet mit vier Avon-Strahltriebwer-

Rechts: Die Boeing 727 blieb nicht im Schatten der 707 und 720, sondern schwang sich zum meistverkauften Airliner der Welt auf. (Inzwischen hat die 737 sie allerdings überholt). Diese 727-121 gehörte früher zur Flotte von Pan Am.

4.468 kp Schub starken Rolls-Royce RB.163 Spey-Triebwerken, so daß sie 97 Fluggäste über Entfernungen bis zu 1.500 km transportieren konnte. Der Erstflug fand am 9. Januar 1962 statt. Die Entwicklung bis zur Musterzulassung nahm jedoch so viel Zeit in Anspruch, daß die Boeing 727 (die, wie noch ausgeführt wird, über ein Jahr später als die Trident flog) früher im Liniendienst stand. Am 11. März 1964 hob die Trident zum ersten Mal mit Passagieren an Bord ab; vom 1. April an nahm sie am planmäßigen Flugbetrieb teil.

Ein besonderes Merkmal der dreistrahligen Trident waren ihre Triplexsysteme. Dieses hohe Maß an Redundanz nutzte man für eine automatische Flugführungsanlage von Smiths Autoland, die Blindlandungen nach Kategorie IIIB ermöglichen sollte. Die Entwicklung dieses Systems bis zur Einsatzreife dauerte acht Jahre. Landeanflüge nach Kategorie II erreichte man im September 1968, nach Kategorie IIIA erst 1971. Die enormen technischen Anforderungen zahlten sich bei den Wetterbedingungen, unter denen die BEA operierte, auch häufig aus; das Kaufverhalten der großen Fluggesellschaften veränderte allerdings nichts.

Schwerer Fehler

Von Anfang an erwies sich die Entscheidung des Nutzers, die Leistung des ursprünglichen Entwurfs zu beschneiden, als schwerer Fehler. Eine Schuberhöhung auf 5.170 kp ermöglichte es bei der Trident IE, das Gewicht von 52.163 kg auf 58.060 kg zu steigern. Das veranlaßte aber einige Halter dazu, 140 Passagiere in die Kabine zu zwängen. Die Spannweite erhöhte sich von 27,13 m auf 28,96 m, bei der Trident 2E sogar auf 29,87 m. In Verbindung mit schubstärkeren (5.425 kp) Triebwerken ermöglichte dies eine Erweiterung der Treibstoffkapazität. Dadurch konnten 149 Fluggäste über noch größere Distanzen befördert werden.

1969 flog bei Hawker Siddeley die erste Trident 3, deren Rumpf man zur Aufnahme von 180 Passagieren verlängert hatte. Ein viertes Triebwerk (RB.162-86) im Heck unter dem Seitenruder erhöhte den Startschub um 2.381 kp. Die letzte Version, von der China zwei Muster bestellte, war die Super 3B. Sie bot eine noch höhere Treibstoffkapazität und Betriebsmasse.

Kaum ein anderes Flugzeug hat unter politischen Fehlentscheidungen so leiden müssen wie die Trident. Nur 117 Exemplare aller Versionen wurden verkauft. Ohne China und die BEA belaufen sich die Bestellzahlen auf ganze 17 Muster. Im Vergleich dazu wurde die Boeing 727, die mit der ursprünglichen D.H.121 fast identisch war, insgesamt 1.832 Mal verkauft.

Aus dem Feld geschlagen

Dies ist um so bedenklicher, wenn man sich Boeings Ängste vor Augen hält, die 727 in Serie gehen zu lassen: Das amerikanische Muster könne auf einen Markt, auf dem die Trident bereits etabliert war. Zudem lagen die Lohnkosten in Amerika doppelt so hoch wie in England. Niemals hatte Boeing damit gerechnet, daß die Konkurrenz sich aus politischen Gründen aus dem Feld schlagen ließ.

Oben: Die Caravelle III war die erste Serienversion des französischen Kurzstrecken-Airliners. Die SAS zählte zu den ersten Großkunden. Diese Maschine flog auf der Grundlage eines Leasing-Vertrags bei Thai Airways, gehörte aber der SAS.

Noch ein weiterer Faktor erschwerte die Entscheidung, die 727 in Serie zu geben: Der Absatz der 727 würde den der 720 in gleichem Maße verringern. Die 720 war bereits 1957 als 707-020 gestartet, entwickelte sich später zur 717 (die Typenbezeichnung für die seriengefertigten KC-135-Tankflugzeuge) und reifte 1959 zur 720.

Obwohl die 720 wie eine 707 der Serie 120 aussah, wies sie doch beträchtliche Unterschiede auf. Sie war etwas länger und ihre Treibstoffkapazität etwa halb so groß, so daß ihre Struktur leichter sein durfte. Es handelte sich um einen Kurz-/Mittelstreckentransporter (nach damaligem Verständnis) mit einem beachtlichen Nutzlastvermögen von 18.597 kg, der zu einem äußerst wettbewerbsfähigen Preis angeboten werden konnte. Dieses Muster nannte man deshalb auch „Boeing-Jet aus dem Katalog für Sonderangebote". Tatsache ist, daß die 720 den Absatz der Convair 880 praktisch auf Null drehte.

Ein längerer Rumpf und eine kürzere Spannweite ergaben die de Havilland Comet 4B. Sie war geradezu maßgeschneidert für das Mittelstreckennetz von BEA in Europa und im Nahen Osten. Nur Olympic Airways nutzte sie außerdem noch.

Die 720 wartete auch mit einer Reihe aerodynamischer Neuerungen auf, wie einer kastenförmigen Erweiterung am Flächenansatz, die das Dickenverhältnis reduzierte, und kraftbetätigten Nasenklappen am Außenflügel. Die maximale Startmasse der 720 war auf 103.873 kg festgesetzt, im Vergleich zu 116.573 kg bei den ersten 707-120.

Am 23. November 1959 hob die 720 zum ersten Mal vom Boden ab. Am 5. Juli 1960 stellte United sie in Dienst. Zu dieser Zeit flog bereits eine 707 mit dem JT3D-Frontbläsertriebwerk; am 6. Oktober 1960 folgte eine 720-Version mit demselben Triebwerktyp. Diese schubstarken und zugleich effizienten Triebwerke machten die leichtgewichtige 720B zu einem der spritzigsten Verkehrsflugzeuge, die man je baute. American Airlines setzte die 720B vom 12. März 1961 an ein. In der Folge wurden zahlreiche Flugzeuge im Bestand ummotorisiert. Boeing lieferte 65 Exemplare der 720 in der ursprünglichen Version, von denen man 48 auf den Standard der 720B nachrüstete, sowie 89 eigentliche 720B. Während der gesamten Bauzeit der 720 quälte Boeing die Überlegung, wie man möglichst vorteilhaft einen Kurzstrecken-Jet herausbringen könne, der zwangsläufig die 720 vom Markt verdrängte.

Die Preiskalkulation kam erschwerend hinzu. Boeing konnte die 720 für 3,5 Millionen Dollar verkaufen, mußte aber für sein neues, nur halb so großes Muster mindestens den gleichen Preis verlangen. Die 727 galt als 80-Sitzer, während die Kapazität der 720 zwischen 148 und 165 Plätzen bei Eastern variierte. Von daher gesehen war es sogar unvernünftig, die 727 zu kaufen. Baute Boeing sie jedoch nicht, könnte Douglas mit der DC-9, einer vierstrahligen Kurzstreckenmaschine, die wie eine kleinere Ausgabe der DC-8 aussah, den Markt sättigen. Das bedeutete das Ende sowohl für die 720 wie für die 727.

Welterfolg

Boeings ausgezeichnetes Konstruktionsteam begann bereits im Februar 1956 mit der Planung der 727. Dank der vielen erschwerenden Faktoren dauerte es nahezu fünf Jahre, bis Boeing grünes Licht gab. Während dieser Zeit machte der Entwurf zahlreiche Änderungen und Verbesserungen durch, die ihn auf den jeweils neuesten Stand der Technik setzten. So experimentierte man intensiv mit angeblasenen Klappen, entschied sich aber dann doch für Dreifach-Spaltklappen.

Solche Landeklappen waren noch nie verwendet worden. Man kombinierte sie mit inneren Krügerklappen und äußeren Vorflügeln und gab der 727 so ein Tragwerk, das absolut

Boeing 727

Der Entwurf des ersten erfolgreichen Düsenverkehrs-flugzeugs für kurze bis mittlere Entfernungen zielte auf den Einsatz bei den großen amerikanischen Fluggesellschaften ab, die die Inlandsflüge bestritten. Boeing landete einen Volltreffer: Reichweite und Kapazität der 727 waren ideal, ebenso ihre Fähigkeit, kleinere Flughäfen anzufliegen. Boeings hoher Einsatz zahlte sich aus: Man erzielte eine Rekordproduktion von 1.832 Flugzeugen.

Flugzeug
Diese 727-30 gehörte zu dem ersten Los, das die Lufthansa beschaffte. Sie wurde am 19. März 1965 übergeben und auf den Namen Münster getauft. Später flog sie eine Zeitlang bei der Lufthansa-Chartertochter Condor.

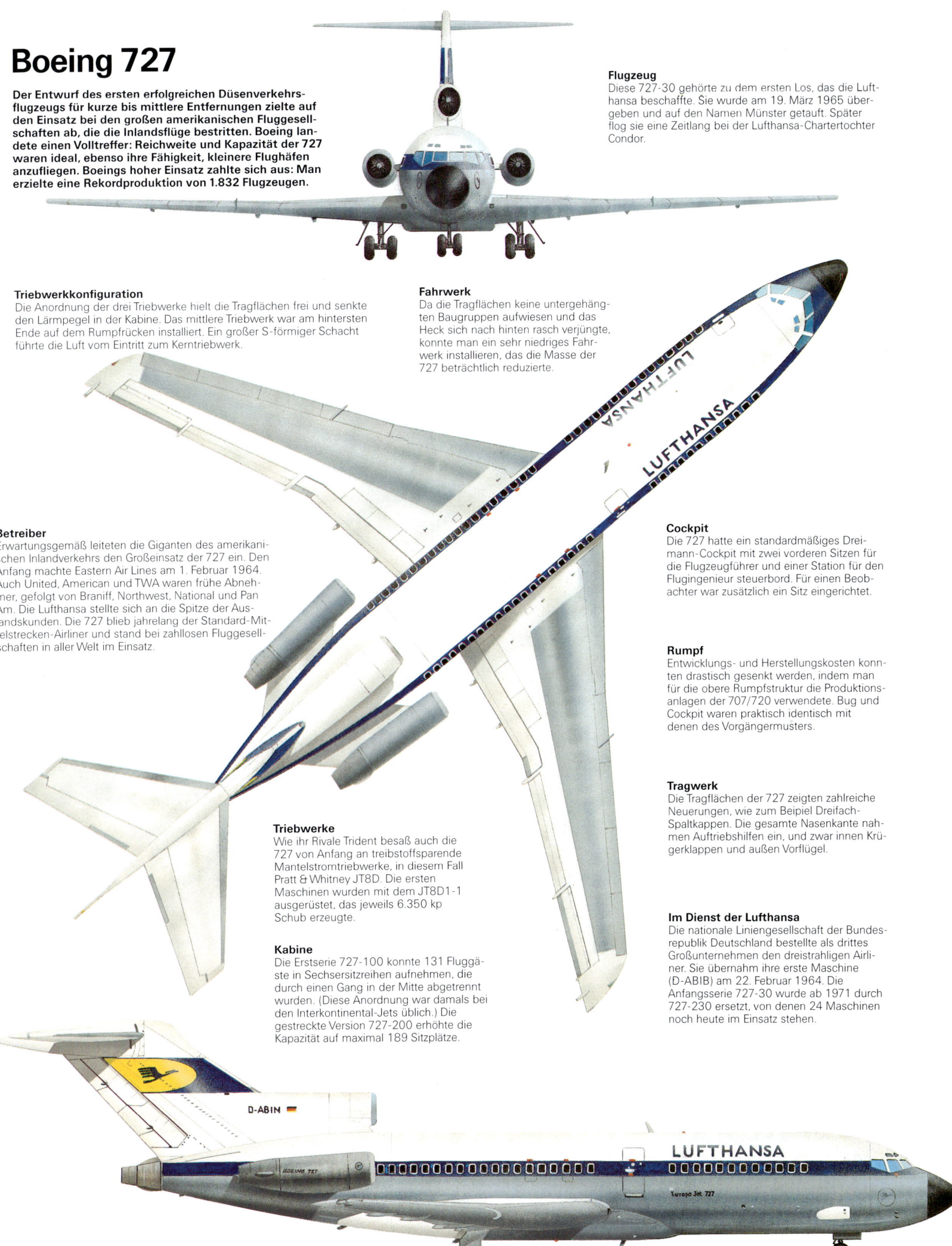

Triebwerkkonfiguration
Die Anordnung der drei Triebwerke hielt die Tragflächen frei und senkte den Lärmpegel in der Kabine. Das mittlere Triebwerk war am hintersten Ende auf dem Rumpfrücken installiert. Ein großer S-förmiger Schacht führte die Luft vom Eintritt zum Kerntriebwerk.

Fahrwerk
Da die Tragflächen keine untergehäng-ten Baugruppen aufwiesen und das Heck sich nach hinten rasch verjüngte, konnte man ein sehr niedriges Fahrwerk installieren, das die Masse der 727 beträchtlich reduzierte.

Betreiber
Erwartungsgemäß leiteten die Giganten des amerikanischen Inlandverkehrs den Großeinsatz der 727 ein. Den Anfang machte Eastern Air Lines am 1. Februar 1964. Auch United, American und TWA waren frühe Abnehmer, gefolgt von Braniff, Northwest, National und Pan Am. Die Lufthansa stellte sich an die Spitze der Auslandskunden. Die 727 blieb jahrelang der Standard-Mittelstrecken-Airliner und stand bei zahllosen Fluggesellschaften in aller Welt im Einsatz.

Cockpit
Die 727 hatte ein standardmäßiges Dreimann-Cockpit mit zwei vorderen Sitzen für die Flugzeugführer und einer Station für den Flugingenieur steuerbord. Für einen Beobachter war zusätzlich ein Sitz eingerichtet.

Rumpf
Entwicklungs- und Herstellungskosten konnten drastisch gesenkt werden, indem man für die obere Rumpfstruktur die Produktionsanlagen der 707/720 verwendete. Bug und Cockpit waren praktisch identisch mit denen des Vorgängermusters.

Tragwerk
Die Tragflächen der 727 zeigten zahlreiche Neuerungen, wie zum Beispiel Dreifach-Spaltkappen. Die gesamte Nasenkante nahmen Auftriebshilfen ein, und zwar innen Krügerklappen und außen Vorflügel.

Triebwerke
Wie ihr Rivale Trident besaß auch die 727 von Anfang an treibstoffsparende Mantelstromtriebwerke, in diesem Fall Pratt & Whitney JT8D. Die ersten Maschinen wurden mit dem JT8D1-1 ausgerüstet, das jeweils 6.350 kp Schub erzeugte.

Im Dienst der Lufthansa
Die nationale Liniengesellschaft der Bundesrepublik Deutschland bestellte als drittes Großunternehmen den dreistrahligen Airliner. Sie übernahm ihre erste Maschine (D-ABIB) am 22. Februar 1964. Die Anfangsserie 727-30 wurde ab 1971 durch 727-230 ersetzt, von denen 24 Maschinen noch heute im Einsatz stehen.

Kabine
Die Erstserie 727-100 konnte 131 Fluggäste in Sechsersitzreihen aufnehmen, die durch einen Gang in der Mitte abgetrennt wurden. (Diese Anordnung war damals bei den Interkontinental-Jets üblich.) Die gestreckte Version 727-200 erhöhte die Kapazität auf maximal 189 Sitzplätze.

Sieht man von China als wichtigem Abnehmer ab, flog die Trident ausschließlich in Ländern, die enge Beziehungen zu Großbritannien unterhielten. Der Irak übernahm drei Trident 1Es, weitere Exemplare gingen an Ceylon, Zypern und Kuwait.

konkurrenzlos war. Es versetzte schließlich viel schwerere 727-Versionen in die Lage, Startbahnen zu benutzen, die nur zwei Drittel der für die Trident erforderlichen Länge aufwiesen. Dies war nur einer der Hauptfaktoren für den Welterfolg der 727.

Es stand nie außer Frage, daß die 727 die gleiche obere Rumpfstruktur wie die 707/720 erhalten sollte. Nur die Bodenwanne gestaltete man flacher. Diese Baugleichheit sowie die von Bug und Cockpit senkte die Produktionskosten und erleichterte zusätzlich die Pilotenumschulung.

Im Unterschied zu den bisherigen Boeing-Strahlflugzeugen erhielt die 727 aber ausschließlich durch Kraftverstärker betätigte Steuerruder. An der Hinterkante des Außenflügels befand sich, wie auch sonst, das Querruder für niedrige Fluggeschwindigkeiten (während des Reiseflugs abgeschaltet); den Raum zwischen inne-

ren und äußeren Landeklappen nahmen die bei allen Geschwindigkeiten wirkenden Ruder ein. Man hatte ein T-Leitwerk gewählt, dessen auffallend breite, hohe und stark nach hinten abgewinkelte Seitenflosse den längstmöglichen Hebelarm für die Höhenflossen ergab. In den Jahren 1959/60 galt noch das AR.163, ein von Allison gebautes Rolls-Royce-Spey-Triebwerk, als Favorit. Im Herbst 1960 bestanden die beiden Erstkunden United und Eastern aber auf dem bislang unerprobten Pratt & Whitney JT8D. Dies erwies sich letztlich als vorteilhaft; durch das grundsätzlich größere amerikanische Triebwerk konnte die 727 größer und leistungsfähiger als die Trident ausgelegt werden (von Rolls-Royce wäre ein ähnliches Aggregat gekommen, wenn BEA es nicht zu Fall gebracht hätte). Dieser Antrieb und die Fähigkeit, kürzere Betriebspisten zu nut-

zen, übten den nötigen Reiz auf den Weltmarkt aus. Niedrigere Lohnkosten in Europa standen nicht mehr zur Diskussion.

Am 5. Dezember 1960 rang sich Boeing zur Serienfertigung der 727 durch. Das Risiko war hoch, denn die Startkosten überstiegen das Nettokapital der Firma um ein Vielfaches; zudem hatte das 707/720-Programm Verluste in Höhe von 200 Millionen Dollar gebracht. Die nötige Grundlage für die Produktion der 727 legten Aufträge von Eastern und United über 40 bzw. 20 (und eine Option für weitere 20) Flugzeuge. Boeing arbeitete schnell: Die erste 727 flog bereits am 9. Februar 1963. Am 24. Dezember desselben Jahres erfolgte die Musterzulassung. Vom 1. Februar 1964 an setzte Eastern die 727 im Liniendienst ein.

Am 2. Oktober 1964 hatte Boeing 76 dieser eindrucksvollen dreistrahligen Verkehrsmaschinen ausgeliefert. Schon bald wurde eine verblüffende Vielfalt von Variationen angeboten, darunter Schnellumrüstversionen (QC) und als Fracht- oder Passagierflugzeug umrüstbare Varianten. 1965 kündigte Boeing die 727-200 mit einem um 6,10 m längeren Rumpf für 189 Passagiersitze an. Neue Versionen des JT8D steigerten die Schubkraft von 6.350 kp auf 7.439 kp, so daß man das Gewicht von 72.575 kg auf 95.028 kg anheben konnte. Daraus resultierte die 727 Advanced. Sie

zeigte ein solches Leistungsspektrum, daß sie nahezu „Bester Airliner der Welt" wurde.

Bedarfsgerecht

Rückblickend kommt man zu dem Schluß, daß die 727 deshalb so gut „einschlug", weil sie praktisch den Bedürfnissen fast aller Fluggesellschaften Rechnung trug. Von Anfang an hatte sie die richtige Größe – genau dieselbe wie die ursprüngliche D.H.121 –, und sie besaß das nötige Wachstumpotential. So konnte sie auch den künftigen Erwartungen der Liniengesellschaften und Flugreiseunternehmen entsprechen, die beide dem stetig wachsenden Verkehr während der sechziger und siebziger Jahre gegenüberstanden.

Höhere Betriebsmassen ermöglichten größere Reichweiten; so konnte beispielsweise Sterling die Advanced mit 189 Passagieren und Gepäck für einen Flug von Skandinavien zu den Kanarischen Inseln belasten. Einige amerikanische Halter setzten die Advanced auf Routen von Küste zu Küste ein, aber das waren Ausnahmefälle. Die echte Reichweite betrug mit voller Zuladung 4.500 km, was man nicht lange zuvor noch zur Langstrecke gerechnet hätte.

Anfangsschwierigkeiten

Auch bei der 727 gab es Anfangsschwierigkeiten. Am schwersten wogen in der ersten Einsatzphase eine Reihe von Unfällen kurz vor den jeweiligen Zielflughafen. Als allgemeine Ursache stellte sich zu geringe Geschwindigkeit heraus. Unterschritt der Pilot eine bestimmte angezeigte Geschwindigkeit, stieg der Widerstand im Verhältnis zur weiteren Geschwindigkeitsabnahme. In diesem Fall fiel die 727 wie ein Stein vom Himmel, und nahezu jede Reaktion des Piloten verschlimmerte die Lage nur. Einziges Hilfsmittel war, strikt nach dem Handbuch zu fliegen und die Sollgeschwindigkeit in der Landekonfiguration genau einzuhalten.

Den Beginn ihrer Laufbahn verdunkelte die 727 durch Abstürze in Cincinnati, Chicago, Salt Lake City und Tokio, bei denen 264 Menschen ihr Leben verloren. Dies wirkte sich unweigerlich nachteilig auf das Image der 727 aus. Das menschliche Gedächtnis ist jedoch kurz. In der Tat zeigte die Absatzkurve zu keiner Zeit einen signifikanten Einbruch, sondern verzeichnete bis 1984 1.832 verkaufte Maschinen. Diese Zahl war damals ein absoluter Rekord (außerhalb der UdSSR), nicht nur für Düsenverkehrsmaschinen sondern für zivile Transportflugzeuge jeglicher Art. (Der größte Teil der DC-3 war als militärische C-47 bzw. deren Ableger gebaut worden.) Dieser Rekord sollte jedoch nicht lange bestehen bleiben: 1987 stellte ihn die Boeing 737 ein.

Die Serienproduktion der Trident 1C, 2E und 3B ging größtenteils an BEA. Daß BEA der einzige Hauptnutzer blieb, lag in erster Linie an der politischen Einflußnahme auf die Entwicklung dieses Flugzeugs.

Auf dem Gebiet der automatischen Landeanflüge war die Trident weltweit führend. Die zeitraubende Entwicklung und das Zulassungsverfahren kosteten allerdings Jahre. Als das System endlich einsatzreif war, hatte die Trident den Markt bereits an die 727 verloren.

Die 727 stand noch in allen Teilen der Erde aktiv im Einsatz, als man allmählich erkennen mußte, daß sie technologisch überholt war. Mehrere Jahre lang bemühte sich Boeing, dieses Muster zu modernisieren. Man probierte es mit zwei neuen Triebwerken in unterschiedlicher Anordnung und mit effizienteren Tragflächen. Diese 7N7-Projektserie reifte schließlich zur 757. Zu guter Letzt paßte man das Cockpit der 757 – außer dem Rumpfdurchmesser das einzige Teil, das noch an die 727 erinnerte – der moderneren und geräumigeren Ausführung der 767 an. Eine „neuere 727" hatte es wirklich noch nicht gegeben. Eine Flotte von mehr als 1.500 Flugzeugen im intensiven Einsatz übt auf jeden Hersteller einen starken Modernisierungsreiz aus.

Triebwerk

Die Anstrengungen konzentrierten sich auf das Triebwerk. Der Rumpf schied aus vielerlei Gesichtspunkten als Ansatzpunkt aus (die Mehrzahl der Passagiere hat sich offenbar damit abgefunden, in Dreiersitzgruppen beiderseits von einem schmalen Mittelgang eingepfercht zu werden). Ohne extrem kostenaufwendige Modifizierungen ließ sich auch das Tragwerk nicht verbessern; eine moderne Tragfläche wäre allerdings weniger stark zurückgepfeilt, hätte eine größere Spannweite und ein anderes Profil.

Rechts: Die meisten der 1.832 gebauten Boeing 727 befinden sich nach wie vor im Einsatz. Die meisten älteren Maschinen fliegen bei kleineren Fluggesellschaften. Im Auftrag der USAF verbindet beispielsweise diese frühe 727 die Nellis Range mit der Außenwelt.

Oben: Nachdem der riesige amerikanische Binnenmarkt und die europäischen Länder gesättigt waren, produzierte Boeing die 727 für die Fluggesellschaften kleinerer Nationen, wie Royal Nepal Airlines.

Rechts: Anfang der sechziger Jahre deckte die Boeing 720B mit Turbofan-Triebwerken den riesigen Bedarf mehrerer amerikanischer Fluggesellschaften an einem Mittelstreckenflugzeug ab; hier eine Maschine der „Monarch".

Die Triebwerke auszutauschen bereitete dagegen kaum Schwierigkeiten, auch wenn der Aufwand bei einer dreistrahligen Maschine größer ist als bei einer zweistrahligen. Die 727 fällt unter die Kategorie der Flugzeuge, die man als „laut und kraftstoffschluckend" bezeichnete. Der Mineralölpreis hat sich wieder normalisiert, und der relativ hohe Treibstoffverbrauch stellt nicht mehr den Makel dar, der er Ende der siebziger Jahre war. Dennoch ist Treibstoff, der in

einer Größenordnung von Millionen von Litern gekauft wird, ein äußerst wichtiger Kostenfaktor. Moderne einsatzreife Turbofan-Triebwerke verbrauchen 20% bis 25%, die neueste Kategorie bis zu 40% weniger Treibstoff; die in der Entwicklung befindlichen Prop-Fan-Triebwerke versprechen sogar Einsparungen bis zu 60%.

Pratt & Whitney macht Riesengewinne mit dem Verkauf von Ersatzteilen für die 12.000 JT8D-Triebwerke, die sich im Einsatz befinden. Dagegen

würde der Ersatz von drei frühen JT8D bei der 727 durch zwei JT8D-200 mit neuem, größerem Fan kaum zu Buche schlagen. Das CFM56 ist eher zu groß und zu schubstark, doch das neue Rolls-Royce Tay 670 mit einer Leistung von 8.165 kp Standschub erscheint ideal. Das Tay würde etwa 270 kg Gewicht einsparen, 5.400 kp mehr Schub einbringen, den Kraftstoffverbrauch um 25–30% senken – und den neuen Lärmschutzbestimmungen genügen.

Kurzstrecken-Düsenverkehrsmaschinen

Mit der BAC One-Eleven hielt Großbritannien, wie zuvor mit der Trident und der Comet, potentielle Weltschlager in der Hand. Da man die Entwicklung aber zu vorsichtig und nur schleppend vorantrieb, konnte die Konkurrenz britische Muster vom Markt verdrängen,

DIE ZWEISTRAHLIGEN

Als das Düsenzeitalter mit der 707 und DC-8 seinen Aufschwung nahm, verstand es sich von selbst, daß zahlreiche Flugzeughersteller an diesem Geschäft teilhaben wollten. Selbst die kleine Firma Hunting, vormals Percival in Luton, ließ 1956 auf dem Reißbrett eine zweistrahlige Kurzstrecken-Verkehrsmaschine entstehen; sie war allerdings beträchtlich kleiner als der Vorreiter Caravelle. Das britische Unternehmen besaß keinerlei Erfahrung auf diesem Sektor; seine Chancen, einen Jetliner zu entwickeln und zu vermarkten, erschienen gleich Null. Doch Hunting ließ sich nicht beirren.

1957 lag der Entwurf einer eleganten Verkehrsmaschine, der H.107, vor; sie sollte von zwei Strahltriebwerken der 2.700-kp-Klasse angetrieben werden. (Der Typ stand noch

aus, das schubschwächere Orpheus schlug man als Alternative vor). In der Kabine waren zwölf Reihen mit jeweils zweimal zwei Sitzen für insgesamt 48 Fluggäste vorgesehen. Das Heck wies ein T-Leitwerk und Einbautreppen mit Selbstantrieb auf. Der Bau eines Modells und Versuche im Windkanal forderten erste Investitionskosten. 1959 wählte man die Triebwerktypen BS.61 und BS.75.

1960 wurde Hunting Teil des Unternehmens BAC (British Aircraft Corporation). Der vielversprechende Entwurf veranlaßte Vickers-Armstrong zur Zusammenarbeit (und schließlich zur Übernahme). Um sie dem verfügbaren Rolls-Royce-Triebwerk Spey mit 4.535 kp Schub anzupassen, modifizierte man die 107 zur 111 oder One-Eleven. Ein breiterer Rumpf ermöglichte Reihen von

jeweils drei plus zwei Sitzen für mindestens 65 Passagiere. Im Mai 1961 erteilte British United die erste Order für zehn solcher Maschinen.

Das Muster erwies sich als attraktiv und gut durchkonstruiert; bis zum Erstflug am 20. August 1963 stiegen die Bestellungen bereits auf 60 Flugzeuge an. Die erste Version, Serie 200, war für eine Abflugmasse von 33.339 kg zugelassen und konnte 79 Passagiere befördern. BAC geriet in Hochstimmung, als Braniff und Mohawk in den USA dieses Muster erwarben. Die Serie 300 bekam schubstärkere Triebwerke (5.170 kp), so daß das Gewicht auf 38.555 kg angehoben und das Treibstoffvolumen erhöht werden konnte. Die Serie 400 war eine auf den amerikanischen Markt zugeschnittene 300; sie hatte ein geringeres Gewicht, um den Zweimannbetrieb zu ermöglichen. Als American 30 Flugzeuge dieser Version in Auftrag gab, sah sich Douglas auf den Plan gerufen.

Rumänien

BAC führte die Entwicklung der One-Eleven mit der Serie 500 fort. Man setzte Spey-Triebwerke ein, die mit Wassereinspritzung bis zu 5.693 kp Schub erzeugten, erhöhte die Spannweite und verlängerte den Rumpf für nunmehr 119 Passagiere. BEA erwarb eine für 41.929 kg zugelassene Flotte. Die Anschlußserien wiesen sogar Betriebsmassen bis zu 47.400 kg auf; sie übertrafen alle Versionen an Beliebtheit. Die letzte Vari-

Oben: Die BAC One-Eleven verkaufte sich gut, selbst auf dem nordamerikanischen Markt, der seit jeher ausländischen Produkten reserviert gegenübersteht. Diese Maschine flog für British Eagle, bis sie an Dan Air veräußert wurde.

ante war die 475, die die Tragflächen und Triebwerke der 500 mit einem kurzen Rumpf und Niederdruckreifen für den Einsatz auf kurzen oder hochgelegenen Schotter- bzw. Sandpisten verband.

Die Serienfertigung der One-Eleven lief weiter, als BAC mit British Aerospace fusionierte, und endete erst im Juli 1980 nach Fertigstellung der 230ten Maschine. 1979 hatte British Aerospace jedoch mit der CNIAR in Rumänien ein Übereinkommen zur Lizenzfertigung der One-Eleven getroffen. Der Vertrag verpflichtete BAe, drei komplette Flugzeuge und 22 Bausätze zu liefern, die IAv Bucuresti als Hauptauftragnehmer in Rumänien montieren sollte. Rumänien wählte zwei Varianten: die 495, eine verbesserte 475, und die 560, eine aufgewertete 500 mit lärmgedämpften Triebwerken als Standardausrüstung. Die erste in Bukarest zusammengebaute Maschine flog im September 1982.

Die One-Eleven ist bis heute ein beliebtes und effektives Muster geblieben, das keinerlei Materialermüdung kennt. Den neuesten Lärmschutzbestimmungen gemäß FAR Pt 36 Stage 3 entspricht sie allerdings nicht. Im Februar 1986 gab Dee

Der DC-9-Prototyp im Flug. Douglas entwickelte diesen attraktiven Kurzstrecken-Airliner als Alternative zur Caravelle von Aérospatiale.

*Douglas wagte sich an immer küh-
nere Streckungen der DC-9, um unterschiedliche Kunden jeweils unterschiedliche Größen anbieten zu
können. Diese Strategie machte
sich bezahlt, denn die gedehnte
MD-80-Familie befindet sich auch
heute noch in der Produktion.*

*Diese Maschine, „The Black Bunny", war
eine der berühmtesten DC-9. Sie diente
dem Herausgeber des Playboy, Hugh Hef-
ner, für seine Geschäftsreisen.*

Howard in den USA bekannt, daß
Rolls-Royce und British Aerospace
sich darauf geeinigt hätten, die One-
Eleven auf das Tay 650 umzurüsten.
Dieses Triebwerk ist nicht nur
wesentlich leiser, sondern verbraucht
auch weniger Treibstoff. Zudem liefert es mehr Schub und steigerte
seine Reichweite sowie Start- und
Landeleistung ganz erheblich. Die
erste entsprechend ummotorisierte
One-Eleven flog Anfang 1989.

Moderner Twin-Jet

Wie bereits erwähnt, fühlte sich
Douglas durch den USA-Erfolg der
One-Eleven herausgefordert. Es
bestand ein früheres Abkommen mit
Aérospatiale, moderne Versionen der
Caravelle auf den Markt zu bringen
und eventuell noch zu bauen. Inzwischen gelangte das amerikanische
Unternehmen aber immer mehr zu
der Überzeugung, daß ein moderner
Twin-Jet günstigere Möglichkeiten
biete. 1962 war das Modell 2086 zu
einem fest definierten Entwurf heran-
gereift und bereits Verhandlungs-
thema bei mehreren großen Fluggesellschaften. Delta erklärte sich bereit,
eine größere Flotte zu erwerben. Am
8. April 1963 wandelte sich das
Modell 2086 zur DC-9.

Dieses Muster war ein weitaus besseres Angebot als die fünf Jahre zuvor
geplante DC-9, die eine Miniaturausgabe der DC-8 mit vier JT8-Strahl-
triebwerken unter den Tragflächen
darstellte. Die neue DC-9 verfügte
über zwei der bereits existierenden
JT8D-Turbofan-Triebwerke, die beidseitig am Hinterrumpf montiert
waren. Zwischen diesem Muster und
der One-Eleven gab es praktisch nur
einen Unterschied: Die Kabine der
DC-9 war durchgehend mit Fünfer-
sitzgruppen für insgesamt 90 Passagiere ausgestattet.

Ein groß angelegtes Bauprogramm lief an, bei dem DH Canada
die Tragflächen, den Hinterrumpf
und das Leitwerk fertigte. Douglas
plante von Anfang an, dieses Muster
in mehreren Versionen anzubieten.
So bot bereits die erste DC-9 Serie 10
eine Gewichtsspanne von 34.926 kg
mit JT8D-5-Triebwerken je 5.443 kp
Schub bis zu 40.823 kg mit Extra-
treibstoff und 6.350 kp Schub entwik-
kelnden JT8D-1 oder -7-Triebwerken.
Die erste Serienmaschine flog am
25. Februar 1965, einen Monat früher
als geplant. Am 8. Dezember desselben Jahres führte Delta sein neues
Muster im Liniendienst ein.

Bei den ersten Versionen der DC-8
(Serien 10 bis 50) hatte Douglas für
alle dieselbe Größe gewählt. Bei der
DC-9 änderte das Unternehmen seine

Taktik und bot unterschiedlichen
Käufern auch ganz unterschiedliche
Größen und Gewichte an. Diese Ver-
kaufspolitik wurde Anfang 1965
offensichtlich, als eine der großen
amerikanischen Fluggesellschaften,
Eastern, die DC-9 gegen die bei Boeing geplante 737 abwog. Douglas reagierte schnell, bot die gestreckte
„DC-9B" an und konnte am 25. Februar 1965 den Auftrag für sich verbuchen. Das neue Muster, das DC-9
Serie 30 genannt wurde, hatte
6.577 kp starke Triebwerke, einen beträchtlich längeren Rumpf und eine
größere Spannweite. Der Startmasse
von 44.452 kg entsprach man mit
Vorflügeln über die volle Spannweite
und Doppelspaltklappen. Die erste
Serie 30 hob am 1. August 1966 zu
ihrem Jungfernflug ab. Schubstär-

*Eine Boeing 737 der Fluggesell-
schaft Royal Brunei. Die Boeing 737
hat der früheren 727 den Rang als
meistverkauftes Flugzeug der Welt
abgelaufen.*

kere Triebwerke ließen das Gewicht später auf 48.988 kg und die Bestuhlung auf 115 Sitze anwachsen.

Als nächstes folgte die Serie 20, die die SAS von schwierigen Flughäfen aus einsetzen wollte. Sie verband Tragflächen und Triebwerke der Serie 30 mit dem kurzen Originalrumpf. Am 28. November 1967 brachte Douglas – nunmehr McDonnell Douglas – die DC-9 Serie 40 mit 7.257 kp Schub starken Triebwerken heraus, die eine Erhöhung der Startmasse auf 55.338 kg ermöglichten. Den Rumpf hatte man verlängert, so daß 132 Passagiere Platz fanden.

Die letzte Variante der ersten DC-9-Version war die Serie 50; ihr Erstflug fand am 17. Dezember 1974 statt. Das Muster zeigte zahlreiche Neuerungen; der Hauptunterschied zu den vorausgegangenen Serien aber bestand, bei gleichbleibendem Gewicht, in einer weiteren Rumpfstreckung, die 139 Sitze ermöglichte.

Wichtige Aufträge

Douglas erweiterte sein Angebot um verschiedene Fracht- und Kombiversionen. Wichtige Aufträge kamen von der US Air Force und der Navy (für das Marine Corps). Sie bestellten das Sanitätsflugzeug C-9A Nightingale, das Transportflugzeug C-9B Skytrain II (mit der größten Reichweite aller Versionen) und die VIP-Variante VC-9C. Insgesamt waren 976 Exemplare der DC-9 verkauft, als Douglas das Programm im September 1982 einstellte.

Die neue Version begann als DC-9 Super 80. Swissair erteilte im Oktober 1977 einen Auftrag, kurz danach Austrian und Southern. Am 18. Oktober 1979 flog die erste Maschine. Sie strotzte nur so von Neuerungen. Die wichtigsten waren eine enorme Streckung des Rumpfes, die schon grotesk wirkte, Erweiterungen am Tragwerk über die Flächenansätze und Flächenenden, ein digitales elektronisches Flugführungssystem, ein größeres Tankvolumen und nicht zuletzt der Antrieb. Dieses JT8D-200-

Mantelstromtriebwerk mit neuem Fan, anfangs in der Form -209 mit 8.391 kp Schub, senkte die Lärmwerte ganz erheblich und würde auch neuen gesetzlichen Auflagen genügen. Die typische Kabineneinrichtung umfaßte 172 Sitze.

MD-80-Serien

1983 änderte das Unternehmen seine berühmten Typenbuchstaben „DC" in „MD"; die Anschlußserie hieß daher MD-80. Sie erwies sich als die erfolgreichste aller Versionen, denn sie verband ein hohes Leistungsvolumen mit günstigen Betriebskosten bei relativ niedrigen Einstiegskosten. Am 5. Oktober 1980 ging die MD-80 bei der Swissair in Dienst. Die rasch folgende MD-81 gab die Grundversion für eine ganze Flugzeugfamilie ab. Die im April 1979 angekündigte

MD-82 zeigte die neue Triebwerkversion -217 mit 9.072 kp Schub, der ihren Einsatz auf schwierigen Flughäfen ermöglichte. 25 Exemplare der MD-82 wurden in China zusammengebaut. Die MD-83 ist für größere Reichweiten konzipiert. Sie erhielt JT8D-219-Triebwerke mit je 9.525 kp Schub, die eine Steigerung der Betriebsmasse auf 72.575 kg ermöglichten. Dadurch konnten zwei zusätzliche Treibstofftanks installiert werden, auf Kosten des Unterflurfrachtraums. Die MD-87, die man im Januar 1985 ankündigte, fällt durch ihren kürzeren Rumpf für nur 130 Passagiere ein wenig aus der Reihe. Sie brachte eine Vielzahl aerodynamischer Verbesserungen sowie ein höheres Seitenleitwerk und, anstelle des Konus, ein messerförmig auslaufendes Rumpfheck, das heute Stan-

dardmerkmal aller Modelle ist. Die neueste Version, die MD-88, wurde im Januar 1986 bekanntgegeben. Diese Maschine vereint alle Neuerungen der bisherigen Modelle mit einem modernen Cockpit und einer modernen Kabineneinrichtung.

Hohe Erwartungen

Die MD-80-Serie übertraf Douglas' kühnste Erwartungen. Bislang konnten über 1.100 Maschinen verkauft werden, und die Nachfrage hält an. Das einzige Fragezeichen betrifft die Wahl der Triebwerke für die künftige Generation, für die MD-91 und -92. McDonnell Douglas propagierte sie als erste Muster mit Propfan-Antrieb und setzte eine MD-80 als Versuchsträger für UHB- und UDF-Triebwerke von General Electric und Allison/Pratt & Whitney ein. Seit 1988 ist der richtige Zeitpunkt für die Einführung dieser Technologie immer fragwürdiger geworden, so daß Douglas dieses Projekt (so wie Boeing die 7J7) vermutlich vorerst zurückstellen wird. Als beste Alternative gilt das Mantelstromtriebwerk V2500-A5.

Boeing startet niemals ein neues Programm ohne gründliche Marktanalysen. Das Unternehmen registrierte den Absatz der Caravelle und der One-Eleven in den USA ebenso wie den Start der heimischen DC-9, war indes selbst mit den laufenden Projekten, vor allem mit der 727, voll ausgelastet. 1964 jedoch gab Boeing der verlockenden Vorstellung von einem Twin-Jet, der 737, nach. Die Konstrukteure legten überzeugend dar, daß sich eine äußerst attraktive und effektive Maschine für Kurzstreckenflüge ergebe, wenn sie die Kabine der 707/727 kürzer, aber viel breiter als bei den existierenden Kurzstrecken-Verkehrsmaschinen auslegten, so daß sechs Sitze nebeneinander paßten. Ein relativ kleines Tragwerk mit nur 25° Pfeilung und mächtigen

BAC One-Eleven 320L

Dies ist eine der vier BAC One-Eleven Serie 320, die in den Jahren 1967 und 68 an Laker Airways gingen. 1971 wurde eine weitere One-Eleven geliefert; 1969 mietete Laker für kurze Zeit eine sechste Maschine. Die Gesellschaft setzte die One-Eleven in erster Linie für Charterflüge von Gatwick, Liverpool, Birmingham, Glasgow und Luisgate zu den Kanarischen Inseln und in den Mittelmeerraum ein.

Werdegang
Die BAC One-Eleven basierte auf dem H.107-Projekt der Firma Hunting, die 1960 an BAC fiel. Fünf in einer breiten Kabine nebeneinander angeordnete Sitze und die mächtigen Spey-Mantelstromtriebwerke von Rolls-Royce ermöglichten eine Steigerung der Kapazität auf 65 Passagiere gegenüber 48 bei der H.107. Die 111 konnte sogar 79 Fluggäste aufnehmen. Als der Prototyp am 20. August 1963 seinen Erstflug absolvierte, waren bereits 60 Flugzeuge bestellt.

Fahrwerk
Alle Baugruppen des Dreipunkt-Fahrgestells waren mit Zwillingsreifen und Öl-Luft-Stoßdämpfern von BAC ausgestattet.

Triebwerke
Die BAC One-Eleven wurde von zwei Rolls-Royce-Spey-Mk-511-Turbofan-Triebwerken je 5.170 kp Standschub in schlanken, beidseitig am Hinterrumpf befestigten Gondeln angetrieben. Diese Anordnung ermöglichte ein hocheffizientes Tragwerk und senkte zugleich den Lärmpegel in der Kabine.

Flugdeck
Wie so häufig bei britischen Zivilmaschinen fand die BAC One-Eleven besonders bei den Flugzeugführern großen Anklang, während das Führungspersonal der Fluggesellschaften und die Techniker im allgemeinen die preisgünstigeren amerikanischen Typen bevorzugten. Das Flugdeck war hervorragend ausgelegt, und die Maschine ließ sich ausgezeichnet fliegen.

Tragflächen
Wie die gesamte Zelle erwies sich auch das Tragwerk der BAC One-Eleven als enorm stark. Die ausfallsichere Konstruktion gründete auf einem stabilen Torsionskasten mit scherfestem Dreifachsteg. Die manuell betätigten Querruder bestanden aus Aluminium mit geklebtem Wabenkern. An der Hinterkante waren hydraulisch betätigte Fowler-Klappen, auf der Oberseite Spoiler angeordnet.

Hintere Einbautreppe
Die BAC One-Eleven verfügte über eine kraftbetätigte Einbautreppe unter der Passagiereinstiegstür auf der linken Seite des Vorderrumpfes und über eine weitere hydraulisch betriebene Bordtreppe im Heck. Die Fluggäste konnten ohne bodenseitige Unterstützung ein- und aussteigen.

Leitwerk
Wie die BAC VC10 und die Hawker Siddeley Trident zeigte auch die BAC One-Eleven ein „T-Leitwerk". Den Absturz des Prototyps muß man auf diese Auslegung zurückführen. Der überzogene Flugzustand, in den die Maschine geraten war, ließ sich nicht mehr korrigieren, weil die hochmontierten Höhenflossen nicht mehr angeströmt wurden.

Kabine
Die Hauptkabine der Serie 300 konnte bis zu 79 Passagiere in der Einklassen-Touristen-Konfiguration aufnehmen. Mit Hilfe eines flexibel einbaubaren Trennschotts ließ sich das Verhältnis von Touristenklasse zu Erster Klasse variieren. Es gab zwei Toiletten, eine vorn links und die andere im Heck auf der rechten Seite. Die Bordküche war vorn rechts eingerichtet.

Auftriebshilfen könnte die beiden eng angeschmiegten JT8D-Triebwerke aufnehmen. Das Konzept für die 737 leuchtete ein; mit Ausnahme von Eastern und United hatten sich aber alle großen Fluggesellschaften bereits für die nächste Zukunft gut eingedeckt.

Enormes Risiko

Letztlich deutete alles darauf hin, daß diese beiden Gesellschaften sowie die deutsche Lufthansa den entscheidenden Ausschlag geben sollten. Am 19. Februar 1965 fand die Verhandlung mit der Lufthansa statt. Minuten vor dieser wichtigen Besprechung erhielt der Lufthansa-Präsident die Meldung, Eastern habe sich für die DC-9 entschieden. Boeing war zwar kritische Situationen gewohnt, doch diese übertraf sie alle. Der einzige andere potentielle Käufer, die mächtige United, tendierte ohnehin mehr zur DC-9 und brauchte die Flugzeuge außerdem viel eher, als man die 737 liefern konnte. Boeing bewies beispiellos eiserne Nerven und sicherte der Lufthansa zu, die 737 einzig auf der ungeheuer riskanten Grundlage eines kleinen Auftragspakets aus Deutschland in Serie gehen zu lassen.

Wir wissen heute, daß Boeing sich überhaupt keine Sorgen hätte machen müssen. Die 737 ist der größte Bestseller aller Zeiten geworden. Mit der erstaunlichen Zahl von 2.630 verkauften und 1.760 gelieferten Maschinen hat sie die 727 längst hinter sich gelassen.

Der Erstflug der 737 fand am 9. April 1967 statt; die Musterzulassung lag Boeing am 15. Dezember desselben Jahres vor. Zu dem Zeitpunkt stand die 737 längst auf eisernem Fundament. Kurz nach dem prekären Einstieg hatte United einen Großauftrag unterzeichnet, der 40 Festbestellungen für die 737 sowie 30 Optionen beinhaltete und außerdem eine Flotte von 727 zur Überbrückung anforderte. Von dem Augenblick an entwickelte sich der jüngste Sproß der Boeing-Familie zu einem Produkt, das jede Wirtschaftskrise zuletzt und jeden Aufschwung zuerst spürte. Die 737 verkaufte sich nicht nur an Fluggesellschaften in aller Welt, sondern auch an die meisten großen amerikanischen Liniengesellschaften, die zunächst an andere Hersteller gebunden schienen.

Die ersten 737-100 waren effiziente Arbeitspferde, die durch ihren breiten Rumpf auch genauso wirkten. Sie konnten 100 Passagiere aufnehmen. Es wurden aber nur 30 Exemplare gebaut, da sich der Großauftrag von United auf die 737-200 bezog; sie hatte einen etwas längeren Rumpf und bot 130 Passagieren Platz. Diese Auslegung wurde bald zum allgemeinen Standard. Im Laufe der Zeit kam man den Käufern aber mit vielfältigen Optionen in bezug auf Schubleistung, Treibstoffkapazität, Gesamtgewicht und Innenausbau entgegen. Die -200C war mit einer riesigen Frachtklappe in der Rumpfseite ausgestattet und die Kabine umrüstbar für Fracht- oder Personentransport ausgelegt.

Advanced 737

Bald kam noch eine bessere Schubumkehranlage hinzu. 1971 brachte Boeing die Advanced 737 auf den Markt, die bessere Auftriebssysteme sowie andere Neuerungen und ein Gesamtgewicht von 52.617 kg bot. 1973 erweiterte man die Angebotspalette um ein Ausrüstungspaket, das den Betrieb auf Plätzen mit rauhen Oberflächen ermöglichte. Es verhinderte das Ansaugen von Fremdkörpern in die Triebwerke und beugte Beschädigungen an Fahrwerk und Klappen vor. Dann folgten eine schwerere Version (56.472 kg) für größere Reichweiten und zwei militärische Varianten: die T-43A als Navi-

Der Prototyp Boeing 737-100. Die Serienflugzeuge 737-130 waren ursprünglich für die Lufthansa bestimmt, doch nach 30 Maschinen dieser ersten Version stellte man die Produktion auf die gestreckte 737-200 um.

gationstrainer für die US Air Force und die Surveiller für Indonesien, mit großen Seitensichtradargeräten im hinteren Rumpfabschnitt.

1979 zeigte die Verkaufskurve der -200 zwar immer noch keine Einbrüche, aber Boeing wollte den zu erwartenden verschärften Lärmschutzbestimmungen vorbeugen. Neue Triebwerke boten ohnehin mehr Schub bei erheblich niedrigerem Treibstoffverbrauch. Nachdem feststand, daß auch Triebwerkgondeln mit größerem Durchmesser unter die Flächen paßten (man mußte sie nur etwas abflachen und die Zusatzaggregate versetzen), nahm man die 737-300 in Angriff.

Neues Triebwerk

Anfangs standen mehrere Triebwerke zur Auswahl. Doch als das RJ.500 ausschied, bot sich vor allem das CFM56 an. CFM International entwickelte für die 737-300 eine Spezialversion mit kleinerem Bläser. Dieses CFM56-3 gab 9.072 kp bzw. in einer späteren Version 9.979 kp Schub ab. Die Triebwerkgondeln sahen wesentlich anders als die der 737-200 aus, viel dicker und kürzer, so daß die Schubdüsen auf Höhe der Tragflächenvorderkanten endeten.

Die 737-300 erhielt einen längeren Rumpf, Erweiterungen an den Flächenenden, verbesserte Vorflügel und Landeklappen, ein größeres Höhenleitwerk und eine Rückenfinne vor der Seitenflosse. Die Passagierkapazität stieg auf 149, der Unterflurfracht- und Gepäckraum war entsprechend vergrößert. Die erste -300 flog am 24. Februar 1984; die Musterzulassung wurde im selben Jahr am 14. November erteilt. Zu diesem Zeitpunkt stand bereits fest, daß dieses Muster zum Verkaufsschlager werden würde. Die Bestellungen für dieses Modell nähern sich der Zahl 1000.

Im Juni 1986 kündigte Boeing an, die 737 zur 737-400 weiter strecken zu wollen. Selbst dieses Modell ist aber noch nicht besonders lang und ähnelt keineswegs der MD-80. Zum Vergleich sei die tatsächliche Länge der einzelnen 737-Versionen angegeben: -100 28,65 m; -200 30,48 m; -300 33,40 m; -400 36,45 m (die wesentlich schlankere MD-80 mißt fast 45 m). Die 737-400 kann mit Triebwerken bis zu 10.660 kp Schub ausgerüstet werden, so daß Betriebsmassen bis 68.039 kg möglich sind.

Die -400 bietet bis zu 170 Passagieren Platz, also erheblich mehr als die erste 707, obwohl diese in etwa den gleichen Schub hatte. (Sie erzeugte nur 1000mal so viel Lärm, verbrauchte 80% mehr Treibstoff und zog weithin sichtbare Rauchfahnen hinter sich her.) Die erste -400 flog im Februar 1988; auch diese Version verkaufte sich wie die sprichwörtlichen „heißen Semmeln". Im Januar 1989 ereignete sich in England ein

Unfall mit einer brandneuen -400. Er war zwar nicht auf technische Mängel des Musters zurückzuführen, doch eine Zeitlang widmeten die Medien ihre Aufmerksamkeit verstärkt der Qualitätskontrolle bei Boeing.

Grundlegend neue Kurzstreckenmaschinen

Die wesentlich größere 757, die schon zuvor beschrieben wurde, ist keine echte Kurzstreckenmaschine. Seit 1981 beschäftigte sich Boeing mit möglichen neuen Mustern für Kurzstreckenflüge, die 1985 mit der 7J7 Gestalt annahmen. Auf den ersten Blick säh sie wie eine zweistrahlige 727 aus, wies aber fundamentale Unterschiede auf. Bedeutsam war vor allem, daß ihr Propfans als Antrieb dienen sollten. Sie versprachen, zumindest theoretisch, eine Treibstoffeinsparung von 45% im Vergleich zu den neuesten Mantelstromtriebwerken. Boeing hielt engen Kontakt zu den beiden potentiellen Triebwerkherstellern, GE und Allison/P&W. Eine weitere wichtige Änderung betraf die Rumpfbreite. Der neue Durchmesser sollte 478 cm betragen,

statt der 376 cm bei den 707/727/737/757. Damit wollte man eine luxuriöse Kabine erreichen, die eventuell drei durch zwei Mittelgänge getrennte Zweiersitzgruppen für insgesamt 150 Passagiere aufweisen könnte.

Selbstverständlich sollte die 7J7 alle neuesten Technologien in sich vereinen: Eine Zelle aus Graphit- oder Kevlar-Verbundwerkstoffen und Aluminium-/Lithiumlegierungen; eine digitale, elektronisch signalisierte Flugsteuerung (FBW); ein „gläsernes Cockpit" und Ministeuergriffe auf den Seitenkonsolen – kurzum, allen Fortschritt, den bereits die A320 vorgeführt hatte. Im März 1986 kündigte Boeing ein gewaltiges Bauprogramm an, das zahlreiche Firmen in Japan, Australien, Schweden und Nordirland einbinden würde. (Merkwürdigerweise fehlte der bisherige 767-Partner Aeritalia).

Alle Vorbereitungen waren getroffen, als Boeing im Dezember 1987 das Vorhaben zurückzog. Die Einführung der immens teuren Propfan-Triebwerke könne sich in einer Zeit fallender Ölpreise als schwerwie-

Die Boeing 737 sicherte sich sogar Aufträge von Gesellschaften des Ostblocks, wie der ungarischen Staatslinie Malev. Stetige Weiterentwicklung sorgte dafür, daß dieses Muster seine führende Stellung nicht verlor.

gende Fehlentscheidung erweisen. Man legte die 7J7 vorerst auf Eis, ließ aber ein kleines Team dieses Projekt weiterhin verfolgen. Boeing ließ verlauten, daß man das Vorhaben durchaus wieder aufleben lassen wolle; allerdings müßten zunächst Schlüsselgesellschaften klar definierte Vorgaben für das Flugzeug und die Triebwerkgröße auf den Tisch legen. Damit verschiebt Boeing indes leicht die reale Situation. Die Schlüsselkunden erstellen solche Vorgaben nicht mehr, da sie derzeit die Umstellung auf den Propfan für noch nicht gegeben ansehen. Das bedeutet aber keineswegs, daß sich diese Antriebsart nicht eines Tages durchsetzen wird, vor allem für Kurzstreckenmaschinen. Für den Fernverkehr eignen sich solche Triebwerke weniger, da eine zu hohe Reisegeschwindigkeit gefragt ist.

Mehr Mut bei der Entwicklung hätte die BAC One-Eleven zum führenden Kurzstrecken-Jetliner der Welt machen können. So aber rangierte sie nur unter „ferner liefen".

Kurzstrecken-Düsenverkehrsmaschinen

MASSGESCHNEIDERTE FOKKER

Boeing und Douglas hatten mit ihren Kurzstreckenmustern den Markt in der Hand. Umso mehr überraschte der erfolgreiche Vorstoß eines europäischen Herstellers mit einem kleinen zweistrahligen Airliner. Fokker erntete die Früchte einer wohlüberlegten Konzeption und einer breit angelegten Vermarktungsstrategie. Das französische Unternehmen Dassault hingegen erlitt eine der größten Schlappen in der Geschichte der Kurz- und Mittelstreckenflugzeuge.

Luftfahrzeughersteller lasten das Scheitern ihres Produktes häufig dem fehlenden Binnenmarkt an. Gesellschaften anderer Länder, wie etwa der Vereinigten Staaten, seien in dieser Hinsicht im Vorteil und somit als Konkurrenz kaum zu schlagen.

Diese Begründung wird jedoch von etlichen Ländern widerlegt, und zwar auf verschiedenen Gebieten der Luftfahrt. Polen, die Tschechoslowakei, Italien, Schweden, die Schweiz, Brasilien und Spanien haben mit sorgsam gewählten Mustern weltweite Erfolge erzielt. Die winzigen Niederlande stellen Serien von Kurzstrecken-Airlinern her, die sich besser verkaufen, als alles, was das mächtige Großbritannien auf diesem Sektor jemals gebaut hat.

Der erste dieser „fliegenden Holländer" war die F27 Friendship, die 1955 vom Boden abhob. Das Gespür für den richtigen Zeitpunkt ließ diesen zweimotorigen Turboprop zu einem Verkaufsschlager werden, dessen Produktion erst im Jahre 1986 nach 786 Maschinen endete – der größten Serie eines europäischen Airliners aller Zeiten. Diese Bilanz ermutigte Fokker zu einer Marktanalyse für ein strahlgetriebenes Kurzstreckenmuster.

Oben: Für die F28 Fellowship bestand zwar ein kleiner Binnenmarkt; er konnte aber keineswegs die erforderlichen Zahlen bringen, um den Start dieses Musters abzusichern. Ohne einen einzigen Auftrag im Rücken zog Fokker das Projekt unbeirrt durch.

Das Ergebnis war die F28 Fellowship, die Fokker im April 1962 ankündigte, also ein Jahr nach der BAC One-Eleven. Angesichts dieser Konkurrenz ging das Fokker-Management daher ein erhebliches Risiko ein, zumal die Kosten für das Vorhaben den Nettowert des Unternehmens um ein Vielfaches überstiegen. Es fand sich in der Tat kein Käufer, bis endlich im November 1965 die deutsche LTU ganze fünf Maschinen bestellte.

Links: Die F28 flog erstmals am 9. Mai 1967. Sie wurde bald auf allen bedeutenden Luftfahrtausstellungen (hier in Farnborough) vorgeführt. Die Triebwerke vom Typ Spey Junior waren schubstark, leise und verbrauchsgünstig.

Die Flaute hielt an. Erst 1968 folgte ein weiterer Auftrag. Fairchild Hiller in den USA gab seinen Plan auf, eine eigene Fokker-Version, die FH-228 zu bauen (mit Rolls-Royce-Trent-Triebwerken, die es nie geben sollte). Er bestellte statt dessen 10 Exemplare der F28. Fünfzehn verkaufte Flugzeuge als Bilanz von sechs Jahren – diese Zahlen zeigen deutlich, welche Ängste die Fokker-Direktoren durchlitten haben müssen.

Neue Zielgruppe

Wie kann man es schaffen, ein Flugzeug zu vermarkten, das gegen einen bereits etablierten Konkurrenten derselben Klasse, wie der One-Eleven, antritt? Das Unternehmen löste diese Frage, indem es seine Zielvorstellungen im ganzen zurückschraubte. Fokker legte die F28 kleiner (55, 60 oder 65 Sitze), leichter (eine maximale Startmasse von 28.123 kg statt 35.607 kg bis 45.359 kg) und langsamer (Höchstreisegeschwindigkeit nur 850 km/h) aus. Das neue Konzept ermöglichte einfachere Triebwerke (RB183 Spey Junior von Rolls-Royce mit 4.468 kp Schub), den Einsatz auf kürzeren und anspruchsloseren Pisten, vor allem aber auch einen niedrigeren Verkaufspreis. Man zielte nicht unbedingt auf den großen Markt für Kurzstreckenmaschinen ab, sondern auf Länder der Dritten Welt und Regionalgesellschaften.

Die F28 hob am 9. März 1967 zu ihrem Jungfernflug ab; am 24. Februar 1969 übernahm wieder die LTU die erste Maschine. Die F28 entsprach, bis auf einige ungewöhnliche Merkmale, genau dem Bild eines perfekten, geradlinigen Twin-Jets. Der kreisrunde Rumpf hatte einen Innendurchmesser von 310 cm, nur 5 cm weniger als der One-Eleven und 40 cm unter dem der 737. Die Kabine war beträchtlich kürzer als die ihrer

Oben: Das Scheitern der Mercure war in erster Linie auf ihre mangelnde Reichweite zurückzuführen; ihre Kapazität entsprach allerdings der späterer erfolgreicher Muster. Nur 12 Maschinen wurden gebaut, die, bis auf eine, alle bei Air Inter im Dienst standen.

direkten Konkurrenten, denn der hintere Druckspant trennte den Fluggastraum bereits auf Höhe der Tragflächenhinterkante vom Heck. Die beidseitig am Hinterrumpf montierten Triebwerke lagen so, daß die Lufteinlässe fast auf einer Linie mit der Flächenhinterkante standen. Das Spey Junior, das Rolls-Royce später nur noch RB.183 nannte, ist ein relativ leises Triebwerk; daher erübrigen sich komplexe Lärmdämpfersätze. Andererseits verzichtete Fokker ungewöhnlicherweise auf Schubumkehranlagen und legte die F28 bewußt auf langsame Landegeschwindigkeiten aus. Die Tragflächen zeigten eine nur schwache Pfeilung, die sich fast ausschließlich aus der Verjüngung nach außen hin ergab, und die Hinterkante stand genau im Winkel von 90° zur Längsachse (ein weiteres Charakteristikum). Durch zusätzliche Wirkung mächtiger Doppelspalt-Fowlerklappen konnte die Anfluggeschwindigkeit auf 214 km/h

Oben: Die indische Fluggesellschaft Garuda Airways ist mit einer Flotte von sechs F28-3000 und 28 F28-4000 (im Bild) einer der Hauptnutzer der Fellowship. Diese Flugzeuge verbinden Indien mit dem Inselreich Indonesien.

Unten: Die Anfangsserie der F28 war die Mk 1000; sie konnte 65 Fluggäste aufnehmen. Martinair zählte zum Kreis der Erstkunden. Diese Maschine wurde als achte fertiggestellt und im September 1969 an Martinair geliefert.

Oben: Eine weitere große F28-Flotte steht im Dienst der TAT (Transport Aérien Transrégional); sie besitzt 22 Fellowships unterschiedlicher Version, die zur Hälfte für Air France in deren Farben fliegen.

und die Landegeschwindigkeit auf 175 km/h festgesetzt werden, bezogen auf die maximale Landemasse).

Der gesamte Heckkonus ließ sich in zwei hydraulisch betätigten Schalen zu einer enorm starken Luftbremse aufklappen, die die ausrollende Maschine wie ein Bremsschirm verlangsamte. Zehn Störklappen, die beim Aufsetzen an der Saugseite vor den Landeklappen aus den Tragflächen führen, drosselten auf der Stelle den Restauftrieb. Dadurch konnten elektronisch geregelte Radbremsen ihre volle Wirkung entfalten.

Die Landestrecke betrug bei maximaler Landemasse 1.280 m, für den Start benötigte die Maschine mit höchstzulässigem Gesamtgewicht 1.360 m. Die erforderliche Pistenlänge von rund 1.500 m unterbot seinerzeit alle Werte, die andere Jetliner anlegen mußten.

Gestreckte Fokker

Nach und nach wurden die Fluggesellschaften auf die attraktiven Qualitäten der F28 aufmerksam. Nach zehn Jahren stieg die Verkaufskurve endlich an. Bald bat man Fokker, eine gestreckte Version zu bauen, auch wenn dies höhere Betriebsmassen und längere Start- und Landebahnen bedeutete. 1970 entstand die F28 Mk 2000 (ursprünglich Mk 1000).

Die 2000 hat einen um 2,21 m längeren Rumpf, der in einer Kabine mit einer Klasse 79 Sitze unterbringen kann. 1972 bot Fokker die Mk 5000 mit kurzem und die Mk 6000 mit gestrecktem Rumpf an. Die Spannweite war um 2,13 m gewachsen, Nasenklappen erhöhten den Auftrieb und neue Triebwerke sorgten für mehr Schub. Die Nutzer legten offensichtlich keinen Wert auf Vorflügel, so daß die kurze Mk 3000 und die lange Mk 4000 die letzten Vertreter dieser Typenfamilie wurden. Beide Versionen wiesen alle genannten Merkmale auf, zudem eine bessere Innenausstattung mit bis zu 85 Sitzen (Mk 4000).

Die Produktion endete Mitte 1987, nachdem insgesamt 241 Flugzeuge für 59 Kunden in 39 Ländern gefertigt worden waren. Im Durchschnitt fielen also vier Muster auf einen Kunden; das verdeutlicht, wie hart sich das holländische Unternehmen durchbeißen mußte.

Seit Mitte der siebziger Jahre trug sich Fokker mit dem Gedanken an ein Nachfolgemuster für die F28. Der winzige Binnenmarkt setzte Fokkers Projekten Grenzen. Man hatte an eine Super F28, eine F29 (mit flächenmontierten Triebwerken) und eine MDF-100 in Zusammenarbeit mit McDonnell Douglas gedacht. Am Ende entschied sich Fokker für einen Alleingang und kündigte im November 1983 die F100 und eine verbesserte Version der F27, die Fokker 50, an. Beide Zahlen entsprachen der jeweiligen Sitzplatzkapazität; die Fokker 100 begann mit einer Bestuhlung für 107 Fluggäste. Man übernahm im wesentlichen den Rumpf der F28 Mk 4000, fügte jedoch ein enormes Streckungsteil von 5,74 m ein.

Die andere bedeutende Änderung bestand darin, daß man die geräuschvollen Rolls-Royce-Spey-Triebwerke gegen Tay-Mantelstromtriebwerke desselben Herstellers austauschte. Sie verbrauchten nicht nur weniger Treibstoff, sondern genügten auch allen bestehenden und künftigen Bestimmungen der Lärmschutz-Gesetzgebung. Die Tay wurden in Verkleidungen aus Verbundwerkstoffen (hauptsächlich Kohlefaser) montiert, die Grumman zusammen mit den Schubumkehranlagen lieferte.

Die Struktur des Flügelkastens blieb erhalten, die vordere und hintere Flächensektion aber entwarf man neu, um eine wesentlich höhere Effektivität (laut Fokker 30%) zu erreichen. Am Tragwerk erhöhte sich die Spannweite um 2,98 m, am Höhenleitwerk um 1,40 m. Neue digitale Elektronikgeräte, ein „Glas-Cockpit" und eine zeitgemäße Innenausstattung unterstrichen die Modernität des Musters. Strukturelle Verstärkungen ermöglichten eine Anfangsbetriebsmasse von 44.452 kg.

Über den Berg

Der Jungfernflug der Fokker 100 fand am 30. November 1986 statt. Ernsthafte Entwicklungsprobleme belasteten das Programm in der Folgezeit erheblich, so daß Fokker in schwere Finanznöte geriet. Am 29. Februar 1988 konnte man endlich die erste Maschine an die Swissair liefern. Die Fokker 100 war über den Berg und wurde allgemein als ausgezeichnetes Kurzstreckenflugzeug eingeschätzt. Das Konzept, eine höhere Kapazität statt der Fähigkeit für Starts und Landungen auf Kurzpisten (die neue Fokker braucht rund 2.000 m) anzubieten, ging auf; es stellten sich auch die großen Fluggesellschaften als Käufer ein.

Trotz der Konkurrenz durch die eigens leicht ausgelegte Boeing 737 konnte Fokker die US Air mit einer Bestellung über 20 F100 als Neukunden verbuchen. Als nächstes unterschrieb eine Leasing-Gesellschaft eine Order für 40 Flugzeuge. Der eigentliche Durchbruch gelang im März 1989, als American Airlines einen

Fokker F28

Fokker entdeckte eine Marktlücke für einen kleinen Jetliner und füllte sie mit der F28. Nach einem schwachen Start entwickelte sich die Fellowship zu einem zugkräftigen Produkt, das das Sprungbrett für die heutige Fokker 100 darstellte.

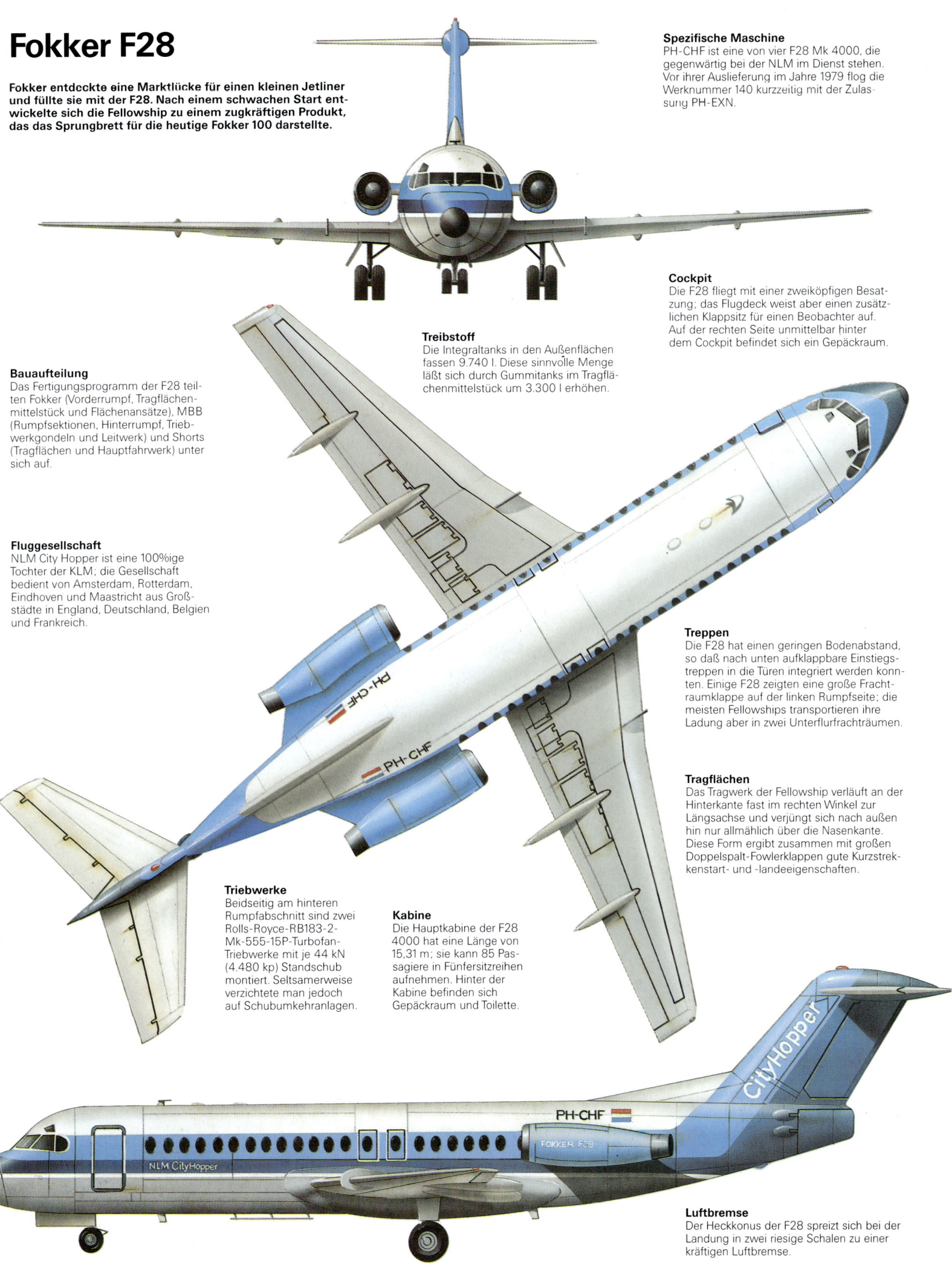

Spezifische Maschine
PH-CHF ist eine von vier F28 Mk 4000, die gegenwärtig bei der NLM im Dienst stehen. Vor ihrer Auslieferung im Jahre 1979 flog die Werknummer 140 kurzzeitig mit der Zulassung PH-EXN.

Cockpit
Die F28 fliegt mit einer zweiköpfigen Besatzung; das Flugdeck weist aber einen zusätzlichen Klappsitz für einen Beobachter auf. Auf der rechten Seite unmittelbar hinter dem Cockpit befindet sich ein Gepäckraum.

Bauaufteilung
Das Fertigungsprogramm der F28 teilten Fokker (Vorderrumpf, Tragflächenmittelstück und Flächenansätze), MBB (Rumpfsektionen, Hinterrumpf, Triebwerkgondeln und Leitwerk) und Shorts (Tragflächen und Hauptfahrwerk) unter sich auf.

Treibstoff
Die Integraltanks in den Außenflächen fassen 9.740 l. Diese sinnvolle Menge läßt sich durch Gummitanks im Tragflächenmittelstück um 3.300 l erhöhen.

Fluggesellschaft
NLM City Hopper ist eine 100%ige Tochter der KLM; die Gesellschaft bedient von Amsterdam, Rotterdam, Eindhoven und Maastricht aus Großstädte in England, Deutschland, Belgien und Frankreich.

Treppen
Die F28 hat einen geringen Bodenabstand, so daß nach unten aufklappbare Einstiegstreppen in die Türen integriert werden konnten. Einige F28 zeigten eine große Frachtraumklappe auf der linken Rumpfseite; die meisten Fellowships transportieren ihre Ladung aber in zwei Unterflurfrachträumen.

Tragflächen
Das Tragwerk der Fellowship verläuft an der Hinterkante fast im rechten Winkel zur Längsachse und verjüngt sich nach außen hin nur allmählich über die Nasenkante. Diese Form ergibt zusammen mit großen Doppelspalt-Fowlerklappen gute Kurzstreckenstart- und -landeeigenschaften.

Triebwerke
Beidseitig am hinteren Rumpfabschnitt sind zwei Rolls-Royce-RB183-2-Mk-555-15P-Turbofan-Triebwerke mit je 44 kN (4.480 kp) Standschub montiert. Seltsamerweise verzichtete man jedoch auf Schubumkehranlagen.

Kabine
Die Hauptkabine der F28 4000 hat eine Länge von 15,31 m; sie kann 85 Passagiere in Fünfersitzreihen aufnehmen. Hinter der Kabine befinden sich Gepäckraum und Toilette.

Luftbremse
Der Heckkonus der F28 spreizt sich bei der Landung in zwei riesige Schalen zu einer kräftigen Luftbremse.

101

Links: Die F28 übte eine große Anziehungskraft auf Länder der Dritten Welt aus, die ihre ersten strahlgetriebenen Airliner im Inlandverkehr einsetzen wollten. Air Gabon fliegt derzeit drei Maschinen dieses Musters, darunter diese Mk 2000.

Unten: Die Luftstreitkräfte mehrerer Nationen beschafften die Fellowship, um hochgestellte Persönlichkeiten zu befördern. Diese F28-1000 (die 28. Serienmaschine) wurde 1970 für den Präsidenten von Argentinien gekauft.

Großauftrag für 75 Maschinen und eine Option für weitere 75 unterzeichnete. Mit 150 Festbestellungen und 150 Mustern in Option hatte Fokker endlich den Aufstieg in die erste Liga geschafft. Schwerere Versionen mit dem Tay-650-Triebwerk, dessen Leistung auf 6.282 kp bis 6.804 kp Schub gesteigert war, folgten im Juni 1989. Das Tay 670 mit 8.165 kp Schub läßt eine leistungsfähigere Version der Fokker 100 erwarten.

Unten: Die F28-Produktion in Hochkonjunktur. PK-GFU im Vordergrund ist eine der Mk 3000 für Garuda Airways; sie wurde als 131. Maschine fertiggestellt und 1978 an die Gesellschaft übergeben.

Französische Versuche

Im Vergleich zu den Niederlanden verfügt Frankreich über einen erheblich größeren Binnenmarkt für strahlgetriebene Verkehrsflugzeuge. In den sechziger Jahren versuchte die französische Luftfahrtindustrie, einen wettbewerbsfähigen Nachfolger für die Caravelle zu finden. Angesichts so vieler fest etablierter Konkurrenzmuster gelang dies Aérospatiale aber nicht, trotz ausgedehnter Verhandlungen mit amerikanischen Partnern (etwa mit Douglas über die ATMR in unterschiedlicher Form). Am Ende fand sich in Airbus-Industrie ein viel besserer Partner. Heute ist Aérospatiale an der Fertigung des idealen Flugzeugs, der A320, beteiligt.

Das Unternehmen Dassault hingegen, das man immer nur mit militärischen Jagdflugzeugen in Verbindung brachte, konnte auf dem kommerziellen Luftfahrtsektor mit der Falcon-Serie von Geschäftsreisejets weltweit Erfolg verbuchen. 1965 entschied Dassault, den Markt auf eine Erweiterung der Produktpalette hin abzuklopfen. In Zusammenarbeit mit der deutschen SIAT konstruierte man 1964 einen Prototyp der Mystère 30. Dieser 30/48sitzige Airliner war eine vergrößerte Version der Mystère/Falcon 20. Als Antrieb wählte man das Rolls-Royce RB.172 mit 2.722 kp Schub. 1967 sollten die ersten Mystères 30 zur Verfügung stehen, doch man hatte das Projekt aufgegeben.

Statt dessen wollte Dassault nunmehr in das ganz große Geschäft einsteigen. Umfangreiche Marktanalysen des Unternehmens ergaben einen Bedarf an 1.500 großräumigen Kurzstrecken-Jets für den Zeitraum 1973 bis 1981. Unter „großräumig" verstand man eine Kabine für 150 Sitzplätze mit einem Mittelgang; es handelte sich also um den Marktsektor, auf den die heutigen 737-400, die MD-80 und die A320 abzielen. Damals existierte noch keines dieser Muster, auch kein Triebwerk der Leistungsklasse von 9.000 kp Schub und mehr. Dassault wollte eine zweite 737 schaffen. Sie sollte die gleiche Auslegung, die gleichen Triebwerke und ein ähnliches Gesamtgewicht haben, mehr Passagiere befördern und weniger Treibstoff verbrauchen.

Während der Entwurf fortschritt, erarbeitete Dassault die Basis für ein gigantisches Programm. Zunächst sicherte man sich ein Staatsdarlehen in Höhe von 56% der Entstehungskosten, rückzahlbar durch Abgaben vom Verkaufserlös. Dann wurden Verträge mit Aeritalia, Canadair, CASA (Spanien), F+W (Schweiz) und SABCA (Belgien) abgeschlossen, die weitere 30% der Anfangskosten abdeckten. Die Gesellschaften wollten sich prozentual an der Fertigung der Zelle beteiligen; das Risiko verteilte sich also auf mehrere Schultern.

Auf das Unternehmen Dassault entfielen somit nur noch 14% des nötigen Kapitals; das war gut zu verkraften. Dassault konnte es sich durch den Verkauf von Jagdflugzeugen und „Biz-Jets" leisten, in mehreren Teilen Frankreichs neue Werke zur Teilfertigung und Endmontage sowie Anlagen für Test- und Abnahmeflüge des neuen Airliners zu errichten, den man Mercure nennen wollte.

Mercure

Im Hauptwerk in Bordeaux baute man zwei Prototypen; gleichzeitig liefen die Vorbereitungen für die Montagestraße auf Hochtouren. Die erste Mercure flog am 28. Mai 1971. Wie zu erwarten, sah die Maschine wie eine gestreckte 737 (oder eine A320 mit veralteten Triebwerken) aus, obwohl es sich wirklich um einen kompletten

Neuentwurf handelte. Die Triebwerke waren identisch mit denen der 737: Pratt & Whitney-JT8D-Turbofan-Triebwerke. Das Flugtestprogramm eröffnete man mit JT8D-11 mit je 6.803 kp Schub, die jedoch bald 7.030 kp Schub starken JT8D-15 wichen.

Schwerpunkte des Entwurfs bildeten die Triebwerkgondeln mit Hilfslufteinlässen im Frontteil, eine speziell entwickelte Schubumkehranlage im Heck und aufwendige Lärmdämpfungstechnik. Im Unterschied zur 737 ragten die an Stielen aufgehängten Gondeltriebwerke vor die Tragflächen, so daß die Schubdüse weit vor der Flächenhinterkante endete.

Die Flugerprobung brachte keine ernsthaften Probleme. Die einzige von außen erkennbare Modifikation bestand in einer deutlichen V-Stellung der Höhenflossen. Vollgetankt mit 18.400 l Kerosin betrug das Gesamtgewicht 56.500 kg; mit maximaler Nutzlast hatte die Mercure eine Reichweite von 965 km. Das Flugdeck war mit analogen Avionikgeräten ausgestattet (ein „gläsernes Cockpit" mit Multifunktionsanzeigen gab es damals noch nicht). Ein guter Bendix-Autopilot und ein Frontscheibensichtgerät von Thomson-CSF (erstmals als Standardausrüstung •in einem zivilen Luftfahrzeug) entlasteten die Flugzeugführer. Man hoffte, die Mercure werde die britischen Rivalen Trident und VC10 ausstechen, wenn man ein System für automatisch geführte Landeanflüge mit anschließender Blindlandung einführte. Nebel sollte die pünktliche Ankunft eines Dassault-Airliners in Zukunft nicht vereiteln können.

Kommerzieller Fehlschlag

Am 29. Januar 1972 unterzeichnete die französische Inlandsgesellschaft Air Inter erwartungsgemäß eine Order für 10 Mercures. Am 17. Juli 1973 absolvierte die Mercure von Istres, nahe Marseille, aus ihren Jungfernflug. Die Musterzulassung der französischen Luftfahrtbehörde DGAC folgte am 12. Februar 1974; ab Juni setzte Air Inter die Mercure ein.

Am 30. September 1974 erweiterte das französische Luftfahrtamt die Zulassung und gestattete den Betrieb nach Kategorie III (Cat III) bei einer Mindestpistensicht von 152 m und einer Entscheidungshöhe von 15 m. Alle zehn Serienmaschinen und der zweite Prototyp wurden auf diesen Standard gebracht. Die Mercure bewährte sich im Liniendienst und war bei Passagieren wie Besatzungen gleichermaßen beliebt.

Zum Bedauern von Dassault, den Partnerunternehmen und der französischen Regierung blieb Air Inter jedoch der einzige Kunde. Douglas vermutete zweifellos richtig, daß die Gesellschaften mehr Reichweite wollten. Also bot er schwerere Versionen der Mercure mit größerer Tankkapazität an, meist unter der Bezeichnung Mercure 200.

1978 stand endgültig fest, daß dieses Muster unverkäuflich war. Das gesamte Programm wurde gestrichen, mit Ausnahme der (teilweise subventionierten) Unterstützung für die in Dienst gestellten Flugzeuge. Von 1989 an lösen A320 auch diese Maschinen nach und nach ab. Insgesamt gesehen stellt die Mercure wahrscheinlich den größten kommerziellen Fehlschlag in der Geschichte des Jetliners dar; anders als im Fall der Convair 880 und 990 hat man aber nie öffentlich Bilanz gezogen.

Lange Zeit war Großbritannien einer der Hauptlieferanten von Verkehrsmaschinen in alle Länder der Erde; es hatte den größten Binnenmarkt in Westeuropa hinter sich. Dennoch brachte es nach der Trident und der One-Eleven nur noch zwei Düsenverkehrsmuster mit kurzer Reichweite heraus, die BAC Two-Eleven und Three-Eleven. Beide waren grundsätzlich wettbewerbsfähig mit der A300B. Trotz der Rückenstär-

Die Ähnlichkeit der Mercure mit der Boeing 737 ist unverkennbar; das französische Muster war jedoch größer (150 Sitze in einer Ein-Klassen-Kabine) und verfügte über eine geringere Reichweite.

kung durch BEA lehnte die britische Regierung es ab, auch nur eines dieser Muster zu unterstützen. Großbritannien wird daher mit Sicherheit nie wieder einen der führenden Jetliner bauen. Mit der BAe 146 ist zwar nochmals ein hervorragender Wurf gelungen – leise Triebwerke, niedriger Verbrauch, extrem kurze Start- und Landestrecken –, aber dieses Muster ist doch eher als Konkurrent zum Turbopropflugzeug einzustufen.

Die beträchtliche Streckung der Fokker 100 fällt bei dieser landenden Swissair-Maschine besonders ins Auge. Die Swissair kaufte als erste Gesellschaft acht Maschinen dieses Musters. Zu den frühen Kunden in Europa zählte KLM.

Der zweite Prototyp Fokker 100 trägt die Namen der Erstkunden am Rumpf. Es fehlt American Airlines, die einen Großauftrag für 75 Maschinen unterzeichnete – ein willkommener Schub für ein anlaufendes Programm.

Kurzstrecken-Düsenverkehrsmaschinen

SOWJETISCHE MUSTER

Die Sowjetunion zögerte nicht, auch für ihr Kurzstreckennetz eigene Düsenverkehrsmaschinen einzusetzen. Den Anfang machte die Tupolew T-124 im Jahre 1962. Dieses Muster führte zwar die eigens für die zivile Luftfahrt entwickelte Mantelstromtriebwerke ein, war aber auf fast allen anderen Gebieten veraltet. Bald folgten bessere und weitaus modernere Entwürfe.

Die Sowjetunion hatte mit der Tu-104 den einfachsten Weg gewählt, um zu einer Düsenverkehrsmaschine zu kommen: Der Bomber bekam einen neuen Rumpf. Es wurden rund 200 Flugzeuge gebaut, die sich auch gut bewährten, doch aus wirtschaftlichen Gründen war dieses Muster nicht wettbewerbsfähig. 1957

erarbeitete die GVF (zivile Luftflotte) einen Leistungskatalog für ein kleineres Strahlflugzeug, das die Il-14 auf Kurzstrecken ersetzen sollte. Das Konstruktionsbüro Tupolew erfüllte diese Forderungen mit seiner Tu-124. Auf den ersten Blick sah sie wie eine Tu-104 aus; es handelte sich jedoch um einen völlig neuen, viel kleineren

Entwurf (etwa ein Viertel kürzer und nur halb so schwer).

Ein weiterer wichtiger Unterschied bestand im Antrieb: Statt der schweren und ineffizienten Turbojet-Triebwerke der Tu-104 setzte man D-20P Mantelstromtriebwerke von Solowjew ein. Jedes dieser Aggregate, die man erstmals in der Sowjetunion ei-

Oben: Eine Tupolew Tu-134 der Aeroflot beim Landeanflug. Diese Kurzstreckenmaschinen behielten den verglasten „Bomber"-Bug und hatten ein scharf zurückgepfeiltes Tragwerk und ein schweres Fahrwerk für den Betrieb auf einfachen Flugplätzen.

gens für den Antrieb ziviler Luftfahrzeuge entwickelt hatte, lieferte 5.400 kp Schub. Die Tu-124 war als erstes ziviles Muster der Welt von Anfang an für diese Antriebsart ausgelegt (abgesehen von der V.1000, die man fünf Jahre früher in Großbritannien leichtfertig aufgegeben hatte) und auch die erste Maschine, die damit flog (Juni 1960). Sie übernahm den „Bomber"-Bug der Tu-104, allerdings mit verglaster Nase als Station für den Navigator und einem Radargerät in der Bugwanne. Die Tu-124 erwies sich als ein erfolgreiches Muster; es wurde 1962 in Dienst gestellt, zunächst mit 44 Sitzen, und reifte allmählich zur Tu-124V mit 56 Sitzen heran. Man baute etwa 100 Flugzeuge dieses Typs, darunter einige Regierungsmaschinen 124K

Diese Jak-40 mit recht grellem Farbmuster setzte Bulgarian Airlines zur Ausbildung, für Prüfflüge und zu Flugvermessungen ein. Der gelbe Anstrich an der Unterseite dient der Sicherheit.

und Umrüstversionen für Fracht- und/oder Passagierflüge.

Die Tu-124 war zwar deutlich wirtschaftlicher als die Tu-104, doch nach wie vor im Nachteil durch die übernommene Konfiguration mit den in den Flächenansätzen eingebetteten Triebwerken. 1962 hatten die GVF und Tupolew das Konzept für das Flugzeug der nächsten Generation untereinander abgestimmt: Es sollte Hecktriebwerke und ein T-Leitwerk aufweisen. Dadurch fielen zwar Entwicklungskosten für ein neues Triebwerk an, aber man war sich einig, daß das neue Muster größer und antriebsstärker ausfallen mußte. Tupolew gefiel offenbar Boeings 7-7-Typenbezeichnung, denn er führte seine Zahlen 1-4 in ähnlicher Weise fort. So hieß das Verkehrsflugzeug von Anfang an Tu-134.

Obwohl auch die 134 ein völlig neuer Entwurf war, zeigte sie doch einige markante Züge ihrer Vorgänger. Dazu gehörte das mit 35° recht scharf zurückgepfeilte Tragwerk. Im Westen ging man bei Kurzstreckenmaschinen zunehmend auf kleinere Pfeilwinkel über (BAC One-Eleven beispielsweise 20°).

Starkes Hauptfahrwerk

Ein weiteres übernommenes Merkmal war das extrem starke vierrädrige Achsträger-Hauptfahrwerk, dessen vorderes Radpaar beim Landeanflug niedriger stand als das hintere. Es zog nach hinten in große stromlinienförmige Behälter hinter der Abströmkante ein. Dieses Hauptfahrwerk, verteilte die Last auf eine große Fläche, so daß die 134 auch einfache Flughäfen mit unbefestigten Flugbetriebsflächen anfliegen konnte. Die Kurzstreckenmaschinen des Westens hingegen zeigten durchweg zwillingsbereifte Hauptfahrwerke, die einfach nach innen eingeklappt wurden. Der verglaste Bug mit dem Radar an der Unterseite blieb der 134 ebenso erhalten wie auch die runden Kabinenfenster, deren Anzahl allerdings gestiegen war. Auch die Kabinenbreite blieb unverändert, doch ragte der Flügelkasten nicht

Die Tu-124 erhielt einen völlig neu entworfenen, schlanken Rumpf, behielt jedoch die archaische Triebwerkanordnung in den Flächenansätzen, wie sie die Tu-104 besaß. Diese Maschine trägt die Farben der tschechischen Fluggesellschaft CSA.

mehr als Stufe im Kabinenboden hervor. Die Tu-134 wies eine größere Länge auf, die eine Sitzeinrichtung für 64 Fluggäste in zwei Kabinen ermöglichte. Die neuen Solowjew-Mantelstromtriebwerke D-30 mit je 6.800 kp Schub hatte man an kurzen Trägern beidseitig am Hinterrumpf auf Höhe des hinteren Druckspants montiert. Die trimmbaren Höhenflossen thronten auf einer Seitenflosse, die größer als die der Tu-124 war.

Zu den weiteren Merkmalen zählten innere und äußere Querruder, eine Hinterkante, die in gerader Linie bis zum eingesetzten Tragflächenmittelstück verlief und hochwirksame Auftriebsklappen mit vergrößertem Fahrbereich besaß, und leistungsstärkere Radbremsen. Sowohl die große Luftbremse als auch der Notbremsschirm der Tu-124 entfielen bei der 134. Außerdem verzichtete man auf ein Hilfstriebwerk (APU) und eine Schubumkehranlage. Somit kam es beim Abbremsen der Maschine nach dem Aufsetzen auf die Funktionstüchtigkeit der Radbremsen an.

1963 absolvierte die erste Tu-134 ihren Jungfernflug. Erst im September 1964 – nach 100 Flügen – gaben die Sowjets die Existenz ihres neuen Musters bekannt. Die Entwicklung nahm, gemessen an westlichem Standard, viel Zeit in Anspruch, denn der

Passagierdienst dieses Musters setzte erst im September 1967 ein.

Um diese Zeit stellte man die Produktion bereits auf die Tu-134A um. Sie erhielt verbesserte Triebwerke (bei gleicher Schubleistung), einen längeren Rumpf für maximal 84 Sitze, eine höhere Betriebsmasse (47.000 kg) und eine Reihe anderer Neuerungen, wie ILS-Bordanlage und Autopiloten, die angeblich automatisch geführte Landeanflüge nach CAT III ermöglichten.

Höhere Produktionsrate

1971 ersetzte man die Navigatorstation im Bug durch ein Radargerät und gab so dem Flugzeug einen moderneren Anstrich. Die Produktion lief auf Hochtouren: Die 134 wurde das Hauptmuster der Aeroflot, die auch heute noch 600 Exemplare einsetzt. Weitere 100 Flugzeuge gingen an Gesellschaften der befreundeten kommunistischen Staaten. Hauptuntervariante ist die Tu-134A3, die 96 Passagiere in einer Sitzanordnung von 2+2 befördern kann.

Die Fertigung endete im Jahre 1979; 1981 begann man, frühe Versionen auf den Standard von 134B-1 und B-3 anzuheben. Das Cockpit wurde neu ausgelegt mit einem Klappsitz für den Navigator/Flugingenieur zwischen den beiden Piloten-

sitzen. Die B-3 ist eine umgerüstete A-3, deren Sitze in Leichtbauweise eine Anordnung von 3+2 ermöglichen. Eine weitere Neuerung der 134B sind Auftriebsspoiler, die es dem Flugzeugführer erleichtern, die Maschine auf dem Gleitweg zu halten.

Anfang der sechziger Jahre beauftragte Alexander S. Jakowlew, ein namhafter Hersteller von Jagd- und Schulflugzeugen, sein Team mit dem Entwurf eines Kurzstrecken-Verkehrsflugzeugs. Es sollte auf Nebenstrecken eingesetzt werden und daher auf kurzen Pisten starten und landen können. Der hohe Bedarf für ein solches Muster leuchtete ein, die angestrebte Lösung in Form eines Flugzeugs mit Strahlantrieb aber kam überraschend. Damit wollte man eine klare Konstruktion, ein geringes Gewicht und eine vereinfachte Wartung erreichen, gekoppelt mit einer speziell für Kurzstreckenstarts und -landungen ausgelegten Zelle. Ergebnis war die Jak-40, ein dreistrahliger Airliner mit 24 Passagiersitzen, der von einfachen Flugfeldern aus operieren konnte und in großen Stückzahlen gefertigt wurde.

Machtposition Jakowlews

Mit der Jak-40 gelang dem Jakowlew-Konstruktionsbüro der Einbruch

Die polnische Fluggesellschaft LOT setzt immer noch acht Tu-134A ein; die abgebildete Maschine gehört allerdings inzwischen nicht mehr dazu. Der verglaste Bug und das schwere Achsträger-Fahrwerk lassen deutlich den sowjetischen Ursprung erkennen.

in den Markt für zivile Luftfahrzeuge. Mehr noch, ab 1972 besaß Jakowlew als Generalkonstrukteur der Sowjetunion eine entscheidende Machtposition in nahezu allen Ausschüssen, die darüber befanden, wer was baute. Im selben Jahr erhob die Aeroflot eine Forderung für eine neue Kategorie von Kurzstrecken-Verkehrsmaschinen, die die Turboprop-Muster An-24 und Il-18 sowie die strahlgetriebene Tu-134 auf Routen bis zu 1.600 km ersetzen sollten. Das neue Muster mußte robust, einfach, zuverlässig, wirtschaftlich und fähig sein, „in abgelegenen Gebieten mit höchst unterschiedlichen klimatischen Bedingungen" zu operieren.

Die sowjetischen Konstrukteure benötigten in der Vergangenheit für die Entwicklung neuer ziviler Luftfahrzeuge erheblich mehr Zeit als ihre Kollegen im Westen. Sie scheinen vor bedeutend größeren Schwierigkeiten gestanden zu haben. Die normale Praxis im Westen sieht heute so aus: Im letzten Stadium des Entwurfsprozesses wird die Fertigungsstraße eingerichtet; das erste Flugzeug startet zwei Jahre vor der Produktionsaufnahme zum Erstflug; ein Jahr später befindet sich das Muster im Liniendienst; zu diesem Zeitpunkt läuft die Produktion bereits auf Hochtouren, um zahlreiche Kunden beliefern zu können. Der neue Jakowlew-Airliner hingegen zeigte folgenden Werdegang (in Stichworten): Ankündigung der Jak-42 im Jahre 1972; Ausstellung des Modells im Jahre 1973; Erstflug am 7. März 1975; Indienststel-

lung Ende 1980; Rücknahme aus dem Liniendienst nach einem Unfall 1982, Neuentwurf und Wiedereinstellung im Oktober 1984; erste Modifikationen 1985. Derzeit erwartet man die endgültige Version in Form der gestreckten Jak-42M.

Bewährt hat sich offensichtlich das D-36 des Triebwerkherstellers V.A. Lotarew in Saparoschje. Es war das erste moderne Turbojet-Triebwerk mit hohem Nebenstromverhältnis, das in der Sowjetunion serienmäßig gefertigt wurde. Dieser Triebwerktyp ist für seinen niedrigen Kraftstoffverbrauch und die geringe Lärmemission bekannt. Das D-36 wurde speziell für die Jak-42 entwickelt. Die drei D-36 sind ähnlich im Heck installiert wie bei der Trident und bei der 727, doch auch diesmal verzichtete man auf Schubumkehrzusätze. Die Größe des Rumpfes entspricht weitgehend den westlichen Gegenstücken. Die Breite der Kabine von 3,60 m erlaubt eine Sitzanordnung von 3+3. Die Haupteinstiegstür mit Einbautreppe

befindet sich an der Unterseite des Hecks, eine weitere auf der linken Seite des Vorderrumpfes. Einbautreppen sind unverzichtbar, da die Jak-42 auch Flugplätze ohne Fahrgaststeige anfliegt.

Drei verschiedene Prototypen

Anfang der siebziger Jahre begann man mit dem Bau dreier unterschiedlicher Prototypen. Der erste hatte eine nur schwach ausgeprägte Flügelpfeilung (11° an der t/4-Linie), eine große Garderobe für Mäntel und Handgepäck in Vorräumen hinter den beiden Einstiegstüren und 100 Sitze. Der zweite Prototyp bekam ein anderes Tragwerk mit einer Pfeilung von 23° (beim Entwurf noch 25°) und eine Kabine für 120 Sitze unter Verzicht auf die beiden Vorräume für Gepäck und Mäntel. Der 23°-Flügel erwies sich als besser; die dritte Jak-42 ähnelte der zweiten, besaß jedoch Warmluftenteisung an Trag- und Leitwerk und günstigere Abdeckungen für die Hauptfahrwerksschächte.

Die Montagestraße wurde in Smolensk eingerichtet. Die erste Baureihe von 200 Jak-42 sollte im Verhältnis von 1:1 die ersten Tu-134 ersetzen. Relativ spät entschied man sich für vierrädrige Achsträger-Hauptfahrwerke anstelle der bisherigen Zwillingsbaugruppen, um den Einsatz auf unbefestigten Pisten zu ermöglichen. Zugleich ließ man eine Reihe weiterer Änderungen in die Konstruktion einfließen, so daß das Gewicht von 53.500 kg auf 54.000 kg stieg. 1985 lag das Gewicht inzwischen bei 56.500 kg, und die Spannweite war von 34,19 m auf 34,87 m gewachsen.

1982 kündigte Aeroflot an, in nächster Zukunft sei eine gestreckte Version mit 140 Sitzen zu erwarten; bald sickerte jedoch durch, daß man mit der geplanten Indienststellung frühestens 1987 rechnen könne. Der um 4,50 m längere Rumpf dieser Jak-42M bietet Platz für 156 bis 168 Fluggäste. Die höchstzulässige Startmasse beträgt 66.000 kg; als Antrieb dienen Lotarew-D-436-Turbofan-

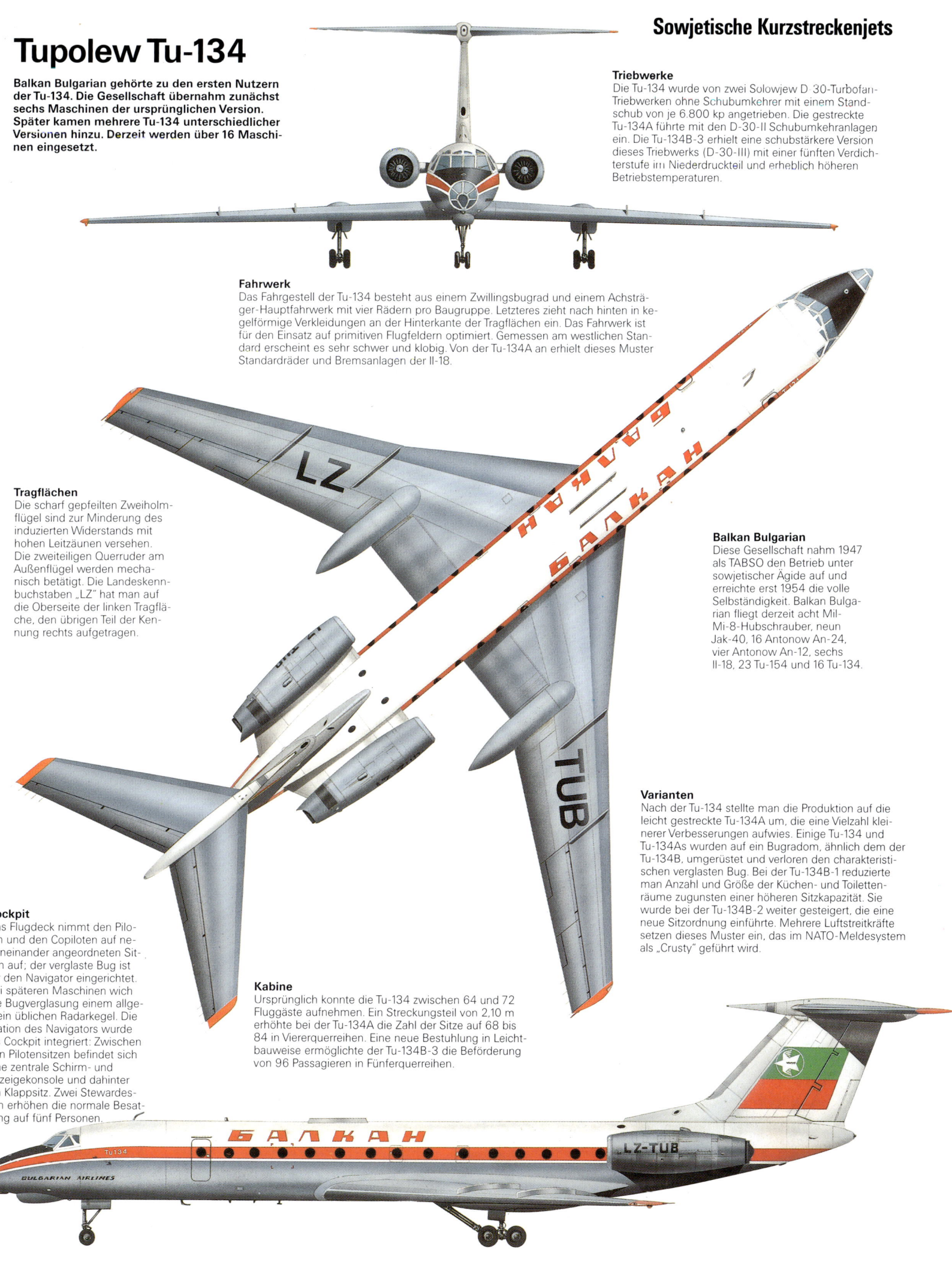

Tupolew Tu-134

Balkan Bulgarian gehörte zu den ersten Nutzern der Tu-134. Die Gesellschaft übernahm zunächst sechs Maschinen der ursprünglichen Version. Später kamen mehrere Tu-134 unterschiedlicher Versionen hinzu. Derzeit werden über 16 Maschinen eingesetzt.

Triebwerke

Die Tu-134 wurde von zwei Solowjew D-30-Turbofan-Triebwerken ohne Schubumkehrer mit einem Standschub von je 6.800 kp angetrieben. Die gestreckte Tu-134A führte mit den D-30-II Schubumkehranlagen ein. Die Tu-134B-3 erhielt eine schubstärkere Version dieses Triebwerks (D-30-III) mit einer fünften Verdichterstufe im Niederdruckteil und erheblich höheren Betriebstemperaturen.

Fahrwerk

Das Fahrgestell der Tu-134 besteht aus einem Zwillingsbugrad und einem Achsträger-Hauptfahrwerk mit vier Rädern pro Baugruppe. Letzteres zieht nach hinten in kegelförmige Verkleidungen an der Hinterkante der Tragflächen ein. Das Fahrwerk ist für den Einsatz auf primitiven Flugfeldern optimiert. Gemessen am westlichen Standard erscheint es sehr schwer und klobig. Von der Tu-134A an erhielt dieses Muster Standardräder und Bremsanlagen der Il-18.

Tragflächen

Die scharf gepfeilten Zweiholmflügel sind zur Minderung des induzierten Widerstands mit hohen Leitzäunen versehen. Die zweiteiligen Querruder am Außenflügel werden mechanisch betätigt. Die Landeskennbuchstaben „LZ" hat man auf die Oberseite der linken Tragfläche, den übrigen Teil der Kennung rechts aufgetragen.

Balkan Bulgarian

Diese Gesellschaft nahm 1947 als TABSO den Betrieb unter sowjetischer Ägide auf und erreichte erst 1954 die volle Selbständigkeit. Balkan Bulgarian fliegt derzeit acht Mil-Mi-8-Hubschrauber, neun Jak-40, 16 Antonow An-24, vier Antonow An-12, sechs Il-18, 23 Tu-154 und 16 Tu-134.

Varianten

Nach der Tu-134 stellte man die Produktion auf die leicht gestreckte Tu-134A um, die eine Vielzahl kleinerer Verbesserungen aufwies. Einige Tu-134 und Tu-134As wurden auf ein Bugradom, ähnlich dem der Tu-134B, umgerüstet und verloren den charakteristischen verglasten Bug. Bei der Tu-134B-1 reduzierte man Anzahl und Größe der Küchen- und Toilettenräume zugunsten einer höheren Sitzkapazität. Sie wurde bei der Tu-134B-2 weiter gesteigert, die eine neue Sitzordnung einführte. Mehrere Luftstreitkräfte setzen dieses Muster ein, das im NATO-Meldesystem als „Crusty" geführt wird.

Cockpit

Das Flugdeck nimmt den Piloten und den Copiloten auf nebeneinander angeordneten Sitzen auf; der verglaste Bug ist für den Navigator eingerichtet. Bei späteren Maschinen wich die Bugverglasung einem allgemein üblichen Radarkegel. Die Station des Navigators wurde ins Cockpit integriert: Zwischen den Pilotensitzen befindet sich eine zentrale Schirm- und Anzeigekonsole und dahinter ein Klappsitz. Zwei Stewardessen erhöhen die normale Besatzung auf fünf Personen.

Kabine

Ursprünglich konnte die Tu-134 zwischen 64 und 72 Fluggäste aufnehmen. Ein Streckungsteil von 2,10 m erhöhte bei der Tu-134A die Zahl der Sitze auf 68 bis 84 in Viererquerreihen. Eine neue Bestuhlung in Leichtbauweise ermöglichte der Tu-134B-3 die Beförderung von 96 Passagieren in Fünferquerreihen.

Aviogenex, die Chartergesellschaft Jugoslawiens, verfügt über sechs Flugzeuge; dazu gehören allein vier Tupolew Tu-134, einschließlich der abgebildeten Tu-134A mit dem Radarbug.

Links: Jak-40 der Aeroflot auf der Abstellplatte eines Schwarzmeer-Flughafens. Diese ausgezeichneten dreistrahligen Kurzstreckenmaschinen fliegen in großer Zahl bei der Aeroflot, aber auch in mehreren Exportländern.

Triebwerke. Sie entsprechen weitgehend dem D-36, erzeugen aber einen Standschub von 7.500 kp.

Mit der höchstzulässigen Startmasse benötigt die Jak-42M eine Bahnlänge von 2.300 m; es kommen also nur große Flughäfen mit ausgebauten Pisten in Frage. Die maximale Nutzlast liegt ebenfalls höher, entscheidend aber ist, daß die Jak-42M sie über Entfernungen bis zu 2.500 km tragen kann, während die Jak-42 bei geringerer Last nicht über 1.300 km hinausreicht. Sollten sich keine Probleme einstellen, dürfte die Jak-42M zu einem außerordentlich nützlichen und wichtigen Muster werden. Die Reisegeschwindigkeit aller Jak-42 liegt um 740 km/h.

Das Konstruktionsbüro mit dem Namen des berühmten A.N. Tupolew (1972 gestorben) hat mit seiner neuen Tu-334, deren Erstflug in Kürze bevorsteht, die Spitzenklasse der modernen kommerziellen Strahlflugzeuge erreicht. Das Grundmuster dieses Typs, die Tu-234, könnte aus der Form der DC-9 gegossen sein – ein äußerst moderner Entwurf, der in Struktur, Aerodynamik und Avionik das gesamte Spektrum fortschrittlicher Merkmale abdeckt.

Zusätzlicher Laderaum

Die Tragflächen sind recht stark zurückgepfeilt und weisen eine hohe Streckung auf, die sie sehr lang und schlank wirken läßt (die Spannweite beträgt 29,11 m). An den Flächenenden sitzen „Flügelohren". Der Rumpf ist breiter als bei früheren sowjetischen Verkehrsmustern, so daß mehr Volumen für Fracht und Gepäck zur Verfügung steht. Auch die für russische Verhältnisse sicherlich zweckmäßigen Vorräume für Mäntel und Kleingepäck lassen sich vor und hinter der Kabine einrichten. Die Einstiegstüren mit den obligatorischen Einbautreppen sind diesmal vorn und hinten auf der linken Seite vorgesehen. Die Sitzeinrichtung wird für 102 Passagiere ausgelegt sein.

Dieses Grundmuster soll zwei heckmontierte Lotarew-D-436K-Turbofan-Triebwerke erhalten, die im großen und ganzen den Aggregaten der Jak-42M entsprechen. Die Tragflächen werden hochwirksame Auftriebsmittel zeigen, wie vierteilige Nasenklappen über die volle Spannweite, mächtige Spaltklappen mit weitem Fahrbereich und sechsteilige Spoiler auf jeder Seite. Sie haben eine positive V-Stellung, während die Höhenflossen nach unten abgewinkelt sind – eine ungewöhnliche Kombination. Die endgültige Tu-334 wird selbstverständlich mit digitalen Avionikanlagen aufwarten, elektrisch signalisierter Flugsteuerung (FBW) und einem „Glas-Cockpit" mit großen Multifunktions-Sichtanzeigen und Farbdarstellung (ähnlich wie der der größeren Tu-204). Das Basisflugzeug dürfte in der Lage sein, eine maximale Nutzlast von 11.000 kg etwa 1.200 km weit zu transportieren. Die Tu-334 soll eine volle Passagierzuladung bis zu 4.000 km entfernten Bestimmungsorten fliegen. Nach Aussage von Lew Lanowski, dem Leiter des Fachbereichs Zivile Luftfahrzeuge beim Konstruktionsbüro A.N. Tupolew, dürfte dieses Muster um 1992 den Liniendienst aufnehmen.

Man hofft, die definitive Tu-334 mit Propfan-Triebwerken auszustatten und noch größer gestalten zu können. Das projektierte Triebwerk mit der Bezeichnung D-236 basiert ebenfalls auf der bedeutenden Lotarew-36-Kette (zu der auch die D-136-Wellenturbine des riesigen Hubschraubers Mi-26 gehört). Es besteht im Kern aus einer ähnlichen Gasturbine wie die der D-136, treibt aber über ein hinteres Getriebe gegenläufige Druckschrauben an. Die Propeller haben einen Durchmesser von 4,20 m; der hintere Teil der Druckschraube besitzt acht paddelförmige Blätter, der vordere Teil sechs; beide drehen mit 1.100 U/min. Die Triebwerksleistung liegt bei ca. 10.000 PS. Das D-236, das sich 1984 auf dem Prüfstand befand und 1987 mit einer Il-76 im Flug erprobt wurde, wird die Grundlage für das spätere Propfan-Triebwerk der Tu-334 bilden. Die Blätter müßten dann allerdings sichelförmig ausfallen, um einer Reisegeschwindigkeit von 830 km/h zu entsprechen.

Höhere Effektivität

Die spätere Propfan-Version der Tu-334 soll einen von 33,20 m auf 36,90 m gestreckten Rumpf erhalten, der die Sitzkapazität auf 137 Plätze steigert. Der Kraftstoffverbrauch pro Sitzmeile wird sich von 32 Gramm auf 20,8 Gramm reduzieren. Man schätzt die Antriebsleistung der Propfan-Version im Reiseflug auf 1.600 kp. Ihre maximale Nutzlast von 13.500 kg könnte sie über 2.000 km transportieren, ihre volle Passagierlast von etwa 8,5 Tonnen über eine Distanz von 5.600 km befördern. Damit fiele sie aus der Klasse der Kurzstreckenmaschinen heraus.

Die Aeroflot hofft, dieses neue Muster im Jahre 1995 einsetzen zu können. In Bezug auf den Propfan besitzt die Sowjetunion deutlich klarere Vorstellungen als die Fluggesellschaften des Westens, deren lauwarmes Interesse bisher alle Projekte immer wieder auf die Wartebank verwies.

Man darf nicht vergessen, daß durch das unentwegte Bemühen der Konstrukteure in aller Welt um neue

Oben: Eine Jak-40 in den Farben der tschechischen Staatslinie CSA oder Ceskoslovenske Aerolinie.

Links: Das deutsche Unternehmen Generalair übernahm eine Jak-40 als Demonstrationsmaschine. Man hoffte, diesen Typ in großer Stückzahl in Westeuropa zu verkaufen. Hier sieht man ihn auf der Luftfahrtausstellung in Cranfield 1973.

Flugzeugtechnologien sich der Begriff „Kurzstrecken-Airliner" gewandelt hat. In der ersten Nachkriegszeit galt die DH Comet 1 mit einer Reichweite von 2.800 km als Mittel- bis Langstreckenflugzeug. Die Britannia 102 wurde mit einer Reichweite von 4.400 km zu Recht als Langstreckenmaschine eingestuft. Der Airbus A320 hingegen, ein typischer Vertreter der heutigen Kurzstreckenklasse, fliegt mit voller Zuladung 5.250 km weit. Das Kurz- und Mittelstreckenflugzeug A330 kann seine volle Zuladung sogar bereits 9.000 km weit tragen. Mit anderen Worten: die heutigen Kurzstreckenmaschinen könnten ohne Schwierigkeiten im Non-Stop-Flug den Atlantik überqueren.

Aeroflot beschaffte die Jak-42 als Ersatz für die älteren Tu-134A. Dieses Muster besitzt offenkundig hervorragende Flug- und Steuereigenschaften.

109

Die kritischen Phasen beim
TAKE-OFF

"Beim Start und im Steigflug denkt man ständig, 'was ist, wenn jetzt ein Triebwerk hopps geht?'"

Flugkapitän Bill Donaldson, ein Ausbildungskapitän auf zweistrahligen Großraumflugzeugen bei einer großen britischen Fluggesellschaft, berichtet über die Gefahren beim Start.

*"*Rollhalteort. Die Take-off-Checks sind durchgeführt, und vom Tower kommt die Startfreigabe: 'Hinter der landenden 747 zum Startpunkt'. Jetzt wird es ernst, man konzentriert sich auf den bevorstehenden Start. Also Bremsen los, etwas Power 'reinschieben, damit sich das Flugzeug vorwärts bewegt, und dabei nie vergessen, daß sich hinter einem etwas befinden könnte. Man muß immer gut auf Flugzeuge aufpassen, die sich hinter einem befinden, besonders auf die kleinen, die man leicht übersieht. Es kann schnell passieren, daß der Schub eine Tragfläche anhebt oder das andere Flugzeug sogar aus der Bahn wirft.

Man rollt also langsam auf die Startbahn und vergewissert sich, daß sie frei ist – trotz der hochtechnisierten Instrumente und der Starterlaubnis vom Tower.

Was tun, wenn....?
Jetzt heißt es Bremsen los und Gas geben. Bei jedem Start denkt man ständig,

'was mache ich, wenn ein Triebwerk den Geist aufgibt?', oder wenn irgendein anderes Problem auftaucht. Man richtet seine Aufmerksamkeit natürlich nicht gänzlich auf derartige Gedanken – die wichtigste Aufgabe ist, das Flugzeug sicher in die Luft zu bringen – aber irgendwo im Hinterstübchen geht jeder noch einmal die Startabbruchverfahren durch, damit er im Notfall darauf vorbereitet ist und sofort handeln kann.

Eine der größten Gefahren ist das Platzen eines Reifens – mit die Hauptursache für abgebrochene Starts. Bei den alten Maschinen hörte man noch den Knall, spürte, wie das Flugzeug ruckartig nach einer Seite wegzog, aber mit den heutigen modernen Flugzeugen, die mehr Räder am Fahrgestell haben, merkt man so gut wie gar nichts mehr. Damit wir einen geplatzten Reifen dennoch bemerken, haben wir einen Bordcomputer, der für die Zeit, in der das Fahrgestell ausgefahren ist, ständig Reifendruck und -temperatur präzise überwacht und anzeigt.

Was man im Ernstfall macht, wenn ein Reifen platzt, hängt davon ab, wie weit der Start bereits fortgeschritten ist. Ist man noch in der Anfangsphase, bricht man den Start ab und versucht, das Flugzeug so schnell und so sicher wie möglich zum Stehen zu kriegen. Das ist mit den normalen Reifenbremsen und Umkehrschub ganz einfach. Aber je mehr man sich V1, der Entscheidungsgeschwindigkeit, nähert, desto drastischer werden die Abbruchmaßnahmen und desto geringer ihre Erfolgsaussichten. Rein theoretisch ist bei Erreichen der V1 der letzte Moment, an dem man das Flugzeug noch stoppen und auf der Piste anhalten kann.

Aber in der Praxis ist das nicht so einfach, denn die V1 verschiebt sich je nach Art des auftretenden Zwischenfalls. Bei einem geplatzten Reifen verliert man an diesem Reifen aufgrund der Adhäsion Bremskraft; bei einem Triebwerkfehler hat man nicht mehr den Umkehrschub zur Verfügung, den man sich erwartet.

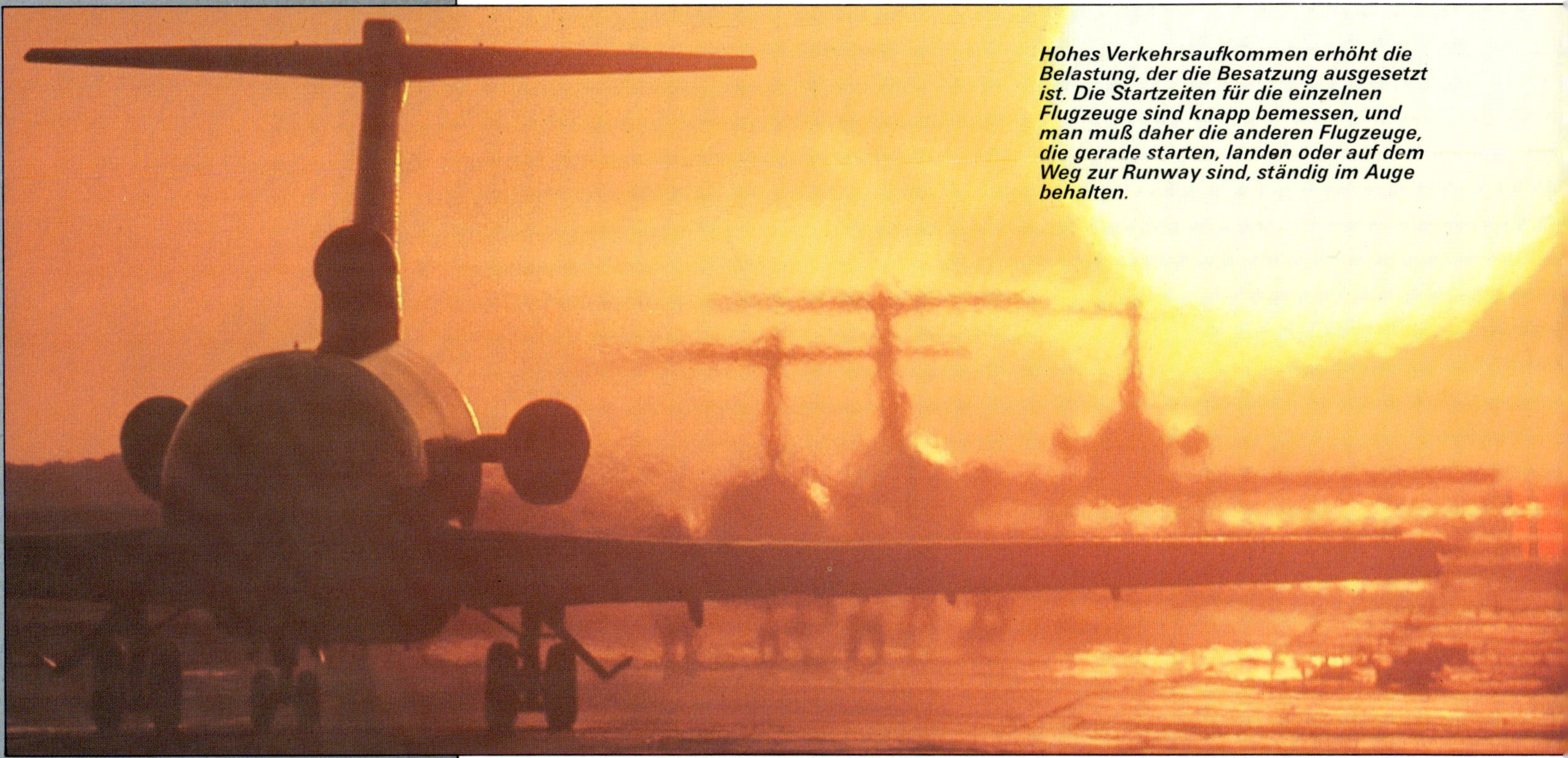

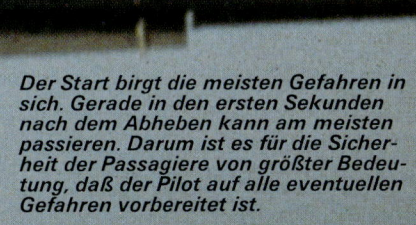

Der Start birgt die meisten Gefahren in sich. Gerade in den ersten Sekunden nach dem Abheben kann am meisten passieren. Darum ist es für die Sicherheit der Passagiere von größter Bedeutung, daß der Pilot auf alle eventuellen Gefahren vorbereitet ist.

Tragischer Zwischenfall beim Take-off: Beim Start dieser Boeing 737 der British Airtours zu einem Flug nach Manchester im Jahre 1958 brach ein Brand im linken Triebwerk aus. 54 Menschen fanden im brennenden Flugzeug den Tod.

Es gibt kein zurück...

Je mehr man sich der kritischen Geschwindigkeit V1 nähert, desto mehr sieht man das Flugzeug als eine Masse in unaufhaltsamer Bewegung. Daher versucht man normalerweise nicht mehr, den Start abzubrechen, wenn man einmal über 100 Knoten schnell ist, es sei denn, es ist etwas wirklich Ernstes passiert, ein größerer Systemfehler etwa, ein Triebwerksbrand oder etwas ähnliches. Wenn ein kleinerer Systemfehler angezeigt wird, ist es oft sicherer, den Start ganz durchzuziehen und mit dem Fehler in die Luft zu gehen. Dann kann man feststellen, was los ist, und wieder landen.

Worauf man beim Start auch genau achten muß, sind die Seitenwinde. Bei über 80 Knoten hat es keinen Sinn mehr, mit dem Bugrad gegenzusteuern, man gleicht mit dem Ruder die Seitwärtsbewegung aus. Vorsicht und Umsicht sind auch beim Erreichen von Vr geboten, der Geschwindigkeit für das Abheben der Bugräder (velocity of rotation). Allzu leicht läßt man eine Fläche hängen. Nicht nur aufgrund ihrer Länge, sondern auch weil die Triebwerksgondeln sehr nahe an den Boden kommen, ist dies nicht ungefährlich. Große Flugzeuge rollen bei Seitenwind nicht so stark, aber man hält die Flächen doch immer mit etwas Querruder in der Balance.

Von Vr geht man über zu V2 und schon ist man in der Luft, aber noch nicht aus dem Gefahrenbereich – die Motoren könnten immer noch streiken. Die neuen großen Triebwerke bleiben nicht einfach stehen wie die alten Kolbenmotoren; der Leistungsabfall tritt nach und nach auf. In so einem Fall versucht man zuerst, mit dem Ruder gegenzusteuern. Man tritt in das Ruder, das sich auf der Seite des intakten Triebwerks befindet, schiebt das funktionierende Triebwerk Vollast, schaut, daß der Gier-Anzeiger in der Mitte bleibt und das Flugzeug geradeaus fliegt. Etwas Querruder kann auch angesagt sein. Die Leistung sinkt, und man kann die normale Steigfluglage nicht einhal-

ten. Man nimmt daher die Nase etwas runter und hält eine Ein-Triebwerk-Sicherheitsgeschwindigkeit, die immer schon vorab berechnet und auch auf dem Fahrtanzeiger eingestellt wird, damit man sie nicht vergißt.

Das wichtigste ist dabei, das Flugzeug in der neuen Lage und Konfiguration unter Kontrolle zu halten. Wenn das geschafft ist, kommen die Shutdown-Checks (Prüfpunkte zum Abstellen des beschädigten Triebwerks) an die Reihe. Zuerst geht man die wichtigsten Punkte durch: Zündung aus, Treibstoffzufuhr abgestellt, Triebwerk abschotten und Löschanlage auslösen. Die übrigen Checks können danach gemacht werden.

Hindernisse ernst nehmen

Wenn natürliche Hindernisse überflogen werden müssen, wie zum Beispiel Berge, die im Normalfall kein Problem darstellen, kann das bei Triebwerkschaden zu einer echten Gefahr werden. Vielleicht muß man um das Hindernis herumkurven, über das man normalerweise auf der ursprünglichen Flug-

route ohne Schwierigkeiten herüberge-
kommen wäre. Eine solche Ausweichkurve
wird ebenfalls vor Startbeginn berechnet.

Ein möglicher Grund für einen Triebwerkschaden beim Start ist das Eindringen
von Wasser. Auf gut ausgebauten Flughäfen ist dies allerdings sehr unwahrscheinlich, da die Oberfläche der Rollbahnen so
beschaffen ist, daß Wasser gut ablaufen
kann. In den Tropen, wo häufig Riesenwas-
serpfützen auf der Runway sind, kann
schon mal Wasser eindringen. Die Brennkammer der Triebwerke ist wie eine Riesen-
lötlampe. Wenn genügend Wasser eindringt,
erlischt die Flamme. Aus diesem Grund sind
die Triebwerke mit permanenter Nachzün-
dung versehen.

Wasser und Schneematsch

Wasser auf der Rollbahn – und noch
schlimmer, Schneematsch – haben noch
ganz andere Auswirkungen, als die Verbren-
nung zu stören. Die mangelnde Haftung ist
ein großes Problem, wenn man plötzlich
bremsen muß. Die V1-Geschwindigkeit muß
in diesem Fall neu berechnet werden. Ein
Flugzeug auf einer trockenen Startbahn
zum Stehen zu bringen, ist nicht schwer.
Bei einer glitschigen Startbahn sieht die
Sache aber ganz anders aus.

Wasser auf der Rollbahn hemmt die
Beschleunigung beim Start. Eine kleine
Wasseransammlung vor den Rädern kann
zu einem echten Hindernis anwachsen.
Matsch ist noch schlimmer. Die Ursache für
das BEA-Unglück 1958 in München, bei
dem so viele Fußballspieler von Manchester
United den Tod fanden, war eine solche
Ansammlung von Matsch vor den Reifen.

Mit der heutigen High-Tech-Ausrüstung
und -überwachung ist schlechte Sicht beim

Start allein keine allzu große Gefahr. Wenn
man einmal bei V1 ist, kommt die Nase
hoch und nimmt einem sowieso die Sicht
auf die Rollbahn – aber schlechtes Wetter
ist etwas anderes. Dabei spielt weniger die
schlechte Sicht eine Rolle, als der Einfluß
von Scherwinden. Man hebt zum Beispiel in
den Wind ab, und plötzlich, noch während
des Steigflugs, läßt er ganz nach oder,
schlimmer noch, dreht plötzlich um. Angenommen, man hat 30 Knoten Gegenwind,

*Beim Start und bei der Landung hat die Crew
alle Hände voll zu tun. Die Instrumente werden ständig gecheckt, um auch den kleinsten
Fehler oder die kleinste Unregelmäßigkeit
rechtzeitig zu erkennen. Hier sieht man die
dreiköpfige Crew einer 747 (und einen Beobachter) bei ihrer Arbeit.*

wirkt dies auf den Auftrieb, als ob man 30
Knoten mehr Eigengeschwindigkeit hätte.
Wenn der Wind nun ganz aufhört oder sich
dreht, dann kann das sehr gefährlich werden. Das erste, was man normalerweise in
so einem Fall macht, ist, zu versuchen, diesen Geschwindigkeitsverlust irgendwie auszugleichen. Man nimmt die Nase runter und
gibt Vollgas. Aber im Steigflug ist das nicht
so einfach. Da kann man nur Gas geben.
Vollgas und Steuerknüppel zurück soweit
es geht. Heutzutage kann man gar nicht
mehr richtig überziehen. Moderne Flugzeuge haben eine Überziehwarnung, die den

Die Gefahren beim Start

1 FAHRZEUGE
Flughafenfahrzeuge brau-
chen eine Erlaubnis vom
Tower, bevor sie sich der
Startbahn nähern oder
sie überqueren können.
Auf manchen auslän-
dischen Flughäfen jedoch
wird diese Regel nicht
immer eingehalten.

*Die Zeichnung veranschaulicht die häufigsten Gefahren während des
Starts und der ersten Steigphase. Einige dieser Gefahren können auch
gleichzeitig auftreten. Oft bedingt ein Risiko andere Gefahren. Ein
Triebwerkschaden bringt zum Beispiel die Gefahr mit sich, daß bei der
daraus resultierenden niedrigeren Steigfluglage natürliche Hindernisse
zum großen Problem werden.*

**2 LANDENDE FLUG-
ZEUGE**
Auf jedem Flughafen
besteht die Gefahr, daß
ein Flugzeug direkt über
der eigenen Maschine
landet, während man an
den Startpunkt rollt. Die
Fluglotsen und der lan-
dende Pilot sollten die
Lage immer unter Kon-
trolle haben, aber besser
ist es, sich vor dem Start
mit einem Blick noch-
mals zu vergewissern,
daß keine Gefahr droht.

**3 WASSER ODER
SCHNEEMATSCH AUF
DER STARTBAHN**
Bei den meisten moder-
nen Startbahnen läuft
das Wasser gut ab. Bei
einigen können sich
jedoch Pfützen bilden.
Diese Pfützen sowie
Schneematsch erhöhen
den Rollwiderstand der
Räder und machen das
Flugzeug somit lang-
samer.

4 SCHLECHTE SICHT
Bei modernen Flugzeu-
gen ist das heute an sich
kein Problem mehr, doch
erkennt man bei schlech-
ter Sicht Hindernisse auf
der Startbahn manchmal
erst, wenn es schon zu
spät ist.

5 SEITENWIND
Große Maschinen sind
bei Seitenwind leicht
gerade zu halten, aber
beim VR-Punkt kann der
Seitenwind auch mal
einen Flügel herunter-
drücken.

6 GEPLATZTER REIFEN
Ein geplatzter Reifen
kann das Flugzeug stark
zu einer Seite ziehen.
Daher ist in der Anfangs-
phase des Starts ein
Abbruch ratsam. Bei
höherer Geschwindigkeit
wird ein Startabbruch
jedoch äußerst gefähr-
lich, so daß man den
Start ganz durchzieht.

Piloten akustisch, optisch und/oder über Vibration am Steuerknüppel auf die Annäherung an einen gefährlichen Flugzustand aufmerksam macht. Übergeht der Pilot diese Warnung, wird kurze Zeit später das „Automatic Stall Prevention System" aktiv, das mit Hilfe einer Pneumatik den Steuerknüppel nach vorne drückt. Die Nase des Flugzeugs geht dann entsprechend 'runter.

Verkehrsflugzeuge sind mit einem Wetterradar mit meist dreifarbigem Bildschirm ausgestattet, der Gewitter anzeigt. Man würde nie direkt in ein Gewitter hinein starten. Entweder schiebt man den Start hinaus oder man sucht sich eine Strecke um die Gewitterzone herum und wartet auf das OK von der Flugsicherung. „

Triebwerksausfall unter Kontrolle

Ursache

Ein Triebwerk kann jederzeit während des Fluges ausfallen, doch ist die Wahrscheinlichkeit beim Start am größten. In dieser Flugphase arbeitet es unter höherer Belastung, und die einzelnen Teile werden stärker beansprucht als beim Reiseflug oder bei der Landung.

Folgen

Bei Triebwerksausfall kommt es zu drei wichtigen aerodynamischen Auswirkungen auf das Flugzeug:
1 Der Schub hat sich halbiert (bei einer zweimotorigen Maschine); die Geschwindigkeit fällt somit stark ab.
2 Das ausgefallene Triebwerk produziert keinen Schub mehr, sondern nur noch Widerstand, während das intakte Trrebwerk weiterhin nach vorne schiebt und so das Flugzeug dreht.
3 Folge ist eine Schlingerbewegung, in der das Flugzeug auf die Seite des beschädigten Triebwerks rollt.

Maßnahmen

1 Die Nase wird nach unten gedrückt und damit der Steigwinkel verkleinert, um den starken Schubverlust zu kompensieren.
2 Man tritt in das Ruder auf die Seite des intakten Triebwerks, um dem Gieren um die Hinterachse entgegenzuwirken.
3 Die Querruder werden zusätzlich benutzt, um die Rolltendenz zur Seite des defekten Triebwerks hin auszugleichen.

Eine Schwarzkopfmöwe von etwa einem halben Pfund Gewicht war der Grund für diesen katastrophalen Triebwerkschaden an einer Boeing 737. Zusätzliche Schäden an Hydraulik, Zündung, Kraftstoffversorgung und der Druckkabine können durch abgerissene Turbinenblätter hervorgerufen werden, die eine geschoßartige Wirkung haben.

12 UNWETTER
Gewitter sind eine echte Gefahr; man würde nie direkt in ein drohendes Unwetter hineinfliegen. Winde sind ein Problem zum Beispiel, wenn sie sich plötzlich drehen und aus entgegengesetzter Richtung kommen. Ein Extremfall ist der „Microburst", eine von oben kommende gewaltige Luftmasse, die ein Flugzeug auf den Boden drücken kann.

13 SYSTEMFEHLER
Es gibt eine ganze Reihe von Systemen, die beim Start versagen können. Wenn man einen solchen Fehler bemerkt oder durch aufleuchtende Warnlampen darauf hingewiesen wird, muß man entscheiden, ob der Start fortgesetzt oder abgebrochen werden soll. In der Regel ist es üblich, bei einer Geschwindigkeit von über 100 Knoten den Start fortzusetzen, wenn es sich nicht um einen größeren Systemfehler handelt.

7 VOGELSCHLAG
Einzelne Vögel können Systeme wie den Staudruckmesser unbrauchbar machen oder einem die Sicht nehmen; Vogelschwärme stellen selbst für große Flugzeuge eine ernstzunehmende Gefahr dar.

8 ZU GROSSER STEIGWINKEL
Nach dem Start ist es wichtig, den richtigen Steigwinkel zu finden. Ist der Winkel zu groß, hat das Flugzeug Schwierigkeiten, mit dem Auftriebsverlust fertigzuwerden, der durch Bodenwirkung, Einziehen der Klappen und – wichtiger noch – den Ausfall eines Triebwerks entstehen kann.

11 TRIEBWERKSCHADEN
Ein möglicher Triebwerkschaden stellt das größte Risiko beim Start dar, da er jederzeit auftreten kann. Wenn man noch unterhalb von V1 ist, wird der Start unter Einsatz von Bremsen und dem reduzierten Umkehrschub abgebrochen.

10 ZUSAMMENSTOSS IN DER LUFT
Diese Gefahr besteht während des gesamten Fluges. Bei niedriger Höhe und in der Nähe von Flughäfen ist sie besonders groß.

9 ZU KLEINER STEIGWINKEL
Auch ein zu niedriger Steigwinkel kann gefährlich werden. Die Geschwindigkeitszunahme erfolgt derart rasant, daß man leicht die strukturbedingte zulässige Höchstgeschwindigkeit für ausgefahrene Klappen überschreitet. Zur größeren Gefahr jedoch wird eine mögliche Kollision mit Bodenhindernissen.

Die Geschichte der Lufthansa

In den Anfangsjahren der Zivilen Luftfahrt waren die Flughäfen wesentlich einfacher gebaut als heute. Diese Dornier Merkur der Deutschen Luft Hansa setzt gerade zur Landung auf dem Berliner Flughafen Tempelhof an. Die Fluggesellschaft besaß gegen Ende der zwanziger Jahre 30 dieser acht- bis zehnsitzigen Maschinen.

Die Anfangsjahre

Der weltberühmte Flugplatz bestand nur aus einem Grasstreifen. Vor nicht allzu langer Zeit hatten auf ihm noch Militärparaden stattgefunden. Ein ankommendes Flugzeug wurde – sobald das Bodenpersonal es erkannt hatte – mit einem Sirenenton begrüßt, auf den zwei weitere Heultöne folgten. Aus einem Ofen strömte ein gräulichweißer Rauch, der die Windrichtung anzeigte. Es gab weder Funk noch Radar – die Piloten orientierten sich an Eisenbahngleisen, was aber auch nur bei klarer Sicht funktionierte. So sah es damals am 6. April 1926 auf dem Flugplatz Berlin Tempelhof aus, als die Lufthansa ihre Arbeit aufnahm.

Zu Anfang gab es von der Lufthansa eigentlich kaum mehr als ihren Namen. Entstanden war die große Gesellschaft aus den beiden Unternehmen, die nach dem Ersten Weltkrieg als Sieger aus dem harten Kon-

kurrenzkampf zwischen den kleinen deutschen Luftfahrtgesellschaften hervorgingen. Die Deutsche Aero Lloyd und die Junkers Luftverkehr AG hatten jedoch nur dank der kräftigen Subventionen seitens der Regierung überlebt. Als die Reichsregierung dann beschloß, die Unternehmen zu „rationalisieren", indem sie den Finanzhahn zudrehte, blieb ihnen nur noch die Fusion.

Die Pionierzeit

Das so entstandene neue Unternehmen erhielt den Firmennamen „Deutsche Luft Hansa".

Dem Gütertransport, insbesondere dem Postverkehr, wurde damals eine weit größere Bedeutung im Flugverkehr zugemessen als der Beförderung von Personen. Eisenbahn und Schiffe boten eine bequeme und zuverlässige Reisemöglichkeit, und so waren

Rechts und ganz rechts: Fliegen war keineswegs billig. Daher bemühten sich die Luftfahrtgesellschaften, selbst Kleinigkeiten wie Gepäckaufkleber attraktiv zu gestalten. Zu dieser „Werbung" gehörten auch Postkarten wie die hier abgebildete aus dem Jahre 1927, beliebte Andenken an einen Flug.

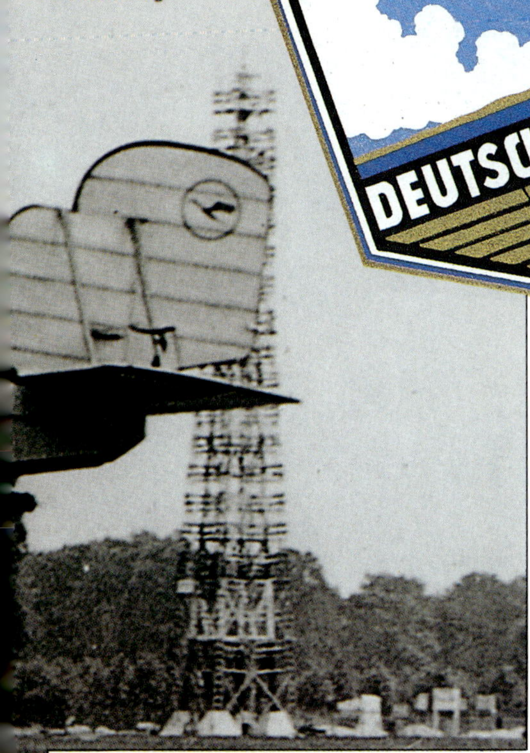

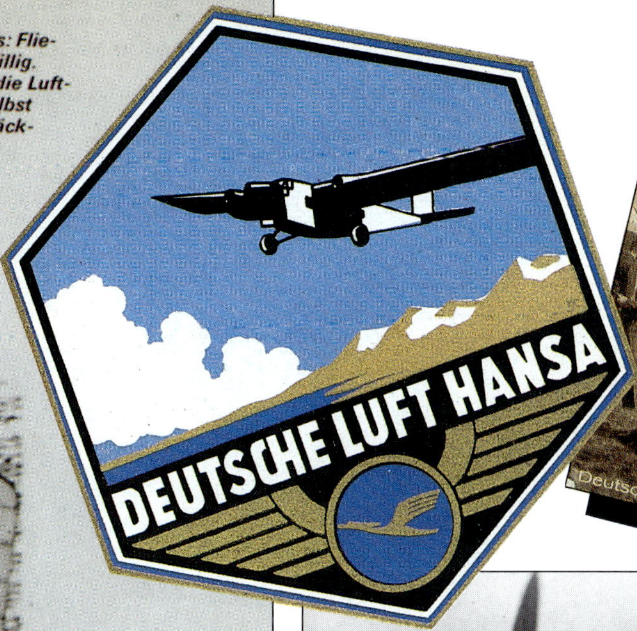

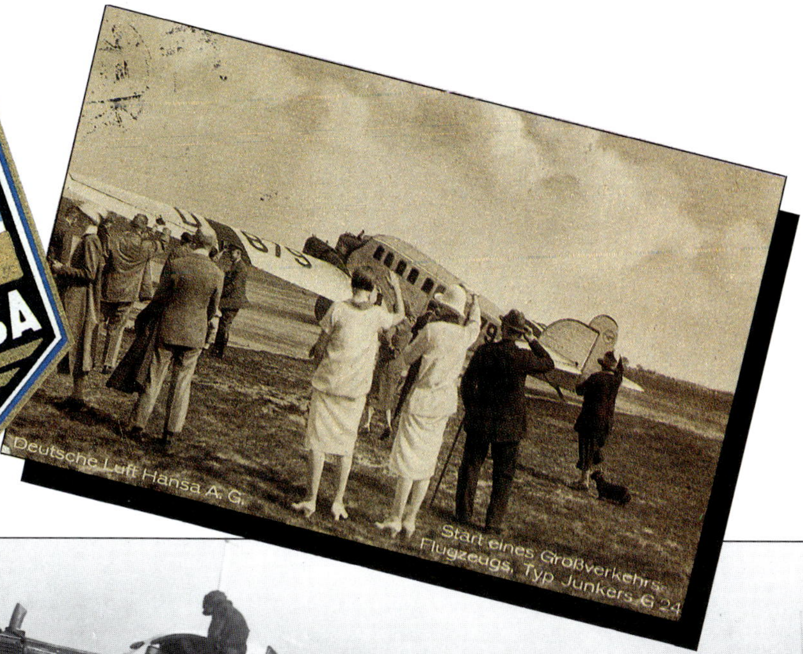

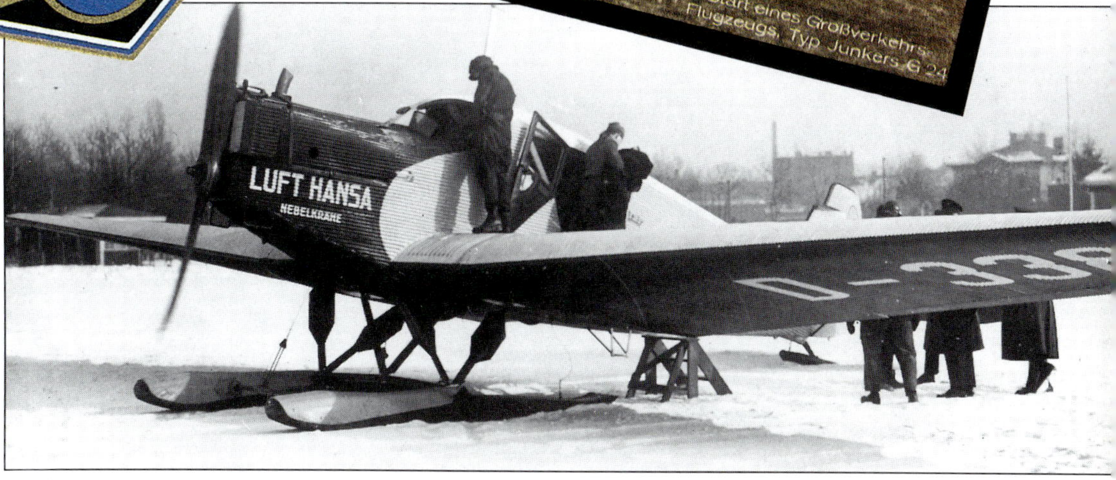

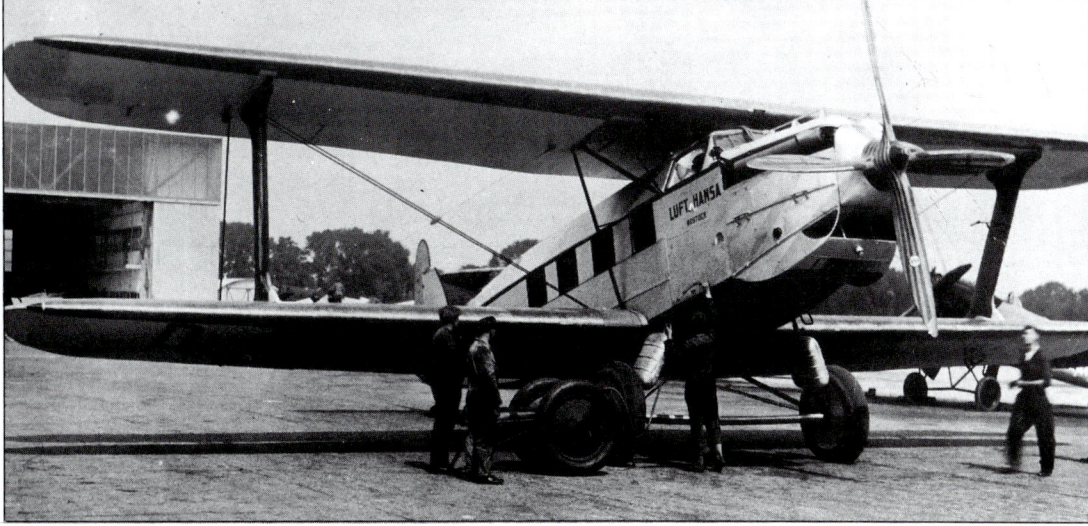

Oben: Im strengen Winter 1928/29 entlädt eine Junkers F 13 auf Kufen leichte Fracht in Breslau. Die F 13 war das erste zivile Transportflugzeug der Welt in Ganzmetallbauweise – die Lufthansa besaß über 40 Maschinen dieses Typs.

Links: Von der achtsitzigen Caspar C 35 erwarb die Lufthansa nur ein einziges Exemplar, das sie 1928 einsetzte. Im Jahr darauf erhielt sie eine Transportvariante dieses einmotorigen Doppeldeckers.

Links unten: Nach dem Ersten Weltkrieg wurden zahlreiche Aufklärungsbomber vom Typ LVG C.V und C.VI behelfsweise zum Gütertransport eingesetzt. Eine Variante, bekannt als „Kurier-Expreß", diente lange Jahre im Postverkehr.

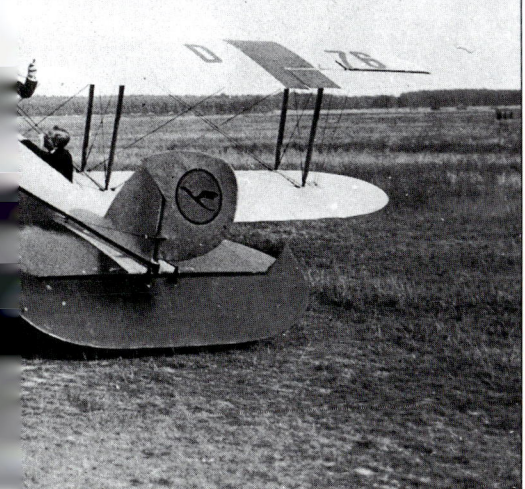

es nur die Unerschrockenen und Neugierigen, die ein Flugzeug bestiegen. Der Post- und Frachttransport bescherte dem jungen Unternehmen bereits im ersten Geschäftsjahr eine Zuwachsrate von 500 %. Kein Wunder also, daß man sich vor allem darauf konzentrierte die Flugzeiten für diesen Bereich weiter zu verkürzen.

Das Rückgrat der Lufthansa-Flotte war (neben den anderen 18 Flugzeugtypen) die Junkers F 13. Als erstes Handelsflugzeug in Ganzmetallbauweise startete die F 13 am 25. Juni 1919 zu ihrem Jungfernflug. Nur knapp drei Monate später erreichte der Prototyp mit acht Personen an Bord eine Höhe von 6.750 m und stellte damit einen neuen Weltrekord auf.

Hugo Junkers, eigentlich Professor für Wärmetechnik, hatte bereits während des Ersten Weltkriegs den freitragenden Flügel bei seinen Militärmaschinen eingeführt und damit das alte Konstruktionsprinzip mit seinen zahlreichen Drähten und Verstrebungen zur Befestigung der Tragflächen am Rumpf überflüssig gemacht. Der Erfolg der F 13 beruhte vor allem auf den revolutionären Ideen Junkers.

Die F 13 mit ihrer typischen Wellblechverkleidung war einfach unverwüstlich und erstaunlich vielseitig. Es gab sie mit Rädern,

Links: Als Gegenleistung für die hohen Preise verlangten (und bekamen) die Passagiere den besten Service. In der Junkers G 31 hätten mehr Passagiere Platz gehabt, doch wäre das auf Kosten des Komforts gegangen.

Rechts: Eine Ju 46 beim Katapultstart von der Europa. Fünf Wasserflugzeuge dieses Typs wurden für die Lufthansa gebaut; ihre Aufgabe war es, die Post von Linienschiffen über den Nordatlantik zu befördern.

Dornier Merkur

Oben: Reinhold Platz entwarf mit seiner Fokker F.II eine vergrößerte Version seines klassischen Jägers D.VIII. Verschiedene deutsche Luftfahrtgesellschaften, allen voran die Lufthansa, setzten diesen Typ Mitte der zwanziger Jahre ein.

Die Dornier Merkur hatte man aus der Komet-Serie (Eindecker mit aufgesetzten Tragflächen) entwickelt. Mit ihrem 600 PS starken BMW-VI-Motor konnte die Merkur acht bis zehn Passagiere mit einer Reisegeschwindigkeit von über 170 km/h befördern. Einen Großteil ihrer 30 Maschinen vom Typ Merkur setzte die Lufthansa auf der Strecke Berlin – Königsberg (das heutige Kaliningrad in der UdSSR) ein.

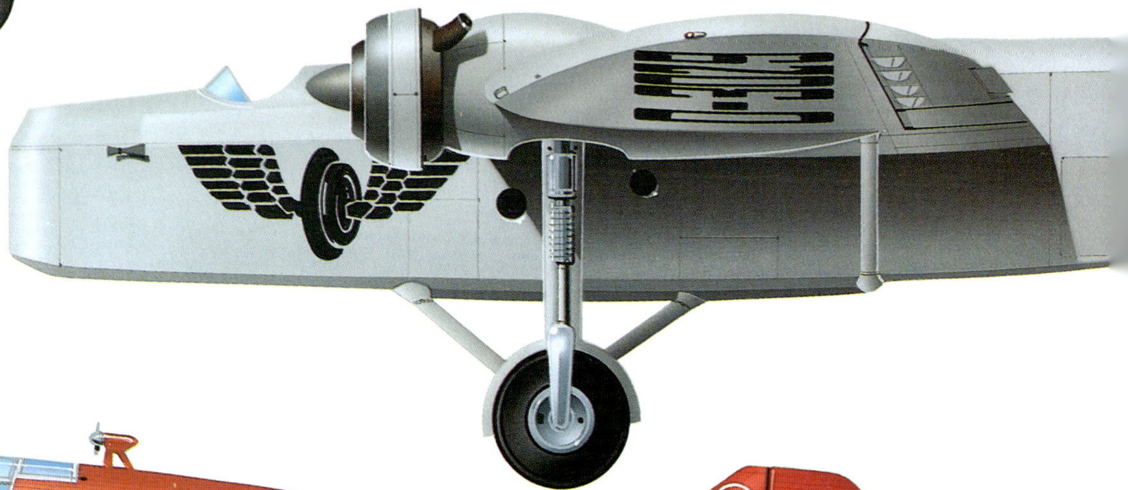

Junkers Ju 46

Mit der Junkers Ju 46 sollten die Wasserflugzeuge Heinkel He 12 und He 58 ersetzt werden, die Post von den schwimmenden Landeplattformen Bremen und Europa über den Atlantik flogen. Als eine Weiterentwicklung der erfolgreichen Junkers-Serie W 33/W 34 wurde die Ju 46 von einem 650 PS starken BMW-132E-Sternmotor angetrieben.

mit Schwimmern als Wasserflugzeug und sogar mit Kufen für den Einsatz auf Eis und Schnee. In diesen Variationsmöglichkeiten konnte sie weltweit eingesetzt werden. Die Passagiere saßen in einer bequemen, geheizten und gut belüfteten Kabine, die Sitze verfügten über Sicherheitsgurte. Zudem besaß die F 13 als erstes ziviles Transportflugzeug zwei Steuerkonsolen, was bedeutete, daß sich die beiden Piloten auf langen Strecken abwechseln konnten.

Der Instrumentalflug

Eine Luftfahrtgesellschaft, die über das wohl modernste zivile Transportflugzeug seiner Zeit verfügte, mußte natürlich auch in Sachen Flugorganisation und -technik fortschrittliches Denken beweisen. Schon einen Monat nach ihrer Gründung bot die Lufthansa als erste Gesellschaft der Welt ihren Passagieren einen Flugplan mit Nachtflug an. Um 2 Uhr nachts startete am 1. Mai 1926 in Berlin Tempelhof eine Junkers G 24 mit neun Passagieren und drei Besatzungsmitgliedern an Bord mit Kurs auf Königsberg,

Dornier Do 11

Die Do 11, ursprünglich Do F, ein Hochdecker, wurde von verschiedenen, von Siemens nachgebauten Versionen des Bristol-Jupiter-Motors angetrieben. Schlecht verhüllte MG-Öffnungen und der eingebaute Bombenschacht ließen keine Zweifel an ihrer eigentlichen Bestimmung, der Ausbildung von Bomberbesatzungen für die aufstrebende Luftwaffe.

D-3029

Unten: Vor dem Zweiten Weltkrieg war die Postbeförderung der wichtigere Geschäftsbereich der Fluggesellschaften. Zuerst wurde die Post nur zwischen Großstädten, wie Berlin, Prag und Wien per Flugzeug befördert (unten). Mit Ausdehnung des Flugnetzes konnten Karten wie die links abgebildete zum Beispiel auch von Böblingen nach Friedrichshafen geschickt werden.

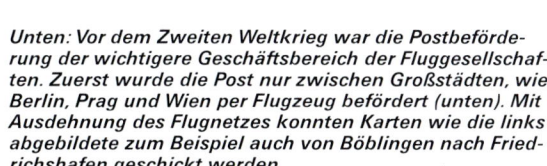

wo die Passagiere in eine Anschlußmaschine nach Moskau umsteigen konnten.

Eine solche Entwicklung erforderte nicht nur vermehrte Anstrengung in der Luft, sondern auch am Boden: Riesige drehbare Scheinwerfer wurden in Abständen von 25-30 km am Boden installiert; zusätzlich brachte man in diesem Bereich auf Dächern oder Masten Neonlampen an, die dem Piloten als Orientierungshilfe dienten. Am linken Rand der Piste wurden im Abstand von 20 m schwere Sturmlaternen montiert – grüne für den Anflug, weiße für den Lande- und rote für den Haltepunkt.

Alles in allem waren diese Einrichtungen noch keinesfalls voll zufriedenstellend, denn sie funktionierten nur, solange Wetter und Sicht gut waren. Auch die Orientierung an Eisenbahnschienen bei Tagflügen brachte Probleme, manchmal selbst bei schönstem Wetter. Der Pilot einer Fokker F III saß auf der linken Seite und konnte somit kaum nach rechts sehen; bei der Fokker F II saß er rechts und hatte nach links ein eingeschränktes Blickfeld. Auf der Strecke Berlin–Hannover–Amsterdam wurden beide Typen eingesetzt, und beide flogen entlang derselben Eisenbahnlinie auf der gleichen Seite. Das bedeutete, daß sie sich auf der gleichen „Flugebene" kreuzen mußten. Außerdem hatten sie keine andere Möglichkeit, als praktisch frontal aufeinander zuzufliegen, um sich genau im Blickfeld zu haben. Man erkannte daher schon bald, daß man in Zukunft nicht mehr auf Funk verzichten konnte und, daß der instrumentale „Blindflug" dringend verbesserungsbedürftig war.

Die Lufthansa begann 1927 mit der Ausbildung im Blindflug. Wie es ein Fluglehrer einmal ausdrückte, war „das Erlernen des Instrumentalflugs mindestens ebenso schwierig wie das Fliegenlernen selbst", da der Pilot ja kein Gefühl für den jeweiligen Zustand des Flugzeugs hat. „Das Ablesen der Instrumente (Fahrtmesser, Höhenmesser, Tacho und Kompaß) und die Umsetzung in die entsprechenden Steuerbewegungen muß automatisch und ohne langes Nachdenken erfolgen. Das erfordert viel Übung in der Beurteilung der Situation, zumal die Instrumente heutzutage gewisse Fehler und Eigenheiten aufweisen."

Als im Winter 1929/30 die Blindflugausbildung für Lufthansa-Piloten zwingend vorgeschrieben wurde, strömten Piloten von Fluggesellschaften aus der ganzen Welt in die Ausbildungsstätten der Lufthansa. Gleichzeitig hatte man bei der Lufthansa mit der Entwicklung von Boden-Luft-Funkverkehr und Funkpeilgeräten begonnen, um auch längere Strecken sicher im Blindflug bewältigen zu können.

Langstreckenflüge

Die Erschließung neuer Strecken über große Entfernungen wurde für die Lufthansa der Schlüssel zur Expansion und zur finanziellen Unabhängigkeit. Das Flugzeug war schneller als jedes andere Transportmittel, und gegen Ende der zwanziger Jahre konnte man selbst in der Nacht und bei allen Witterungsverhältnissen fliegen. Der nächste Schritt war die Flugdauer zu verlängern.

Dies bedeutete, nicht nur neue Flugrouten am Himmel abzustecken, sondern auch am Boden, ja sogar auf dem Wasser die notwendigen Unterstützungseinrichtungen und Treibstofflager zu installieren.

Wenn man heute als Passagier in 5.000 m Höhe über die Alpen fliegt, genießt man nur noch die Schönheit der Aussicht. Kaum jemand denkt daran, welche Probleme dieses gewaltige natürliche Hindernis in der frühen Zeit der Luftfahrt aufwarf. Damals konnten die Maschinen nicht über die Berggipfel hin-

wegfliegen, sondern mußten den Pässen folgen, ständig bedroht von schwierigsten Witterungsverhältnissen. Erste Versuche – die meisten davon mehr als abenteuerlich – waren bereits in den zwanziger Jahren unternommen worden, doch erst im Jahre 1927 rückte das Projekt einer Linienflugverbindung über die Alpen, von Deutschland nach Italien, in greifbare Nähe.

Die Lufthansa hatte zu dieser Zeit die Rohrbach Roland, einen dreimotorigen Eindecker, der eine Höhe von 5.000 m erreichte, in Dienst gestellt. Mit diesem Typ wurden ab Mai 1927 versuchsweise Flüge über die Alpen von München nach Mailand durchgeführt – ohne ausreichende Instru-

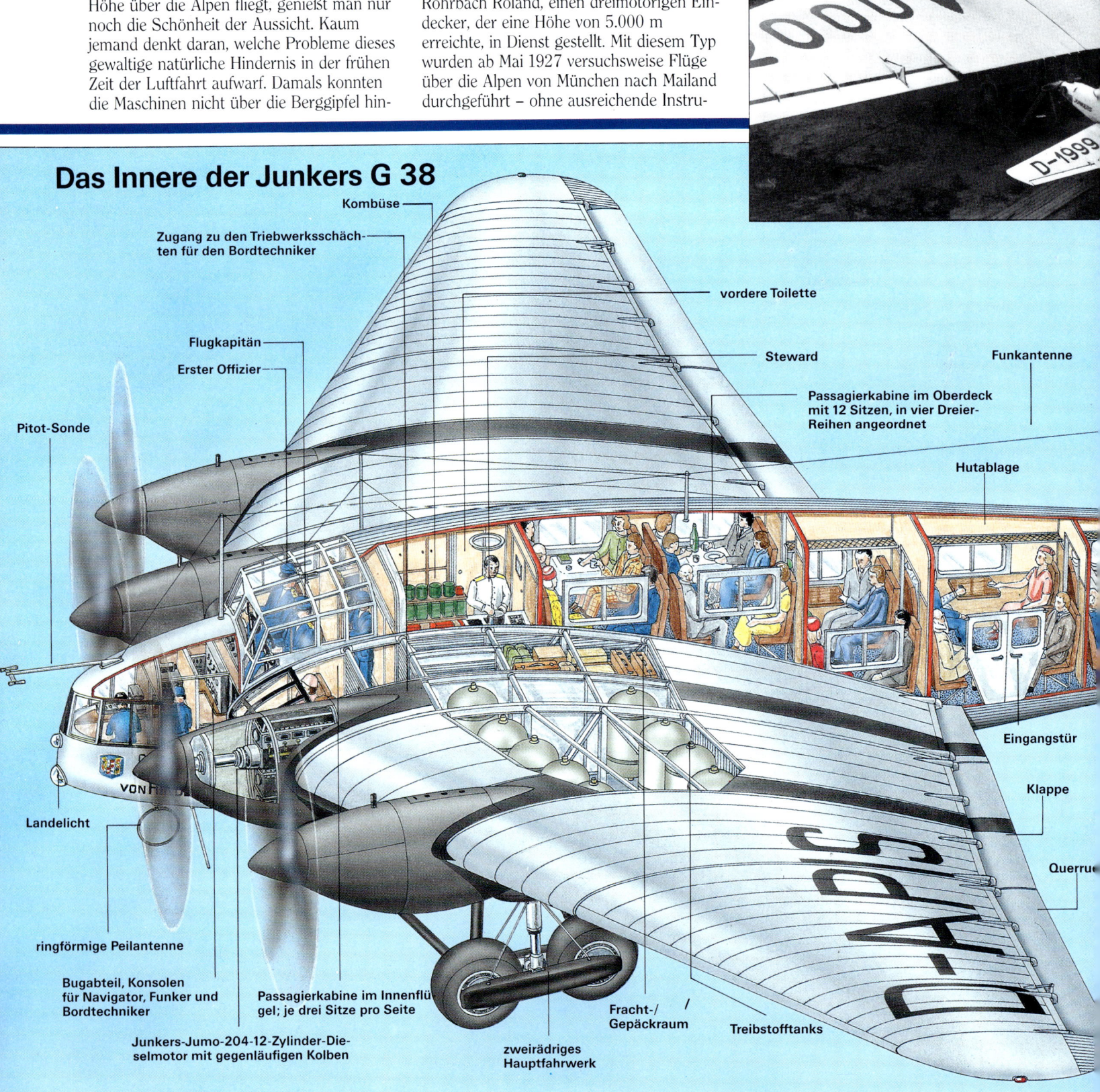

Das Innere der Junkers G 38

Kombüse

Zugang zu den Triebwerksschächten für den Bordtechniker

vordere Toilette

Flugkapitän

Erster Offizier

Steward

Funkantenne

Passagierkabine im Oberdeck mit 12 Sitzen, in vier Dreier-Reihen angeordnet

Pitot-Sonde

Hutablage

Eingangstür

Landelicht

Klappe

Querru...

ringförmige Peilantenne

Bugabteil, Konsolen für Navigator, Funker und Bordtechniker

Passagierkabine im Innenflü... gel; je drei Sitze pro Seite

Fracht-/ Gepäckraum

Treibstofftanks

Junkers-Jumo-204-12-Zylinder-Dieselmotor mit gegenläufigen Kolben

zweirädriges Hauptfahrwerk

mente und ohne Funk immer noch ein gefährliches Abenteuer. Im Juli des darauffolgenden Jahres begann die Lufthansa mit einem regelmäßigen Post- und Frachtverkehr zwischen den beiden Städten. Im Mai 1932 wurden dann zum ersten Mal Passagiere über die Alpen nach Rom befördert – was nicht nur aufgrund verbesserter technischer Einrichtungen, sondern vor allem dank eines hervorragenden neuen Flugzeugtyps, der Junkers 52/3m, möglich war.

„Tante Ju", die Ju 52/1m, ursprünglich als einmotoriges Transportflugzeug konzipiert, bot 17 Passagieren Platz und stellte in Sachen Komfort und Reisegeschwindigkeit alles bisher dagewesene in den Schatten.

Enteisungsvorrichtungen sorgten auch in großer Flughöhe für klare Sicht, und die „Hilfsflügel" der Junkers – Vorläufer der modernen Landeklappen – reduzierten die Landegeschwindigkeit auf 95 km/h. Mit ihrer Hilfe konnte die Maschine auch auf Rollbahnen landen, die normalerweise für dreimotorige Flugzeuge zu kurz waren. Für den Antrieb sorgten 9-Zylinder-Pratt & Whitney-Hornet-Triebwerke, die, von BMW in Lizenz gefertigt, mit 525 PS eine Reisegeschwindigkeit von 240 km/h ermöglichten.

Von Berlin nach Peking

Als wohl ehrgeizigstes Projekt plante die junge Fluggesellschaft die Erschließung

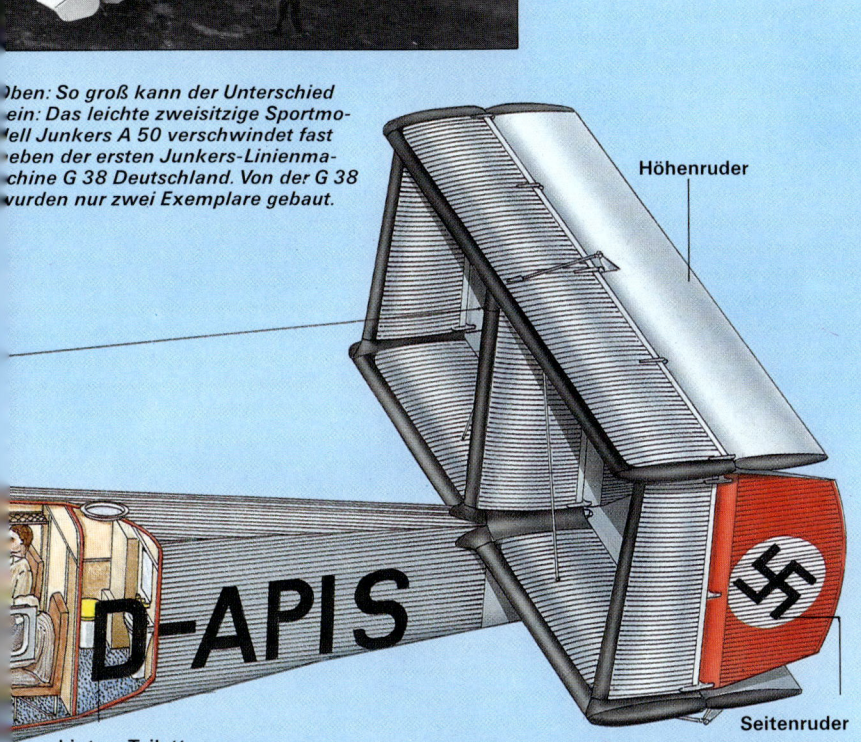

Oben: So groß kann der Unterschied sein: Das leichte zweisitzige Sportmodell Junkers A 50 verschwindet fast neben der ersten Junkers-Linienmaschine G 38 Deutschland. Von der G 38 wurden nur zwei Exemplare gebaut.

Höhenruder

D-APIS

Seitenruder

hintere Toilette

Raucherabteil im Unterdeck für 15 Passagiere

Oben: Die Dornier Do J Wal Tornado auf dem Versorgungsschiff „Westfalen" vor der brasilianischen Küste. Die Lufthansa setzte den „Wal" für das mittlere Teilstück (die Atlantiküberquerung) ihrer erfolgreichen wöchentlichen Posttransportlinie nach Südamerika ein. 1939 brauchte ein Brief von Berlin nach Rio nur drei Tage.

Unten: Die Dornier Super Wal, die hier gerade unter einem Zeppelin zur Landung ansetzt, war eine vergrößerte Version der Wal. Diesen Flugzeugtyp setzte die Lufthansa u.a. auf der damals längsten Linienroute, den 15.000 km zwischen Berlin und Santiago de Chile, ein.

Generalfeldmarschall von Hindenburg, die zweite G 38, diente der Lufthansa lange Jahre, bis sie schließlich ... 0 von der RAF zerstört wurde. Mit ... er Spannweite von 44 m und mit ... n vier 750 PS starken Jumo-204-...bwerken bot die G 38 bis zu 35 Pas...ieren Platz und erreichte eine Reise-...schwindigkeit von 209 km/h. Sechs ...liche Maschinen wurden in Japan ...Mitsubishi unter der Bezeichnung ...0 in Lizenz gebaut.

einer Route in den Fernen Osten. Schon im Juli 1926 starteten zwei Junkers G 24 zu einem Testflug von Berlin über den Ural und die Mongolei nach Peking.

Es war ein Flug ins Ungewisse. Meteorologische Daten zu den Gebieten, die die beiden G 24 überfliegen sollten, existierten praktisch nicht, und die Landkarten boten keine ausreichenden Informationen. Der Treibstoff wurde mit Dampfschiffen, mit der Eisenbahn und mit Pferden zu den Zwischenlandestationen gebracht. Wegweiser gab es für die Piloten nicht. Auf einer der Zwischenlandestationen mußten die beiden Maschinen 250 kg Ladung abwerfen und solange warten, bis man die holprige, schlammige Rollbahn verlängert hatte, bevor sie endlich abheben konnten.

Als die beiden G 24 nach 37 Tagen schließlich in Peking ankamen, waren sich alle Beteiligten über den unverhältnismäßig hohen Aufwand für diese Reise klar, abgesehen von den Anstrengungen und Gefahren, die sie mit sich brachte. Die Flughäfen waren zu primitiv; Schwierigkeiten mit dem Transport und den Behörden machten die Bereitstellung von Treibstoff und Ersatzteilen fast unmöglich; Telefon- und Telegraphenverbindungen, Notlandebahnen, Wetterdienst und andere notwendige Einrichtungen gab es nicht, und sie eigens aufzubauen rentierte sich nicht. Die Versuchsflüge in den Fernen Osten gingen dennoch auch in den dreißiger Jahren weiter.

Das große Projekt einer schnellen Verbindung nach Fernost geriet mehr und mehr in den Hintergrund. Die „Eurasia", die von der Lufthansa und der chinesischen Regierung gegründete Gesellschaft zum Transport von Luftpost, beschränkte sich auf die Ausweitung ihrer Routen innerhalb Chinas.

Das ausgeklügeltste Langstreckenunternehmen der Lufthansa in den ersten Jahren war die Errichtung einer Route über den Südatlantik. 1930 brauchte ein Brief von Berlin nach Rio de Janeiro noch 14 Tage. In Zusammenarbeit mit ihrer brasilianischen Tochtergesellschaft Condor gelang es der Lufthansa, diese Zeitspanne um fünf Tage zu

verkürzen, indem sie die Post mit Flugbooten von den Schiffen vor der südamerikanischen und europäischen Küste abholen und weiterbefördern ließ. Daneben gab es sogar eine reine Luftpostlinie: Lufthansa-Maschinen flogen die Post nach Sevilla in Spanien, wo sie ein Zeppelin in Empfang nahm und nach Recife im Nordosten Brasiliens brachte. Von dort aus besorgte die Condor den Weitertransport nach Rio und Buenos Aires. Dank dieses einzigartigen Relais-Systems konnte die Beförderungszeit auf fünf Tage reduziert werden.

Über den Südatlantik

Ziel war es jedoch, die Post von einer einzigen Maschine transportieren zu lassen. Doch kein Flugzeug – oder genauer gesagt, kein Triebwerk – war in der Lage, die Strecke von Bathurst in Britisch Gambia (heute Banjus, Gambia) bis Natal in Brasilien in einem Stück zu fliegen. Testflüge mit dem riesigen zwölfmotorigen Flugboot Dornier X in der Zeit von 1930 bis 1932 hatten zwar dessen Reichweite unter Beweis gestellt, aber gleichzeitig auch seine Schwächen offenbart. Der einzige Platz für eine Notlandung war außerdem das Meer, und somit mußte das in Frage kommende Flugzeug in jedem Fall ein Flugboot sein.

Die Lufthansa löste das Problem, indem sie zunächst eine riesige schwimmende

Oben: Die Junkers Ju 52 deckte vor dem Zweiten Weltkrieg über 75 % der europäischen Lufthansa-Flüge ab. Fliegen war mittlerweile zu einem guten Geschäft geworden auf den auffälligen Luxus der Anfangsjahre mußte, zumindest auf Kurzstreckenflügen, verzichtet werden.

Rohrbach Roland

Junkers Ju 52/3m

Oben: Nach ihrem Jungfernflug 1932 wurde die JU-52/3m zum meistgebauten Transportflugzeug Europas. Die Lufthansa setzte über 120 Maschinen dieses Typs ein, doch erst die Militärtransportversion verhalf der „Tante Ju" zu Anerkennung.

ie Lufthansa erwarb neun Exemplare der dreimotorigen, zehnsitzigen Rohrbach Roland. Im September 1929 wurde die D-1756 ausgeliefert, doch mit ihren je 320 PS starken BMW-Va-Motoren blieb sie nicht lange im Dienst der Lufthansa. Das hier abgebildete Modell wurde im Oktober 1934 an die Deutsche Verkehrsfliegerschule verkauft.

D-1756

Oben: Condor war eine Tochtergesellschaft der Lufthansa in Südamerika. Diese Postkarte aus Chile, zeigt die Klimaunterschiede zwischen Südamerika und Europa.

e D-2490 war das sechste Serienflugzeug der Junkers Ju-52/3m; ihre Eintragung erfolgte im Juni 1933. Die Ju 52/3m, hervorgegangen aus einem einmotorigen Entwurf, wurde zu einem der bedeutendsten Flugzeuge in der Geschichte der europäischen Luftfahrt. Mit ihren drei von BMW in Lizenz gebauten Pratt & Whitney-Hornet-Triebwerken konnte die Ju 52 17 Passagiere und drei Besatzungsmitglieder bei einer Reisegeschwindigkeit von 250 km/h befördern.

Tankstation konstruierte: die Westfalen; ein 125 m langes und 5.400 Tonnen schweres Schiff wurde 1932 zu diesem Zweck umgebaut. Diese zunächst befremdlich wirkende Anlage erwies sich als äußerst wirkungsvoll. Ein Flugboot – meist ein 10 Tonnen schwerer Dornier Wal – landete neben dem Schiff und wurde dann mit einem riesigen Kran über eine Art Rampe, die vom Achterdeck ins Wasser reichte und als Helling fungierte, nach oben gezogen. Nach dem Auftanken wurde das Flugzeug auf Schienen zum Bug gerollt. Dort befand sich ein großes Katapult, das das Flugboot mit 160 Atmosphären Druck über eine 31,50 m lange Rampe auf 150 km/h beschleunigte und in die Luft schoß.

Das komplette System wurde erstmals im Juni 1933 1.500 km vor der Küste Gambias ausprobiert, der erste Linienpostflug von Berlin nach Buenos Aires fand dann am 3. Februar 1934 mit 48 kg Post statt – es war der erste Linienflug über den Atlantik überhaupt! Die Route, auf der vier Maschinen eingesetzt wurden, führte von Berlin nach Sevilla, weiter nach Las Palmas auf den Kanarischen Inseln, in südlicher Richtung nach Bathurst, dann nach Natal und von dort aus nach Rio und Buenos Aires. Der Flug über den Atlantik dauerte genau 13 Stunden. Im ersten Jahr wurden 3.850 kg Post von Ost nach West und 2.704 kg von West nach Ost befördert.

Nachdem die Lufthansa diese erste Hürde erfolgreich genommen hatte, konnte sie ein nächstes Großprojekt im Rahmen der Zivilen Luftfahrt ansteuern: den Flug über den Nordatlantik.

DROHENDE

SCHATTEN

Für die Lufthansa war 1934 ein ganz besonderes Jahr: Der Erwerb des neuen Fracht- und Passagiertransporters Heinkel He 70 ermöglichte den Aufbau des sogenannten *„Blitzstreckennetzes"*. Mit der

Oben: Die Lufthansa erhielt die ersten Flugboote vom Typ Dornier Do 18 im Jahre 1936 als Ersatz für den altgedienten Dornier Wal. Aeolus war der dritte Prototyp der Do 18 und wurde nach Versuchsflügen über den Nordatlantik auf der Verbindungsstrecke nach Südamerika eingesetzt. Zusammen mit vier Schwestermaschinen brachte Aeolus bis zum Sommer bereits 65 Überquerungen hinter sich.

Links: Die Lufthansa blieb der Tradition, Gepäckaufkleber attraktiv zu gestalten, lange Zeit treu. Auf den Koffern wohlhabender Fluggäste machten sie zwischen Berlin und Buenos Aires Werbung.

280-300 km/h schnellen He 70 stellte sie Passagier- und Frachtverbindungen zwischen den vier größten deutschen Städten her, die bald so erfolgreich waren, daß die Gesellschaft sogar auf den sonst üblichen Zuschlag für Luftpost verzichten konnte. Nur ein Jahr später bestand das Netz bereits aus elf Routen quer durch Europa.

Am 28. September 1934 begrüßte die Lufthansa ihren einmillionsten Passagier an Bord, einen Herrn Wilhelm Gensburg. Acht Wochen und einen Tag zuvor hatte sich Hitler zum Führer des Deutschen Reichs erklärt – was Deutschlands Luftfahrtgesellschaft natürlich in einen gewissen ideologischen Rahmen zwang. Das änderte jedoch nichts am florierenden Geschäft, sondern förderte es möglicherweise sogar. Jedenfalls zählte die Lufthansa vor dem Zweiten Weltkrieg zu

Drohende Schatten

den modernsten und innovativsten Fluggesellschaften der ganzen Welt.

Das europäische Flugnetz sollte weiter ausgedehnt werden: Im Februar 1935 starteten Testflüge nach Kairo. Sechs Tage später bewältigte eine Ju 52 die 3.300 km lange Rückflugstrecke in nur 16 Stunden, und im Juni wurde die 4.000 km lange Versuchsstrecke von Kairo über Alexandria, Athen und Budapest nach Berlin in nur 21 Stunden zurückgelegt. Gegen Ende des Jahres konnte die Lufthansa bereits über die Hälfte ihrer Kosten aus Einkünften aus ihren lukrativen Flügen (vor allem der Südatlantikroute) und aufgrund der Einführung der sparsamen Ju 52 decken.

Immer kürzere Flugzeiten

In jenem Jahr wurden auch die Verbindungen nach Südamerika ausgeweitet: Nachtflüge begannen bereits am 30. März. Die Flugzeit von Deutschland nach Rio de Janeiro war auf drei Tage verkürzt worden; der Weiterflug nach Buenos Aires dauerte nur noch einen halben Tag länger. Diese drastische Reduzierung der Flugzeiten war vor allem dank der Einführung einer zweiten schwimmenden Landeplattform, des Katapultschiffes *Schwabenland*, möglich. Bisher hatte eine Lufthansa-Maschine die Post nach Bathurst befördert, wo die *Westfalen* bereits mit einer startklaren zweiten Maschine wartete. Sie mußte jedoch erst 36 Stunden in den Atlantik hinausdampfen, bevor sie das Flugzeug zum letzten Teilstück der Strecke nach Natal loskatapultieren konnte. Jetzt waren ein Schiff vor der afrikanischen und

Blohm & Voss entwarf für die Strecke über den Atlantik ein Langstreckenflugboot, die Ha 139, von dem die Lufthansa 1938 drei Prototypen zu Testüberquerungen einsetzte. Der Krieg verhinderte ihre Indienststellung.

Links: Die Schwabenland *war die zweite schwimmende Startplattform der Lufthansa. Von ihrem Stützpunkt in Bathurst in Gambia aus diente sie Flugbooten wie der hier abgebildeten 10 Tonnen schweren Dornier Wal als Zwischenstation zum Auftanken. Die Maschinen flogen dann weiter bis Natal in Brasilien und machten auf dieser Strecke noch einmal Station zum Auftanken auf der* Westfalen *vor der Insel Fernando Noronha.*

Oben: Die Focke-Wulf Fw 200 Condor läutete ein neues Zeitalter in der zivilen Luftfahrt ein, als ein Prototyp ohne Zwischenlandung von Berlin nach New York flog. Nach Kriegsausbruch wurde jedoch ein Großteil der Serienproduktion von der Luftwaffe requiriert, so daß die Lufthansa nie mehr als vier Exemplare benutzen konnte. Zwei der ersten Condor-Modelle dienten zur Beförderung hochrangiger Persönlichkeiten.

eines vor der südamerikanischen Küste in einer Entfernung voneinander stationiert, die ohne Zwischenlandung überwunden werden konnten.

Am 25. Juli 1935 flog die Lufthansa ihre hundertste Atlantiküberquerung und beförderte dabei das viermillionste Poststück nach Südamerika. Inzwischen hatte die Fluggesellschaft ein drittes Unterstützungsschiff bestellt, die *Ostmark*, die leichter und schneller als ihre beiden Vorgängerinnen sein sollte. Mit der Einführung des Langstrecken-Flugboots Dornier Do 18 mit seinen zwei je 600 PS starken Dieselmotoren konnte 1936 die Zuverlässigkeit auf dieser Route noch gesteigert werden. Am 27. März 1938 startete eine Do 18 vom Katapultdeck der Westfalen vor der englischen Küste und flog die 8.439 km nach Caravellas in Brasilien nonstop – ein neuer Flugdauerrekord für Wasserflugzeuge.

Bis zum Ausbruch des Zweiten Weltkriegs im Jahre 1939 hatte die Lufthansa ihre Flugverbindungen nach Südamerika immer stärker ausgebaut. Mit der leistungsstarken Ju 52 verfügte sie über ein Flugzeug, das bis über 7.000 m steigen konnte und mühelos die Andengipfel überflog. So stand der Errichtung von Tochtergesellschaften in Peru und Ecuador nichts mehr im Wege. Die Expansion in Südamerika wurde erst 1941 gebremst, als die Vereinigten Staaten die

Treibstofflieferungen strichen. 1942 wurde die brasilianische Lufthansa-Tochter verstaatlicht.

Die vielleicht bemerkenswerteste Leistung der Lufthansa in den Jahren vor Kriegsausbruch war die Erschließung einer Nordatlantikroute. Schon Ende der zwanziger Jahre hatte man leichte Junkers W 33 und Heinkel He 12 von Passagierdampfern aus katapultiert, um Luftpost nach Amerika zu befördern. Der erste Start dieser Art erfolgte am 22. Juli 1929, als eine He 12 vom schnellen Passagierschiff *Bremen* etwa 500 km vor New York abhob. Erst 1935 gab man diese Vorgehensweise wieder auf, nachdem man im selben Jahr auf 34 derartige Flüge gekommen war.

Tests mit Wasserflugzeugen

1936 startete die Lufthansa im Nordatlantik eine Reihe von Testflügen mit Wasserflugzeugen. Beim ersten Versuch im Februar flog eine Do 18 von Hamburg über Las Palmas zu den Azoren. Im Herbst schickte man die *Schwabenland* als schwimmende Stützplattform für die Do 18 in den Atlantik. So wurde eine Verbindung von Lissabon über die Azoren und die Bermudas nach New York möglich.

Im darauffolgenden Jahr wurde mit zwei viermotorigen Blohm und Voss Ha 139 und zwei „Depotschiffen", der *Schwabenland* und

der *Friesland*, die Direktverbindung Azoren – New York getestet. Die Maschinen brauchten für diesen Flug zwischen 14 und 19 Stunden. Ein Programm von 26 weiteren Testflügen mit der Ha 139 von den Azoren aus wurde am 20. Oktober 1938 zu Ende gebracht. Doch mittlerweile begann sich das Ende der großen Flugboote abzuzeichnen: Am 10. August war eine neue Focke-Wulf FW 200 Condor nonstop in 24 Stunden, 36 Minuten und 12 Sekunden vom Berliner Flughafen Staaken zum Floyd Bennet Field in New York geflogen.

Langstreckenlandflugzeuge

Als die Lufthansa im Juni 1936 Kurt Tank, dem Chefingenieur bei Focke-Wulf den Auftrag zum Bau der Fw 200 erteilte, wollte sie ein leistungsfähiges Langstreckenflugzeug mit vier robusten, leicht auswechselbaren Motoren.

Die D-ACON, das bahnbrechende neue Flugzeug, erhielt für ihre Atlantiküberquerung zusätzliche Treibstofftanks, was ihr Startgewicht auf 18 Tonnen steigerte. Auf der 6.405 km langen Strecke nach New York überflog sie Hamburg, Glasgow, Neufundland und Halifax in Neuschottland; die Durchschnittsgeschwindigkeit betrug 257 km/h, die Flughöhe 2.000 m.

Neben der spektakulären Erschließung des Nordatlantik mit Nonstopflügen gehört

Junkers Ju 160

Oben: Junkers baute 1932 vier Ju 60 für die Lufthansa. Mit ihrem in Lizenz gefertigten Pratt & Whitney-Hornet-Sternmotor konnte die Ju 60 sechs Passagiere befördern. Die Ju 160 war eine deutlich verbesserte Version – die alte Wellblechverkleidung hatte man durch eine glatte Metallhülle ersetzt. Etwa 50 Maschinen dieses Typs wurden gebaut, die Hälfte davon für die Lufthansa. Trotz moderner Konzeption war sie jedoch zu klein, um wirtschaftlich rentabel zu sein.

Unten: Die Heinkel He 111, ein stromlinienförmiges, zehnsitziges Passagierflugzeug, kam im Januar 1936 auf den Markt. Für den zivilen Luftverkehr erschien sie von der Konzeption her nicht ideal, erst als die Bomberversion herauskam, wurde ihre eigentliche Bestimmung klar. Die Lufthansa setzte die He 111 im täglichen Linienverkehr innerhalb Europas ein. Die *Augsburg*, eine der beiden He 111, besaß einen BMW- 132-Sternmotor.

Blohm und Voss Ha

Heinkel He 111 V14

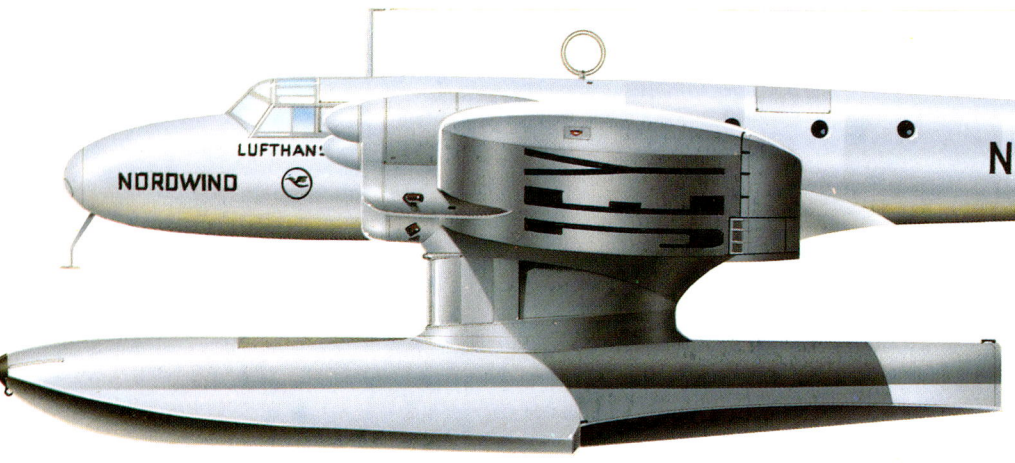

Die drei Ha 139 mit ihren vier Junkers-Jumo-205-Dieselmotoren waren auf eine Ausschreibung der Lufthansa hin entstanden. Sie benötigte ein Langstrecken-Wasserflugzeug, das sich zum Katapultstart eignete und 500 kg Nutzlast mit einer Geschwindigkeit von 250 km/h über eine Strecke von 5.000 km transportieren konnte.

Drohende Schatten

die Errichtung einer Fernostverbindung wohl zu den abenteuerlichsten Kapiteln in der Geschichte der Lufthansa. Die chinesische Tochtergesellschaft der Lufthansa, die Eurasia, hatte im September 1935 mit dem Einsatz der Ju 52 begonnen; im nächsten Jahr deckte dieser Typ bereits 75% der Strecken in und um China herum ab.

Politische Schwierigkeiten

Auf der nördlichen Route von Berlin über Moskau und entlang der transsibirischen Eisenbahnlinie nach Manchuli und weiter südlich nach Peking hatte es politische Schwierigkeiten gegeben; in China war ein Beschuß durch Rebellen zu befürchten. 1936 startete eine Ju 52 zu einem ersten Erkundungsflug über 12.308 km, der sie in 55 Stunden und 43 Minuten über Athen, Damaskus, Teheran, Kabul, über den Hindukusch und über das Pamirgebirge führte. Als Ergebnis dieser Bemühungen konnte in Afghanistan sodann eine Wetterstation errichtet werden.

Oben: Die Dornier Do 18 war zwar offiziell für die Lufthansa entwickelt worden, tatsächlich jedoch wie viele Flugzeugmodelle der dreißiger Jahre vom C-Amt der Luftwaffe in Auftrag gegeben, die im Rahmen ihrer geheimen Aufrüstung ein neues Aufklärungsflugboot benötigte.

Die Focke-Wulf Fw 200 Nordmark war die fünfte Maschine der vorwiegend für Langstreckenflüge der Lufthansa konstruierten Condor-Serie. 1938 wurden mit diesem Modell zu Werbungszwecken einige Flüge nach Kairo, New York und Tokio unternommen. Die Nordmark tat bis zu ihrer Zerstörung im Jahre 1943 bei der Lufthansa Dienst.

Rechts: Die Dornier Do 26 war eines der beeindruckendsten Flugboote ihrer Zeit. Drei Exemplare gingen bei der Lufthansa für den Postverkehr über den Atlantik in Dienst. Die Seeadler war das erste und stellte unverzüglich die ausgezeichnete Reichweite dieses Typs unter Beweis.

Nonstopflug

Im August des folgenden Jahres wurde mit zwei Ju 52 eine zweite „Pamir-Expedition" in Angriff genommen. Im Abstand von einer Woche flogen die Maschinen nach Kabul, danach zuerst nach Ansi in die Innere Mongolei und anschließend weitere 1.810 km entlang der Eisenbahnlinie nach Sian in China. Dabei mußten sie nicht nur in Kabul in 1.800 m Höhe starten und den 5.395 m hohen Wakhan-Paß überwinden, sondern auch die 2.670 km bis Ansi nonstop zurücklegen – eine Flugstrecke, die in etwa der über den Südatlantik entsprach.

Auf dem Paß

Als sich die erste Maschine, die D-ANOY, dem Wakhan-Paß näherte, war die Sicht nach vorne gleich null, da sich über der Fensterscheibe ein Ölfilm ausgebreitet hatte. Außerdem hatte der Bugmotor schon lange vor Beginn des Steigflugs auf die Paßhöhe ausgesetzt…. Der Expeditionsleiter, Freiherr von Gablenz schrieb dazu in sein Logbuch:

„Ich hatte das Gefühl, die Tragflächen ritzten bereits die Felsen. Wir stiegen weiter hoch. Riesige Berge tauchten vor und neben uns auf, Täler öffneten sich, und Schluchten gähnten uns entgegen. Wir erreichten die erforderliche Höhe. Zwar nur knapp, aber wir hatten es geschafft. Wir sollten nicht… wie aufgespießt auf dem Pamir hängenbleiben. Wir sollten die Höhe schaffen!"

Die D-ANOY flog mit hoher Geschwindigkeit in Ansi ein: 305 km/h – der 60 km/h

Zwar erfolgte der Bau der riesigen Blohm & Voss Wiking auf Veranlassung der Lufthansa, die ein Transportflugzeug zum Einsatz auf den Atlantikstrecken brauchte, doch 1940, zum Zeitpunkt ihrer Fertigstellung war klar, daß sie wie jedes andere neue Flugzeug auch an die Luftwaffe gehen würde.

Junkers G 38

Junkers Ju 90

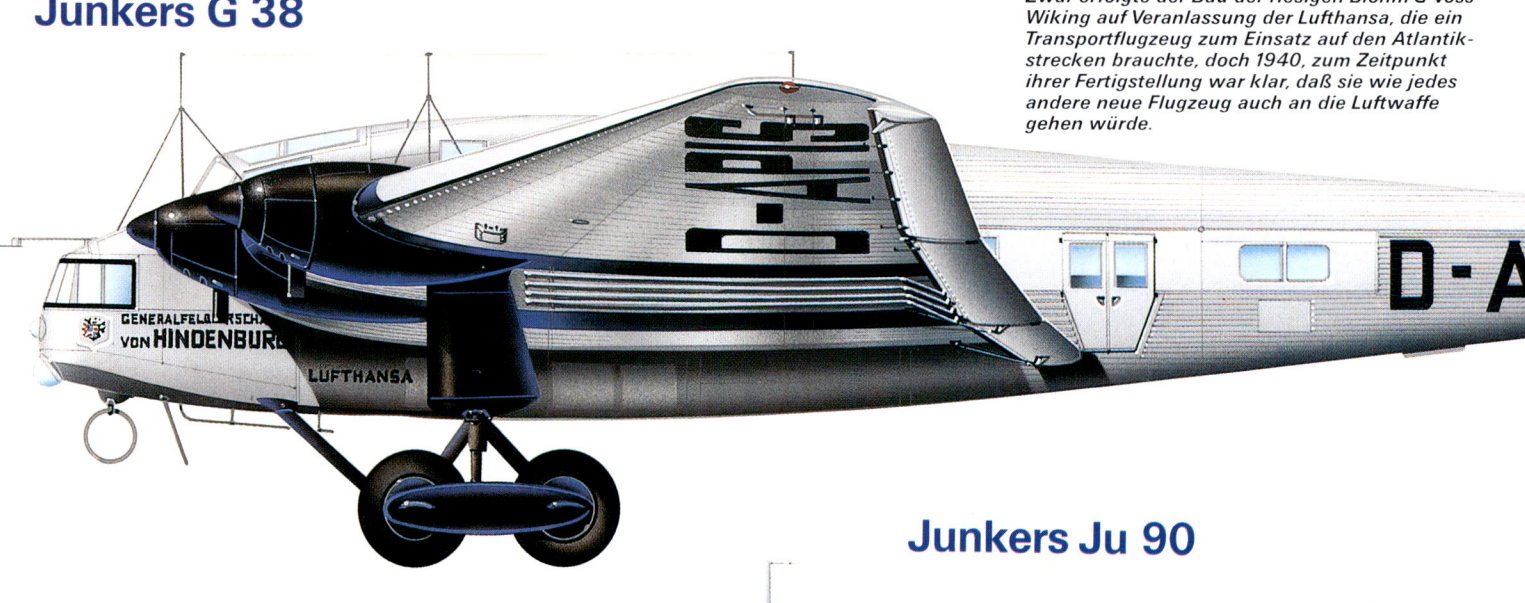

Oben: Die Junkers G 38, das erste schwere Flugzeug der Lufthansa und das größte Landflugzeug ihrer Zeit, absolvierte 1929 ihren Jungfernflug. Zweites und letztes Exemplar dieses Typs war die *Generalfeldmarschall von Hindenburg.*

Links: Die Ju 52, in den dreißiger und vierziger Jahren das Rückgrat der Lufthansa-Flotte, flog alle Länder an, von Norwegen bis Südamerika. Diese D-AKIY war eine „Tante Ju" mit Schwimmern, die den Krieg heil überstanden hatte.

schnelle Rückenwind hatte das Seine dazugetan. Drei Tage später trafen die Besatzungen beider Maschinen sicher in Sian ein, wo ihnen von der Eurasia ein königlicher Empfang bereitet wurde.

Im Gefängnis

Die Rückreise sollte noch abenteuerlicher werden. Der linke Motor der D-ANOY begann auf einmal, Öl zu schlucken und die Leistung fiel so schnell ab, daß die Besatzung die Maschine in der Nähe von Chotan, das sich damals im Kriegszustand befand, notlanden mußte, um den Schaden vor dem Flug über die Berge zu beheben. Die Reparaturarbeiten waren bald erledigt, und erleichtert ließ die Besatzung die Maschine zum Start rollen.

Plötzlich zerrissen Geschosse das Cockpitfenster. Berittene Soldaten tauchten auf und feuerten mehrere Salven auf das Flugzeug ab. Der Start wurde abgebrochen, aber die Schießerei ging weiter, obwohl Freiherr von

Gablenz bereits mit erhobenen Händen aus dem Flugzeug geklettert war. Man nahm die Besatzung gefangen und führte sie ins Gefängnis von Chotan. Verhöre, Drohungen und Schläge waren ab jetzt an der Tagesordnung, und das über Wochen hinweg. Drei Suchflugzeuge wurden ausgesandt, fanden aber keine Spur von Maschine oder Besatzung. In Deutschland schwand die Hoffnung, die Männer lebend wiederzufinden.

Dann kam ebenso plötzlich wie die Verhaftung die Freilassung. Die D-ANOY war zwar schwer in Mitleidenschaft gezogen worden, konnte aber schnell wieder startklar gemacht werden. Kurz vor dem Start mußte die Besatzung erneut aussteigen, um erst nach einem weiteren Tag freizukommen.

Als die D-ANOY von Chotan abhob, begann plötzlich der linke Motor zu stottern. Die Männer kämpften verbissen mit der Technik – sie mußten es schaffen: Lieber ein Flug über das Pamirgebirge mit einem schadhaften Motor als noch einmal zurück

Rechts: Zwei Ju 90 mit zivilen Kennzeichen vor ihrer Übernahme durch die Luftwaffe, die sie zu Langstrekkentransportflügen für das Oberkommando einsetzte.

Links: Die Junkers Ju 90 hätte zum Standard- Langstreckenflugzeug in Europa werden können, wäre nicht der Krieg ausgebrochen. Die Württemberg, das fünfte Exemplar dieses Typs, diente zu Testflügen im Rahmen eines umfassenden Versuchsprogramms. Bei dem schweren Transportmodell waren die ursprünglichen vier BMW-132-9-Zylinder-Sternmotoren gegen die wesentlich stärkeren 14-Zylinder-Sternmotoren der 801-Serie von BMW ausgetauscht worden. Die Ju 90 bot 40 Passagieren Platz.

nach Chotan. Zum Glück waren die Winde günstig, so daß das Flugzeug die 1.000 m über den Wakhan-Paß schaffte.

Die beiden Erkundungsflüge hatten die Problematik einer Luftpostverbindung nach Fernost deutlich gemacht, hatten aber auch gezeigt, daß eine Verbindung bis Teheran durchaus möglich war. Ab April 1938 wurde auch eine Passagierlinie eingerichtet. Nach sieben weiteren Testflügen im Jahr 1938 erweiterte man schließlich die regelmäßige Verbindung sogar bis Kabul. Jede weitere Hoffnung auf eine Verbindung nach China wurde jedoch durch den Ausbruch des chinesisch-japanischen Krieges zunichte gemacht, da sich Deutschland zum Verbündeten Japans erklärte. 1940 übernahm China die Fluggesellschaft Eurasia, und gegen Ende des Jahres hatte das gesamte deutsche Personal das Land verlassen.

Flugverbindung nach Tokio

Die Fw 200 Condor stellte am 28. November 1938 einen weiteren Rekord auf, als sie die Strecke von Berlin nach Tokio (14.360 km) in 46 Stunden und 42 Minuten zurücklegte. Im nächsten Jahr richtete die Lufthansa mit der Ju 52 eine regelmäßige Flugverbindung nach Tokio ein, die in fünf Tagen von Berlin aus über Beirut, Basra, Karatschi, Kalkutta und Bangkok ihr Ziel erreichte. Der letzte Flug auf dieser Route fand am 22. August 1939 statt – 12 Tage bevor Großbritannien Deutschland den Krieg erklärte.

Übernahme durch die Luftwaffe

Die militärischen Aktionen Deutschlands in Europa machten auch den Plan einer Route über den Nordatlantik zunichte und beschnitten die bereits bestehenden Flugverbindungen in Europa. 1938 hatte die Lufthansa noch 254.716 Passagiere, 337.696 kg Gepäck, 1.299 Tonnen Fracht und 5.200 Tonnen Post befördert. Mit Kriegsausbruch jedoch übernahm die Luftwaffe die Maschinen der Lufthansa – Flugverbindungen in

Focke-Wulf Fw 200 Condor *Westfalen*

Die *Westfalen*, der zweite Prototyp der Condor, absolvierte 1937 ihren Jungfernflug. Nach ihrer Auslieferung an die Lufthansa Anfang 1938 setzte man sie vorrangig zu Test- und Zulassungsflügen ein. Mit der Condor war die Forderung der Lufthansa nach einem landgestützten Passagierflugzeug erfüllt worden.

Besatzung
Das Flugdeck der Fw 200 bot zwei Piloten nebeneinander Platz; auf der rechten Seite hinter dem zweiten Piloten saß der Funker. Die Funkausrüstung war im Bug unter einem nichtleitenden Plastikkonus untergebracht.

Tragflächen
Das Tragwerk der Condor bestand aus drei Abschnitten; das Tragflächenmittelstück hatte einen Fachwerkholm, während die Außenflügel zwei Hilfsholme aufwiesen.

Triebwerk
Der Konstruktionsplan sah für die Condor vier 720 PS starke BMW-132-9-Zylinder-Sternmotoren, eine Lizenzfertigung des amerikanischen Pratt & Whitney Hornet, vor.

Leitwerk
Die beweglichen Steuerflächen der Condor hatten einen Stoffbezug. Die Höhenruder waren aerodynamisch ausgeglichen, und sowohl das Höhenruder als auch das Seitenruder besaßen elektrisch betätigte Trimmklappen.

Vordere Kabine
Hinter der Trennwand zum Flugdeck befand sich auf der rechten Seite die Kombüse des Stewards und auf der linken der vordere Gepäckraum, der über eine Rumpfklappe beladen wurde. Im vorderen Passagierabteil fanden neun Personen in drei Reihen Platz.

neutrale Länder, wie Schweden, Schweiz, Spanien und Portugal, wurden noch so lange wie möglich offengehalten. Ab Januar 1940 gab es für kurze Zeit sogar eine Flugverbindung nach Rußland, die jedoch nach dem Einmarsch Hitlers am 22. Juni 1941 abgebrochen werden mußte.

Die Flüge der Lufthansa gingen dennoch bis Kriegsende weiter. Der letzte reguläre internationale Flug fand am 20. April 1945, nur 17 Tage vor der Kapitulation Deutschlands statt: eine Ju 90 flog von Barcelona nach Berlin-Tempelhof. Zehn Jahre sollte es nun dauern, bis eine Lufthansa-Maschine wieder Starterlaubnis erhielt.

Oben: In weniger als zehn Jahren hatte sich Berlin-Tempelhof von einer holprigen Graspiste zu einem international bedeutenden Flughafen entwickelt, der Hauptsitz einer der größten Fluggesellschaften der Welt war.

Links: Mehrere Ju 52 der Lufthansa und ihrer Tochtergesellschaften stehen auf dieser Aufnahme aus dem Jahr 1938 am Rand des Flughafens von Wien. Es ist das Jahr vor Ausbruch des Krieges, dessen Ende für die Lufthansa zunächst eine Einstellung ihrer Flugtätigkeit bedeutete.

Hauptkabine
In der Hauptkabine fanden 16-17 Passagiere in Dreierreihen (je ein Sitz links und zwei rechts vom Gang) Platz. Am Ende der Kabine hatte man eine Toilette installiert. Der Hauptgepäckraum war über eine Klappe auf der rechten Rumpfseite zugänglich.

Fahrgestell
Das einrädrige Hauptfahrwerk klappte nach vorne in die inneren Motorgondeln hoch. Die späteren Versionen der Condor waren wesentlich schwerer und hatten zweirädrige Fahrgestelle. Auch das Spornrad war einziehbar.

Reichweite
Die Haupttreibstofftanks der Condor lagen im mittleren Flügelabschnitt hinter dem Hauptholm. Für jeden Motor war ein eigener Treibstofftank vorgesehen. Die übliche Treibstoffmenge betrug 2.300 l (es konnte aber mehr zugeladen werden), die Reichweite der Maschine etwa 3.200 km.

Die Geschichte der Lufthansa

NEUE HORIZONTE

1958 betätigte sich die Lufthansa mit Maschinen wie der geräumigen Curtiss C-46 auch im Frachtverkehr. In Zusammenarbeit mit der British European Airways richtete sie Verbindungsstrecken von Düsseldorf, Frankfurt und Stuttgart nach London ein.

Das Potsdamer Abkommen von 1945, das die Alliierten nach dem Zweiten Weltkrieg unterzeichnet hatten, verbot Deutschland den Bau, den Besitz und die Inbetriebnahme jeder Art von Flugzeug. Zehn Jahre später und nach Aufhebung dieses Verbots konnte die Lufthansa mit ihren Super Constellations wieder die erste Transatlantikstrecke seit 1939 einweihen.

Bei Ausbruch des Zweiten Weltkrieges war die Lufthansa eine der führenden Fluggesellschaften der Welt. Sie hatte als erste Flugverbindungen nach Südamerika und in den Fernen Osten geschaffen, als erste den Atlantik mit einem Landflugzeug überquert und in Europa ein dichtes Flugnetz für den Fracht-, Post- und Personentransport aufgebaut. Der Zusammenbruch des Deutschen Reichs bedeutete für die Lufthansa das Ende aller Aktivitäten. Erst im Jahre 1955, als die neue Bundesrepublik bereits fest im westlichen Bündnis integriert war, erhoben sich wieder Maschinen mit den Farben der Lufthansa in die Luft.

Die neue Gesellschaft, 1953 gegründet, hatte mit der früheren Lufthansa kaum noch

Die Vickers Vikings wurden von der Deutschen Flugdienst GmbH (die spätere Lufthansa-Tochter Condor) im Charterverkehr eingesetzt. Erste Flüge erfolgten im Jahre 1955, als drei Vikings Touristen nach Israel brachten.

land „den Bau, den Besitz und die Inbetriebnahme jeder Art von Flugzeug" verwehrt hatte. Zudem verbot das Besatzungsstatut von 1949 jede Art von zivilem Luftverkehr.

Der erste Anlauf zum Wiederaufbau einer deutschen Luftlinie war ein Versuch, das Gesetzesdickicht der Besatzungsmächte zu umgehen. Hans M. Bongers, ehemaliger Leiter der Lufthansa, glaubte, die geeignete Hintertüre gefunden zu haben und unterbreitete den britischen und amerikanischen Behörden den Vorschlag, eine Luftfahrtgesellschaft aufzubauen, um den Transportflugzeugen der Alliierten ein besseres Dienstleistungsnetz am Boden zu sichern. Dahinter stand die Absicht, zusammen mit dem früheren Lufthansa-Personal Erfahrungen für die Zukunft zu sammeln. Sein Plan stieß jedoch auf wenig Gegenliebe und endete im Gegenteil sogar damit, daß die Alliierten Bongers für die nächsten Jahre aus dem Luftfahrtgewerbe ausschlossen.

Eine neue Fluggesellschaft

Im Jahre 1953, als sich die junge Bundesrepublik fest etabliert hatte, wurde dann endlich die Gründung einer neuen Fluggesellschaft möglich. Das junge Unternehmen, an dem die Bundesregierung zu 85 % beteiligt war, hieß zuerst „Luftag". Es sollte eine

Oben: Nur eine einzige de Havilland Heron stand im Dienst der Lufthansa. Sie wurde während des Flughafenumbaus in Stuttgart als Zubringermaschine benutzt.

etwas gemeinsam. Fluggesellschaften waren nicht länger Eroberer, die – in der Hoffnung auf Prestigegewinn und finanzielle Vorteile – versuchten, neue Luftwege in ferne Länder zu erschließen. Mittlerweile boten die Amerikaner ihren Passagieren völlig neue Flugziele und einen noch nie dagewesenen Luxus – der Kunde wurde heiß umkämpft, da mehrere Fluggesellschaften gleiche Routen flogen. Die neue Lufthansa trat nicht nur verspätet in diesem Szenarium auf, sondern mußte auch noch bei Null anfangen, da das Potsdamer Abkommen von 1945 Deutsch-

Ab 1955 flogen auf den Inlandsstrecken der Lufthansa die Douglas DC-3. Diese Maschinen leisteten fünf Jahre lang treue Dienste, bevor die letzte 1960 stillgelegt wurde.

DOUGLAS DC-3

Oben: Zwischen 1955 und 1960 setzte die Lufthansa drei Douglas DC-3 auf ihren Inlandsstrecken ein. Seit ihrem Jungfernflug zwanzig Jahre zuvor zählte die Douglas zu den besten und zuverlässigsten Verkehrs-flugzeugen. Mit ihren zwei Pratt & Whitney-Sternmoto-ren beförderte die DC-3 24 Personen bei einer Geschwindigkeit von 330 km/h.

Vickers Viking

Unten: Die aus dem britischen Bomber Wellington ent-wickelte Viking war schneller als die DC-3. Nur ein einzi-ges Transportflugzeug dieses Musters flog in den Far-ben der Lufthansa. Weitere Maschinen dieses Typs setzte der Deutsche Flugdienst GmbH, ein Gemein-schaftsunternehmen von Lufthansa, Nordeutschem Lloyd und Deutscher Bundesbahn, zu Charterflügen ein.

Flotte von 16–24 erstklassigen, neuen Flug-zeugen erhalten, doch die finanziellen Mittel reichten nicht aus, denn nur 125 Anleger waren bereit, Aktien zu erwerben. Der bevor-zugte Lieferant Douglas hatte Bedenken, mit einem Unternehmen Geschäfte zu machen, das finanziell auf so wackligen Beinen stand. So sah man sich nach anderen Lieferanten um und bestellte im Juni 1953 bei der Firma Lockheed vier Super Constellation und im September vier Convair 340.

Das notwendige Personal für die junge Gesellschaft zu finden, war ein weiteres Pro-blem. Deutsche bekamen noch immer keine Flugerlaubnis, und ehemalige Piloten, die sich bei der Luftag bewarben, waren ausbil-dungsmäßig zehn Jahre im Rückstand. Im November 1953 begann in Köln die Umschu-lung auf die neuen Techniken mit einem Theoriekurs für zehn ausgesuchte Besat-zungsmitglieder: fünf Piloten und fünf Bord-techniker/Funker. Anschließend folgten ein praktischer Kurs in England und ein Kurs in den USA direkt „vor Ort" im Werk der Her-stellerfirma Convair.

Selbstverständlich hatten sich auch die Anforderungen an das Bodenpersonal grundlegend geändert. Flugorganisation und Schalterdienst liefen nach neuen Methoden ab, die erst einmal gelernt werden mußten. Der Service sollte an den internationalen Standard angepaßt und möglichst noch ver-bessert werden. Inzwischen vergrößerte sich das neue Wartungszentrum am Rande des Hamburger Flughafens Fuhlsbüttel immer mehr.

Mitglied in der NATO

Mitte 1954 war die neue Gesellschaft start-klar. Sie hieß wieder Lufthansa und hatte auch das frühere Blau-Gelb und das alte Emblem, den fliegenden Kranich, übernom-men. Es gab nur noch ein Problem – sie durfte immer noch nicht in die Luft. Am 24. November 1954 war es dann schließlich soweit: Die ersten beiden Convair 340 erhiel-ten die Erlaubnis, am Hauptsitz der Luft-hansa in Hamburg zu landen.

Die Pariser Verträge, die der Bundesrepu-blik ihre Souveränität und die Hoheit über

Der erste reguläre Flug der Lufthansa fand am 31. März 1955 statt, als eine Convair 340 vom Hamburger Flughafen Fuhlsbüttel über Düssel-dorf und Frankfurt nach München flog. Die vier Convairs der Lufthansa-Flotte flogen auf kur-zen und mittleren Strecken; für Langstrecken wurden vier Maschinen vom Typ Lockheed Constellation angeschafft.

Curtiss CW-20

Links: Die noch vor dem Zweiten Weltkrieg entwickelte Curtiss Commando flog in großer Zahl bei den US-Streitkräften unter der Bezeichnung C-46. Sie war insgesamt größer als die DC-3 und eignete sich hervorragend als Transportflugzeug. Da nach dem Krieg die Nachfrage auf dem Luftfrachtmarkt steil anstieg, gingen die übriggebliebenen Maschinen als Transportflugzeuge an private Unternehmen.

de Havilland Heron

Oben rechts: Nur eine Heron mit holländischem Kennzeichen stand bei der Lufthansa in Dienst. Man setzte sie ein, als die einzige Landebahn des Stuttgarter Flughafens umgebaut wurde und keine großen Maschinen mehr starten konnten. Die 14-17sitzige Heron brachte die Passagiere zu den nächsten Lufthansa-Flughäfen.

Rechts: Die schwedische Saab Safir, einen viersitzigen Kabineneindecker, setzte die Lufthansa in ihrem Ausbildungszentrum (anfänglich in Köln, dann in Bremen) ein.

ihren Luftraum zurückgaben, traten Anfang Mai in Kraft. Gleichzeitig wurde die Bundesrepublik volles Mitglied der NATO. Damit war der Weg für die neue deutsche Fluggesellschaft frei. Die ersten planmäßigen Flüge starteten am 1. April 1955.

Begonnen wurde mit vier wöchentlichen Flügen auf Inlandsstrecken, aber schon Mitte 1955 flog die Lufthansa wieder Passagiere nach London, Madrid und Paris. Mitte April wurde die erste Super Constellation L-1049 G nach 13 Stunden und 47 Minuten Flugzeit in Hamburg ausgeliefert. Anfangs flogen TWA-Piloten die „Super Connies" – zuerst vier, dann, mit Eröffnung der Nordatlantikroute, zehn und 1957 sogar zwanzig. Ab März 1956 flogen auch deutsche Besatzungen diese Maschinen.

Die Super Constellation mit ihrem hechtförmigen Rumpf und dem typischen dreifa-

chen Seitenleitwerk wurde oft als „Königin der Luft" bezeichnet. Mit einer Durchschnittsgeschwindigkeit von 547 km/h und zusätzlichen Treibstofftanks an den Flügelspitzen hatte sie zwar eine noch nie dagewesene Reichweite, aber dennoch dauerte ein Flug von Europa nach Amerika mit Zwischenlandungen zum Auftanken bis zu 20 Stunden. Die Passagiere konnten die Sitze ganz zurückklappen und erhielten Kopfkissen und Decken, so daß der lange Flug einigermaßen komfortabel wurde. Mit ihren aerodynamisch verbesserten Tragflächen war die L-1969 Super Star die letzte Entwicklungsstufe der Constellation-Familie.

Der Nordatlantik

Am 8. Juni 1956 eröffnete die Lufthansa ihre Nordatlantikverbindung mit einer Super Connie L-1049 G auf der Strecke Frankfurt

Mit dem Erwerb der ersten Lockheed Super Constellation wollte sich die Lufthansa wieder auf internationalen Strecken behaupten. Die erste Nordatlantiküberquerung mit einer Constellation fand am 25. Mai 1955 statt.

– New York. Die Flugzeit betrug 17 Stunden (Rückenwind reduzierte die Rückflugzeit auf wenig über 12 Stunden). Zu den Fluggästen gehörte der Ire Col. Fitzmaurice, dem 1928 in einer Junkers W33 zusammen mit zwei Lufthansa-Piloten die erste Nordatlantiküberquerung geglückt war.

Gegen Ende des ersten Geschäftsjahres wurden bereits zwölf Flughäfen angeflogen; das Streckennetz umfaßte 13.000 km, und zu der Flotte Super Connies und Convair 340 hatten noch zwei Douglas DC-3 ihren Dienst aufgenommen. Etwa 1.000 Tonnen Fracht,

500 Tonnen Post und 104.000 Passagiere waren in 15.900 Flugstunden über rund 5 Millionen Kilometer transportiert worden. Dazu zählten auch die ersten Charterflug-Touristen der Lufthansa, die mit einer Vickers Viking nach Israel flogen.

1956 wurde nach 17 Jahren die Pionierstrecke der Lufthansa nach Südamerika wiederaufgenommen (der erste Flug hatte 1934 stattgefunden). Mitte August richtete man mit einer Super Connie eine regelmäßige Verbindung von Hamburg über Düsseldorf/Frankfurt, Paris und Dakar nach Rio de

Janeiro, São Paulo und Buenos Aires ein.

Auch die Fernostroute kam wieder ins Programm. Im September flogen die ersten Super Connies von Hamburg über Beirut und Bagdad nach Teheran. Auf dieser Route hatte die Lufthansa bereits vor dem Krieg Bahnbrechendes geleistet und zahlreiche Rekorde aufgestellt.

Im Oktober flog die Lufthansa zum tausendsten Mal über den Nordatlantik. Am Ende dieses ersten vollen Geschäftsjahres hatte sie 228.680 Passagiere, 1.961 Tonnen Fracht und 1.056 Tonnen Post befördert.

Die erste von fünf neuen Convair 440 Metropolitans landete am 2. April 1957 von San Diego in Kalifornien kommend in Hamburg. Mit dem Sommerflugplan wurden diese Maschinen auf den neuen Strecken nach Zürich und Wien eingesetzt.

Im Juli unterzeichneten die Air France und die Lufthansa ein Abkommen zur engen Zusammenarbeit auf Strecken über den Südatlantik. Damit wurde eine Tradition fortgesetzt, die bereits in den dreißiger Jahren ihren Anfang genommen hatte, als sich die Gesellschaften zusammenschlossen, um ihre längsten und schwierigsten Strecken gemeinsam zu bewältigen. Im gleichen Monat kam auch die erste Super Star Constellation in Hamburg an. Sie war die 9.333 km von

Lockheed L-1049G Super Constellation

BESATZUNG
Zur Besatzung der Super Constellation gehörten ein Flugkapitän, ein Copilot, ein Navigator und ein Bordtechniker. Für Langstreckenflüge stand der Crew ein Ruheraum direkt hinter dem Cockpit zur Verfügung.

Vier 1955 an die Deutsche Lufthansa gelieferte Super Constellations wurden im Passagierverkehr auf Langstreckenflügen eingesetzt, daneben aber auch von der Bundesregierung für Staatsbesuche verwendet. Die D-ALIN war eine der beiden Maschinen, die 1955 den damaligen Bundeskanzler Adenauer und seine Begleiter zu seinem historischen Besuch nach Moskau flogen.

TRIEBWERK
Die Super Constellation, das letzte Verkehrsflugzeug mit Kolbenmotor, wurde von vier 18-Zylinder-Kolbenmotoren mit Turbolader vom Typ Wright-R-3350-DA3 angetrieben, von denen jeder 3.250 PS lieferte.

LEISTUNG
Die Reisegeschwindigkeit der Super Constellation betrug 570 km/h in 22.600 Fuß (6.900 m) Höhe. Mit vollen Haupt- und Reservetanks lag ihre Reichweite bei 8.200 km.

Burbank in Kalifornien nonstop mit einer Durchschnittsgeschwindigkeit von 540 km/h in nur 17 Stunden und 19 Minuten geflogen. Gegen Ende des Jahres sollten noch drei weitere Super Stars geliefert werden. Mit dem Winterflugplan vergrößerte die Lufthansa dann auch ihre Convair-Flotte auf neun Maschinen.

Ausbildungszentrum Bremen

Im Jahre 1957 verließen endlich die ersten Piloten nach abgeschlossenem Lehrgang das gesellschaftseigene Ausbildungszentrum in Bremen, das im Oktober 1955 eröffnet worden war. Sie konnten nun eingesetzt werden. Anfang 1958 verfügte die Lufthansa über 200 Piloten, 81 Bordtechniker und 30 Funker. 19 weitere Piloten waren in der Ausbildung, und 121 Bewerber begannen mit der harten Schulung in Bremen.

Im April dieses Jahres wurden die Super Stars auf der Nordatlantikroute eingesetzt und flogen nun jeden Tag nonstop zwischen der Bundesrepublik und Amerika hin und her. Der Sommerflugplan brachte der Gesellschaft die bisher höchste Wachstumsrate: Die Einnahmen waren insgesamt um etwa 60 % gestiegen. Allein im Bereich des Personentransports bot die Gesellschaft 30 Flüge pro Woche in die USA an. Im Juli konnte die

Oben: Als die Lufthansa ihr erstes Düsenflugzeug kaufte, umfaßte ihre Flotte 32 Propellermaschinen. Der Unterschied zwischen den älteren und jüngeren Flugzeugtypen wird auf dieser Abbildung besonders deutlich: Unter der Rolls-Royce-Dart-Propellerturbine der Vickers Viscount erkennt man eine Constellation mit Kolbenmotoren.

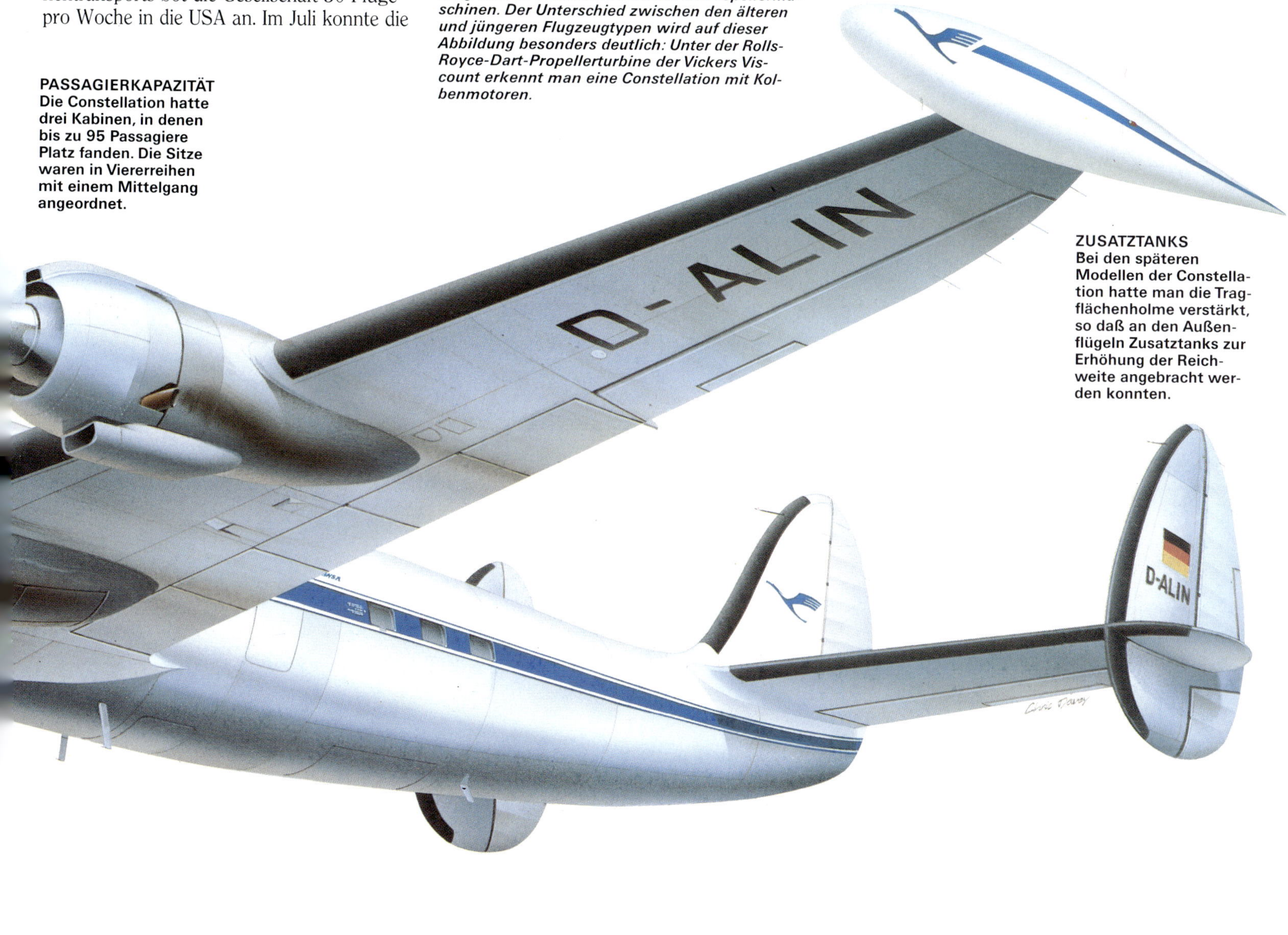

PASSAGIERKAPAZITÄT
Die Constellation hatte drei Kabinen, in denen bis zu 95 Passagiere Platz fanden. Die Sitze waren in Viererreihen mit einem Mittelgang angeordnet.

ZUSATZTANKS
Bei den späteren Modellen der Constellation hatte man die Tragflächenholme verstärkt, so daß an den Außenflügeln Zusatztanks zur Erhöhung der Reichweite angebracht werden konnten.

junge Gesellschaft – sie war erst drei Jahre und vier Monate alt – ihren millionsten Passagier an Bord begrüßen.

Die Südamerikaverbindungen wurden auf Chile ausgedehnt, und die Flugzeit betrug jetzt nur noch einen Tag. Auch nach Indien und Japan wurden Fluglinien eröffnet. Dank des Fortschritts starteten und landeten die Super Connies problemlos in Gebieten, in die sich vor 20 Jahren nur die mutigsten Pioniere vorgewagt hatten.

Als Besonderheit richtete die Lufthansa im November auf ihrer Nordatlantiklinie den sogenannten „Senator Service" ein. Einmal wöchentlich beförderte eine eigens umgerüstete Super Star 30 Passagiere nach New York. Normalerweise faßte die Super Star 86 Personen in der Economy Class. In der „Senator" gab es nur acht Plätze in der Ersten Klasse, außerdem 18 „Luxussitze" und vier Betten. Ein Küchenchef sorgte während des Flugs für die Passagiere.

Absturz einer Connie

Die Lufthansa entwickelte sich unaufhaltsam zu einer der beliebtesten Gesellschaften des zivilen Luftverkehrs. Doch nicht immer verlief alles glatt. Am 11. Januar 1959 stürzte die D-ALAK, eine Super-G Constellation L-1049 beim Anflug auf Rio de Janeiro ab. Nur drei der zehn Besatzungsmitglieder und 29 Passagiere überlebten das Unglück. Wenn man allerdings bedenkt, daß dies nach fast einem Vierteljahrhundert unfallfreier Personenbeförderung der erste Absturz war, kann man geradezu von einer Rekordstatistik für die Lufthansa sprechen.

Mittlerweile hatte die Lufthansa 32 Flugzeuge im Einsatz: elf Lockheeds für die Langstreckenflüge nach Nord- und Südamerika, nach Asien und Afrika; 18 Maschinen für den Kontinentalverkehr (dazu zählten auch neun britische Vickers-Viscount-Propellerflugzeuge, die im Oktober zur deutschen Flotte gestoßen waren), sowie drei DC-3 Dakota für den Fracht- und Posttransport.

In diesem Jahr, dem letzten, in dem noch ausschließlich Propellermaschinen geflogen wurden, nahm die Lufthansa in ihren Winterflugplan zusätzlich Kalkutta und Bombay auf. Das Flugnetz der Gesellschaft erstreckte sich mittlerweile auf über 100.000 km – 786.000 Personen waren mit der Lufthansa in 44 Städte in 28 Ländern geflogen. Die Viscounts und die Super Connies taten noch bis 1967 Dienst; die großen Lockheeds blieben bis 1961 auf den Strecken nach Südamerika und Fernost im Einsatz. Das Ende ihrer Ära zeichnete sich jedoch schon 1959 ab, als die britische de Havilland Comet gezeigt hatte, daß Düsenflugzeuge durchaus rentabel sein können. Zudem fanden sie bei den Passagieren großen Anklang. Die Comet nahm zwar ein trauriges Ende, aber inzwischen war die Lufthansa zu einem einzigartigen Geschäft mit Boeing bereit.

Convair-Liner 340

Oben: Die Convair 340, entwickelt aus der früheren Convair 240 als Ersatz für die altgediente Douglas DC-3, war der erste Typ, den die neugegründete Lufthansa bestellte. Bei ihrer Übergabe in Hamburg am 29. November 1954 trug die D-ACOH noch diese Kennzeichnung. Rechtzeitig zur Aufnahme der Flugtätigkeit am 1. April 1955 erhielt sie dann den typischen Lufthansa-Anstrich. Mit ihren Triebwerken von Pratt & Whitney konnte die Convair 340 44 Passagiere bei einer Reisegeschwindigkeit von 457 km/h über 3.200 km transportieren.

Rechts und unten: Das einzige Propellerturbinenflugzeug der Lufthansa war die Vickers Viscount 814, die ab 1959 auf Mittelstrecken eingesetzt wurde. Bis 1971 blieb die bei den Passagieren sehr beliebte Viscount im Dienst.

Vickers Viscount 814

Unten: Die Viscount, das erste Verkehrsflugzeug mit Propellerturbinen, war eines der erfolgreichsten Flugzeuge in der Geschichte der britischen Luftfahrt. Seine Verläßlichkeit beeindruckte Passagiere und Fluggesellschaften gleichermaßen. Angetrieben von vier Rolls-Royce-Dart-Turbinen erreichten die jüngsten Modelle der Viscount mit 60 Passagieren eine maximale Reisegeschwindigkeit von 574 km/h. Die Lufthansa besaß neun Viscounts 814, die sie von 1958 bis 1971 auf europäischen Strecken einsetzte.

Rechts: 1957 erwarb die Lufthansa fünf Convair 440 Metropolitans. In Weiterentwicklung der 340 hatte man bei der 440 die Geschwindigkeit leicht erhöht und den Lärmpegel in der Kabine gesenkt. Die Lufthansa setzte diesen Typ auf Flügen nach Zürich und Wien ein.

Rechts: Mit Lockheed Super Constellations weihte die Lufthansa ihre Nordatlantikroute ein: Am 8. Juni 1955 flog die erste Maschine von Düsseldorf über Shannon nach New York. Die Tage der großen Propellermaschinen waren jedoch gezählt – in ganz Amerika liefen bereits Testprogramme für einen neuen Flugzeugtyp. Mit der Boeing 707 sollte das Zeitalter der Düsenflugzeuge beginnen.

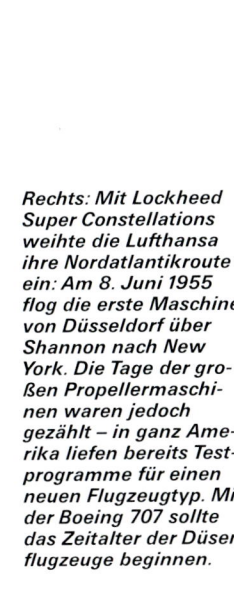

Die Geschichte der Lufthansa

> **Das Düsenflugzeug revolutionierte die Luftfahrt. Für Passagiere und Besatzung wurde das Fliegen angenehmer, da der neue Flugzeugtyp über den Wolken und damit über den Wetterzonen flog.**

Trotz der Probleme, die der Zweite Weltkrieg und die Nachkriegsjahre brachten, hatte sich die Lufthansa bereits in den sechziger Jahren ihre Vormachtstellung in der Internationalen Luftfahrt zurückerobert. Sie war eine der ersten Gesellschaften, die die neuen Düsenflugzeuge einsetzte, und bewies somit wieder einmal Weitblick.

RUND UM DIE WELT

Kaum ein Flugzeug wurde für die Luftfahrt so wichtig wie das neue Düsenflugzeug Boeing 707. Der schlanke Jet, der die Flugzeiten um die Hälfte verkürzte, leitete eine neue Ära in der Geschichte des Luftverkehrs ein. Beim Einsatz dieser neuen Technologie spielte die Lufthansa eine Vorreiterrolle.

Links: Nach Air France und BOAC war Lufthansa die dritte Gesellschaft in Europa, die die 707 einsetzte. Ihre ersten fünf Flugzeuge stammten aus der 400er Serie mit Rolls-Royce-Conway-Triebwerken. Die folgenden 18 Maschinen gehörten zur Serie 300 und besaßen JT3D-Triebwerke von Pratt & Whitney.

Rechts: Das Interesse der Lufthansa an der Douglas DC-8 führte dazu, daß der Prototyp N8008D die Farben der Lufthansa erhielt. Im Endeffekt erwies sich die 707 jedoch als attraktiver, und Lufthansa schloß mit Boeing ab.

Mit den Düsenflugzeugen, die die Flugzeiten um die Hälfte verkürzten, begann eine neue Ära in der Geschichte der Luftfahrt. Ein Flug über den Atlantik dauerte mit den neuen Jets nur noch 7–8 Stunden anstelle der 12–16 Stunden, die die alten Propellermaschinen brauchten. Für Passagiere und Besatzung wurde die Reise wesentlich angenehmer, da man nun immer unter blauem Himmel über den Wolken und den Wetterzonen flog. Die neuen Triebwerke waren äußerst zuverlässig, sparsam im Treibstoffverbrauch und im Inneren des Flugzeugs kaum zu hören – ganz im Gegensatz zu den dröhnenden Kolbenmotoren früherer Zeiten.

Wieder einmal vollbrachte die Lufthansa eine Pionierleistung auf dem Gebiet der Luftfahrttechnik: Im März 1960 stieß bereits die erste Boeing 707 (mit Rolls-Royce-Triebwerken) zu ihrer Flotte. Damit war der erste

Schritt zum neuen Ziel getan: Bis zum Jahre 1970 sollte die gesamte Flotte auf Düsenflugzeuge umgestellt werden. So begann für das deutsche Luftfahrtunternehmen mit dem riesigen amerikanischen Flugzeugbauer Boeing im Rahmen eines Exklusivvertrags eine Partnerschaft, die bis zum Eintreffen von vier McDonnell Douglas DC-10 im Jahre 1973 währte.

Ein sicherer Abnehmer

Das Abkommen kam beiden Beteiligten entgegen. In der Gewißheit, einen sicheren Abnehmer von Weltruf zu haben, konnte Boeing seine Angebotspalette weiter ausbauen. Die Lufthansa trug wesentlich zur Entwicklung des 737-Modells bei und ging Ende der sechziger Jahre sogar so weit, eine Anzahlung auf drei Boeing-2707-Überschalltransportflugzeuge zu leisten, die jedoch nie in die Produktion gingen. Als Gegenleistung für eine derartige Unterstützung brauchte die Lufthansa nie lange auf ihre neuen Maschinen zu warten. Als sie die 737 bestellte, war sie der erste Kunde.

Der Umstieg auf Düsenflugzeuge hatte bereits 1956 mit dem Projekt „Paper Jet" begonnen. Damit wurde nicht nur die Einkaufspolitik der Fluggesellschaft, sondern auch ihre Versorgungseinrichtung am Boden verändert. Ergebnis war die Eröffnung der „Schmetterlingshalle" in Frankfurt im März 1960 – nur einen knappen Monat vor der Ankunft der ersten 707. Diese größte und modernste Wartungshalle Europas hatte Lufthansa eigens für ihre neuen Düsenmaschinen bauen lassen.

Die neuen 707 wurden sofort auf der Nordatlantikroute eingesetzt, die bereits damals für jede Fluggesellschaft die rentabelste Linie war. So konnte man nun von Frankfurt aus ohne Zwischenlandung nach New York und Chicago fliegen. Zur Jahresmitte erreichten die neuen Jets über Paris

Ostafrikas jedoch nicht gewillt waren, ihren Luftraum für Flüge nach Südafrika freizugeben, flog man die Strecke ab Anfang 1963 über Lagos. Mit dieser neuen Route bot Lufthansa die schnellste Verbindung von Europa zum Kap an.

1964, im zehnten Geschäftsjahr nach ihrer Neugründung, zeigte sich, wie schnell und erfolgreich die Lufthansa gewachsen war. Im Juli stieg auf einem Flug von New York nach Stuttgart der zehnmillionste Passagier zu. Gleichzeitig konnte die Gesellschaft stolz verkünden, nun keine roten Zahlen mehr zu

Oben: Mit Einführung der Boeing 747 begann eine weitere Ära in der Geschichte der Luftfahrt. Auch bei diesem Typ zeigte sich die Lufthansa wieder schneller als andere – sie war die erste Gesellschaft, die die 747 in Europa einsetzte. Auf die drei Modelle aus der Serie 130, die ab März 1970 geliefert wurden, folgten zahlreiche Bestellungen für die 230.

Rechts: Das Lufthansa-Ausbildungszentrum genießt international einen guten Ruf. Dort werden nicht nur Piloten für den eigenen Bedarf, sondern auch für andere Länder und für die Luftwaffe ausgebildet. Vor Verlegung der Grundschulung nach Arizona flogen die zukünftigen Piloten zuerst auf der de Havilland Canada Chipmunk.

und Montreal auch San Francisco. Ende 1960 hieß die Lufthansa ihren einmillionsten Passagier seit ihrer Neugründung nach dem Krieg an Bord willkommen.

Ausbau traditioneller Routen

Gegen Mitte des nächsten Jahres beflogen die Düsenmaschinen der Lufthansa bereits 74% ihres Streckennetzes. New York war jetzt von München, Hamburg, Köln und Bonn aus zu erreichen. Die Fernostlinie wurde über Bangkok hinaus nach Hongkong und Tokio erweitert – eine Strecke von 15.150 km, die die 707 in 25 Stunden und 30 Minuten zurücklegte. Im Mai wurden sie zum ersten Mal auf der Südatlantikroute eingesetzt. Ab dem 1. Juli 1961 beflogen die neuen 707Bs (die kleinere Kurzstreckenversion der 707) der Lufthansa die Strecke nach Teheran.

Mit expandierendem Personenverkehr baute die Lufthansa auch ihren traditionellen Post- und Frachtverkehr weiter aus. Convair 440 und eine Viscount dienten der Bundespost im Nacht-Luftpostdienst, und im Rahmen eines Abkommens mit der amerikanischen Gesellschaft Seaboard World Airlines flogen kanadische Transportflugzeuge vom Typ CL-44D sechsmal die Woche von Frankfurt nach New York und zurück.

Doch für die Lufthansa sollte dieses Jahr als das „Afrika-Jahr" in die Annalen eingehen. Im März 1962 wurde ein Liniendienst zwischen der Bundesrepublik und Nigeria eingeweiht: Zweimal pro Woche pendelten Boeings vom Typ 720B zwischen Frankfurt und Lagos hin und her. Über Athen, Khartoum, Nairobi und Salisbury (das heutige Harare) wurde ferner eine Verbindung nach Johannesburg erschlossen. Da einige Länder

Boeing 707-3308

Die Boeing 707, eine der ersten modernen Verkehrsmaschinen, war ein wichtiges Element in der Umrüstungs- und Modernisierungspolitik der Lufthansa. Das hier abgebildete Exemplar wurde Ende 1966 geliefert, im November 1970 war die Flotte schließlich vollzählig.

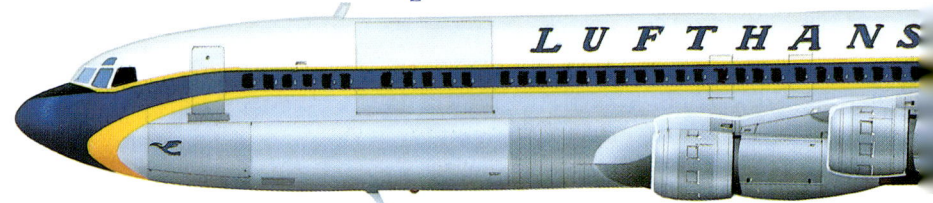

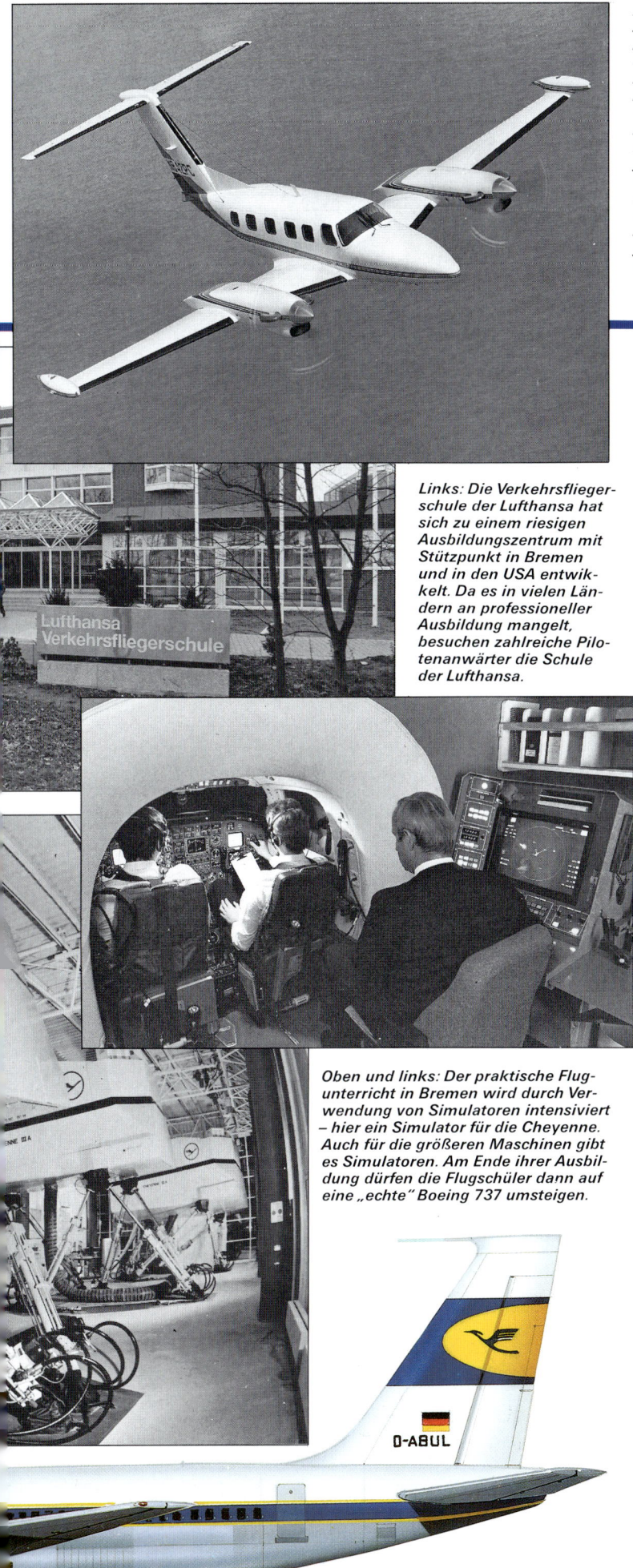

Links: Sobald die Flugschüler ihre Grundausbildung in den USA auf der Bonanza und Baron hinter sich gebracht haben, kehren sie zur weiteren Ausbildung nach Bremen zurück. Neben der einmotorigen Bonanza fliegen die Schüler auch die Piper Cheyenne und die Beech King Air, um sich mit mehrmotorigen Maschinen vertraut zu machen.

Links: Die Verkehrsfliegerschule der Lufthansa hat sich zu einem riesigen Ausbildungszentrum mit Stützpunkt in Bremen und in den USA entwickelt. Da es in vielen Ländern an professioneller Ausbildung mangelt, besuchen zahlreiche Pilotenanwärter die Schule der Lufthansa.

Lufthansa
Verkehrsfliegerschule

Oben und links: Der praktische Flugunterricht in Bremen wird durch Verwendung von Simulatoren intensiviert – hier ein Simulator für die Cheyenne. Auch für die größeren Maschinen gibt es Simulatoren. Am Ende ihrer Ausbildung dürfen die Flugschüler dann auf eine „echte" Boeing 737 umsteigen.

D-ABUL

schreiben – eine ausgesprochene Seltenheit bei staatlichen Luftfahrtgesellschaften. Das war nicht einmal der alten Lufthansa geglückt. Inzwischen wuchs die Jet-Flotte stetig an: Die ersten von insgesamt 12 Boeing 727 nahmen ihren Dienst auf Strecken in Europa und in den Nahen Osten auf – die Lufthansa war die erste Fluggesellschaft außerhalb der USA, die dieses Mittelstreckenmodell erhielt. 1965 bestellte sie weitere 21 Maschinen dieses Typs.

Im selben Jahr wurde dann auch eine Linie nach Sydney eröffnet. Die Lufthansa

High-Tech-Ausbildung

Als die Lufthansa im April 1955 ihren Dienst wieder aufnahm, wurden die meisten Flugzeuge der jungen Gesellschaft von Piloten der British European Airways oder der Trans World Airlines geflogen. Da es nach dem Krieg keinen Ersatz für die alte Verkehrsfliegerschule in Staaken (sie wurde 1935 geschlossen) gab, begann die Lufthansa auf eigene Faust mit der Umschulung früherer Luftwaffenpiloten und mit der Ausbildung eigener Besatzungen.

Im Jahre 1956 gründete die Lufthansa mit finanzieller Unterstützung des Bundes in Bremen ihre eigene Verkehrsfliegerschule. Seitdem hat sie nicht nur eigene Besatzungen ausgebildet, sondern auch Transportpiloten für die deutsche Luftwaffe und Piloten anderer Fluggesellschaften, vornehmlich aus Ländern der dritten Welt.

Diese Ausweitung war wirtschaftliche Notwendigkeit. 1959 hatte die Bremer Verkehrsfliegerschule alle Piloten ausgebildet, die die Lufthansa für ihre bis dahin auf 22 Maschinen angewachsene Flotte brauchte. Es bestand kein Zweifel, daß der Bedarf noch zunehmen würde, und so unterzeichnete die Schule mit dem Bundeswirtschaftsministerium ein Abkommen zur Ausbildung von Transportpiloten für die Luftwaffe. Ab 1960 wurden demzufolge jedes Jahr fast 25 Piloten für die Bundesluftwaffe ausgebildet.

Inzwischen war außerdem eine ganze Reihe neuer Staaten der Dritten Welt – eben in die Unabhängigkeit entlassen – dabei, zur Untermauerung ihres Status eigene Fluggesellschaften ins Leben zu rufen. Und dazu brauchten sie dringend Piloten. Bremens erster Kunde aus dieser Gruppe war Somalia, dessen Piloten im Rahmen des bundesdeutschen Entwicklungshilfeprogramms ausgebildet wurden. Ähnliche Abkommen mit Malawi, Libyen, Jemen, Kamerun, Lesotho, Sudan und Thailand folgten.

Ein volles Programm

Doch meist läuft nichts genau so, wie es geplant ist. In den sechziger Jahren hatte die Schule aufgrund des großen Andrangs von seiten der Lufthansa ihre Kapazitätsgrenzen erreicht. 1964 umfaßte die Flotte 44 Flugzeuge; 1970 waren es schon 70, alles Düsenflugzeuge. Mitte der sechziger Jahre fanden in Bremen 20.000 Flugstunden pro Jahr statt. Der Flughafen war dem Ansturm nicht mehr gewachsen.

1967 verlegte man deshalb die Grundausbildung nach San Diego in Kalifornien; Anfang 1970 zog das Zentrum nach Phoenix in Arizona um. Die Vorteile lagen auf der Hand: Phoenix hat etwa 300 Sonnentage im Jahr, und der Himmel über der Wüste ist geradezu leer.

In den ersten fünf Jahren erreichte das neue Ausbildungszentrum einen Schnitt von 60.000 Starts und Landungen pro Jahr. Die zukünftigen Piloten trugen allgemein einen Stetson, der in Phoenix zur inoffiziellen „Uniform" wurde. 1980 hatte die Bremer Verkehrsfliegerschule der Lufthansa, zu deren Flotte inzwischen 130 Flugzeuge zählten, 2.000 neue Piloten entlassen.

Ein Konjunkturrückgang im Bereich der Luftfahrt Anfang der achtziger Jahre bot Bremen eine weitere Gelegenheit zur Expansion: Andere Fluggesellschaften wurden aufgefordert, ihre Pilotenanwärter nach Bremen zu schicken. Swissair beispielsweise arbeitete ab 1983 mit Bremen zusammen, und Japan und Italien schickten ihre Flugschüler in den letzten Jahren ebenfalls dorthin. Inzwischen weitete man das Angebot auch auf Lehrgänge für Bordtechniker, Flugleiter und Flugzeugmechaniker aus. Zusätzlich finden Kurse im Instrumentenflug und zur Umschulung vom Flugingenieur zum Piloten statt. Letzteres erwies sich als sehr nützliche Investition, als die Lufthansa-Flotte Mitte der achtziger Jahre erneut expandierte.

Flugsimulatoren

Die Ausbildung selbst umfaßt Grundkurse auf drei britischen Flugsimulatoren-Rediffusion-Simulation, vier Ausbildungsflugzeugen vom Typ Piper Cheyenne IIIA und acht einmotorigen Beech Bonanzas – alles in Bremen. Zu den in Phoenix stationierten Flugzeugen gehören 12 Bonanzas, vier zweimotorige Beech Barons, zwei einmotorige Sundowners und – für den Kunstflug – zwei offene Doppeldecker vom Typ Great Lakes. Drei Viertel der Flugpraxis wird in Phoenix abgeleistet. Für jede Flugstunde arbeitet das Bodenpersonal zwischen 4,5 und 15 Stunden.

Der gesamte Lehrgang umfaßt 260 Flugstunden und 1.464 Stunden Theorie. Zur Theorie gehören 400 Stunden Navigation, 494 Stunden Technik, 174 Stunden Wetterkunde und 214 Stunden Luftrecht und Funkverkehr. Die restliche Zeit verbringen die Anwärter mit Sport, Erster Hilfe, Flugmedizin, Flugsicherung und Prüfungen.

Ein Großteil der Flugausbildung erfolgt in Phoenix. Jeder Schüler muß 170 Flugstunden auf der Bonanza, 55 Flugstunden auf der zweimotorigen Beech Baron und 10 Stunden Kunstflug absolvieren. In Bremen fliegen die Pilotenanwärter nur auf der zweimotorigen King Air und müssen sich in 16 Stunden auf einem Boeing-737-Ausbildungsflugzeug und in anderen Simulatoren mit den computerisierten und hochtechnischen Airbussen und der 400er Serie der 747 vertraut machen.

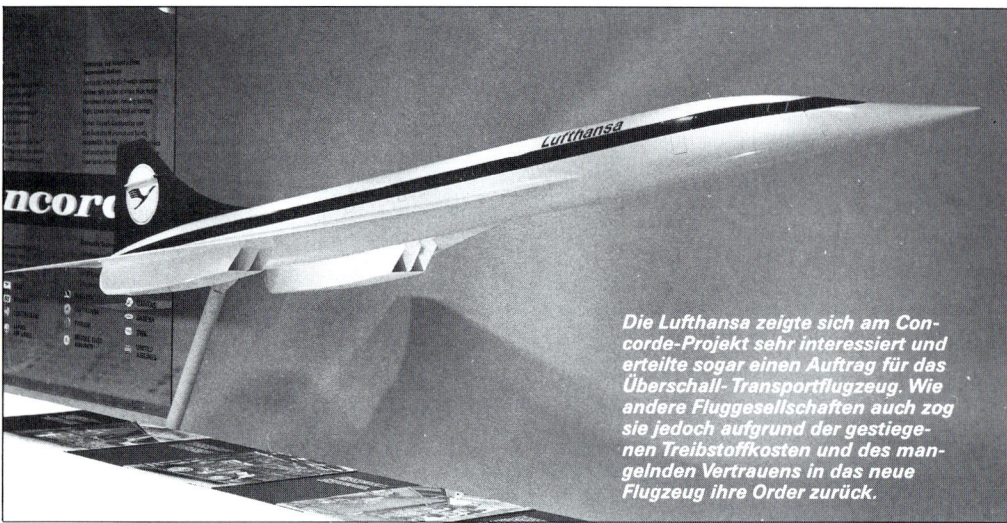

Die Lufthansa zeigte sich am Concorde-Projekt sehr interessiert und erteilte sogar einen Auftrag für das Überschall-Transportflugzeug. Wie andere Fluggesellschaften auch zog sie jedoch aufgrund der gestiegenen Treibstoffkosten und des mangelnden Vertrauens in das neue Flugzeug ihre Order zurück.

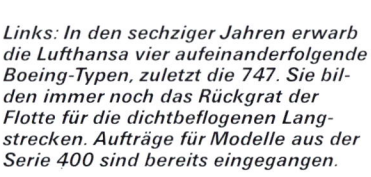

Links: In den sechziger Jahren erwarb die Lufthansa vier aufeinanderfolgende Boeing-Typen, zuletzt die 747. Sie bilden immer noch das Rückgrat der Flotte für die dichtbeflogenen Langstrecken. Aufträge für Modelle aus der Serie 400 sind bereits eingegangen.

Airbus A310-203

Um auch auf dem Chartermarkt präsent zu sein, gründete Lufthansa ihre Tochter Condor Flugdienst. Die Ausstattung der dort eingesetzten Maschinen ist ähnlich der der Linienflugzeuge, so daß beide bei Bedarf gegeneinander ausgetauscht werden können. Für Charterflüge zum Mittelmeer stehen der Condor sechs Airbus A310 zur Verfügung.

flog nun in alle fünf Kontinente der Erde und beförderte dabei zum ersten Mal in ihrer Geschichte mehr als eine Million Passagiere pro Jahr, genauer gesagt 1.258.034. Eine Jet-Frachttransportverbindung zwischen New York und Frankfurt mit einer Boeing 707 trug wesentlich zum Jahresfrachtumschlag von 56.395 Tonnen (dreimal soviel wie die alte Lufthansa in 15 Jahren befördert hatte) bei. Um sich in dem aufblühenden Luftfracht-Transportgeschäft behaupten zu kön-

nen, orderte die Lufthansa für das europäische Streckennetz zehn „schnell umrüstbare" Boeing 727-30, die mit wenig Aufwand von Passagierflugzeugen zu Frachttransportern umgebaut werden konnten.

Ein internationaler Multi

Gegen Ende der sechziger Jahre konzentrierte sich die Lufthansa vorwiegend auf eine Verbesserung ihrer Dienstleistungen und auf den Ausbau ihrer Betriebsstruktur.

Dazu gehörten die Abwicklung ihres Personen- und Frachtverkehrs über Computersysteme; die Errichtung einer Tochtergesellschaft, die Fertigmahlzeiten und Dienstleistungen an andere Luftfahrtgesellschaften verkaufte (etwa 55 Gesellschaften nutzten im ersten Jahr dieses Angebot); der Erwerb von Hotelketten zur Nutzung des Booms auf dem Charterflug- und Touristikmarkt, sowie der Zusammenschluß mit anderen Fluggesellschaften zu einer internationalen Organi-

Rund um die Welt

Im Zuge des Booms auf dem Luftfrachtmarkt gründete die Lufthansa ein eigenes Frachttransportunternehmen. Die so entstandene German Cargo verwendete aus dem Passagierdienst ausrangierte 707er.

sation zur Durchsetzung besserer Konditionen bei den Flugzeugbestellern.

Ein weiteres gemeinschaftliches Abkommen sah den Austausch von Dienstleistungen am Boden und von Personal vor. Gegen Ende der Dekade gründete die Lufthansa sogar ihre eigene Versicherungsgesellschaft. Der alte Kampfgeist der frühen Pioniere der Luftfahrt war einem ausgeprägten, auf Gewinnoptimierung ausgerichteten Geschäftssinn gewichen. Die Lufthansa sah sich nicht länger nur als Fluggesellschaft, sie hatte sich zu einem internationalen Konzern gemausert. Abenteuer standen nicht mehr auf dem Programm, wohl das letzte war die erste Landung eines Düsenflugzeugs in Nepal im Himalaya.

1970 setzte die Lufthansa als erste Gesellschaft die neuen Boeing Großraumflugzeuge mit Turbofan-Triebwerken ein. Die neue 747

Die German Cargo flog die 707 etliche Jahre, bis die Maschinen schließlich wegen Überalterung aus dem Verkehr gezogen und durch fünf Douglas DC-8-73 ersetzt wurden, die heute noch Dienst tun.

arbeitete ruhiger und umweltfreundlicher als ihre Vorgängerinnen und faßte zudem wesentlich mehr Passagiere. Im Betrieb und in der Wartung erwies sich dieser neue Typ jedoch als sehr teuer, so daß die Lufthansa schließlich zur Finanzierungserleichterung zusammen mit einigen anderen Fluggesellschaften das Gemeinschaftsunternehmen ATLAS ins Leben rief. Im Rahmen dieses Abkommens spezialisierte sich die Lufthansa auf die Wartung der Triebwerke der 747-Modelle von fünf verschiedenen Fluggesellschaften. Diese Arbeiten wurden im neueröffneten Hangar V in Frankfurt, dem größten Hangar der Welt, durchgeführt.

Kampf um Marktanteile

Gegen Ende der siebziger und Anfang der achtziger Jahre präsentierte sich die Lufthansa wie jede andere große Luftfahrtgesellschaft auch. Ausnahme war vielleicht ihr stetes Bestreben, in den schwarzen Zahlen zu bleiben, und ihre Bereitwilligkeit zur Erledigung einiger seltener, eigenwilliger Aufträge, wie zum Beispiel 1971 die Vermietung eines Jumbos an 20 japanische Brautpaare zum Zwecke einer gemeinschaftlichen Trauungszeremonie hoch in der Luft. Flugzeuge wie die der Lufthansa besaß jede andere Gesellschaft auch (obgleich einige DC-10 und die Airbusmodelle A300, 310 und 320 das Boeing-Monopol gebrochen hatten). Wie bei anderen Fluglinien auch lag die Herausforderung eher im Marketingbereich als in der Luft. Es galt, ein Heer von immer wohlhabenderen, erfahreneren und skeptisch eingestellten Passagieren davon zu überzeugen, daß Lufthansa etwas bieten konnte, was die anderen nicht hatten. Es war ein harter Kampf.

Unten: Nachdem MBB sich maßgeblich am Airbus-Projekt beteiligt hatte, war es keine Überraschung, daß die Lufthansa diesen Typ auf ihrem europäischen Streckennetz einsetzte. Derzeit fliegen neun A310-200 (im Bild), sieben A300, drei A310-300 und 15 A320-200 oder sind zumindest in Auftrag. Eine Bestellung erging ebenfalls für 15 A340 zum Einsatz auf wenig beflogenen, extrem langen Strecken.

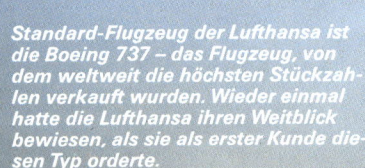

Standard-Flugzeug der Lufthansa ist die Boeing 737 – das Flugzeug, von dem weltweit die höchsten Stückzahlen verkauft wurden. Wieder einmal hatte die Lufthansa ihren Weitblick bewiesen, als sie als erster Kunde diesen Typ orderte.

Douglas DC-10-30

Die Zusammenarbeit zwischen Lufthansa und Boeing endete 1973 mit dem Einsatz von Maschinen des Typs DC-10 auf Langstrecken, für die die 747 zu groß war. Momentan stehen insgesamt 12 Flugzeuge dieses Typs im Dienst; zwei davon waren an die Condor für Charterflüge abgegeben worden. Sie sollen voraussichtlich 1992 durch den Airbus ersetzt werden.

Rund um die Welt

Links: 23 Boeing 727 aus den ersten Lieferungen sind heute noch auf europäischen Strecken im Einsatz, auf denen die großen Airbusse A300 und A310 unrentabel wären.

Unten: Neben ihrer eigenen beachtlichen Jumbo-Flotte (24 Maschinen vom Typ 747-230) wartet die Lufthansa auch die 747 von anderen Gesellschaften.

Boeing 737-230

Unten: Die 41 Flugzeuge der Baureihe 230 und die 20 der verbesserten Serie 330 der Boeing 737 fliegen vor allem auf Inland- und Europastrecken die kleineren deutschen Städte an. Von der DLT wurde zudem ein Zubringerdienst zu den großen Verkehrsknotenpunkten eingerichtet.

145

Die JUMBO-JET-Story

*Revolutionäre Leistungen im Flug-
zeugbau scheinen eine Spezialität der
Boeing Airplane Company zu sein.
Die 747 stellt viele andere Flugzeuge
in den Schatten, nicht nur durch ihre
Größe, sondern auch durch ihre
Bedeutung. Mit ihr vor allem begann
das Zeitalter des Langstrecken-Mas-
senverkehrs.*

Die Geschichte der 747 strotzt nur so von Superlativen. Der Jumbo ist das größte, schwerste und stärkste strahlgetriebene Verkehrsflugzeug der Welt. Man sollte aber Boeings Leistung nicht nur an der Reichweite und der Nutzlast der 747 messen. Im Vergleich zu den Mustern, die seinerzeit eine neue Epoche im zivilen Luftverkehr über große Entfernungen einleiteten – etwa die Boeing 707 und die Douglas DC-8 –, war Boeings neuer Gigant viel leiser und verbrauchte wesentlich weniger Treibstoff. Für das Problem, den ständig wachsenden Flugverkehr und den Ruf nach größerer Umweltverträglichkeit zu vereinbaren, brachte die 747 zweifelsohne den größten Einzelfortschritt,

den die Flugzeugkonstrukteure jemals erreicht haben.

Dabei ist der erfolgreiche Entwurf der 747 zumindest teilweise einem früheren Fehlschlag zu verdanken. Wie fast alle großen amerikanischen Flugzeughersteller hatte sich auch Boeing Anfang der sechziger Jahre um den Zuschlag für das CX-HLS, ein gigantisches, schweres Logistik-Transportflugzeug für die US Air Force, bemüht. Wer das Werk in Seattle besichtigte, dem raubte der Anblick des riesigen Modellspants, der den Rumpfquerschnitt des künftigen neuen Musters wiedergab, förmlich den Atem. Um den Besuchern eine Vorstellung von der realen Größe zu vermitteln, teilte man ihnen

mit, daß in die fertige Zelle acht 707 hineinpassen würden – natürlich ohne Tragflächen und Leitwerke.

Im September 1965 gab der amerikanische Verteidigungsminister den Gewinner der CX-HLS-Ausschreibung bekannt: Lockheed-Georgia. Für Boeing bedeutete dies Ergebnis einen gewaltigen Rückschlag. Später sollte sich allerdings zeigen, daß das gesamte Programm durch politische, technische und finanzielle Schwierigkeiten belastet war. Boeings Reaktion auf diese Entscheidung bestand darin, das CX-HLS-Team auf ein neues Projekt, die „Model 747", anzusetzen – einen neuen, strahlgetriebenen Großraumgiganten für die zivile Luftfahrt.

Sieht man einmal von der militärischen Galaxy ab, so ist die 747 das größte Luftfahrzeug, das westlichen Fluggesellschaften für den Massentransport über große Entfernungen je zur Verfügung stand. Diese 747F der Flying Tigers hat einen nach oben klappbaren Bug, um sperriges Gut problemlos laden zu können.

Der geräumige Innenraum der 747 läßt sich mit einer erstaunlichen Vielfalt an Sitzkonfigurationen dem jeweiligen Bedarf optimal anpassen. Die 747SR ist eine Kurzstreckenversion mit dichter Bestuhlung, die sich vor allem in Japan durchgesetzt hat. Das rechte Bild zeigt ein frühes Kabinenmodell mit der Sitzeinrichtung für zwei Laufgänge.

Ein paar 747 sind sogar in den militärischen Bereich vorgestoßen. Am bekanntesten sind wohl die E-4Bs, die in der USAAF in der Führungsorganisation eingesetzt werden. Noch vor der Revolution erwarb der Iran zehn Maschinen dieses Musters für Transport-, Luftbetankungs- und Aufklärungszwecke. Die iranischen 747 können auch selbst in der Luft aufgetankt werden.

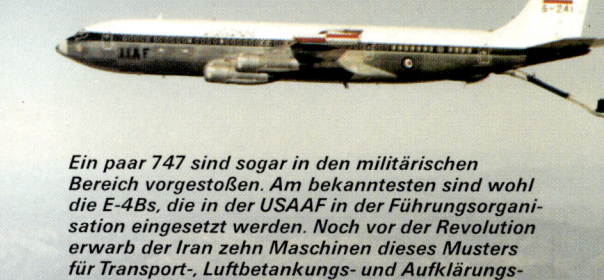

Boeing kann auf eine stolze Geschichte zurückblicken, die von kühnen Entscheidungen in der Flugzeugentwicklung geprägt ist. Wie schon bei der 707 hat das Unternehmen trotz öffentlicher Kritik und allgemeiner Skepsis am Konzept der 747 festgehalten.

Wachsendes Interesse

Ein paar Monate zuvor hatte Boeing bereits eine kleine Gruppe mit dem Entwurf einer Linienmaschine in der Größenordnung des CX-HLS-Projektes beauftragt. Es gab mehrere Gründe, die für die Konstruktion eines so riesigen Verkehrsflugzeugs sprachen. Die Marktforschung des Unternehmens hatte gezeigt, daß ein wachsendes Interesse an einem derartigen Flugzeug bestand. Dieses Konzept bot nicht nur mehr Komfort, es schien auch offensichtlich, daß Fluggäste größeres Vertrauen in sehr große Verkehrsmaschinen setzten.

Aus technologischer Sicht ermöglichte die Entwicklung gewaltiger Bläsertriebwerke mit hohem Nebenstromverhältnis die Beförderung von Passagieren und Fracht über riesige Entfernungen in einer bisher noch nie erreichten Größenordnung. So konnten etwa 400 Passagiere oder 100 Tonnen Fracht nonstop über den Atlantik gebracht werden – und das bei einem Bruchteil des Treibstoffverbrauchs und der Umweltbelastung bisheriger Muster. Der Wettlauf um das CX-HLS hatte gezeigt, daß die Mittel für den Bau und die Akzeptanz für den Betrieb eines solchen Flugzeugs gegeben waren. Für den Antrieb standen sicher mehr als nur ein Triebwerktyp zur Auswahl.

Die Entwicklung der 747 bedeutete selbst für das erfahrene Unternehmen Boeing einen gewaltigen Kraftakt, eine Herausforderung an alle Abteilungen. Das CX-HLS für die USAAF wäre ein Nur-Frachter geworden, für den es, vereinfacht ausgedrückt, praktisch nichts weiter als eines einzigen riesigen Innenraums mit Tragflächen bedurft hätte. Die 747 dagegen mußte ein ganz anderes Flugzeug werden. Die Abmessungen und die Form waren praktisch die einzigen Vorgaben – eine im Maßstab vergrößerte Ausgabe der klassischen 707. Zunächst war also die optimale Rumpfform zu finden.

Zwei Röhren

Für ein druckbelüftetes Flugzeug ist eine Röhre die ideale Rumpfform; eine einzige Röhre mit einem Durchmesser von 6 m machte aber wenig Sinn. Man braucht nur in Gedanken einen Kabinenboden einzuziehen und Sitze anzuordnen, dann erkennt man sofort, daß entweder oben oder unten zuviel toter Raum bleibt. Folglich untersuchte man für die 747 zweizellige Lösungen in horizontaler und vertikaler Anordnung. Auf diese Weise war das Rumpfvolumen optimal genutzt; das Konzept scheiterte aber an der streng konservativen Einstellung der meisten Fluggesellschaften. Die Unternehmen, mit denen Boeing das Projekt durchdiskutierte,

Trans World Airlines war die zweite Fluggesellschaft, die die 747 erhielt. Sie übernahm ihre beiden ersten 747-131 (einschließlich der abgebildeten Maschine) am letzten Tag des Jahres 1969.

Unten: Der gesamte Vorderrumpf einer 747 wird für den ersten Teil der Endmontage zum Mittelrumpf hin bewegt. Gewaltige Deckenkräne in der Montagehalle ermöglichen es, die schweren Baugruppen problemlos an die richtige Stelle zu transportieren.

Rechts: Bugteile der 747 werden innerhalb des Boeing-Werks zur Teilmontage transportiert. Die Boeing-Werksanlagen in Renton konnten die 747 räumlich nicht verkraften, so daß eine neue Produktionsstätte in Everett gebaut werden mußte.

Rechts: An Laufkatzen hängend, wird die Bugsektion mit dem Mittelrumpf zusammengefügt; im zweiten Bild sieht man, wie der hintere Rumpfabschnitt hinzugefügt wird. Der Mittelrumpf wird mit den Tragflächen als komplette Unterbaugruppe gebaut, um strukturelle Integrität zu gewährleisten.

lehnten die Zwei-Röhren-Auslegung übereinstimmend ab.

Das Endergebnis durfte also keine umwälzende Neuerung darstellen. Boeing ließ sich allerdings einige Innovationen einfallen, die neue Maßstäbe setzten. Der Querschnitt blieb mehr oder weniger rund. Der Kabinenboden wurde auf einer Ebene un-

mittelbar oberhalb der Tragflächen eingesetzt. Damit verblieb ein 2,44 m breiter Unterflurraum für Gepäck, Fracht, Hilfssysteme, Tragflächen, Hauptfahrwerk und verschiedene andere Teile.

Der nächste Schritt war die Verlegung des Flugdecks; man plazierte es etwas höher und etwas weiter vom

Bug entfernt. Dadurch stand der ganze Raum bis zur Bugspitze für die Nutzlast zur Verfügung. Das bedeutete einen nicht unbeträchtlichen Raumgewinn und bot die Möglichkeit, ein vorderes Ladetor über die volle Rumpfsektion einzubauen. Die Installation des Wetterradars verhinderte leider ein Panoramadeck mit großen Sichtscheiben im vorderen Bugabschnitt.

Das nach oben verlegte Flugdeck verursachte allerdings einen kleinen Buckel, der aber strömungsgünstig in den hinteren Rücken auslief. Boeings Vorschlag, diesen Teil zu einem zusätzlichen Passagierraum auszubauen, stieß bei den Fluggesellschaften auf Begeisterung. Die Vorstellung von einer Wendeltreppe, die zu einem Aufenthaltsraum erster Klasse oder zu einer Cocktailbar führte, war verlockend und weckte Erinnerungen an die schöne Zeit der alten 377 Clipper. Der gewonnene Raum ließ sich aber auch zu einer Fluggastkabine für 32 zahlende Passagiere erster Klasse in entsprechend komfortabler Umgebung gestalten.

Jumbo Jet

Am 13. April 1966 war es soweit, die 747 erschien im Rampenlicht der Öffentlichkeit. Pan Am übernahm die Vorreiterrolle und gab der wie vom Donner gerührten Welt der Flugzeugindustrie bekannt, daß sie 25 Maschinen dieses Musters bestellt habe. Vor über einem Jahrzehnt hatte dieselbe Fluggesellschaft mit der Boeing 707 die Ära des „Big Jet" eingeläutet. Nun suchte die Presse nach passenden Schlagzeilen, die die neue Dimension dieses Luftfahrzeugs am

besten ausdrücken konnten. Man fand den Begriff „Jumbo Jet", der schließlich zum Synonym für das neue Großraumflugzeug wurde.

Als nächste zeichneten die Lufthansa und Japan Air Lines kleinere Abschlüsse. Auf der Basis dieses nur dürftigen Auftragspolsters fand Boeing den Mut, die 747 in Serie gehen zu lassen. Das Unternehmen hatte einmal mehr in der Geschichte seiner Entwicklung eine dieser gravierenden Entscheidungen getroffen, die es in ein finanzielles Risiko verwickelte, das den Nettowert der Firma mehrfach überstieg.

Die unmittelbare Konkurrenz in Gestalt von Douglas und Lockheed zeigte sich sehr skeptisch. Die Haltung bei Douglas kann man nur schwerlich einschätzen, da dieser namhafte Hersteller in einer schweren Finanzklemme steckte. Das offenbarte nur wenige Wochen später die Fusion mit dem finanzstarken Unternehmen McDonnell. Öffentlich gab die Konkurrenz jedenfalls die Meinung ab, daß die Welt für ein solches Flugzeug noch nicht bereit sei. Während der nächsten 18 Monate versuchten beide Hersteller, den amerikanischen Binnenmarkt mit großen dreistrahligen Verkehrsmaschinen, der DC-10 und der L-1011, für sich zu vereinnahmen. Beide setzten in etwa die gleiche Technologie wie die 747 ein – die Kabinenbreite war beispielsweise fast identisch. Das wesentlich kleinere Schub-/Gewichtsverhältnis dieser Muster bedeutete jedoch, daß sie längst nicht an die Reichweite und Nutzlast der 747 herankamen. Somit blieb die 747 mit Abstand konkurrenzlos, und daran hat sich bis heute

Beim Start des von JT9D angetriebenen Prototyps sieht man das charakteristische Vierfach-Hauptfahrwerk der 747. Die Turbofan-Triebwerke mit hohem Nebenstromverhältnis setzten völlig neue Maßstäbe für niedrigen Lärmausstoß, geringen Treibstoffverbrauch und umweltschonenden Betrieb.

...ten: Mit der Anbindung des ...itwerks ist der Zusammen-...u der Hauptbaugruppen ...m kompletten Flugwerk ...geschlossen. Große Arbeits-...hnen, Leitern, Stellagen und ...wegliche Plattformen um-...gen jetzt die Zelle für letzte ...sstattungen.

Rechts: Mit ihrer kühnen Entscheidung für die revolutionäre 707 hatten Pan Am und Boeing den Markt bereits einmal in Bewegung gebracht; jetzt betätigte sich das Paar wieder als Schrittmacher für die 747. Das erste Baulos für Pan Am wurde Ende 1969/Anfang 1970 geliefert. Die Maschinen gehören zum Bild aller Airports der Welt.

Boeing 747-346
Japan Air Lines

OBERDECK
Die Series 300 erhöht die maximale Sitzkapazität des Oberdecks von 32 auf 69 Sitze. Die meisten Betreiber nutzen diesen Raum allerdings als Erster-Klasse-Abteil. Der typische Einrichtungsplan sieht 26 Luxussessel vor.

Die 747-300 wurde mit einem erweiterten Oberdeck entwickelt, um zusätzlichen Kabinenraum für mehr Passagiersitze oder einen Ruheraum für die Besatzung bei Langstreckenflügen zu gewinnen. Während die Abflugmasse in etwa gleich blieb, steigerte sich die Reisefluggeschwindigkeit durch die bessere Aerodynamik auf Mach 0,85. Die Swissair und die UTA waren die ersten Abnehmer dieser Version, die seitdem bei zahlreichen Langstrecken-Fluggesellschaften wie South African Airways, Singapore Airlines und Cathay Pacific sehr beliebt ist.

FAHRWERK
Beim Landeanflug sind alle vier Hauptfahrwerksachsträger schräg nach oben gestellt, um den Landestoß der schweren 747 besser abzufangen.

nichts geändert. 1966 jedoch stand die 747 zunächst auf äußerst wackligen Beinen; Boeing konnte sich aber auf keinen Fall eine Fehleinschätzung erlauben.

Einer der Faktoren, die die Entwicklungskosten für die 747 in die Höhe trieben, war der Umstand, daß die Boeing-Werke in Seattle nicht genug Platz boten. Boeing mußte einen neuen Werkskomplex mit 6.000 000 m² umbautem Raum mitten im Wald rund 50 km nördlich von Seattle errichten. Das neue Boeing-Everett-Werk, dessen Ausmaße einmalig auf der Welt waren, kostete allein über 200 Millionen Dollar – von den anstehenden Kosten für die Konstruktion der Flugzeuge ganz zu schweigen.

Am 30. September 1968 rollte das erste firmeneigene Muster in großer Aufmachung mit der Zulassung N7470 aus der Montagehalle des neuen, auf Hochtouren laufenden Boeing-Werks. Nach dem Abschluß der Bodentests absolvierte Jack Waddell mit der Maschine am 9. Februar 1969 einen einwandfreien Jungfernflug; das firmeneigene Begleitflugzeug vom Typ Canadair Sabre nahm sich im Vergleich wie eine Elritze hinter einem Wal aus. Die Flugerprobung und das Zulassungsprogramm verliefen ebenfalls reibungslos, wenn auch etwas später als vorgesehen. Am 30. Dezember erteilte das amerikanische Luftfahrtbundesamt die Musterzulassung. Am 21. Januar 1970 eröffnete die Pan Am den „Jumbo-Dienst" auf der Strecke New York-London.

Auswirkungen

Der Lufttransport hatte eine neue Dimension erhalten. Die 747 war nicht dafür konzipiert, neue Geschwindigkeitsweltrekorde aufzustellen – wenn auch ihre Reisegeschwindigkeit die Flugzeiten im Langstreckenverkehr erheblich zusammenschrumpfen ließ. Ihre eigentliche Bedeutung lag vielmehr darin, daß Menschen oder Fracht in einer ganz anderen Größenordnung rund um den Globus bewegt werden konnten.

Auswirkungen ergaben sich auch für Flughafenabfertigung, die allerorts zunächst völlig überfordert war, wenn nach der Landung eines „Jumbo-Jets" 500 Fluggäste gleichzeitig ausstiegen.

Die 747 stellte in ihrer Grundauslegung eine vergrößerte Ausgabe der klassischen 707 dar, ihre riesigen Abmessungen verursachten allerdings einige ganz spezielle – zum Teil unvorhergesehene – Probleme, zum Beispiel die Notwendigkeit eines au-

ßerordentlich starken Mehrfach-Hauptfahrwerks, das teilweise in den Tragflächen gelagert werden mußte. Auch hier fand Boeing einen neuen Weg. Etwa die Hälfte des Gewichts fing ein vierrädriges Achsträgerpaar auf, das im hinteren Flügelkasten gelagert und nach innen eingefahren wurde, genau wie bei der 707. Die andere Hälfte trug eine ähnliche Fahrwerksgruppe, deren Einzelelemente in größtmöglichem Abstand zueinander an einem Hauptrumpf-

Die Großen im Luftfahrt-Fernverkehr übernahmen die 747 sehr bald, nachdem ihre Qualität erst einmal erwiesen war. Die Qantas machte da keine Ausnahme: Sie erhielt ihre ersten Maschinen 1971.

TRIEBWERKE
Die 747 kann mit drei unterschiedlichen Triebwerktypen ausgestattet werden: mit dem General Electric CF60, dem Pratt & Whitney JT9D und dem Rolls-Royce RB.211. Die Series 300 der JAL fliegen mit JT9D-7R4G2-Triebwerken, die je 24.834 kp Schub abgeben.

UNTERES KABINENDECK
Die Series 300 hat das gleiche Hauptkabinendeck wie die früheren 747; sie kann in der wirtschaftlichsten Auslegung (nur eine Klasse) rund 450 Fluggäste aufnehmen. Sieben zusätzliche Sitze bringt der Austausch der Wendeltreppe gegen einen geraden Aufstieg zum Oberdeck.

EINSATZ
Japan Air Lines betreibt die größte 747-Flotte der Welt mit den Versionen Series 100, 200, 300 und SR. Derzeit verfügt sie über einen Bestand von insgesamt 62 Maschinen dieses Musters, die ab Ende 1989 noch durch 20 Series 400 verstärkt werden sollen.

TREIBSTOFF
Die 747 verfügt über eine enorme Reichweite dank der sieben Integraltanks in den Tragflächen und einer Treibstoffzelle im Mittelstück. (Auf Wunsch kann ein Rumpftank eingebaut werden.) Die Gesamtkapazität beträgt 204.355 l Kraftstoff.

Bald gingen auch Bestellungen für kleinere Stückzahlen ein: Das zeigt, daß es inzwischen eine Prestigefrage war, eine 747 zu betreiben. Gesellschaften wie Olympic fanden in diesem Muster eine perfekte Lösung für ihre stark frequentierten Langstreckenrouten, die gewöhnlich über den Atlantik führten.

spant befestigt waren und nach vorn in Flächen/Rumpfverkleidungen einzogen. Hierbei handelte es sich um – wieder ein Superlativ – die größten Glasfasergebilde, die je für ein Flugzeug entworfen wurden.

Ansonsten blieb die 747 weitgehend im konventionellen Rahmen. Anders als bei der 707 wurden jedoch alle Steuerflächen über Kraftverstärker betätigt. Von allen typischen Einzelmerkmalen der 747 war aber keines so bedeutsam wie der Antrieb. Die Triebwerke mußten ein hohes Nebenstromverhältnis haben, wie es das CX-HLS-Programm gefordert hatte.

Dieses Programm hatte zwar General Electric für sich entschieden, Boeing wählte aber Pratt & Whitney als Triebwerkhersteller für seine monströse 747. „Verläßliche Triebwerke" lautete das Motto des Unternehmens in Connecticut: Da es mit Boeing über die 707, 727 und 737 seit langem eng verbunden war, lag diese Wahl nahe.

Mehr Leistung

Pratt & Whitney durchliefen damals nicht gerade eine Glanzperiode. Die Erfahrungen dieses Unternehmens mit der F-111 hätten schlechter kaum sein können. In der

ersten Phase schien mit dem mächtigen JT9D ein ähnliches Dilemma auf die 747 zuzukommen. Zur Entlastung des Triebwerkherstellers muß allerdings betont werden, daß ein Vorstoß zu einer derart unbekannten Größenordnung einer technischen Großtat gleichkommt. Zudem hatte Pratt & Whitney die Entwicklung des JT9D in kleinen, maßvollen Schritten geplant, mußte aber plötzlich völlig umdisponieren. Auch konnte Boeing die Gewichtsangaben der 747 nicht einhalten – die Folge war der Ruf nach immer stärkeren Triebwerken vom ersten Tag an bis hin zur nach-

Für Truppenbewegungen bei Groß-
übungen heuert die amerikanische
Regierung regelmäßig 747-Maschi-
nen bei Chartergesellschaften an.
Hier holt gerade eine Maschine der
Tower Air Fallschirmjäger der 101st
Airborne nach der Übung „Bright
Star" aus Ägypten ab.

Rechts: Das Fehlen von Kabinenfenstern kennzeichnet die Frachtversio-
nen der 747. Die Frachtbeförderung
auf dem Luftweg erhält zunehmend
größere Bedeutung, und auf dem
Gebiet des raschen Transports von
Großfracht ist die 747 derzeit un-
schlagbar.

Boeing schaffte es, eine Reihe von
Douglas-Stammkunden auf seine
Seite zu ziehen, da es einfach keine
Alternative zur 747 gab. Ein typisches Beispiel ist die Swissair, die
zunächst ein paar 747 der Series
200 (im Bild) erwarb, bevor sie sich
für den Fernverkehr auf die Series
300 stützte.

träglichen Leistungssteigerung, um das Wachstumspotential der 747 auszuschöpfen.

Geplant hatte Boeing seine 747 mit einer Spannweite von 56,07 m und einer maximalen Abflugmasse von 283.750 kg. Nach der Fertigstellung war das Gewicht um fast 15% auf 322.050 kg gestiegen und die Spannweite auf 59,66 m gewachsen. Die Pfeilung an der 1/4-Linie war leicht zurückgenommen auf 37,5°. Die Tragflächen wurden mit gigantischen, an langen Führungsschienen beweglichen Dreifach-Spaltklappen an der Hinterkante ausgerüstet, an der Nasenkante befand sich eine neue Art von Krügerklappe. Hydraulische Stellzylinder ließen diese Nasenklap-

Was der Auftritt einer 747 einst ein außerordentliches Spektakel, so gehört sie inzwischen zum Alltagsbild eines jeden größeren Flughafens. Auch dies ein Gradmesser für den Erfolg der 747. Hier rollt eine Maschine der Air France zum Abstellplatz auf dem Flughafen Kai Tak in Hongkong.

In feierlichem Rahmen wird der Bau der 500. 747 gewürdigt, ein bedeutender Erfolg für Boeing. Die nächste Feier steht bereits ins Haus, denn der „Rollout" der 1.000sten Maschine rückt in greifbare Nähe.

pen im Bogen nach unten schwenken, so daß die ursprünglich flache Krügerklappe eine gewölbte Auftriebsfläche mit optimaler Form ergab. Für die 747 wurde Mach 0,9 für den Reiseflug festgesetzt im Vergleich zu 0,86 bei der 707.

Der Ruf nach mehr Leistung war aber nicht das einzige Problem des JT9D-1. Eine der Hauptschwierigkeiten stellte sich für den Start bei Seitenwind, oder krass ausgedrückt: Unter solchen Bedingungen war ein Start überhaupt nicht möglich. Am Bläser und Hochdruckverdichter riß die Strömung ab, und die Temperatur stieg sofort in den roten Bereich. Dem Flugzeugführer blieb dann nichts anderes übrig, als die 747 in den Wind zu drehen, sofern das ging, oder aber anderes Wetter abzuwarten. Boeing und Pratt & Whitney entwarfen gemeinsam eine neue Triebwerkgondel mit einem kompletten Ring zusätzlicher Ansaugklappen in der Frontpartie, die bei späteren Versionen nicht mehr benötigt wurden.

Ein sehr viel ernsteres Problem stellte eine Erscheinung dar, die sich bislang noch nie ergeben hatte. Pratt & Whitney umschrieb dieses Phänomen mit dem Begriff „Ovalisieren". Der gesamte Triebwerkkörper, die Zelle, die Spanten, alles hatte perfekte Kreisform. Wenn nun das Triebwerk an zwei Punkten unter den Stiel gehängt wurde, bewirkte seine riesige Masse, deren Gewicht noch durch vertikale Beschleunigungen beim Rollen auf unebenen Rollbahnen oder beim Durchfliegen turbulenter Luftschichten erhöht wurde, daß sich bestimmte Teile verzogen. Was einst rund war, nahm zeitweise ovale Form an. Daraus resultierten ein Druckabfall im Hochdruckverdichterteil und

ein erheblicher Anstieg des Kraftstoffverbrauchs über den gesamten Leistungsbereich. Als gravierendes Übel erwiesen sich nun die engen technischen Toleranzen: Durch das Ovalisieren kamen die Leitschaufeln mit statischen Teilen des Gehäuse in Berührung; teure Triebwerkschäden und sogar Brandgefährdung konnten die Folgen sein.

Konkurrenzlos

Man fand die Lösung in Form einer Y-Aufhängung, die die Gesamtbelastung besser auf die Triebwerkzelle verteilte; nun mußte aber eine leidige Verzögerung in Kauf genommen werden. Dabei setzte Boeing im September 1969 alles daran, so viele 747 wie möglich für Pan Am fertigzustellen – und 17 ansonsten komplette Jumbos warteten auf Abstellplätzen in den Everett- Anlagen auf die modifizierten Triebwerke.

Letztendlich bekam Pan Am seine neuen Airliner, und Boeings Wagemut machte sich bezahlt. Inzwischen sind über 900 Exemplare der 747 verkauft worden; ihre heutige Version kostet ungefähr 150 Millionen US-Dollar, im Vergleich zum Stückpreis von 18,5 Millionen US-Dollar, die Pan Am für das erste Baulos zahlte. Selbst wenn das Unternehmen keine einzige 747 mehr verkaufte, so könnte dieses Muster seinen Hersteller noch mindestens dreißig Jahre lang durch ein riesiges Paket an Wartungs- und Neuerungsmaßnahmen tragen. So wie die Dinge liegen, bleibt dieser Typ auch in absehbarer Zeit konkurrenzlos. Doch bevor die 747 diese beneidenswerte Position erreichte, mußte sie ein breitgefächertes Spektrum tiefgreifender Verwandlungen durchlaufen.

Die **JUMBO-JET**-Story

Der Leitelefant

Die neue Boeing 747 bot einen überwältigenden Anblick; sie war weitaus größer und antriebsstärker als alle bisherigen Muster. Umso erstaunter stellte man fest, daß diese monströse Maschine weniger Umweltschäden verursachte als all ihre Vorgänger.

Beim Start röhrten die mächtigen Triebwerke nicht mehr, sondern brummten gemächlich. Wie konnte ein solch gigantisches Flugzeug in die Luft steigen, ohne kaum mehr Lärm zu entwickeln als eine Nähmaschine? Schließlich wogen die 178.690 l Treibstoff der 747 genausoviel wie eine vollbeladene 707, die vergleichsweise ohrenbetäubend laut war.

Des Rätsels Lösung lag in den JT9D-Triebwerken von Pratt & Whitney. Die 747 wurde am 21. Januar 1970 in Dienst gestellt, nur einen Monat später als geplant. Innerhalb eines Jahres hatte Pratt 653 Triebwerke geliefert, Anfang 1973 waren es bereits 1.132. Auch die Betriebszeiten konnten sich sehen lassen: 1975 hatten die JT9Ds 12 Millionen Flugstunden geleistet; heute dürften 90 Millionen bereits überschritten sein.

Mehr Schub

Da das Gewicht der 747 während der Entwicklung immer mehr zunahm, mußte P&W die Leistung des JT9D in kürzester Zeit steigern. Möglicherweise lag darin auch die Ursache für spätere Probleme mit der Zuverlässigkeit. Sie besserten sich allerdings bei dem JT9D-3A mit Was-sereinspritzung, der einen Schub von 20.411 kp lieferte. 1974 brachte das neue JT9D-7 mit einer Leistung von 21.319 kp bzw. die Untervarianten -7A mit 21.623 kp und -7F mit 22.680 kp Schub. Die gesteigerte Schubleistung ermöglichte es Boeing, das Gewicht der 747 deutlich zu erhöhen.

Ende 1968 begann Boeing die Entwicklung eines Flugzeugs mit einer Betriebsmasse von 350.000 kg, dessen Antrieb das Dash-7-Triebwerk liefern sollte. Die erste Maschine mit der stolzen Aufschrift Boeing 747B hob am 11. Oktober 1970 zum ersten Mal vom Boden ab. Es war das 88. Serienflugzeug und das erste von fünf 747-251B für Northwest Orient. Die schnell wachsende Zahl unterschiedlicher Varianten für die verschiede-

Selbst die kommunistische Welt kam an der Boeing 747 nicht vorbei, da es einfach keine Konkurrenzmaschinen im internationalen Wettbewerb gibt. China führte dieses Muster für seine Fernverbindungen ein und betreibt gegenwärtig vier 747SP und drei 747-200.

Links: Die 747SP gewann ihre enorme Reichweite nur durch einen beträchtlichen Verlust an Innenraum. Saudi-Arabien erwarb drei Maschinen dieser Version, von denen eine der Saudi Royal Flight zur Verfügung steht.

Das Grundmuster 747 revolutionierte den Luftverkehr weltweit; Boeing ruhte sich jedoch keineswegs auf ihren Lorbeeren aus. Neue Versionen konnten noch mehr Fluggäste über noch größere Entfernungen befördern; gleichzeitig erschienen Varianten, die auf spezielle Aufgaben zugeschnitten waren.

Die Erweiterung des Oberdecks brachte der 747-300 nicht nur eine größere Sitzkapazität ein, sondern verbesserte zugleich ihre Reisegeschwindigkeit. Mit elf Maschinen gehört Singapore Airlines zu den Hauptnutzern dieser Version.

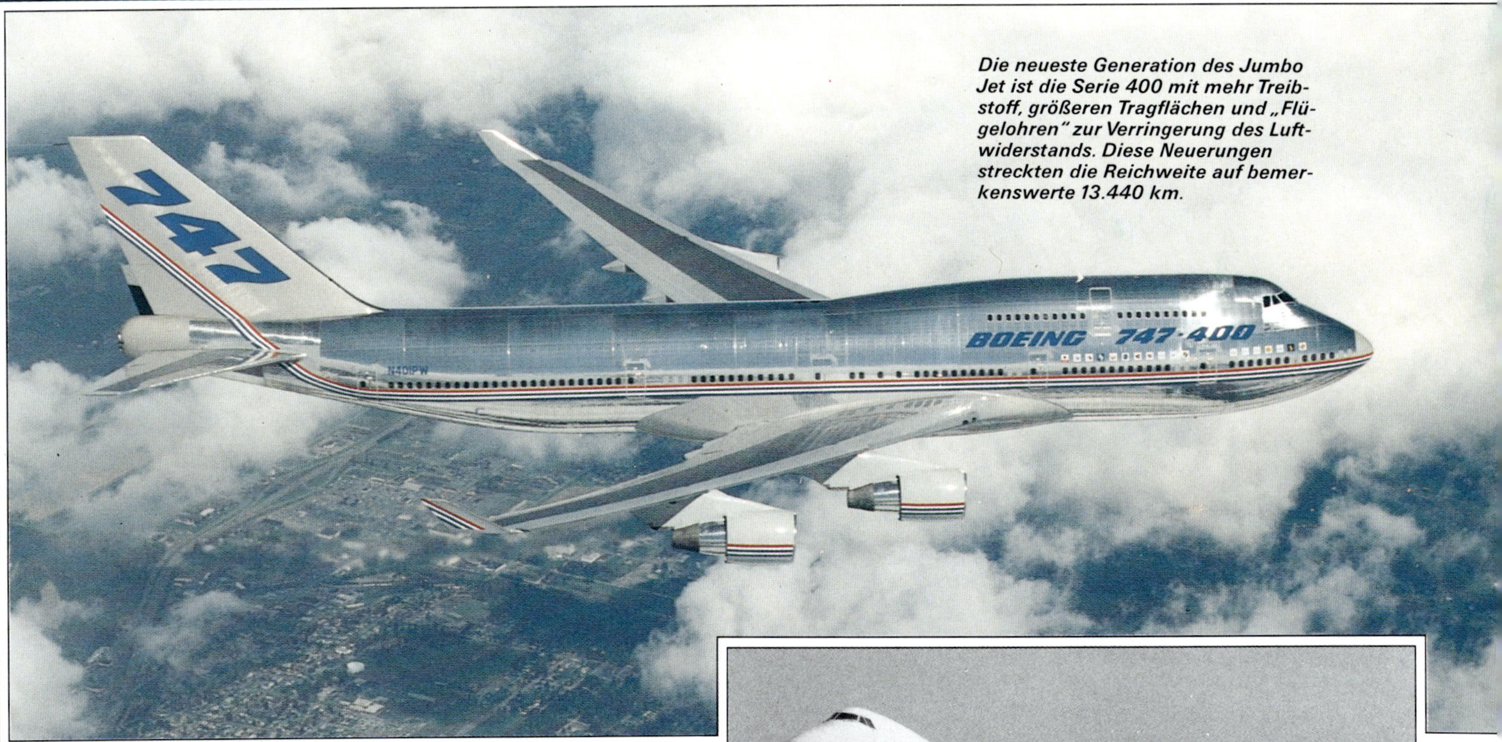

Die neueste Generation des Jumbo Jet ist die Serie 400 mit mehr Treibstoff, größeren Tragflächen und „Flügelohren" zur Verringerung des Luftwiderstands. Diese Neuerungen streckten die Reichweite auf bemerkenswerte 13.440 km.

Rechts: Die 747-400 scheint die Antwort auf die Frage zu geben, wie man die älteren 747 ersetzen kann. Von allen größeren Fluggesellschaften der Welt strömten die Aufträge bei Boeing nur so herein. Northwest war der Erstkunde und die in Hongkong ansässige Cathay Pacific wurde das zweite Glied einer langen Kette.

Links: UTA ist Frankreichs größte unabhängige Fluggesellschaft, die in erster Linie Fernstrecken mit 747 bedient. Eine 747-200 und vier Series 300 bilden den Kern ihrer Flotte.

nen Abnehmer ergab nicht viel später eine Modifizierung zur 747-200B. Bei allen Maschinen der Serie -200 hatte man die Treibstoffkapazität auf 194.660 l erhöht; dies bedingte nur geringfügige Verstärkungen der Zelle und des Fahrwerks. 1971 konnte man auch auf die zusätzlichen Ansaugklappen um den Lufteintritt verzichten, so daß der störende Jaulton verschwand.

Nationaler Befehlsstand

1973 übernahm die El Al die 200. Boeing 747; sie war die erste mit dem Triebwerkstyp -7A und zugelassen für eine Abflugmasse von 356.070 kg. Mitte 1975 lieferte Boeing die erste -200B mit -7F-Triebwerken und einem zulässigen Gesamtgewicht von 365.142 kg an Middle East Airlines. Zahlreiche Halter ließen ihre 747-100 mit neuen Triebwerken und dem großen Tankvolumen nachrüsten.

Das JT9D blieb zwar weiterhin das eigentliche Standard-Triebwerk, das in einem breiten Spektrum immer leistungsstärkerer Varianten angeboten wurde, aber auch andere Triebwerk-

hersteller versuchten, bei der 747 ins Geschäft zu kommen. 1972 stimmte Boeing zu, eine 747 mit General Electric CF6-50D je 23.133 kp Schub zu erproben. Die USAF verhalf diesem Triebwerk in seiner militärischen Form F103 mit 23.677 kp Schub zum endgültigen Durchbruch, als sie es als Antrieb für ihre vier E-4A wählte. Diese militärischen 747 ersetzten die EC-135 als fliegende nationale Befehlsstände bei Ausfall der bodengebundenen Führungszentren.

Im Krisenfall befände sich ständig eine E-4B mit dem amerikanischen Präsidenten, dem Kommandeur der strategischen Luftstreitkräfte und einem Führungsstab von 60 Mann in der Luft. Diese Flugzeuge sind mit phantastischen Fernmeldeverbindungen einschließlich Satellitenfunk ausgestattet und stehen beispielsweise über eine riesige Schleppantenne in direkter Verbindung mit getauchten U-Booten. Die erste zivile 747 mit GE-Triebwerken ging im Oktober 1975 an die KLM.

Als das 747-Programm anlief, verfügte Rolls-Royce über kein Trieb-

Boeing minimierte die Entwicklungskosten der 747 SP durch eine 90prozentige Baugleichheit mit dem Standardmuster 747. Die Zusatzbuchstaben „SP" stehen für „Special Performance" (Sonderleistung); der um 14,35 m gekürzte Rumpf führte bald zu der neuen Interpretation „Short Plane".

Um den großen Laderaum der 747F Nur-Frachtversion voll ausschöpfen zu können, das Be- und Entladen aber möglichst einfach zu gestalten, ist der Bug als Ganzes nach oben aufklappbar. Eine seitliche Frachtklappe erlaubt die gleichzeitige Beladung des Hauptdecks von zwei Punkten aus, wie das untere Bild zeigt. Weitere Ladung kann im Unterflurfrachtraum verstaut werden.

werk mit der nötigen Leistung für dieses Muster. Aber 1976 konnte British Airways einen Auftrag für sechs 747-200 mit dem neu entwickelten RB211-524 plazieren. Das britische Triebwerk war merklich sparsamer im Treibstoffverbrauch; daher stellte British Airways ebenso wie die australische Qantas nach und nach ganz auf das RB211 um. Im Laufe der Zeit erwarb sich das britische Triebwerk den Ruf, das effizienteste Turbofan-Triebwerk der Welt zu sein. Von dem künftigen -524L kann man heute schon sagen, daß es auch das leichteste und stärkste ist.

Boeing hatte von Anfang an eine Nur-Frachtversion als 747F ins Auge gefaßt, mußte diesen Plan aber wegen der ständig zunehmenden Leermasse vorerst zurückstellen. Die leistungsstärkeren Triebwerke ließen dieses Vorhaben wieder aufleben. Am 30. November 1971 flog das erste reine Frachtflugzeug der Serie 200.

Die 747-200F verfügte über einen neuen Rumpf ohne Kabinenfenster, einen starken Frachtraumboden mit einem rechnergesteuerten, mechani-

schen Frachtfahrsystem für die Bewegung der Container und Paletten und über einen nach oben schwenkbaren Bug, der einen ungehinderten Zugang zum Innenraum ermöglichte. Wahlweise konnte der Kunde zusätzlich eine seitliche Frachtluke (3,05 m x 3,40 m) hinter der Backbord-Tragfläche erhalten. Die Lufthansa stellte die 747F im April 1972 in Dienst und ließ sie mit 100-Tonnen-Frachten täglich zwischen Frankfurt und New York pendeln.

SR und SP

Mitte der siebziger Jahre erschienen zwei neue Varianten, eine Kurzstreckenversion SR (Short Range) und eine Spezialversion SP (Special Performance) mit großer Reichweite für besondere Betriebsbedingungen. Zielgruppe für die SR waren Fluggesellschaften wie Japan Air Lines, die kürzere Strecken beflogen; ihre Maschinen mußten daher für höhere Start- und Landefrequenzen ausgelegt sein. Man hatte das Fahrwerk und die Zelle der SR verstärkt und das Gewicht auf 258.547 kg reduziert.

Ansonsten entspricht die SR in etwa der -100 mit einer typischen Sitzeinrichtung für 498 Passagiere.

Die 747SP dagegen kam einem kompletten Neuentwurf gleich. Hauptziel war es, mit weniger Zuladung von kurzen Rollbahnen bzw. von hochgelegenen Flughäfen aus in heißen Klimazonen operieren und gleichzeitig große Distanzen zurücklegen zu können. Das äußere Erscheinungsbild änderte sich entscheidend dadurch, daß der Rumpf um 14,35 m gekürzt wurde für nur noch 288 bis 331 Fluggastplätze. Das geringere Seitenmoment des Rumpfes mußte man durch ein größeres Seitenleitwerk mit zweifach gelagertem Ruder kompensieren; die Spannweite des Höhenleitwerks stieg um 3,05 m. Weitere Änderungen beinhalteten einfachere Spaltklappen, eine dünnere Tragflächenbeplankung und ein leichteres Fahrwerk. Pan Am übernahm die erste SP am 5. März 1976 und ließ sie bald werbewirksam innerhalb von 40 Stunden einmal den Erdball umrunden: New York – Delhi – Tokio – New York.

Oben: Eine der ungewöhnlichsten Verwendungen der 747 ist eher die als Träger für die Raumfahrzeuge der NASA. Mit Hilfe spezieller Vorrichtungen trägt sie das Shuttle. Hier sieht man die Challenger kurz vor dem tragischen Unfall. Man beachte die aerodynamische Verkleidung der Antriebsraketen des Orbiters.

Unten: Die 747SP ist nur in kleinen Stückzahlen (etwa 50 Maschinen) verkauft worden, da nur wenige Fluggesellschaften ihre Reichweite/Nutzlast nutzen können. Die Qantas war einer der ersten Abnehmer und setzt gegenwärtig zwei Maschinen auf Langstrecken ein.

Frachtversionen

Die Standardversionen 747-100 und -200 boten sich auch für den Frachttransport an. Während man 747-200F als Nur-Frachter anbot, gibt es die 747-100/200 in den Versionen C und M mit Frachtraumtüren nach Wahl des Kunden zur gemischten Beförderung von Fracht und/oder Fluggästen. Punktuelle Strukturverstärkungen, Tragstützen auf dem Rücken und ein neues Höhenleitwerk kennzeichnen die Spezialversion zum Shuttle-Transport.

747-123 Shuttle-Transporter für die NASA

Pratt & Whitney-JT9D-3A-Triebwerke

Vorderer Stützbock für das Shuttle

Antenne für Satellitennavigation

Hauptstützstreben für das Shuttle

Höhenflossenendplatten

747-100/200B 452-516 Passagiere

Aufklappbarer Bug für die umrüstbare Version -200C

Hintere Frachtklappe der -200M-Kombiversion (typisch: 257 Passagiere und 7 Paletten)

747-200F Nur-Frachter

Aufklappbarer Bug

Wegfall der Kabinenfenster

General-Electric-CF6-50E2-Triebwerke

Abgebildet mit Rolls-Royce-RB211-524B4 Triebwerken; Pratt & Whitney JT9D-7R4G2 oder General Electric CF6-50E2 als Optionen

Spezialversionen

Die 747SP ist eine stark verkürzte Version für den Einsatz auf sehr langen Strecken. Der kürzere Rumpf bedingte ein größeres Leitwerk, um die Stabilität zu erhalten. Der fliegende Befehlsstand E-4 ist mit umfassenden Fernmeldeanlagen ausgestattet, so daß der amerikanische Präsident für den Fall eines atomaren Angriffs auf die Vereinigten Staaten Gegenmaßnahmen einleiten kann.

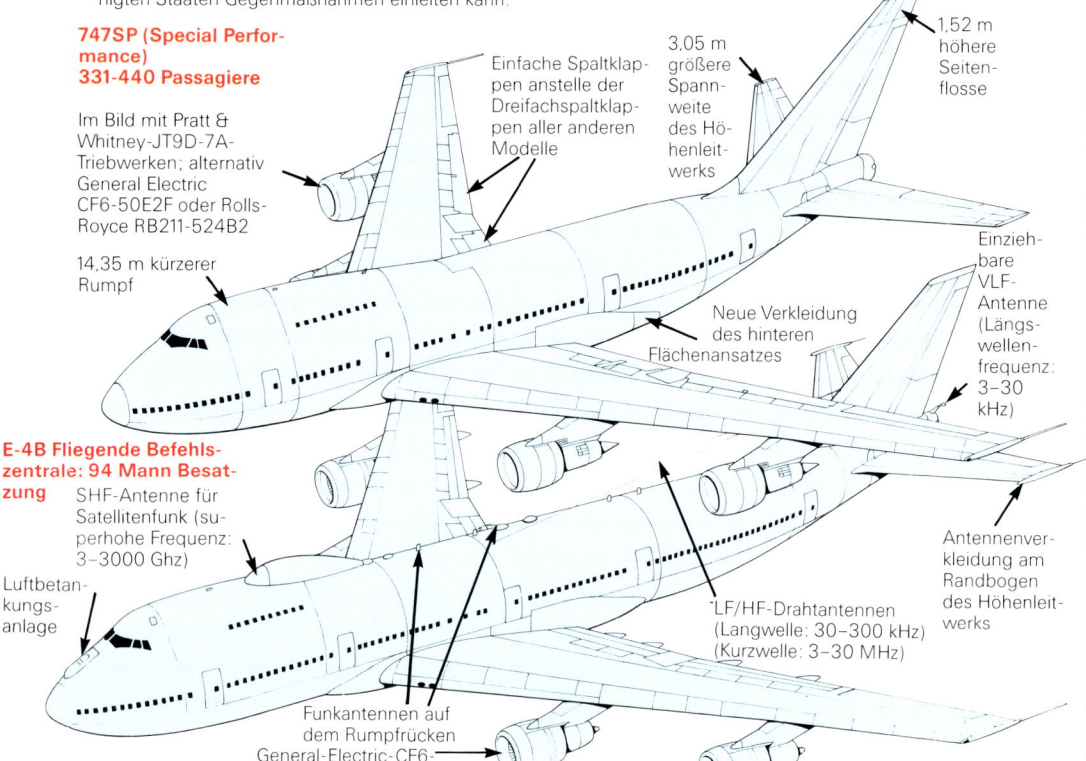

747SP (Special Performance)
331-440 Passagiere

Im Bild mit Pratt & Whitney-JT9D-7A-Triebwerken; alternativ General Electric CF6-50E2F oder Rolls-Royce RB211-524B2

14,35 m kürzerer Rumpf

Einfache Spaltklappen anstelle der Dreifachspaltklappen aller anderen Modelle

3,05 m größere Spannweite des Höhenleitwerks

1,52 m höhere Seitenflosse

Einziehbare VLF-Antenne (Längswellenfrequenz: 3–30 kHz)

Neue Verkleidung des hinteren Flächenansatzes

Antennenverkleidung am Randbogen des Höhenleitwerks

E-4B Fliegende Befehlszentrale: 94 Mann Besatzung

SHF-Antenne für Satellitenfunk (superhohe Frequenz: 3–3000 Ghz)

Luftbetankungsanlage

Funkantennen auf dem Rumpfrücken

General-Electric-CF6-50E-Triebwerke

LF/HF-Drahtantennen (Langwelle: 30–300 kHz) (Kurzwelle: 3–30 MHz)

SUD – neue Gattung mit gestrecktem Oberdeck

Was zunächst nur als Umrüstpaket für die 747-200 angeboten wurde, ergab bald die Serie 300 mit einem nach hinten erweiterten Oberdeck. Dadurch stieg nicht nur die Sitzkapazität; die bessere Aerodynamik ermöglichte auch eine höhere Spitzengeschwindigkeit für den Reiseflug. Die neueste Version ist die 747-400. Hierbei handelt es sich um einen stark verbesserten Superjumbo mit noch größerem Tankvolumen, einem Zwei-Mann-Cockpit und einem weiter gespannten Tragwerk mit eleganten „Winglets" an den Flächenenden. Nicht nur die Reichweite ist ganz enorm gestiegen, auch die Technologie bietet einen Spitzenstandard.

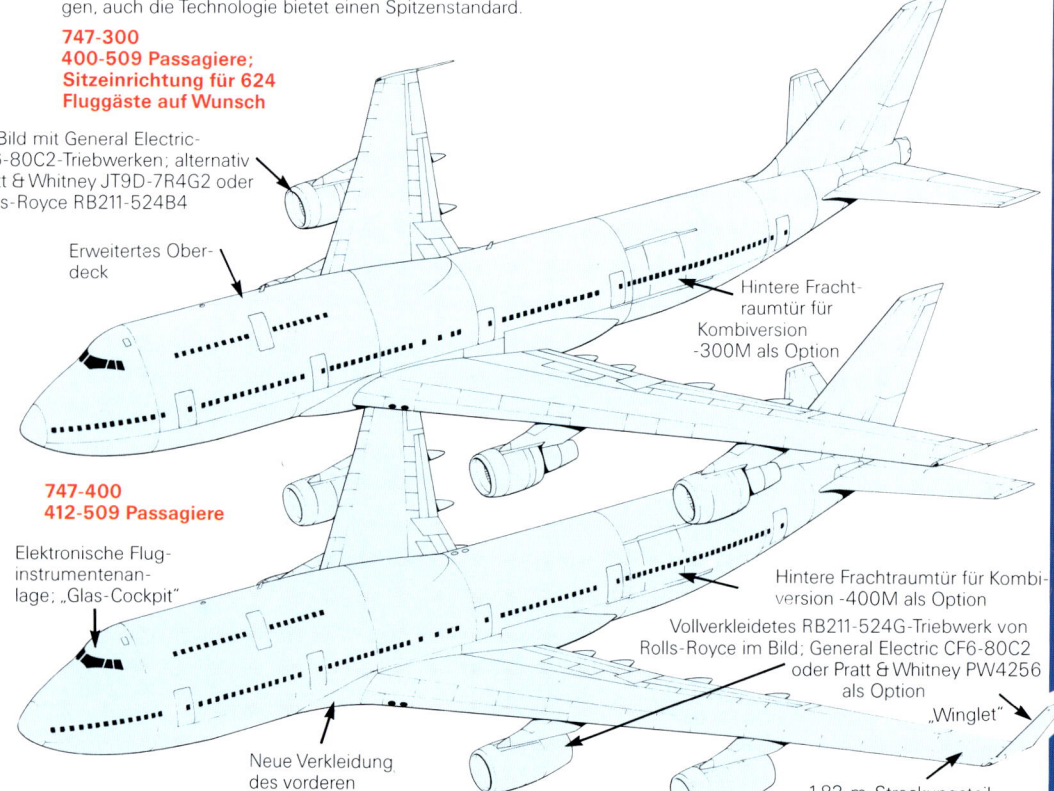

747-300
400-509 Passagiere;
Sitzeinrichtung für 624 Fluggäste auf Wunsch

Im Bild mit General Electric-CF6-80C2-Triebwerken; alternativ Pratt & Whitney JT9D-7R4G2 oder Rolls-Royce RB211-524B4

Erweitertes Oberdeck

Hintere Frachtraumtür für Kombiversion -300M als Option

747-400
412-509 Passagiere

Elektronische Fluginstrumentenanlage; „Glas-Cockpit"

Neue Verkleidung des vorderen Flächenansatzes

Hintere Frachtraumtür für Kombiversion -400M als Option

Vollverkleidetes RB211-524G-Triebwerk von Rolls-Royce im Bild; General Electric CF6-80C2 oder Pratt & Whitney PW4256 als Option

„Winglet"

1,83-m-Streckungsteil des Außenflügels

Die Entwicklung der SP war aufwendig und kostenträchtig. Ob sie sich für Boeing ausgezahlt hat, darf man bezweifeln. Nur 44 Maschinen dieses gedrungenen Modells wurden verkauft. Seine Chancen sanken auf den Nullpunkt, als sich noch schubstärkere Triebwerke abzeichneten. Damit waren nämlich ungestutzte 747 mit beträchtlich größerer Reichweite und 50% höherer Sitzkapazität im Vergleich zur SP möglich.

Außer der Nur-Frachtversion 747F mit oder ohne Seitentür konnte Boeing ab 1973 zwei Umrüstvarianten der 747 anbieten. World Airways kaufte im April 1973 die erste Maschine dieser neuen Kategorie, eine 747-200C Convertible mit dem Schwenkbug, einer neuen höchstzulässigen Abflugmasse von 377.842 kg und dem JT9D-7R4G2, GECF6-50E2 oder RB211-524D4 als Antrieb. Von der Stückzahl her wesentlich bedeutsamer aber war die 747-200M, wobei „M" für Modifikation steht. Diese Combiversion mit der hinteren

Die Geographie Australiens zwingt Qantas, im internationalen Luftverkehr nur Flugzeuge mit extremer Reichweite einzusetzen. Sie stützt sich daher auf eine große Zahl von 747, zu denen sechs 747-300 (im Bild) zählen. Acht 747-400 sollen demnächst geliefert werden.

Links: Die US Air Force beschaffte vier 747 als E-4Bs mit einer einzigartigen Fernmeldeausrüstung. Diese Maschinen sind der 1st ACCS (Airborne Command and Control Squadron) der 554th SRW (Strategic Recconnaissance Wing) zugewiesen. Im Notfall fungieren sie als nationale fliegende Befehlszentren (NEACP – National Emergency Airborne Command Post) für den amerikanischen Präsidenten und dessen Krisenstab.

Malaysian Airlines ist eine der typischen Fluggesellschaften in Fernost mit einem globalen Streckennetz und einem umfassenden Dienstleistungsangebot für das Inselreich. Derzeit ist noch eine einzelne 747-300 das Flaggschiff, aber bald sollen die 747-400 hinzukommen.

Seitentür fand in der Sabena ihren ersten Abnehmer. Das Trennschott zwischen dem Fracht- und Passagierraum konnte je nach Bedarf flexibel eingesetzt werden.

Im Zeitraum 1985/88 baute Boeing Military Airplanes in Wichita 19 747-Exemplare der Pan Am, die bereits eine hohe Flugstundenzahl aufwiesen, zu C-19As für die US Civil Reserve Air Fleet (zivile US-Flotte der Mobilreserve) um. Diese Maschinen wurden vollständig zerlegt und mit schweren Frachtraumböden, seitlichen Frachttüren und einem mechanischen Ladesystem versehen. Anschließend gingen sie an Pan Am zurück, die Ausgleichszahlungen für das höhere Betriebsgewicht und die etwas geringere Nutzlast vom Staat erhält. Eine dieser Maschinen fiel im Dezember 1988 einem Terroranschlag zum Opfer.

Anfang der achtziger Jahre boten alle drei Triebwerkhersteller leistungsstärkere Versionen des JT9D (inzwischen PW4000), CF6-80 und RB211-524 an, die noch weniger Treibstoff verbrauchten. Eine Schubleistung von 25.000 kp schien nicht mehr fern, für 1990 standen sogar 27.250 kp in Aussicht. Boeing mußte sich also Gedanken machen, wie man diese neue Antriebsleistung am besten verwerten konnte. Auf lange Sicht kam eine grundlegende Änderung der 747 mit mehr Treibstoff und größerer Nutzlast als beste Lösung in Frage. Doch das Unternehmen entwickelte eine Doppelstrategie.

Die 300

Zunächst wandte man sich der 747SUD (Stretched Upper Deck) zu. Ihr um 7,11 m nach hinten verlängertes Oberdeck konnte statt der bisherigen 32 Sitze nunmehr 69 Sitze in einfacher Ausführung oder 26 Schlafliegen der Ersten Klasse aufnehmen. Ersetzte man die Wendeltreppe durch einen geraden Aufgang, kamen sieben Sitzplätze im Hauptdeck hinzu. Alles andere, einschließlich der Treibstoffkapazität, blieb unverändert. Die um 4.223 kg gestiegene Leermasse mußte zwangsläufig durch eine entsprechend geringere Nutzlast kompensiert werden; andererseits ließ die strömungsgünstigere Rumpfform die Machzahl für den Reiseflug von Mach 0,84 auf Mach 0,85 steigen.

Die erste SUD – zwischenzeitlich wieder in 747-300 umbenannt – flog am 5. Oktober 1982. Innerhalb einer kurzen Zeitspanne waren bereits 80 Maschinen verkauft, einschließlich einiger - 300SR für Japan und mehrerer -300M für den kombinierten Fracht- und Passagiertransport.

Unterdessen setzte Boeing die Arbeiten an ihrer 747 fort. Im Mai 1985 konnte sie die Fertigstellung der 747-400 bekanntgeben. Ausgerüstet mit den neuesten und schubstärksten Triebwerken, die damals verfügbar waren – dem Pw4256, dem CF6-80C2 und dem RB211-524, die alle zwischen 26.300 und 27.200 kp Schub abgaben – ist die 747-400 das größte, schwerste und leistungsstärkste Passagierflugzeug der Welt.

Der Rumpf entspricht weitgehend dem der -300; das Flugdeck ist völlig neu gestaltet und mit modernster Technik ausgestattet: sechs große (20 cm) Multifunktions-Sichtschirme mit Farbanzeige, eine neue Überkopf-Bedientafel und ausschließlich digitalisierte Avioniksysteme. Im Vergleich

zur -200 entfielen über 600 Kontrolleuchten, Schalter und Hebel. Die Tragflächenstruktur wurde verstärkt; die neue Außenhaut aus einer Aluminium-Lithium-Legierung brachte eine Gewichtseinsparung von 2.722 kg ein, obwohl die Spannweite auf 64,92 m stieg und große „Flügelohren" hinzukamen. Die Triebwerkträger und -gondeln wurden ebenfalls neu entworfen und ähneln jetzt denen der 767. Schließlich hat Boeing noch die Bremsringe aus Stahl durch solche aus Kohlenstoffverbundmaterial ersetzt: 815 kg Gewichtsersparnis.

Das Höhenleitwerk der 747-400 wurde als Integraltank ausgelegt, um den gegebenen Spielraum innerhalb der Betriebsmasse optimal ausschöpfen zu können, er faßt 10.400 l.

Größere Effektivität

Boeing stützte sich also allein auf den zusätzlichen Treibstoff und die höhere Wirtschaftlichkeit der neuen Triebwerke, um, im Vergleich zur -300, einen Reichweitenzuwachs von 1.852 km auf insgesamt 13.525 km zu erreichen, und das mit 412 Passagieren einschließlich Gepäck. Laut Boe-

Im Everett-Werk drängen sich in den Montagehallen die verschiedenen Versionen der 747. Da dieses Muster durch die 747-400 einen neuen Aufschwung erfahren hat, dürfte der 1.000. Jumbo bald verkauft sein. Die Entwicklung neuer Triebwerke hat eine neuerliche Streckung der ohnehin schon wuchtigen 747 ermöglicht.

Boeing 747-400

1 Radom
2 Wetterradarantenne
3 ILS-Gleitwegantenne
4 vorderer Druckspant
5 Garderobe
6 Sitzeinrichtung der Ersten Klasse; 30-34 Sitze
7 Pitotsonden
8 Bugfahrwerksschacht
9 Avionikausrüstung
10 vordere Haupteinstiegstür (Nr. 1)
11 Klappstuhl für das Kabinenpersonal
12 Bar
13 Steuersäule und Seitenruderpedale
14 Abdeckung der Instrumententafel; Elektronische Fluginstrumententenanlage
15 Überkopfbedientafel
16 Zwei-Mann-Flugdeck
17 zwei Beobachterplätze
18 Notausstieg im Cockpitdach
19 seitliche Toilettenräume, steuerbord
20 Ruhekojen (2) für die Flugbesatzung

21 Bestuhlung des Oberdecks in der Business Class; 52 Passagiere
22 Antikollisionsleuchte
23 UHF-Antenne
24 Klappstuhl für Kabinenpersonal
25 Einstiegstür zum Oberdeck, beidseitig
26 vordere Toilettenräume
27 Kabinentrennwand mit Vorhangtür
28 Bestuhlung des unteren Decks in der Business Class; 244 Sitze

ing liegt der Treibstoffverbrauch um 9% bis 12% unter dem der 747-300. Auf den Sitz bezogen ergibt dies im Vergleich zur 747-200 einen um 24% besseren Wert.

Die erste 747-400 wurde am 26. Januar 1988 gemeinsam mit dem neuen Boeing-Baby 737-400 ausgerollt. Drei Monate später fand der Erstflug statt. Das ganze Jahr 1988 hindurch sah sich Boeing Commercial Airplanes mit einer Reihe vielschichtiger Probleme konfrontiert, angefangen von wechselhaften Vorstellungen der Kunden bis hin zu einer Vielzahl von Modifizierungen, die die US-Luftfahrtbehörde forderte; besonders schwierig gestaltete sich der Versuch, die offizielle Zulassung für gleichzeitig drei Triebwerkstypen zu erhalten.

Am 10. Januar 1989 erteilte das FAA die Musterzulassung mit dem PW4256 als Antrieb. Damit lag man drei Monate hinter dem Zeitplan. Die Übergabe der ersten Maschine an Northwest erfolgte im Februar. Man rechnete damit, Anfang Mai 1989 die ersten von dem CF6-80C2 und RB211-524G angetriebenen Flugzeuge liefern zu können.

Da die Aufträge für die -400 das zweite Hundert bereits überschritten haben, könnte Boeing die magische Verkaufszahl 1.000 für die 747 noch in diesem Jahr erreichen. Als Nachzügler hat Rolls-Royce sein RB211-524L mit 36.287 kp Schub endlich zur Einsatzreife gebracht, so daß sich mittelfristig völlig neue Perspektiven eröffnen. Doppelt soviel Schub wie bei der ersten 747 macht den Weg für die 747-500 frei, das heißt für das erste Verkehrsflugzeug der Welt mit eintausend Sitzen.

Rechts: Um das Leistungsvermögen dieses Musters zu unterstreichen, hat eine 747SP von United Air Lines einen Geschwindigkeitsrekord „Rund um die Welt" aufgestellt: im Cockpit Captain Lacy und Neil Armstrong.

Mike Badrocke

29 vorderer Unterflurfrachtraum (16 x LD-3 Container)
30 Bordküche
31 Einstiegtür (Nr. 2)
32 Lufteintrittsöffnungen an der Unterseite für die Klimaanlage
33 Frischwasserbehälter
34 Aufgang zum Oberdeck
35 Integraltreibstofftank im Tragflächenmittelstück
36 Klimaanlage in der Rumpfwanne, je eine auf beiden Seiten
37 Verteilersystem für klimatisierte Luft
38 Bordküche des Oberdecks
39 Garderobe
40 Flügelintegraltreibstofftank, steuerbord
41 Druckbetankungsanschluß
42 Triebwerkgondel, steuerbord

43 mehrfach unterteilte Krügerklappen
44 Reservetank
45 Überlaufbehälter
46 Positions- und Warnblitzlicht
47 „Winglet"
48 Treibstoffablaß
49 äußeres Querruder für niedrige Fluggeschwindigkeiten
50 äußere Spoiler/Luftbremsklappen
51 äußere Dreifachspaltklappe
52 Klappenstellzylinder und Gestänge
53 inneres Querruder für hohe Fluggeschwindigkeiten
54 Bodenspoiler/Auftriebsdämpfer
55 innere Dreifachspaltklappe
56 Antennen der Funkpeilanlage
57 Innenverkleidung
58 Druckboden über dem Fahrwerksschacht

59 Schacht für die in der Tragfläche gelagerte Hauptfahrwerksbaugruppe
60 zentraler Antriebsmotor für das Klappensystem (zweifach ausgelegt)
61 Hauptfahrwerksstrebe
62 Hydraulikzylinder für das Einziehen
63 Schacht für die im Rumpf gelagerte Hauptfahrwerksbaugruppe
64 obere Gepäckablagekästen
65 Innendecke/Beleuchtungsfelder
66 hintere Bordküche
67 hintere Unterflurfrachtraumklappe
68 Frachtraumtür für Stückgut
69 Bestuhlung der Touristenklasse; 302-410 Passagiere
70 Aufgang zum Ruheraum für Kabinenpersonal
71 Ruhezone für Flugbegleitpersonal als wahlweise Ausstattung
72 Trimmhöhenflosse, steuerbord
73 Be- und Entlüftungstank

74 Höhenruder, steuerbord
75 Hydraulikzylinder zur Betätigung des Seitenruders
76 zweiteiliges Seitenruder
77 Hilfstriebwerk
78 zweiteiliges Höhenruder, backbord
79 hinteres Positions- und Warnblitzlicht
80 Trimmhöhenflosse, backbord
81 Überlaufbehälter
82 Höhenruderbetätigung
83 Höhenflossentreibstofftank
84 Höhenflossendichtplatte
85 Luftzuführung für das Hilfstriebwerk
86 Stellzylinder/Schraubspindel für die trimmbaren Höhenflossen
87 hinterer Druckspant
88 hintere Toilettenräume
89 Einstiegstür (Nr. 5)
90 Schmutzwasserbehälter

91 Stückgutfrachtraum
92 hinterer Unterflurfrachtraum (14 x LD-3 Container)
93 Einstiegstür (Nr. 4)
94 innere Dreifachspaltklappe, backbord
95 Bodenspoiler/Auftriebsdämpfer
96 inneres Hochgeschwindigkeitsquerruder

97 Querruderbetätigung
98 äußere Spoiler/Luftbremsklappen
99 Antriebsdrehwelle für das Landeklappensystem
100 äußere Dreifachspaltklappe
101 Querruderbetätigung
102 Querruder für niedrige Fluggeschwindigkeiten
103 Treibstoffablaß
104 „Winglet"
105 Positions- und Warnblitzlicht, backbord
106 äußere Krügerklappen
107 Überlaufbehälter
108 Trockenzelle des Außenflügels
109 Reservetank
110 äußere Haupttreibstofftank
111 Betätigungsgestänge für die Krügerklappen
112 mittlere Krügerklappen
113 Gondelträger
114 Vollverkleidung
115 Mischkammer für Kaltluftnebenstrom und Heißgase
116 Jalousie der Schubumkehranlage
117 Triebwerkzusatzaggregate/Geräteträger
118 Rolls-Royce RB211-524G Turbofan-Triebwerk; alternativ Pratt & Whitney PW4000 oder General Electric CF6-80C2
119 innere Krügerklappen
120 Stellzylinder für die Krügerklappen
121 Triebwerkzapfluftleitung
122 innerer Haupttreibstofftank
123 Landescheinwerfer

Feuerprobe für die Boeing

Am Morgen des 1. Dezember 1984 startete von der Edwards Air Force Base eine ziemlich alte und müde Boeing 720. Sie flog eine kurze Platzrunde und drehte dann zum Endanflug ein. Ein zufälliger Beobachter hätte sicherlich angenommen, ein Flugschüler absolviere hier so recht und schlecht sein Ausbildungsprogramm, denn der Landanflug war, gelinde gesagt, mehr als ruppig. Es war jedoch weder ein Flugschüler noch überhaupt irgendein Pilot im Cockpit. Die Maschine war nur zu dem einen Zweck gestartet worden, abzustürzen und in Flammen aufzugehen.

1960 hatte das amerikanische Bundesluftfahrtamt (FFA) zum Preis von 4,2 Millionen Dollar eine Boeing 720 für die Ausbildung ihres Personals gekauft. Die Maschine hatte gut 20.000 Flugstunden und 54.000 Starts und Landungen auf dem Buckel. Sie war zwar abgeflogen, aber noch lufttüchtig. Jetzt sollte sie noch einmal einem guten Zweck dienen – der Unfallforschung.

Flammen aus Triebwerk Nr. 3 verschlingen die verunglückte Boeing, deren linke Tragfläche abgerissen ist. Es dauerte elf Sekunden, bis die Maschine zum Stillstand kam. In dieser Zeit war der Brand bereits zum Erlöschen gekommen.

Ziele des Experiments

Ziel dieses Experiments war zu erfahren, wie sich ein Flugzeug während einer typischen Crash-Landung verhält. Vor der Festlegung der Parameter waren 175 Unfälle untersucht worden. Da man in der Hauptsache einen feuerhemmenden Treibstoffzusatz testen wollte, war es erforderlich, die Tanks künstlich aufzureißen. Die dafür konstruierten Zusatzeinrichtungen erfüllten ihren Zweck, doch wegen der starken Linksdrehung ging die Wucht des Aufpralls am ersten „cutter" direkt auf das Triebwerk. So verbanden sich das noch laufende Triebwerk und eine riesige Treibstoffmenge

zu einem gewaltigen Zündungsherd. Beim Start hatte die Maschine über 41.600 Liter Flugbenzin an Bord. Während des kurzen Fluges waren lediglich ein paar tausend Liter davon verbraucht worden.

Der Treibstoff verdampfte und explodierte, bevor das Antizerstäubungsmittel wirksam werden konnte. An anderen Stellen des Flugzeugs verlief der Test, unter zeitlichem Aspekt betrachtet, repräsentativ, und das Zusatzmittel konnte die gewollte Wirkung entfalten.

In dem Moment, in dem es die „wing cutter" erreichte, rutschte das Flugzeug

unglücklicherweise quergestellt weiter. Mindestens eine dieser gigantischen Klingen riß eine große Öffnung in den Rumpf der Boeing. Der in den Innenraum strömende Treibstoff fing sofort Feuer und beschädigte oder zerstörte einige der Apparate und die Ausrüstung, die zur Aufzeichnung und Kontrolle weiterer Aspekte des Tests in der Flugzeugkabine untergebracht waren.

Die Unfallforscher hatten sich auf folgende Punkte konzentriert:
* Bauliche Deformierungen an Rumpf und Tragflächen
* Sitze und Halterungsvorrichtungen

* Stauraum für Handgepäck und Bordküchenräume
* Feuerfeste Sitzbezüge
* Feuerfeste Innenfenster
* Notbeleuchtungssysteme
* Verpackung von gefährlichen Materialien

Um den Ablauf des Tests im einzelnen nachvollziehen zu können, hatte man in der Kabine eine Reihe von Kameras und Aufnahmegeräten installiert. 75 der Sitze waren mit Puppen besetzt worden. Einige davon waren mit Instrumenten versehen, die Daten über die Überlebenschancen der Passagiere

Das große Problem war, sie ausschließlich durch Fernsteuerung fliegen zu lassen. Das nationale Luft- und Raumfahrtamt, eine Tochterorganisation der FAA, hatte weltweit wohl die meisten Erfahrungen mit Fernsteuerung und Telemetrie gemacht und erklärte sich bereit, diese Aufgabe zu übernehmen.

Eigentliches Ziel des Experiments war der Test eines Zusatzes, der das Zerstäuben des Treibstoffs und damit die Bildung eines hochexplosiven Gemischs unter den Bedingungen eines Flugzeugabsturzes verhindern soll. In der Vorbereitungsphase des Projekts wurden immer mehr Experimente gemacht, um so jeden einzelnen Aspekt eines Flugzeug-„Crashs" aufzeichnen zu können. Man installierte Meßgeräte und Aufzeichnungs-

instrumente, die den Unfallverhütungsforschern gestatteten, den Ablauf des Experiments in allen seinen Phasen mitzuverfolgen.

Lebensgefährlicher Funke

Der 370 Meter lange und 90 Meter breite Landestreifen bestand aus planiertem Schotter. Über seine gesamte Länge waren im Abstand von 23 Metern sechs Paar Lichtpfosten, so wie sie an jedem Flugplatz der Welt benutzt werden, angebracht. Jeder Pfosten war mit fünf 300-Watt-Anfluglampen bestückt. Sie sollten den Funken für die Entzündung des Treibstoffs liefern, falls dieser sich nicht schon durch den Aufschlag selbst entzündete. Noch bevor die Maschine die Lichtpfosten erreichen würde, träfe sie auf acht speziell ange-

fertigte Hindernisse: 2,10 Meter lange Klingen, die die Treibstofftanks an der Unterseite der Tragflächen aufreißen sollten.

Zunächst verlief das Experiment vollkommen planmäßig, und das Flugzeug flog auf der vorbestimmten Bahn. In 500 Fuß Höhe über dem Boden jedoch fing die Maschine an, von der gewünschten Aufschlagmittellinie wegzudriften. Der Pilot, der die Fernsteuerung bediente, setzte die Boeing 125 Meter vor dem geplanten Aufschlagpunkt und etwa 15 Meter nach rechts verschoben auf den Boden. Beim Aufschlag war die Maschine um 13 Grad nach links gedreht. In diesem Augenblick bewegte sie sich mit einer Vorwärtsgeschwindigkeit von 276 km/h und einer Sinkrate von 1.110 Fuß/min.

Die Chancen steigen

Noch während die Maschine nach vorn rutschte, drehte sie weiter nach links. Der erste Aufprall auf einen „cutter" erfolgte mit der Außenbordseite von Triebwerk Nummer 3, das dadurch innerhalb einer Drittel-Umdrehung zum Stillstand gebracht wurde. Die Tragfläche trennte sich vom Rumpf, und von Treibstoff, Schmieröl und Hydraulikflüssigkeit genährte Flammen schossen aus dem zerstörten Triebwerk. Elf Sekunden nach dem Aufschlag kam das Flugzeug zum Stehen, und das Feuer erlosch – der Zusatz im Treibstoff hatte also seinen Zweck erfüllt. Die Beimischung der Substanz kann die Überlebenschancen der Passagiere also erheblich erhöhen.

Boeing 720 hatte 75 „Passagiere" und „Besatzungsmitglieder" an Bord – uppen, die mit hochempfindlichen Instrumenten ausgerüstet waren.

liefern sollten. Von der Kabine aus wurden der gesamte Flug, der Aufprall und das Schlittern sowohl mit normalen als auch mit „high-speed"-Kameras festgehalten. Begleitende Flugzeuge – ein Orion P-3 und zwei Bell-UH-1-Huey-Hubschrauber – hielten das Experiment von außen im Bild fest. Bodenkameras und Aufzeichnungsgeräte vervollständigten die fototechnische Dokumentation.

In der Maschine befanden sich neben einem normalen Flugschreiber drei weitere Flugschreiber, die eigens für diesen Test installiert worden waren. Alle

Daten, die der Schreiber normalerweise speichert und für eine Analyse bereithält, wurden durch eine Direktverbindung funktechnischer Art auch von der Bodenstation aufgezeichnet – eine einmalige Gelegenheit, die Genauigkeit und Wirksamkeit des wichtigsten „Werkzeugs" der Unfallforscher zu überprüfen.

Der Test war aber auch eine Prüfung für die Brandschutzdienste. Fünf verschiedene Fahrzeugarten erschienen am Unfallort. Das erste erreichte bereits nach 90 Sekunden den Standort der Testmaschine und begann mit der Feuerbekämpfung.

Wettlauf jenseits der Schallmauer

In der Zeit nach dem Zweiten Weltkrieg war die Entwicklung akzeptabler Düsenverkehrsflugzeuge im Unterschallbereich schon schwierig genug. In den Jahren 1950 bis 56 aber führte die Konstruktion der B-58, eines Bombers der Firma Convair, der mit Mach 2 fliegen sollte, unweigerlich zu Studien für den Luftverkehr im Überschallbereich, den SST (Supersonic transport). Einige dieser Entwürfe sahen auch eine Druckkabine für Passagiere vor.

In Großbritannien wurde 1956 das STAC (Supersonic Transport Aircraft Committee) gegründet, das 1959 zwei SST-Typen empfahl. Der eine war ein Mach 1,2 schnelles Kurzstrecken-Flugzeug, das 100 Menschen über 2.415 km befördern sollte. Es hatte befremdlich wirkende, doppelt geknickte Tragflächen, die es von vorn wie ein M aussehen ließen. Die Maschine sollte keinen Überschallknall erzeugen, da die Schallwellen den Boden nicht erreichen würden.

Der zweite Typ sollte Mach 1,8 erreichen. Es war ein formschönes Flugzeug, schlank, hecklos und mit Delta-Tragflächen, das bei einer Geschwindigkeit von 1.920 km/h 150 Passagiere 5.600 km weit transportieren sollte. Diese Maschine würde sicherlich am Boden zu hören sein. Auch ihre höhere Triebwerkseffizienz (die durch eine größere Kompression in den Lufteinlässen erreicht wurde) machte sie sehr viel attraktiver. Die Grenzen, die die Aluminiumlegierung

der Zellenstruktur setzte, würden bei dieser Maschine – das zog man in Betracht – fast erreicht. Eine weitere Erhöhung der Geschwindigkeit hätte umfangreiche Forschungen und Strukturänderungen unter Verwendung von Stahl und Titan erforderlich gemacht.

Stahl und Titan

In den USA waren solche neuen Strukturen allerdings bereits hergestellt worden. Die B-58 bestand weit-

Eine beeindruckende Aufnahme der Concorde 002, dem ersten in Großbritannien gebauten Prototyp, in BAC Filton nach Beendigung des Bodentriebwerklaufs. Über dem Leitwerk und dem Heckrumpf befinden sich Platten zur Schalldämmung.

Der erste Prototyp der Concorde startet mit voller Nachbrennerleistung. Die Olympus-Turbofan-Triebwerke hinterließen eine dichtere Rauchwolke als die der späteren Serienmaschinen.

Die Boeing 2707-200 war eine der typischen futuristischen US-Konstruktionen für den Überschalltransport. Sie erreichte, wie auch die anderen Modelle, nie den Prototyp-Status. Die Tatsache, daß Amerika keine im Lande gefertigte SST aufzuweisen hatte, war Wasser auf die Mühle der lautstarken Anti-Concorde-Lobby in den USA.

Der Prototyp der Tu-144, im Westen oft „Concordski" genannt, startete am 31. Dezember 1968 zu seinem Jungfernflug. die Maschine war tatsächlich eher in der Luft als die Concorde.

gehend aus einer Stahl-Sandwich-Struktur, die XB-70 fast ausschließlich aus Edelstahl, die erstaunliche Lockheed A-12 „Blackbird" und ihre Nachfolger aus B-120-Titan. Auch bei der 7.240 km/h schnellen X-15 hatte man, wie bei einem Turbinenblatt, eine spezielle Inkonel-Legierung verwendet. Selbst in Großbritannien wurde die Bristol 188 bereits völlig aus Edelstahl hergestellt.

In Großbritannien entstand auch das erste ernsthafte SST-Konstruktionsprojekt. Es handelt sich um die sechsmotorige Bristol 198 aus dem Jahr 1959, die 1961 zu einer BAC-223 mit nur vier Düsentriebwerken umgebaut wurde. Zu jener Zeit arbeiteten Sud und Dassault in Frankreich an der Super Caravelle, die der BAC-223 erstaunlich ähnelte. Sie war aber nicht so leistungsstark und eher für

den Einsatz in Europa als für Transatlantikflüge konzipiert. Die britische und die französische Regierung hielten es für sinnvoller, daß die Konstruktionsteams bei dieser offensichtlich größten Herausforderung in der Geschichte der Luftfahrt zusammenarbeiteten, statt in Konkurrenz zueinander zu treten. Nach umfangreichen Beratungen wurde am 29. November 1962 schließlich ein Vertrag unterzeichnet. Er gab das Startsignal zu einem SST-Programm, das später Concorde genannt wurde.

Partner bei der Fabrikation waren BAC und Sud-Aviation, die späteren British Aerospace (BAe) und Aérospatiale. Es sollten zwei Modelle gebaut werden, ein französisches Flugzeug für Kurz- und Mittelstrecken und ein schwereres britisches für Transatlantikflüge. Schließlich siegte jedoch der gesunde Menschenverstand, und man einigte sich auf eine einzige Transatlantik-Version, die

Concorde. Während der ersten fünf Jahre bestand die britische Regierung aber noch pedantisch auf der englischen Schreibweise Concord; das Ende erschien als zu großes Zugeständnis an die Franzosen!

Sobald abzusehen war, daß die Concorde tatsächlich gebaut würde, zogen auch andere Nationen ein SST-Projekt ernsthafter in Erwägung. In der Sowjetunion ging man methodisch vor. Man errechnete, daß jeder Aeroflot-Passagier dadurch, daß er das Flugzeug benutzte, 24,9 Stunden einsparen würde. Bei Mach 2 fliegenden Maschinen würde sich die eingesparte Zeit sogar auf über 36 Stunden erhöhen. Es war nicht leicht, den Gegenwert für jede eingesparte Stunde auszurechnen, aber schließlich wurde der Bau einer Flotte von 75 großen SST-Maschinen geplant, von denen jede in der Lage sein sollte, 121 Passagiere etwa 6.500 km weit zu befördern.

Oben: Der erste Concorde-Prototyp wird im Laufe des Jahres 1967 Vibrationstests unterzogen, nachdem ein fortgeschrittenes Konstruktionsstadium erreicht war.

Bristol T.188

Die Bristol T.188 war ein Hochgeschwindigkeitsversuchsflugzeug aus Edelstahl. Es sollte die Konfiguration des vorgeschlagenen Überschallbombers und Aufklärungsflugzeugs Avro-730 testen. Die T.188, eine Maschine mit de-Havilland-Gyron-Triebwerken, flog zum ersten Mal am 14. April 1962 – nach der Stornierung des Avro-Bombers – und sammelte viele wichtige Daten für das Concorde-Programm.

Fairey Delta-2

Die von der ursprünglichen Fairey Delta-2 gesammelten Daten (Erstflug am 6. Oktober 1954) waren von absoluter Notwendigkeit für das englisch-französische SST-Programm. Von der allgemeinen Konfiguration der Delta-2 ging eine große Wirkung aus, nachdem das hecklose Flugzeug mit Delta-Tragflächen am 10. März 1956 den Weltgeschwindigkeitsrekord gebrochen hatte.

Handley Page HP.115

Die von Viper-Triebwerken angetriebene Handley Page HP.115 wurde gebaut, um die Handhabung der schlanken Deltatragfläche bei niedrigen Geschwindigkeiten zu testen. Durch abnehmbare Anströmkanten war das Testen verschiedener Tragflächenkonfigurationen möglich. Die Maschine flog zum ersten Mal am 17. August 1961.

BAC Typ 221

Die BAC.221 stellte einen erweiterten Nachbau der ursprünglichen Fairey Delta-2 dar. Sie war mit einer neuen schlanken Delta-Ogival-Tragfläche, ähnlich der Tragfläche der Concorde, ausgestattet. Ein hochentwickelter Autostabilisator ermöglichte das Fliegen der Maschine in einem weiten Einsatzspektrum. Die tatsächlichen Flugeigenschaften sollten die Windkanaldaten und die theoretischen Annahmen bestätigen. Die UdSSR flog ähnliche Versuche mit der AA-144 Analog, einer mit neuen Tragflächen ausgestatteten MiG-21.

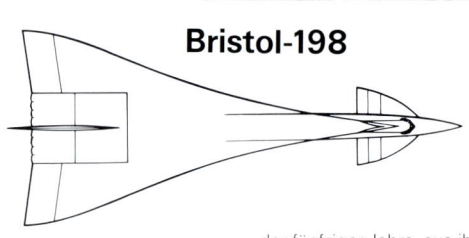

Bristol-198

Die theoretischen Arbeiten von „Britain's Royal Aircraft Establishment" führten bei den britischen SST-Projekten zu der frühen Entscheidung für eine schlanke Delta-Tragfläche. Die hier abgebildete Bristol-198 entstand Ende der fünfziger Jahre, aus ihr wurde später die BAC.223 entwickelt. Die Franzosen verfolgten ähnliche Entwicklungslinien, so daß die Konstruktion der Concorde schließlich eine Synthese aus der BAC.223 und der Aérospatiale Super Caravelle darstellte.

Großbritannien und Frankreich erreichten bald wieder ihre verlorene Führungsposition. Fluglinien-Piloten flogen dieses bemerkenswerte und doch leicht zu beherrschende Flugzeug im November 1969. 1971 wurden die Prototypen bereits auf Überseeflügen eingesetzt, und BAC flog die erste Vorserienmaschine mit einem längeren Rumpf und einem verlängerten Heck.

Links und kleine Abbildung unten: Der zweite Prototyp der Concorde wurde am 12. September 1968 in Filton aus dem Hangar gerollt, neun Monate nach dem ersten Prototyp. Die beiden Maschinen flogen zum ersten Mal im März und im April 1969, also später als die sowjetische Tu-144.

Amerikanische SST

Das Tupolew-Konstruktionsbüro hatte berechnet, daß eine Leichtaluminium-SST mit Mach 2.35 noch sicher fliegen könne. Für dieses Projekt wurden große Summen bewilligt. Die Arbeit an der Tu-144 mit Kuznetsow-NK-144-Triebwerken begann. Nach einem gewaltigen Testprogramm (mit Unterstützung durch die Mikojan A-144, einer MiG-21 mit angepaßter heckloser Tu-144-Deltatragfläche) absolvierte die Tu-144 am 31. Dezember 1968 erfolgreich ihren ersten Flug. Nach so vielen Aktivitäten in „der alten Welt" konnten sich die USA kaum mit der passiven Beobachterrolle begnügen. Weder die Industrie noch die großen Fluglinien waren besonders interessiert, doch es mußte alles mögliche unternommen werden, damit die USA nicht den Anschluß an neue Entwicklungen verloren. 1962 begann die NASA mit einem weitreichenden Programm von SCAT-Studien (Supersonic Commercial Air Transport). 1964 hatten Firmen wie Boeing, General Dynamics, Lockheed und North American

bereits Millionen von Dollar für die Entwicklung ausgegeben und Tausende von Stunden mit Windkanaltests zugebracht. Die Reputation der US-Industrie war so gut, daß die Federal Aviation Administration bereits Optionszahlungen von Fluggesellschaften aus der ganzen Welt für umfangreiche Aufträge erhielt, obwohl noch niemand die endgültige Gestalt des Flugzeugs kannte.

Es stand lediglich fest, daß die Amerikaner, anders als die Konkurrenz, Mach 3 oder 3.220 km/h anstrebten. Dafür müßte man einen Stahl- oder Titanflugrahmen verwenden und gewaltige Anforderungen an die Triebwerke, die Flugsysteme und andere Teile stellen. General Electric erhielt den Auftrag, die Triebwerke zu entwickeln und erreichte mit den GE4 einen Schub von etwa 30.500 kp. Bis heute gibt es kein Flugzeugdüsentriebwerk, das mehr Schub erzeugen kann. Erschwerend kam damals noch hinzu, daß das GE4-Triebwerk in der Simulation bei einer Geschwindigkeit von Mach 3 in 80.000 Fuß (24.400 m) Höhe laufen mußte!

Erst am 31. Dezember 1966 wurde der Gewinner des Wettbewerbs um die amerikanische SST bekanntgegeben. Es war die Boeing 2707-100, eine großzügige Konstruktion mit 241 Sitzen und vier GE4-Triebwerken unter den festen inneren Bereichen der schwenkbaren Tragflächen. Bis November war daraus die 2707-200 geworden, mit einem auf 97 m verlängerten Rumpf und 292 Sitzen; die Triebwerke befanden sich im Vorderrumpf.

Nach weiteren verzweifelten Anstrengungen wurden die schwenkbaren Tragflächen im Oktober 1968 aufgegeben. Die Entwicklung führte zu der auf 85 m verkürzten 2707-300 für 234 Passagiere. Die Triebwerke wurden unter dem rückwärtigen Teil eines festen Möwenflügels vor dem horizontalen Leitwerk aufgehängt. Mit der Arbeit an zwei Prototypen wurde im September 1969 begonnen.

Der US-Senat, vielleicht beeinflußt von dem sorgfältig vorbereiteten Proteststurm gegen die Concorde, stornierte jedoch das SST-Projekt am 24. März 1971. Es war das erste Mal, daß sich die mächtige US-Industrie aus einem Geschäft des Weltmarktes zurückzog, das riesige Ausmaße versprach.

Aber war es wirklich so? Der 001-Prototyp der Concorde stieg schließlich am 2. März 1969 in Toulouse auf, bevor am 9. April die 002 in Bristol startete. Schon lange vorher waren Stimmen gegen dieses Flugzeug laut geworden. Die Proteste wuchsen weiter an, bis sie ein einzigartiges Phänomen in der Geschichte der Luftfahrt darstellten. Es handelte sich um ein rein friedliches Projekt, dessen einziges Ziel es war, Menschen einander näher zu bringen. Dennoch entfesselte der Name Concorde den Haß von Millionen, die jegliche Art technischen Fortschritts abzulehnen schienen. Man behauptete, daß dieses Flugzeug die Ozonschicht zerstöre; durch den Einfluß der kosmischen Strahlen nähmen z.B. die englischen Kathedralen Schaden und andere fürchterliche Dinge mehr.

Concorde

Unabhängig davon setzte man das Flugtestprogramm ohne größere Probleme fort. Das Olympus-Triebwerk wurde auf einen Maximalschub von 18.150 kp vergrößert; das ermöglichte ein höheres Startgewicht von über 185.070 kg statt der ursprünglich geplanten 118.820 kg. Die Serien-Concorde war in der Lage, 100 Passagiere über eine Entfernung von 6.570 km zu transportieren. Abhängig von der Lufttemperatur lag die Reisegeschwindigkeit bei annähernd Mach 2 oder 2.170 km/h.

Im Laufe der Entwicklung wurde der Rumpf von 50,2 m auf 62,22 m verlängert; die Differenz machte sich besonders am Heck bemerkbar. Aerodynamisch gleicht die Concorde keinem der vorherigen Linienflugzeuge, sondern weist eine hecklose Delta-Konfiguration mit anmutiger Tragfläche auf bei einer Flügelstreckung von lediglich 1,83 m. An der Flä-

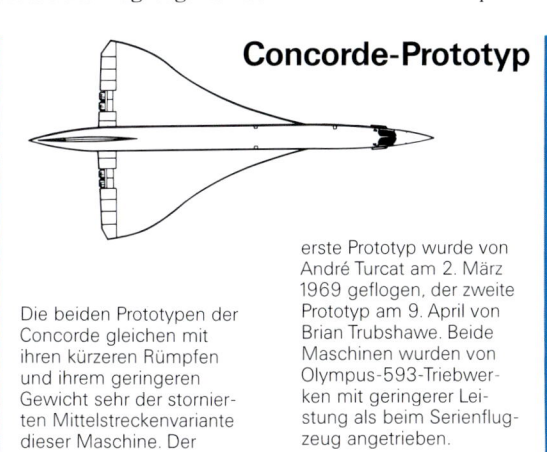

Concorde-Prototyp

Die beiden Prototypen der Concorde gleichen mit ihren kürzeren Rümpfen und ihrem geringeren Gewicht sehr der stornierten Mittelstreckenvariante dieser Maschine. Der erste Prototyp wurde von André Turcat am 2. März 1969 geflogen, der zweite Prototyp am 9. April von Brian Trubshawe. Beide Maschinen wurden von Olympus-593-Triebwerken mit geringerer Leistung als beim Serienflugzeug angetrieben.

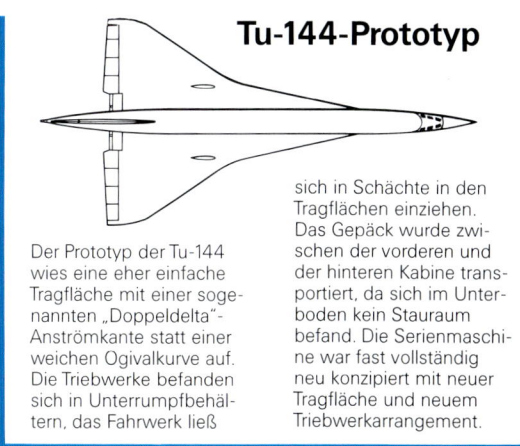

Tu-144-Prototyp

Der Prototyp der Tu-144 wies eine eher einfache Tragfläche mit einer sogenannten „Doppeldelta"-Anströmkante statt einer weichen Ogivalkurve auf. Die Triebwerke befanden sich in Unterrumpfbehältern, das Fahrwerk ließ sich in Schächte in den Tragflächen einziehen. Das Gepäck wurde zwischen der vorderen und der hinteren Kabine transportiert, da sich im Unterboden kein Stauraum befand. Die Serienmaschine war fast vollständig neu konzipiert mit neuer Tragfläche und neuem Triebwerkarrangement.

BAC/Sud-Aviation Concorde

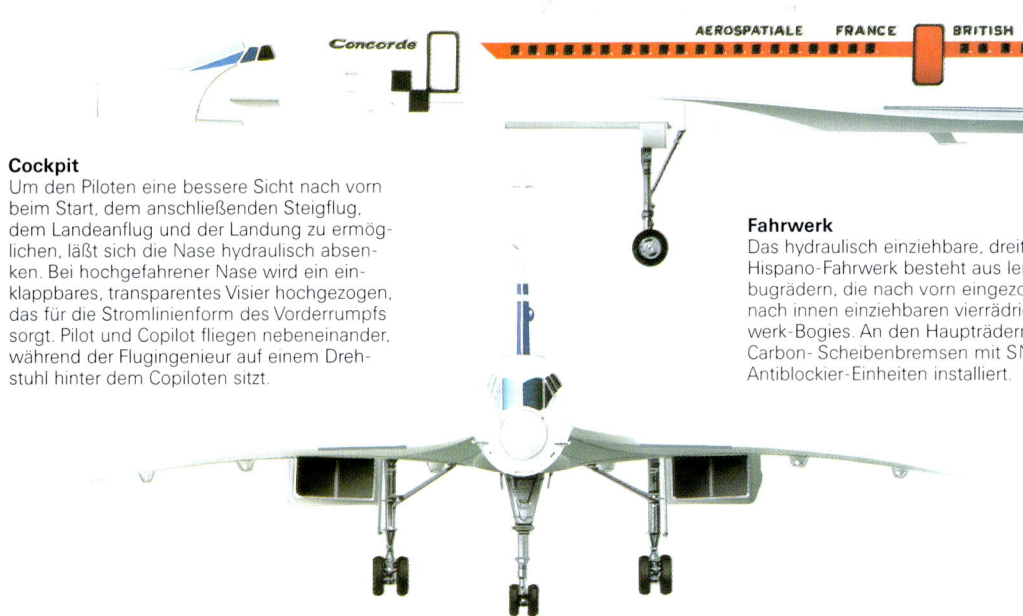

Cockpit

Um den Piloten eine bessere Sicht nach vorn beim Start, dem anschließenden Steigflug, dem Landeanflug und der Landung zu ermöglichen, läßt sich die Nase hydraulisch absenken. Bei hochgefahrener Nase wird ein einklappbares, transparentes Visier hochgezogen, das für die Stromlinienform des Vorderrumpfs sorgt. Pilot und Copilot fliegen nebeneinander, während der Flugingenieur auf einem Drehstuhl hinter dem Copiloten sitzt.

Fahrwerk

Das hydraulisch einziehbare, dreiteilige Messier-Hispano-Fahrwerk besteht aus lenkbaren Zwillingsbugrädern, die nach vorn eingezogen werden, und nach innen einziehbaren vierrädrigen Hauptfahrwerk-Bogies. An den Haupträdern sind Dunlop-Carbon-Scheibenbremsen mit SNECMA-SPAD-Antiblockier-Einheiten installiert.

Kabine

Die Kabine der Concorde kann bis zu 144 Passagiere aufnehmen; die Sitze können unterschiedlich in Viererreihen angeordnet werden. Sie ist mit Küche und Toiletten ausgestattet; unter dem vorderen und hinteren Kabinenboden gibt es Stauräume für Gepäck. Die Passagierkabinentüren befinden sich auf der Backbordseite, die Versorgungskabinentüren auf der Steuerbordseite. British Airways betreibt die Concorde inzwischen mit einer 40sitzigen Vorderkabine und einer 50sitzigen Hinterkabine, die zusammen von einer sechsköpfigen Besatzung betreut werden. Die Concorde-Passagiere reisen alle in derselben Klasse und bezahlen für ihre Tickets 20% mehr als für die erste Klasse in Unterschallflugzeugen. Die besondere Note eines Concorde-Fluges liegt in dem angebotenen Luxus: graue Lederpolsterung, exquisite Küche, erlesenes Porzellan und Champagner im Überfluß. In den Prototyp- und Vorserien-Concordes befanden sich noch normale Flugzeugsitze und eine Reihe von Testinstrumenten.

Den beiden Concorde-Prototypen folgten zwei Vorserienmaschinen. Das erste in Filton gebaute Flugzeug absolvierte seinen Jungfernflug am 16. Dezember 1971. Im August 1977 endete es schließlich im Imperial War Museum in Duxford. Es war die letzte der vier Prototyp- und Vorserienmaschinen, die nach dem Flugtestprogramm stillgelegt wurden. Alle Maschinen fanden einen Platz in britischen oder französischen Museen. Dieses Modell erhielt einen um 6 m längeren Rumpf mit einer verlängerten Druckkabine sowie auch erstmalig das dem Serienstandard entsprechende transparente Visier.

Tupolew Tu-144

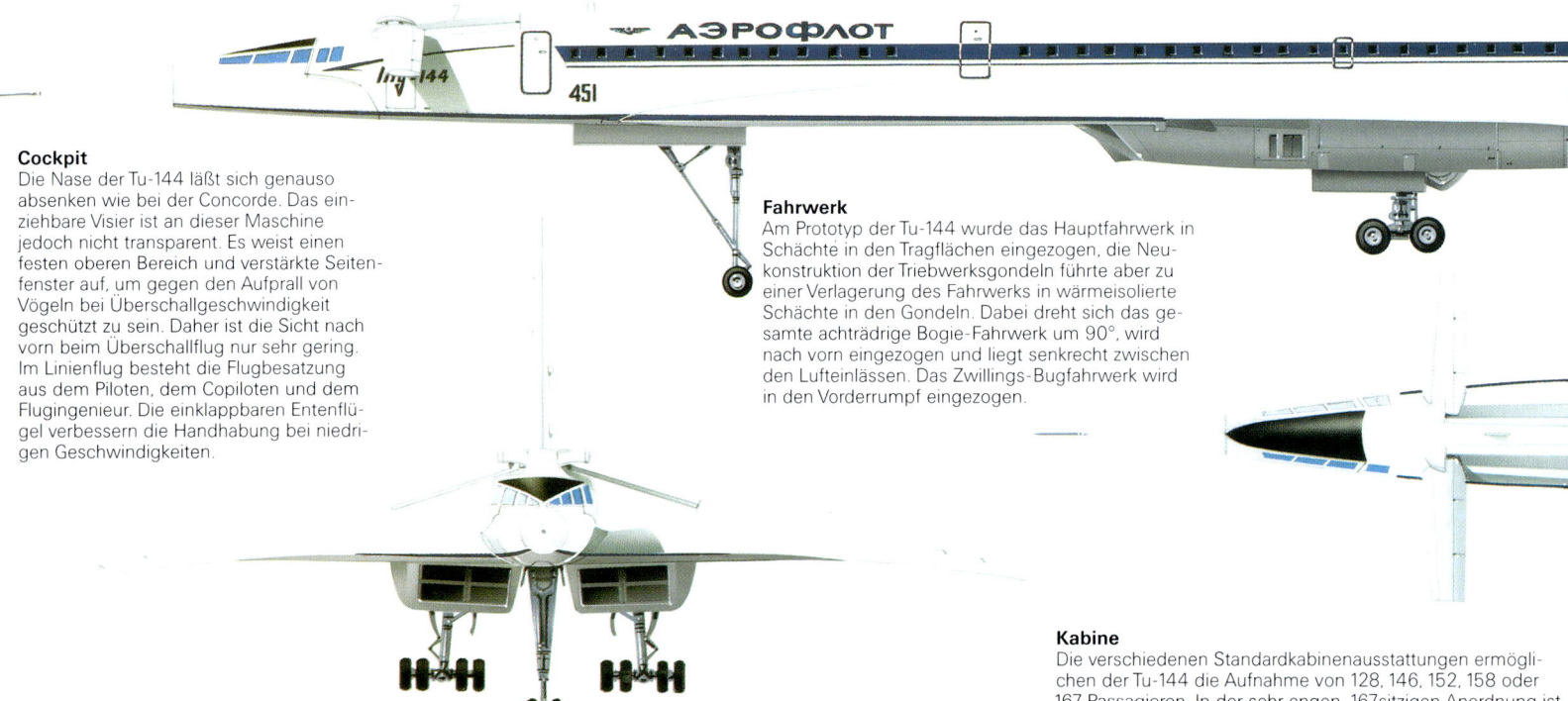

Cockpit

Die Nase der Tu-144 läßt sich genauso absenken wie bei der Concorde. Das einziehbare Visier ist an dieser Maschine jedoch nicht transparent. Es weist einen festen oberen Bereich und verstärkte Seitenfenster auf, um gegen den Aufprall von Vögeln bei Überschallgeschwindigkeit geschützt zu sein. Daher ist die Sicht nach vorn beim Überschallflug nur sehr gering. Im Linienflug besteht die Flugbesatzung aus dem Piloten, dem Copiloten und dem Flugingenieur. Die einklappbaren Entenflügel verbessern die Handhabung bei niedrigen Geschwindigkeiten.

Fahrwerk

Am Prototyp der Tu-144 wurde das Hauptfahrwerk in Schächte in den Tragflächen eingezogen, die Neukonstruktion der Triebwerksgondeln führte aber zu einer Verlagerung des Fahrwerks in wärmeisolierte Schächte in den Gondeln. Dabei dreht sich das gesamte achträdrige Bogie-Fahrwerk um 90°, wird nach vorn eingezogen und liegt senkrecht zwischen den Lufteinlässen. Das Zwillings-Bugfahrwerk wird in den Vorderrumpf eingezogen.

Kabine

Die verschiedenen Standardkabinenausstattungen ermöglichen der Tu-144 die Aufnahme von 128, 146, 152, 158 oder 167 Passagieren. In der sehr engen, 167sitzigen Anordnung ist die Versorgung durch die Bordküche jedoch sehr eingeschränkt; daher ist die Sitzanordnung meistens für elf erste-Klasse-Passagiere und 128 Touristenklasse-Passagiere ausgelegt. Die Kabine der ersten Klasse enthält elf Sitze in Dreierreihenanordnung, während die vordere Touristenklasse mit sechs Fünferreihen ausgestattet ist, je drei Sitze auf der rechten und zwei auf der linken Seite. Die hintere Touristenklasse-Kabine weist 15 Reihen mit je fünf Sitzen und sechs mit je vier Sitzen im Heck auf.

Die CCCP-77102 war die erste Serien-Tupolew-Tu-144. Sie stellte gegenüber den beiden Prototypen eine fast vollständig geänderte Konstruktion dar. Die Maschine verfügte über neue Zwillingstriebwerksbehälter; das Fahrwerk wurde in die Lufteinlaßgehäuse eingezogen. Die vielleicht auffälligste Änderung stellten die einklappbaren „Schnauzer"-Entenflügel dar, die sich direkt hinter dem Cockpit befanden. Sie verbesserten die Handhabung bei niedrigen Geschwindigkeiten, gaben dem Bug mehr Auftrieb, konnten aber beim Reiseflug eingezogen werden. Diese Maschine wurde 1973 auf dem Pariser Luftfahrt-Salon vorgestellt, wo sie unter mysteriösen Umständen abstürzte.

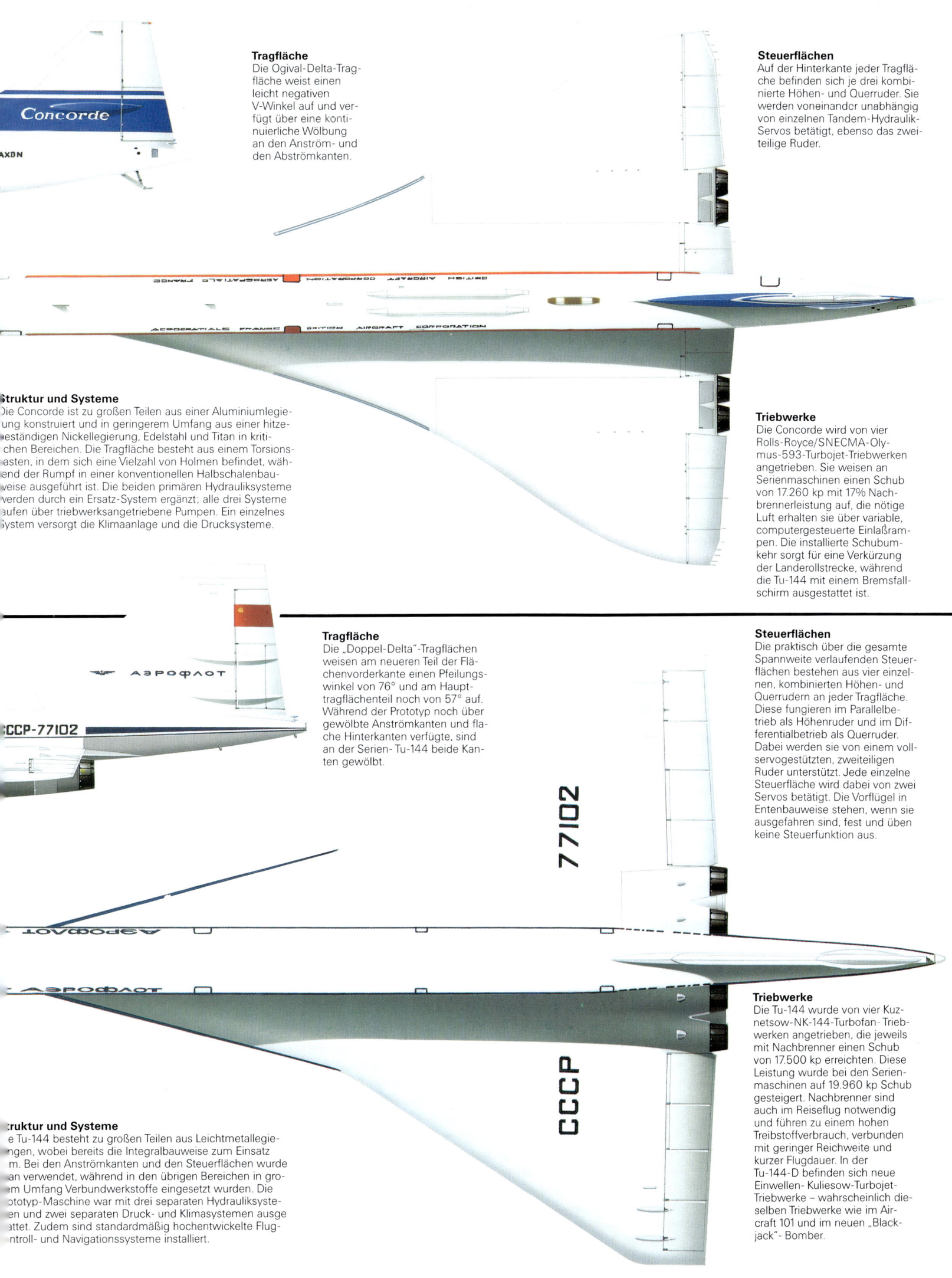

Tragfläche

Die Ogival-Delta-Trag-
fläche weist einen
leicht negativen
V-Winkel auf und ver-
fügt über eine konti-
nuierliche Wölbung
an den Anström- und
den Abströmkanten.

Steuerflächen

Auf der Hinterkante jeder Tragfläche befinden sich je drei kombinierte Höhen- und Querruder. Sie
werden voneinander unabhängig
von einzelnen Tandem-Hydraulik-
Servos betätigt, ebenso das zweiteilige Ruder.

Struktur und Systeme

Die Concorde ist zu großen Teilen aus einer Aluminiumlegierung konstruiert und in geringerem Umfang aus einer hitze-
beständigen Nickellegierung, Edelstahl und Titan in kritischen Bereichen. Die Tragfläche besteht aus einem Torsionskasten, in dem sich eine Vielzahl von Holmen befindet, während der Rumpf in einer konventionellen Halbschalenbau-
weise ausgeführt ist. Die beiden primären Hydrauliksysteme
werden durch ein Ersatz-System ergänzt; alle drei Systeme
laufen über triebwerksangetriebene Pumpen. Ein einzelnes
System versorgt die Klimaanlage und die Drucksysteme.

Triebwerke

Die Concorde wird von vier
Rolls-Royce/SNECMA-Oly-
mus-593-Turbojet-Triebwerken
angetrieben. Sie weisen an
Serienmaschinen einen Schub
von 17.260 kp mit 17% Nachbrennerleistung auf, die nötige
Luft erhalten sie über variable,
computergesteuerte Einlaßrampen. Die installierte Schubum-
kehr sorgt für eine Verkürzung
der Landerollstrecke, während
die Tu-144 mit einem Bremsfall-
schirm ausgestattet ist.

Tragfläche

Die „Doppel-Delta"-Tragflächen
weisen am neueren Teil der Flä-
chenvorderkante einen Pfeilungs-
winkel von 76° und am Haupt-
tragflächenteil noch von 57° auf.
Während der Prototyp noch über
gewölbte Anströmkanten und flache Hinterkanten verfügte, sind
an der Serien- Tu-144 beide Kan-
ten gewölbt.

Steuerflächen

Die praktisch über die gesamte
Spannweite verlaufenden Steuer-
flächen bestehen aus vier einzel-
nen, kombinierten Höhen- und
Querrudern an jeder Tragfläche.
Diese fungieren im Parallelbe-
trieb als Höhenruder und im Dif-
ferentialbetrieb als Querruder.
Dabei werden sie von einem voll-
servogestützten, zweiteiligen
Ruder unterstützt. Jede einzelne
Steuerfläche wird dabei von zwei
Servos betätigt. Die Vorflügel in
Entenbauweise stehen, wenn sie
ausgefahren sind, fest und üben
keine Steuerfunktion aus.

Struktur und Systeme

Die Tu-144 besteht zu großen Teilen aus Leichtmetallegie-
rungen, wobei bereits die Integralbauweise zum Einsatz
kam. Bei den Anströmkanten und den Steuerflächen wurde
Titan verwendet, während in den übrigen Bereichen in großem Umfang Verbundwerkstoffe eingesetzt wurden. Die
Prototyp-Maschine war mit drei separaten Hydrauliksyste-
men und zwei separaten Druck- und Klimasystemen ausgestattet. Zudem sind standardmäßig hochentwickelte Flug-
kontroll- und Navigationssysteme installiert.

Triebwerke

Die Tu-144 wurde von vier Kuz-
netsow-NK-144-Turbofan- Triebwerken angetrieben, die jeweils
mit Nachbrenner einen Schub
von 17.500 kp erreichten. Diese
Leistung wurde bei den Serienmaschinen auf 19.960 kp Schub
gesteigert. Nachbrenner sind
auch im Reiseflug notwendig
und führen zu einem hohen
Treibstoffverbrauch, verbunden
mit geringer Reichweite und
kurzer Flugdauer. In der
Tu-144-D befinden sich neue
Einwellen- Kuliesow-Turbojet-
Triebwerke – wahrscheinlich dieselben Triebwerke wie im Aircraft 101 und im neuen „Blackjack"- Bomber.

169

Boeing 2707-200

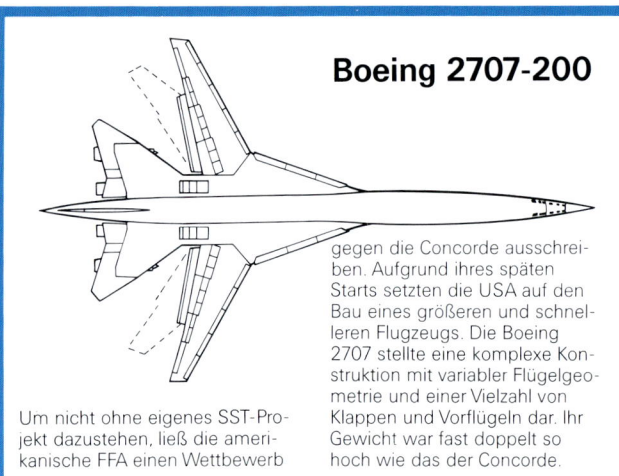

Um nicht ohne eigenes SST-Projekt dazustehen, ließ die amerikanische FFA einen Wettbewerb gegen die Concorde ausschreiben. Aufgrund ihres späten Starts setzten die USA auf den Bau eines größeren und schnelleren Flugzeugs. Die Boeing 2707 stellte eine komplexe Konstruktion mit variabler Flügelgeometrie und einer Vielzahl von Klappen und Vorflügeln dar. Ihr Gewicht war fast doppelt so hoch wie das der Concorde.

Boeing 2707-300

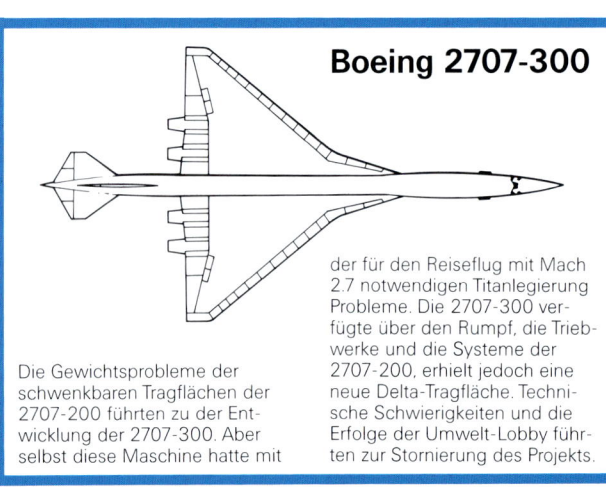

Die Gewichtsprobleme der schwenkbaren Tragflächen der 2707-200 führten zu der Entwicklung der 2707-300. Aber selbst diese Maschine hatte mit der für den Reiseflug mit Mach 2.7 notwendigen Titanlegierung Probleme. Die 2707-300 verfügte über den Rumpf, die Triebwerke und die Systeme der 2707-200, erhielt jedoch eine neue Delta-Tragfläche. Technische Schwierigkeiten und die Erfolge der Umwelt-Lobby führten zur Stornierung des Projekts.

Lockheed L.2000

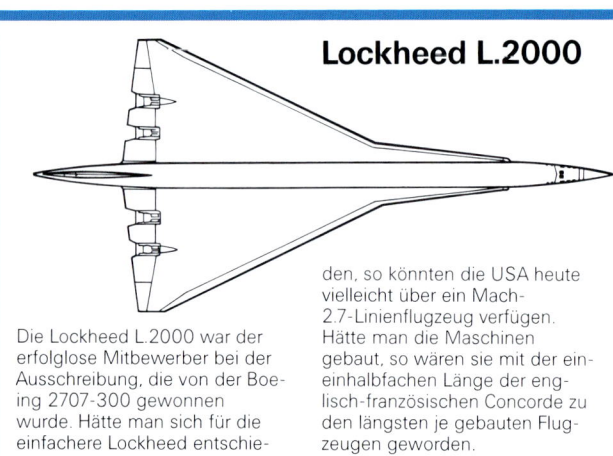

Die Lockheed L.2000 war der erfolglose Mitbewerber bei der Ausschreibung, die von der Boeing 2707-300 gewonnen wurde. Hätte man sich für die einfachere Lockheed entschieden, so könnten die USA heute vielleicht über ein Mach-2.7-Linienflugzeug verfügen. Hätte man die Maschinen gebaut, so wären sie mit der eineinhalbfachen Länge der englisch-französischen Concorde zu den längsten je gebauten Flugzeugen geworden.

McDonnell Douglas AST

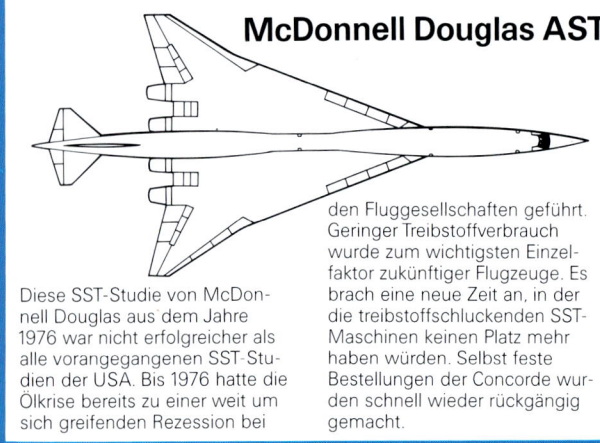

Diese SST-Studie von McDonnell Douglas aus dem Jahre 1976 war nicht erfolgreicher als alle vorangegangenen SST-Studien der USA. Bis 1976 hatte die Ölkrise bereits zu einer weit um sich greifenden Rezession bei den Fluggesellschaften geführt. Geringer Treibstoffverbrauch wurde zum wichtigsten Einzelfaktor zukünftiger Flugzeuge. Es brach eine neue Zeit an, in der die treibstoffschluckenden SST-Maschinen keinen Platz mehr haben würden. Selbst feste Bestellungen der Concorde wurden schnell wieder rückgängig gemacht.

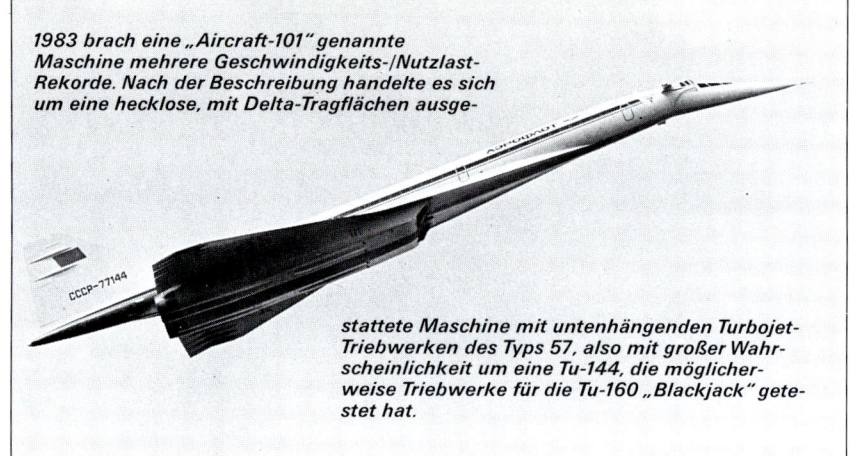

1983 brach eine „Aircraft-101" genannte Maschine mehrere Geschwindigkeits-/Nutzlast-Rekorde. Nach der Beschreibung handelte es sich um eine hecklose, mit Delta-Tragflächen ausgestattete Maschine mit untenhängenden Turbojet-Triebwerken des Typs 57, also mit großer Wahrscheinlichkeit um eine Tu-144, die möglicherweise Triebwerke für die Tu-160 „Blackjack" getestet hat.

Singapore Airlines betrieb kurze Zeit in Kooperation mit British Airways eine Fluglinie von London über Bahrain nach Singapur. Mindestens eine Maschine war auf der Backbordseite mit den Insignien von Singapore Airlines versehen.

chenhinterkante befinden sich kombinierte Höhen- und Querruder (Elevons). Zusammen mit dem zweiteiligen Ruder (das für den einseitigen Triebwerksausfall benötigt wird) werden sie zur Flugkontrolle eingesetzt. Die spitz zulaufende Nase wird hydraulisch abgesenkt. Sie ist mit einem einziehbaren Visier versehen, das im Reiseflug eine perfekte Stromlinienform und bei Starts und Landungen optimale Sichtverhältnisse bietet. Beschleunigt die Concorde von Unterschall- auf Überschall-Geschwindigkeit, verlagert sich der Schwerpunkt über die Tragfläche; zum Ausgleich müssen über 9.000 l Treibstoff vom Vorderrumpf ins Heck gepumpt werden. Beim Absinken der Geschwindigkeit in den Unterschallbereich wird der Treibstoff dann wieder nach vorne gepumpt. Vollständig neu für Linienmaschinen ist die Aufhängung der Triebwerke in Doppelanordnung unter dem hinteren Bereich der Tragfläche. Sie verfügen über Lufteinlässe und Düsen mit variabler Geometrie und verschiedene zusätzliche Klappen, die alle computergesteuert sind.

Eine ähnliche Ausstattung wurde natürlich auch für die sowjetische Tu-144 benötigt. Hier ging die Entwicklung jedoch nicht so glatt voran.

Die sowjetische Tupolew Tu-144 verfügte über einklappbare Entenflügel, um ihre Handhabung in Landekonfiguration zu verbessern. Diese Maschine stürzte während des Luftfahrt-Salons 1973 in Paris ab.

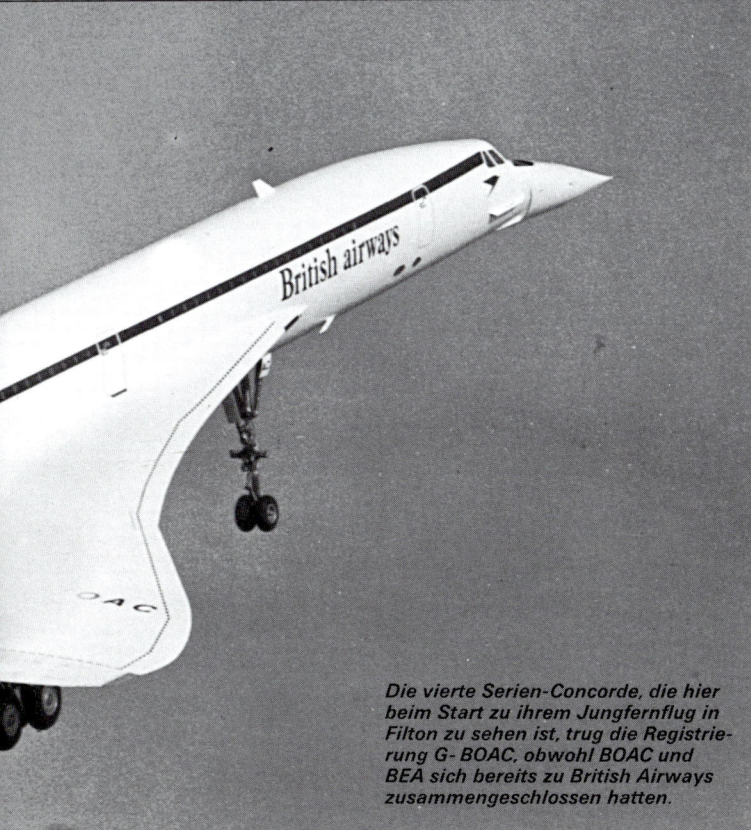

Die vierte Serien-Concorde, die hier beim Start zu ihrem Jungfernflug in Filton zu sehen ist, trug die Registrierung G-BOAC, obwohl BOAC und BEA sich bereits zu British Airways zusammengeschlossen hatten.

lingstriebwerksverkleidungen sowie achträdige Bogie-Hauptfahrwerke auf, die zwischen den Triebwerkspaaren eingezogen wurden. Die gesamte Flächenhinterkante besaß acht riesige kombinierte Höhen-/Querruder; auf dem vorderen Rumpf befanden sich große einziehbare Entenflügel mit Klappen, die im Frontbereich größtmöglichen Auftrieb erzeugen und die kombinierten Höhen- und Querruder beim Start und bei der Landung unterstützen sollten. Neben vielen weiteren Änderungen wurde das vordere Fahrwerk um 9,63 m nach vorne versetzt. Trotz des Totalschadens der zweiten Vorserienmaschine am 3. Juni 1973 in Paris startete Aeroflot mit der weiter veränderten Tu-144 am 26. Dezember 1975 Frachtflüge und am 1. November 1977 die Beförderung von Passagieren. Am 1. Juni 1978 wurden die Flüge nach einem Unfall abrupt eingestellt. Trotz erheblicher Anstrengungen an der Tu-144D, die mit anderen Triebwerken ausgestattet worden war, gab man das Programm auf.

Landeverbot in New York

Anders erging es der Concorde. Mit ihr wurden zwischen Paris und London von Air France bzw. British Airways Linienflüge im Personenverkehr aufgenommen; British Airways flog auch Bahrain, Air France Dakar und Rio an. New York, das sich als Ziel am meisten anbot, versperrte dem SST seine Tore und gab damit der Armee von Protestierern nach (und erlag wohl auch ein wenig dem „Nicht-hier-erfunden-Syndrom").

Erst am 24. Mai 1976 wurde beiden Fluggesellschaften gestattet, Linienflüge nach Washington aufzunehmen, sehr viel später auch nach New York und Mexico City. In Zusammenarbeit mit Braniff wurden Fluglinien nach Dallas und mit Singapore Airlines nach Singapur eingerichtet. Die Auswirkungen der Energiekrise von 1973 aber hätten zu keinem schlechteren Zeitpunkt kommen können. Sie trafen die Concorde hart.

Mit der Weigerung einiger geographisch wichtiger Länder, ihr Territorium zu überfliegen, behinderte auch

der enorme Preisanstieg für Treibstoff die Verkaufserwartungen der Concorde. Die von Europa aus möglichen Flugrouten wurden dadurch stark eingeschränkt. So produzierten die Partner schließlich nur noch zwei Prototypen, zwei Vorserienflugzeuge und 16 Serienmaschinen. Air France und British Airways erhielten je sieben Exemplare; die Maschinen blieben häufig im Lager stehen.

Während der letzten zwölf Jahre haben sich die 14 in Dienst gestellten Flugzeuge jedoch hervorragend bewährt. In den Monatsberichten der beiden Fluggesellschaften erschienen sie oft trotz ihrer relativen Komplexität als die zuverlässigsten Maschinen aller eingesetzten Typen. British Airways hat gut über eine Million Concorde-Passagiere befördert, Air France erreichte fast die gleiche Anzahl. Der Auslastungsfaktor ist immer noch extrem hoch, und der Betrieb der Concorde ist so wirtschaftlich wie der anderer Typen.

Die nächste Generation

Über eine Modernisierung der 14 fliegenden Concordes hat man bisher nichts verlauten lassen. Noch sind sie voll einsatzfähig und liegen nach wie vor gut im Rennen. Aber was passiert, wenn sie ihre vorgesehene Flugstundenzahl absolviert haben? Es ist sicher undenkbar, daß ein Verkehrsmittel, das in New York (nach der Ortszeit) eher landet, als es in London gestartet ist, und Passagiere in normalerweise drei Stunden und 20 Minuten zurückbringt, einfach nur noch ein Teil der Geschichte ist.

Nach und nach vergessen die Nationen den einstigen Sturm gegen dieses große Linienflugzeug. Auf der Luftfahrtschau 1988 in Farnborough zeigte Aérospatiale als Vertreter Frankreichs mutig einige schöne Modelle einer möglichen nächsten Generation (ATSF, Avion de transport supersonic futur) und der darauffolgenden Generation (AGV, Avion à grande vitesse). Eine AGV-Maschine würde in der Lage sein, 150 Passagiere über eine Strecke von 12.000 km bei Mach 5,5 zu befördern. Nur Zukunftsmusik?

Die Prototypen hatten eine ähnliche Konfiguration wie die Concorde. Sie verfügten jedoch über Hauptfahrwerke mit zwölf Rädern, die klein genug waren, um nach vorne in Schächte eingeklappt zu werden. Diese befanden sich in den sehr dünnen Tragflächen außerhalb der riesigen Zentralzelle, da dort die vier Triebwerke untergebracht waren. Die Länge betrug 58 m und das Maximalgewicht lag bei 149.700 kg. Diese Konstruktion wurde wieder verworfen: 1973 erschien eine Vorserien-Tu-144, an der fast alles geändert war.

Sie war um 6,35 m länger, wies eine neue Tragfläche, separate Zwil-

Concorde

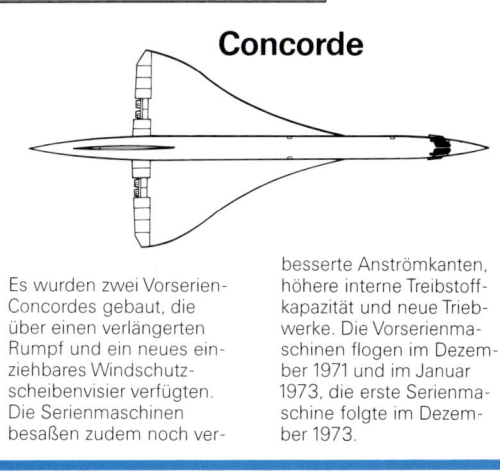

Es wurden zwei Vorserien-Concordes gebaut, die über einen verlängerten Rumpf und ein neues einziehbares Windschutzscheibenvisier verfügten. Die Serienmaschinen besaßen zudem noch ver- besserte Anströmkanten, höhere interne Treibstoffkapazität und neue Triebwerke. Die Vorserienmaschinen flogen im Dezember 1971 und im Januar 1973, die erste Serienmaschine folgte im Dezember 1973.

Tu-144

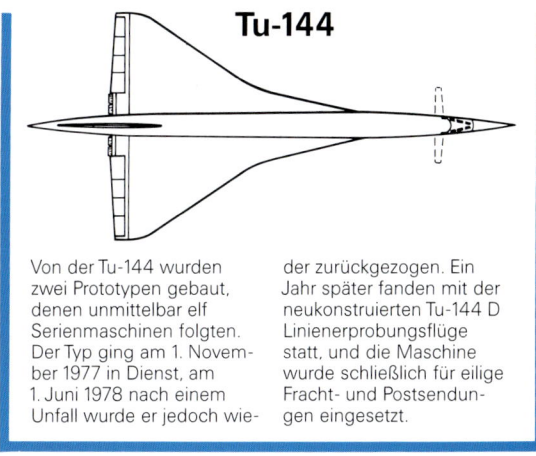

Von der Tu-144 wurden zwei Prototypen gebaut, denen unmittelbar elf Serienmaschinen folgten. Der Typ ging am 1. November 1977 in Dienst, am 1. Juni 1978 nach einem Unfall wurde er jedoch wie- der zurückgezogen. Ein Jahr später fanden mit der neukonstruierten Tu-144 D Linienerprobungsflüge statt, und die Maschine wurde schließlich für eilige Fracht- und Postsendungen eingesetzt.

SCHNELLER ALS DER
SCHALL

Flugkapitän Brian Calvert – früher Pilot der englischen Marine - kam 1957 zur BOAC. Als die Concorde in Dienst gestellt wurde, stieg er zum Flugmanager (Technik) auf. Hier beschreibt er einen typischen Transatlantikflug.

❝Die Köpfe sind gesenkt, die Hände greifen mal hierhin, mal dahin, Gongs und Summer ertönen, und überall blinken Kontrolleuchten auf.❞

DIE CONCORDE

Die Flugzeugbesatzung der Concorde besteht aus zwei Piloten und einem Flugingenieur. Für die British-Airways-Flotte von sieben Maschinen stehen ungefähr 20 Besatzungen zur Verfügung.

❝Als die Maschine auf dem Flughafen Heathrow dem östlichen Ende der Rollbahn 27 rechts zurollt, sieht man schon an der Bewegung, daß es nur eine Concorde sein kann. Der lange, schmale Rumpf erzeugt eine Schwungkraft, die die Passagiere auf den ersten Sitzen noch spüren können.

Selbst im Leerlauf halten die Triebwerke die Maschine in Bewegung; manchmal muß ich dann sogar noch abbremsen, damit die Geschwindigkeit nicht höher wird. Das Bugrad lenke ich über einen kleinen Hebel in der Seitenkonsole. Ich sitze aber 11,4 m vor dem Bugrad und fast dreimal soweit vor dem Hauptfahrwerk. Wenn ich also an einer

Kreuzung oder Kurve auf der Mittellinie des Rollwegs bleibe, ragt das Cockpit schon weit auf den angrenzenden Rasen, bevor ich überhaupt eine Lenkbewegung einleiten kann.

Mein Erster Offizier, mein Flugingenieur und ich selbst haben während der vergangenen Stunde alle Flugzeugsysteme kontrolliert. Trotzdem gibt es noch in diesen letzten Minuten eine Menge zu tun. Der Treibstoffvorrat der Concorde ist buchstäblich über das ganze Flugzeug verteilt. Er bleibt aber nicht an Ort und Stelle, bis er bei Bedarf in die Triebwerke gepumpt wird. Die Maschine zu trimmen, ist eine heikle Aufgabe. So wird

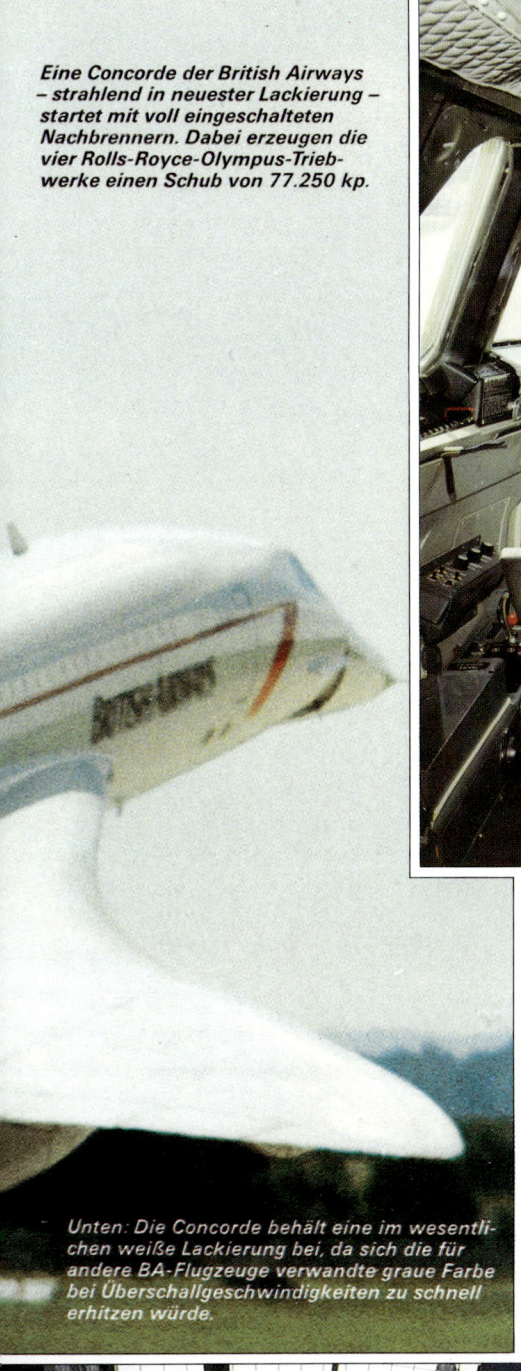

Eine Concorde der British Airways – strahlend in neuester Lackierung – startet mit voll eingeschalteten Nachbrennern. Dabei erzeugen die vier Rolls-Royce-Olympus-Triebwerke einen Schub von 77.250 kp.

Unten: Die Concorde behält eine im wesentlichen weiße Lackierung bei, da sich die für andere BA-Flugzeuge verwandte graue Farbe bei Überschallgeschwindigkeiten zu schnell erhitzen würde.

1 Fluginstrumente des Piloten
2 Fluginstrumente des Kopiloten
3 Triebwerksinstrumente
4 Dachkonsole (Beleuchtung, Entnebelungs- und Enteisungsanlagen, Triebwerksabschaltung)
5 Mittelkonsole und Gashebel
6 Seitenkonsole des Piloten (Bugradlenkung, Wetterradar, usw.)
7 Seitenkonsole des Kopiloten (wie bei der Konsole des Piloten)
8 Blendschutz (ILS und Autopilot)

Oben: Das Flugdeck der Concorde mutet mit der Vielzahl seiner konventionellen Instrumente im Vergleich zu den Cockpits der neuesten Großraumflugzeuge schon recht altmodisch an.

der Treibstoff nicht nur zum Antrieb, sondern auch zur zweckmäßigen Gewichtsverteilung als Ballast eingesetzt. Je nach Bedarf pumpt man ihn zwischen den einzelnen Tanks hin und her. Vor dem Start, während wir noch rollen, wird er schon zum ersten Mal von einem hinteren in einen vorderen Tank gepumpt.

Wenn wir weit genug von den Flughafengebäuden entfernt sind, testen wir kurz den Umkehrschub.

Abflugfreigabe

Noch während wir rollen, erhalten wir die Abflugfreigabe; sie bestätigt unseren Standard-Instrumenten-Abflug (SID) in Richtung „Brecon One Foxtrot", ein Funkfeuer, das etwa 192 km westlich von Heathrow liegt. Das bedeutet aber nicht, daß wir etwa einen geraden Kompaßkurs fliegen!

Jetzt haben wir den Haltepunkt erreicht, auf dem wir warten müssen, bis wir an der Reihe sind. Das bietet Gelegenheit, die Situation schnell noch einmal zu überdenken. Alle Kontrollen sind vollständig durchgeführt – bis auf die allerletzten, die beim Einschwenken auf die Rollbahn anliegen. Die Maschine ist sorgfältig getrimmt, der Flugingenieur hat seinen Sitz vorgezogen, seine Systeme auf Automatik gestellt, und der Chef-Steward hat gemeldet, daß er mit seinen Leuten zum Start bereit ist.

Nach der Freigabe rollen wir auf die Landebahn und reihen uns ein; dabei achten wir

G-BOAC

BAe/Aérospatiale Concorde, Serie 200

Diese Maschine war die achte Serien-Concorde und absolvierte ihren Jungfernflug im Mai 1976. Die erste Concorde der British Airways erhielt die außerserielle Kennzeichnung G-BOAC, während die anderen sechs Maschinen in alphabetischer Reihenfolge als G-BOAA bis G-BOAG gekennzeichnet wurden.

Versorgungsfahrzeuge der Concorde

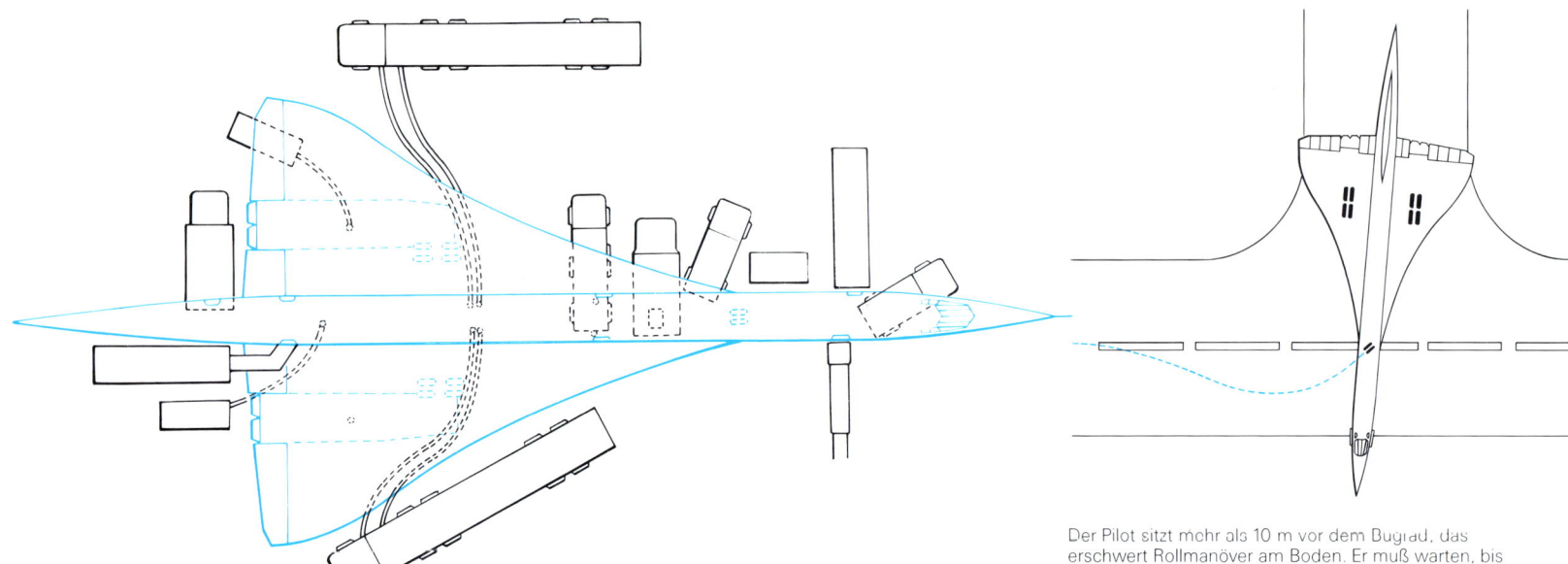

Der Pilot sitzt mehr als 10 m vor dem Bugrad, das erschwert Rollmanöver am Boden. Er muß warten, bis die Maschine den Drehpunkt passiert hat, ehe er mit dem Einschlagen des Bugrads beginnen kann.

Die Concorde sieht am Boden – umgeben von den üblichen Versorgungsfahrzeugen – recht deplaziert aus. Dieser Vogel muß fliegen!

Während der Flugkapitän (unten) seinen Flugplan mit der Flugverkehrskontrollstelle abstimmt, führen Ingenieure (oben rechts) die letzten Kontrollen durch.

Steuerflächen der Concorde

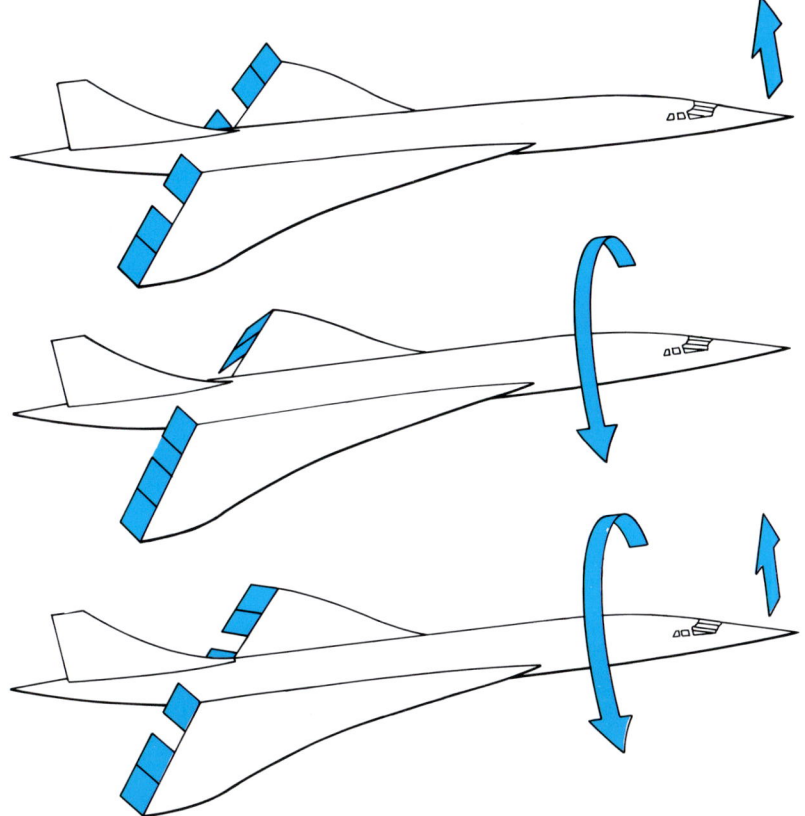

Da die Concorde über keine Höhenflosse verfügt, befinden sich die Steuerflächen ausschließlich an den Abreißkanten der Seitenflosse und der Tragflächen. Ein konventionelles Ruder wird hierbei durch kombinierte Höhen- und Querruder (Elevons) unterstützt. Sie können im Parallelbetrieb zur Höhensteuerung eingesetzt werden wie herkömmliche Höhenruder.

Im Differentialbetrieb steuern die Elevons die Querlage der Maschine, so daß sie die Funktion konventioneller Querruder ausüben. So erhält die linke Tragfläche bei abgesenkten linken und angehobenen rechten Elevons Auftrieb, und die Maschine neigt sich nach rechts.

Die kombinierten Höhen- und Querruder können gleichzeitig für Bewegungen um die Quer- und um die Längsachse eingesetzt werden.

am Himmel vor uns auf andere Flugzeuge und auf das Wetter, um gegebenenfalls das Radar einzuschalten. Wir können starten, sobald vom Kontrollturm unser Stichwort ertönt.

„Speedbird Concorde 193, der Start ist freigegeben".

„193 rollt an".

Es war 11.15 Uhr, als der BA-Flug 193 zum John-F.-Kennedy-Flughafen in New York startete. Der Arbeitstag für die Flugbesatzung der Concorde aber hatte schon viel früher begonnen.

Unterwegs wird mir immer klarer bewußt, wie stark dieser Luftkorridor beflogen wird. Ich stelle mich geistig schon auf den Moment ein, an dem ich wieder einsteigen werde in all diese Bewährungsproben und Belastungen, aber auch die Freuden und die Befriedigung des Fliegens. Langsam versuche ich, mich ganz auf das Wetter und den

Betriebsstatus der Maschine zu konzentrieren, die ich gleich fliegen werde.

Immer eine andere Besatzung

Um 9.45 Uhr betrete ich das Betriebsbüro und erfahre, mit welcher Besatzung ich während dieses Fluges zusammenarbeiten werde. Wir haben nämlich keine festen Besatzungen. Das wäre nicht nur unwirtschaftlich; wir sind uns darüber im klaren, daß es auch nicht gut für den Flugbetrieb wäre. Besonders bei einer so hochentwickelten Maschine wie der Concorde sollte sich die Besatzung ständig neu formieren, damit sich nicht einer auf das Können des anderen verläßt, sondern jeder auf seine eigene Ausbildung.

Das bedeutet aber nicht, daß wir nicht alle schon einmal miteinander geflogen wären; die ersten Minuten vergehen immer mit einem „Wie geht's" und „Hast Du schon

gehört …", aber auch wirklich nur die ersten Minuten. Es gibt nämlich noch eine Menge zu tun, wenn Flug 193 die 5.600 km nach New York streng nach Flugplan in dreieinhalb Stunden komfortabel und sicher zurücklegen soll.

Die nächste halbe Stunde vergeht mit Einsatzbesprechung, Flugplänen und Wettervorhersagen. Kein Planungsaspekt eines Concorde-Fluges darf isoliert betrachtet werden. So hat beispielsweise das Wetter – besonders aber die Winde und Temperaturen in großer Höhe – erheblichen Einfluß auf die Leistung der Maschine; das wiederum hat Konsequenzen für die Treibstoffmenge, die mitgeführt werden muß.

Mit solchen Daten wird allerdings das Computersystem der Fluggesellschaft gefüttert, und auch die Wettervorhersagen – besonders neueste Meldungen – sind im allgemeinen recht zuverlässig. Während der

„Abbremsen" der Luftgeschwindigkeit

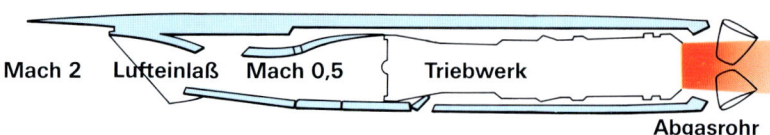

Mach 2   Lufteinlaß   Mach 0,5   Triebwerk

Abgasrohr

Concorde-Triebwerks-Lufteinlaß

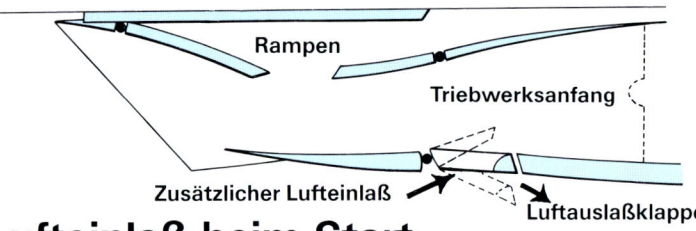

Rampen

Triebwerksanfang

Zusätzlicher Lufteinlaß

Luftauslaßklappe

Lufteinlaß beim Start

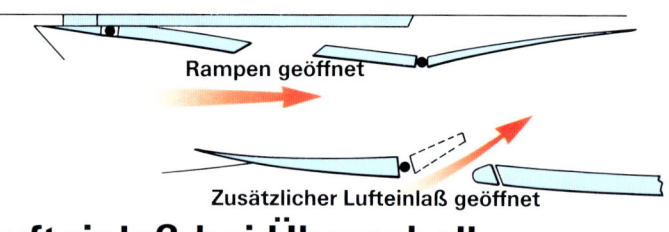

Rampen geöffnet

Zusätzlicher Lufteinlaß geöffnet

Lufteinlaß bei Überschall-geschwindigkeit

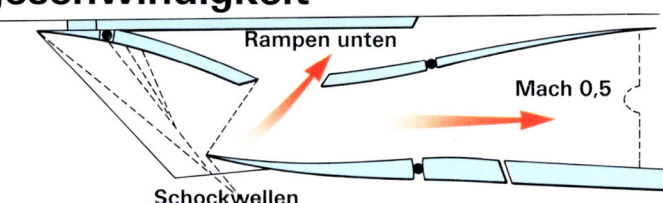

Rampen unten

Mach 0,5

Schockwellen

Das lange Bugfahrwerk der Concorde wird nach vorn eingezogen, während die Federbeine des Hauptfahrwerks so nach innen schwenken, daß die Räder im Rumpf hintereinander liegen.

Der Luftstrom, der durch die Lufteinlässe eintritt muß auf Unterschallgeschwindigkeit reduziert werden, bevor er die Olympus-Triebwerke erreicht. Dies wird im Verlauf der 3,3 m langen Lufteinlässe durch verstellbare Einlaßrampen und -klappen erreicht.

Die beweglichen Teile der Lufteinlässe bestehen aus zwei computerbetätigten, hydraulisch angetriebenen Rampen, die zur Regulierung des Luftdurchsatzes auf- und abbewegt werden, sowie aus zwei kleineren Klappen, die sowohl zur Ableitung überflüssiger als auch zur Aufnahme zusätzlicher Luft geöffnet werden können.

Beim Start benötigen die Triebwerke einen maximalen Luftdurchsatz. Daher sind die Rampen und der zusätzliche Lufteinlaß weit geöffnet. Der zusätzliche Lufteinlaß schließt sich bei Mach 0,7, während die Rampen ab Mach 1,3 betätigt werden.

Bei Mach 2 haben sich die Rampen bereits über die Hälfte geschlossen und verlangsamen den Luftstrom dadurch, daß Schockwellen an den Lufteinlaßkanten erzeugt werden. Dabei wird die Luft gleichzeitig komprimiert und erhitzt, während der zusätzliche Lufteinlaß geschlossen ist.

London/New York-Höhenschnitt

Mach 2

17.700 m

10.200 m

8.400 m

London

New York

Nach dem Steigflug auf etwa 8.400 m Höhe fliegt die Concorde eine kurze Strecke mit Unterschallgeschwindigkeit, bevor sie südlich von Bristol die Nachbrenner wieder einschaltet, weiter steigt und auf Überschallgeschwindigkeit beschleunigt, die etwa über der Insel Lundi erreicht wird. Dadurch werden die Schallwellen und der Überschallknall vom Boden ferngehalten. Nun beschleunigt die Maschine auf Mach 1,7. Danach werden die Nachbrenner wieder ausgeschaltet. Mach 2 wird in 15.000 m Höhe erreicht. Während sich die Treibstoffzufuhr verringert, erreicht die Maschine in einem sachten Steigflug noch eine Höhe von etwa 17.700 m. Im Anflug auf die USA verringert sie die Geschwindigkeit und sinkt stufenweise.

Triebwerksausfall und wetterbedingtes Ausweichen

Die Concorde benötigt alle vier Triebwerke, um die Überschallgeschwindigkeit halten zu können. Fällt also ein Triebwerk aus, verlangsamt sie auf Unterschallgeschwindigkeit und sinkt. Bei geringerer Höhe wird die Reichweite um ungefähr ein Viertel reduziert, so daß für einen solchen Fall geeignete Ausweichflugplätze eingeplant sind, die auf der Route liegen. Sollte das Wetter so schlecht sein, daß auf dem Bestimmungsflughafen eine Landung nicht möglich ist, muß die Concorde noch über ausreichenden Treibstoff verfügen, um einen Ausweichflughafen erreichen zu können.

Triebwerksausfall

Warteschleifen

London

Während des Fluges   New York   Ausweich-flughafe

Rechts: Die Verkleidung der vorderen Cock-pitscheiben befindet sich hier in eingezoge-ner Position. Beim Überschallflug wird sie angehoben, um der Nase eine strömungs-günstigere Form zu verleihen.

Unten: Der Pilot zieht das Fahrwerk so bald wie möglich ein, um die zulässige Geschwindigkeit mit ausgefahrenem Fahr-werk nicht zu überschreiten. Wenn die Nachbrenner der vier Triebwerke einge-schaltet sind, beschleunigt die Concorde sehr schnell.

❝ *Von nun an sind wir von der Außenwelt abgeschlossen, bis wir in New York landen – und das wird in weniger als vier Stunden sein.* ❞

Nachbrennerbetrieb

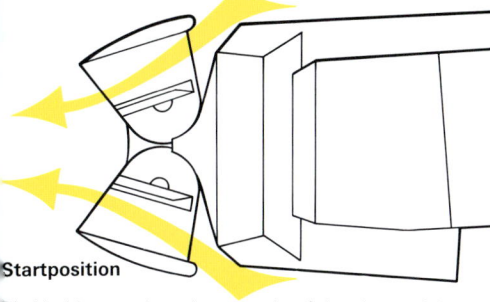

Startposition

Die Nachbrenner bestehen aus über Scharniere geführten „Greifschalen-Eimern". Ihre Position kann man zur Regulierung des Luftaustritts verändern. Beim Start werden sie leicht geschlossen, um Luft in das Abgasrohr zu saugen. Dadurch werden die Leistung gesteigert und die Geräusche reduziert.

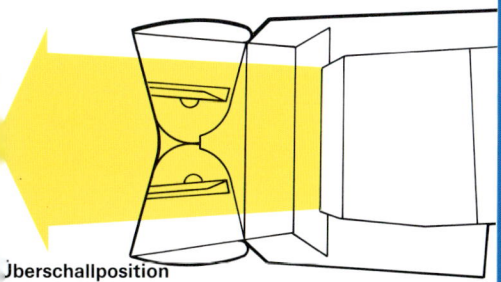

Überschallposition

Bei Überschallgeschwindigkeit öffnen sich die Nachbrennerdüsen vollständig, um einen maximalen Luftfluß zu gewährleisten. Die Düsen können abgesenkt werden, um den Triebwerksschub nach oben und leicht nach vorne zu richten, wodurch ein Umkehrschub erreicht wird.

Erste Offizier und ich diese Meldungen ein-holen und im Flugplan die letzten Details ergänzen, ist der Flugingenieur bereits drau-ßen bei der Maschine, führt die optische Kontrolle durch und überwacht die Betan-kung. Eine Stunde vor dem Abflug begeben wir uns an Bord.

Countdown

Für einen Außenstehenden sieht diese letzte Stunde vor dem Start sehr hektisch aus. So muß das INS (inertial navigation system = bodenunabhängiges Navigationssy-stem) in Betrieb genommen und die aktuelle Position eingegeben werden. Auch die übri-gen Flugzeugsysteme werden eingeschaltet und eingestellt. Jeder von uns hat dabei seine eigenen Aufgaben zu erfüllen; wir haben die Reihenfolge im Kopf und brau-chen keine Checkliste. Die Köpfe sind gesenkt, die Hände greifen hierhin und da-hin, Gongs und Summer ertönen, und über-all blinken Kontrolleuchten auf.

Die Kabinenbesatzung besteht aus sechs Personen – doppelt so viele wie im Cockpit. Vielleicht sagt das auch etwas über die Rela-tionen aus, die für die Ansprüche der Passa-giere und für die einer so phantastisch quali-

fizierten Maschine wie der Concorde gelten! Sie haben alle sechs ihre speziellen Aufga-ben, vor allem aber müssen sie so viel wie möglich über unsere Passagiere erfahren, bevor sie an Bord kommen. Da wir die ein-zige zeitbewußte Verbindung zwischen den Vereinigten Staaten und Großbritannien anbieten, fliegen einige Menschen immer wieder mit uns. Es dient der Qualität des Service, wenn man die Passagiere kennt.

Zwanzig Minuten vor der Abflugzeit ist die Betankung abgeschlossen und das Gepäck verstaut; die Passagiere befinden sich auf dem Weg zum Flugzeug. Jetzt kennen wir unsere Nutzlast bis auf das letzte Kilo-gramm, so daß die Computer die endgülti-gen Ladelisten auswerfen können. Dabei wird der Schwerpunkt überprüft und die Treibstofflast bestätigt. Zum Schluß wird die Liste von mir abgezeichnet.

Nun fehlt nur noch eine letzte optische Kontrolle durch den Flugsteig-Koordinator. Er steckt seinen Kopf durch die Cockpittür, gibt mir ein Zeichen und schließt die Tür wieder. Von nun an sind wir von der Außen-welt abgeschlossen, bis wir in New York landen – und das wird in weniger als vier Stunden sein. ❞

SCHNELLER ALS DER SCHALL
ATLANTIKFLUG

"*Als die Gashebel voll nach vorn geschoben werden und die Stoppuhren der beiden Piloten anlaufen, fühlen wir fast im selben Moment den Druck im Rücken.*"

Oben: Die Concorde startet mit eingeschalteten Landescheinwerfern; die Triebwerke lassen einen Rauchschleier hinter sich zurück. Die Beschleunigung ist sehr zügig.

Links: Am Boden fällt die interessante Wölbung und komplexe Linienführung der Tragflächenvorderkante besonders auf. Die Nase des Flugzeugs ist für eine bessere Sicht immer vorn zum Boden hin abgesenkt.

Triebwerksausfall

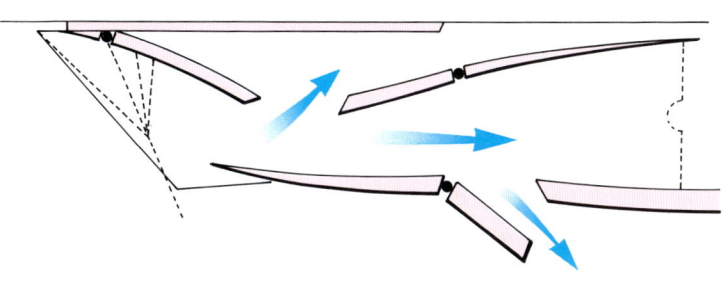

Gierbewegung

Luftwiderstand

Rollen

ausgefallenes Triebwerk

Schub

langsamere Tragfläche

schnellere Tragfläche

Ein konventionelles, vierstrahliges Düsenflugzeug wird gegen das ausgefallene Triebwerk rollen und gieren. Dadurch wird Luftwiderstand erzeugt, der die Tragfläche verlangsamt und den erzeugten Auftrieb reduziert.

Gierbewegung

sich anhebende Tragfläche

abgeleitete Luft

Fällt an der Concorde bei Überschallgeschwindigkeit ein Triebwerk aus, so wird auch diese Maschine auf das ausgefallene Triebwerk zu gieren, die Rollbewegung jedoch verläuft in die entgegengesetzte Richtung. Das liegt an der ungeheuren Menge eingelassener Luft, die nicht mehr durch das Triebwerk geführt, sondern vorher nach außen abgeleitet wird.

Bei Ausfall eines Triebwerkes bei Überschallgeschwindigkeit müssen sofort große Mengen Luft noch vor dem Triebwerk durch die Bodenklappen im Lufteinlaß abgeleitet werden.

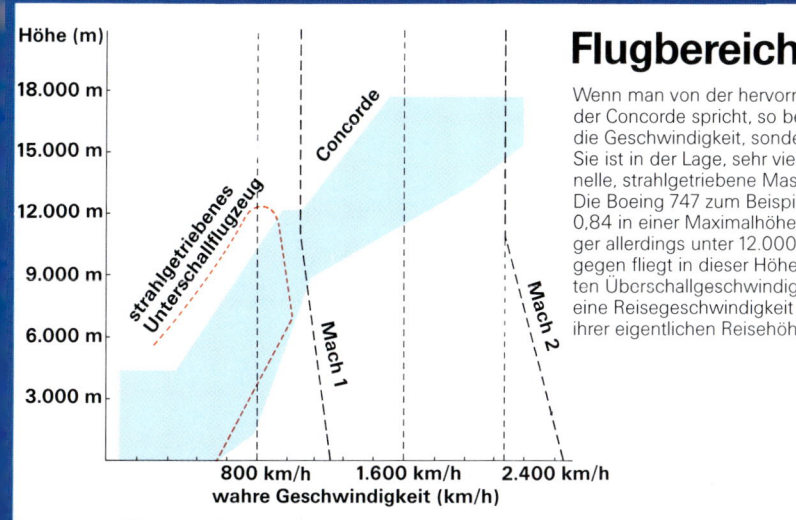

Flugbereich

Wenn man von der hervorragenden Leistung der Concorde spricht, so betrifft das nicht nur die Geschwindigkeit, sondern auch die Höhe. Sie ist in der Lage, sehr viel höher als konventionelle, strahlgetriebene Maschinen zu fliegen. Die Boeing 747 zum Beispiel fliegt bei Mach 0,84 in einer Maximalhöhe von 13.500 m, häufiger allerdings unter 12.000 m. Die Concorde hingegen fliegt in dieser Höhe ohne Schwierigkeiten Überschallgeschwindigkeiten. Sie erreicht eine Reisegeschwindigkeit von Mach 2,04 in ihrer eigentlichen Reisehöhe von bis zu 18.000 m.

Höhe (m)

18.000 m

15.000 m

12.000 m

9.000 m

6.000 m

3.000 m

Concorde

strahlgetriebenes Unterschallflugzeug

Mach 1

Mach 2

800 km/h   1.600 km/h   2.400 km/h

wahre Geschwindigkeit (km/h)

„Drei. Zwei. Eins. Jetzt!'

Als die Gashebel voll nach vorn geschoben werden und die Stoppuhren der beiden Piloten anlaufen, fühlen wir fast im selben Moment den Druck im Rücken.

„Geschwindigkeit nimmt zu…'

Mein Copilot hat beide Anzeigen überprüft. Noch während seiner Meldung spüre ich, wie die Nachbrenner sich schon auswirken und die Beschleunigung in die Höhe treiben. Aus den Augenwinkeln heraus kann ich das Aufblinken der grünen Kontrollampen erkennen; sie zeigen an, daß der maximale Luftdurchsatz erreicht ist, den die Triebwerke brauchen, um volle Leistung zu bringen. Jetzt treten die Nachbrenner vollends in Aktion…

„185 km/h.'

„Leistung kontrolliert.'

Wir rollen perfekt. Eine kleine Korrektur an den Ruderpedalen hält uns genau auf der Linie. „V1…'

Die Entscheidungsgeschwindigkeit V1 liegt heute bei 165 Knoten. Bis zu diesem Punkt hätten wir – zum Beispiel bei Ausfall eines Triebwerks – auf der Rollbahn noch zum Stehen kommen können. Danach müssen wir auf Gedeih und Verderb in die Luft. Meine rechte Hand gleitet vom Gashebel zum Steuerknüppel; die Geschwindigkeitsanzeige steigt auf 192 Knoten.

„Hebe ab…'

Ein kräftiges Ziehen des Steuerknüppels hebt die Nase an. Ich lasse etwas nach, und die anfänglich abrupte Bewegung geht in ein sachtes, kontinuierliches Gleiten über, bis wir den vorgesehenen Steigwinkel von 13,5° erreicht haben. Bei 10° und einer Geschwindigkeit von 379 km/h heben die Räder vom Boden ab. Haben wir den korrekten Steigwinkel erst einmal eingenommen, brauche ich nur noch zu warten, bis die Fluggeschwindigkeit steigt – und zwar auf 409 km/h, die die Flugsicherheit gewährleisten, selbst wenn ein Triebwerk ausfallen sollte.

„V2…'

Die Triebwerke scheinen uns nicht im Stich lassen zu wollen, ich kann sie sogar spüren. Auf dem ersten Flugabschnitt über Land dürfen wir nur maximal 642 km/h fliegen. Unsere Anzeige zeigt aber bereits 444 km/h; daher vergrößere ich den Steigwinkel auf 18°, um die Geschwindigkeit zu halten. Den Aufstieg haben wir problemlos geschafft, aber wir müssen auch die Lärmschutzmaßnahmen bedenken. Seit ich die Bremsen gelöst habe, sind gerade eine Minute und elf Sekunden vergangen.

„Drei. Zwei. Eins. Lärm.'

Oben: Das dritte Besatzungsmitglied, der Flugingenieur, sitzt hinter dem Copiloten vor der System-Management-Konsole. Hier nimmt er Veränderungen am Treibstoffmanagementsystem vor. Vielleicht trimmt er gerade die Maschine für den Überschallflug um.

Die Nachbrenner sind abgeschaltet, die Gashebel in eine neue Einstellung gebracht, und der Steigwinkel ist auf 12° reduziert. Wir fliegen jetzt mit 250 Knoten (463 km/h), steigen ungefähr 300 m pro Minute und befinden uns bereits 600 m über den Häusern am Rand der westlichen Flughafenbegrenzung.

Es ist recht laut im Cockpit, da wir die Nase abgesenkt und das Cockpitschutzschild eingefahren haben, um die Sicht nach vorn zu verbessern. Wir fliegen den kürzesten Weg auf 263° in Richtung auf das Funkfeuer nördlich von Heathrow und drehen dann nach 11,2 km auf 273°, dabei halten wir eine Höhe von 1.200 m, um in sicherer Entfernung von den Leichtflugzeugen zu bleiben, die ca. 30 km von Heathrow entfernt den Flugplatz Woodley benutzen.

Wir haben die Genehmigung, zunächst auf maximal 1.800 m zu steigen. Aus Erfahrung wissen wir, daß die Freigabe zum Steigflug auf größere Höhe erteilt wird,

sobald wir sie benötigen. Es verläuft alles nach Plan.

Als wir auf über 1.500 m steigen – wir fliegen jetzt in normaler Flugposition, also mit angehobener Nase und ausgefahrenem Cockpitschutzschild – erhalten wir die Genehmigung, auf 2.400 m zu gehen. Jetzt schalten wir die Nachbrenner wieder ein, da in dieser Höhe Lärmschutzmaßnahmen unnötig sind und entwickeln unsere Standardsteiggeschwindigkeit von 740 km/h.

Höchste Aktivität

Wir steigen jetzt schneller – 900 m pro Minute – und schalten den Autopiloten ein. Er ist mit unserer Steigrate programmiert und wird uns auf die für uns freigegebene Höhe bringen – zu diesem Zeitpunkt bereits 8.400 m. Ist diese Höhe erreicht, werden die Triebwerke automatisch gedrosselt. Die Navigation befindet sich nun ‚in den Händen' des Trägheitsnavigationssystems, und meine Arbeit wird plötzlich viel leichter.

Dieser Teil des Fluges verläuft immer sehr angenehm. Der Start hingegen ist eine Phase höchster Aktivität und Anspannung – und das nicht nur für den Piloten und seine Kollegen im Cockpit.

Der Fluglotse in seinem fensterlosen Raum in West Drayton trägt eine ebenso hohe Verantwortung, jedoch auf breiterer Ebene. Seine Aufgabe ist es, alle ankommenden und abfliegenden Maschinen zu koordinieren. Einige befinden sich im Steigflug, die anderen im Sinkflug, und sie alle müssen in das riesige Puzzle passen, das sich bis weit in den Atlantischen Ozean südwestlich von Irland erstreckt. Ich muß mich nur so lange voll konzentrieren, bis wir uns im Steigflug von 1.500 m auf 8.400 m westlich von Lyneham, in Wiltshire, befinden, die Anspannung des Lotsen darf erst dann nachlassen, wenn seine Schicht beendet ist – denn kaum braucht er sich nicht mehr um mich zu kümmern, rückt schon der nächste Pilot an meine Stelle.

Umpumpen des Treibstoffs

Bei niedrigeren Geschwindigkeiten wird ein Anheben der Nase dadurch verhindert, daß Treibstoff in die vorderen Trimmtanks gepumpt wird.

Mit ansteigender Geschwindigkeit ändert sich die Druckverteilung über den Tragflächen, und der Druckpunkt verlagert sich nach hinten. Zur Kompensation wird Treibstoff ins Heck gepumpt.

hintere Trimmtanks

Haupttanks

vordere Trimmtanks

hintere Trimmtanks

Haupttanks

vordere Trimmtanks

Das Innere der Concorde

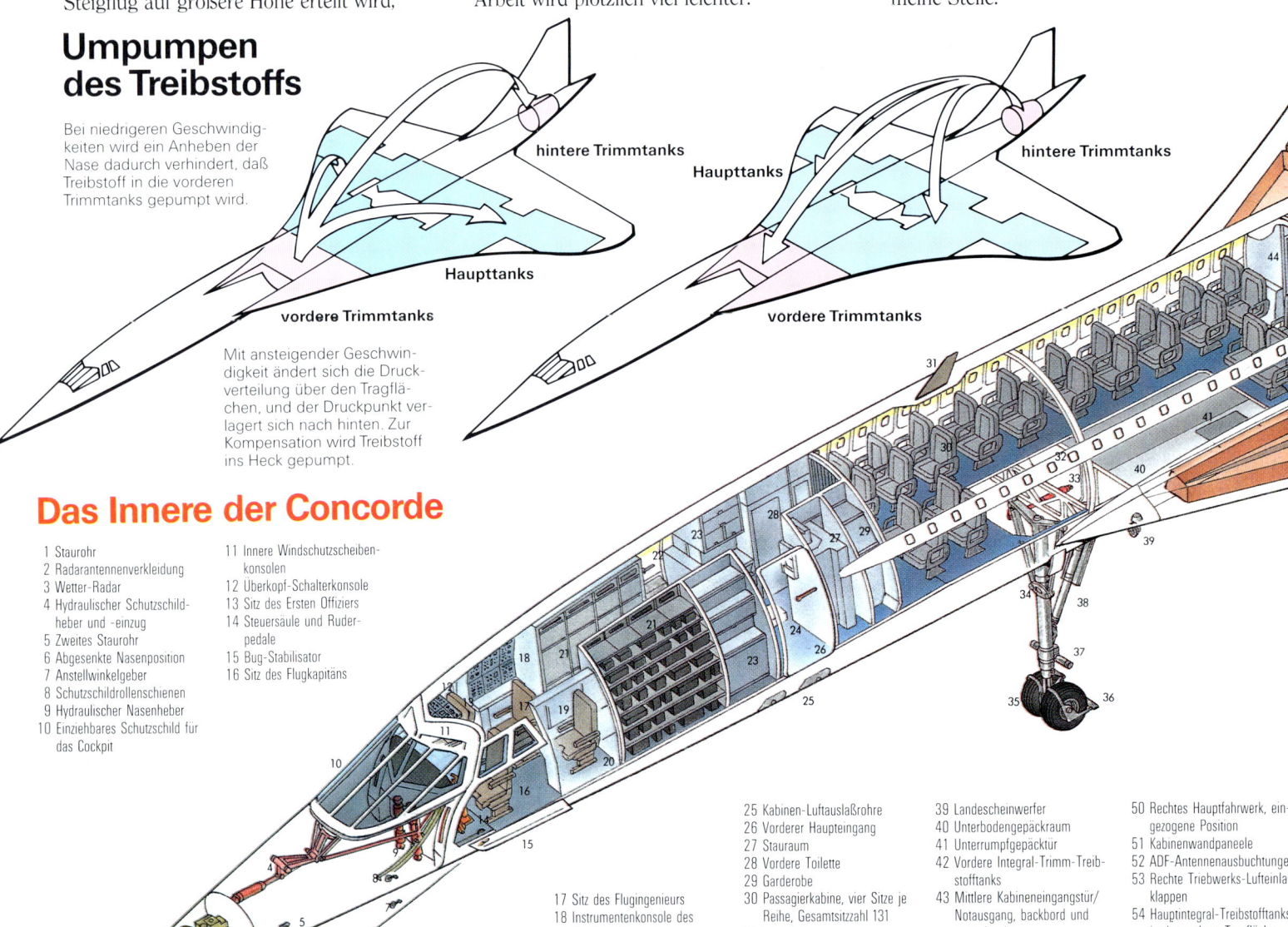

1 Staurohr
2 Radarantennenverkleidung
3 Wetter-Radar
4 Hydraulischer Schutzschildheber und -einzug
5 Zweites Staurohr
6 Abgesenkte Nasenposition
7 Anstellwinkelgeber
8 Schutzschildrollenschienen
9 Hydraulischer Nasenheber
10 Einziehbares Schutzschild für das Cockpit

11 Innere Windschutzscheibenkonsolen
12 Überkopf-Schalterkonsole
13 Sitz des Ersten Offiziers
14 Steuersäule und Ruderpedale
15 Bug-Stabilisator
16 Sitz des Flugkapitäns

17 Sitz des Flugingenieurs
18 Instrumentenkonsole des Flugingenieurs
19 Linke Stromunterbrecherkonsole
20 Beobachtersitz
21 Avionikgeräte backbord und steuerbord
22 Rechte Wartungskabinentür
23 Kücheneinheiten backbord und steuerbord
24 Kabinenbesatzungsklappsitz

25 Kabinen-Luftauslaßrohre
26 Vorderer Haupteingang
27 Stauraum
28 Vordere Toilette
29 Garderobe
30 Passagierkabine, vier Sitze je Reihe, Gesamtsitzzahl 131
31 VHF-Antenne
32 Kabinenfensterkonsolen
33 Bugfahrwerkseinzugsmechanismus
34 Bugfahrwerksstütze
35 Zwillingsbugräder, nach vorn einziehbar
36 Spritzschild
37 Hydraulische Lenkeinrichtung
38 Teleskop-Druckstütze

39 Landescheinwerfer
40 Unterbodengepäckraum
41 Unterrumpfgepäcktür
42 Vordere Integral-Trimm-Treibstofftanks
43 Mittlere Kabineneingangstür/Notausgang, backbord und steuerbord
44 Toilettenzellen, backbord und steuerbord
45 Kabinenbesatzungsklappsitz
46 Stauraum
47 Überkopf-Gepäckabteile für Passagiere
48 Handgepäckstauraum
49 Kabinendach, Himmel und Leuchtkonsolen

50 Rechtes Hauptfahrwerk, eingezogene Position
51 Kabinenwandpaneele
52 ADF-Antennenausbuchtungen
53 Rechte Triebwerks-Lufteinlaßklappen
54 Hauptintegral-Treibstofftanks in der rechten Tragfläche
55 Kombinierte hydraulische Höhen- und Querruderbetätigung
56 Kombinierte Höhen- und Querruder
57 Rechte Tragflächenluftsystem Ausrüstung
58 Rechte Triebwerksgondeln
59 Abgasstrahlrohre

Oberflächentemperatur

Die Reibung der vorbeifließenden Luft heizt die Oberfläche bei Mach 2,0 erheblich auf. Bei diesen Geschwindigkeiten liegt die Temperatur an der Nase um ca. 175° C höher als die Umgebungstemperatur.

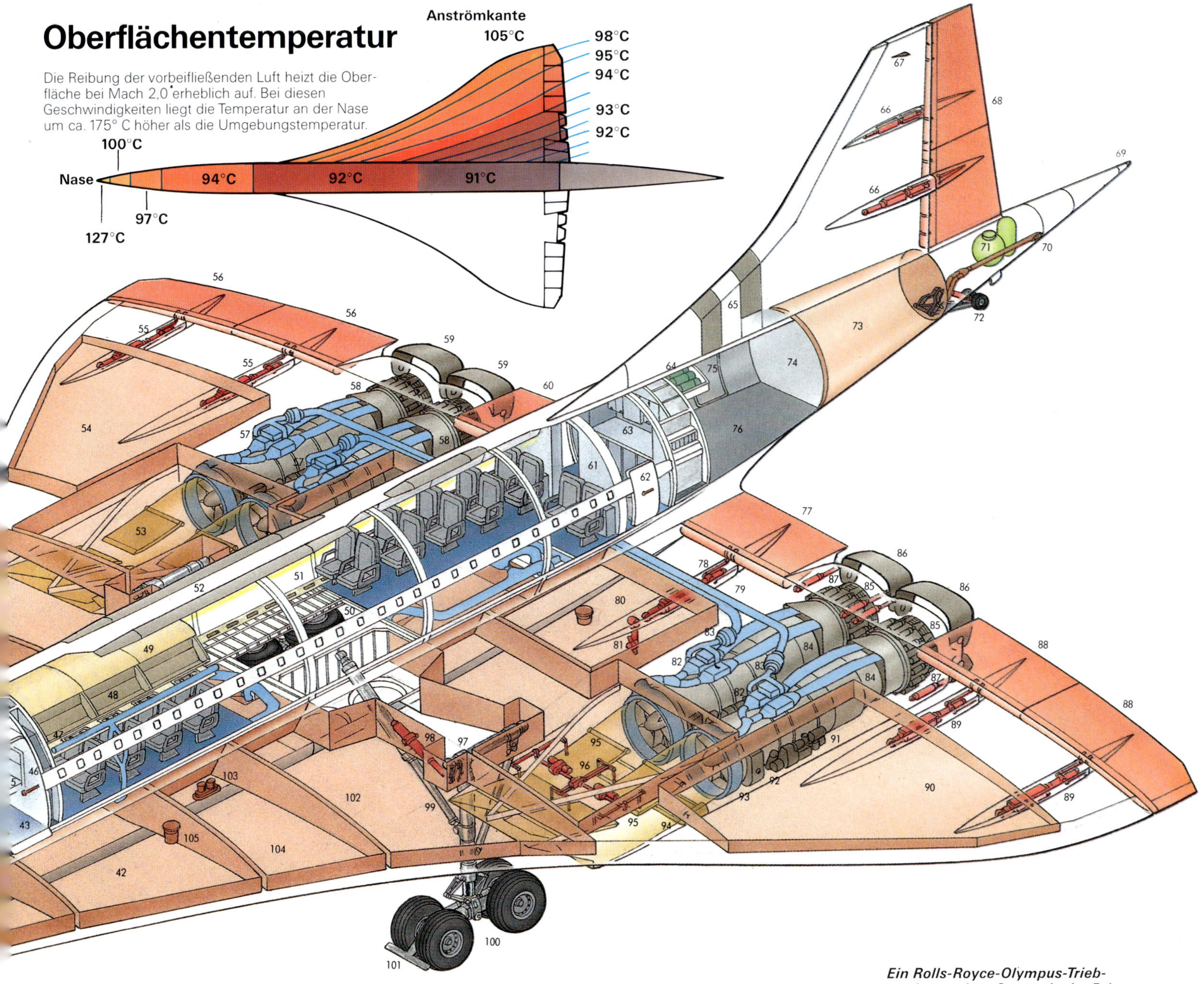

Anströmkante
105°C
98°C
95°C
94°C
93°C
92°C

100°C
Nase
127°C
97°C
94°C
92°C
91°C

60 Inneres Höhen- und Querruder
61 Hintere Kabinenstirnwand
62 Wartungstür/Notausgang backbord und steuerbord
63 Hintere Kücheneinheit
64 Sauerstoffflaschen
65 HF-Antenne
66 Hydraulische Ruderbetätigung
67 VOR-Antenne
68 Zweiteiliges Ruder
69 Heck-Navigationsleuchte
70 Treibstoffbelüftung
71 Stickstoffflasche
72 Einziehbarer Heckstoßfänger
73 Hinterer Trimm-Treibstofftank
74 Hintere Druckstirnwand
75 Steuerbord-Gepäcktür
76 Hintere Gepäck-Ladebucht
77 Linkes innenliegendes kombiniertes Höhen- und Querruder
78 Hydraulische Betätigung der kombinierten Höhen- und Querruder
79 Kabinen-Luftzufuhrrohre
80 Heck-Sammeltank
81 Notstanddruck-Luftturbine
82 Luftsystem-Wärmetauscher
83 Kaltlufteinheiten
84 Rolls-Royce/SNCMA-Olympus-593-Nachbrennertriebwerke
85 Variierbare Nachbrennerdüsen

86 Zweite Düse/Schubumkehr-Halbschalen
87 Halbschalen-Betätigungskolben
88 Linkes außenliegendes kombiniertes Höhen- und Querruder
89 Hydraulische Betätigung der kombinierten Höhen- und Querruder
90 Äußerer Haupttreibstofftank
91 Triebwerkszubehörantrieb
92 Triebwerks-Öltank
93 Einlaßluft-Entlüftungsrohr zum Kabinen-Wärmetauscher
94 Kombinierte Unterrumpf-Luftauslaß- und Überdruckklappe
95 Variierbare Lufteinlaßklappen
96 Klappenmotor und Steuerungssysteme
97 Linker Drehpunkt der Hauptfahrwerksstütze
98 Hydraulischer Einzugsheber
99 Teleskop-Zugstütze
100 Vierrädriges Hauptfahrwerk-Drehgestell
101 Spritzblech
102 Vorderer innenliegender Haupttreibstofftank
103 Treibstoffumfüllpumpen
104 Vorderer Sammeltank
105 Treibstoffakkumulator

Ein Rolls-Royce-Olympus-Triebwerk aus einer Concorde der British Airways wird im Flughafen Heathrow routinemäßig gewartet.

Sobald wir unsere Unterschall-Reisehöhe erreicht haben, nimmt die Fluggeschwindigkeit zu, die Höhe bleibt. Bei Mach 0,95 – gerade 5% unter der Schallgeschwindigkeit – halten wir unseren westlichen Kurs und warten auf die Ozean-Freigabe. Es sind drei SST-Flugstrecken über den Nordatlantik festgelegt; wir benutzen heute die nördlichste, die Sierra November. Unsere Reisehöhe wird dabei zwischen 15.000 m und 24.000 m liegen – in dieser Höhe trifft man nicht auf sehr viel Verkehr.

Ein ruhiger Flug

Im Moment befinden wir uns noch in den Wolken und haben eine kleine Turbulenz. Die Tragflächen sind sehr schlank und wirken vielleicht nicht besonders stabil, haben aber ausgezeichnete Flugqualitäten. Ihre hohe Flächenbelastung läßt sie mit plötzlichen Luftturbulenzen sehr gut fertig werden.

Wir stehen kurz davor, Schallgeschwindigkeit zu erreichen. Wir gehen jetzt eine kurze Checkliste durch, Treibstoff muß zur Trimmung der Maschine nach hinten umgepumpt werden. Das war schon alles, nun

kann ich die Gashebel voll nach vorn schieben, wo sie während des ganzen Fluges bis New York bleiben werden. Dann spreche ich kurz zu den Passagieren und informiere sie über den weiteren Verlauf.

Anschließend schalte ich die Nachbrenner ein, und zwar paarweise, um die ruckhafte Beschleunigung, die sie in dieser Höhe produzieren, so gering wie möglich zu halten. Beim ‚Durchfliegen der Schallmauer' passiert erstaunlich wenig. Der Höhenmesser und die Geschwindigkeitsanzeige, die beide auf den äußeren Luftdruck reagieren, geraten für einige Momente durcheinander, pendeln sich dann aber sehr schnell wieder ein. Die Passagiere spüren von der hohen Geschwindigkeit eigentlich gar nichts. Nur das große digitale ‚Mach-Meter' im Passagierraum zeigt jetzt zum erstenmal eine Zahl über ‚eins' an.

Die Concorde kann sich in niedriger Höhe und bei niedriger Geschwindigkeit kaum von ihrer besten Seite zeigen. Aber hier oben in der dünnen, kalten Luft, 6 km oder mehr über der Erdoberfläche, da ist sie in ihrem Element. Die Außentemperatur liegt weit unter dem Gefrierpunkt. Die Temperatur hat

Die Concorde-Flotte hat mehr Überschall-Flugstunden abgeleistet als die meisten Luftwaffenmaschinen der Welt zusammen. Diese Maschinen sind die einzigen Typen, die praktisch all ihre Flüge mit Überschallgeschwindigkeit absolvieren.

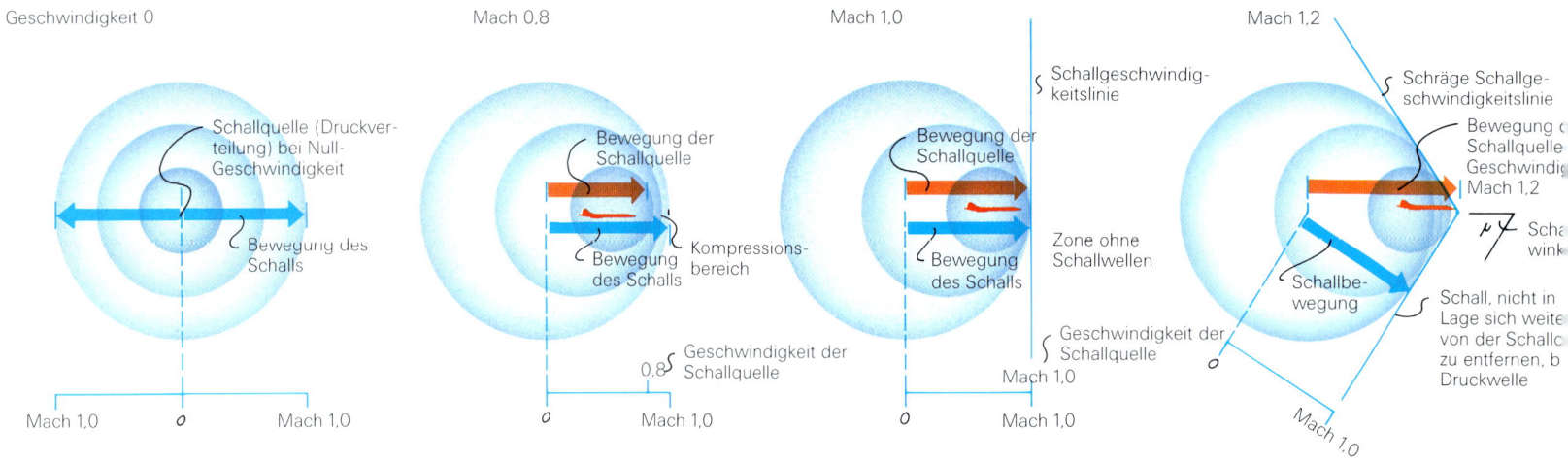

Schallkegel und Schallknall

Die oberen Grafiken zeigen die Bildung von Schallwellen und dem mit ihnen zusammenhängenden Überschallknall.
Jedes Objekt, das durch die Luft fliegt, versetzt die es umgebende Luft in Bewegung. Die Schallwellen strömen von einem Flugzeug aus, verdrängen die Luft nach vorn und werden vor dem Flugzeug komprimiert.
Bei Mach 1 bewegt sich das Flugzeug mit derselben Geschwindigkeit wie die von ihm produzierten Schallwellen; von dem Flugzeug ist nichts zu hören, wenn es sich nähert.
Bei Überschallgeschwindigkeiten fliegt das Flugzeug vor den Schallwellen her, und die Kompression dieser Schallwellen bildet eine kegelförmige Schockwelle, die sich vom Flugzeug gleichmäßig ausbreitet und wie die dreidimensionale Heckwelle eines Schiffs hinter dem Flugzeug herzieht. Wie die Heckwelle eines Schiffs, so nimmt auch die Schockwelle nach und nach ab. Der Kegel besteht aus einem Bereich mit höherem Druck, der beim Auftreffen auf den Boden als Knall zu hören ist.
Die Concorde erzeugt sogar zwei Schockwellen, eine geht von der Nase und eine vom Heck aus;

das führt zu dem bezeichnenden „Doppelknall-Effekt".
Die rechte Grafik zeigt, wie sich die kegelförmige Schockwelle der Concorde beim Steigflug und bei der Beschleunigung verändert, und wie ein besonders intensiver Schallknall entsteht.
Die Schockwelle des Schalls, die die Concorde bei der normalen Reisegeschwindigkeit von Mach 2 in über 15.000 m Höhe erzeugt, erhöht den Luftdruck am Boden unter ihr um ungefähr 0,1%. Selbst das kann zu einem lauten Knall führen, je nach Lufttemperatur und anderen atmosphärischen Bedingungen. Der Überdruck am Boden reduziert sich jedoch zu den Seiten, so daß 40 km abseits der Flugroute nur noch ein leises Grummeln zu hören ist.
Ein verstärkter Knall entsteht nur während des Beschleunigungssteigflugs, wenn beide Schockwellen mit derselben Geschwindigkeit gleichzeitig denselben Punkt am Boden erreichen.
Der Hauptknall, der von der Concorde ausgeht, breitet sich wie ein riesiger Teppich aus, der konzentrierte Intensivknall dagegen deckt nur einen schmalen, nicht mehr als 100 m breiten Bereich ab.

Die Concorde beschleunigt in 8.700 m – 9.900 m Höhe auf Mach 1, sobald sie nicht mehr über Land fliegt.

einen bestimmenden Einfluß auf die Leistung unserer vier Olympus-Triebwerke.

Es gibt eine Tabelle, die sogenannte ISA (Internationale Standard-Atmosphäre), die von einer Temperatur von + 15°C in Seehöhe und – 56°C in etwa 11.000 m Höhe ausgeht. Die Werte, die wir unseren Berechnungen zugrunde legen, entnehmen wir einem Instrument im Cockpit, das die tatsächliche Außentemperatur mit dem ISA-Wert vergleicht und den Unterschied anzeigt.

Kaltluft-Effizienz

Manchmal beschreiben wir eine Außentemperatur von – 50°C noch als warm. In der Concorde verschieben sich eben einfach die Relationen.

Wir müssen die Außentemperatur deshalb kennen, weil die Temperatur der in die Triebwerke eintretenden Luft die Triebwerksleistung beeinflußt. Sie arbeiten in ‚warmer' Luft nicht so gut. Ist die Temperaturdifferenz also gering, wird unser Steigflug bis zur Reiseflughöhe länger als vorgesehen dauern und der Treibstoffverbrauch höher liegen.

Jetzt fliegen wir gerade auf den Bristol-Kanal zu, aber in einer Höhe, in der man uns vom Boden aus nicht mehr sehen kann. Wir halten westlichen, leicht nach Süden gerichteten Kurs. Auf dem zwölften westlichen Längengrad treffen wir auf die Flugroute der von Paris startenden Maschinen. Zwischen British Airways und Air France gibt es keinerlei Probleme. Sollten zwei Concorde-Flüge zu dicht aufeinanderfolgen, so wird eine Maschine einfach 15 Minuten lang zurückgehalten; auf diese Weise entsteht ein Abstand von ca. 100 km zwischen den beiden Maschinen.

Im Steigflug überschreiten wir jetzt Mach 1,7 und die Nachbrenner können abgestellt werden. Die Beschleunigung ist etwas schwächer geworden, aber noch spürbar, zumindest unsere Cockpitinstrumente zeigen sie noch an. Wenn wir unsere Reiseflughöhe erreichen, werden wir mit Mach 2,2 fliegen, das entspricht einer tatsächlichen Geschwindigkeit von 2.400 km/h bis 2.505 km/h (je nach Luftdichte) auf dem Boden. Etwa 40 km pro Minute! Da – jetzt sind wir schon wieder vier Kilometer weiter… 🙶

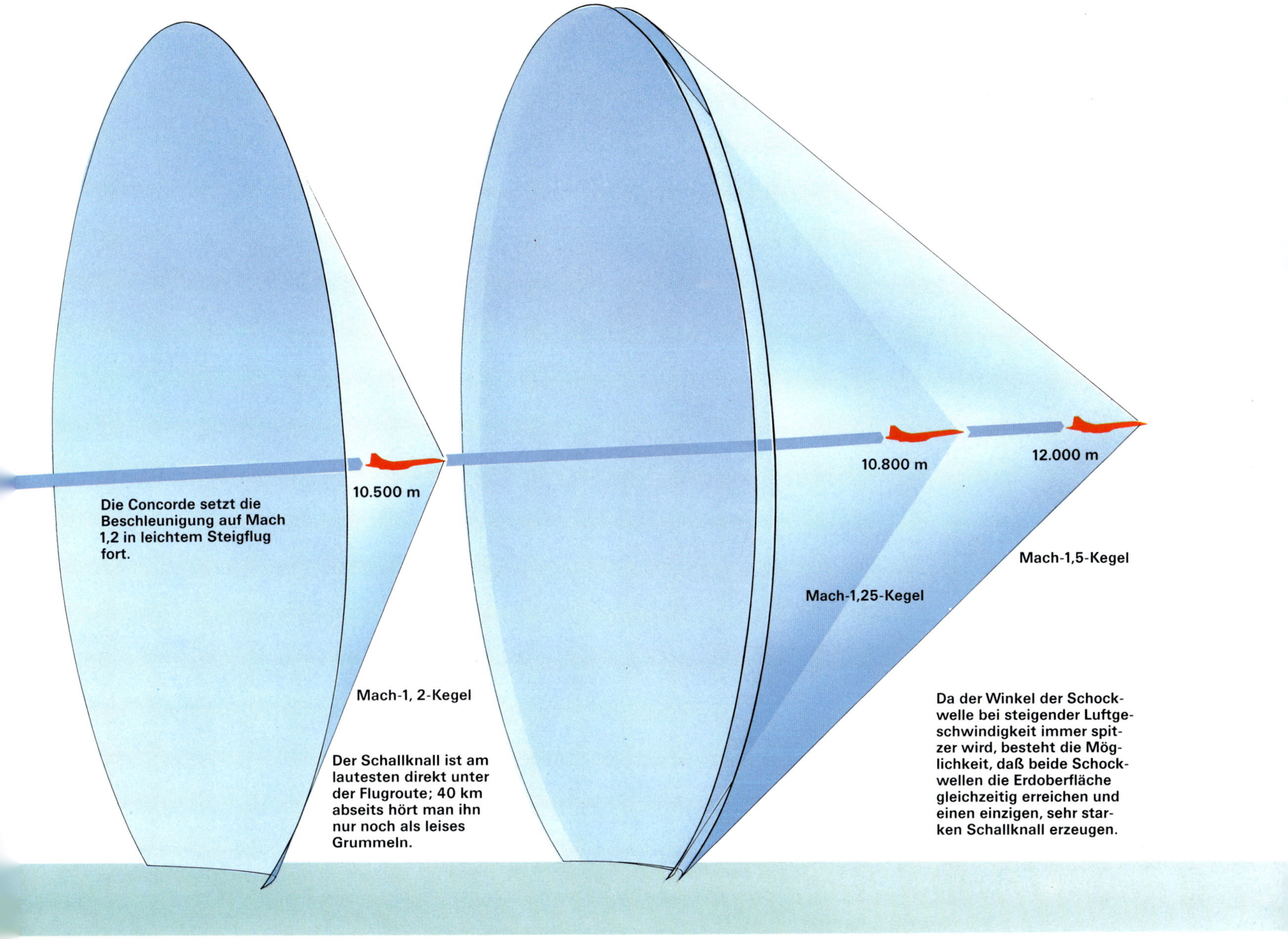

Die Concorde setzt die Beschleunigung auf Mach 1,2 in leichtem Steigflug fort.

10.500 m

Mach-1, 2-Kegel

Der Schallknall ist am lautesten direkt unter der Flugroute; 40 km abseits hört man ihn nur noch als leises Grummeln.

10.800 m

12.000 m

Mach-1,25-Kegel

Mach-1,5-Kegel

Da der Winkel der Schockwelle bei steigender Luftgeschwindigkeit immer spitzer wird, besteht die Möglichkeit, daß beide Schockwellen die Erdoberfläche gleichzeitig erreichen und einen einzigen, sehr starken Schallknall erzeugen.

SCHNELLER ALS DER SCHALL

LANDUNG IN NEW YORK

❝ *Nur wenige Passagiere sind je die ‚Concorde-Kanonen-kugel' geflogen, wie wir es nen-nen, – Hin- und Rückflug am selben Tag. Das ist mit Unter-schall-Düsenflugzeugen ein-fach nicht möglich!* **❞**

❝ Wir sind mehr als 600 km weit drau-ßen im Nordatlantik; unsichtbar erstreckt sich der Ozean 16 km oder noch tiefer unter uns, und selbst die höchsten Wolken liegen noch mehr als 6 km tiefer als wir. Wir stei-gen nun sehr langsam. Die Steigrate ist dabei unabhängig von der Steuerflächenbe-dienung, sie wird vielmehr dadurch bestimmt, daß bei konstanter Gashebelstel-lung das Gewicht der Maschine durch den Treibstoffverbrauch geringer wird.

Dieser als „Reisesteigflug" bekannte Effekt erleichtert uns die Arbeit im Cockpit; wir können die Maschine einfach aufsteigen lassen. Bis wir in den Sinkflug gehen müssen, werden das dann vielleicht noch zusätzliche 2.400 m sein.

Während meine Arbeit im Cockpit leichter wird, nimmt die meiner Kabinenkollegen zu. Start und Landung hingegen sind für sie ruhige Zeiten, in denen sie angeschnallt auf ihren Sitzen bleiben dürfen. In den zwei Stunden, die dazwischen liegen, laufen sie sich jedoch buchstäblich die Füße wund.

Zwei der sechs Kabinenbesatzungsmitglie-der arbeiten hauptsächlich in der Bordküche,

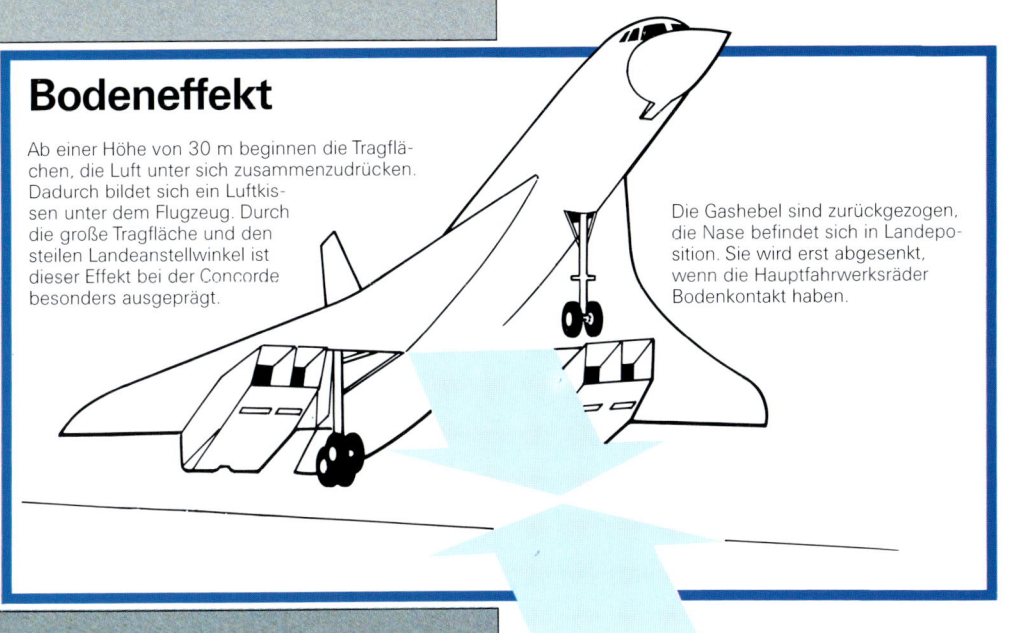

Bodeneffekt

Ab einer Höhe von 30 m beginnen die Tragflächen, die Luft unter sich zusammenzudrücken. Dadurch bildet sich ein Luftkissen unter dem Flugzeug. Durch die große Tragfläche und den steilen Landeanstellwinkel ist dieser Effekt bei der Concorde besonders ausgeprägt.

Die Gashebel sind zurückgezogen, die Nase befindet sich in Landeposition. Sie wird erst abgesenkt, wenn die Hauptfahrwerksräder Bodenkontakt haben.

Die Nase der Concorde muß bei der Landung abgesenkt werden, um dem Piloten gute Sicht über die vor ihm liegende Rollbahn zu gewähren.

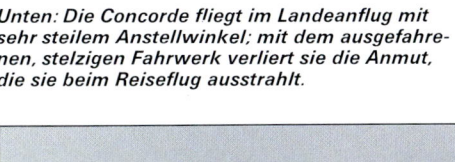

Unten: Die Concorde fliegt im Landeanflug mit sehr steilem Anstellwinkel; mit dem ausgefahrenen, stelzigen Fahrwerk verliert sie die Anmut, die sie beim Reiseflug ausstrahlt.

zubeugen. Diese Vorsichtsmaßnahme treffen nicht nur wir, sondern jede Besatzung in jedem anderen Linienflugzeug auch. Es ist eine internationale Bestimmung, deren Berechtigung sich bei uns zum Glück noch nicht erweisen mußte.

Erreichen der Wegepunkte

Über dem Ozean liegen unsere Wegepunkte jeweils 10 Längengrade, also 1120 km weit auseinander; eine Flugstrecke von etwa einer halben Stunde. Das bedeutet, daß auf 20 Minuten vergleichbare Ruhe 10 Minuten hektischer Aktivität folgen, in denen wir uns einem Wegepunkt nähern, ihn passieren und dann hinter uns lassen. In dieser Zeit nehmen wir Kontakt mit den jeweiligen Überwachungsstationen, zum Beispiel mit ‚Shanwick' (einer Kombination aus Shannon in West-Irland und Prestwick in West-Schottland) bis zum 30. Längengrad West und danach mit Gander in Neufundland auf.

Unser Flugingenieur arbeitet dabei sicherlich am meisten von uns allen. Während er alle Systeme unserer Maschine überwacht, hört er die Berichte der verschiedenen Wetterstationen entlang der Flugroute von Shannon nach New York und darüberhinaus

die anderen vier servieren: Cocktails, ein Menü mit vier Gängen und anschließend Kaffee und alkoholische Getränke. Wir bieten drei Hauptgerichte zur Wahl, zum Beispiel Steak, Hummer oder Rebhuhn; das gleiche bekommen auch wir im Cockpit. Aus Sicherheitsgründen nimmt jedoch jeder von uns ein anderes Hauptgericht, um der geringen Gefahr einer Lebensmittelvergiftung vor-

Anstellwinkel bei der Landung

Der steile Anstellwinkel beim Landeanflug führt zu einem Aufsetzwinkel von ungefähr 11°. Damit das Heck nicht auf den Boden prallt, etwa wenn der Pilot die Maschine überzieht, sind zwei Heckräder installiert.

ab. Es könnte ja passieren, daß wir den Flug abbrechen und umkehren müssen. Alle Orte, deren Wetterstatus und -vorhersage wir empfangen, sind für eine mögliche Zwischenlandung der Concorde geeignet; die wichtigsten Ersatzteile sind vorrätig, und es steht Wartepersonal zur Verfügung, das sich mit der Concorde auskennt.

Nach dem Essen geht es wieder an die Arbeit: Wir suchen auf dem Radar die Ostspitze von Neufundland. Und damit ist die Erholung der letzten zwei Stunden auch schon wieder vorbei. Wir werden Neuschottland und die Maritimes überfliegen, bis wir über Kap Cod an der Küste von Massachusetts wieder Festland erreichen. Doch schon lange vorher müssen wir die Geschwindigkeit auf den Unterschallbereich reduziert haben. Wir dürfen dann nicht mehr soviel Lärm verursachen wie jetzt, wo uns ohnehin niemand hören kann.

Auf der gesamten Strecke über den Nordatlantik war unser Flug sehr ausgewogen. Luftwiderstand auf der einen und Schub auf der anderen Seite bildeten eine Gleichung, die aufging. Jetzt muß der Schub reduziert werden, und sofort macht sich der Luftwiderstand bemerkbar: wir gehen auf Mach 1,6 runter. Ich nehme die Gashebel noch weiter

zurück und trimme die Maschine für einen leichten Sinkflug bei einer angezeigten Geschwindigkeit von etwa 650 km/h.

Diese angezeigte Geschwindigkeit steht in keinem Verhältnis zu unserer tatsächlichen Geschwindigkeit über dem Boden, die zu diesem Zeitpunkt noch immer bei über 1.600 km/h liegt. Sie bezieht sich mehr auf Druckunterschiede als auf Geschwindigkeit, und wir benutzen sie wie auch den Temperaturunterschied als Richtwert.

Zurück zur Erde

Wir sinken nun mit ungefähr 1.500 m/min sehr schnell unserer vorgesehenen Flughöhe von 11.700 m entgegen. Unsere Bordcomputer sorgen dafür, daß die Geschwindigkeit unter Mach 1 sinkt, bevor wir auf diese Höhe gesunken sind. Und dann bewegen wir uns plötzlich wieder in einem Luftraum, den wir mit anderen Linienmaschinen teilen müssen.

Wir überqueren die Küste bei Hyannis auf Kap Cod, fliegen südlich an Boston vorbei und über den Sund von Long Island hinweg auf den Kennedy-Flughafen an der Südspitze der Insel zu. Der John-F.- Kennedy-Airport ist mit etwa 1.300 Flugbewegungen pro Tag einer der belebtesten Flughäfen der Welt.

Wenn man bedenkt, daß der amerikanische Luftraum unterhalb von 3.000 m praktisch keinerlei Restriktionen unterliegt, kann man sich vielleicht vorstellen, wie geschäftig es im Cockpit einer Concorde in den letzten 20 Minuten unserer Hochgeschwindigkeits-Atlantiküberquerung zugeht.

Nun fliegen wir Long Island entlang – dabei reduzieren wir weiter Fluggeschwindigkeit und -höhe – bis wir das Deer-Park-Funkfeuer im Osten des Flughafens empfangen: Für heute werden wir auf die Rollbahn 31 links eingewiesen. Kurz vor Coney Island, über die Meerenge von Verrazano hinweg, überfliegen wir die Küste. Unsere Geschwindigkeit ist auf 350 km/h, die Höhe auf 750 m reduziert, und wir haben diesen gewissen Anstellwinkel von 11°, der die Maschine so angriffslustig aussehen läßt..

Die Nase ist vollständig abgesenkt, und das Fahrwerk wird langsam ausgefahren. Zuerst öffnen sich die Schächte, dann hört man das dumpfe Geräusch des ausfahrenden Bugrads. Danach werden nacheinander auch die beiden Hauptfahrwerke ausgefahren: zwei dumpfe Schläge und ein zweimaliges Seitwärtskippen. In der Flugkabine ist davon nichts zu bemerken, aber wir im Cockpit spüren es.

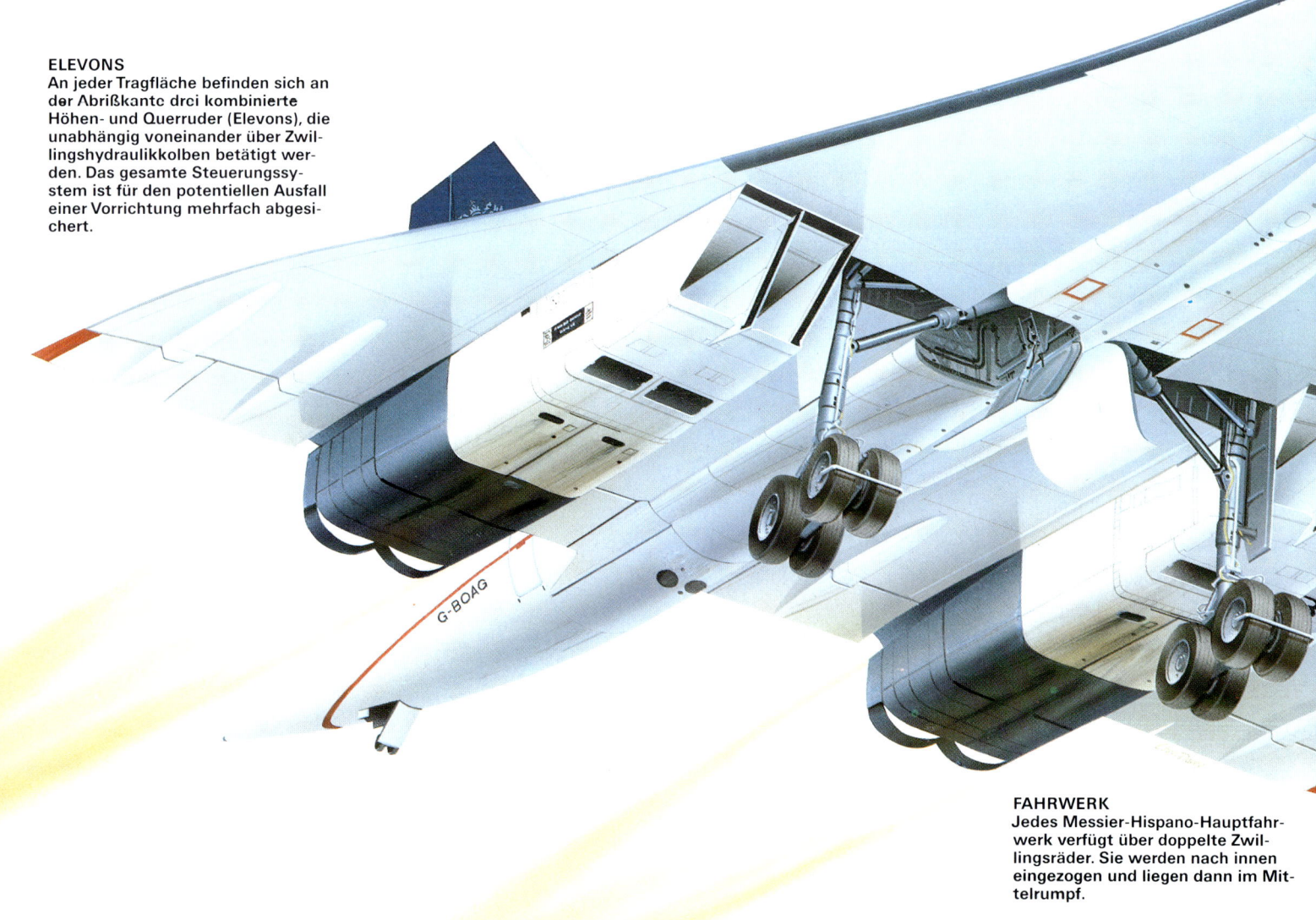

ELEVONS
An jeder Tragfläche befinden sich an der Abrißkante drei kombinierte Höhen- und Querruder (Elevons), die unabhängig voneinander über Zwillingshydraulikkolben betätigt werden. Das gesamte Steuerungssystem ist für den potentiellen Ausfall einer Vorrichtung mehrfach abgesichert.

FAHRWERK
Jedes Messier-Hispano-Hauptfahrwerk verfügt über doppelte Zwillingsräder. Sie werden nach innen eingezogen und liegen dann im Mittelrumpf.

Entscheidungszeitpunkt

Wir befinden uns nun im Endanflug, etwa 10 km vor der Rollbahn bei einer Geschwindigkeit von nur noch 350 km/h in einer Höhe von 240 m. Jetzt bleiben nur noch wenige Minuten.

Auf 150 m bei 295 km/h liegen nur noch 2,5 km vor uns. Wir nähern uns dem Entscheidungszeitpunkt. Der Tag ist klar, und wir können die Rollbahn seit etlichen Minuten erkennen. Trotzdem wird die Besatzung sich so verhalten, als ob sie sie noch nicht gesehen hätte.

‚120 m – 30 m bis zum Entscheidungspunkt'

‚90 m - Entscheidungshöhe!'

ABINE

ie Concorde-Passagiere reisen omfortabel, auch wenn die enge abine mit vier Sitzen pro Reihe nd einem nur schmalen Mittelang etwas beengt wirkt.

BAe/Aérospatiale Concorde Serie 200, British Airways

COCKPIT
Die dreiköpfige Flugzeugbesatzung der Concorde besteht aus dem Piloten, dem Copiloten und dem Flugingenieur.

Die Geschichte der Concorde ist ein wichtiges Kapitel in der Geschichte der zivilen Luftfahrt nach dem Kriege. Bedroht von technischen, politischen, ökonomischen und umweltpolitischen Problemen, stand die Maschine mehrfach kurz vor der Stornierung und der Außerdienststellung. Die technischen Probleme waren bald bewältigt: Heute gilt die Maschine als erprobtes und sehr zuverlässiges Muster moderner Technologie. Die umweltpolitischen Einwände, von denen viele ungerechtfertigt waren, konnten nach und nach entkräftet werden: Man schnitt die Flugrouten exakt auf diese Maschine zu und gab strenge, oft überstrenge Betriebsanweisungen aus. Gewitztes und abenteuerliches Marketing konnte schließlich selbst die ökonomischen Probleme bewältigen, die durch die hohen Treibstoffkosten nach der Ölkrise entstanden.

Die anmutigen Ogival-Delta-Tragflächen weisen an der Anströmkante eine komplexe Linienführung auf, wie dieser Blick auf eine anfliegende Maschine der British Airways verdeutlicht.

TRIEBWERKE
Die Concorde wird von vier Rolls-Royce-Olympus-593-Mk-610-Turbojet-Triebwerken angetrieben, die mit Nachbrenner jeweils 19.312 kp Schub erzeugen. Standardmäßig sind diese Triebwerke mit Schubumkehrern des Typs 28 ausgestattet, die zur Verkürzung der Landerollstrecke oder zur Erhöhung der Sinkrate im Landeanflug eingesetzt werden können.

PASSAGIERKLASSE DER CONCORDE
Alle Concorde-Passagiere bezahlen denselben Flugpreis, das heißt den Preis für einen Transatlantikflug der ersten Klasse mit einem Aufschlag von 20 %. Dieser Aufschlag wird für das Privileg erhoben, mit dem fortschrittlichsten Passagierflugzeug der Welt zu fliegen. Die Concorde-Ausstattung wird einem sehr hohen Standard gerecht. Die Bewirtung ist hervorragend; es werden Qualitätsweine und beste Champagnermarken serviert.

Visierlinien bei der Concorde und Unterschalldüsenflugzeugen

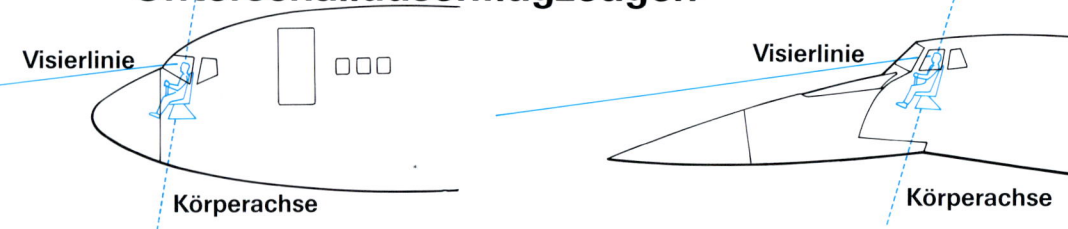

Visierlinie — Körperachse   Visierlinie — Körperachse

Bei derselben Visierlinie zu der Rollbahn ist diese beim Concorde-Piloten in seinem Gesichtsfeld niedriger, da er bei dem hohen Anstellwinkel der Concorde weiter zurückgelehnt sitzt und „über seine Nase" auf die Rollbahn blickt. Ein weiterer Grund, warum man die Concorde anders fliegen muß als konventionelle Düsenflugzeuge.

Der steile Anstellwinkel beim Landeanflug erfordert eine absenkbare Nase. Eine starre Nase würde dem Piloten die Sicht nach vorn begrenzen, da er dann lediglich in einem Winkel von 5° nach unten sehen könnte. Deshalb ist die Nase so konstruiert, daß sie für die Landung und die Bodenbewegungen der Maschine abgesenkt werden kann. Vier Nasen- und Visierpositionen sind möglich.

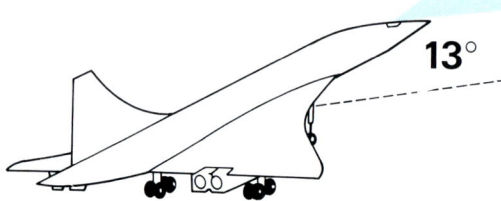

13° — **Flugweg** — **Landebahn**

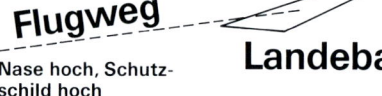

Nase hoch, Schutzschild hoch
Nase und Schutzschild bei allen Geschwindigkeiten über 460 km/h ganz hochgefahren.

Nase hoch, Visier runter
Diese Position wird selten benutzt, außer zum Reinigen der Windschutzscheiben.

Nase um 5° abgesenkt
In Höhen unter 3.000 m, bei etwa 460 km/h, gute Sicht nach vorn.

Nase um 12° abgesenkt
Optimale Sicht nach vorn beim Landeanflug mit ausgefahrenem Fahrwerk

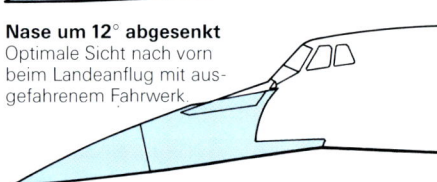

,Fortführen'. Wäre die Rollbahn in 90 m Höhe nicht deutlich erkennbar gewesen, so hätten wir durchgestartet. Je nach Lage der Dinge kann die Entscheidungshöhe – sogar bei nur 4,5 m liegen – zum Beispiel bei einem Flug im Nebel und automatischem Landeverfahren. Die Methode bleibt in jedem Fall dieselbe, anders sind nur die Werte.

Wir sinken jetzt sehr schnell und der Flugingenieur hinter mir ruft uns die Daten des Funkhöhenmessers zu.

,30 m …'

,15…12…9…6…4,5…'

In 12 m Höhe wird die automatische Gashebelbetätigung durch einen kleinen Knopf an der Seite eines jeden Hebels ausgeschaltet. Ich schiebe den Steuerknüppel leicht nach hinten, das mindert die Sinkrate und hebt die Nase leicht an. Meine Sichtlinie liegt zu diesem Zeitpunkt noch etwa 23 m über dem Boden. Ich kann die ersten 600 m der Rollbahn genau überblicken.

Auf dem Boden

Die Hauptfahrwerkräder berühren den Boden. Aber selbst als es so weit ist, steht noch eine weitere ,halbe Landung' an, das Bugrad befindet sich nämlich noch immer ein gutes Stück über dem Boden! Ich bewege den Steuerknüppel leicht nach vorn, um es abzusenken, dann wieder etwas zurück, um den Aufprall zu mildern. Dann haben wir auch schon volle Bodenberührung.

Sobald die Räder der Hauptfahrwerke Bodenkontakt haben, schalte ich die Schub-umkehr ein und bringe sie auf volle Leistung, sobald das Bugrad aufsetzt. Danach kann ich auch die Radbremsen bedienen und die Maschine auf die angemessene Geschwindigkeit drosseln.

Es ist eine ziemlich lange Strecke vom Ende der Rollbahn 31 links bis zur Abfertigungshalle von British Airways. Beim Verlassen der Rollbahn schalte ich die innenliegenden Triebwerke ab, und wir rollen mit der charakteristischen Wippbewegung dem Flughafengebäude zu. Es ist 10.15 Uhr östlicher Standardzeit; wir sind der Sonne über eine Distanz von 5.600 km um eine Stunde vorausgeeilt."

Unter den Augen eines New Yorker Polizisten stehen sich eine Concorde der Air France und eine der British Airways vis-à-vis gegenüber. New York ist der wichtigste Zielflughafen für die Condordes beider Fluglinien.

Meine Sichtlinie liegt zu diesem Zeitpunkt noch etwa 23 m über dem Boden. Ich kann die ersten 600 m der Rollbahn genau überblicken. Gleich werden die Hauptfahrwerkräder den Boden berühren.

Unten: Die Concorde wird auf dem John-F.-Kennedy-Airport aufgetankt.

Links: Für die Concorde-Passagiere steht ein Hubschrauber zur Verfügung als Fähre vom John-F.-Kennedy-Flughafen nach La Guardia oder zu einer Anzahl weiterer Hubschrauberlandeplätze in den Geschäftsvierteln.

SWISSAIR

Von den
Alpen zum Amazonas

Heute gehört Swissair zu den zwanzig größten Liniengesellschaften der Welt. Ihr Name steht für Qualität, Sicherheit
und Zuverlässigkeit. Doch auch ein so großes Unternehmen
hat einmal klein angefangen.

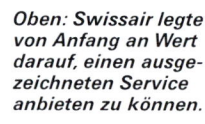

*Oben: Swissair legte
von Anfang an Wert
darauf, einen ausge-
zeichneten Service
anbieten zu können.*

*Links: Die Fokker-
F.VII-Exemplare, die
die Swissair ein-
setzte, stammten
von der Balair. Die
Abbildung zeigt vier
dreimotorige F.VIIbs
und eine einmoto-
rige F.VIIa.*

Swissair: Von den Alpen zum Amazonas

Staatliche Liniengesellschaften entstanden im allgemeinen aus der Notwendigkeit heraus, Post und Verwaltungsbeamte schnell über ausgedehnte Kolonialgebiete hin zu befördern. Die Schweiz hingegen ist ein kleines Land, das nie Kolonien besessen hat. Ihre Liniengesellschaften sind, sofern sie sich nicht in Staatsbesitz befanden, von der Regierung immer großzügig unterstützt worden. Die Swissair liegt ganz in privater Hand und konnte doch innerhalb der letzten 40 Jahre zu den 20 größten Fluggesellschaften der Welt aufsteigen.

Es begann im Jahr 1919, als der damalige Befehlshaber der Schweizer Luftwaffe, Major Arnold Isler, einen militärischen Luftpostdienst zwischen dem Luftwaffenstützpunkt in Zürich und dem Armeehauptquartier in Bern einrichtete. Er setzte die D.H.3 ein, die von Häfeli in Lizenz gebaut wurde. Sobald er hörte, daß die Deutsche Luftreederei GmbH eine offizielle Verbindung zwischen Berlin und Weimar eröffnet und versuchsweise eine Verbindung Paris–London eingerichtet hatte, witterte er Konkurrenz und dehnte seine Flüge nach Lausanne und Genf aus und machte sie im Juni sogar zivilen Passagieren zugänglich.

Der Passagier verbrachte den Flug auf dem Platz des Beobachters hinter dem Piloten; die 120 km/h schnelle D.H.3 trug ihn, mit Zwischenlandung in Lausanne und Bern, in zwei Stunden und zwanzig Minuten von Genf nach Zürich. Ende Oktober 1919 mußte

Oben und links: Das bekannteste Flugzeug aus den Anfängen der Swissair ist diese Fokker F.VIIa, die zuvor bei Balair geflogen war. Als sich diese Gesellschaft mit der Ad Astra zur Swissair zusammenschloß, bediente die Fokker einen Großteil der neuen Routen. Heute steht dieses Muster, liebevoll restauriert, im Schweizer Verkehrsmuseum in Luzern. In ihrer Dienstzeit trug die Maschine die Registriernummer CH-157.

Kleines Bild oben: Die Verbindung nach London, Swissairs erster Überwasser-Strecke, erwies sich bald als sehr beliebt. Es war für eine Beförderung zwischen den Flughäfen von Zürich und Croyden sowie den jeweiligen Stadtzentren gesorgt.

Rechts: 1931 trug Anton Matt bei Swissair noch die Koffer – fünfzig Jahre später schied er als Generalmanager aus der Gesellschaft aus.

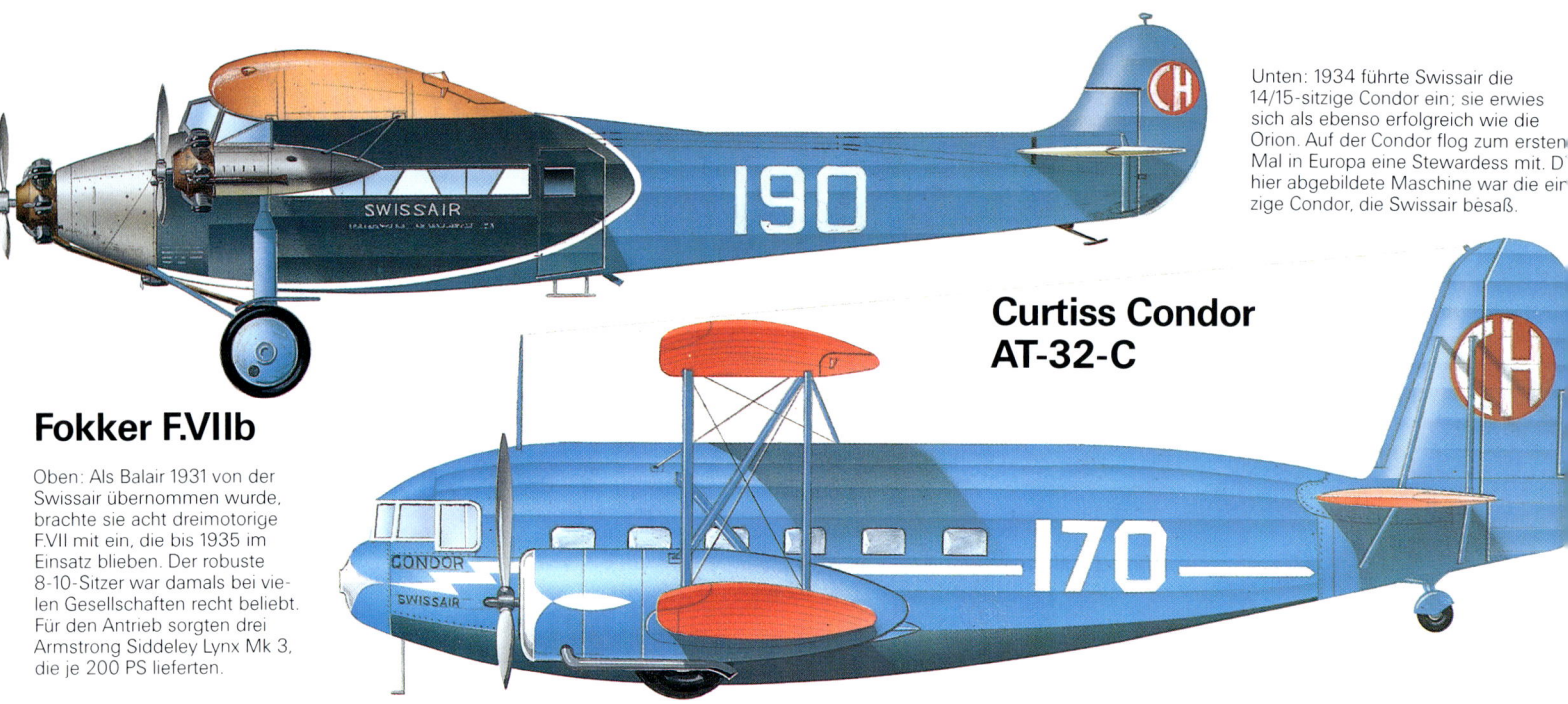

Fokker F.VIIb

Oben: Als Balair 1931 von der Swissair übernommen wurde, brachte sie acht dreimotorige F.VII mit ein, die bis 1935 im Einsatz blieben. Der robuste 8-10-Sitzer war damals bei vielen Gesellschaften recht beliebt. Für den Antrieb sorgten drei Armstrong Siddeley Lynx Mk 3, die je 200 PS lieferten.

Curtiss Condor AT-32-C

Unten: 1934 führte Swissair die 14/15-sitzige Condor ein; sie erwies sich als ebenso erfolgreich wie die Orion. Auf der Condor flog zum ersten Mal in Europa eine Stewardess mit. D[...] hier abgebildete Maschine war die ei[n]zige Condor, die Swissair besaß.

Isler den Liniendienst allerdings wieder einstellen, da er seine Unkosten nicht abdecken konnte. Bis dahin hatte er insgesamt 23.350 Poststücke und 246 Passagiere befördert.

Im selben Jahr wurden noch drei weitere Schweizer Liniengesellschaften gegründet: Aero-Gesellschaft Comte, Mittelholzer & Co. in Zürich; Avion Tourisme in Genf sowie ein „Ausschuß zur Förderung einer Schweizer Lufttourismus-Gesellschaft" in Zürich, der zunächst als Frick & Co. firmierte. Am 15. Dezember 1919 wandelte sich diese Gesellschaft zur Ad Astra; Anfang 1920 kaufte sie die beiden anderen auf.

Ihre Flotte war für damalige Verhältnisse recht beeindruckend: sieben Macchi-Nieuport, fünf Savoia-S-17-Flugboote und drei deutsche LVG-C-V-Landflugzeuge. Im Verlauf des Jahres 1920 absolvierten die sieben Piloten der Gesellschaft 4.699 Flüge und transportierten 7.384 Passagiere; die Flugboote trugen dem Unternehmen jedoch schwere finanzielle Verluste ein.

Am 1. Juni 1922 weihte Ad Astra mit einer Junkers F13, dem ersten echten Linienflugzeug der Welt, ihre erste internationale Verbindung ein: Genf–Zürich–Nürnberg. Deutschland durfte zwar laut Versailler Vertrag keine Flugzeuge bauen, doch Junkers (und Dornier) umgingen dieses Verbot, indem sie ihre Werke ins Ausland verlegten.

Basel Air Transport

Im September 1925 wurde die Basel Air Transport (Balair) gegründet; sie beflog mit sechs einmotorigen Fokker F.VIIAs regelmäßig die Linien Basel-Stuttgart und Frankfurt-Karlsruhe–Basel–La Chaux de Fonds. Drei Jahre später eröffnete Ad Astra zusammen mit der Deutschen Lufthansa AG auf der 680 km langen Strecke zwischen Zürich und Berlin mit einer Dornier Merkur (einer stärkeren Version der Komet III) den ersten europäischen „Expressdienst". Dieser damals

längste Nonstop-Flug Europas dauerte fünf Stunden.

Im März 1930 stieß Anton Matt, Swissairs späterer Generalmanager, zu Ad Astra. „Ad Astra bestand mit den Piloten aus 35 Leuten. Ich verkaufte Tickets, kümmerte mich um die Passagiere, trug die Koffer und nahm sonntags bei schönem Wetter neben dem Piloten an Rundflügen teil.

Wenn ein Flugzeug bei niedriger Wolkendecke landen wollte, mußte ich auf die Graspiste hinauslaufen und auf das Motorengeräusch horchen. Sobald ich den Eindruck hatte, die Maschine sei über der Landebahn, gab ich dem Funker Zeichen, und er wies den Piloten mit Morsezeichen zur Landung ein. Nach dem Winken mußte ich natürlich wie der Blitz die Landebahn verlassen."

1928 schrieb Balair bereits Gewinnzahlen, Ad Astras Bilanz aber bewegte sich im Defizit. 1931 taten sich Balz Zimmermann von der Balair und Walter Mittelholzer von der Ad Astra zusammen und gründeten die Swiss Air Transport. Lorenz Stucki, der die Geschichte der Swissair festhielt, schrieb dazu: „Die Wahl dieses Namens war für die damalige Zeit ein wahrhafter Geniestreich…. Niemand kalkulierte da ja schon mit ein, daß nur zwei Jahrzehnte später ein Name wie Schweiz-Luft, Rütliflug oder Helvetair für den internationalen Betrieb kaum geeignet gewesen wäre."

1931 umfaßte die Swissair-Flotte acht dreimotorige Fokker F.VIIBs, zwei einmotorige Dornier Merkur (die jedoch bald außer Dienst gestellt wurden), eine einmotorige Fokker F-VIIA, eine einmotorige Messerschmitt M-18d und eine einmotorige Comte AC-4 „Gentleman", ein Schweizer Modell. Alle Maschinen hatten geschlossene Kabinen; insgesamt brachten sie es auf 86 Sitze.

Die Comte, die außer dem Piloten nur zwei Passagiere befördern konnte, stellte mit 8,1 m Länge und 12,13 m Spannweite das

Douglas DC-3-216

Da die DC-2 großen Erfolg erzielt hatte, bestellte Swissair fünf DC-3; die erste traf 1937 ein. Die Maschinen blieben bis 1955 im Dienst. Während des Zweiten Weltkriegs konnten sie zwar nur selten fliegen, trugen aber aus Sicherheitsgründen die breiten Neutralitätsmarkierungen. Nach dem Krieg stockte Swissair ihre DC-3-Flotte auf 16 Maschinen auf.

Unten links: 1932 erwarb Swissair zwei Lockheed 9B Orions; sie waren die ersten Linienmaschinen, die eine europäische Gesellschaft aus Amerika kaufte, und mit 290 km/h auch bei weitem die schnellsten.

Rechts: Erste Experimente mit der DC-2 und der DC-3 führten zu einer engen Verbindung mit McDonnell Douglas, die auch heute noch besteht. Die letzte DC-3 wurde 1969 außer Dienst gestellt.

Kleines Bild unten: Swissair folgte dem Beispiel der KLM und setzte ihre DC-2 das ganze Jahr über ein.

Unten: Zu den vielen berühmten Passagieren, die Swissair mit ihren DC-3 beförderte, gehörte auch Winston Churchill (hier auf einer Aufnahme aus dem Jahr 1946).

kleinste Flugzeug der Flotte dar; der Prototyp war allerdings im Herbst 1928 bereits nach Indien und zurück geflogen. Sie wurde von einem 105 PS starken Cirrus-Hermes-Motor angetrieben und erreichte eine Reisegeschwindigkeit von 140 km/h.

Im Winter 1933/34 erhielt die Maschine einen Armstrong-Siddeley-Genet-Major-Sternmotor. Als sie am 20. August 1938 in der Nähe von Schwyz in den Alpen notlanden mußte, zerbrach ihr Fahrgestell. Swissair verkaufte die Maschine schließlich, und in den sechziger Jahren wurde sie zum Star der Bamberger Luftschau. 1979 kaufte Swissair sie wieder zurück und ließ sie von Grund auf restaurieren.

Orions

In den ersten vier Geschäftsjahren stellte Swissair jeweils im Winter ihren Betrieb ein. 1932 erstand sie zwei Lockheed Orions; sie waren zwar nur einmotorig, hatten aber dafür eine Reisegeschwindigkeit von über 250 km/h. Mit vier Passagieren an Bord legten die Orions die 610 km von Zürich über München nach Wien in zwei Stunden und zwanzig Minuten zurück.

1934 erwarb Swissair eine zweimotorige Curtiss Condor für 16 Passagiere und stellte als erste Liniengesellschaft Europas Stewardessen ein. 1935 kaufte die Gesellschaft Douglas-DC-2-Maschinen. Mit diesem Typ wagte es Swissair zum ersten Mal, den Flugbetrieb auch im Winter fortzusetzen.

Man sprach bereits davon, viermotorige Maschinen anzuschaffen, um den britischen Gesellschaften Konkurrenz zu machen, als Swissair einen schweren Rückschlag erlitt: Walter Mittelholzer verunglückte beim Bergsteigen tödlich, und Balz Zimmermann erlag einer Krankheit, die er sich auf einer Auslandsreise zugezogen hatte.

Bevor sich die Gesellschaft von diesem Schicksalsschlag erholen konnte, brach der Zweite Weltkrieg aus. Swissair flog kurze Zeit weiterhin nach München, Berlin, Rom und Barcelona, mußte aber bald für die Dauer des Krieges ihren Betrieb einstellen. Das technische Personal blieb im Dienst und wurde mit der Wartung der DC-3-Muster beschäftigt, die die Lufthansa von der KLM annektierte.

Isler, der die Swissair vom Luftfahrtministerium aus immer unterstützt hatte, war mittlerweile ebenfalls gestorben. Ein früherer Kollege, Eduard Amstutz, Professor für Aeronautik am Schweizer Bundesinstitut für Technik, erklärte sich jedoch bereit, die Planung für die Zeit nach dem Kriege zu übernehmen. Im Herbst 1944 flog er nach Chicago (über Madrid, Dakar, Brasilien und Mittelamerika) zu einer internationalen Konferenz über die zukünftige Zivilluftfahrt.

Wie viele andere Liniengesellschaften konnte auch die Swissair gegen Kriegsende

Rechts: Heute kann eine 747-400 mehr als 400 Passagiere mit nur zwei Mann Besatzung befördern. 1951 bedurfte es noch einer fünfköpfigen Crew, um eine Douglas DC-6 mit nur 69 Passagieren zu fliegen. Zwischen den beiden Piloten saß ein Bordingenieur, im hinteren Abteil befanden sich ein zweiter Ingenieur und ein Funker/Navigator.

Oben: Auf dieser Aufnahme aus den fünfziger Jahren beherrschen Swissairs DC-6B und CV-240 die Rampe auf dem Züricher Flughafen Kloten. Inzwischen hat nicht nur die Swissair, sondern auch der Flughafen internationale Bedeutung erlangt.

Das Innere der Douglas DC-6B

Einstiegstür für die Besatzung

Bordingenieure

Navigator

Garderobe

große Mittelkabine

Gepäckfächer

Piloten

Regal für die Funkausrüstung

vordere Kabine

Toiletten

Pratt & Whitney R-2800-CB-17-Sternmotor mit 2500 PS

DC-3-Exemplare aus Militärbeständen günstig erwerben. Am 30. Juli 1945 nahm die Gesellschaft ihren Betrieb wieder auf. Im Jahr darauf bestellte sie vier DC-4, ihre ersten viermotorigen Flugzeuge, und eröffnete Routen nach Skandinavien, Athen und Kairo.

Verbindung nach New York

Am 2. Mai 1947 wurde mit einer DC-4 die erste Verbindung nach New York eröffnet – allerdings nur provisorisch. Den Verkauf der Flugtickets übernahm die KLM-Vertretung in den USA. Bald stellte sich jedoch heraus, daß die Hinflüge in die USA zu 89%, die Rückflüge aber nur zu 18% ausgelastet waren – KLM verkaufte nämlich Tickets nach Zürich über Amsterdam zum selben Preis!

Die Krise des englischen Pfunds im Jahre 1949 wirkte sich auch massiv auf die Swissair aus. Die Gesellschaft erwog ernsthaft, ihre Dienste einzuschränken und einen Großteil ihrer Flotte zu verkaufen. Glücklicherweise bot ihr die Schweizer Regierung an, die Flugzeuge abzukaufen, um sie ihr anschließend wieder zu vermieten. Unter diese Vereinbarungen fielen auch zwei Exemplare der Langstreckenversion DC-6B, die die Regierung bestellte und 1951 um vier weitere Maschinen aufstockte. 1955 konnte Swissair alle Schulden begleichen und ist seitdem ohne staatliche Hilfe ausgekommen.

Diese schnelle finanzielle Gesundung war der Verdienst Walter Berchtolds, des damaligen Bezirksleiters der Schweizer Eisenbahn. Als Vorstandsvorsitzender der Gesellschaft sorgte er dafür, daß man die Flotte umgehend vergrößerte. Die DC-6Bs trafen zwischen Juni 1951 und November 1953 ein. Ende 1954 beschloß Swissair den Kauf von vier DC-7Cs. 1967 bestellte man eine fünfte DC-7C und ein reines Frachtmodell, die DC-6A, und mietete eine siebte DC-6B. Für den Mittelstreckenbedarf erwarb man elf Convair 440 Metropolitans.

Swissairs guter Ruf, der sich auf Sicherheit und Verläßlichkeit gründete, geriet 1954 ernsthaft in Gefahr, als eine Maschine auf dem Weg nach London im Ärmelkanal notlanden mußte. Jemand hatte das Auftanken vergessen! Glücklicherweise blieb es bei diesem einen Unfall, und so war das Vertrauen in die Gesellschaft bald wieder hergestellt.

Im Mai 1954 eröffnete Swissair eine Verbindung nach Südamerika: Zürich–Genf–Lissabon–Dakar–Recife–Rio de Janeiro–São

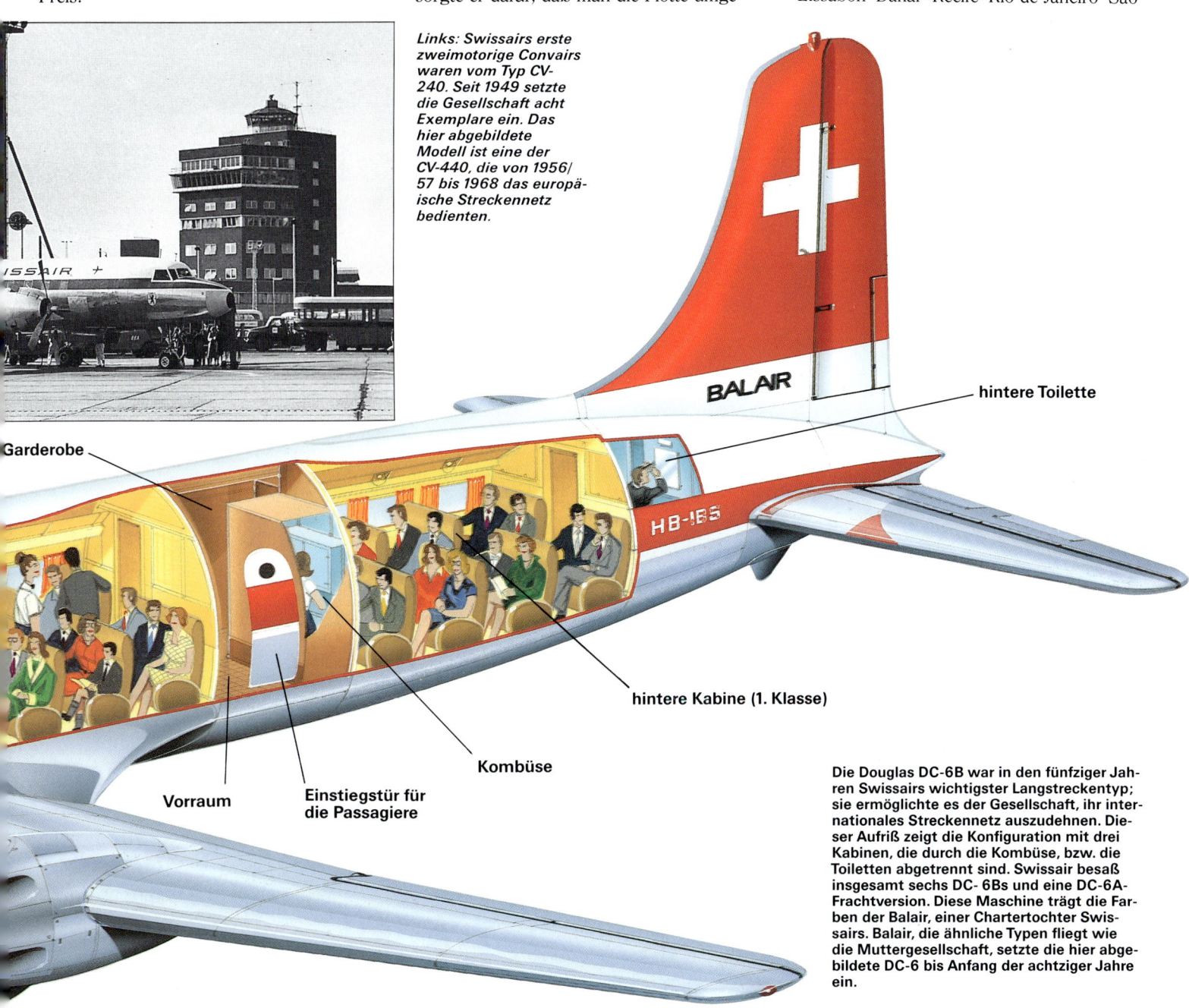

Links: Swissairs erste zweimotorige Convairs waren vom Typ CV-240. Seit 1949 setzte die Gesellschaft acht Exemplare ein. Das hier abgebildete Modell ist eine der CV-440, die von 1956/57 bis 1968 das europäische Streckennetz bedienten.

Garderobe

hintere Toilette

BALAIR

HB-IBS

hintere Kabine (1. Klasse)

Kombüse

Vorraum

Einstiegstür für die Passagiere

Die Douglas DC-6B war in den fünfziger Jahren Swissairs wichtigster Langstreckentyp; sie ermöglichte es der Gesellschaft, ihr internationales Streckennetz auszudehnen. Dieser Aufriß zeigt die Konfiguration mit drei Kabinen, die durch die Kombüse, bzw. die Toiletten abgetrennt sind. Swissair besaß insgesamt sechs DC-6Bs und eine DC-6A-Frachtversion. Diese Maschine trägt die Farben der Balair, einer Chartertochter Swissairs. Balair, die ähnliche Typen fliegt wie die Muttergesellschaft, setzte die hier abgebildete DC-6 bis Anfang der achtziger Jahre ein.

Douglas DC-9-15

Die erste DC-9 traf 1966 ein; sie sollte die CV-440 auf den europäischen Strecken ersetzen. Als Swissair am 1. November 1968 die kolbengetriebenen Metropolitans außer Dienst stellte, wurde sie die dritte Gesellschaft in Europa, die ausschließlich mit Düsenmaschinen flog. Auf fünf DC-9-15 mit kurzem Rumpf folgten bald DC-9-32 und neuere Modelle.

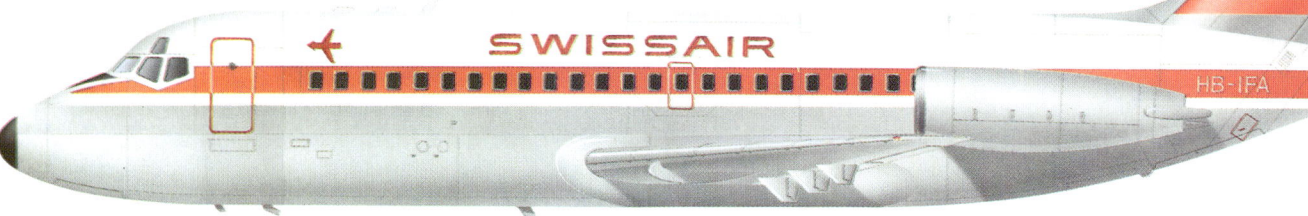

Convair CV-990A Coronado

Links: Diese CV-990 trägt zwei Flaggen, da Swissair sie an die Ghana Airways vermietet hatte. 1970 fiel diese Maschine über Aarau einem Bombenattentat zum Opfer.

Links: Swissair ließ sich sehr schnell von den neuen Düsenmaschinen überzeugen. Schon im April 1960 erstand sie ihre erste DC-8 und eröffnete damit Ende Mai eine Transatlantikverbindung. Auf die drei DC-8-32 folgten zwei DC-8-53; ab 1967 kam die neuere Version DC-8-62 hinzu. Die hier abgebildete Maschine mußte 1979 abgeschrieben werden, als sie auf dem Athener Flughafen über die Landebahn hinausschoß und sofort zerschellte.

Unten: Swissairs bekanntestes Flugzeug der sechziger und siebziger Jahre war die Coronado, die vorwiegend nach Südamerika, Fernost und Afrika flog. Die Coronado bot Platz für 100 Passagiere und zehn Mann Besatzung. Dank ihrer Schnelligkeit, ihrer angenehmen Flugeigenschaften und ihres Komforts erfreute sie sich bei Piloten wie Passagieren großer Beliebtheit. Der letzte Convair-Flug fand am 6. Januar 1975 statt. Swissair trennte sich nur ungern von diesem Typ.

Paolo; 1957 wurde sie über Montevideo nach Buenos Aires und 1962 nach Santiago ausgedehnt. 1957 weihte die Gesellschaft eine Fernostroute nach Tokio ein, die über Genf, Athen, Beirut, Karatschi, Bombay, Bangkok und Manila führte. Bald folgte eine zweite Linie über Kalkutta und Hongkong; sie wurde mit zwei Convair 880M eröffnet, die der Hersteller ausgeliehen hatte. In einem Jahr brachte man es auf 120.000 Passagiere.

Swissair erkannte, daß die Zukunft den düsengetriebenen Linienmaschinen gehörte und bestellte 1956 drei DC-8; eine vierte folgte 1962. Der erste Swissair-Flug mit einer DC-8 fand am 30. Mai 1960 statt; er führte über den Nordatlantik. Swissair erstand außerdem sieben Convair 990A Coronados; zwei dieser Maschinen vermietete sie 1960 im Tausch gegen vier Caravelles an die SAS. Vier weitere Caravelles orderte Swissair noch im selben Jahr. Die Convair 990 wurde zwar nur in wenigen Exemplaren gebaut, doch die Swissair-Muster flogen bis zu ihrer Außerdienststel-

Links und unten: Die DC-8-62 bildete das Rückgrat der Langstreckenflotte, bis Anfang der siebziger Jahre die Großraumflugzeuge eintrafen. Doch auch danach blieb sie weiterhin in Europa, Afrika und im Nahen Osten im Dienst. 1970 büßte die Swissair zwei Maschinen durch Terroranschläge ein. Eine Coronado explodierte in der Luft, die DC-8-53 HB-IDD fiel in Dawson Field in Jordanien einer Bombe zum Opfer.

lung im Jahre 1974 ohne Probleme – eine Maschine fiel allerdings am 21. Februar 1970 auf dem Weg von Zürich nach Tel Aviv einem Bombenattentat zum Opfer. Alle 38 Passagiere und neun Besatzungsmitglieder fanden den Tod.

Zwischen 1958 und 1962 wurden alle DC-4, DC-6Bs, DC-7Cs und die DC-6A aus dem Verkehr gezogen. Als einzige Propellerflugzeuge verblieben noch drei DC-3 und elf Metropolitans in der Flotte; im März 1964 musterte man auch diese DC-3 aus.

Am 2. Mai 1962 eröffnete Swissair eine Route nach Westafrika mit den Bestimmungszielen Accra und Lagos und dehnte sie drei Jahre später auf Abidjan und Monrovia aus. Ebenfalls im Mai 1962 nahm die Gesellschaft auch Montreal und Chicago in ihr Angebot auf; Algier, Tunis, Tripolis, Frankfurt, Casablanca, Budapest, Zagreb, Bukarest, Helsinki, Moskau und Malaga folgten innerhalb weniger Jahre.

Neue Maschinen

Als nächstes bestellte Swissair verlängerte DC-9-32 und zwei Boeing 747. Da sich die Auslieferung der DC-9 verzögerte, mietete Swissair von der British Eagle eine BAC One-Eleven mit ihrer Besatzung. Insgesamt kaufte die Gesellschaft 22 DC-9-32 und zehn DC-9-51.

Nach etwa 25.000 Flugstunden wurde jede Convair 440 durch eine DC-9 ersetzt; am 1. November 1968 war Swissair die dritte Liniengesellschaft in Europa, die ausschließlich mit Düsenmaschinen flog.

1967/68 wurde auch die Langstreckenflotte erweitert; die alten DC-8-33 wichen sechs neuen DC-8-62. Eine dieser Maschinen wurde im Oktober 1979 in Athen bei einem Unfall zerstört: Sie schoß über die Landebahn hinaus und fing Feuer. Bei dem Unglück kamen 14 Menschen ums Leben. Acht McDonnell Douglas DC-10-30 trafen zwischen November 1972 und Februar 1975 ein; drei weitere folgten. Die beiden Boeing 747 nahmen im April 1971 ihren Dienst auf der Strecke nach New York auf.

In der Zwischenzeit hatte Swissair ihr Streckennetz weiter ausgebaut: 1968 eröffnete sie eine Verbindung nach Johannesburg und eine vierte Route nach Tokio; 1969 folgte eine Linie nach Singapur, und 1970 bot sie zwei weitere Anflugziele in Afrika an. Zahlreiche neue Strecken in Europa und nach Nordafrika kamen in den nächsten Jahren hinzu.

Am 6. September 1970 entführten zwei Terroristen der Palästinensischen Befreiungsfront eine DC-8-52 (Flug SR100 auf dem Weg von Zürich nach New York) und zwangen sie zur Landung auf Dawson Field in Jordanien. Die Terroristen hielten Passagiere und Besatzung als Geiseln und verlangten, drei ihrer in der Schweiz inhaftierten Kameraden im Austausch freizulassen. Man gab der Forderung nach, und die Passagiere kehrten unverletzt zurück. Das Flug-

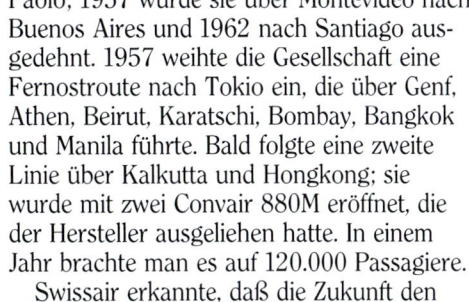

zeug aber wurde zusammen mit einer Boeing 707 der TWA, einer VC10 der BOAC und einer Boeing 747 der Pan AM von den Terroristen in die Luft gesprengt.

Swissairs erste DC-10-30 ging am 15. Dezember 1972 auf der Strecke Zürich–Montreal–Chicago in den Dienst. Damit war Swissair die erste Gesellschaft, die diesen Typ über dem Nordatlantik einsetzte. Am 5. Juni 1970 erhielten alle DC-10 nach einer Reihe schwerer Unfälle Flugverbot. Swissair erklärte jedoch, daß sich ihre Maschinen in perfektem Zustand befänden und man sie weiterhin einsetzen werde. Erst auf internationalen Druck hin ließen die Schweizer Bundesbehörden die Maschinen sperren.

Geschickte Planung

Swissair verlor durch dieses Flugverbot einen großen Teil ihrer Flotte; es gelang der Gesellschaft jedoch, ihre 747, DC-8 und DC-9 so geschickt einzusetzen, daß sie fast ihren gesamten Flugplan einhalten konnte. Im Juli 1980 bekundete sie ihr Vertrauen zur DC-10 und bestellte zwei Exemplare der Langstreckenversion DC-10-30ER.

Um ihre DC-9-Flotte zu modernisieren, orderte die Gesellschaft 1977 etwa 20 McDonnell Douglas DC-9-81 und zwei DC-9-51. Da die Bestellung derart umfangreich war, konnte Swissair McDonnell Douglas dazu bewegen, eine spezielle Version zu

bauen, die leiser als die 9-51 sein sollte. Im März 1979 bestätigte die Gesellschaft eine Bestellung für zehn A310-Airbusse und setzte eine Option für weitere zehn Maschinen. 1980 erging dann ein Auftrag für vier Boeing 747-257, davon zwei Maschinen in der Combi-Version und eine Option für vier weitere Exemplare.

So umfaßte Swissairs Flotte im Jahre 1981 elf DC-10-30 (zwei ER hatte man bestellt), zwei 747-257Bs (fünf weitere waren bestellt, wurden aber schließlich in 357 umgewandelt), vier DC-8-62 (eine weitere stand zum Verkauf), zwölf DC-9-32 (die Hälfte wollte man jedoch verkaufen), eine Frachtversion DC-9-33, zwölf DC-9-51 und fünfzehn DC-9-81.

Der erste Airbus traf 1983 ein. 1989 bestand die Flotte aus 15 Langstreckenflugzeugen (sechs DC-10-30 und vier DC-10-30ER, drei Boeing 747-357 und zwei Combis; zwölf dreistrahlige MD-11 sind in den neunziger Jahren als Ersatz für die DC-10 geplant) und 39 Mittelstreckenflugzeugen (22 DC-9-81, fünf Airbus A310-221 und vier A310-322 sowie acht Fokker 100, die auf weniger dicht beflogenen Strecken in Europa eingesetzt werden).

Inzwischen fliegt Swissair mit mehr als 9.000 Sitzplätzen über 100 Ziele (von Aarhus bis Zagreb) in 69 verschiedenen Ländern an.

Rechts: Derzeitiger Veteran der Langstreckenflotte ist die dreistrahlige Douglas DC-10. Von den ursprünglich dreizehn gelieferten Maschinen werden nur noch zehn auf dem Swissair-Streckennetz eingesetzt.

Unten: Die McDonnell Douglas MD-81 steht seit 1980 im Einsatz. Derzeit fliegen mehr als 20 Exemplare in Europa.

Swissair verfügt zur Zeit über fünf Boeing 747-357, die sie auf den Nordatlantik- und Fernoststrecken einsetzt. Drei bieten Platz für 261 Passagiere (in drei Klassen) sowie Fracht; die anderen beiden sind reine Passagiermaschinen.

Links: Swissair war der erste Kunde für die Fokker 100. Die Gesellschaft besitzt heute acht Exemplare, die die weniger dicht beflogenen europäischen Strecken bedienen.

Oben: Auf den stark beflogenen Routen in Europa und in Nahost setzt Swissair den Airbus A310 ein. Auch für diesen Typ war sie (neben der Lufthansa) der erste Kunde.

Die Boeing 767 ist fast identisch mit dem ersten Airbus A300. Doch die Verkäufe des späteren Konkurrenten aus Amerika blieben weit hinter denen des europäischen Musters zurück.

Der lange, schmale Rumpf der Boeing 757 ist äußerst strömungsgünstig und bietet sich für den Transport einer großen Zahl von Passagieren als Alternative zu der breit angelegten Konstruktion anderer Großraumflugzeuge an.

Heißumkämpfter Markt:
GROSSRAUM-FLUGZEUGE
DIE AIRBUS-STORY

Am 13. April 1966 trat Boeing mit Einzelheiten über die 747 an die Öffentlichkeit, nachdem die amerikanische Fluggesellschaft Pan Am eine Order über 25 Maschinen unterzeichnet hatte. Dies war die Einleitung zu einem neuen Kapitel in der Geschichte des kommerziellen Luftverkehrs, genauso wie mehr als zehn Jahre zuvor, als die Boeing 707 vorgestellt worden war. Die Medien tauften das neue Monster den „Jumbo Jet".

Niemand riskierte ein direktes Konkurrenzprodukt zur 747, die in bezug auf Reichweite/Nutzlast ganz oben steht. Aber jedem war klar, daß die Technologie der 747 bald Nachahmer für kleinere Verkehrsmaschinen finden würde. Tatsächlich führten American Airlines und etliche andere amerikanische Fluggesellschaften noch im gleichen Jahr (1966) mit Lockheed und Douglas Gesprä-

che über Möglichkeiten für einen neuen großen Airliner, der sich bei hoher Wirtschaftlichkeit über ein breites Distanzspektrum einsetzen ließ. Zunächst hatte man sogar nur relativ kurze Hauptstrecken, wie etwa von New York nach Chikago, im Auge. Diese Verhandlungen führten 1968 zum Start von zwei dreistrahligen Großraumflugzeugen, der DC-10 und der L-1011 TriStar, die im Mittelpunkt der nächsten Folge stehen.

Auf dem Reißbrett hatten die DC-10 und die L-1011 zunächst nur zwei Triebwerke. Ein zweistrahliges Verkehrsflugzeug muß stets ein wenig stärker „übermotorisiert" sein als vergleichbare Maschinen mit drei oder vier Aggregaten, um bei Ausfall eines Triebwerks über genügend Leistung zu verfügen. Gleichwohl können „Twins" eine hohe Effektivität und Wirtschaftlichkeit bieten. Diverse

europäische Firmen, wie Hawker Siddeley Aviation in Großbritannien oder Breguet, Sud und Nord in Frankreich, untersuchten jedenfalls sorgfältig, wie man die neue Technologie auf europäische Reichweitenverhältnisse umsetzen könnte. Diese Studien wurden unter dem Begriff „Airbus-Projekte" bekannt, weil die Flugzeuge in erster Linie für den preiswerten Massenverkehr gedacht waren. Tatsächlich hatten die Europäer mit diesen Wirtschaftlichkeitsuntersuchungen bereits vor dem ersten Start der Boeing 747 begonnen.

1967 hatten sich drei der Unternehmen zu einem Dachverband für den Bau eines großen zweistrahligen Verkehrsflugzeuges zusammengeschlossen, der HBN.100 von Hawker, Breguet und Nord. Die Maschine sollte einen wunderschönen, stromlinienförmigen Rumpf – fast so breit

Die A310 war als Langstreckenversion des Airbus mit etwas geringerer Kapazität ausgelegt. Neben der umfassenden Verwendung von Kohlefaserverbundmaterial zeigte die A310 neu entworfene Tragflächen.

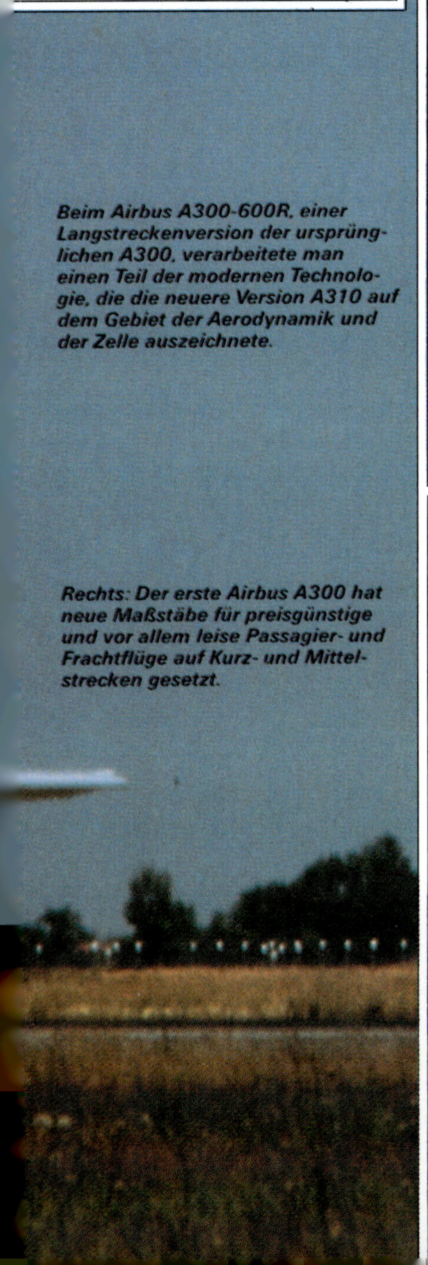

Beim Airbus A300-600R, einer Langstreckenversion der ursprünglichen A300, verarbeitete man einen Teil der modernen Technologie, die die neuere Version A310 auf dem Gebiet der Aerodynamik und der Zelle auszeichnete.

Rechts: Der erste Airbus A300 hat neue Maßstäbe für preisgünstige und vor allem leise Passagier- und Frachtflüge auf Kurz- und Mittelstrecken gesetzt.

wie der der 747 (aber aufgrund seines kreisrunden Querschnitts weniger hoch) – und schlanke, außerordentlich effektive Tragflächen von Hawker erhalten, die beide untergehängten Triebwerke aufnehmen sollten.

Die Triebwerke waren das Schlüsselelement für diese neue Kategorie von Großraumflugzeugen. Im Vergleich zu früheren Strahltriebwerken ermöglichten Turbofan-Triebwerke mit hohem Nebenstromverhältnis (HBPR – High Bypass Ratio) eine Verdoppelung der Leistung bei gleichzeitig erheblich günstigerem spezifischem Kraftstoffverbrauch und 90% geringerem Lärmausstoß. Frühere Strahltriebwerke verursachten durch ohrenbetäubende Lärmwerte und enorme Rauchentwicklung eine nicht unbedeutende Belastung der Umwelt. Niemand kümmerte sich jedoch damals um niedrige Verbrauchswerte, denn Treibstoff kostete nicht viel. Wichtig war, daß sich mit dem europäischen Airbus nicht nur mehr Passagiere bei weniger Starts und Landungen transportieren ließen, sondern daß auch das Lärmproblem praktisch völlig gelöst werden konnte.

Ideales Luftfahrzeug

1968 hatten sich die europäischen Firmen zu einem partnerschaftlichen Konsortium unter dem Namen „Airbus Industrie" neu organisiert. Der Anstoß dazu kam von der französischen Aérospatiale und einer deutschen Firmengruppe. Das Unternehmen Hawker zeigte mehr Weitblick als die britische Regierung, indem es seine Beteiligung am Programm zur Herstellung der Tragflächen mit eigenem Kapital finanzierte. Nach einigem Hin und Her wurde aus der HBN.100 der Airbus A300B mit 250 Sitzen und zwei General Electric CF6-50 mit je 22.680 kp Schub als Antrieb. (Die gleichen Triebwerke benutzt übrigens die dreistrahlige DC-10-30.) Die A300B war für eine durchschnittliche Reichweite von 1.500 km ausgelegt.

Von der Air France 1974 im regulären Liniendienst eingesetzt, stieß der neue Typ bei den Passagieren sofort auf ein äußerst positives Echo. Die wenigen A300Bs erwiesen sich nicht nur als höchst zuverlässig, sondern offenbarten nebenbei noch einige ungeahnte Qualitäten. Unter dem Kabinenboden ist Platz für die gleichen LD3-Fracht- und Gepäckcontainer, wie sie die 747 und die großen dreistrahligen Maschinen transportieren. Stückgutfracht kann direkt aus einer 747 in eine A300B umgeladen werden. Es stellte sich heraus, daß der Frachtraum der A300B unter dem Kabinenboden eine erheblich größere Zuladung aufnehmen konnte als die 727 in der Konfiguration eines Nur-Frachters. Ohne auch nur einen einzigen Sitz-

platz zu verkaufen, ließ sich allein mit der Fracht unter dem Kabinenboden noch Geld verdienen.

Trotzdem nahmen die Fluggesellschaften die A300B so gut wie nicht zur Kenntnis.

Niemand schien an dem europäischen Produkt interessiert – vielleicht hauptsächlich, weil es aus Europa stammte – bis Eastern Airlines, einer der amerikanischen Giganten, im Mai 1977 verlautbarte, daß sie vier A300B4 für die Dauer von sechs Monaten mieten würde. Plötzlich wachten die Fluggesellschaften in aller Welt auf. Sie wurden sogar hellwach, als Eastern durchblicken ließ, was jeder Normaldenkende als Reaktion des Weltmarktes fünf Jahre früher erwartet hatte. So gab die Airline beispielsweise bald bekannt: „Die A300 ist bereits heute mindestens ebenso gut, wenn nicht besser als alles, was die amerikanische Flugzeugindustrie für die Zukunft in petto hat – die 7X7, die 7N7 oder DC-X-200."

Es dauerte nicht lange, bis Eastern 34 A300Bs in seiner Flotte hatte und die übrigen Fluggesellschaften auf der ganzen Welt eine Kehrtwende vollzogen. Nun standen sie Schlange bei Airbus Industrie, die sich nach jahrelangen sorgfältigen Studien im Juli 1978 einer kleineren Version, der

äußeres Querruder für langsame Fluggeschwindigkeiten

modernes Flächenprofil mit nach hinten verlagertem Druckpunkt

kanuförmige Antennenverkleidung der automatischen Funkpeilanlage

zusätzlicher Rumpfmitteltank der A300B4

inneres Querruder für hohe Geschwindigkeiten

Frachtraumtür der A300C4

Doppelspaltklappen

Krügerklappen im Flächenansatz ab A300B2-200

General Electric-CF6-50C- oder C-2-Triebwerke Pratt & Whitney JT9D-59A als Option ab A300B2-220

Zweimanncockpit ab A300B4-200FF

zwei ADF-Schleifenantennen

Höhenflossentrimmtank der A300-600R

Neues, dünneres Flügelprofil

Heck baugleich mit der A310, drei Spanten kürzer als bei der A300 um drei Spanten gestreckter Hinterrumpf zur Erhaltung der Gesamtlänge und zur Erhöhung der Sitzkapazität.

Querruder für alle Geschwindigkeiten

Wegfall des äußeren Querruders

elektronische Fluginstrumentenanlage (EFIS) der A300-600R

General-Electric-CF6-80C2- oder Pratt & Whitney-PW4156-Turbofan-Triebwerke

Flügelrohren der A300-600R

kleineres Höhenleitwerk der A310-300 mit Trimmtank

Frachttür bei der A310-200C und -200F

kürzeres Rumpfvorder- und hinterteil

kürzere Spannweite modernes aerodynamisches Flügelprofil

modernes EFIS-Cockpit

nach vorn gezogene Verkleidung des Flächenansatzes

General-Electric-CF6-80C2A2 oder Pratt & Whitney-PW-4152 Turbofans

Flügelrohren an allen Maschinen bis auf die ersten A310-200

A300B

Der erste Airbus A300 ist ein sauberer, wohlproportionierter Entwurf. Sein Prototyp flog erstmals am 28. Oktober 1972. Die Air France setzte die ersten A300-Serienmaschinen 1974 im Liniendienst ein. Zwischen den einzelnen Versionen des Grundmusters A300 gibt es nur geringfügige äußere Unterschiede im Bereich der Frachttür und des Antriebs. Mehr als 35 Kunden haben über 250 A300 bestellt.

A300-600

Die A300-600 wurde als moderne Variante der A300B4-200 entwickelt. Als erster Kunde bestellte Saudi Arabian Airlines die neue Variante, deren Erstflug am 8. Juli 1983 stattfand. American Airlines entschied sich für die Langstreckenversion A300-600R.

A310

Der Prototyp A310 absolvierte seinen Jungfernflug am 3. April 1982. Ein Jahr später begannen die Swissair und die Lufthansa mit der Indienststellung der Serienmaschinen. Der Entwurf der Tragflächen stammt aus Großbritannien, die Fertigung übernahm BAe Chester.

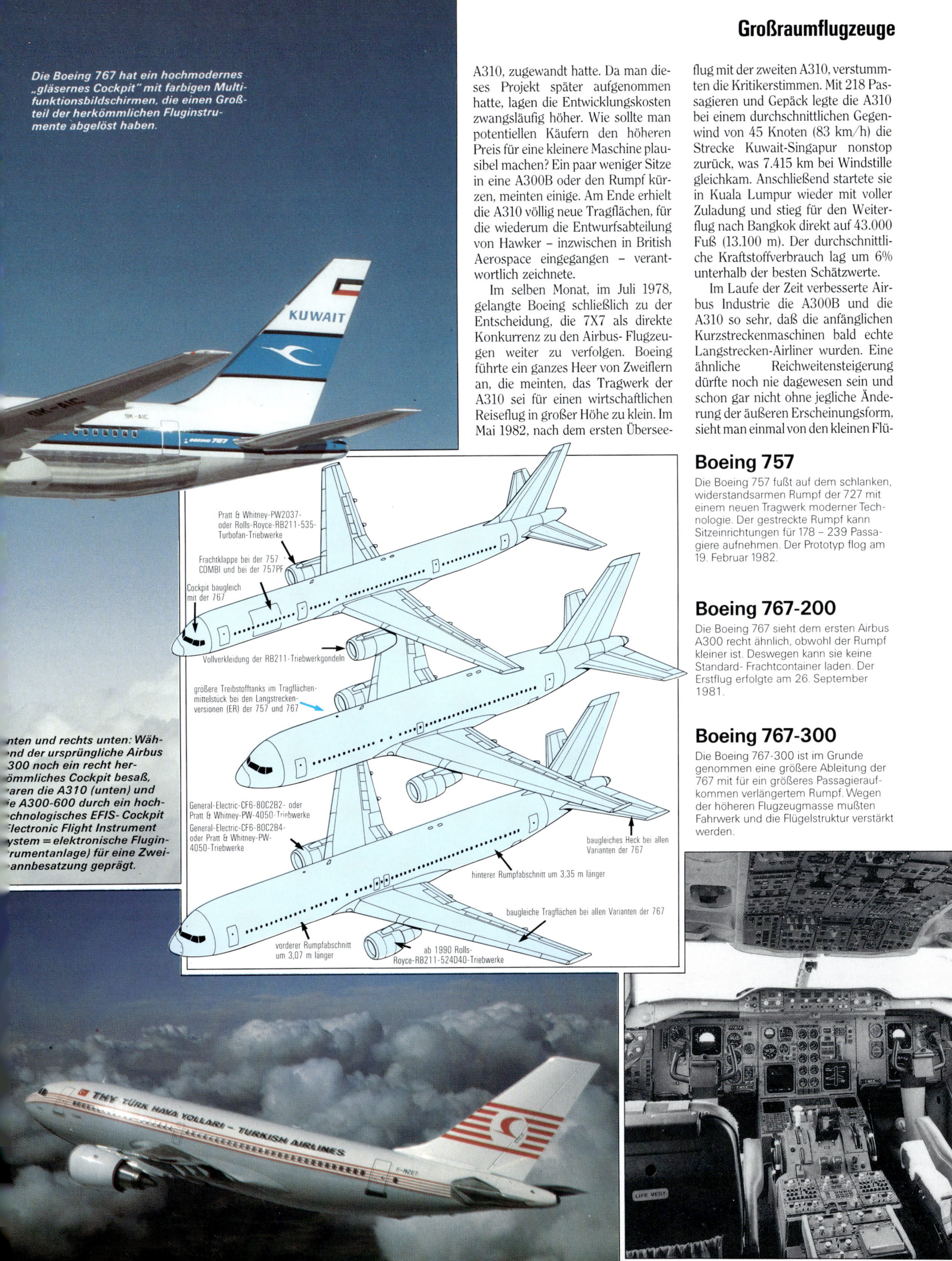

Die Boeing 767 hat ein hochmodernes „gläsernes Cockpit" mit farbigen Multifunktionsbildschirmen, die einen Großteil der herkömmlichen Fluginstrumente abgelöst haben.

KUWAIT

...nten und rechts unten: Während der ursprüngliche Airbus ...300 noch ein recht herk...ömmliches Cockpit besaß, ...aren die A310 (unten) und ...e A300-600 durch ein hoch...chnologisches EFIS- Cockpit ...lectronic Flight Instrument ...ystem = elektronische Flugin...rumentanlage) für eine Zwei...annbesatzung geprägt.

A310, zugewandt hatte. Da man dieses Projekt später aufgenommen hatte, lagen die Entwicklungskosten zwangsläufig höher. Wie sollte man potentiellen Käufern den höheren Preis für eine kleinere Maschine plausibel machen? Ein paar weniger Sitze in eine A300B oder den Rumpf kürzen, meinten einige. Am Ende erhielt die A310 völlig neue Tragflächen, für die wiederum die Entwurfsabteilung von Hawker – inzwischen in British Aerospace eingegangen – verantwortlich zeichnete.

Im selben Monat, im Juli 1978, gelangte Boeing schließlich zu der Entscheidung, die 7X7 als direkte Konkurrenz zu den Airbus- Flugzeugen weiter zu verfolgen. Boeing führte ein ganzes Heer von Zweiflern an, die meinten, das Tragwerk der A310 sei für einen wirtschaftlichen Reiseflug in großer Höhe zu klein. Im Mai 1982, nach dem ersten Übersee-

flug mit der zweiten A310, verstummten die Kritikerstimmen. Mit 218 Passagieren und Gepäck legte die A310 bei einem durchschnittlichen Gegenwind von 45 Knoten (83 km/h) die Strecke Kuwait-Singapur nonstop zurück, was 7.415 km bei Windstille gleichkam. Anschließend startete sie in Kuala Lumpur wieder mit voller Zuladung und stieg für den Weiterflug nach Bangkok direkt auf 43.000 Fuß (13.100 m). Der durchschnittliche Kraftstoffverbrauch lag um 6% unterhalb der besten Schätzwerte.

Im Laufe der Zeit verbesserte Airbus Industrie die A300B und die A310 so sehr, daß die anfänglichen Kurzstreckenmaschinen bald echte Langstrecken-Airliner wurden. Eine ähnliche Reichweitensteigerung dürfte noch nie dagewesen sein und schon gar nicht ohne jegliche Änderung der äußeren Erscheinungsform, sieht man einmal von den kleinen Flü-

Boeing 757

Die Boeing 757 fußt auf dem schlanken, widerstandsarmen Rumpf der 727 mit einem neuen Tragwerk moderner Technologie. Der gestreckte Rumpf kann Sitzeinrichtungen für 178 – 239 Passagiere aufnehmen. Der Prototyp flog am 19. Februar 1982.

Boeing 767-200

Die Boeing 767 sieht dem ersten Airbus A300 recht ähnlich, obwohl der Rumpf kleiner ist. Deswegen kann sie keine Standard- Frachtcontainer laden. Der Erstflug erfolgte am 26. September 1981.

Boeing 767-300

Die Boeing 767-300 ist im Grunde genommen eine größere Ableitung der 767 mit für ein größeres Passagieraufkommen verlängertem Rumpf. Wegen der höheren Flugzeugmasse mußten Fahrwerk und die Flügelstruktur verstärkt werden.

Pratt & Whitney-PW2037- oder Rolls-Royce-RB211-535-Turbofan-Triebwerke

Frachtklappe bei der 757 COMBI und bei der 757PF

Cockpit baugleich mit der 767

Vollverkleidung der RB211-Triebwerksgondeln

größere Treibstofftanks im Tragflächenmittelstück bei den Langstreckenversionen (ER) der 757 und 767

General-Electric-CF6-80C2B2- oder Pratt & Whitney-PW-4050-Triebwerke

General-Electric-CF6-80C2B4- oder Pratt & Whitney-PW-4050-Triebwerke

baugleiches Heck bei allen Varianten der 767

hinterer Rumpfabschnitt um 3,35 m länger

baugleiche Tragflächen bei allen Varianten der 767

vorderer Rumpfabschnitt um 3,07 m länger

ab 1990 Rolls-Royce-RB211-524D40-Triebwerke

THY TÜRK HAVA YOLLARI – TURKISH AIRLINES

LIFE VEST

Airbus A310: Produktionsanteile

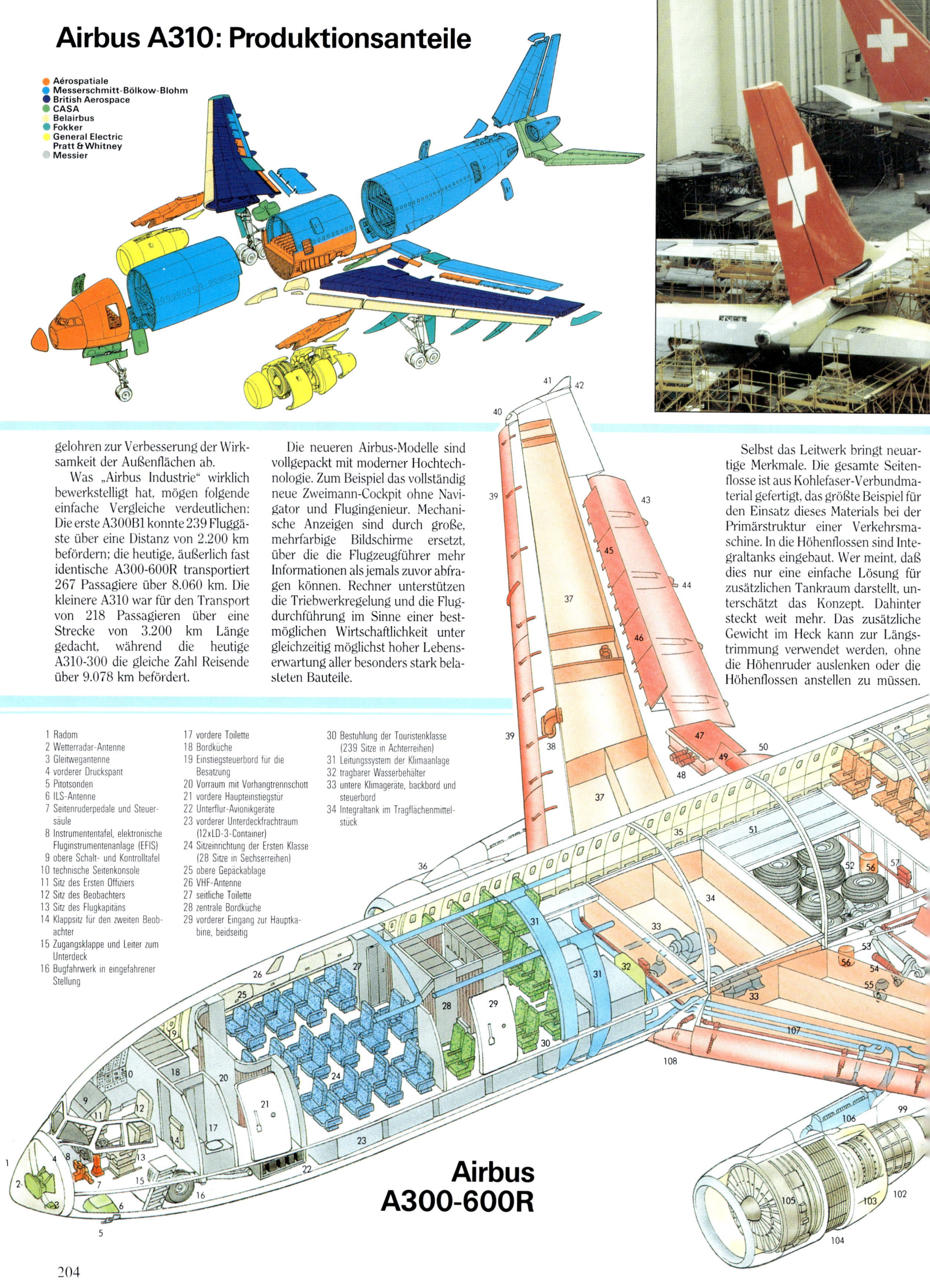

gelohren zur Verbesserung der Wirksamkeit der Außenflächen ab.

Was „Airbus Industrie" wirklich bewerkstelligt hat, mögen folgende einfache Vergleiche verdeutlichen: Die erste A300B1 konnte 239 Fluggäste über eine Distanz von 2.200 km befördern; die heutige, äußerlich fast identische A300-600R transportiert 267 Passagiere über 8.060 km. Die kleinere A310 war für den Transport von 218 Passagieren über eine Strecke von 3.200 km Länge gedacht, während die heutige A310-300 die gleiche Zahl Reisende über 9.078 km befördert.

Die neueren Airbus-Modelle sind vollgepackt mit moderner Hochtechnologie. Zum Beispiel das vollständig neue Zweimann-Cockpit ohne Navigator und Flugingenieur. Mechanische Anzeigen sind durch große, mehrfarbige Bildschirme ersetzt, über die die Flugzeugführer mehr Informationen als jemals zuvor abfragen können. Rechner unterstützen die Triebwerkregelung und die Flugdurchführung im Sinne einer bestmöglichen Wirtschaftlichkeit unter gleichzeitig möglichst hoher Lebenserwartung aller besonders stark belasteten Bauteile.

Selbst das Leitwerk bringt neuartige Merkmale. Die gesamte Seitenflosse ist aus Kohlefaser-Verbundmaterial gefertigt, das größte Beispiel für den Einsatz dieses Materials bei der Primärstruktur einer Verkehrsmaschine. In die Höhenflossen sind Integraltanks eingebaut. Wer meint, daß dies nur eine einfache Lösung für zusätzlichen Tankraum darstellt, unterschätzt das Konzept. Dahinter steckt weit mehr. Das zusätzliche Gewicht im Heck kann zur Längstrimmung verwendet werden, ohne die Höhenruder auslenken oder die Höhenflossen anstellen zu müssen.

1 Radom
2 Wetterradar-Antenne
3 Gleitwegantenne
4 vorderer Druckspant
5 Pitotsonden
6 ILS-Antenne
7 Seitenruderpedale und Steuersäule
8 Instrumententafel, elektronische Fluginstrumentenanlage (EFIS)
9 obere Schalt- und Kontrolltafel
10 technische Seitenkonsole
11 Sitz des Ersten Offiziers
12 Sitz des Beobachters
13 Sitz des Flugkapitäns
14 Klappsitz für den zweiten Beobachter
15 Zugangsklappe und Leiter zum Unterdeck
16 Bugfahrwerk in eingefahrener Stellung

17 vordere Toilette
18 Bordküche
19 Einstiegsteuerbord für die Besatzung
20 Vorraum mit Vorhangtrennschott
21 vordere Haupteinstiegstür
22 Unterflur-Avionikgeräte
23 vorderer Unterdeckfrachtraum (12xLD-3-Container)
24 Sitzeinrichtung der Ersten Klasse (28 Sitze in Sechserreihen)
25 obere Gepäckablage
26 VHF-Antenne
27 seitliche Toilette
28 zentrale Bordküche
29 vorderer Eingang zur Hauptkabine, beidseitig

30 Bestuhlung der Touristenklasse (239 Sitze in Achterreihen)
31 Leitungssystem der Klimaanlage
32 tragbarer Wasserbehälter
33 untere Klimageräte, backbord und steuerbord
34 Integraltank im Tragflächenmittelstück

Airbus A300-600R

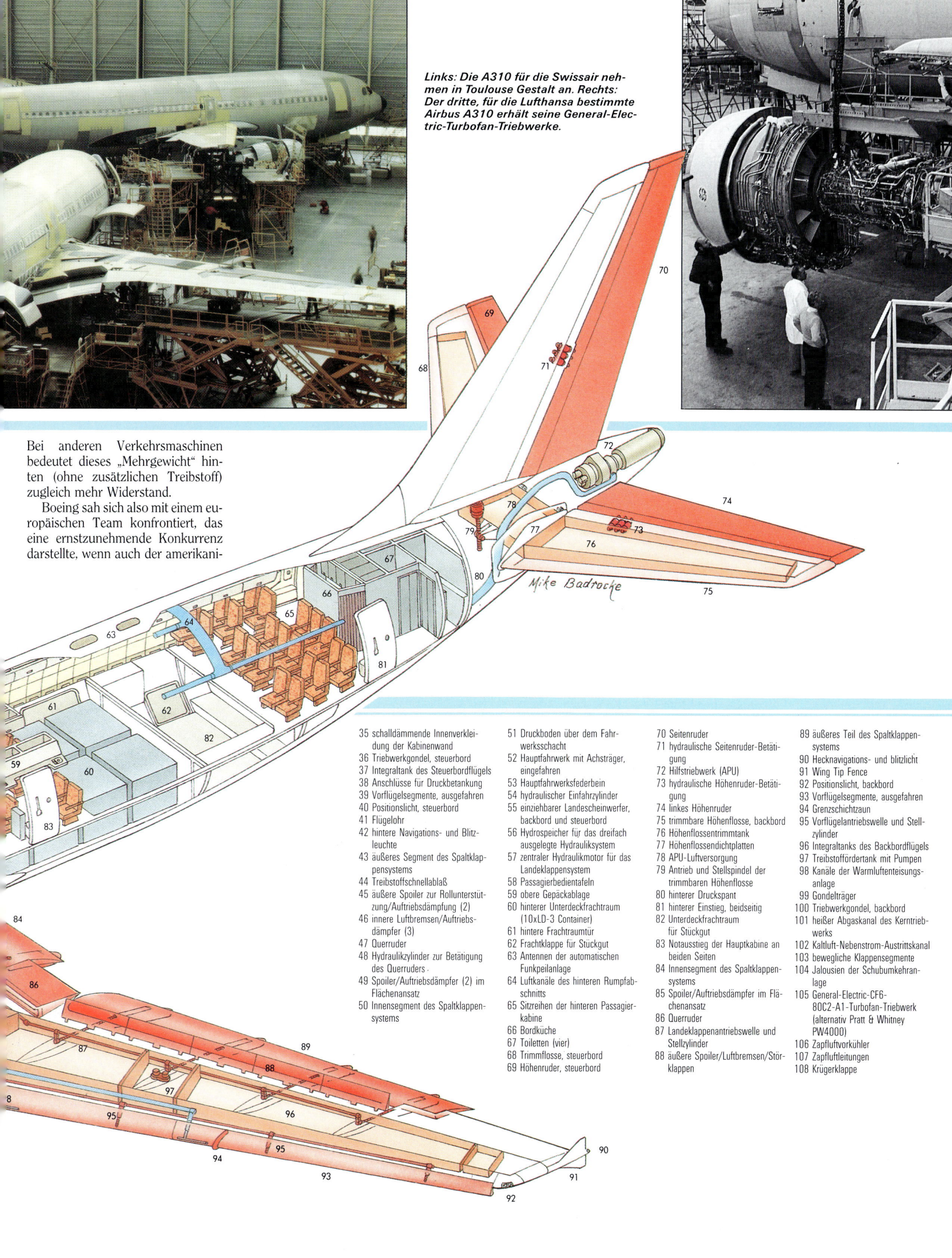

Bei anderen Verkehrsmaschinen bedeutet dieses „Mehrgewicht" hinten (ohne zusätzlichen Treibstoff) zugleich mehr Widerstand.

Boeing sah sich also mit einem europäischen Team konfrontiert, das eine ernstzunehmende Konkurrenz darstellte, wenn auch der amerikani-

Mike Badrocke

35 schalldämmende Innenverkleidung der Kabinenwand
36 Triebwerkgondel, steuerbord
37 Integraltank des Steuerbordflügels
38 Anschlüsse für Druckbetankung
39 Vorflügelsegmente, ausgefahren
40 Positionslicht, steuerbord
41 Flügelohr
42 hintere Navigations- und Blitzleuchte
43 äußeres Segment des Spaltklappensystems
44 Treibstoffschnellablaß
45 äußere Spoiler zur Rollunterstützung/Auftriebsdämpfung (2)
46 innere Luftbremsen/Auftriebsdämpfer (3)
47 Querruder
48 Hydraulikzylinder zur Betätigung des Querruders
49 Spoiler/Auftriebsdämpfer (2) im Flächenansatz
50 Innensegment des Spaltklappensystems

51 Druckboden über dem Fahrwerksschacht
52 Hauptfahrwerk mit Achsträger, eingefahren
53 Hauptfahrwerksfederbein
54 hydraulischer Einfahrzylinder
55 einziehbarer Landescheinwerfer, backbord und steuerbord
56 Hydrospeicher für das dreifach ausgelegte Hydrauliksystem
57 zentraler Hydraulikmotor für das Landeklappensystem
58 Passagierbedientafeln
59 obere Gepäckablage
60 hinterer Unterdeckfrachtraum (10xLD-3 Container)
61 hintere Frachtraumtür
62 Frachtklappe für Stückgut
63 Antennen der automatischen Funkpeilanlage
64 Luftkanäle des hinteren Rumpfabschnitts
65 Sitzreihen der hinteren Passagierkabine
66 Bordküche
67 Toiletten (vier)
68 Trimmflosse, steuerbord
69 Höhenruder, steuerbord

70 Seitenruder
71 hydraulische Seitenruder-Betätigung
72 Hilfstriebwerk (APU)
73 hydraulische Höhenruder-Betätigung
74 linkes Höhenruder
75 trimmbare Höhenflosse, backbord
76 Höhenflossentrimmtank
77 Höhenflossendichtplatten
78 APU-Luftversorgung
79 Antrieb und Stellspindel der trimmbaren Höhenflosse
80 hinterer Druckspant
81 hinterer Einstieg, beidseitig
82 Unterdeckfrachtraum für Stückgut
83 Notausstieg der Hauptkabine an beiden Seiten
84 Innensegment des Spaltklappensystems
85 Spoiler/Auftriebsdämpfer im Flächenansatz
86 Querruder
87 Landeklappenantriebswelle und Stellzylinder
88 äußere Spoiler/Luftbremsen/Störklappen

89 äußeres Teil des Spaltklappensystems
90 Hecknavigations- und blitzlicht
91 Wing Tip Fence
92 Positionslicht, backbord
93 Vorflügelsegmente, ausgefahren
94 Grenzschichtzaun
95 Vorflügelantriebswelle und Stellzylinder
96 Integraltanks des Backbordflügels
97 Treibstofffördertank mit Pumpen
98 Kanäle der Warmluftenteisungsanlage
99 Gondelträger
100 Triebwerkgondel, backbord
101 heißer Abgaskanal des Kerntriebwerks
102 Kaltluft-Nebenstrom-Austrittskanal
103 bewegliche Klappensegmente
104 Jalousien der Schubumkehranlage
105 General-Electric-CF6-80C2-A1-Turbofan-Triebwerk (alternativ Pratt & Whitney PW4000)
106 Zapfluftvorkühler
107 Zapfluftleitungen
108 Krügerklappe

GRÖSSER *und* BESSER

Die L-1011 TriStar von Lockheed war kein kommerzieller Erfolg. Nur 249 Maschinen dieses Modells wurden gebaut, hauptsächlich, weil man nicht von Anfang an eine gestreckte Version mit leistungsstärkeren Triebwerken für Interkontinentalflüge anbieten konnte.

In den siebziger Jahren hatten die amerikanischen Großraumflugzeuge praktisch keine Konkurrenz von außen. Die beiden großen dreistrahligen Amerikaner lieferten sich dagegen selbst einen Kampf um Marktanteile. Die McDonnell Douglas DC-10 lag von Anfang an vorn, da sie dank der jederzeit abrufbereit zur Verfügung stehenden, leistungsstarken CF6-50- und JT9D-59-Triebwerke gestreckt werden konnte, damit der für Interkontinentalflüge benötigte Treibstoff Platz fand. Der Rivale Lockheed dagegen saß in der Falle, weil Triebwerkhersteller Rolls-Royce vor dem Bankrott stand. Das Unternehmen hatte zwar einen ausgezeichneten Entwurf für ein wettbewerbsfähiges Hochleistungstriebwerk, das RB.211-524, besaß jedoch kein Kapital zur Deckung der Entwicklungskosten.

Die britische Regierung ermöglichte schließlich die Fortführung der Arbeiten am Dash-524. 1977 hatte das Triebwerk die Verwendungsreife erreicht. Nun konnte Lockheed ebenfalls aufgewertete Versionen der TriStar anbieten, und diese Chance ließ man sich nicht entgehen. Nach mehreren Variationen der Serien L-1011-200 und -500 folgte Ende der achtziger Jahre die Umrüstung älterer L-1011-1 TriStar auf das moderne -524-Triebwerk, was diesen Maschi-

Rechts: Während Lockheed seine dreistrahligen Verkehrsmaschinen nicht mit stärkeren Triebwerken ausrüsten konnte, war McDonnell Douglas in der günstigen Lage, eine Serie gestreckter DC-10 mit leistungsstärkeren Triebwerken zu entwickeln.

nen die neue Bezeichnung Dash-250 einbrachte. Doch auch mit diesen Maschinen von hohem Qualitätsstandard gelang es nicht, die rückläufige Auftragslage zu verbessern. 1984 wurde die Produktion neuer L-1011 nach der Nummer 249 eingestellt. Lockheed mußte rote Zahlen schreiben und mischte ab 1984 praktisch nicht mehr mit im Airliner-Geschäft.

Risikoarme Entwicklung

McDonnell Douglas dagegen nahme eine starke Position gegenüber den Fluggesellschaften ein. Der Konkurrent Lockheed hatte zwar viele Ideen, angefangen von einfachen Ableitungen der TriStar mit zwei Triebwerken bis hin zu Großraumflugzeugen der fernen Zukunft mit wasserstoffgespeistem Antrieb. Gigantische Tanks vor und hinter der Passagierkabine bzw. an den Außenflächen ließen diese Entwürfe so aussehen, als hätten sie drei Rümpfe. Keines dieser Projekte kam jedoch auch nur in die Nähe des Konstruktionsstadiums. Den neuen McDonnell-Douglas-Entwürfen – der DC-10 Twin, der DC-X-200 sowie diversen gestreckten Versionen der DC-10 (eine Streckung um 12,80 m sollte den Transport von 365 Fluggästen über 6.680 km ermöglichen) –, war allerdings auch kein Glück beschieden. Man dachte jedoch daran, den Rumpf der DC-10-10 mit dem Tragwerk der DC-10-30 zu verbinden und diese Kombination durch kleinere, treibstoffsparende Triebwerke, wie das Rolls-Royce 535 oder das PW2037, antreiben zu lassen. Dieses Konzept wurde hinlänglich untersucht und nach der Änderung des Bezeichnungssystems von „DC" in „MD" MD-100 genannt. Im November 1983 legte man die MD-100 ebenso wie alle anderen kommerziellen Projekte auf Eis. Das Management wollte Abstand gewinnen und eine gründliche Bestandsanalyse vornehmen.

Das Ergebnis dieser Analyse war eine plötzliche Konzentration auf die risikoarme Weiterentwicklung der DC-10. Ausschlaggebend für diese Überlegung war, daß ein solches Flugzeug die finanziellen Möglichkeiten des Unternehmens nicht überstieg und daß es mit ziemlicher Sicherheit hohe Auftragszahlen bereits zu einem sehr frühen Zeitpunkt erzielen und somit die Grundlage für eine lange und gewinnbringende Serienfertigung abgeben würde. Eine solche Maschine müßte für alle Nutzer attraktiv sein, die Strecken zwischen 1.850 und 12.950 km mit weniger Passagieren als in der 747 beflogen. (Womit man Boeing die Spitze auf dem Feld der Reichweite/Nutzlast überließ.)

Der Schlüssel für die bereits entwickelte DC-10 war die Verfügbarkeit neuer Triebwerke mit größerer Leistung und nochmals verbesserter Wirtschaftlichkeit. Als sich die DC-10 in der Serienfertigung befand, war das General Electric CF6-50 das Standard-Triebwerk gewesen; nur wenige Kunden hatten das JT9D bestellt. Für das neue Flugzeug standen mehrere Triebwerksoptionen zur Wahl. Nicht nur Pratt & Whitney hatte sich auf das projektierte Flugzeug vorbereitet, auch Rolls-Royce bot Triebwerke in der Leistungsklasse von 26.300 kp Schub und äußerst günstigen Verbrauchswerten an. Dieser Antrieb erlaubte es, das maximale Abfluggewicht auf rund 272.000 kg anzuheben, im Vergleich zu den 259.454 kg der DC-10-30. Am 29. Dezember 1986 wurde das Projekt genehmigt, und die technische Entwicklung als MD-11 konnte beginnen. Vier Wochen zuvor hatte British Caledonian einen Erstauftrag über neun Maschinen erteilt. Wenig später gingen noch zwei weitere Bestellungen für Mitsui in Japan und für die SAS in Skandinavien ein.

Douglas war sich von Anfang an darüber im klaren, daß ein abgeleitetes Flugzeug zwar eine Menge Vorteile – der kürzere Zeitrahmen, das kleinere Entwicklungsrisiko und die Kompatibilität der Ausrüstung beim Halter – gegenüber einem kompletten Neuentwurf hatte, aber technisch und betriebswirtschaftlich nie so gut sein konnte wie dieser. Für Douglas gab es nur einen einzigen bedeutenden Rivalen: den leicht vergrößerten Airbus A300B mit vier Triebwerken. 1986 hatte sich das europäische Konsortium definitiv für einen weitgehend neuen Entwurf unter besonderer Berücksichtigung völlig neuer Tragflächen entschieden. Berechnungen ergaben, daß unter diese Tragflächen vier mittelgroße Triebwerke für die A340 oder zwei sehr große Aggregate für das Mittelstreckenflugzeug A330 gehängt werden konnten.

Man sah keinerlei Veranlassung, den Rumpfquerschnitt der A300 und der A310 zu ändern, der – wie die Erfahrung gezeigt hatte – für das gesamte Spektrum von Großraumflugzeugen ideal war. Airbus Industrie

Der Airbus A330 ist die erste Version einer neuen Generation europäischer Airliner mit Tragflächen fortschrittlicher Technologie, die diese Flugzeuge mit der vierstrahligen A340 gemein haben.

Oben: Das erste Großraumflugzeug des Ostblocks war die Iljuschin Il-86. Die im Vergleich zu westlichen Standards einfache Maschine wurde von vier relativ kleinen Turbofan-Triebwerken mit hohem Treibstoffverbrauch angetrieben. Dennoch war dieses Muster die Grundlage für einen grundlegend neuen Großraumtyp, die Il-96.

Als die Rolls-Royce-RB211-524-Triebwerke endlich verfügbar waren, konnte Lockheed leistungsgesteigerte Versionen der TriStar auf der Grundlage der L-1011-200 und L-1011-500 anbieten. Zu dem Zeitpunkt hatten jedoch bereits andere Modelle den Markt erobert. Auch die neue TriStar rettete Lockheed nicht mehr vor Verlusten.

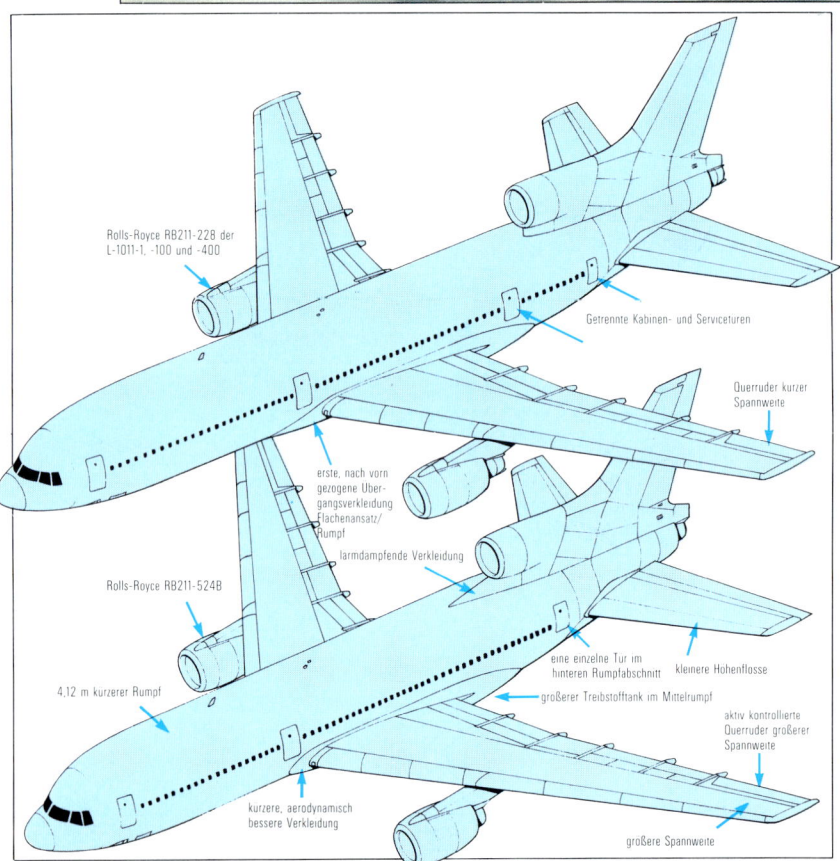

Rolls-Royce RB211-228 der L-1011-1, -100 und -400

Getrennte Kabinen- und Serviceturen

Querruder kurzer Spannweite

erste, nach vorn gezogene Übergangsverkleidung Flächenansatz/Rumpf

lärmdampfende Verkleidung

Rolls-Royce RB211-524B

eine einzelne Tür im hinteren Rumpfabschnitt

kleinere Hohenflosse

4,12 m kürzerer Rumpf

größerer Treibstofftank im Mittelrumpf

aktiv kontrollierte Querruder größerer Spannweite

kurzere, aerodynamisch bessere Verkleidung

größere Spannweite

Lockheed L-1011 TriStar

Die TriStar L-1011, L-1011-100 und L-1011-200 waren von außen kaum zu unterscheiden. Viele Maschinen erhielten später das Rolls-Royce-RB.211-524-Triebwerk der späteren - 500er Serie. Die neueren Maschinen wurden mit dem vorgezogenen Verkleidungskeil vor dem heckmontierten Triebwerk fertiggestellt, das hohen Widerstand verursachte. Der L 1011 Prototyp absolvierte seinen Jungfernflug am 16. November 1970. Die Musterzulassung folgte ein Jahr später.

Lockheed L-1011 TriStar 500

Die Langstreckenversion L-1011-500 TriStar hatte einen kürzeren Rumpf, leistungsstärkere und treibstoffsparende Triebwerke sowie viele andere aerodynamische Neuerungen. Die Flugerprobung begann im Oktober 1978. Im Mai 1979 setzte British Airways diese Version erstmals im Liniendienst ein. Im November 1979 testete Lockheed eine TriStar -500 mit erweiterten Außenflächen und aktiver Querruderkontrolle. Beide Elemente wurden später Standard-Ausrüstungsmerkmale. Im Dezember 1981 gab Lockheed bekannt, daß das Baumuster TriStar wegen unannehmbarer Verluste auslaufen würde. 1984 wurde die Produktion eingestellt.

erkannte keinerlei Vorteil in dem schmaleren Rumpf der Boeing 767 (5,03 m statt 5,64 m). Der Unterschied im aerodynamischen Widerstand war unerheblich. Der einzige Unterschied bestand darin, daß die Kabine durch schmalere Längsgänge enger war. Als Alternative konnte man weniger Sitze einbauen. Unter dem Kabinenboden kann die 767 Standardcontainer für Fracht und Gepäck, sogenannte LD-3, nur in einer langen Reihe hintereinander statt paarweise nebeneinander aufnehmen. Der Rumpf des Original-Airbus, wie ihn die A300- und A310-Serien erhielten, war optimal.

Nach jahrelangen Studien und in enger Zusammenarbeit mit den Kunden wurde aus dem Airbus TA9 mit den beiden großen Triebwerken die A330 und aus dem Ultra-Langstrecken-Airbus TA11 die A340. Beide wurden am 5. Juni 1987 zur vollständigen Entwicklung freigegeben. In der Folgezeit arbeitete Airbus Industrie bei beiden Modellen noch an Details in bezug auf Nutzlast und Reichweite. Man wollte beide Typen möglichst vereinheitlichen. Man darf nicht übersehen, daß die A330 und A340 praktisch ein Typ waren, als die Bauentscheidung getroffen wurde. Der Hauptunterschied bestand darin, daß das eine Flugzeug zwei und das andere vier Triebwerke hatte. Ansonsten beschränkten sich die Abweichungen auf Rumpflänge und Fahrwerkskonzeption, denn die A340 mußte aus technischen Gründen ein Hauptfahrwerk unter der Rumpfmittellinie bekommen.

Wie alle erfolgreichen Flugzeugbauer konstruiert auch Airbus Industrie nur solche Verkehrsmaschinen, die optimal auf die Bedürfnisse des Nutzers zugeschnitten sind. Nicht selten brauchen die Fluggesellschaften aber die Erfahrung langer Jahre, um ihre eigenen Bedürfnisse klar erkennen zu können. Im Falle der TA9 und TA11 dauerte es vom Projektentwurf bis zur heutigen A330 und A340 volle 16 Jahre. Während dieser Zeit verlief die Entwicklung der beiden Typen bisweilen in völlig unterschiedlichen Richtungen. Als 1987 dann grünes Licht für die Hauptentwicklung gegeben wurde, waren die Gemeinsamkeiten innerhalb des Familienkonzepts sehr groß. Besonderes Augenmerk richtete man auf den Entwurf des Tragwerks. Nach der vergleichenden Bewertung verschiedener Vorschläge von den einzelnen Airbus-Partnern einigte man sich auf die von BAe Bristol entwickelte Tragfläche. Die

Oben: Das Cockpit der L-1011 Tri-Star war sinnvoll durchdacht, aber mit einer sehr konventionellen Instrumentierung ausgestattet. Die TriStar ist bei den Piloten wegen ihrer guten Flugeigenschaften sehr beliebt.

Unten: British Airways übernahm 1979 ihre ersten L-1011- 500.

größte jemals in Europa gefertigte Fläche hat eine Flügelstreckung von 9,3 m (gegenüber 6,96 m bei der 747 oder 7,9 m bei der 767 oder 7,5 m bei der MD-11). Je schlanker die Tragfläche oder fachmännisch ausgedrückt, je größer die Flügelstreckung – das Verhältnis der Spannweite zur mittleren Flügeltiefe –, desto besser der Wirkungsgrad. Mit anderen Worten: eine gegebene Treibstoffmenge ergibt eine größere Reichweite. Die Pfeilung wurde auf 29° optimiert und betrug damit etwas mehr als bei der A300 und A310, aber wesentlich weniger als bei den älteren amerikanischen Verkehrsmaschinen.

Eine neue Generation

Windkanalversuche führten zu großen aufwärtsgerichteten „Flügelchen" (Wing Tip Fences oder Winglets) an den Außenflächen, die den Auftrieb erhöhen und den Widerstand verringern. Airbus Industrie

Flugsteuerung des Airbus

Der Ultra-Langstrecken-Airbus A340 hat ein „gläsernes" Cockpit mit neuartigen Steuergriffen für die elektrisch signalisierte Flugsteuerung auf den Seitenkonsolen. Die Landeklappen werden über Rechner geregelt, und die Profilwölbung wird kontinuierlich in winzigen Schritten dem aktuellen Gewicht und der Geschwindigkeit angepaßt, so daß stets ein optimaler Wirkungsgrad gegeben ist.

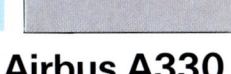

Airbus A330

Im Juni 1987 startete das gemeinsame Programm für die A330 und A340. Das Mittel-/Langstreckenflugzeug A330 mit zwei Triebwerken soll planmäßig im Oktober 1993 in Dienst gestellt werden.

Airbus A340-200

Die Langstreckenversion A340-200 erhält mit der leistungsgesteigerten Version des CFM56-5C-1 die gleichen Triebwerke wie die A320. Dieses Muster soll Ende 1992 im Liniendienst eingesetzt werden.

Airbus A340-300

Aufgrund der Nachfragesituation soll die A340-300 als erste Version der neuen Airbus-Generation zum Einsatz bei den Fluggesellschaften kommen, die sich für dieses Muster entschieden haben. Ab Mai 1992 wird das viermotorige Hochleistungsgroßraumflugzeug 295 Fluggäste in der Drei-Klassen- Auslegung befördern.

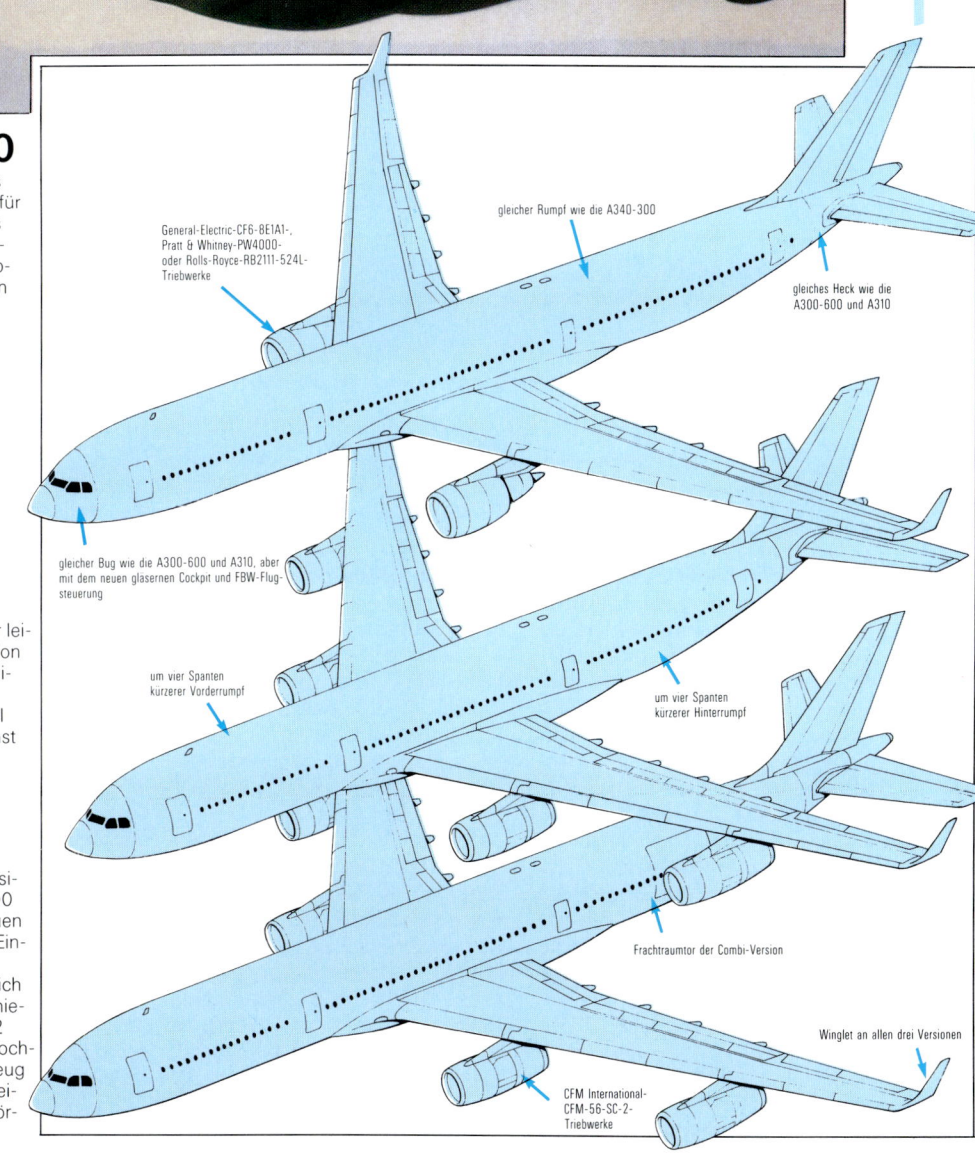

General-Electric-CF6-8E1A1-, Pratt & Whitney-PW4000- oder Rolls-Royce-RB2111-524L- Triebwerke

gleicher Rumpf wie die A340-300

gleiches Heck wie die A300-600 und A310

gleicher Bug wie die A300-600 und A310, aber mit dem neuen gläsernen Cockpit und FBW-Flugsteuerung

um vier Spanten kürzerer Vorderrumpf

um vier Spanten kürzerer Hinterrumpf

Frachtraumtor der Combi-Version

Winglet an allen drei Versionen

CFM International-CFM-56-SC-2- Triebwerke

führte diese Neuerung bei Großraumflugzeugen ein. Die ersten Airbusse haben relativ kleine Delta-Flossen an den Flächenenden. Die zurückgepfeilten Winglets der 330 und 340 ragen nur noch nach oben, und zwar 2,75 m. Zur Überraschung vieler Fachleute werden die Maschinen normale Querruder neben einer mächtigen Gruppe von Spoilern, brems- und

Nach mehreren tragischen Unfällen und dem Auftreten einer Reihe technischer Mängel wurde die Douglas DC-10 gleich zu Beginn ihrer Karriere mit einem Flugverbot belegt.

Links: Während Lockheed durch den Bankrott von Rolls-Royce die Hände gebunden waren, konnte der Konkurrent McDonnell Douglas aus dem Stand auf größere Triebwerke für neue Langstreckenversionen der DC-10 zurückgreifen.

Martinair war einer der vielen zufriedenen Betreiber der DC-10, die einen Großteil des Marktes eroberte, den Lockheed mit der L-1011 TriStar hatte bedienen wollen.

Unten: Die McDonnell Douglas MD-11 ist eine von der DC-10 abgeleitete Langstreckenversion mit diversen aerodynamischen Verbesserungen, einem fortschrittlichen 2-Mann-Cockpit und Turbofan-Triebwerken. Mehrere MD-11-Varianten mit unterschiedlichem Antrieb und Innenausrüstung sind geplant. McDonnell verfügt über ein Auftragspolster von 120 Maschinen.

auftriebsmindernden Störklappen erhalten. Alle neuen Maschinen können mit grundsätzlich gleichen Tragflächen ausgerüstet werden, weil die Masse der äußeren Triebwerke das Mehrgewicht der A340 teilweise kompensiert. Erst kurz vor der Fertigstellung kann man an den Triebwerkaufhängungen – zwei oder vier – erkennen, für welche Version die Flächen bestimmt sind. Für die A330 kommen drei Typen der leistungsstarken, derzeit verfügbaren Triebwerke in Frage. Rolls-Royce bietet mit dem RB.211-524L nicht nur das sparsamste, sondern auch das leichteste Triebwerk dieser Kategorie. Seine Rivalen sind das PW4000 und das CF6-80C2. Alle genannten Triebwerke erzeugten bei den ersten A330-200 etwa 29.400 kp Schub, später sogar 33.100 kp. Das Standardtriebwerk für das Langstrecken-

flugzeug A340 ist das CFM56-5C2 mit einer Leistung von 14.152 kp Schub. Diese Maschinen werden ungefähr 50 % mehr Treibstoff mitführen als die neuen zweistrahligen Airbusse (135.000 l zu 93.500 l).

Beide Modelle sind mit verschieden großen Rümpfen erhältlich, die den jeweiligen Bedürfnissen des Benutzers entgegenkommen sollen. Die A340 gibt es als A340-200 mit einer Länge von 59,40 m und 262 Sitzen bei einer Reichweite von 14.080 km oder als 340-300 mit einer Länge von 63,65 m, 295 Sitzen und einer Reichweite von 12.600 km. Das Gesamtgewicht beträgt bei beiden Varianten 251.000 kg. Ursprünglich wollte man nur die A330-200 mit einer Länge von 58,60 m (identisch mit der Spannweite) bauen, auf der Luftfahrtschau von Farnborough im Jahre 1988 gab Airbus Industrie dann

aber die geplante Version A330-300 bekannt. Diese Variante hat den gleichen Rumpf wie die A340-300, das Gesamtgewicht stieg von 206 auf 208 Tonnen. Dieses wurde durch stärkere Triebwerke in der Leistungsklasse über 31.750 kp Schub möglich.

Direkte Konkurrenz

Angesichts der starken Konkurrenz mußte McDonnell Douglas nun schnell reagieren: Man wollte die MD-11 auf den Markt bringen, bevor die A330/340 geliefert werden konnten. Das Programm lief nun unter Hochdruck ab: „Roll-Out" im Januar 1989, Erstflug im April 1989, Auslieferung ab April 1990. Die bislang bestellten MD-11 sind mit GE- oder PW-Triebwerken ausgestattet. Die typische Kabineneinrichtung sind 293 Sitze. Ende August 1988 hatte Douglas 146 MD-11 verkauft. Airbus

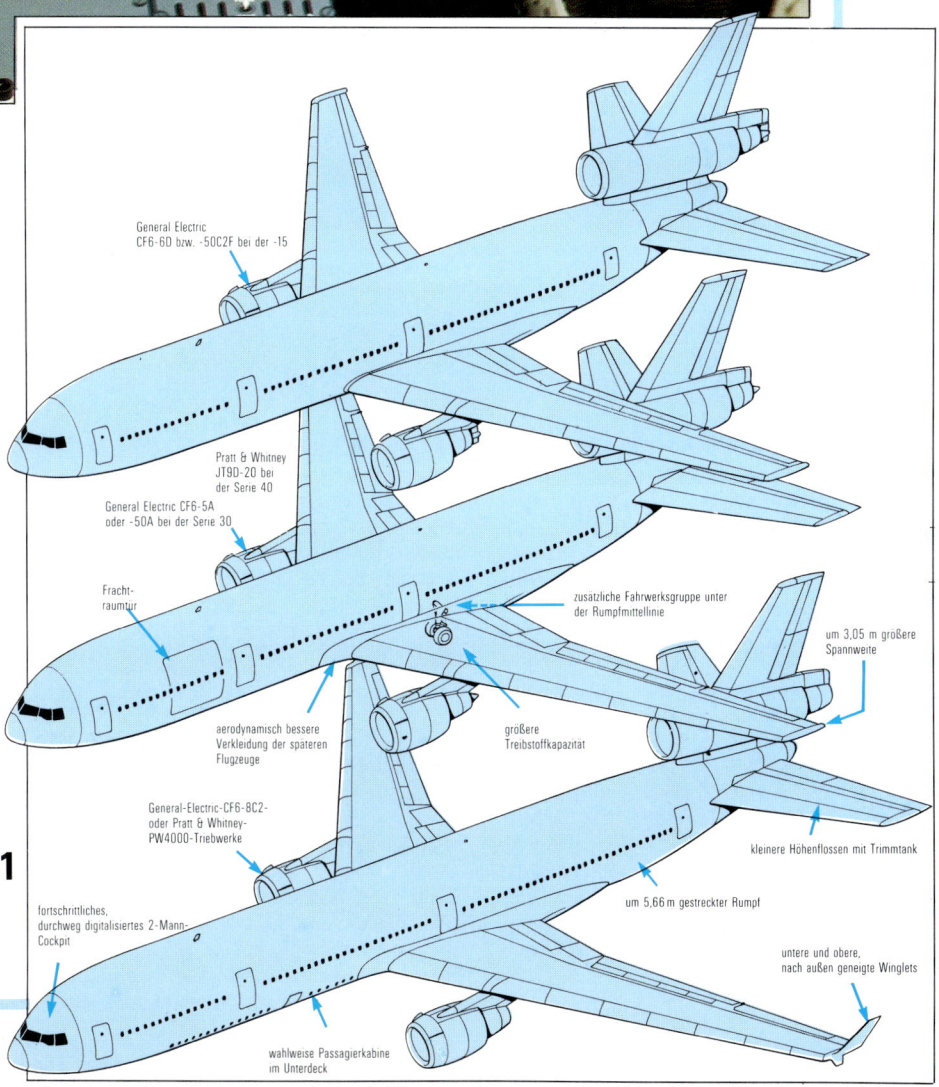

Oben: Für die McDonnell Douglas MD-11 ist ein dem letzten Stand der Technik entsprechendes Cockpit für eine zweiköpfige Flugbesatzung vorgesehen. Das Cockpit ist vollständig digitalisiert. Für die hochentwickelte „Fly-By-Wire„-Flugsteuerung stehen den Flugzeugführern Steuerhandgriffe auf den Seitenkonsolen zur Verfügung. Herkömmliche Analoginstrumente sind nahezu vollständig durch Bildschirmanzeigen ersetzt.

McDonnell Douglas DC-10-10/15

Die Serien DC-10-10 und -15 waren äußerlich identisch und besaßen beide General-Electric-CF6-Turbofan-Triebwerke: die Serie 10–6D und die Serie 15–50C2F. Der Prototyp flog erstmals am 29. August 1970.

McDonnell Douglas DC-10-30/40

Die Serien 30 und 40 waren schwerere Versionen mit größerer Treibstoffkapazität und stärkeren Triebwerken. Man mußte ein zusätzliches Achsfahrwerk unter dem Rumpf aufhängen, damit die höhere Masse dieser Maschinen besser verteilt wurde.

McDonnell Douglas MD-11

Eine DC-10 der zweiten Generation mit den neuesten Errungenschaften auf dem Gebiet der Aerodynamik und der Flugsteuerung.

General Electric CF6-6D bzw. -50C2F bei der -15

Pratt & Whitney JT9D-20 bei der Serie 40

General Electric CF6-5A oder -50A bei der Serie 30

Frachtraumtür

zusätzliche Fahrwerksgruppe unter der Rumpfmittellinie

um 3,05 m größere Spannwerte

aerodynamisch bessere Verkleidung der späteren Flugzeuge

größere Treibstoffkapazität

General-Electric-CF6-8C2- oder Pratt & Whitney-PW4000-Triebwerke

kleinere Höhenflossen mit Trimmtank

um 5,66 m gestreckter Rumpf

fortschrittliches, durchweg digitalisiertes 2-Mann-Cockpit

untere und obere, nach außen geneigte Winglets

wahlweise Passagierkabine im Unterdeck

Industrie stützte sich gleichzeitig auf ein Auftragspolster von fast ebenso vielen Festbestellungen für die 330/340. Im September ließ dann ein Auftrag von Delta bei Mc Donnell Douglas die Gesamtzahl auf 191 Maschinen hochschnellen. Douglas gab zu verstehen, daß der amerikanische Luftfahrtgigant seine Wahl allein aufgrund eines direkten Vergleichs zwischen den amerikanischen und europäischen Produkten getroffen hätte. Träfe dies zu, hätte die Überlegenheit der neuen Tragfläche (man kalkuliert 13 bis 24 % niedrigere Betriebskosten pro Sitz) klar zu Tage treten müssen. In Wirklichkeit hatte

ein Auftrag an Airbus Industrie wegen der langen Lieferzeiten für die fraglichen Maschinen gar nicht zur Diskussion gestanden.

Douglas kennt die Überlegenheit des Tragwerks der A330/340 und hat deshalb in den Jahren 1987/88 mit Airbus Industrie Kooperationsverhandlungen geführt. Douglas beabsichtigt den Bau einer MD-11 Superstrech mit einem Rumpfstreckungsteil von 10,67 m Länge, das die Beförderung von rund 400 Passagieren über 12.968 km möglich machen soll. Drei Lösungsmöglichkeiten stehen zur Debatte; man kann die derzeitigen Flächen der MD-11 überar-

beiten, was an der grundsätzlich negativ zu bewertenden Tatsache nichts ändert, daß die aus den sechziger Jahren stammende Tragfläche der DC-10 technisch überholt ist. Douglas könnte 1 Milliarde US-Dollar in die Entwicklung einer völlig neuen Tragfläche investieren. Weiterhin

Links außen: Die Montagestraße für die Iljuschin Il-96 befindet sic in Woronesch. Einige Bauteile für diese Maschine werden in ander sowjetischen Werken und bei PZ Mielec in Polen gefertigt.

Iljuschin Il-96

1 Radom
2 Wetterradarantenne
3 vorderer Druckspant
4 einziehbarer Landescheinwerfer, beidseitig
5 Seitenruderpedale und Steuersäule
6 Instrumententafel, elektronische Fluginstrumentierung (EFIS)
7 Überkopf-Bedientafel
8 technische Seitenkonsole
9 Sitz des Ersten Offiziers
10 Beobachtersitz
11 Sitz des Flugkapitäns
12 zweiter Beobachtersitz
13 ILS-Antenne
14 Bugfahrwerk, eingefahren
15 Toiletten auf beiden Seiten
16 Einstiegs-/Servicetür, steuerbord
17 Garderobe
18 Kabinenschott mit Vorhang
19 vordere Einstiegstur
20 Unterflur-Avionikgeräte
21 vorderer Frachtraum im Unterdeck (6xLD-3 Container)
22 Erster-Klasse-Kabine mit 22 Sitzen in Sechserreihen
23 obere Gepäckablage
24 Getränkeschrank
25 Kabinentrennwand mit Vorhängen
26 Toiletten auf beiden Seiten
27 Bordküche
28 Speiseaufzüge

29 vorderer Einstieg zur Hauptkabine, beidseitig
30 Wasserbehälter
31 Bordküche im Unterdeck
32 Passagierkabine für gehobene Ansprüche (40 Sitze in Achterreihen)
33 Integraltank im Tragflächenmittelstück
34 Kabinenteiler mit Vorhängen
35 Integraltank der Steuerbordfläche
36 Gondelträger, steuerbord
37 Vorflügelsegmente, ausgefahren
38 Positionslicht, steuerbord
39 Winglet
40 äußeres Querruder für automatische Flugsteuerung und Böenlastminderung
41 Spoiler/Luftbremsklappen
42 äußeres Spaltklappensegment
43 inneres Querruder für alle Geschwindigkeitsbereiche
44 innere Spoiler/Störklappen zur Auftriebsminderung

45 inneres Doppelspaltklappensegment
46 schallisolierende Wandverkleidung
47 Druckboden über dem Fahrwerksschacht
48 am Tragflügel gelagertes Achsträger-Fahrwerk, eingefahren
49 mittleres Achsträger-Fahrwerk, eingefahren

50 Passagierkabine der Touristenklasse (173 Sitze in Neunerreihen)
51 Kabinenteiler
52 obere Gepäckablage
53 hintere Frachtraumtür
54 Frachtklappe für Stückgut
55 Garderobe/Stauraum
56 hintere Toiletten (sechs)
57 Schraubspindel für die trimmbaren Höhenflossen

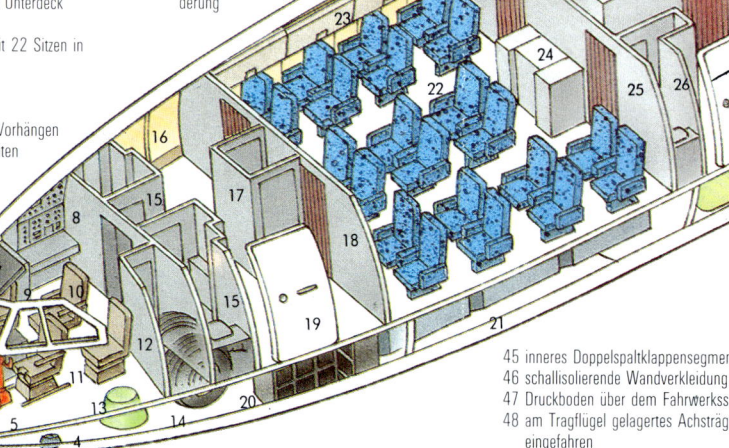

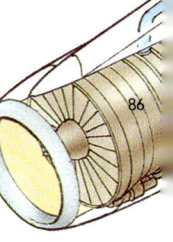

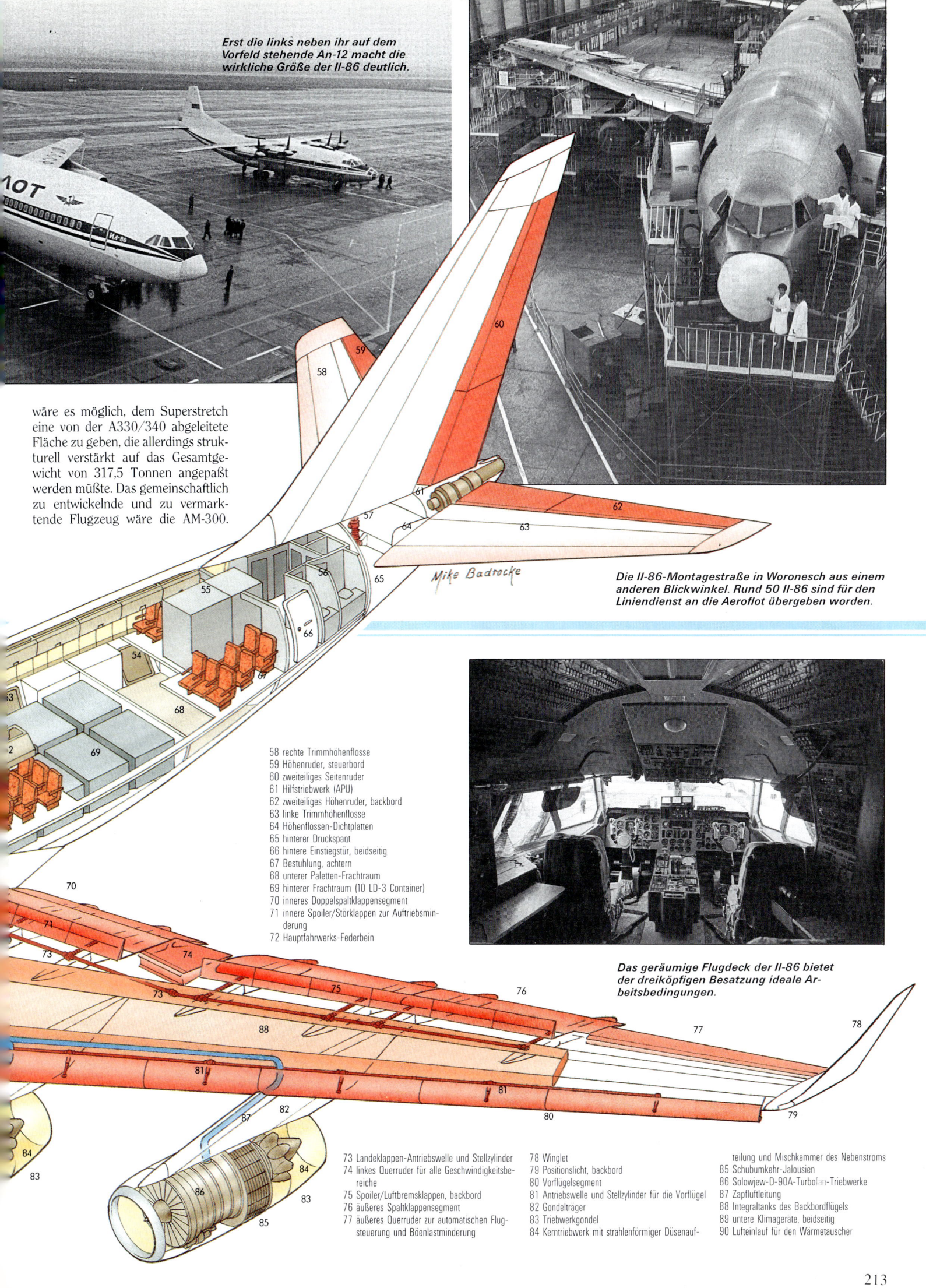

wäre es möglich, dem Superstretch eine von der A330/340 abgeleitete Fläche zu geben, die allerdings strukturell verstärkt auf das Gesamtgewicht von 317,5 Tonnen angepaßt werden müßte. Das gemeinschaftlich zu entwickelnde und zu vermarktende Flugzeug wäre die AM-300.

Die Il-86-Montagestraße in Woronesch aus einem anderen Blickwinkel. Rund 50 Il-86 sind für den Liniendienst an die Aeroflot übergeben worden.

58 rechte Trimmhöhenflosse
59 Höhenruder, steuerbord
60 zweiteiliges Seitenruder
61 Hilfstriebwerk (APU)
62 zweiteiliges Höhenruder, backbord
63 linke Trimmhöhenflosse
64 Höhenflossen-Dichtplatten
65 hinterer Druckspant
66 hintere Einstiegstür, beidseitig
67 Bestuhlung, achtern
68 unterer Paletten-Frachtraum
69 hinterer Frachtraum (10 LD-3 Container)
70 inneres Doppelspaltklappensegment
71 innere Spoiler/Störklappen zur Auftriebsminderung
72 Hauptfahrwerks-Federbein

Das geräumige Flugdeck der Il-86 bietet der dreiköpfigen Besatzung ideale Arbeitsbedingungen.

73 Landeklappen-Antriebswelle und Stellzylinder
74 linkes Querruder für alle Geschwindigkeitsbereiche
75 Spoiler/Luftbremsklappen, backbord
76 äußeres Spaltklappensegment
77 äußeres Querruder zur automatischen Flugsteuerung und Böenlastminderung
78 Winglet
79 Positionslicht, backbord
80 Vorflügelsegment
81 Antriebswelle und Stellzylinder für die Vorflügel
82 Gondelträger
83 Triebwerkgondel
84 Kerntriebwerk mit strahlenförmiger Düsenauf-
teilung und Mischkammer des Nebenstroms
85 Schubumkehr-Jalousien
86 Solowjew-D-90A-Turbofan-Triebwerke
87 Zapfluftleitung
88 Integraltanks des Backbordflügels
89 untere Klimageräte, beidseitig
90 Lufteinlauf für den Wärmetauscher

213

Eines der hervorstechenden Merkmale dieses Modells wäre eine neue, größere Version des sogenannten Promenadendecks mit 40 bis 45 zusätzlichen Sitzen unter der Hauptkabine der heutigen MD-11. Bei der AM-300 fänden hier 92 Passagiere Vorzugsplätze. Bei zügiger Entscheidung und folgender Entwicklungsarbeit auf beiden Seiten könnte die AM-300 im Jahre 1994 die Zulassungshürden genommen haben. Bis dato sind die Verhandlungen indes noch nicht weitergekommen. Wahrscheinlich wird sich Douglas mit der zweitbesten Lösung begnügen müssen, einer Superstrech mit einer modifizierten Tragfläche der jetzigen MD-11. In diesem Fall bliebe das Profil unverändert, zur Erhöhung der Spannweite müßte nur die Struktur verstärkt werden. Dieses Programm läge im Bereich der finanziellen Möglichkeiten Douglas', am Ende der Entwicklung stünden jedoch immer noch

höhere Betriebskosten als diejenigen der völlig neuen Tragfläche der 330/340.

Die sowjetische Iljuschin Il-96-300 wird mit Sicherheit keine bedeutende Rolle im internationalen Kampf um Marktanteile spielen. Da das Modell derselben Klasse angehört, soll es hier jedoch nicht unerwähnt bleiben. Tatsächlich handelt es sich hierbei um ein völlig neu entwickeltes Nachfolgemuster für die Il-86 mit neuen

Iljuschin Il-86 „Camber"

Wetterradar
Hinter dem stromlinienförmigen Bugradom sitzt ein einfaches Wetter- und Bodendarstellungsradargerät. An einigen Il-86 war die typische „Odd-Rods"-Antennengruppe für die militärische Freund-Feind-Kennung zu erkennen.

Unten: Das gut ausgelegte Cockpit der Iljuschin Il-86 ist rundum konventionell. Auf neue Technologien hat man völlig verzichtet. Der Flugingenieur fliegt normalerweise mit dem Rücken zur Flugrichtung. Aus Sicherheitsgründen, zum Beispiel beim Start und bei der Landung, kann der Sitz jedoch nach vorn gedreht werden.

Triebwerk
Die Il-86 wird von vier Kusnezow-NK-86-Turbofan-Triebwerken mit je 13.000 kp Schub angetrieben, die, weit vor der Anströmkante stehend, an Gondelträgern unter den Tragflächen aufgehängt sind. Diese Triebwerke besitzen Lärmdämpfungs- und Schubumkehranlagen. Die Il 86 hat zehn Geschwindigkeitsrekorde mit Nutzlasten zwischen 35.000 kg und 80.000 kg aufgestellt. Die neue Il-96-300 erhält als Antrieb Solowjew-D-90A-Turbofan-Triebwerke, die 16.000 kp Schub abgeben und in Leistung und Wirtschaftlichkeit insgesamt den zeitgemäßen Triebwerkstypen des Westens nahekommen.

Kabine
In der üblichen Kabinenauslegung mit zwei Längsgängen und Neuner- Sitzreihen finden 350 Passagiere Platz, denen außer Filmvorführungen drei verschiedene Musikprogramme Unterhaltung bieten. Eine Kabineneinrichtung mit 28 Sitzen in Sechserreihen befindet sich im vorderen Erster-Klasse-Abteil; dahinter schließen sich zwei Kabinen mit 208 Sitzen in Achterreihen an. Im vorderen Frachtraum des Unterdecks kann eine Buffet-Bar eingerichtet werden.

Frachtraum
Der Frachtraum der Il-86 kann bis zu acht Standardfrachtcontainer des Typs LD-3 oder sogar zwölf Stück aufnehmen, wenn man auf einige Gepäckgestelle verzichtet. Die Fluggäste erreichen die Kabine über drei nach unten aufklappbare Einstiegstreppen auf der linken Seite. Mäntel und Gepäck werden vor dem Einsteigen abgegeben. Die Einstiegstreppen wiegen rund 3.000 kg, was einem Verzicht auf 25 Sitze gleichkommt.

Flugsteuerung
Die Steuer- und Kontrollflächen werden hydraulisch betätigt, ohne Möglichkeit zur Umstellung auf Handbetrieb. Die konventionellen Querruder sind außen, die in zwei Segmente unterteilten Doppelspaltklappen innen angeordnet. Auf der Saugseite vor den Landeklappen befinden sich mehrfach unterteilte Spoiler- und Luftbremsklappen. Die über die volle Spannweite reichenden Vorflügel sind in Höhe der Triebwerkgondeln unterbrochen.

Heck
Wie beim Airbus kommen verschiedene Baugruppen und Teile der Il- 86 aus mehreren Werken zur Endmontage nach Woronesch. Die Vorflügel, die Triebwerkträger, das Seiten- und Höhenleitwerk fertigt beispielsweise PLZ Mielec in Polen. Die Seiten- und Höhenruder bestehen aus zwei Einzelstücken.

CCCP-86009

und weitaus effektiveren Triebwerken, größeren und besseren Tragflächen und einem kürzeren Rumpf.

Die Il-86 war als Verkehrsmaschine für 350 Passagiere für Strecken bis zu 4.630 km gedacht, erreichte aber in der Praxis nur die relativ kurze (gemessen an modernen Standards) Entfernung von 2.775 km. Dagegen wird die Il-96-300 235 bis zu 300 Fluggäste über mindestens 8.330 km befördern.

Großer Durchmesser

Als neue Triebwerke kommen Solowjew D-90AS zum Einsatz, die in etwa dem Rolls-Royce 535 entsprechen und etwas mehr als 15.875 kp Schub abgeben. Ein besonderes Merkmal des sowjetischen Großraumflugzeugs ist der Durchmesser des Rumpfes, der – wie beim Vorgänger – 6,08 m beträgt, also in dieser Beziehung die MD-11 sogar noch um einen Bruchteil übertrifft. In der Größe und in der Draufsicht sind die Tragflächen des russischen Airliners nahezu identisch mit denjenigen der A330/340. Genaue Einzelheiten über das Profil dieser Tragflächen liegen jedoch noch nicht vor.

Iljuschin Il-86

Die erstmals am 22. Dezember 1976 geflogene Iljuschin Il-86 war das erste Großraumflugzeug der Sowjetunion. Planmäßige Linienflüge mit diesem Muster begannen im Dezember 1980. Seitdem sind rund 50 Maschinen für die Aeroflot gebaut worden.

Iljuschin Il-96-300

Die Il-96 ist eine vollkommen neue Version des älteren Musters: neue Tragflächen, fortschrittliche Triebwerke, ein „Glas-Cockpit" und eine neue Zelle. Die Grundauslegung ist gleich geblieben. Der Prototyp absolvierte seinen Jungfernflug Ende 1988.

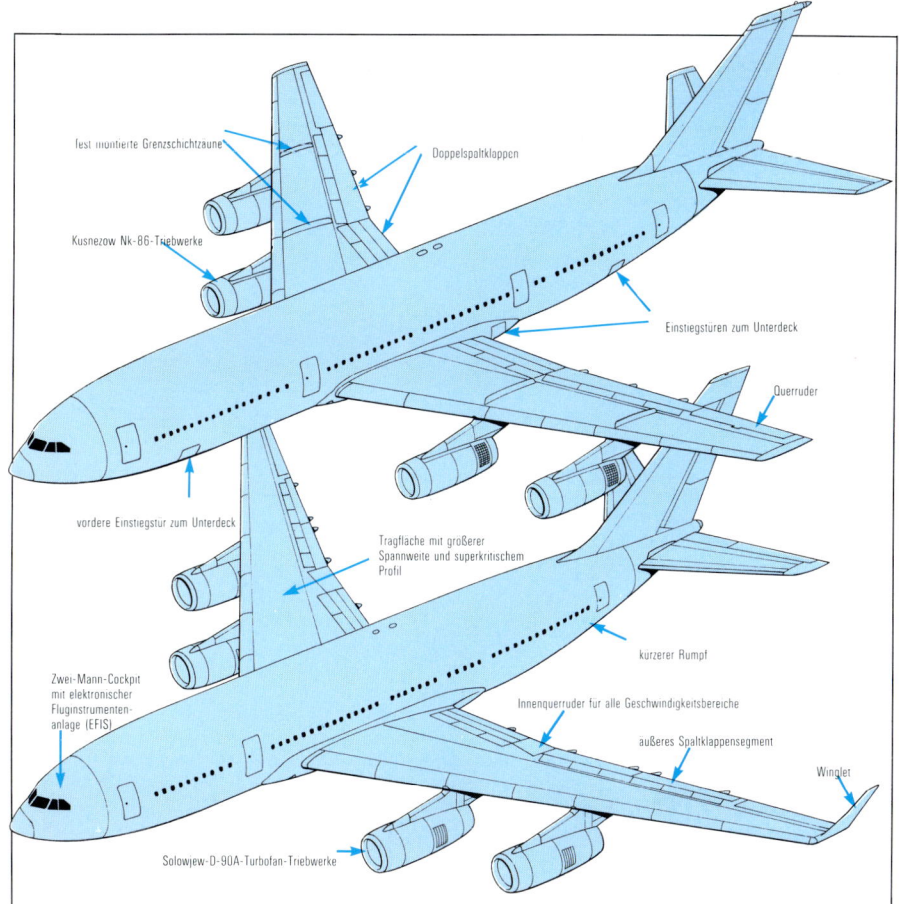

Eine Iljuschin Il-86 (NATO-Deckname „Camber") der staatlichen sowjetischen Fluglinie Aeroflot. Dieses vierstrahlige Großraumflugzeug kommt dem europäischen Airbus sehr nahe. Seit dem Erstflug des Prototypen am 22. Dezember 1976 sind mehr als 50 Maschinen dieses Musters für den Dienst bei der Aeroflot gebaut worden. Von ihr wurde die Langstreckenversion Il-96-300 mit modernen superkritischen Tragflächen und Winglets, vier neuen Turbofan-Triebwerken mit hohem Nebenstromverhältnis und größeren Kontrollflächen abgeleitet. Die Il-96-300 hob im September 1988 zum ersten Mal vom Boden ab.

Tragfläche

Die freitragenden Flächen der Il-86 sind in üblicher Bauweise aus Ganzmetall konstruiert, dreiholmig im Mittelstück und zweiholmig im äußeren Abschnitt. Über den Gondelträgern sitzen niedrige Grenzschichtzäune. Die neue Il-96 erhält ein schlankeres Tragwerk mit größerer Spannweite, superkritischem Profil und geringerer Pfeilung. Auch fehlen die widerstandsmindernden Winglets nicht. Die Steuerflächen der Il-96 haben größere Abmessungen, damit beispielsweise bei Ausfall eines Triebwerks während des Starts die Kontrolle über die Maschine erhalten bleibt.

Türen

Die gleichzeitig als Notausstieg dienenden Kabinentüren werden vorwiegend auf Flughäfen benutzt, die Fluggastbrücken bereithalten. Bei der I/I-96 wird es nur noch die üblichen Kabinentüren geben.

Fahrwerk

Das einziehbare Fahrwerk besteht aus vier Baugruppen: das nach vorn einfahrende Zwillingsbugrad und drei Hauptfahrwerkseinheiten mit je vier Rädern an Achsträgern. Davon sind zwei unter den Tragflächen aufgehängt, die nach innen in die Flächenansätze einziehen, während das dritte, nach vorn einfahrende Achsfahrwerk unter dem Rumpf angeordnet ist.

Flugdeck

Das Cockpit wird normalerweise mit drei Mann besetzt, einem Flugkapitän, einem Copiloten und einem Bordingenieur. Der technische Offizier fliegt die meiste Zeit über mit dem Rücken zur Flugrichtung, und kann seinen Sitz jedoch um 180° Grad drehen, um die Leistungshebel beim Start zu bedienen. Bei Langstreckenflügen außerhalb von Luftstraßen kann die Besatzung durch einen Navigator verstärkt werden.

Die Kurzstrecken-
JETS

Die neueste Generation hochtechnologischer Düsenverkehrsmaschinen wurde speziell für Kurz- und Mittelstrek-
ken entwickelt. Mehreren kleineren Herstellern gelang
es, sich auf diesem lukrativen Marktsektor erfolgreich zu
behaupten, den bisher Boeing und Douglas beherrschten.

*Links: Die gescheiterte Mercure von
Dassault. Nur ein Dutzend Maschinen wurden fertiggestellt – für das
Unternehmen ein kommerzieller
Tiefschlag. Air Inter, eine Tochter der
Air France für Inlandflüge, war der
einzige Nutzer, tauscht aber auch
dieses Muster zur Zeit gegen den
brandneuen Airbus 320 aus.*

Seit nunmehr 70 Jahren kann die
Luftfahrtindustrie auf dem Sektor ziviler Verkehrsmaschinen steti-
ges Wachstum verzeichnen. Sofern
ein Flugzeughersteller sich nicht völlig verkalkulierte, sicherte ihm jedes
neue Produkt, das er den großen
Fluggesellschaften dieser Welt anbot,
auf lange Zeit einen gesunden Absatz.
Natürlich kam es auch vor, daß ein

Ein Airbus A320 demonstriert seine tadellosen Flug- und Steuereigenschaften. Die elektrisch signalisierte Flugsteuerungsanlage ist so programmiert, daß der Pilot die Maschine niemals überfordern kann, weder strukturell noch aerodynamisch. Regelt er den Mini-Steuergriff auf der Seitenkonsole ganz nach hinten, so erzeugen die Tragflächen maximalen Auftrieb; Rechner verhindern den Strömungsabriß.

Rechts: die britische Hawker Siddeley Trident verkaufte sich nur in relativ geringer Anzahl und konnte den Absatz der Boeing 727, 737 und DC-9 nicht beeinträchtigen. Viele dieser Kurzstreckenverkehrsmaschinen der zweiten Generation befinden sich nach wie vor im Einsatz.

Unten: Dies ist einer der acht Airbus A320, die die australische Liniengesellschaft Ansett fliegt. Mit diesen Maschinen bedient Ansett das ausgedehnte Streckennetz des Commonwealth of Australia.

grundsolider Entwurf scheiterte, aus welchen Gründen auch immer. Als markante Beispiele für diese Kategorie seien die britische Trident und die französische Mercure genannt. Bei ersterer stoppte der Absatz nach 117 Exemplaren, bei letzterer gar nach zehn. Im selben Zeitraum verkauften sich die die Muster 727, 737 und DC-9 zu Tausenden.

Noch schlimmer erging es der deutschen VFW-Fokker 614. Sie wurde im Jahre 1961 als Ersatz für die DC-6 mit 36 Passagiersitzen entworfen und flog erstmals am 14. Juli 1971. Man hatte die Sitzplatzkapazität auf 44 bis 48 gesteigert und den Antrieb entsprechend verstärkt. Diese M45H-Triebwerke mit einer Leistung von 3.390 kp Schub stellten zunächst ein Gemeinschaftsprodukt von SNECMA und Rolls-Royce dar, bis SNECMA von diesem Projekt Abstand nahm, vielleicht, weil man es für aussichtslos hielt. Die Anordnung dieser Triebwerke waren auf Stielen des hinteren Innenflügels, so daß sie mit den Kabinenfenstern auf einer Linie lagen.

Kurzpisten-614

Die 614 sollte keineswegs hohe Geschwindigkeiten bieten, sondern lediglich von Flugplätzen mit Kurzpisten aus operieren können. Neun Betreiber zeichneten Optionen für etwa 30 Flugzeuge, doch kaum eine wurde in eine Festbestellung umgewandelt. 1977 entschloß sich Fokker, das Programm einzustellen, um den Verlust in Grenzen zu halten. 1979 setzten nur Cimber Air und Air Alsace insgesamt fünf Exemplare ein, stießen sie jedoch schon bald wieder ab. Es blieb nur noch die Flugbereitschaft in Wahn, die drei VFW 614 in ihrer Flotte unterhielt.

Möglicherweise stieß die 614 wegen ihrer niedrigen Reisegeschwindigkeit auf Ablehnung; der Unterschied von 720 km/h und 880 km/h machte allerdings auf Kurzstrecken nur wenige Minuten aus. Auch die BAe 146 ist ein „langsamer Jet". Wie der Typ 614 wurde sie für den effektiven und geräuscharmen Betrieb auf kleinen Flughäfen konzipiert, jedoch in der Auslegung eines nahezu ungepfeilten Tiefdeckers mit vier untergehängten Turbofan-Triebwerken. Das britische Muster ist zudem beträchtlich größer als die 614; bereits die erste Version 146-100 bietet 82 bis 93 Passagieren Platz.

Auch die 146 schien zunächst ein völliger Fehlschlag zu werden. Nach dem Erststart im August 1973 stellte man das Muster aus finanziellen und politischen Gründen vorerst zurück. Der zweite Anlauf unter der neu gegründeten British Aerospace im Jahre 1977 brachte lediglich einen Auftrag von der argentinischen Fluggesellschaft LAPA ein, doch auch der zerschlug sich wieder.

Namhafte Experten kritisierten die 146 in zahlreichen Punkten, so daß der unparteiische Beobachter die BAe 146 für einen Fehlgriff halten mußte. Es dauerte sehr lange, bis die Nutzer den Wert dieses Flugzeugs erkannten, das heute in mehreren Versionen weltweit eingesetzt wird. Aufträge und Optionen haben die Marke 240 längst überschritten, und laufend gehen neue Bestellungen ein.

Die 146-100 wird von vier Textron-Lycoming-ALF502R-5-Turbofan-Triebwerken mit je 3.162 kp Schub angetrieben. Man verzichtete auf Schubumkehranlagen und setzte statt dessen auf starke Radbremsen mit Anti-Blockiereinrichtung an den Baugruppen des doppelrädrigen Hauptfahrwerks. Drei riesige Störklappen pro Fläche verlangsamen zudem die Fahrt der BAe 146 unmittelbar nach dem Aufsetzen. Mächtige Luftbremsklappen, die im eingefahrenen Zustand den kompletten Heckkonus bilden, können – nötigenfalls im Flug – die Fahrt sofort ablochen.

Der Rumpf hat einen Durchmesser von 3,56 m, so daß die Kabine 30,5 cm breiter als beispielsweise der MD-80 ist. Zu den besonderen Entwurfsmerkmalen zählen ferner manuell betätigte und mittels kraftverstärkter Rollspoiler unterstützte Querruder, ein hochaufragendes T-Leitwerk mit starren Höhenflossen, manuell betätigten Höhenrudern und kraftverstärkten Seitenrudern.

Am 27. März 1983 trat die 146-100 ihren Liniendienst bei Dan-Air an.

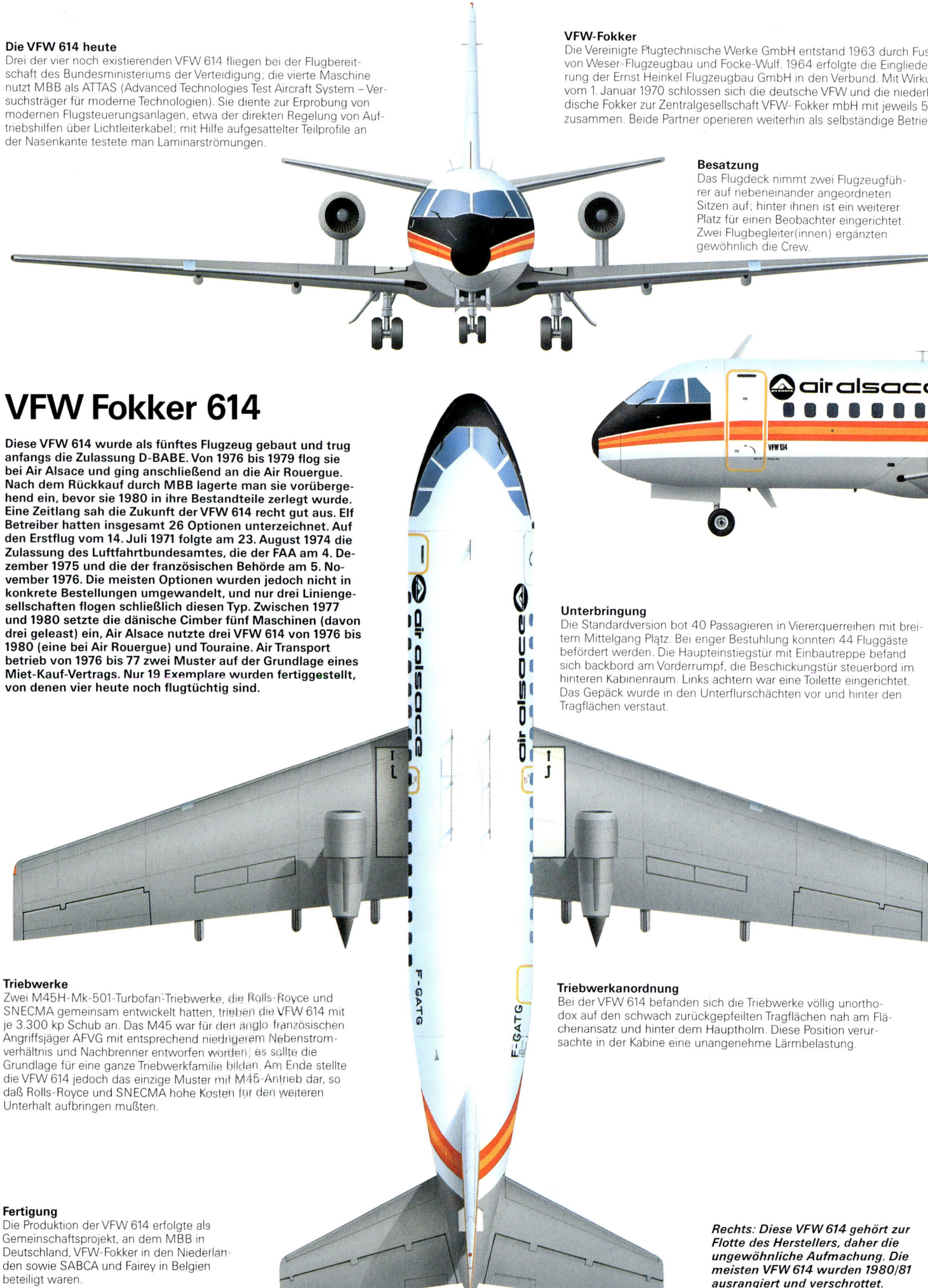

Die VFW 614 heute

Drei der vier noch existierenden VFW 614 fliegen bei der Flugbereitschaft des Bundesministeriums der Verteidigung; die vierte Maschine nutzt MBB als ATTAS (Advanced Technologies Test Aircraft System – Versuchsträger für moderne Technologien). Sie diente zur Erprobung von modernen Flugsteuerungsanlagen, etwa der direkten Regelung von Auftriebshilfen über Lichtleiterkabel; mit Hilfe aufgesattelter Teilprofile an der Nasenkante testete man Laminarströmungen.

VFW-Fokker

Die Vereinigte Flugtechnische Werke GmbH entstand 1963 durch Fusion von Weser-Flugzeugbau und Focke-Wulf. 1964 erfolgte die Eingliederung der Ernst Heinkel Flugzeugbau GmbH in den Verbund. Mit Wirkung vom 1. Januar 1970 schlossen sich die deutsche VFW und die niederländische Fokker zur Zentralgesellschaft VFW- Fokker mbH mit jeweils 50% zusammen. Beide Partner operieren weiterhin als selbständige Betriebe.

Besatzung

Das Flugdeck nimmt zwei Flugzeugführer auf nebeneinander angeordneten Sitzen auf; hinter ihnen ist ein weiterer Platz für einen Beobachter eingerichtet. Zwei Flugbegleiter(innen) ergänzten gewöhnlich die Crew.

VFW Fokker 614

Diese VFW 614 wurde als fünftes Flugzeug gebaut und trug anfangs die Zulassung D-BABE. Von 1976 bis 1979 flog sie bei Air Alsace und ging anschließend an die Air Rouergue. Nach dem Rückkauf durch MBB lagerte man sie vorübergehend ein, bevor sie 1980 in ihre Bestandteile zerlegt wurde. Eine Zeitlang sah die Zukunft der VFW 614 recht gut aus. Elf Betreiber hatten insgesamt 26 Optionen unterzeichnet. Auf den Erstflug vom 14. Juli 1971 folgte am 23. August 1974 die Zulassung des Luftfahrtbundesamtes, die der FAA am 4. Dezember 1975 und die der französischen Behörde am 5. November 1976. Die meisten Optionen wurden jedoch nicht in konkrete Bestellungen umgewandelt, und nur drei Liniengesellschaften flogen schließlich diesen Typ. Zwischen 1977 und 1980 setzte die dänische Cimber fünf Maschinen (davon drei geleast) ein, Air Alsace nutzte drei VFW 614 von 1976 bis 1980 (eine bei Air Rouergue) und Touraine. Air Transport betrieb von 1976 bis 77 zwei Muster auf der Grundlage eines Miet-Kauf-Vertrags. Nur 19 Exemplare wurden fertiggestellt, von denen vier heute noch flugtüchtig sind.

Unterbringung

Die Standardversion bot 40 Passagieren in Viererquerreihen mit breitem Mittelgang Platz. Bei enger Bestuhlung konnten 44 Fluggäste befördert werden. Die Haupteinstiegstür mit Einbautreppe befand sich backbord am Vorderrumpf, die Beschickungstür steuerbord im hinteren Kabinenraum. Links achtern war eine Toilette eingerichtet. Das Gepäck wurde in den Unterflurschächten vor und hinter den Tragflächen verstaut.

Triebwerke

Zwei M45H-Mk-501-Turbofan-Triebwerke, die Rolls-Royce und SNECMA gemeinsam entwickelt hatten, trieben die VFW 614 mit je 3.300 kp Schub an. Das M45 war für den anglo-französischen Angriffsjäger AFVG mit entsprechend niedrigerem Nebenstromverhältnis und Nachbrenner entworfen worden; es sollte die Grundlage für eine ganze Triebwerkfamilie bilden. Am Ende stellte die VFW 614 jedoch das einzige Muster mit M45-Antrieb dar, so daß Rolls-Royce und SNECMA hohe Kosten für den weiteren Unterhalt aufbringen mußten.

Triebwerkanordnung

Bei der VFW 614 befanden sich die Triebwerke völlig unorthodox auf den schwach zurückgepfeilten Tragflächen nah am Flächenansatz und hinter dem Hauptholm. Diese Position verursachte in der Kabine eine unangenehme Lärmbelastung.

Fertigung

Die Produktion der VFW 614 erfolgte als Gemeinschaftsprojekt, an dem MBB in Deutschland, VFW-Fokker in den Niederlanden sowie SABCA und Fairey in Belgien beteiligt waren.

Rechts: Diese VFW 614 gehört zur Flotte des Herstellers, daher die ungewöhnliche Aufmachung. Die meisten VFW 614 wurden 1980/81 ausrangiert und verschrottet.

Inzwischen hatte BAe bereits die 146-200 entwickelt, die am 1. August 1982 zum ersten Mal geflogen war. Bei dieser Version gab BAe einen Teil der Kurzstartleistung zugunsten einer höheren Sitzplatzkapazität und Nutzlast auf.

Die Serie 200 zeigte einen um fünf Spanten längeren Rumpf, blieb aber sonst unverändert. Je nach Konfiguration stieg die Zahl der Sitze auf 82 bis 112 und das Gepäckraumvolumen von 13,56 m³ auf 18,26 m³. Die maximale · Nutzlast erhöhte sich von 8.592 kg auf 10.753 kg und die Reichweite mit maximaler Zuladung (bei gleichbleibender Reisegeschwindigkeit) von 1.733 km auf 2.180 km.

Rechts: Zur Familie der BAe 146 gehören Versionen verschiedener Größe, die in unterschiedlicher Konfiguration erhältlich sind. Die ursprüngliche BAe 146-100 besaß Start- und Landeleistungen, die sie in die Nähe der STOL-Muster rückte.

F-GATG

Allerdings braucht die 146-200 etwas längere Betriebspisten, die zudem befestigt sein müssen. Daher läßt sich die 146-100 nach wie vor gut in Länder verkaufen, die nur über relativ einfache Flughäfen verfügen. Aber auch bei Staatsoberhäuptern erfreut sich die Dash-100 großer Beliebtheit. Die 146 Statesman ist eine auf diesen Bedarf zugeschnittene VIP-Version, die alle 146-Serien anbieten.

Mehrere Nutzer zeigten sich an einer weiteren Streckung interessiert; das Ergebnis war die 146-300. Sie flog erstmals am 1. Mai 1987. Vordere und hintere Streckungsteile ermöglichen der Serie 300, entweder 103 Fluggäste in komfortablen Fünferquerreihen aufzunehmen oder 128 Passagiere in sehr gedrängter Sitzanordnung. Das Volumen des Unterflurfrachtraums stieg auf 23 m³.

Gesteigertes Nutzlastvermögen

Abgesehen von einer dickeren Außenhaut im Bereich des Mittel-

rumpfs gab es keine bedeutenden Änderungen. Die Nutzlast stieg auf 11.155 kg, die Reichweite auf 2.016 km und sogar die Reisegeschwindigkeit nahm leicht zu. Für den Start benötigt die Serie 300 eine ähnlich lange Strecke wie die 200, und zwar 1.500 m für den Überflug eines 15 m hohen Hindernisses; für die Landung aus dieser Höhe liegt der Wert mit 1.225 m etwas höher als bei der 200. Aber selbst damit kann die 300, zumindest in der westlichen Welt, von fast jedem Flughafen aus operieren.

Spezialvarianten sind die 146QT Quiet Trader, eine reine Frachtversion mit großer seitlicher Ladeklappe und internem Frachtfördersystem, die umrüstbare 146QC-Passagier-/Frachtversion und eine Reihe militärischer Versionen, die zumeist auf der Serie 100 gründen. Die Zukunft der 146 könnte kaum besser aussehen. Ihr hervorragender Ruf, Ausdauer, Zuverlässigkeit, Zufriedenheit bei den Fluggästen, Wirtschaftlichkeit und

beispielhaft geringen Lärmausstoß zu gewährleisten, hat ihr Freunde in aller Welt geschaffen.

Fokker in den Niederlanden empörte sich heftig über die Entwicklung der 146 und warf den Briten vor, sie kopierten lediglich die F28 Fellowship und sorgten so für unnötige Konkurrenz in Europa. Beide Muster lassen sich jedoch kaum vergleichen; im übrigen hat man inzwischen die F28 längst durch die Fokker 100 ersetzt.

Die Fokker 100 ist erheblich größer als die Fellowship und wird von zwei Tay-Turbofan-Triebwerken (Mk 620-15 mit je 6.282 kp Schub oder Mk 650-15 mit je 6.850 kp Schub) von Rolls-Royce angetrieben. Sie kann 107 Passagiere (oder 122 in der Einklassen-Auslegung) befördern. Das völlig neu entworfene Tragwerk besitzt eine größere Spannweite; Avionikanlagen und Cockpit wurden modernisiert. Im Vergleich zur F28 zeigt sich die Fokker 100 nicht nur deutlich leistungsfähiger, sondern – und das ist viel bedeutsamer – erfüllt auch die geltenden und mittelfristig zu erwartenden Lärmschutzbestimmungen.

Die erste F100 absolvierte ihren Jungfernflug am 30. November 1986. Einige lösbare Probleme verzögerten die Musterzulassung noch um knapp ein Jahr, doch man nutzte die Zeit, um verschiedene Versionen zu entwickeln. Die erste Variante, zugelassen im Jahre 1989, ist mit Mk 650-15-Triebwerken ausgestattet, die eine Erhöhung der Betriebsmasse gestatten. Man konnte die Treibstoffkapazität steigern, ohne die Nutzlast verringern zu müssen, und die Reichweite stieg von 2.480 km auf 2.825 km bei 107 Passagieren. Fokker überprüft seit Jahren die Absatzchancen für eine erheblich schwerere F100. Seit das Tay 670 zur Verfügung steht, das 8.165 kp Schub abgibt, ließe sich dieses Vorhaben verwirklichen, sobald die Nachfrage stimmt.

Derzeit hat das F100-Grundmuster die F28 im Absatz bereits überflügelt, und es sieht so aus, als könne die F100 insgesamt die Verkaufsmarke von 500 ohne weiteres übertreffen. Das Flugzeug repräsentiert genau den Typ, den bedeutende Fluggesellschaften in Großserien übernehmen. Dies gilt insbesondere für die Vereinigten Staaten. Die F100 benötigt längere Betriebspisten als die BAe 146, fliegt dafür aber schneller und etwas wirtschaftlicher. So trat US Air als einer der ersten Großkunden für dieses Muster auf. American Airlines folgte mit einer Festbestellung von 75 Flugzeugen und zeichnete eine Option für 75 weitere Exemplare. Trotz des winzigen Binnenmarktes kann sich Fokker dadurch als erfolgreicher Jetliner-Hersteller behaupten.

Sowjetische Probleme

So manches sowjetische Muster benötigte in der Vergangenheit eine unangemessen lange Zeitspanne vom Erstflug bis zur Indienststellung, zum Beispiel die Jakowlew 42. Für die riesige staatliche Fluggesellschaft Aeroflot, die die gesamte UdSSR repräsentiert, hatte dies vitale Bedeutung, da das Muster als Kernelement ihrer Flotte in einer Größenordnung von rund 2.000 Exemplaren eingeplant war. Es handelt sich um eine Kurz-/Mittelstrecken-Verkehrsmaschine, vor allem für den Transport von Passagieren. Bislang ist keine Fracht- oder Militärversion erschienen.

Angesichts der Erfahrung, die das Jakowlew-Konstruktionsbüro wenige Jahre zuvor mit der Jak-40 gewonnen hatte, überrascht die lange Entwicklungszeit der Jak-42 umso mehr. Die Jak-40 stellte das Musterbeispiel eines „langsamen Jets" dar, bei dem die Reisegeschwindigkeit bewußt zugunsten ausgezeichneter Kurzstart- und -landeeigenschaften hintangestellt wurde. Sie war als Verkehrsmaschine für den Inlandsverkehr gedacht, die ohne jegliche Unter-

D-BABI   VFW 614

219

stützung (Fahrtreppen, Bodenaggregate, besondere Tankvorrichtungen etc.) von Flughäfen aus operieren konnte, die häufig nur aus einem nackten Flugfeld oder einem im Gelände gekennzeichneten Landestreifen bestand.

Drei im Heck gruppierte AI-25-Turbofan-Triebwerke von Iwtschenko dienen der 27- bis 32-sitzigen Jak-40 als Antrieb. Zu den wichtigsten Entwurfsmerkmalen zählen ferner ein Tragwerk ohne jegliche Pfeilung, ein T-Leitwerk, manuell betätigte Ruder, eine integrierte Einstiegstreppe und ein Hilfstriebwerk im Heck. Von 1968 bis 1976 wurden mehr als 800 Flugzeuge geliefert.

Dieser Erfolg hätte eher die Entwicklung der Jak-42 beschleunigen müssen, auch wenn dieses Muster beträchtlich größer und schneller ist. Die Jak-42 sollte 100 Passagieren Platz bieten, die ihr Gepäck, wie es in der Sowjetunion üblich ist, selbst an Bord in speziell dafür vorgesehenen Räumen (in diesem Fall mit Hängeschränken für schwere Wintermäntel) vor und hinter der Kabine verstauen. Ohne Begleitgepäck kann die Kabine 120 Passagiere aufnehmen.

Für dieses bedeutende Muster entwickelte man ein völlig neues Triebwerk, das Lotarew D-36. Das zunächst für eine Nennleistung von 6.500 kp Schub ausgelegte Dreiwellen-Triebwerk stellte das erste moderne Mantelstromtriebwerk mit hohem Nebenstromverhältnis in der Sowjetunion dar und bot entsprechende Lärmentlastung und niedrigen Treibstoffverbrauch.

Die erste Jak-42 absolvierte am 7. März 1975 ihren Jungfernflug, bei dem die Triebwerke noch nicht für Vollast zugelassen waren. Es zeigte sich, daß die Jakowlew-Konstrukteure einfach das Jak-40-Schema in vergrößertem Maßstab angesetzt hatten: ein größeres Flugzeug mit einer höheren Reisegeschwindigkeit, das statt 700 m eine 1.800 m lange Piste benötigte. Entsprechend war die Jak-42 mit Kraftverstärkern an Rudern, Vorflügeln und Schlitzlandeklappen zur Erzeugung von hohem Auftrieb ausgestattet. Der Pfeilwinkel betrug 11°, und die Hauptfahrwerkselemente besaßen Zwillingsreifen.

Fünf Jahre lang studierte man verschiedene Optionen. Als die erste Serienversion Ende 1980 den Liniendienst antrat, zeigte sie erstaunliche Neuerungen: Der Pfeilwinkel war auf 23° angewachsen, das Hauptfahrwerk hatte Vierrad-Achsträger, um eine günstigere Lastaufteilung auf schlechten Oberflächenbelägen zu erreichen, Schächte und Federbeine des eingezogenen Fahrwerks wurden mit Klappen abgedeckt, und das Heck ließ sich mit Warmluft enteisen. Außerdem stand eine verlängerte Kabine zur Verfügung mit 19 statt wie bisher 17 Fenstern an beiden Seiten.

Der erste Auftrag für eine Baureihe von 200 Jak-42 erging an ein Werk in Smolensk. Aeroflot nahm den Dienst mit dem neuen Muster im Dezember 1980 auf; 1982 führte jedoch ein Flugunfall zur Zurücknahme aller Jak-42. Die Behebung der Mängel verband man mit einer Reihe von Änderungsmaßnahmen. Zu den wichtigsten gehörten eine Erhöhung der Spannweite von 34,19 m auf 34,87 m, die mit einer Steigerung der maximalen Startmasse von knapp 52 auf 56,5 Tonnen verbunden war. Die maximale Nutzlast verringerte sich jedoch von 14,5 auf 12,8 Tonnen (Dagegen stehen 20.8 Tonnen beim Airbus 320, der in etwa gleich groß ist und einen vergleichbaren Antrieb hat). Erst im Oktober 1984 ging die verbesserte Jak-42 erneut in den Liniendienst.

Es stand zu erwarten, daß nach so umfangreichen Studien eine weiterentwickelte Version, die Jak-42M, als nächste in Produktion ginge (Ursprünglich war ihre Indienststellung sogar für 1987 vorgesehen). Sie ist mit vier leistungsgesteigerten D-436K-Mantelstromtriebwerken je 7.500 kp Schub ausgestattet und zeigt einen um 4,50 m verlängerten Rumpf, so daß sich die Sitzkapazität auf 156 oder gar 168 steigern läßt.

Die maximale Betriebsmasse der -42M beträgt 66.000 kg. Sie ist auf längere Startbahnen angewiesen, verfügt dafür aber auch über ein deutlich größeres Reichweiten-/Nutzlastspektrum. Mit ihrer auf 12.8 Tonnen begrenzten Nutzlast fliegt die Jak-42 nur 1.300 km weit, während die -42M ihre 16 Tonnen Nutzlast über Entfernungen bis zu 2.500 km trägt. Von dieser verbesserten Version dürfte man in Kürze mehr erfahren.

Ende der achtziger Jahre traf das mächtige Tupolew-Konstruktionsbüro die Entscheidung, auf praktisch demselben Marktsektor in Erscheinung zu treten. Angestrebt wurde ein Ersatz für die Tu-134, das derzeit wichtigste strahlgetriebene Muster auf den Haupt- und Nebenstrecken der russischen Staatsgesellschaft. Die neue Tu-334 ist von der Konzeption her der Jak-42 um mindestens ein Jahrzehnt voraus und scheint (im Gegensatz zu dieser) ein beachtliches Ausfuhrpotential zu besitzen. Außerdem kann die -334 sehr rasch produziert werden, da man sowohl die Fertigungsanlagen als auch die für die Tu-204 entwickelte Technologie übernehmen kann. Nach den Vorstellungen der Aeroflot soll die Tu-334 Ende 1992 in den Liniendienst gehen.

Die Auslegung der -334 erinnert stark an die One-Eleven oder die DC-9. Der röhrenförmige Rumpf steht knapp über dem Boden, die Tragflächen des Tiefdeckers zeigen nur eine schwache Pfeilung und eine ganze Palette hochmoderner Auftriebshilfen; zwei Hecktriebwerke und ein T-Leitwerk unterstreichen

Es kommt häufiger vor, daß verschiedene Hersteller mit ähnlichen Mustern in Konkurrenz treten. So gleicht die Fokker F100 in mancher Hinsicht der MD-80 und einigen anderen zweistrahligen Heckdüsen-Verkehrsmaschinen.

Die Fokker 100 schaffte es, sich auf dem amerikanischen Markt durchzusetzen; ihr Erstkunde war US Air.

Links: Die künftige Tu-334 wird möglicherweise als PropJet mit gegenläufigen Achtblatt-Luftschrauben ausgelegt.

Unten: Die erste Generation der Jak-42 benötigte noch drei Strahltriebwerke.

diesen Eindruck. Der Durchmesser des Rumpfes entspricht dem der Tu-204, so daß Dreiersitzgruppen für 86 bis 102 Passagiere möglich sind. Vordere und hintere Einstiegstüren werden durch Beschickungstüren auf der gegenüberliegenden Seite ergänzt; eine integrierte Einstiegstreppe im Heck gibt es hingegen nicht mehr. Das Muster erhält denselben Turbofan-Triebwerktyp, mit dem die Jak-42M ausgerüstet ist, das D-436K, braucht aber nur zwei Aggregate. Der Prototyp soll 1991 flugbereit stehen.

Weiterführende Version

Zeichnungen einer vorgeschlagenen weiterführenden Version sind ebenfalls veröffentlicht worden. Die Gesamtlänge stieg von 33,20 m auf 36,90 m und die Bestuhlung auf 104 bzw. 137 Passagierplätze. Als Triebwerk ist der Propfan D-236 von Lotarew angegeben, der mit dem D-436 verwandt ist, aber mit 10.000 PS eine gegenläufige Achtblatt-Luftschraube antreibt. Im Gegensatz zu den amerikanischen Propfan-Programmen, die

zurückgestellt worden sind, kommt dem D-236 weiterhin die Unterstützung des Staates zugute; es ist möglich, daß die Tu-334 mit Propfan-Antrieb vor 1995 den Dienst antritt.

Im Gegensatz dazu legte man Boeings Projekt 7J7, das 147/166 Passagiere in einer Sitzanordnung von 2+2+2 aufnehmen und von zwei UDF-Propfan-Triebwerken von General Electric angetrieben werden sollte, im Dezember 1987 praktisch „auf Eis". Dies bedeutete in letzter Konsequenz, daß der Airbus 320, der Konkurrent der 7J7 ist, dem Trend der Fluggesellschaften entsprochen hatte, sich gegen den Propfan-Antrieb zu entscheiden. McDonnell Douglas und seine Partner Aeritalia, Saab-Scania und die chinesische SAMF bemühten sich bis 1989 um Kunden für die MD-91/92 mit Propfan-Triebwerken, doch vergebens. Im November 1989 brachten sie die MD-90 mit demselben V2500-Antrieb heraus, wie ihn der A320 hat.

Die Airbus-Serie A320 stellt somit das derzeit modernste strahlgetrie-

Die hervorragende Kurzpistenleistung der Jak-40 bildete eine solide Ausgangsbasis für die „nächste Generation" kleiner russischer Düsenverkehrsmaschinen.

bene Verkehrsflugzeug für Kurz- und Mittelstrecken dar – die Konkurrenz dürfte es schwer haben. Die Kernfrage lautet, ob Boeing die 737 und Douglas die MD-80/90 vom Einstiegspreis her so attraktiv anbieten können, daß sie das Plus an Sicherheit und Wirtschaftlichkeit der Airbus-Muster A320/321 ausgleichen.

Nach einer Studien- und Planungsphase von acht und einer Konstruktionszeit von drei Jahren absolvierte der erste A320 im Februar 1987 seinen Jungfernflug. Wie bei den früheren Airbus-Programmen fertigt die französische Aerospatiale Vorderrumpf sowie Tragflächenmittelstück und führt die Endmontage durch. Das deutsche Unternehmen MBB baut die übrigen Rumpfgruppen, das Seitenleitwerk und die Klappen. British

Aerospace produziert die Tragflächen und alle beweglichen Teile mit Ausnahme der Vorflügel, die Belairbus herstellt. CASA in Spanien ist für den Bau der Höhenflossen und diverser anderer Teile zuständig.

Der Airbus A320 hat einen Rumpfdurchmesser von 396 cm und bietet die breiteste Kabine aller Muster, ausgenommen der Großraumflugzeuge. Sie ermöglicht eine bequeme Sitzanordnung für 152 Passagiere; bei geringerem Sitzabstand finden sogar 179 Fluggäste Platz. Das äußerst effiziente Tragwerk hat eine Streckung von 9,4 im Vergleich zu 9,15 bei der MD-80 und 8,8 bei der neuesten 737. Die Wirksamkeit wird noch erhöht durch sogenannte „Winglets" (und ab 1991 auch durch die gesamte Außenhaut, deren mikroskopisch kleine Rillen den aerodynamischen Widerstand mindern). Die Mantelstromtriebwerke vom Typ CFM56-5A1 oder IAE V2500-A1, die an Stielen unter den Tragflächen über die Nasenkante hinausragen, geben je 11.340 kp Schub ab. Beide Typen haben eine elektronische Triebwerkregelung, jedoch unterschiedliche Schubumkehranlagen; das CFM zum Beispiel besitzt vier bewegliche Schaufelblätter, die um die Heckverkleidung angeordnet sind.

Rechts: Die McDonnell Douglas MD-90 sollte ursprünglich Propfan-Triebwerke erhalten, wurde schließlich aber doch als MD-90-30 mit den üblichen Turbofan-Triebwerken herausgebracht. Hier kann man die Versuchsmaschine mit laufendem Propfan sehen.

Der Airbus A320 ist das erste Verkehrsflugzeug der neuen Generation, das eine rechnergestützte Regelung aller Bordsysteme, einschließlich der Flugsteuerung, zeigt. Die digitale, elektrisch signalisierte Flugsteuerung (Fly-by-Wire) verarbeitet sämtliche Aspekte einer Flugoperation und entlastet die Flugzeugführer so, daß sie nur Monitore überwachen brauchen.

„Fly-by-Wire"

Die automatische Verhinderung jeder unnatürlichen oder gefährlichen Fluglage bewirkt, daß die Zelle zu keiner Zeit mit mehr als 2,5 g belastet wird. Damit erreicht man nicht nur eine hohe Lebensdauer der Zelle, sondern zugleich eine kürzere Reaktionszeit bei Notlagen. Man kann den Airbus bedenkenlos in heftige Scherwinde oder Abwärtsströmungen einfliegen und sicher sein, daß das System ein Optimum an Triebwerkleistung und Anstellwinkel bereitstellt. Von all dem merken die Passagiere freilich nichts; sie erleben lediglich einen angenehmeren und sichereren Flug. Kein Pilot aber mag nach der Umschulung auf den A320 wieder im Cockpit eines der althergebrachten Verkehrsflugzeuge Platz nehmen.

Im November 1989, als bereits 529 Festbestellungen (und mehrere Hun-

Wie der Schriftzug am Rumpf besagt, handelt es sich um den MD-90 „UHB-Demonstrator" (UHB – Ultra High Bypass – ultrahoher Nebenstrom). Abgesehen von den Triebwerken entsprach die MD-90 weitgehend dem etablierten Mittelstrecken-Airliner MD-80. Den Propfan gab man jedoch bald wieder auf. Hohe Geräuschentwicklung und die stabilen Treibstoffpreise der späten achtziger Jahre waren die Gründe für diese Entscheidung.

Oben: Seine einzigartige Kabinenbreite von 3,96 m macht den Airbus A320-211 zu einem ernstzunehmenden Konkurrenten in der Kurz- und Mittelstreckenklasse. Die Herstellergemeinschaft traf absolut den Trend der Zeit; dies verdeutlicht die Tatsache, daß das Muster sogar den amerikanischen Liniendienst erobert hat – das Territorium der Konkurrenz. Der A320 bleibt jedoch unumstritten das technologisch führende Flugzeug seiner Größen- und Gewichtsklasse.

Unten: Erstkunde für die MD-90-30 ist Delta mit einer Festbestellung von 50 Flugzeugen und Optionen für 110 weitere Maschinen. Die Fotomontage zeigt das Muster in den Farben von Delta. Mit zwei V2500-Mantelstromtriebwerken von International Aero Engine wird die MD-90-30 eine Reichweite von 4.340 km besitzen. Laut MCAIR hat die MD-90-30 die leisesten und wirtschaftlichsten Triebwerke, für Flugzeuge dieser Klasse.

dert Optionen) für den A320 eingegangen waren, beschloß Airbus Industrie, eine gestreckte Version in Form des A321 einzuführen. Das Unternehmen ging kein großes Risiko ein, da es sich bereits auf 107 Festbestellungen und 74 Optionen für die neue Version stützen konnte. Im Vergleich zum A320 ist der Rumpf um 7 m länger, so daß 186 Passagiere in einer Zweiklassen-Auslegung Platz finden.

Ansonsten begrenzte man die Änderungen auf ein Minimum. Lediglich schubstärkere Triebwerkversionen, wie das CFM56-5B mit 13.154 kp Schub und das V2500-A5 mit 12.700 kp Schub, kamen zum Einsatz. Die gleiche Treibstoffmenge reicht beim A321 daher nur für 4.450 km im Vergleich zu 5.540 km bei dem A320-200.

Obwohl die Airbus-Familie 320/321 kaum zu schlagen ist, laufen dennoch bei Boeing weiterhin Großaufträge für die 737 mit CFM-Triebwerken ein, und McDonnell Douglas kann ein beträchtliches Auftragspolster für die MC-80/90 vorweisen. Die MD-90, zunächst mit Propfan-Antrieb geplant, wurde im November 1989 mit herkömmlichen Turbofan-Triebwerken als MD-90-30 gestartet.

Als Erstkunde zeigte sich Delta mit einer Festbestellung von 50 Flugzeugen und 110 Exemplaren als Option. Diese Maschinen können 150 Passagiere befördern. In nahezu allen Bereichen entspricht die MD-90-30 der MD-80-Serie.

FJX

1987 begann Short Brothers in Nordirland Interessenten das FJX (Fan-Jet Experimental) zu suchen, ein neues 44/48sitziges Verkehrsflugzeug, das von zwei modernen Turbofan-Triebwerken, wie dem PW300 oder CFE738, angetrieben werden sollte. Das projektierte Muster versprach, das ideale Flugzeug für den Regional- und Zubringerdienst abzugeben, einen Sektor, den, nach Short, gegenwärtig noch Turboprop-Muster beherrschen. Canadair in Montreal bot im Gegenzug den Regional Jet an, eine gestreckte Version des Challenger-Geschäftsreiseflugzeugs. Dieser Vorschlag erschien nicht sonderlich attraktiv wegen der relativ engen Kabine und der vergleichsweise unmodernen CF-34-Triebwerke, die beide von der Challenger übernommen worden waren. Das Stammhaus von Canadair, Bombardier Inc., kaufte Short Brothers auf und ließ das FJX-Programm sofort beenden, statt das Belfaster Werk in Canadairs Regional Jet einzubinden. Dieses strahlgetriebene Regionalflugzeug ist im Grunde eine Challenger 601-3A mit gestrecktem Rumpf für 50 Passagiere und etwas weiter gespannten Tragflächen.

Daß kleinere Kurzstrecken-Jets im Trend liegen, bewies auch die Pariser Luftfahrtschau 1989, auf der die brasilianische Embraer, ein sehr erfolgreicher Hersteller von Turboprop-Verkehrsmaschinen, die geplante EMB-145 Amazon enthüllte. Dieser Entwurf ist recht ungewöhnlich: Der auf der Turboprop-Brasilia basierende Rumpf ist eingeschnürt, so daß die Kabine lediglich 208 cm breit ist; dafür sind die Längenabmessungen auf 14,53 m (Kabine) und insgesamt 25,48 m gestiegen.

Die Tragflächen und das T-Leitwerk stammen ebenfalls von der Brasilia, allerdings mit dickerer Außenhaut, Winglets und weiteren Änderungen, die den höheren Betriebsmassen und Fluggeschwindigkeiten des kleinen Strahlflugzeugs Rechnung tragen. Die höchste Reisegeschwindigkeit der Amazon beträgt immerhin 750 km/h, verglichen mit 552 km/h der Turboprop-Brasilia. Zwei Turbofan-Triebwerke mit je 2.900 kp Schub, wahrscheinlich CFE738, sollen, genau wie bei der Turboprop-Maschine, so eingebaut werden, daß ihr Abgasstrahl über die Tragflächenoberseite nach hinten strömen kann, um – vor allem bei ausgefahrenen Klappen – den Auftrieb zu erhöhen.

Startbahncrash auf

Ende März ist auf den kanarischen Inseln bereits Hochsaison. Und wie in vielen Feriengebieten, ist auch hier das Transportsystem hoffnungslos überlastet. So kann an einem guten Tag der Verkehr gerade eben noch bewältigt werden – der 27. März 1977 war kein guter Tag.

An jenem Morgen war auf dem Hauptflughafen der Inselgruppe bei Las Palmas eine Bombe einer Seperatistenorganisation explodiert. Folge war die Umleitung des Luftverkehrs nach Los Rodeos, einem kleineren und weniger gut ausgestatteten Flughafen bei Santa Cruz auf der Nachbarinsel Teneriffa.

637 potentielle Opfer

Zwei der umgeleiteten Flugzeuge waren Boeing-747-Maschinen. Eine davon gehörte der Pan American Airways – Charterflug PA 1736, der 373 Urlauber von der anderen Seite des Atlantiks zu einem Kreuzfahrtschiff bringen sollte – die andere der KLM – Charterflug KL 4805 mit 234 Passagieren aus Holland an Bord. Auf der amerikanischen Boeing befanden sich 16 Besatzungsmitglieder, auf der holländischen 14.

Der Flughafen Los Rodeos verfügt nur über ein enges Flugfeld, das von Bergen umgeben ist und oft im Nebel liegt. Er ist schon an gewöhnlichen Tagen gut ausgelastet – besonders viel Betrieb herrscht jedoch an Wochenenden. An jenem Sonntag mußte der Flughafen 200 % seiner ursprünglichen Kapazität bewältigen. Der KLM-Jumbo traf um 13.38 Uhr ein und wartete auf die Wiederfreigabe des Flughafens Las Palmas. 30

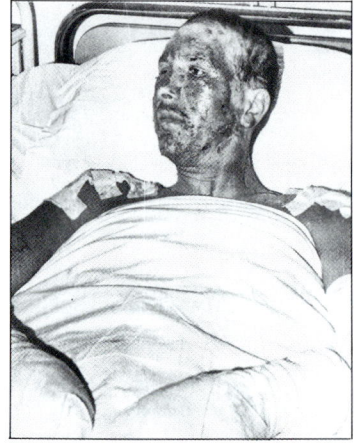

Minuten später landete die PAN-AM-Maschine. Damit erhöhte sich die Anzahl der am Boden wartenden Flugzeuge auf 11. Die Sicht wurde unterdessen zunehmend schlechter.

Der Flugkapitän der KLM-Maschine, Jaap van Zanten, befürchtete, daß sein Treibstoffvorrat für den Rückflug über Las Palmas nach Amsterdam nicht ausreichen würde. Um nicht in Las Palmas kostbare Zeit mit dem Warten auf das Wiederauftanken und die Startgenehmigung verbringen zu müssen, entschloß er sich, in Teneriffa aufzutanken. Zu jenem Zeitpunkt war ihm in Las Palmas ohnedies noch kein Slot zugeteilt worden.

Organisatorisches Chaos

So wie die Maschinen geparkt waren, blockierte die KLM-Maschine jedoch den PAN-AM-Jumbo, dessen Flugkapitän Victor Grubbs keinen Treibstoff benötigte, da er noch einen Vorrat von ca. 37.500 kg an Bord hatte.

Die kleineren Maschinen starteten bereits, bevor die Tanks von KL 4805 gefüllt waren. Doch als nun die beiden größeren Flugzeuge an die Reihe

Unten: Das Wrack des KLM-Jumbos PH-BUF auf der Startbahn von Los Rodeos zeugt von der Wucht des Aufpralls. Alle 248 Passagiere sowie die Besatzung starben.

Links: Ein Passagier des PAN-AM-Flugs PA 1736 liegt mit schweren Verbrennungen im Hospital von Santa Cruz auf Teneriffa. Von 396 Menschen überlebten 70 den Unfall. Neun Schwerverletzte starben später noch im Krankenhaus.

„Klar zum Start…"

Die beiden Maschinen warteten drei Stunden auf die Fortsetzung ihres Fluges. Da die Maschinen für das Vorfeld zu groß waren, wurden sie beide angewiesen, über die Startbahn zum Startpunkt zu rollen. Beide Freigaben erfolgten auf der Kontrollturm-Frequenz 118,7 MHz – jedoch durch verschiedene Stimmen. Der Lotse der Bodenkontrolle, der die Freigabe für den PAN-AM-Clipper durchgab, sprach in sehr schwer verständlichem Englisch.

Um 16.45 Uhr erhielt der KLM-Flug seine Papiere vom örtlichen Agenten. Das Auftanken war beendet. Um 16.51 Uhr erbat KL 4805 die Anlaßfreigabe und ließ die Triebwerke anlaufen. 20 Sekunden später folgte PA 1736. Der Lotse wartete den Start des Sunjet-Flugs 282 ab und hielt beide Maschinen ungefähr 2 Minuten zurück.

Das Flugfeld des Flughafens Los Rodeos

Aufgrund des von Las Palmas umgeleiteten Verkehrs warteten viele Maschinen auf dem Flugfeld von Teneriffa, darunter der

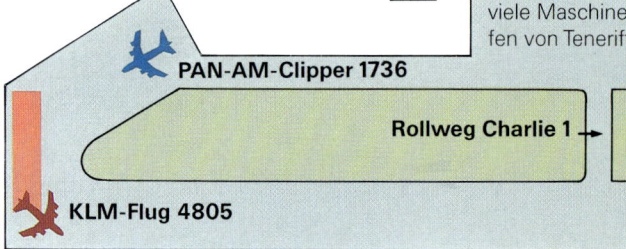

PAN-AM-Clipper 1736

Rollweg Charlie 1

KLM-Flug 4805

Startbahn

Der KLM-Flug 4805 war nach dem Auftanken für den Start abgefertigt, mußte jedoch über die Startbahn zu seinem Startpunkt rollen, da das Flugfeld und der Rollweg nicht passierbar waren. Der PAN-AM-Clipper 1736 folgte unmittelbar danach.

Der Rollweg Charlie 1 führte von der Startbahn zum Vorfeld, befand sich jedoch nicht in Betrieb.

„Verlassen Sie die Startbahn 3-1…"

KLM erhält die Genehmigung, auf die Startbahn zu rollen und wird angewiesen, sie auf dem dritten Rollweg nach links zu verlassen. Der Flugkapitän erbittet Klarstellung, da er glaubt, „erster Rollweg links" verstanden zu haben, wodurch er wieder auf das Flugvorfeld vor dem Flughafengebäude gelangen würde. Schließlich wird er angewiesen, die gesamte Startbahn entlang zu rollen.

KL 4805 rollt an. Als die Maschine die Startbahn erreicht, rollt auch PA 1736 an.

17.00:43,5 Bodenkontrolle an PAA

Clipper 1736: Freigabe zum Rollen in die Startbahn hinter der 747 der KLM.

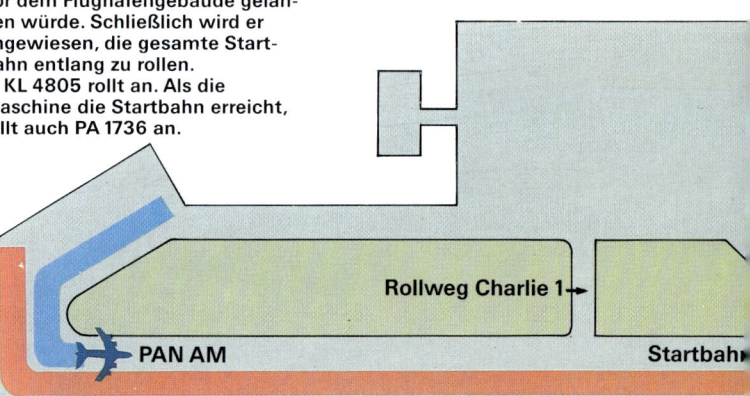

PAN AM

Rollweg Charlie 1

Startbahn

Während KLM 4805 die Startbahn bis zum Ende hinunterrollte, folgte ihr die PAN AM 1736. Der Flugkapitän hätte gerne mit seiner Maschine bis nach dem Abheben des KLM-Jumbos dort gewartet, wo er stand, aber er war angewiesen, die Startbahn hinunterzurollen und sie auf dem dritten Rollweg zu verlassen.

Teneriffa

Eine KLM-Boeing 747 – Schwesterflugzeug der verunglückten PH-BUF. Die 747 ist ein leistungsfähiges und sicheres Verkehrsflugzeug, aber einer Kollision bei hoher Geschwindigkeit hält keine Maschine stand.

Die Clipper der PAN AM sind auf den Flughäfen der Welt ein bekannter Anblick. Die Unglücksmaschine mag an jenem tragischen Tag 1977 auf dem Flughafen von Los Rodeos in ähnlicher Position geparkt haben.

M-Flug
05 (rot)
der
N AM-
pper 1736
au).

Rollweg Auf dem Rollweg parkten mehrere umgeleitete Flugzeuge und verhinderten dadurch seine Benutzung.

| ollweg Charlie 2 | ← Rollweg Charlie 3 | ← Rollweg Charlie 4 |

Rollweg Charlie 2 war der e in Betrieb befindliche weg von der Startbahn aus.

Der Rollweg Charlie 3 war der zweite in Betrieb befindliche Rollweg. Seine Benutzung hätte jedoch das Fahren einer sehr engen Kurve bedeutet.

Als die beiden 747 ihre Anrollinstruktionen erhielten, betrug die Sichtweite auf der Startbahn nur noch 100 Meter.

17.00:51,1 Erster Offizier PAA

Clipper eins sieben drei sechs.

17.01:19,5 Bodenkontrolle

Sieben eins zwei warten. Pause. Clipper eins sieben drei sechs verlassen Sie die Startbahn (A) drei eins (A) auf der (Ihrer/unserer) linken Seite.

17.01:28,6 Erster Offizier PAA

Können Sie bitte wiederholen.

17.01:31,6 Bodenkontrolle

Verlassen Sie die Startbahn auf der dritten zu (Ihrer) linken Seite.

17.01:37,7 Erster Offizier PAA

O.k., ich rolle die Startbahn entlang und verlasse die Startbahn an der ersten Einmündung auf der linken Seite. Ist das in Ordnung?

17.01:45,6 Bodenkontrolle

Nein! Die dritte. Und wechseln Sie eins eins neun Komma sieben.

17.01:51,1 Erster Offizier PAA

O.k., die erste und eins eins neun Komma sieben wechseln.

17.01:54,2 Flugkapitän PAA 40 (Cockpit-Gesprächrecorder)

Wir können hierbleiben, wenn er es erlaubt.

17.01:57,0 Erster Offizier PAA

Teneriffa, der Clipper eins sieben drei sechs.

17.02:01,8 Anflugkontrolle

Clipper eins sieben drei sechs, Teneriffa.

17.02:03,6 Erster Offizier PAA

Äh, wir wurden angewiesen, Sie zu rufen und die Startbahn hinunter zu rollen. Ist das in Ordnung?

17.02:08,4 Anflugkontrolle

Bestätigung: Rollen Sie auf die Startbahn, und verlassen Sie die Bahn auf der dritten, der dritten zu Ihrer Linken, der dritten.

Rollweg

| ollweg Charlie 2 | ← Rollweg Charlie 3 | ← Rollweg Charlie 4 |

KLM

Die schlechte Sicht erschwerte es den Piloten, in ihren Cockpits die Rollwege zu erkennen oder gar zu identifizieren. Zunächst wußte die KLM-Besatzung noch nicht einmal, daß die amerikanische Maschine ihr auf der Startbahn folgte.

kamen, betrug die Sicht nur noch 500 Meter – ziemlich wenig für eine 3.500 Meter lange Startbahn. Die Fluggesellschaften standen unter großem Zeitdruck. 500 Hotelbetten hätten bei einer Verzögerung für die Passagiere gefunden werden müssen.

Zu groß, um über das enge Vorfeld des Flughafens zur Startbahn zu rollen, wurde KL 4805 – die als erste starten sollte – nach einiger Verwirrung angewiesen, auf der Startbahn in entgegengesetzter Richtung zu starten. Ihr sollte dann der PAN-AM-Flug folgen.

Die Startfreigabe für KL 4805 kam von der Luftverkehrskontrolle, während die Freigabe für PA 1736 durch die Bodenkontrolle erfolgte. Die Konfusion wurde noch dadurch vergrößert, daß beide Kontrollen eine Funkfrequenz (118,7 MHz) benutzen, auf der normalerweise der Kontrollturm sendet, der zu diesem Zeitpunkt aus Personalmangel nicht besetzt war. Gleichzeitig sendete jedoch die Luftverkehrskontrolle auf einer Funkfrequenz (119,7 MHz), die in der Regel von anliegenden Maschinen benutzt wird. Zudem sprach zumindest ein Fluglotse ein nur sehr schwer verständliches Englisch.

Aus den Augen, aus dem Sinn

KL 4805 näherte sich – in erheblichem Abstand gefolgt von PA 1736 – der Startbahn. Der Abstand war jedoch so groß, daß der Sichtkontakt bei dem herrschenden Nebel abriß. KLM näherte sich nun dem Ende der Landebahn und drehte in Vorbereitung zum Start um, während PAN AM sich noch auf der Bahn befand.

Die Hauptstartbahn auf Teneriffa verfügt über vier Zubringerrollwege, die mit C1 bis C4 numeriert sind. Die Bodenkontrolle wies PAN AM an, die Bahn über C3 zu verlassen und, ohne KLM dabei zu behindern, zum Ende der Startbahn zu rollen.

Um die Bahn über C3 zu verlassen,

Unten: Eine Überlebende aus dem PAN-AM-Jumbo erhält auf der Startbahn bei Santa Cruz auf Teneriffa erste Hilfe. Die Sichtweite hatte kurz nach dem katastrophalen Unfall wieder deutlich zugenommen.

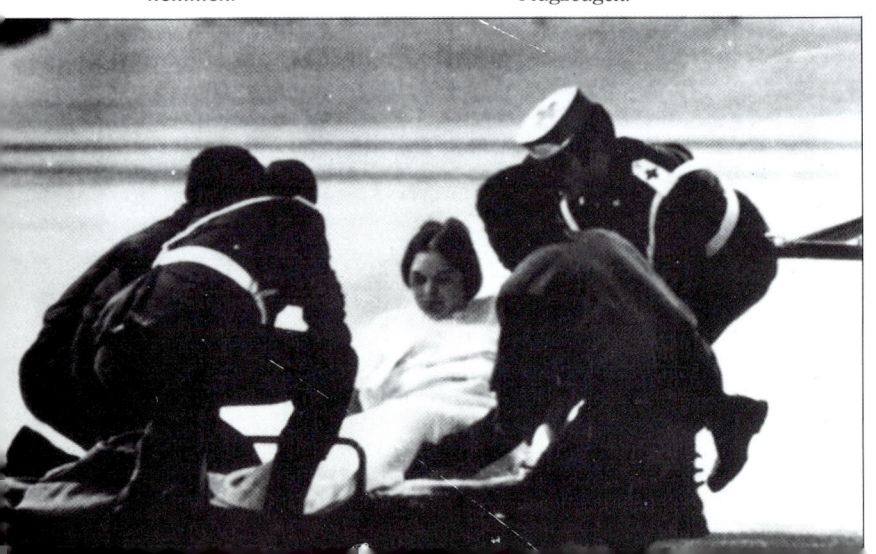

hätte der PAN-AM-Pilot aber zweimal einen 148°-Winkel rollen müssen. Der Flugzeugführer hielt dies für unmöglich, zumal die Boeing dabei über weichen Boden gerollt wäre, das Gewicht des schweren Flugzeugs nicht getragen hätte. Bei Benutzung von C4 hingegen hätte er nur wenig von seiner Rollrichtung abweichen müssen. Also entschied er, daß nur C4 gemeint sein könnte (PAN-AM-Mitarbeiter argumentierten später, ohne wirkliche Beweise dafür zu haben, daß C1 nicht befahrbar gewesen sei, so daß mit „C3" tatsächlich C4 als dritter befahrbarer Rollweg gemeint gewesen sei). Erschwerend kommt hinzu, daß keiner der Rollwege ausreichend gekennzeichnet war, so daß ein Pilot die Rollwege beim Passieren zählen mußte, um sie identifizieren zu können.

Tödliche Funkstörung

Durch eine Funkstörung wurde schließlich die tödliche Tragödie ausgelöst. Der KLM-Pilot glaubte, die Startfreigabe erhalten zu haben, und setzte zum Start an. Auf der Landebahn vor ihm befand sich jedoch noch der PAN-AM-Jumbo, der den Rollweg noch nicht erreicht hatte. Zum Zeitpunkt, als dieser von der KLM-Maschine aus hätte erkannt werden können, befand sich die Nase dafür jedoch wahrscheinlich zu hoch über dem Boden. In jedem Fall hatte die KLM-747 schon eine Geschwindigkeit von 278 km/h erreicht, also 270 Fuß pro Sekunde. In den wenigen Sekunden, die ihm noch verblieben, konnte Jaap van Zanten nichts mehr tun, um das Leben seiner Besatzung, seiner 234 Passagiere und der 313 Menschen zu retten, die in der anderen Maschine starben.

Das holländische Flugzeug traf den amerikanischen Jumbo zuerst an der Vorderkante seiner Steuerbordtragfläche und stieß mit dem Gewicht von 240 Tonnen und einer Geschwindigkeit von 278 km/h dann in seinen Rumpf.

An jenem Tag hatten lediglich sieben Feuerwehrleute auf dem Flughafen von Santa Cruz Dienst. Sie standen hilflos neben den brennenden Flugzeugen.

„Wieviele Rollwege, äh, haben Sie passiert?"

Während die beiden Maschinen mit vielleicht 18 km/h zu ihrer Startposition rollten, reduzierte sich die Sichtweite laut Zeugenaussagen erheblich. Es gibt keine Aufzeichnungen aus den Cockpits, aber die KLM-Besatzung fragte bald nach der Mittellinien-Beleuchtung. Nach einer gewissen Verzögerung wurde ihr mitgeteilt, daß diese nicht zur Verfügung stehe.

Flug 1736 erbittet dann noch einmal Klarstellung des Abrollweges, während er die Startbahn hinunterrollt. Beide Besatzungen nehmen die letzten Kontrollen vor und kommentieren dabei die einzelnen Vorgänge.

17.02 : 16,4   Erster Offizier PAA

Dritte zur linken ist in Ordnung.

(Im Cockpit der PAN AM gibt es einige Verwirrung. Der Flugkapitän glaubt „die erste" gehört zu haben. Der erste Offizier will nachfragen. Er hat jedoch nicht sofort die Gelegenheit, da die Anflugkontrolle den Sunjet-Flug 282 abfertigt.)

17.02 : 49,8   Anflugkontrolle

KLM 4805: Wie viele Rollwege haben Sie passiert?

17.02 : 55,6   Erster Offizier KLM

Ich glaube, wir haben gerade Charlie 4 passiert.

17.02 : 59,9   Anflugkontrolle

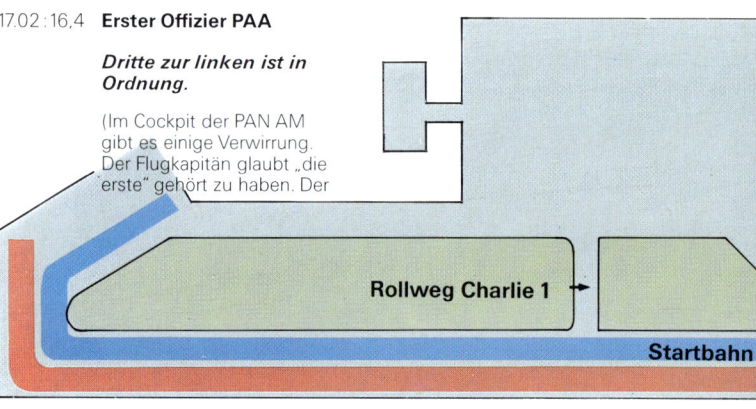

„Gehen Sie runter, gehen Sie runter, gehen Sie runter …"

Als KLM 4805 um 180° drehte und sowohl nach der Start – wie auch nach ATC-Freigabe fragte (und davon ausging, beide zu erhalten, und dann – als er die Freigabe bekam – sie als Freigabe für beide Anfragen ansah), begann PAA 1736 in den Rollweg Charlie C-4 einzubiegen. Die Amerikaner glaubten offensichtlich immer noch, sich an der richtigen Stelle zu befinden und das Richtige zu tun.

Um 17.05:41,5 schiebt der KLM-Flugkapitän die Leistungshebel nach vorne. Der erste Offizier erinnert ihn daran, daß sie bisher noch keine Freigabe haben. „Ich weiß das", sagt der Flugkapitän. „Fragen Sie noch einmal nach."

17.06 : 09,6   Erster Offizier KLM

Ah, verstanden, Sir.

Wir haben die Freigabe für Papa Beacon, Flughöhe neun null, rechte Kurve null vier null bis zum Überfliegen von drei zwei fünf und starten nun.

17.06 : 18,5   Anflugkontrolle

… K

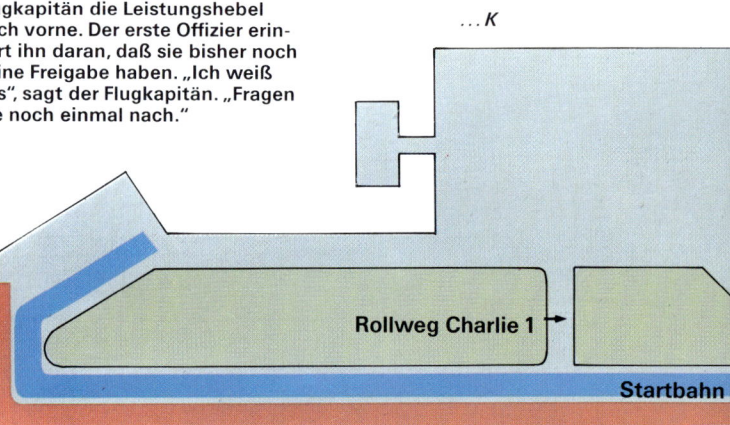

Die Sichtweite hatte sich auf 900 Meter erhöht, aber PAN AM 1736 befand sich ungefähr 1.500 Meter weiter auf der Startbahn. Die Piloten konnten die jeweils andere Maschine nicht sehen, und keine der beiden Maschinen war vom Kontrollturm aus zu sehen.

O.k. ..., drehen Sie am Ende der Startbahn um eins achtzig und melden Sie Ihre Bereitschaft zur ATC-Freigabe.

(Die PAA-Besatzung diskutiert noch über den vom Lotsen gemeinten Rollweg und achtet zu diesem Zeitpunkt nicht auf den Funkverkehr zwischen KLM und der Anflugkontrolle.)

17.03:14,2 Erster Offizier KLM

Ist, äh, Mittellinien-Beleuchtung für vier acht null fünf möglich.

17.03:19,8 Anflugkontrolle

Warten Sie, ich glaube nicht, Sir, ich werde nachsehen.

Die Anweisung an PAN AM, die Startbahn auf dem dritten Rollweg zu verlassen, führte zu einem Mißverständnis. Der Flugkapitän glaubte, die Startbahn auf dem dritten in Betrieb befindlichen Rollweg, Charlie 4, verlassen zu müssen. Im Nebel waren jedoch die Rollwege kaum zu identifizieren.

17.03:22,9 Erster Offizier KLM

O.k.

17.03:25,0 Anflugkontrolle

Sie arbeiten gerade daran, wir überprüfen es.

17.03:29,3 Erster Offizier PAA

Würden Sie bitte bestätigen, daß Sie den Clipper eins sieben drei sechs am dritten Rollweg abbiegen lassen wollen.

(„Dritten" besonders hervorgehoben und deutlich ausgesprochen)

17.03:36,4 Anflugkontrolle

Den dritten, Sir, eins zwei drei, dritten, den dritten.

17.03:39,2 Erster Offizier PAA

Sehr gut, vielen Dank.

Am Ende der Startbahn drehte KLM 4805 um 180° und bereitete sich auf den Start vor. Man wußte nicht, ob die amerikanische 747 die Startbahn bereits verlassen hatte. Offensichtlich begann das holländische Flugzeug den Start ohne Startfreigabe.

17.03:47,6 Anflugkontrolle

... äh, eins sieben drei sechs, melden Sie das Verlassen der Startbahn.

17.03:55,0 Erster Offizier PAA

Clipper eins sieben drei sechs

(Die PAA-Besatzung beendet die Startkontrollen)

17.04:58,2 Anflugkontrolle

... M acht sieben null fünf und Clipper eins sieben ... drei sechs: Zu Ihrer Information, die Mittellinienbeleuchtung ist nicht in Betrieb.

17.05:05,8 Erster Offizier KLM

Ich habe verstanden.

17.05:07,7 Erster Offizier PAA

Clipper eins sieben drei sechs

(Nun beginnt die PAA-Besatzung nach dem Rollweg zu suchen. Aus der Aufzeichnung der Unterhaltung geht hervor, daß niemand beim Passieren die Rollwege gezählt hat und sie nun versuchen, die Zuordnung des richtigen Rollwegs anhand des Winkels zur Startbahn zu erkennen.)

17.05:44,8 Erster Offizier KLM

Huh, KLM vier acht null fünf ist fertig zum Start und ... uh, wir warten auf unsere ATC-Freigabe.

17.05:53,4 Anflugkontrolle

KLM acht sieben null fünf, uh, frei zum Abflug über Papa Beacon, steigen Sie auf Flugfläche neun null, Rechtskurve nach dem Start, Steuerkurs null vier null bis zum Kreuzen des Radials drei zwei fünf von Las Palmas VOR.

Rollweg

Rollweg Charlie 2 — **Rollweg Charlie 3** — **Rollweg Charlie 4**

PAN AM — **KLM**

17.06:19,3 Erster Offizier PAA

Nein, uh ...

17.06:20,3 Erster Offizier PAA

Und wir rollen noch immer auf der Startbahn, der Clipper eins sieben drei sechs.

17.06:25,6 Anflugkontrolle

Verstanden, Papa alpha eins sieben drei sechs. Melden Sie das Verlassen der Startbahn.

17.06:29,6 Erster Offizier PAA

O.k, wir melden uns, wenn wir die Startbahn verlassen.

17.06:32,1 Anflugkontrolle

Danke.

Es folgt nun eine Mitschrift des Cockpit-Stimmenaufzeichners aus der PAA-Maschine von den letzten 18 Sekunden vor dem Zusammenstoß der beiden Flugzeuge. C-1 ist der Flugkapitän, C-2 ist der erste Offizier und C-3 ist der Flugingenieur.

17.06:32,1 C-1

*Laß uns zum **** direkt hier... Laß uns zum **** hier rausgehen.*

17.06:34,9 C-2

Ja, er ist beunruhigt, nicht wahr.

17.06:36,2 C-3

*Ja, nachdem er uns für anderthalb Stunden aufgehalten hat, dieses ****.*

17.06:38,4 C-2

*Ja, dieses ****.*

17.06:39,8 C-3

Nun hat er es eilig.

17.06:40,6 C-1

*Da ist er..., guck Dir diesen **** an, dieses..., dieses **** kommt.*

17.06:45,9 C-2

Geh raus, geh raus, geh raus.

17.06:48,7 Geräusch des Signalhorns. Geräusch sich nähernder Triebwerke.

17.06:50,1 Geräusch des Zusammenstoßes.

Es folgt der Gesprächsmitschnitt aus der KLM-Maschine von 17.06:32,43 bis zum Moment des Aufpralls (Abkürzungen haben die gleiche Bedeutung).

17.06:32,4 C-?

Hat er sie noch nicht verlassen?

17.06:34,1 C-1

Was sagten Sie?

17.06:34,7 C-?

Hat Pan American sie noch nicht verlassen.

17.06:35,7 C-1

Oh ja.

17.06:43,5 C-2

Vau eins

17.06:47,4 C-1

*Oh, ****.*

17.06:49,3 Geräusch des Aufpralls.

Rollweg

Rollweg Charlie 2 — **Rollweg Charlie 3** — **Rollweg Charlie 4**

PAN AM — **KLM**

Während KLM 4805 die Startbahn entlang donnerte, war der PAN-AM-Clipper gerade dabei, nach Charlie 4 abzubiegen. Erst als die Lichter des holländischen Flugzeugs aus dem Nebel auftauchten und immer größer wurden, erkannte die amerikanische Besatzung ihre prekäre Lage.

Beide Piloten versuchten die Katastrophe zu verhindern – aber es war dazu bereits zu spät. Das weltweit schlimmste Flugzeugunglück war nun nicht mehr zu verhindern.

KURZSTART-

Verkehrsmaschinen

Verkehrsflugzeuge, die auf Kurzpisten spezialisiert sind, opfern zwangsläufig einen Teil ihrer Reichweite, ihrer Geschwindigkeit und ihrer Wirtschaftlichkeit. Sie alle besitzen ein ganzes Bündel an Auftriebshilfen; einige verfügen sogar über angeblasene Klappen und andere haben Vorrichtungen zur Erzeugung von Auftriebskraft.

Auch in der Fliegerei gibt es selten etwas umsonst. Wenn eine Verkehrsmaschine beispielsweise hervorragende Kurzstreckenstart- und -landeeigenschaften (STOL – Short Take-Off and Landing) besitzen soll, muß ihr Konstrukteur in anderen Leistungsbereichen Abstriche machen. Im Vergleich zu den üblichen Mustern, die eine lange Betriebspiste benötigen, dürften für den STOL-Entwurf ein sehr viel größeres Tragwerk oder ein erheblich stärkerer Antrieb oder komplexe und teure Auftriebshilfen erforderlich sein.

Der Begriff „STOL" läßt sich nicht klar definieren. In den dreißiger Jahren lagen die Abmessungen der größten Flugplätze bei etwa 500 m x 500 m. Jede moderne Verkehrsmaschine, die auf solch einem Flugfeld operieren kann, wäre über das Kriterium „STOL" hinaus als extremer Kurzpistenkönner einzustufen. Die größeren Flughäfen unserer Zeit verfügen über Start- und Landebahnen von einer Länge zwischen 2.225 und 4.500 m. Jede große Verkehrsmaschine, die mit einer Bahnlänge von 1.200 m auskommt, reiht man in die STOL-Kategorie ein, vor allem, wenn das Muster mit Strahlantrieb arbeitet.

Vektorschub

Die Whitworth Gloster 681 zum Beispiel gehörte in die Klasse der C-130 Hercules, war aber mit vier Medway-Mantelstromtriebwerken von Rolls-Royce ausgerüstet, deren Schubdüsen Umlenkbleche enthielten, so daß der Schub für den Start und zur Landung nach unten gerichtet werden konnte. Unter den Tragflächen hatte man zusätzliche Batterien von RB.162-Hubtriebwerken installiert, die dem Muster zu echter VTOL- und Schwebeflugleistung verhelfen sollten. Dieses Projekt gab man jedoch im Januar 1965 wieder auf.

Wenig später sah es so aus, als könne man mit der Hawker Siddeley 141 das Problem der überlasteten Großflughäfen lösen. Dieser Entwurf in der Klasse der Boeing 737 sollte 16 RB.202-Hubtriebwerke in Wangenverkleidungen an den unteren Rumpfseiten erhalten. Die Bläsertriebwerke waren bedeutend leiser als die üblichen Luftfahrzeug-Strahltriebwerke. Sie hätten zudem die HS.141 in die Lage versetzt, sich senkrecht in die Luft zu erheben und zu schweben. Das Nutzungskonzept sah einen Start mit kurzer Anlaufstrecke und sehr steilem Steigflug und eine Senkrechtlandung vor. Nach fundierten Projektstudien gelangte man zu der Erkenntnis, daß die Fluggesellschaften noch nicht bereit waren, solch ein Konzept zu akzeptieren.

Seit den siebziger Jahren lassen sich keinerlei Hinweise darauf finden, daß Interesse an einem strahlgetriebenen V/STOL-Verkehrsflugzeug bestehen könnte; ähnliches gilt auch für VTOL-Kampfflugzeuge mit Strahlantrieb. Statt dessen konzentrierte man sich auf relativ langsame Verkehrsflugzeuge mit schwach zurückgepfeilten oder ungepfeilten Tragflächen und einem Antrieb in Form von Turbofan-Triebwerken mit hohem Nebenstromverhältnis oder Propellerturbinen.

Drei wichtige Programme liefen 1972 an. Eines war die DH Canada DHC-7, ein propellergetriebenes Passagierflugzeug. Die beiden anderen Entwicklungen sollten der AMST-Anforderung (Advanced Medium STOL Transport – modernes mittleres STOL-Transportflugzeug) der US Air Force entsprechen; man wünschte ein wesentlich größeres

Boeing modifizierte eine DHC-5 Buffalo mit „Augmentor-Tragflächen" und Spey-Turbofan-Triebwerken von Rolls-Royce. Diese Versuchsmaschine hob am 1. Mai 1972 zum ersten Mal vom Boden ab.

Eine andere von Bell Aerospace modifizierte Buffalo erhielt dieses einzigartige Luftkissen-Fahrgestell, das an ein Schwebefahrzeug oder Hovercraft erinnert.

Oben rechts: Eine Dash-7 setzt auf der Runway des London City Airport auf. Das Konzept vom „Flughafen im Zentrum der Großstadt" hätte sich ohne STOL-Airliner nicht realisieren lassen.

Rechts und unten: Auch die Boeing QSRA (Quiet Short-haul Research Aircraft – leises Kurzstrecken-Experimentalflugzeug) war eine umgebaute Buffalo. Außer den „Augmentor-Tragflächen" kamen bei dieser Versuchsmaschine vier Lycoming-Mantelstromtriebwerke zum Einsatz, deren Abgasstrahl zur Erzeugung von Auftrieb auf das Klappensystem gerichtet wurde.

und strahlgetriebenes Muster, das die C-130 als taktischen Standard-Mehrzwecktransporter ablösen konnte.

Bevor de Havilland Canada (heute Boeing Canada) die DHC-7 in Angriff nahm wurden umfangreiche Untersuchungen angestellt, welche Erwartungen der potentielle Nutzer, sowohl im zivilen als auch im militärischen Bereich, in ein Kurzstrecken-STOL-Transportflugzeug setzte. Das Unternehmen hatte sich in der Tat zum STOL-Spezialisten entwickelt, indem es zahlreiche Flugzeuge dieser Kategorie baute und an umfassenden Forschungsprojekten beteiligt war. Unter anderem erprobte de Havilland Canada ab 1973 eine DHC-5 Buffalo mit einem einzigartigen Luftkissen-Fahrgestell von Bell Aerospace. Diese Transportmaschine verband Kurzstarteigenschaften mit der gewünschten Fähigkeit, von jeder Art von Oberfläche aus zu operieren, sei es Beton oder Wasser.

Augmentor-Tragflächen

Eine weitere bemerkenswerte Umrüstung der Buffalo war die von der NASA und der kanadischen Regierung geförderte C-8A, ein Versuchsflugzeug mit Augmentor-Tragflächen. An die Stelle des normalen Tragwerks trat eines mit kürzerer Spannweite und vier Augmentorklappen, die paarweise hinter den Triebwerken angeordnet waren. Die beiden Propellerturbinen wurden durch zwei Spey-Mantelstromtriebwerke von Rolls-Royce ersetzt, die Schwenkdüsen und Abgassammelstufen für mächtige Zapfluftströme besaßen. Die verdichtete Luft konnte über Flächen, Augmentorklappen, Querruder und Rumpf geführt werden. Die durch enge Schlitze ausgeströmte Zapfluft beeinflußte die Grenzschichtströmung, erhöhte wesentlich den Auftrieb und trug dazu bei, daß die Maschine selbst unter sehr niedrigen Fluggeschwindigkeiten voll kontrollierbar blieb. Vor dieser Modifizierung konnte die STOL-Buffalo innerhalb von 850 m abheben und sich mit 132 km/h in der Luft halten. Die C-8A hingegen brauchte mit höchstzulässiger Betriebsmasse für den Start nur 294 m und flog mit nur 76 km/h.

Bislang hat noch kein Kunde ein solch extremes Leistungsvermögen gewünscht; die DHC-7 oder Dash-7 nahm aber dennoch ihren Lauf und flog erstmals am 27. März 1975. Ein Jahr später lief die Produktion dieses Musters an, das auf ein recht spezielles Marktsegment zugeschnitten war. Eine Käufergruppe sah man in Entwicklungsländern, die Probleme mit kurzen Pistenlängen bzw. bescheidenen Flugfeldern in Höhenlagen und/oder heißen Klimazonen hatten. Als erster Kundenkreis zeichneten sich indes die Liniengesellschaften ab, die in Erwägung zogen, Flugdienste von STOLports in Stadtzentren aus einzurichten. So befand sich zum Beispiel ein STOLport praktisch vor de Havillands Haustür in Toronto (den heutigen London City Airport gab es damals noch nicht). Man rechnete damit, daß die Vorteile eines City-Flughafens die Nachteile eines relativ langsamen Propellerflugzeugs wieder wettmachten.

Die Dash-7 war ein typischer DHC-Entwurf, ein Ganzmetall-Hochdecker mit T-Leitwerk, hocheffektiven Auftriebshilfen und druckbelüftetem Rumpf, in dem 50 Passagiere in Zweiersitzreihen rechts und links von einem Mittelgang Platz fanden. Als

Triebwerk wählte man, wie bei der wesentlich kleineren Twin Otter, die PT6A-Propellerturbine von Pratt & Whitney. Während die Twin Otter aber zwei PT6A je 550-600 WPS hatte, erhielt die Dash-7 vier PT6A-50, die pro Turbinen-Einheit 1.120 WPS abgaben.

Der hohe Preis und die Komplexität der vier Turboprop-Triebwerke einschließlich Getriebe und Propeller und die für die STOL-Eigenschaften erforderlichen Spezialeinrichtungen sowie die relativ bescheidene Reisegeschwindigkeit von 350 km/h gerieten der Dash-7 zum Nachteil; nur 111 Exemplare wurden verkauft. Diese Maschinen waren allerdings bei Haltern wie Benutzern gleichermaßen beliebt. In vielen Ländern bedienen sie Flughäfen, die kein anderes Muster dieser Größe anfliegen kann.

Das nächste Flugzeug von de Havilland Canada, die DHC-8, zielte auf einen weitaus größeren Nutzerkreis ab. Man nahm Abstand vom echten STOL-Flugzeug und ging von einer um 50% höheren Bahnlänge, d.h. von etwa 1.000 m, aus. Die Dash-8 ähnelt der Dash-7 in vieler Hinsicht. So ist die Grundauslegung praktisch identisch, allerdings mit zwei statt vier Propellerturbinen. Die Spannweite, die Gesamtlänge, der Durchmesser des Rumpfes und einige andere Abmessungen sind nur um Bruchteile kleiner. An den völlig neu entworfenen Tragflächen befinden sich an Führungsschienen bewegliche Fowler-Klappen statt Doppelspaltklappen; sie liegen genau im Nachstrom der Luftschrauben (3,96 m Durchmesser), die von Pratt & Whitney-Propellerturbinen der Serie 100 angetrieben werden. Zunächst setzte man PW120 mit je 2.000 WPS ein, später PW121 und 123 mit bis zu 2.380 WPS Leistung. Die Grundserie 100 der DHC-8 bietet 40 Passagieren Platz.

Die reduzierte Kurzstartleistung hat die Dash-8 für Fluggesellschaften weitaus interessanter gemacht. Setzt man hinreichend gute Betriebspisten voraus, so kann ein kleineres Flugzeug durchaus die Funktion einer Dash-7 erfüllen, sogar mit zwei statt vier Triebwerken und erheblich niedrigerem Kraftstoffverbrauch. Die DHC-8 Serie bietet Reisegeschwindigkeiten bis zu 497 km/h. Die Lärmemission liegt zwar geringfügig höher als bei der Dash-7, ist aber noch völlig akzeptabel. Die gesenkten STOL-Kriterien haben aber auch eine Streckung der Dash-8 ermöglicht. Die Serie 300 ist um 3,45 m länger; dadurch konnte die Sitzkapazität auf 56 Plätze erweitert werden, so daß sie bereits die der Dash-7 übertrifft. Die Spannweite ist leicht erhöht, und als Antrieb dienen PW123 mit je 2.380 WPS; so stieg die benötigte Landestrecke nur auf 1.150 m an. Die erste Maschine der Serie 300 flog am 15. Mai 1987.

de Havilland Canada DHC-7

Diese Dash-7 ist eine der drei Maschinen, die London City Airways einsetzt Nach ihrer Gründung im Jahre 1986 verband diese kleine Fluggesellschaft den neuen London City Airport (errichtet auf dem stillgelegten Royal Victoria Dock in den Londoner Docklands) mit Paris und Brüssel. Im Mai 1988 kamen Amsterdam und die Channel Islands hinzu.

Projektgeschichte
Nachdem de Havilland Canada mit der DHC-4 Caribou und der DHC-5 Buffalo bereits Erfahrung gesammelt hatte, startete das Unternehmen 1972 das Projekt eines leisen STOL-Airliners in Gestalt der Dash-7. Vorausgegangen war eine umfassende Analyse des Absatzmarktes für Kurzstrecken-Verkehrsmaschinen. Die erste Vorserienmaschine absolvierte am 27. März 1975 ihren Jungfernflug. Die vierte Maschine (zugleich die zweite vom Band) trat am 3. Februar 1978 den Liniendienst bei der Gesellschaft Rocky Mountain Airways an.

de Havilland Canada
De Havilland Canada wurde 1928 als Tochterfirma des britischen Unternehmens gegründet. Als de Havilland später die Selbständigkeit verlor, fiel der kanadische Ableger an die Hawker Siddeley Group. Am 26. Juni 1974 ging die Firma in den Besitz der kanadischen Regierung über. 1986 kaufte Boeing das Unternehmen auf und gliederte es in Boeing of Canada Ltd. ein.

Links: McDonnell Douglas beteiligte sich mit der YC-15 an der AMST-Ausschreibung (Advanced Medium-range Short take-off and landing Transport – modernes Mittelstrecken-Kurzstart- Transportflugzeug) der US Air Force. Das Muster war ähnlich ausgelegt wie der Typ BAe 146.

Seitenruder
Das Ruder ist vertikal unterteilt; es ergibt sich ein starker Wölbeffekt, da das hintere Segment stärker ausgelenkt wird.

Querruder
Bei niedrigen Fluggeschwindigkeiten unterstützt ein äußeres Spoiler-Paar pro Fläche die Querruder bei der Steuerung um die Längsachse. Gleichsinnig betätigte Innenspoiler mindern den Auftrieb.

Landeklappen
Der beachtliche Nachstrom der langsam drehenden Propeller trifft auf Doppelspaltklappen, die 80% der Spannweite einnehmen. Sie werden durch selbsthemmende Hydraulikspindeln ausgefahren und erzeugen enormen Auftrieb.

Triebwerke
Die vier Pratt & Whitney-PT6A-50-Propellerturbinen, die der DHC-7 als Antrieb dienen, sind für eine Dauerleistung von je 1.120 WPS ausgelegt und lassen die Propeller über Reduktionsgetriebe sehr langsam drehen. Die Familie der PT6A- Propellerturbinen gilt nach wie vor als Maßstab für alle anderen Turboprop-Triebwerke. Ihre Verwendung reicht von Agrarflugzeugen über militärische Schulmaschinen bis hin zu einer ganzen Fülle von zivilen und militärischen Transportflugzeugen.

Luftschrauben
Jedes Triebwerk sorgt für den Antrieb eines Vierblatt- Verstellpropellers 24PF-305 von Hamilton Standard mit Gleichdrehzahl- und Bremsregelung. Die Propeller sind aus glasfaserverstärktem Kunststoff mit geschmiedetem Aluminiumholm und Wabenstützkern konstruiert. Sie drehen sehr langsam (1.320 U/min), um möglichst wenig Lärm und Vibration zu erzeugen.

Enteisung
Die Nasenkanten von Tragflächen lassen sich pneumatisch enteisen.

Passagierkapazität
Neben der zweiköpfigen Flugbesatzung und dem Kabinenpersonal (1-2) kann die DHC-7 50 Passagiere befördern. Bei dichter Bestuhlung (Option) finden maximal 54 Fluggäste Platz.

Links: Die YC-14 war Boeings Vorschlag für das AMST. Zwei riesige Turbofan-Triebwerke sorgten dafür, daß die Klappen über die Flächen hinweg angeblasen wurden. Wie bei der YC-15 erwies sich der Rumpf als zu eng, um den Panzertyp aufzunehmen, den das AMST transportieren können sollte.

Damit ist die Entwicklung aber noch keineswegs abgeschlossen. Im III. Quartal des Jahres 1992 rechnet Boeing Canada mit dem Start der ersten DHC-8 Serie 400. Sie soll um weitere 3,05 m gestreckt werden und mindestens 70 Passagiere befördern können. Als Triebwerk steht das Allison T406 und das General Electric GE38 zur Diskussion, beide mit einer Nennleistung von etwa 4.200 WPS. Die benötigte Bahnlänge dürfte kaum höher als bei der Serie 300 liegen, und die Reisegeschwindigkeit könnte ohne weiteres 600 km/h übersteigen.

Bei dem anfangs erwähnten AMST handelt es sich natürlich um eine rein militärische Entwicklung. Gefordert war ein sehr großes, mächtiges Transportflugzeug in der Klasse um 100 Tonnen und mehr, das von Behelfsplätzen mit einer Pistenlänge von nur 600 m aus operieren konnte. Die Leistungsvorgaben beinhalteten ein Flugzeug, das beträchtlich größer und leistungsfähiger als die C-130 sein mußte, und durch den Strahlantrieb natürlich auch schneller. Aus neun eingereichten Entwürfen wählte die USAF schließlich zwei Vorschläge, Boeings YC-14 und die YC-15 von McDonnell Douglas, und stellte die Mittel für den Bau von je zwei neuen Prototypen bereit.

Kleine Flächen

Am 9. August 1976 absolvierte die YC-14 ihren Jungfernflug. Wie so häufig bei STOL-Flugzeugen mit Auftriebsunterstützung durch die Triebwerke wirkten die Tragflächen unnatürlich klein, statt, wie allgemein erwartet, übergroß zu sein. Tatsächlich überstieg die Länge von 40,13 m die Spannweite sogar um etwa 90 cm, und die tragende Fläche betrug lediglich 164 m², sehr wenig für ein Flugzeug mit einer maximalen Abflugmasse von knapp 113 Tonnen.

Für den Antrieb sorgten zwei General-Electric-CF6-50D Turbofan-Triebwerke (militärische Bezeichnung F103) mit einer Leistung von je 23.133 kp Schub. Ungewöhnlich war die Anordnung dieser Aggregate in riesigen Gondeln, die weit über die Nasenkante des Innenflügels ragten und so hoch lagen, daß der Abgasstrahl nach hinten über die Oberseite der Tragflächen strömte. Die eigentliche Schubdüse, durch die sowohl die Heißluft des Kerntriebwerks als auch die kalte Nebenstromluft ausgestoßen wurde, ließ sich im Querschnitt so regeln, daß sich der gesamte Strahl auf einen konzentrierten, nach hinten breiter werdenden Sektor verteilte. Eine Reihe senkrechter Vortexgeneratoren direkt hinter den Triebwerken unterstützte die Zwangsverteilung des Düsenstrahls.

Der Schlüssel für das USB-Konzept war der sogenannte „Coanda-Effekt". Darunter versteht man die Eigenschaft einer Strahlströmung an der Oberfläche zu haften, selbst wenn diese gekrümmt ist. Wenn man zum Beispiel eine Flasche waagerecht unter einen schwach aufgedrehten Wasserhahn hält, so wird das Wasser nicht lotrecht an beiden Seiten der Flasche herunterrieseln, sondern um die Flasche herumlaufen und am tiefsten Punkt als Strahl abfließen. Genauso strömte der energiereiche Abgasstrahl nicht, wenn die riesigen, speziell konstruierten Klappen ausgefahren waren, nach hinten über sie hinweg, sondern folgte der Klappenwölbung nach unten, um im Klappenwinkel von 65° abzureißen.

Spezielle Vorkehrungen wurden getroffen, um die Effektivität der Klappen bei Triebwerkstörungen zu erhalten. So unterteilte man zum Beispiel die Klappensegmente an dieser Stelle (da der Coanda-Effekt dann nicht mehr benötigt wurde) und ermöglichte so ihre Verwandlung in

normale Doppelspaltklappen. Die YC-14 wies eine moderne Flugsteuerung um alle drei Achsen auf, zu der doppelt gelagerte Höhenruder und ein sechsteiliges, zweifach gelagertes Seitenrudersystem gehörten.

Das konkurrierende Muster YC-15 erschien in mancher Hinsicht nicht ganz so revolutionär. Das EBF-Verfahren bedingte lediglich, daß die vier Triebwerke von Pratt & Whitney JT8D-17 mit je 7.257 kp Schub, dicht unter die Tragflächen gehängt wurden, so daß sie die Klappen direkt anbliesen. Letztere legte man als besonders mächtiges Doppelspaltklappensystem aus, das über große Führungsschienen und Gelenkarme nach hinten und unten ausgelenkt werden konnte. Um dem heißen Abgasstrahl der Triebwerke standzuhalten, waren sie vollständig aus Titan gefertigt. Im Vergleich zur YC-14 war die YC-15 etwas kleiner, leichter und in der Gesamtleistung ein wenig schwächer. Die Tatsache, daß sie mit 148 km/h noch voll steuerbar blieb, zeigt aber, welch ausgezeichnetes Potential in diesem Muster steckte. Keiner der beiden Entwürfe erreichte jedoch die Serienproduktion, da die USAF vorerst an der C-130 festhielt. Die EBF-Technologie der YC-15 floß teilweise in die heutige C-17 von McDonnell Douglas ein.

Die C-17 ist keineswegs ein Ersatz für die C-130, sondern ein riesiges strategisches Transportflugzeug, das Großgerät der Teilstreitkräfte in das Operationsgebiet einfliegen soll. Insofern ergänzt sie die C-5 Galaxy, läßt sich aber durch ihre STOL-Fähigkeiten weitaus flexibler einsetzen. Grundsätzlich beinhaltet das Einsatzkonzept, daß die C-17 mit maximaler Abflugmasse von 263 Tonnen von einem Heimatflugplatz mit langer Betonbahn startet und mit scharf gesenkter Anfluggeschwindigkeit auf einem Feldflugplatz mit kurzer, unbefestigter Piste im vorgeschobenen Einsatzraum landet.

Beim Anflug setzen die in den Abgasstrahl der vier F117-Triebwerke (PW2040) ausgefahrenen Doppelspaltklappen die Geschwindigkeit drastisch herab; die Ausrollstrecke verkürzen direkte Schubumkehranlagen. Voll beladen reicht der C-17 eine Landestrecke von 915 m.

Am 22. Dezember 1977 flog in der Sowjetunion die erste An-72. Dieser Entwurf des namhaften Konstruktionsbüros Antonow in Kiew wirkte wie eine Miniaturausgabe der Boeing YC-14; Oleg K. Antonow bestritt jedoch jegliche Imitationsversuche. Er sagte, man sei völlig unabhängig zu dieser Auslegung gelangt. Im übrigen stütze man sich auch nicht auf den Coanda-Effekt, sondern auf Doppelspaltklappen.

In der Folgezeit entwickelten die Sowjets verschiedene Versionen der An-72, alle mit größerer Spannweite

Oben: Eine DHC-8 in den Farben von Tyrolean. Diese österreichische Gesellschaft bietet mit DHC-7 und DHC-8 Flugverbindungen zu diversen Ski-Urlaubsgebieten an.

Rechts: So stellt man sich den Einsatz der neuen McDonnell Douglas C-17 vor, die die C-130 der USAF ablösen soll. Die Fähigkeit, auf Feldflugplätzen zu operieren, ist inzwischen dem Rotstift zum Opfer gefallen.

Kurzstart-Verkehrsmaschinen

Laboratory entwickelten STOL-Forschungsflugzeug, fortgeführt. Die Asuka ist eine völlige Neukonstruktion des militärischen Transportflugzeugs Kawasaki C-1. Als Antrieb dienen vier MITI/NAL-FJR710-Triebwerke, die so eingebaut sind, daß die speziellen USB-Klappen über die Oberseite der leicht zurückgepfeilten Tragflächen angeblasen werden können. Weiter außen sitzen Vierfach-Spaltklappen. Die Spannweite beträgt etwas mehr als 30,50 m. Die Asuka kann mit einer maximalen Startmasse von 38.700 kg ein 10 m hohes Hindernis nach einer Strecke von 590 m überfliegen. Für die Landung über das gleiche Hindernis benötigt die Asuka 495 m. Ihre Abreißgeschwindigkeit ist mit 90 km/h angegeben.

BAe 146

Die British Aerospace 146 ist mit Abstand das beste STOL- Flugzeug unter den großen Verkehrsmaschinen mit Strahlantrieb, die gegenwärtig im Liniendienst eingesetzt werden. Die einzige Düsenverkehrsmaschine, die ihr hinsichtlich der benötigten Pistenlänge Konkurrenz macht, ist die kleinere Jak-40, doch sie findet man nicht in westlichen Flotten. Die 146 ist ein durchweg herkömmlicher Entwurf, der seine beispiellose Kombination von Kurzpistenfähigkeit und Geräuscharmut mehr oder weniger zufällig dem Umstand verdankt, daß man vier ALF502R- Triebwerke von Textron Lycoming unter ein nahezu ungepfeiltes Tragwerk hängte.

Die Bläser dieser Triebwerke haben einen recht großen Durchmesser und werden über ein Reduktionsgetriebe angetrieben. Daher kann man sie fast als Multiblatt-Propellerturbinen betrachten. Sie wurden in einfachen, tief hängenden Gondeln unter die Flächen montiert, und man unternahm nicht den Versuch, das Fowler-Klappensystem an der Hinterkante mit dem Düsenstrahl anzublasen. Die Nasenkante enthält keinerlei bewegliche Teile; in die Tragflächenoberseite sind jedoch Roll-Spoiler (zur Unterstützung der Querruder) und Störklappen (zur Vernichtung des Auftriebs) eingelassen. Das großflächige T-Leitwerk ist ebenfalls völlig konventionell konzipiert, kann die Grundversion 146-100 aber bis zu einer Geschwindigkeit von 165 km/h kontrollieren.

Das Muster flog am 3. September 1981 zum ersten Mal. Die normale Bestuhlung bietet 82 bis 93 Passagieren Platz. Die BAe 146 ist so ausgerüstet, daß sie ohne Unterstützung auf allen Flugfeldern mit einer Mindestpistenlänge von 1.200 m operieren kann. Sie erwies sich als höchst erfolgreich, so daß diverse Seitenlinien entwickelt wurden: eine reine Frachtversion, Schnellumrüstvariante und Luxusausführungen.

Unten: Die Antonow An-72 „Coaler" ist der erste sowjetische STOL- Airliner. Sie ähnelt stark der inzwischen aufgegebenen YC-14. Das Muster hat eine Reihe von Weltrekorden aufgestellt und befindet sich sowohl bei der Aeroflot als auch bei den sowjetischen Luftstreitkräften routinemäßig im Einsatz. Aus dem Grundmuster An-72 hat man inzwischen eine ganze Familie entwickelt, zu der auch eine Frühwarn- und Leitversion gehört.

und längerem Rumpf. Die beiden Turbofan-Triebwerke, zunächst Lotarew D-36 mit je 6.500 kp Schub, sollen ab 1990 durch zwei 7.500-kp-Schub starke D-436 ersetzt werden. Wie bei der YC-14 ragen die dicht am Rumpf installierten Triebwerke weit über die Nasenkante der Tragflächen hinaus, um den Abgasstrahl trichterförmig nach hinten über die Fläche zu blasen und so maximalen Auftrieb für STOL-Opertionen zu erzeugen.

Man rechnet damit, daß einige der neuen An-72-Versionen die Nachfolgegeneration für Antonows frühere zweimotorige Turboprop-Familie An-24/26/30/32 bilden werden. Das Grundmuster gibt die An-72A ab, die bis zu 10 Tonnen Fracht oder 68 Passagiere oder 57 Fallschirmjäger bzw. als Sanitätsflugzeug 24 Krankentragen und 12 sitzfähige Patienten/Sanitäter befördern kann. Die -72AT ist für den Transport von Standard-Containern ausgelegt; bei der -72S handelt es sich um ein Passagierflugzeug für gehobene Ansprüche bzw. einen fliegenden Befehlsstand; die An-74 ist für den Betrieb in polaren Regionen (mit besonderem Bugradom, Rad- und Schneekufen-Fahrwerk und gewölbten Beobachtungsfenstern) bestimmt. Außerdem gibt es eine Frühwarn- und Leitversion dieses Musters mit einer großen Radarschüssel auf dem neukonzipierten, nach vorn geneigten Leitwerk.

Japan hat das USB-Prinzip mit der Asuka, einem vom National Space

233

Die Wiedergeburt der
Turboprops

Turboprop-Flugzeuge wie die Viscount, Vanguard und Electra erschienen überholt, als in
den sechziger Jahren die kleinen Düsenverkehrsmaschinen aufkamen. Neue Technologien, verbesserte Propellerturbinen und stren-
gere Lärmvorschriften zum Schutz der Umwelt
haben dem wirtschaftlichen Turboprop-Flugzeug einen neuen Stellenwert gesichert.

*Oben: British Airways erwarb acht
64sitzige BAe ATP, um die HS.748
auf dem Streckennetz in Schottland
und Deutschland zu ersetzen. British Midland, Manx, SATA und LAR
auf den Azoren verwenden ebenfalls die ATP.*

*Links: Diese Beech 1900C gehört
der in Phoenix, Arizona, beheima-
teten Stateswest Airlines. Mehr als
150 Exemplare dieses 19sitzigen
Zubringermodells sind verkauft; der
Entwurf ist zur 1900D mit breiterem
Rumpf weiterentwickelt worden.*

Derek Lambert, Generalvertreter
für Vickers-Armstrongs, meinte
1964: „Als wir die Vanguard für BEA
entwarfen, schien diese hochmoderne
Turboprop-Verkehrsmaschine der
natürliche Nachfolger für die Viscount zu sein. Ich bin davon überzeugt, daß Turboprop-Verkehrs-
maschinen auf kurzen Strecken wirtschaftliche Vorteile gegenüber strahlgetriebenen Mustern bringen; die
Liniengesellschaften denken allerdings anders. Da wir 43 Vanguards
bauen sollen, werden wir dieses Pro-
gramm mit Verlust abschließen."

Jahrelang schienen Turboprop-
Linienmaschinen praktisch aus dem
Rennen zu sein, auch wenn sich noch
einige Kunden für die F27 Friendship
und die HS.748 fanden. Anfang der
siebziger Jahre konnte de Havilland
Canada zwar die kleine DHC-6 Twin
Otter verkaufen und prüfte bereits die
Absatzchancen für eine DHC-7 mit 50
Sitzen, doch stand bei beiden Mustern
eher die Fähigkeit für Start und Landung auf kurzen Pisten im Vordergrund. Entwicklungen für den Fernverkehr wie die Britannia und die
CL-44 fanden dagegen ein rasches

Ende. Das einzige Land, in dem der
Turboprop-Antrieb zu florieren
schien, war die Sowjetunion. Dort
gaben nämlich nicht modische
Trends den Ausschlag, sondern
nackte Tatsachen wie zum Beispiel
der Treibstoffverbrauch. Flugzeuge
die An-10, 12, 24, 26 und die Il-18
wurden zu Hunderten in Dienst
gestellt.

Zwei Entwicklungen sollten die
Fluggesellschaften jedoch zur Ein-
sicht und zum Umdenken zwingen.
1973 schnellte der Ölpreis plötzlich in
die Höhe und stieg nahezu auf das

Zehnfache. Ungefähr gleichzeitig entstand weltweit eine Bewegung zum
Schutz der Umwelt, die unter anderem auch massiv gegen extreme
Lärmerzeuger kämpfte.

Neue Perspektiven

Beide Faktoren ließen Hersteller
und Nutzer von Luftfahrzeugen den
Turboprop-Antrieb aus einer neuen
Perspektive betrachten. Sie brachten
ihnen ins Bewußtsein zurück, daß
solche Muster vielleicht ein wenig
langsamer flogen, aber dafür wesentlich leiser waren und erheblich weniger Treibstoff verbrauchten. Treib-
stoffeinsparungen in der Größenordnung von 30% bis 60% und eine
Lärmminderung von mindestens
95% in Flugplatznähe verblüfften
häufig selbst die Fachwelt.

Einige der heutigen Turboprop-
Muster sind nachgebesserte Entwürfe der fünfziger Jahre. Wieder
schwimmt die Sowjetunion gegen
den allgemeinen Trend, denn für die
An-24/26 gibt es keine Turboprop-
Nachfolge. (Die Jak-40 und die An-72

Oben: Die Fokker 50 sollte die F27 Friendship auf den Montagebändern ersetzen. Der Verkauf lief nur zögernd an, doch inzwischen sind bei Fokker für die F50 über 100 Festbestellungen aus aller Welt eingegangen. Die 50sitzige Linienmaschine absolvierte ihren Jungfernflug am 28. Dezember 1986.

Rechts: Eines der beiden bedeutenden Luftfahrzeuge des Westens, deren Namensgebung noch aussteht, ist neben dem AMS-Kampfflugzeug das ATP von British Aerospace.

Oben: Eine Fairchild Metro IV der dänischen Regionalfluggesellschaft Metro Airways. Bis 1989 hatte Fairchild knapp 900 Metros und Merlins abgesetzt.

sind beide strahlgetrieben). Andererseits befinden sich in China verbesserte Versionen der An-24/26 und der viermotorigen An-12 in Produktion. Das einzige Turboprop-Muster aus dem Hause Antonow, das gegenwärtig für die Länder des Warschauer Pakts gefertigt wird, ist die kleine 17sitzige An-28.

Wir haben bereits früher erwähnt, daß die holländische Fokker F.27 und die britische HS (später BAe) 748 die 15 Jahre während Turboprop-Flaute überdauerten. Erstere wurde zur Fokker 50 weiterentwickelt, die am 28. Dezember 1985 zum ersten Mal flog. Im Vergleich zur F27 ist die F50 mit völlig neuen PW125B-Propellerturbinen (Pratt & Whitney Canada) je 2.500 WPS ausgerüstet, die Sechsblatt-Luftschrauben antreiben. Das Cockpit weist moderne Avionikanlagen und Sichtschirmanzeigen auf, und in die Zelle fließen zahlreiche neue Werkstoffe ein. Weitere Merkmale sind kleine rechteckige Kabinenfenster, ein Zwillingsbugrad und Hydraulik- anstelle von Druckluftsystemen. Insgesamt bietet Fokker mit der F50 beachtlich viel, um die Wettbewerbsfähigkeit eines Musters zu erhalten, dessen Entwurf von 1952/1953 datiert.

In mancher Hinsicht entspricht die Verbesserung der 748 zum heutigen ATP (Advanced TurboProp) der der Fokker 50; in einigen Bereichen erzielten die Briten vielleicht noch bessere Ergebnisse. Wie beim holländischen Flugzeug wurden die ursprünglichen Dart-Triebwerke durch kanadische Pratt & Whitney-Propellerturbinen ersetzt, die Sechsblatt-Luftschrauben antreiben; das ATP erhielt jedoch das PW126 mit einer Leistung von je 2.653 WPS. Trotz des stärkeren Antriebs und der Tatsache, daß das ATP etwas größer als die F50 ist, gilt das britische Muster weltweit als das leiseste große Transportflugzeug im zivilen Luftverkehr. Weitere Vorteile des britischen Flugzeugs liegen darin, daß es auf den Flughäfen Fluggaststeige für Düsenverkehrsmaschinen benutzen kann, vordere und hintere Einstiegstüren besitzt und mit negativer Blatteinstellung vom Terminal zurückrollen kann.

Schwacher Absatz

Sowohl die F50 als auch das ATP erzielten einen schwachen Absatz. Bis 1989 waren von der F50 131 und vom ATP nur 36 Exemplare verkauft.

Von der Passagierkapazität her rangieren beide Muster an der Spitze der neuerwachten Turboprop-Verkehrsmaschinen. Den Gegenpol bilden solche 19-Sitzer wie die Beech 1900, Fairchild Metro, British Aerospace Jetstream, EMBRAER Bandeirante und Dornier 228. Zum Teil handelt es sich hierbei um Flugzeugfamilien mit variierender Inneneinrichtung bis zu 30 Sitzen. Sie lassen sich in zwei Klassen einteilen: solche mit kleiner Kabine, in denen die Fluggäste ihre Sitze in gebückter Haltung erreichen, und solche mit großer Kabine, in denen man aufrecht stehen kann und die man daher mit Toiletten/Waschraum ausstatten konnte.

Der Streit hält an, welches Konzept im Endeffekt das günstigere wäre, ebenso die Diskussion um die Druckbelüftung. Die Mehrzahl der Turboprop-Verkehrsmaschinen kommen heute mit Druckkabine aus der Montagehalle, was unter anderem einen runden Rumpfquerschnitt voraussetzt. Flugzeuge ohne Druckbelüftung in der Kabine können einen kastenförmigen Rumpf haben, so daß sich der verfügbare Kabinenraum optimal ausschöpfen läßt. Die Flugzeuge ohne Druckkabine zeigen gewöhnlich auch größere Kabinenfenster. Hinzu kommen der Anstieg des Gewichts und die Kosten für die Druckerzeugungsanlage, die für ein Flugzeug, das selten oberhalb Flugfläche 150 bewegt wird, kaum erforderlich ist. Dessen ungeachtet meinen die meisten Fluggesellschaften, daß eine Druckkabine für sie unverzichtbar sei.

Die beiden wichtigsten amerikanischen zweimotorigen Turboprop-Maschinen, die Metro und die Beech 1900, sind schlichte Kleinkabinenflugzeuge mit einer lichten Höhe von 1,45 m im Gang. Beide Muster bekamen die Wirkung der British Aerospace Jetstream mit einer Kabinenhöhe von 1,80 m zu spüren. 1989 bot Beech eine neue Version 1900D mit derselben Höhe wie der in der Jetstream an, und Fairchild flog bald darauf seine erste Metro V mit einer maximalen Kabinenhöhe von 1,73 m. Die Zeit der engen Kleinkabinenmaschinen scheint vorüber zu sein.

Die ursprünglich von Handley Page entworfene Jetstream flog als Prototyp im August 1967. Nach dem Zusammenbruch des Unternehmens Handley Page nahm British Aerospace 1982 das überarbeitete Muster als Jetstream 31 in Serie. Dieses Flugzeug erwies sich auf Anhieb als Verkaufsschlager, so daß bereits Mitte 1989 mehr als 300 Exemplare abgesetzt waren. Derzeit wird die Super 31 gebaut, die leistungsstärkere Propellerturbinen vom Typ Garrett TPE331 aufweist sowie zahlreiche Neuerungen, darunter eine bessere Innenausstattung. Auf Wunsch des Käufers liefert BAe die Jetstream mit einer gut 4,50 m langen Gepäckwanne. 1988 kündigte British Aerospace die Jetstream 41 an, mit TPE331-Triebwerken je 1.500 WPS und 29 Passagiersitzen im verlängerten Rumpf; hinzu kommt eine Erhöhung der Treibstoffkapazität um 70% und einer Steigerung der Reisegeschwindigkeit von 488 km/h auf 538 km/h. Alles in allem verspricht die Jetstream 41 ein Verkaufshit in der Welt zu werden.

EMBRAER-Erfolge

Mit seinem zweimotorigen Turboprop-Flugzeug EMB-110 Bandeirante (Pionier) konnte auch das brasilianische Unternehmen EMBRAER einen weltweiten Erfolg verbuchen. Das absolut herkömmliche Muster ohne Druckkabine mit zwei 750 WPS starken PT6A-34-Propellerturbinen und einer Sitzeinrichtung für 21 Passagiere fand Abnehmer in 36 Ländern und befindet sich auch nach der Lieferung von 500 Exemplaren weiterhin in Produktion. Dieser Erfolg spornte EMBRAER zum Bau eines größeren

Musters mit Druckkabine an. Dieser Typ, die EMB-120 Brasilia, zeigte sich ähnlich erfolgreich; bislang gingen 250 Festbestellungen und viele Optionen ein. Zwei PW118 mit je 1.800 WPS dienen diesem 30-Sitzer als Antrieb. Anders als die meisten kleinen Turboprop-Maschinen mit einer Sitzanordnung von 1+1 nimmt die Brasilia wie auch die Jetstream ihre Fluggäste in einer Sitzkonfiguration von 2+1 auf. EMBRAER behauptet, daß die Brasilia mit einer Reisegeschwindigkeit von 552 km/h das schnellste Flugzeug ihrer Klasse sei.

Um so mehr überrschte es, daß EMBRAER 1986 mit FMA (heute FAMA) in Argentinien ein Abkommen unterzeichnete, um ein völlig neues Muster in der Klasse der 19-Sitzer als Ersatz für die Bandeirante zu entwickeln, die CBA-123. Es handelt sich um einen kühnen Entwurf mit einem sehr modernen Tragwerk hoher Flügelstreckung, T-Leitwerk und einem ungewöhnlichen Antrieb in Form von zwei Propfan-Triebwerken am Heck mit sechs langsam drehenden sichelförmigen Druckschrauben. Die Garrett TPF351- Propfan können beim Start eine Leistung von 2.081 WPS erzeugen, die für den Reiseflug mit 650 km/h auf 1.300 WPS gedrosselt werden.

Die Do 228 aus der Bundesrepublik ist in die andere Gruppe mit dem kastenförmigen Rumpf ohne Druckbelüftung einzuordnen. Dieses Muster zeigte eine eher ungewöhnliche Tragflächenform, die allerdings als aerodynamisch effizient gilt. Es gibt zahlreiche Versionen, die von TPE331-Propellerturbinen mit 715 WPS oder 776 WPS angetrieben werden und zwischen 15 und 20 Passagiere aufnehmen können. Die einrädrigen Hauptfahrwerksbaugruppen des Hochdeckers ziehen in seitliche Verkleidungen an der Unterseite des Mittelrumpfes ein.

Nach längerem Hin und Her traf Dornier im August 1988 endgültig die Entscheidung, eine größere Version, die Do 328, auf den Markt zu bringen. Auch dieses Muster zeigt die modernen nach hinten gerichteten Tragflächen; für ein 30sitziges Flugzeug mit einer Kabinenhöhe von 1,88 m wirkt es verhältnismäßig klein. Die Auslegung als Hochdecker ist unverändert, mit dem Unterschied, daß die Flächen je ein PW119 mit 2.180 WPS aufnehmen. Das Zwillingshauptfahrwerk zieht wieder in seitliche Behälter am Unterrumpf ein, die sich diesmal nahezu über die gesamte Kabinenlänge erstrecken. Die Reisegeschwindigkeit beträgt knapp 650 km/h.

Shorts in Belfast hat sich seit langem einen hervorragenden Ruf als Hersteller von relativ einfachen Flugzeugen ohne Druckkabine geschaffen. Das derzeit produzierte Modell, die 360-300, ist mit Sicherheit das preiswerteste und wirtschaftlichste

Flugzeug seiner Klasse; es wird von zwei PT6A-67R Propellerturbinen je 1.424 WPS und Sechsblatt-Luftschrauben angetrieben und kann bis zu 39 Passagiere aufnehmen. Das einrädrige Hauptfahrwerk zieht in Auslegerbehälter am Mittelrumpf ein. Eine Frachtversion, die 360- 300F, wurde von Shorts verwirklicht, der geplante 48-Sitzer Type 480 jedoch aufgegeben.

Treffer für Saab

Ein neues Erfolgskapitel in der Geschichte des zweimotorigen Turboprop-Flugzeugs schrieb das schwedische Unternehmen Saab, das 1980 gemeinsam mit Fairchild die SF 340 herausbrachte. Fairchild zog sich schließlich von dem Projekt zurück, so daß die 340A und 340B rein schwedische Produkte sind. Die 1.750 WPS starken CT7-Propellerturbinen stammen allerdings von General Electric; die mit niedriger Umdrehungszahl rotierenden und daher geräuscharmen Propeller liefert Dowty Rotol in Großbritannien.

Die 340 ist ein attraktiver Tiefdecker mit röhrenförmigem druckbelüftetem Rumpf, der eine Sitzanordnung von 2+1 ermöglicht. Die 340B bietet eine höhere Nutzlastkapazität und Reichweite und insgesamt bessere Flugleistungen. Alle Versionen können eine Reisegeschwindigkeit oberhalb 480 km/h halten. Die 340 wird jedoch durch die im Dezember 1988 angekündigte Saab 2000 weit in den Schatten gestellt. Das neue Muster ist eine beträchtlich gestreckte, auf 50 Sitze gesteigerte Neuausgabe der 340. Die 27 m lange Saab 2000 besitzt zwei Allison-Triebwerke vom Typ GMA 2100 mit einer Leistung von 6.150 WPS, die konstant 3.500 WPS auf die sichelförmigen Sechsblatt-Luftschrauben abgeben. Die maximale Reisegeschwindigkeit wird mit 666 km/h angegeben. Kein anderes Turboprop-Flugzeug dürfte die Leistung der Saab 2000 übertreffen.

Aérospatiale und Aeritalia gründeten eine Interessengemeinschaft für das ATR, Avions de Transport Régional. Obwohl man bereits von einem übersättigten Markt sprach, ließ sich die französisch-italienische Partnergemeinschaft nicht beirren und entwarf ein äußerst attraktives Turboprop-Verkehrsflugzeug in der Auslegung eines Hochdeckers mit T-Leitwerk. Es besitzt ein doppelrädriges Hauptfahrwerk, das in eine glatte Wanne unter dem Mittelrumpf einzieht. Der röhrenförmige, druckbelüftete Rumpf kann nominell 42 Passagiere in einer Sitzanordnung von 2+2 aufnehmen. Andere Sitzkonfigurationen ermöglichen die Beförderung von maximal 50 Fluggästen; im Mischbetrieb kann die Maschine mit bis zu fünf LD3-Frachtcontainern beladen werden. Als Antrieb dienen PW120-Propellerturbinen mit 1.800 WPS

oder 121 mit 1.950 WPS; sie verleihen diesem Muster eine Reisegeschwindigkeit von bis zu 494 km/h.

Die ATR 42 flog erstmals im August 1984. Ende 1989 waren bereits mehr als 250 Flugzeuge verkauft. Inzwischen wird sie durch die ATR 72 ergänzt, eine gestreckte Version mit PW124-Propellerturbinen mit je 2.400 WPS. Die 27,18 m lange ATR 72 kann, wie die Bezeichnung bereits andeutet, bis zu 72 Fluggäste mit einer maximalen Reisegeschwindigkeit von 530 km/h befördern. Ihren Jungfernflug absolvierte die ATR 72 im Oktober 1988. Ende 1989 waren bereits knapp 200 Optionen für dieses Muster gezeichnet.

Nachfolge für die An-24

Die Iljuschin Il-114 soll die An-24 als Standardzubringer für die Hauptstrecken und als allgemeines Kurzstrecken-Verkehrsflugzeug ablösen, sowohl bei der Aeroflot als auch bei zahlreichen Liniengesellschaften der Ostblockstaaten. Sie wirkt wie eine Kopie der britischen ATP, ist aber in Wirklichkeit ein ureigener sowjetischer Entwurf. Den Antrieb liefern zwei 2.400 WPS starke Isotow TV7-117 Propellerturbinen und Sechsblatt-Luftschrauben polnischer Herstellung (PZL-Okezie). Fünfzehn Querreihen mit Zweiersitzen und Mittelgang ergeben eine Platzkapazität für 60 Passagiere. Wie bei den meisten sowjetischen Kurzstreckentypen können die Reisenden große Mengen an Handgepäck mit an Bord nehmen.

Das Iljuschin-Konstruktionsbüro ließ verlauten, daß sich die 114 bei Bedarf jederzeit strecken ließe, um 75 Plätze aufzunehmen. Die nominelle Reisegeschwindigkeit ist mit 500 km/h angegeben. Polen, Rumänien und Bulgarien produzieren dieses Muster, dessen Erstflug für 1989 angesetzt war.

Die indonesische Luftfahrzeugindustrie hat einen enormen Aufschwung dadurch erfahren, daß sie in Zusammenarbeit mit Spanien an der Produktion der Airtech CN-235 beteiligt war. Dieser Hochdecker weist eine Heckladepforte auf, die die gesamte Rumpfbreite einnimmt, und zwei GE-CT7-Propellerturbinen mit je

Oben: Den deutschen Beitrag zur Klasse der 19sitzigen Turboprop-Flugzeuge ohne Druckkabine stellt die Dornier 228 dar. Dornier bietet die 228 in zwei Versionen als Serie 100 mit 15 Sitzen und als Serie 200 mit 19 Sitzen an.

Unten: Ein äußerst erfolgreiches, kostengünstiges Zubringerflugzeug ist die EMBRAER Bandeirante aus Brasilien. Die Produktion lief von 1972 bis 1989. In dieser Zeit fertigte und lieferte das Unternehmen über 500 Maschinen.

Oben: Mit der 32sitzigen 328 baut Dornier eine Linienmaschine mittlerer Größe für die neunziger Jahre. Der Erstflug ist für Juli 1991 geplant.

Oben: Die 19sitzige Jetstream 31 ist ein typischer Vertreter einer ganzen Generation kleinerer Turboprop-Flugzeuge. Trotz eines Fehlstarts in den sechziger Jahren erreichte BAe 1982 im zweiten Anlauf mit neuen Triebwerken einen ansehnlichen Erfolg.

Oben: Nachfolger für die Bandeirante ist die EMB-120 Brasilia. Im August 1985 lieferte EMBRAER die erste Brasilia. Inzwischen läuft die Produktion mit fünf Maschinen pro Monat, und bald sind bereits 250 Exemplare dieses druckbelüfteten 30-Sitzers verkauft. Auch beim Militär hat dieses Muster Anklang gefunden.

Die Shorts 360 wird wegen ihres Rechteckrumpfes gelegentlich auch als „fliegender Schuppen" tituliert. Sie hat sich vor allem auf dem amerikanischen Markt gut behaupten können. Inzwischen hat man die Kabine von anfänglich 36 auf 39 Sitze erweitert und das Muster in Shorts 360-300 umbezeichnet.

Oben: Die 68/72sitzige ATR 72 ist das größte Turboprop-Flugzeug, ein Gemeinschaftsprodukt von Aérospatiale und Aeritalia.

Links: Ende 1989 waren 150 Exemplare der ATR 42 geliefert, einschließlich der OY-CIC der Cimber Air.

1.870 WPS; er erinnert an eine zu klein geratene C-130. Die meisten CN-235 sind bei den Streitkräften eingesetzt, es gibt aber auch eine typische Zivilversion, die 45 Passagiere in einer Sitzanordnung von 2+2 mit einer Reisegeschwindigkeit von maximal 450 km/h befördern kann. Die durch das Gemeinschaftsprojekt gewonnene Erfahrung nutzt die indonesische Unternehmensgruppe IPTN nun für den eigenen Entwurf eines größeren Musters. Die N-250 soll ein Passagierflugzeug mit 50 bis 54 Sitzen und einer Reisegeschwindigkeit von 555 km/h werden; es sind Triebwerke um 3.000 WPS, wie das GE38, PW130 oder GMA 2100, vorgesehen. Geplanter Erstflug: 1994.

Boeing Canada

Aus de Havilland Canada, einem der bekanntesten Hersteller von Turboprop-Kurzstreckenflugzeugen, ist inzwischen Boeing Canada geworden. Das meistverkaufte Produkt dieses Unternehmens, die DHC-8 oder Dash-8, begann ihre Karriere nach dem Erstflug im Juni 1983 als Serie 100. Der Hochdecker mit T-Leitwerk stellt einen typischen DHC-Entwurf dar. Ungewöhnlich an der Dash -8 ist das entsprechend hochbeinige Fahrwerk, das nach hinten in die Triebwerkgondeln einzieht. Die Serie 100 wird entweder von PW 120A Propellerturbinen mit 2.000 WPS oder PW121 mit 2.150 WPS angetrieben. Im druckbelüfteten Rumpf der

Das Innere der Iljuschin Il-114

1 Radom
2 Wetterradarantenne
3 vorderer Druckschrägspant
4 Frontverglasung mit Scheibenwischer
5 Überkopfbedientafel
6 Sitz des Ersten Offiziers
7 Sitz des Flugkapitäns
8 Elektronisches Fluginstrumentensystem
9 Steuersäule und Seitenruderpedale
10 Bugfahrwerksschacht
11 Arbeitszylinder der hydraulischen Bugradlenkung
12 Zwillingsbugrad, nach vorn einfahrend
13 klappbare Einstiegstreppe
14 Haupteingangstür
15 Avionikgestell
16 Gepäcktür steuerbord, zugleich Notausstieg
17 Stauraum für Einstiegstreppe
18 Gepäckraum, backbord und steuerbord
19 VHF-Antenne
20 Triebwerkgondel, steuerbord
21 obere Gepäckfächer
22 schallschluckende Innenverkleidung der Kabinenwand

23 Unterflur-Klimaanlage
24 Holmkasten des durchgehenden Tragflächenmittelstücks
25 Rumpfspant- und Stringerkonstruktion
26 Tragflächenfeld, steuerbord
27 elektro-thermisch enteiste Nasenkante
28 Positionslicht, steuerbord
29 Querruder

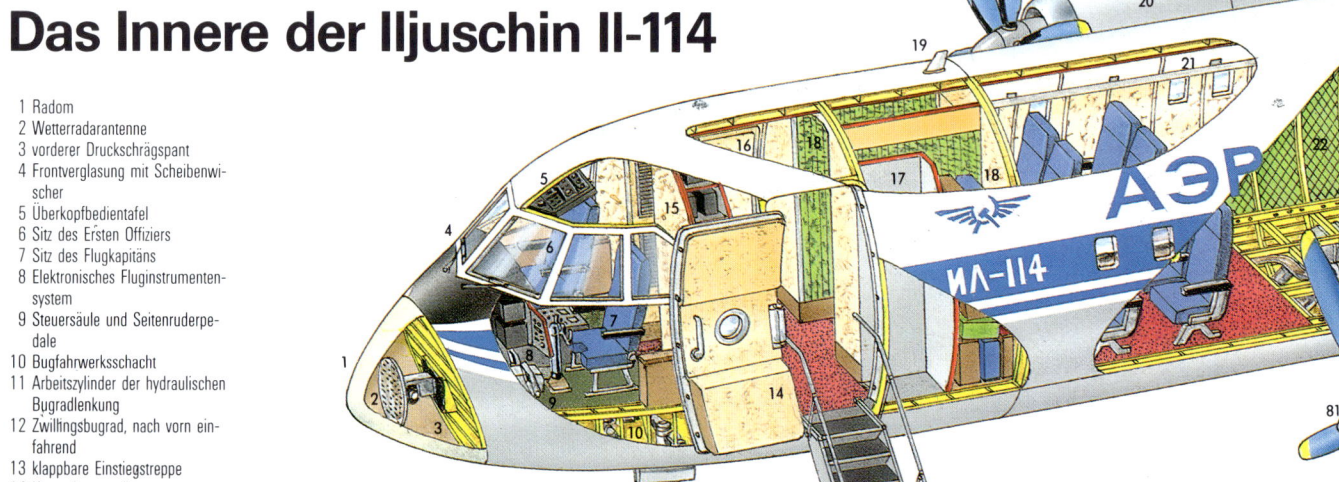

495 km/h schnellen Dash-8 finden zwischen 36 und 40 Passagiere Platz.

Es folgte eine Reihe von Varianten, von denen die Serie 300 mit größerer Spannweite und gestrecktem Rumpf für 50 bis 56 Fluggäste den wichtigsten Schritt nach vorn bedeutete. Die PW123-Triebwerke mit 2.380 WPS erhöhten die Reisegeschwindigkeit auf 530 km/h. Für 1992 hat Boeing Canada die größere Serie 400 in Aussicht gestellt. Ein Streckungsteil von 305 cm Länge soll die Sitzkapazität auf 70 Plätze steigern. Als Antrieb stehen das GE38 und das Allison GMA2100 zur Diskussion.

Zwei weniger bekannte Hersteller sind Bromon und SAI. Bromon Aircraft begann den Entwurf seiner BR2000 im Jahre 1985; man hoffte, die erste Maschine Ende 1989 fliegen zu können. Bei der BR2000 handelt es sich um ein Mehrzweck-Nutzflugzeug, bei dem in erster Linie auf niedrige Anschaffungs- und Betriebskosten, Robustheit und Zuverlässigkeit Wert gelegt wurde. Der Hochdecker besitzt eine Heckladerampe über die volle Rumpfbreite, zwei GE-CT7-Propellerturbinen mit je 1.870 WPS und in der zivilen Ausführung eine Sitzeinrichtung für 46 Passagiere in einer Kabine ohne Druckbelüftung; er ist das genaue Gegenstück zur CN-235.

Kurzpistenflugzeug

Die SA-204C von Snow Aviation International (SAI) wirkt wie eine DH Canada Buffalo; auch sie ist als Nutzflugzeug, das mit extrem kurzen Pisten auskommt, für den militärischen und zivilen Einsatz geplant. Für den Antrieb sorgen zwei PW123-Propellerturbinen mit je 2.380 WPS und Sechsblatt-Luftschrauben. Die Kabine ohne Druckbelüftung kann vier Frachtcontainer der Serie B bzw. 50 Passagiere auf palettisierten Sitzen aufnehmen. Die Reisegeschwindigkeit dürfte um 350 km/h liegen.

Es gibt natürlich noch eine ganze Reihe weiterer moderner Turboprop-Flugzeuge. So produziert Skytrader in den USA derzeit eine komplette Familie zweimotoriger Turboprop-Hochdecker wie die Conestoga, Evader, NV/STOL und, in ziviler Form als 19sitziges Zubringerflugzeug, die Skytrader 1400 Commuterliner. Überraschenderweise wählte Skytrader als Triebwerk das Turbeméca-Astazou mit 1.020 WPS; die Reisegeschwindigkeit beträgt 407 km/h.

Unterdessen gründet das Schweizer Unternehmen Pilatus gerade eine Herstellerorganisation, um die PC-12 zu bauen. Diese Maschine fällt insofern aus dem Rahmen, als sie einmotorig ist. Das PT6A-67B erzeugt eine konstante Leistung von 1.200 WPS; es ermöglicht dem eleganten Tiefdecker mit T-Leitwerk und einer Druckkabine für 15 Passagiere die erstaunlich hohe Reisegeschwingkeit von knapp 500 km/h. Der Erstflug soll im Dezember 1990 stattfinden.

Wie man sieht, überbieten sich die Hersteller geradezu, immer neue Truboprop-Verkehrsflugzeuge auf den Markt zu bringen. Eine erstaunliche Tatsache, wenn man bedenkt, daß sie vor 25 Jahren als überholt galten!

Oben: Das Turboprop-Flugzeug SF 340 ist Saabs erstes kommerzielles Luftfahrzeug seit der Scandia-Linienmaschine aus den fünfziger Jahren. Es hob im Januar 1983 zum ersten Mal vom Boden ab.

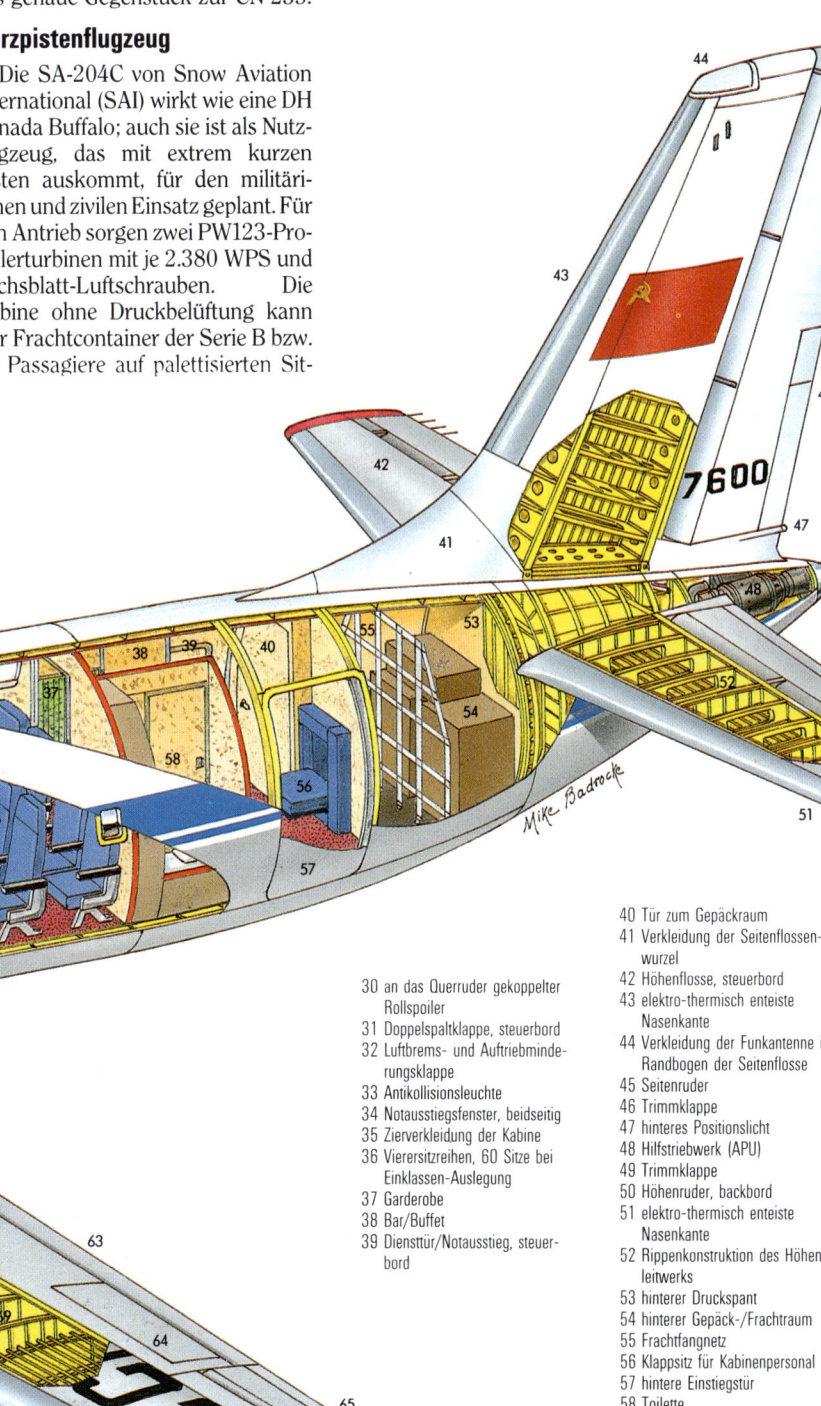

30 an das Querruder gekoppelter Rollspoiler
31 Doppelspaltklappe, steuerbord
32 Luftbrems- und Auftriebminderungsklappe
33 Antikollisionsleuchte
34 Notausstiegsfenster, beidseitig
35 Zierverkleidung der Kabine
36 Vierersitzreihen, 60 Sitze bei Einklassen-Auslegung
37 Garderobe
38 Bar/Buffet
39 Diensttür/Notausstieg, steuerbord
40 Tür zum Gepäckraum
41 Verkleidung der Seitenflossenwurzel
42 Höhenflosse, steuerbord
43 elektro-thermisch enteiste Nasenkante
44 Verkleidung der Funkantenne im Randbogen der Seitenflosse
45 Seitenruder
46 Trimmklappe
47 hinteres Positionslicht
48 Hilfstriebwerk (APU)
49 Trimmklappe
50 Höhenruder, backbord
51 elektro-thermisch enteiste Nasenkante
52 Rippenkonstruktion des Höhenleitwerks
53 hinterer Druckspant
54 hinterer Gepäck-/Frachtraum
55 Frachtfangnetz
56 Klappsitz für Kabinenpersonal
57 hintere Einstiegstür
58 Toilette
59 hintere Verkleidung des Flächenansatzes
60 Abgasrohr
61 Abgasdüse
62 Luftbrems-/Auftriebsvernichtungsklappe
63 Doppelspaltklappe, backbord
64 Spoiler für Rollsteuerung
65 Trimmklappe
66 Querruder, backbord
67 Statikentlader
68 linkes Positionslicht
69 Überlauftank
70 Aufbau der Nasenkante aus Verbundwerkstoffen
71 Integraltreibstofftank des Backbordflügels
72 Tragflächenrippenkonstruktion
73 Zwillingsräder des Hauptfahrwerks, nach vorn einziehend
74 Stoßdämpferstrebe des Hauptfahrwerks
75 Radklappen
76 Hauptfahrwerksschacht
77 Feuerlöscher
78 Isotow-TV7-117-Wellenturbine
79 ringförmiger Lufteinlauf
80 Ölkühler-Lufteintritt
81 Propellerhaube
82 Blattwurzel-Enteisungsmatten
83 Sechsblatt-Luftschraube mit konstanter Drehzahl

INDEX